Il piombo dell'imperatore

Il relitto di Rena Maiore e le miniere del *princeps* in età augustea

Stefano Genovesi

BAR International Series 2896

2018

Published in 2018 by
BAR Publishing, Oxford

BAR International Series 2896

Il piombo dell'imperatore

ISBN 978 1 4073 1459 4

COVER IMAGE *Lingotto 5, Serie 1, gruppo 1.*

Printed in England

BAR
PUBLISHING

BAR titles are available from:

BAR Publishing
122 Banbury Rd, Oxford, OX2 7BP, UK
EMAIL info@barpublishing.com
PHONE +44 (0)1865 310431
FAX +44 (0)1865 316916
www.barpublishing.com

A Chiara e alla nostra piccola Irene,
che ogni giorno danno senso e vita a quello che sono.

Ringraziamenti

Al termine di questo lavoro, desidero ringraziare la mia famiglia e l'Editore, per la loro infinita pazienza, il dott. Rubens D'Oriano, della Soprintendenza della Sardegna, che mi ha affidato lo studio del materiali, e il dott. Edoardo Riccardi, con lui autore del recupero del contesto, il prof. Cesare Letta, per la sua inesauribile disponibilità ad ascoltare e consigliare, il prof. Paoletti, esperto navigatore dell'archeologia delle province romane, il prof. Claude Domergue, studioso sempre pronto a rimettersi in discussione, il dott. M. Heijmans, curatore del Musée Départmental Arles Antique e i compagni del Laboratorio di Topografia Antica dell'Università di Pisa.

Indice

Elenco delle illustrazioni

Capitolo 1
Figura

Capitolo 2
Figura

Elenco delle abbreviazioni

AE	*Année Epigraphique*
CIG	*Corpus Inscriptionum Graecarum*, Berlin 1828-1877
CIL	*Corpus Inscriptionum Latinarum*, Berlin 1828-1877
Eph. Ep.	*Ephemeris Epigraphica. Corpus inscriptionum Latinarum supplementum*, Berlin 1, 1872-1879, 1903-1913
FIRA	*Fontes iuris Romani anteiustiniani*, Florentiae 1940-43.
IGRR	Cagnat R. *et al.*, *Inscriptiones Graecae ad Res Romanas pertinentes*, Paris 1906-1927
ILLPRON	*Inscriptionum Lapidarium Latinarum Provinciae Norici usque ad annum MCMLXXXIV repertarum indices*, Berlin 1986
ILS	Dessau H., *Inscriptiones Latinae Selectae*, Berlin 1892-1916
I. Pan.	Bernard A., *Pan du Désert*, Leyden 1977
Vip.	*lex metallis dicta*
RIB	Collingwood R. G., Wright R. P., *The Roman Inscription of Britain*, London 1990
IMS	Dušanić S., Mirkovič M., *Inscriptions de la Mèsie Supèrieure. Vol I. Singidunum et le nord-ouest de la province*, Beograd 1976
PIR	*Prosopographia Imperii Romani*, Berlin
SEG	*Supplementum Epigraphicum Graecum*

Abstract

Our work stems from the study of the finds from the Rena Maiore wreck, discovered in 1997 along the North-western coasts of Sardinia. Because of the strong tide, the ship's structures and the bulk of the cargo were missing, though two iron anchors were present. The only part of the cargo still *in situ*, consisting in 72 lead ingots and 4 lead tanks (*cistae*), is the subject of Chapter 1.

The ship was carrying different types of ingots, including elongated truncated pyramidal ingots (Serie n. 1), typical of the imperial age, and parallelepiped (Serie n. 2), flat-based (Series n. 3 and n. 4) and plano-convex (Serie n. 5) shaped ingots, the last of which have not been found in other contexts.

The presence on 42 truncated pyramidal ingots bearing the stamp *Augusti Caesaris Germanicum* along with countermarks and ingraved weight inscriptions is the starting point of a wider study of the administration of the mines the *princeps* was able to control since Augustus' rise to power. This is the topic of Chapters 2 and 3.

Chapter 1 includes a study of the 4 lead *cistae*. All of them bear moulded decorations and the stamps of two *plumbarii*, *Q. Pompeius Atticus* and *C. Iulius Primitius*, both producing small lead water tanks for domestic use. The features of the inscriptions allow us to locate their workshops in the town of *Arelate*/Arles, where the broken tanks were shipped along with the ingots, to be traded as metal to be melted.

Isotopic analysis of some of the lead ingots allowed us to identify the "Germanic" origin of the lead of the Series nn. 1 and 3 ingots, the Series nn. 2, 4 and 5 ingots likely to have been melted with lead from different mines (from Spain and/or Gaul) in a *plumbarius* workshop.

The exploitation of more mining districts – the *metalla Germanica* – was started by the *princeps*' administration in the province of Germany, likely to have been formed around 8-7 BC. Its existence, attested by few data until a few decades ago, can now to be reconsidered on the basis of a substantial number of recent excavations and archaeological finds. A number of *massae plumbeae* (around 145 specimens), mainly from underwater finds and enriched by the unpublished data of the Rena Maiore wreck, provide new evidence about the development of the economy in a territory recently conquered by Rome.

In Chapter 3 we try to show the "big picture" of how Augustus was able to collect a large number of mines and how his administration, the *fiscus Caesaris*, was able to run it. The mining policy of the first *princeps* proved to be effective in overcoming the metal supply problem of the new Augustan political structure. It is possible to elucidate this policy by means of the "lead" case study; archaeological evidence from the Germanic and *saltus Castulonensis* mines, rich in lead and silver ore, highlight Augustus' attempt to secure lead – and other metal supplies – by creating mining areas run by his *fiscus*.

We also tried to find a connection between the epigraphic data from the *metalla Germanica* lead ingots and some of the rules of *the lex metallis dicta* of Vipasca, particularly those relating to the sale, by each *colonus*, of half of his production to the imperial *fiscus* (Vip. II, 1, 2, 5).

Keywords

lead ingots – *plumbarii* – mines – *Germania* – *fiscus Caesaris* – *lex metallis dicta*

Introduzione

Il presente volume nasce dall'esperienza di un Dottorato di Ricerca in Storia svolto presso l'Università di Pisa negli anni 2005-2007 (XVIII ciclo del Dottorato di Ricerca in Storia Antica, Univ. di Pisa e Milano) e avente come tema *Le miniere di proprietà imperiale tra l'inizio dell'età augustea e la fine del III sec. d. C. Amministrazione e impatto nelle province occidentali dell'impero*.

Questo lavoro, che sono riuscito a terminare dopo molto – forse troppo - tempo, è dedicato alla pubblicazione del contesto archeologico del relitto di Rena Maiore, i cui dati, già oggetto della mia tesi di laurea, sono stati presentati in modo parziale in alcuni contributi (E. Riccardi, S. Genovesi, "Un carico di metalli di età augustea: il relitto di Rena Maiore (Aglientu)." In *Atti del XIV Convegno di Studi sull'Africa Romana. (Sassari, 7-10 dicembre)*, a cura di M. Khanoussi, P. Ruggeri, C. Vismara (Roma 2002), 1311-1329; S. Genovesi, *Bleibarren mit Stempel* (scheda 7.11) e *Gestempelter Bleibarren* (scheda 7.12), in *2000 Jahre Varusslacht.* Imperium, Herausgegeben LWL-Römermuseum in Haltern am See (Stuttgart 2009), 360-361; N. Hanel, P. Rothenhöfer, S. Genovesi, "Germanisches Blei für Rom. Zur Rolle des römischen Bergbaus im rechtsrheinischen Germanien im frühen Prinzipat.," Germania 83 (2005): 53-65, in particolare 58-59). In esso confluiscono inoltre altre riflessioni su tematiche diverse, inerenti le miniere di Roma nel corso della prima età imperiale (S. Genovesi, *Una* societas nova *e la politica mineraria di Vespasiano in Britannia*, in *Studi Classici e Orientali*, XLIX (2003), pp. 275-316; S. Genovesi, *L'attività mineraria romana in Moesia in età augustea: alcune considerazioni sui bolli di due lingotti di piombo*, in *Rivista di Storia Antica*, (2006), pp. 67-98; S. Genovesi, "Un lingotto di piombo dal Golfo di Baratti (Populonia, LI). Il commercio del piombo dalle province settentrionali dell'impero al Mediterraneo nella prima età imperiale," *Rassegna di Archeologia* 23/B (2007-2008): 111-138; S. Genovesi, "L'amministrazione dei metalla di proprietà del princeps in età augustea: fonti archeologiche ed epigrafiche a confronto." In *Interventi imperiali in campo economico e sociale. Da Augusto al tardoantico. Atti del Seminario* (Napoli, 21-22 settembre 2009), a cura di A. Storchi Marino, G. D. Merola (Bari 2010), 13-42).

Il relitto stesso, datato tra la fine del I sec. a. C. e l'inizio del I sec. d. C., ci ha fornito il pretesto per focalizzare la nostra attenzione sul principato di Augusto, quando una parte significativa delle miniere appartenenti a Roma viene a cadere sotto il controllo del *princeps*. Molti dei lavori che hanno già affrontato il tema dei *metalla* tendono a esaminare le fonti (epigrafiche, storiografiche e archeologiche) secondo una prospettiva sincronica, che comprende normalmente il lungo periodo compreso tra l'età augustea e il III sec. d. C., con il risultato di definire un quadro statico, nel quale si finisce per non tenere conto, da un lato, dell'evoluzione vissuta nei primi secoli dell'impero dalla stessa struttura amministrativa che fa capo al *princeps* – il *fiscus Caesaris*, e, dall'altro, di non cogliere alcuni e importanti tratti che la caratterizzano fin dal suo esordio.

Nella convinzione che un diverso approccio possa dare un valido contributo allo studio della tematica in oggetto, abbiamo quindi limitato – pur facendo riferimento a tutti quei dati pertinenti a periodi successivi che abbiamo ritenuto utili – la nostra indagine al solo principato augusteo, cercando di definire i tratti caratteristici della gestione dei *metalla* messa in atto da Ottaviano e gli elementi di continuità e discontinuità rispetto ai suoi successori. Abbiamo inoltre cercato di mettere a fuoco le relazioni che si instaurano tra l'amministrazione imperiale e quel vasto mondo di interessi privati (*coloni, societates, conductores, mercatores*) che attorno ad essa viene a gravitare, nel tentativo di definire, in parte sulla base del corredo epigrafico dei lingotti di piombo attualmente noti, le filiere commerciale cui il metallo prodotto nei *metalla* di proprietà del *princeps* poteva afferire.

Il libro, quindi, parte dal "particolare" – il contesto di Rena Maiore – e si volge poi ad ambiti di indagine più ampi e generali. Al Capitolo 1, nel quale viene presentato il carico di metalli trasportato dall'imbarcazione naufragata presso Rena Maiore, costituito da lingotti di piombo e da quattro *cistae* in piombo prodotte nella città di Arles, segue una parte (Capitolo 2) dedicata ai *metalla* della provincia di *Germania*, dalla quale proviene una parte significativa dei lingotti. Il Capitolo 3 cerca infine di contestualizzare questi ultimi nella vasta problematica dello sfruttamento delle miniere di proprietà del *princeps* nel corso della prima età imperiale.

Capitolo 1. Il relitto di Rena Maiore e il suo carico

1.1. Il relitto

Il giacimento di materiale archeologico definito come "relitto di Rena maiore" risultava ubicato in prossimità della costa Nord-occidentale della Sardegna, nella regione dell'Aglientu, circa 20 km a Sud di Capo Testa e della Bocche di Bonifacio (Fig. 1)[1]. Localizzato da bagnanti nell'agosto del 1997 ad una distanza di poche decine di metri dall'omonima spiaggia, il relitto è stato oggetto di uno scavo di emergenza effettuato dalla Soprintendenza per i Beni Archeologici delle province di Sassari e Nuoro che ha portato al recupero di parte del carico[2].

La spiaggia di Rena Maiore, ampia e costellata di dune sabbiose, forma un'insenatura poco profonda ed è compresa tra il promontorio roccioso di M. Biancu (52 mt s.l.m.) a Nord e la Punta dell'Acula (28 mt s.l.m.) a Sud[3]. Il tratto di mare antistante, sabbioso, poco profondo e con rocce sul fondale, è scarsamente interessato dalle correnti e dai venti predominanti e generalmente si mantiene calmo anche quando al largo il mare è agitato. In seguito alla segnalazione, avvenuta dopo che una mareggiata aveva liberato l'area del giacimento dalla sabbia che lo ricopriva, è stato possibile identificare la posizione del relitto, i cui resti, pur trovandosi ad una distanza di circa 30 metri dalla riva, erano chiaramente visibili dalla spiaggia a causa della poca profondità del mare in quel punto (non più di 5-6 metri)[4].

Al termine delle operazioni di recupero (Figg. 2-3) sono stati riportati in superficie 72 lingotti (42 di forma tronco-piramidale, 23 di forma parallelepipeda, 4 con base rettangolare e dorso curvo, 3 di forma piano-convessa), 4 contenitori o *cistae* in piombo e 2 lamine di piombo. Del carico di metalli facevano parte anche alcuni grossi agglomerati di scorie di fusione del ferro di forma irregolarmente sferica che in origine dovevano essere contenuti in sacchi o ceste in materiale deperibile; poco lontano dal giacimento principale sono stati inoltre individuati due nuclei di scorie di fusione del piombo che conservavano esternamente le impronte delle doghe dei barili di legno nei quali era stato versato il piombo fuso

Figura 1. Ubicazione del relitto di Rena Maiore.

(Fig. 4) e le due lamine in piombo già ricordate (Fig. 6)[5]. Niente può, infine, essere detto su altri materiali del carico (anfore, vasellame, ecc.) trasportato dall'imbarcazione.

Ad eccezione di due ancore di ferro, successivamente non recuperate, e di un chiodo in ferro a testa quadrata, non sono stati individuati materiali pertinenti alle strutture dell'imbarcazione stessa e al suo corredo di bordo[6]. La giacitura dei lingotti e degli altri materiali

[1] D'Oriano, R. "Un carico di lingotti di piomo d'età augustea dale Bocche di Bonifacio," *Cronache Isolane* (1999), http://www.cronacheisolane.it/archeo.7.htm; P. Ruggeri, "Un naufragio di età augustea nella Sardegna settentrionale: le *cistae inscriptae* del relitto di Rena Maiore (Aglientu)." *In* Epigraphai: *miscellanea epigrafica in onore di L. Gasperini*, a cura di G. Paci (Tivoli 2000): 883-909; E. Riccardi, S. Genovesi, "Un carico di metalli di età augustea: il relitto di Rena Maiore (Aglientu)." In *Atti del XIV Convegno di Studi sull'Africa Romana. (Sassari, 7-10 dicembre)*, a cura di M. Khanoussi, P. Ruggeri, C. Vismara (Roma 2002), 1311-1329.

[2] L'intervento è stato realizzato dalla Soprintendenza Archeologica della Sardegna (dott. Rubens D'Oriano, dott. Edoardo Riccardi).

[3] Le informazioni e i dati raccolti in questa prima sezione mi sono stati comunicati dal dott. R. D'Oriano e dal dott. E. Riccardi, autori del recupero.

[4] In merito all'operazione di recupero va aggiunto che purtroppo, a causa dell'improvvisa scomparsa del giacimento, non è stato possibile effettuare rilievi precisi; la nostra documentazione si basa perciò su alcuni disegni relativi alla disposizione del carico, sulla documentazione fotografica effettuata durante le immersioni e sui rilievi condotti successivamente sui reperti. Il punto del rinvenimento possiede le seguenti coordinate: longitudine Est 009° e 10'; latitudine Nord 41° e 13'.

[5] Le dimensioni (2-3 metri di diametro per gli accumuli di scorie di ferro) ed il peso di questi materiali ne hanno impedito il recupero.

[6] Il giacimento possiede caratteristiche tipiche dei relitti con acarichi di lingotti di piombo e rame, affondati in acque relativamente poco profonde: laddove l'azione delle correnti esercita una forza maggiore sul fondale, le parti più fragili e leggere dello scafo e del carico tendono naturalmente a disperdersi. Condizioni di giacitura analoghe caratterizzano i giacimenti della prima età imperiale del *Pecio del Cobre* a Cadice (Vallespin, *Carta arqueologica*, 59-74; G. Vallespin Gomez, "The Copper Wreck (Pecio del Cobre)," *International Journal of Nautical Archeology* 15 (1986): 305-322), del *Sanguinaires B*, presso

Figura 2. Immagine dell'intervento di recupero dei materiali del relitto (foto Soprintendenza archeologia, belle arti e paesaggio per le province di Sassari e Nuoro).

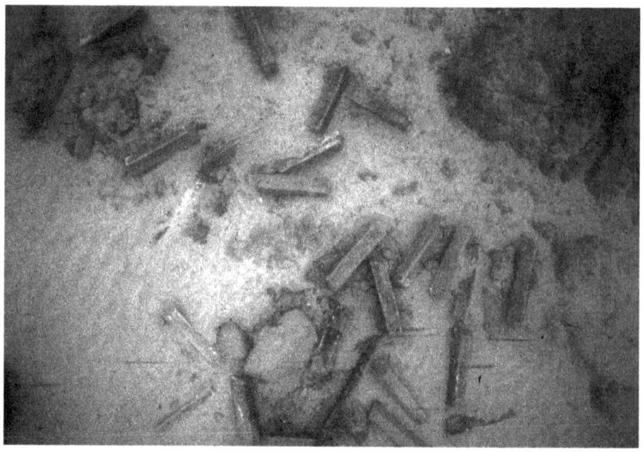

Figura 3. Il giacimento di Rena Maiore; sono visibili sul fondale lingotti della Serie 1 (foto Soprintendenza archeologia, belle arti e paesaggio per le province di Sassari e Nuoro).

metallici, che costituiscono tre distinti cumuli sul fondale, ha permesso tuttavia di avanzare un'ipotetica ricostruzione della posizione originale che questa parte del carico occupava all'interno dell'imbarcazione[7]. Alle due estremità di quest'ultima[8] dovevano trovare posto rispettivamente le scorie di lavorazione, le *massae plumbeae* di forma tronco-piramidale[9] e i 4 lingotti a dorso curvo, mentre nel settore centrale dell'imbarcazione si trovavano alcuni lingotti a forma tronco-piramidale e tutti i lingotti di forma parallelepipeda[10].

L'ubicazione dei materiali presenti – siano essi stati recuperati o meno – consente una stima della lunghezza dell'imbarcazione che, in considerazione degli scarsissimi dati a disposizione, deve essere considerata del tutto indicativa. I due gruppi di lingotti e la zona dove sono stati rinvenuti gli agglomerati di scorie di fusione del ferro e del piombo formano una linea retta, alle cui estremità si trovavano le due ancore. Queste ultime, al momento del naufragio, erano con ogni probabilità alloggiate in prossimità della prua e della poppa. La lunghezza totale del giacimento, compresa tra i 10 e i 15 metri, appare compatibile con un'imbarcazione di piccole dimensioni, tuttavia adatta alla navigazione di cabotaggio e di alto mare all'interno del Mediterraneo[11]. I lingotti di piombo possiedono un peso pari a 4,5 tonnellate, alle quali va aggiunto il peso degli

le Bocche di Bonifacio (H. Alfonsi, P. Gandolfo, "Le gisement de plomb "Sanguinaires B"," *Cahiers d'Archeologie Subaquatique* 11 (1993): 99-106), e quello di età adrianea di *Porto Pistis*, nella Sardegna sud-occidentale (R. Zucca, "Le *massae plumbeae* di Adriano in Sardegna." In *L'Africa romana, Atti dell'VIII convegno di studi, (Cagliari, 1990)*, a cura di A. Mastino (Sassari 1991), 797-826). In tutti i casi, a fronte della scomparsa quasi totale dei resti delle imbarcazioni, fa riscontro la presenza di lingotti di rame o piombo e di ancore in ferro o in piombo. È possibile ricordare anche il giacimento rinvenuto presso Piscinas, lungo la costa dell'Iglesiente (D. Salvi, "Lingotti, ancore e altri reperti di età romana nelle acque di Piscinas-Arbus (CA)", *Pallas* 50 (1999): 75-88); nel 1988 e successivamente nel 1995 una violenta mareggiata ha riportato alla luce i fusti di alcuni cannoni, alcuni lingotti di piombo di notevoli dimensioni ed una grande ancora in ferro, presumibilmente pertinenti ad un imbarcazione settecentesca, nascosti sotto uno spesso strato di sabbia.

[7] Probabilmente i cambiamenti di posizione più consistenti devono essere avvenuti durante il naufragio e successivamente durante il progressivo disfacimento dei resti dello scafo; molti lungotti risultano poggiati su di un fianco, senza che sia possibile stabilire se questo spostamento sia avvenuto al momento del naufragio o in un secondo momento.

[8] In mancanza dei resti del fasciame, è ovviamente impossibile stabilire attualmente dove si trovassero la poppa e la prua dell'imbarcazione. Appare tuttavia importante ricordare come nei relitti con carichi di metalli i lingotti poggiano direttamente sul fondo della stiva, disposti in più file parallele - relitti *Cabrera 5* (D. Colls, C. Domergue, V. Guerrero Ayuso, "Les lingots de plomb de l'épave romaine Cabrera 5 (Ile de Cabrera, Baléares)," Archaeonautica 6 (1986): 31-80), *Saintes-Maries-de-la-Mer 1* (L. Long, C. Domergue, "Le «Véritable plomb de *L. Flavius Verucla*» et autres lingots. L'épave 1 des Saintes-Maries-de-la-Mer," *Mélange de L'École Francaise de Rome* 107 (1995): 801-867), *Sud-Lavezzi 2* (B. Liou, C. Domergue, "Le commerce de la Bétique au I siécle de notre ère, L'épave Sud-Lavezzi 2 (Bonifacio, Corse du Sud)," Archaeonautica 10 (1990): 11-123) - oppure in due pile parallele poste ai lati della chiglia - relitto *Sud-Perduto 2* (H. Bernard, C. Domergue, " Les lingots de plomb de l'épave romaine Sud Perduto 2, (Bouches de Bonifacio, Corse)," *Bulletin de la Société des Sciences Historique et Naturelles de la Corse*, 659 (1991): 41-95). Queste soluzioni, che evidentemente destinavano i metalli, la parte più pesante dell'intero carico, al fondo della nave, consentivano una maggiore stabilità all'imbarcazione durante la navigazione.

[9] Un solo lingotto di forma tronco-piramidale è stato trovato nel cumulo centrale.

[10] Attualmente le *cistae* sono custodite presso il laboratorio di restauro del Museo Archeologico Nazionale "G. A. Sanna" di Sassari. I 4 lingotti figurati, 1 lingotto di forma tronco-piramidale e 1 a forma di paiolo sono nei magazzini della Soprintendenza archeologica a Nuoro mentre il resto dei lingotti e le 2 lamine si trovano presso i magazzini dell'Antiquarium Turritano a Porto Torres. Altri lingotti di forma tronco-piramidale e parallelepipeda già individuati e le due ancore non sono stati recuperati a causa di una seconda mareggiata che ha improvvisamente sommerso il sito e ha reso vane successive ricerche della sua ubicazione.

[11] A titolo di confronto è inoltre possibile ricordare dimensioni e consistenza del carico di altre due imbarcazioni di piccolo tonnellaggio affondate nel bacino occidentale del Mediterraneo:
- Relitto del Cavalière (coste meridionali della Francia; P. A. Gianfrotta, P. Pomey, *Archeologia subacquea. Storia, tecniche, scoperte e relitti*, Milano 1981, 329-330): lunghezza 13 m; larghezza 4,5 m. Carico di 400 anfore, pari a 20 tonnellate circa. Inizio del I sec a. C.
- Relitto Chrétienne C (coste meridionali della Francia (J. P. Joncheray, *L'épave C de la Chrétienne*, Fréjus 1975; Gianfrotta, Pomey, *Archeologia subacquea*, 330-331): lunghezza 15 m; larghezza 5-6 m. Carico di 500 anfore, pari a circa 15 tonnellate. Prima metà del II sec. a. C.

Figura 4. Il giacimento di Rena Maiore: resti concrezionati di scorie di fusione del piombo (foto Soprintendenza archeologia, belle arti e paesaggio per le province di Sassari e Nuoro).

agglomerati di scorie di ferro e piombo e dei lingotti non recuperati[12].

Le due ancore in ferro con ceppo fisso a sezione circolare costituiscono, assieme al bollo dei lingotti di forma tronco-piramidale[13], l'unico elemento datante del relitto; nonostante il loro mancato recupero, le foto scattate durante le immersioni hanno tuttavia consentito una identificazione tipologica sicura sulla base della classificazione delle ancore effettuata da Kapitän[14]. Il profilo delle marre, a V in un caso e semicircolare nell'altro (Fig. 5), permette di assegnare le due ancore rispettivamente al tipo A e B della classificazione di Kapitän[15]. Generalmente il momento della scomparsa delle ancore del primo tipo, diffuse già nel II sec. a. C., è collocato nei decenni iniziali del I sec. d. C., mentre non è attualmente noto nessun esemplare di Kapitän B nei relitti del I sec. a. C. Sul relitto Sud-Lavezzi 2[16], databile al terzo decennio del I sec. d. C., è presente un'ancora del tipo Kapitän A che possiede un profilo di passaggio tra le due tipologie e che ne costituisce una delle ultime attestazioni; ad essa è associata una delle prime ancore del tipo Kapitän B. Sulla base di questo e di altri casi è possibile allora concludere che il momento di passaggio tra le ultime ancore del tipo Kapitän A – delle quali quella di Rena Maiore costituisce una importante testimonianza – ed i primi esemplari di Kapitän B deve essere avvenuto attorno agli inizi del I sec. d. C., quando dovette far naufragio anche il relitto individuato a Rena Maiore. Questa prima indicazione cronologica troverà un sostanziale riscontro con quella ottenuta dai bolli dei lingotti di forma tronco-piramidale.

Un'ultima notazione può essere fatta in relazione alla rotta seguita dall'imbarcazione naufragata presso Rena Maiore; nonostante la mancanza di resti dell'imbarcazione ci privi di informazioni utili a determinare nei dettagli la dinamica del naufragio, è tuttavia possibile formulare almeno una ipotesi in merito. La posizione del relitto ad Ovest delle Bocche di Bonifacio e la sua provenienza dalla *Gallia Narbonensis*[17] inducono a pensare che la nave abbia intrapreso la rotta per l'Italia che, passando ad Ovest della Corsica, discendeva verso le coste settentrionali della Sardegna per immettersi nel Tirreno attraverso le

Figura 5. Il giacimento di Rena Maiore: ancora in ferro (foto Soprintendenza archeologia, belle arti e paesaggio per le province di Sassari e Nuoro).

Bocche di Bonifacio[18]. Per sottolineare l'importanza – e la pericolosità – di questa rotta appare sufficiente ricordare quanto di essa afferma Plinio: *item in Narbonensi provincia clarissimus ventorum est Circius nec ullo violentia inferior, Ostiam plerumque recto Ligustico mari perferens*[19].
Le condizioni delle correnti e dei venti nella zona di Rena Maiore corrispondono a quelle del settore Nord-occidentale dell'isola, con la predominanza del maestrale (*Circius*[20]) proveniente da Nord-Ovest. L'effetto più importante ai fini della navigazione è che le imbarcazioni provenienti da Ovest che intendono superare lo Stretto di Bonifacio sono spinte sottocosta per tutto il tratto di mare compreso tra Porto Torres e Capo Testa. Una volta doppiato questo promontorio si è entrati nel canale tra Corsica e Sardegna, il *Fretum Gallicum*[21]. Il punto dove è naufragata l'imbarcazione di Rena Maiore si trova all'esterno dello stretto vero e proprio, in una zona dove fino ad oggi non sono stati individuati relitti[22]. Anche in condizioni di mare mosso o di tempesta, le acque

[12] Il relitto *Sud-Lavezzi 2*, ubicato presso le Bocche di Bonifacio e datato al primo quarto del I sec. d. C., è pertinente ad un'imbarcazione lunga non più di 20 m, sulla quale erano imbarcati un carico di 300 anfore, 95 lingotti di piombo e 300 di rame, pari a 26 tonnellate circa, di cui 10 costituite dal carico di metalli (Liou, Domergue, "Le commerce de la Bétique," 11-123).

[13] Per i quali vedi *infra*, Capitolo 2.

[14] G. Kapitän, "Ancient anchors-technology and classification," *International Journal of Nautical Archeology* 13 (1984): 33-44.

[15] Riccardi, Genovesi, *Un carico di metalli*, 1312 e fig. 1.

[16] Liou, Domergue, "Le commerce de la Bétique," 11-123.

[17] Vedi oltre (Cap. 1.4).

[18] A. Mastino, R. Zucca, "La Sardegna nelle rotte mediterranee in età romana." In *Idea e realtà del viaggio. Il viaggio nel mondo antico*, a cura di G. Canossa, S. Fasce, (Genova 1991), 215-216.

[19] Plin., *N. H.*, 3, 121.

[20] Plin., *N.H.*, II 47, 121.

[21] Plin., *N.H.* 3, 6,83 e 7,84; Ptol., 3, 3, 8.

[22] Di fatto le testimonianze di naufragi diventano frequenti soltanto a partire dalla zona di Capo Testa (D. Gandolfi, "Il relitto di Capo Testa (S. Teresa di Gallura, SS), Prima campagna 1978," Forma Maris Antiqui XI-XII (1983): 40-68; D. Gandolfi, "Segnalazioni e ricerche subacquee (1982-1985)," *Rivista di Studi Liguri* 51 (1985): 658-681).

Figura 6. Relitto di Rena Maiore: lamina in piombo.

antistanti la spiaggia di Rena Maiore, grazie alla conformazione geografica dell'insenatura, restano sempre piuttosto calme. Questo fenomeno è chiaramente percepibile anche se si è in mare aperto e, a prima vista, l'impressione è che ci si trovi davanti ad un approdo ben riparato e sicuro, simile ai tanti disseminati lungo le coste della Sardegna. Questa zona di calma nasconde, al contrario, un grosso pericolo per una nave che cerchi di trovarvi riparo, a causa delle frequenti ed improvvise mareggiate formate dallo stesso vento di maestrale e del fondale, che è relativamente basso per tutta la lunghezza della spiaggia. È assai probabile che al momento del naufragio l'imbarcazione stesse cercando di avvicinarsi da Nord-Ovest all'imboccatura delle Bocche di Bonifacio nel tentativo di doppiare Capo Testa e dirigere poi verso il Mar Tirreno una volta superato lo stretto[23]. Ad Ovest dello stretto la nave sarebbe stata tuttavia investita dal maestrale e spinta sottocosta, dove la forza dei venti di Nord-Ovest avrebbe impedito ai marinai di governarla e di dirigerla verso lo stretto, mantenendola a distanza dalla riva. Non riuscendo più a entrare nelle Bocche di Bonifacio, l'equipaggio avrebbe quindi cercato riparo nell'insenatura di Rena Maiore, apparentemente sicura, ma dove, a causa del basso fondale, sarebbe invece avvenuto il naufragio[24].

1.2. Il carico di lingotti

Principalmente sulla base delle caratteristiche formali (dimensioni, peso) e, in secondo luogo, delle caratteristiche del corredo epigrafico – in molti casi assente – si è elaborata una divisione delle 72 *massae plumbeae* del relitto di Rena Maiore nelle cinque serie seguenti[25]:

- Serie 1: lingotti di forma tronco-piramidale – tipo Domergue IV (nn. 1-42),
- Serie 2: lingotti di forma parallapipeda (nn. 43-65),
- Serie 3: lingotti con base rettangolare e dorso curvo – simili al tipo Domergue I (n. 66),
- Serie 4: lingotti con base piana (nn. 67-69),
- Serie 5: lingotti di forma piano-convessa (nn. 70-72).

I lingotti della Serie 1 e il solo esemplare della Serie 3 presentano un corredo epigrafico complesso e caratteristiche formali tali da poter rientrare negli standard tipici della produzione e della commercializzazione del piombo messi in atto dai Romani tra II sec. a. C. i primi secoli dell'Età imperiale. Risultano invece caratterizzati da morfologie inusuali, non riconoscibili nella classificazione definita da Domergue[26], le *massae plumbeae* delle altre Serie (2, 4, 5), che presentano un corredo epigrafico del tutto assente o limitato alla sola indicazione ponderale incisa a freddo. Nei paragrafi successivi si terrà conto dei dati emersi dalle analisi degli isotopi del piombo di 22 lingotti del carico, eseguiti a cura del dott. M. Bode[27].

1.2.1. La Serie 1 (gruppi 1-2): lingotti nn. 1-42

La Serie 1, costituita da 42 lingotti, è la più numerosa; essa risulta caratterizzata da una notevole omogeneità delle caratteristiche morfologiche, del peso e del corredo epigrafico, riflesso di una produzione notevolmente organizzata e standardizzata. Il corredo epigrafico, in particolare, risulta costituito dai seguenti elementi:

- bollo dorsale,
- contromarche (tre diverse serie),
- indicazione ponderale.

Variazioni costanti nelle dimensioni e nelle caratteristiche del bollo – in particolare del *ductus* –

[23] Non è da escludere che la nave abbia effettuato una sosta nel porto di *Turris Libisonis*, tappa quasi obbligata per i rifornimenti di acqua dolce e cibo per chi proviene dalla Gallia, prima di iniziare la traversata dello stretto; in questo caso la nave avrebbe fatto naufragio provenendo da Sud dopo essere ripartita da *Turris Libisonis* (Mastino, Zucca, *La Sardegna nelle rotte mediterranee*, 215).

[24] Devo queste informazioni alla cortesia e all'esperienza del dott. Riccardi.

[25] Una volta effettuata la divisione in Serie, si è operata, una ulteriore distinzione per Gruppi, in quei casi nei quali si sono ravvisate, all'interno di una stessa serie, differenze morfologiche ed epigrafiche rilevanti; a ciascun lingotto è inoltre stato attribuito un numero progressivo, comune agli esemplari di tutte le serie.

[26] C. Domergue, "La mine antique de Diògenes (province de Ciudad Real)," *Mélanges de la Casa Velazquez* 3 (1967): 29-92; C. Domergue, *Les mines de la Péninsule Ibérique dans l'antiquitè romaine*, Rome 1990, 253-260.

[27] I lingotti sottoposti ad analisi sono i seguenti: nn. 1, 2, 3, 10, 32, 37, 38 (Serie 1, Gruppo 2), 39, 40 (Serie 1, Gruppo 2), 43, 44, 48, 51, 60 (Serie 2, Gruppo 1), 62, 64 (Serie 2, Gruppo 2), 65 (Serie 2, Gruppo 3), 66 (Serie 3), 67, 68 (Serie 4), 70, 72 (Serie 5). Per le problematiche metodologiche relative alle analisi si veda l'Appendice al capitolo.

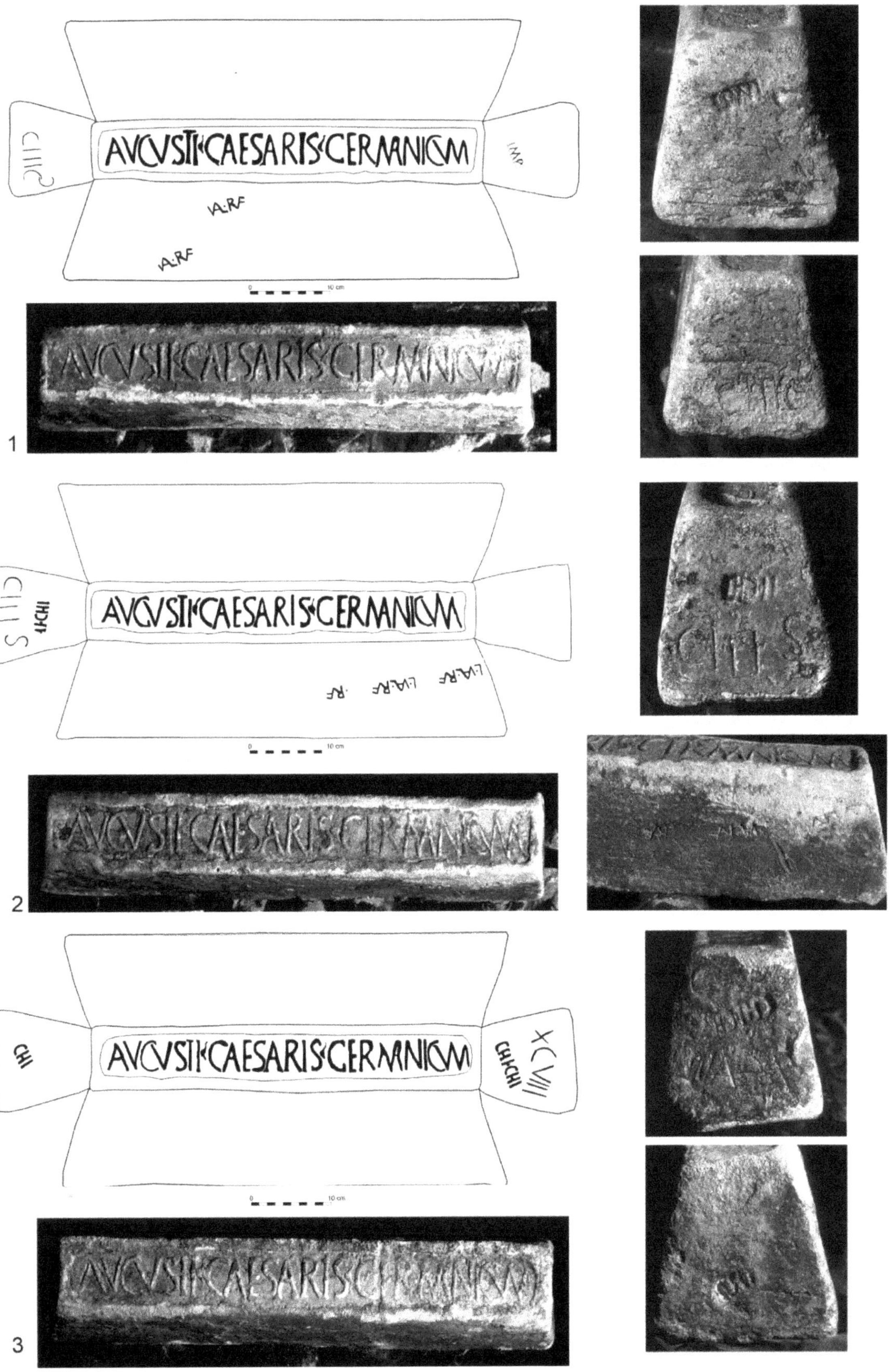

Figura 7. Lingotti della Serie 1, gruppo 1. Esemplari nn. 5 (1), 15 (2), 18 (3).

hanno imposto di distinguere, all'interno della Serie 1, due gruppi separati (1 e 2).

Serie 1, Gruppo 1 (lingotti nn. 1-38; Figg. 7-10, 13). Gli esemplari d i questo primo gruppo, costituito da 38 lingotti[28], hanno forma tronco-piramidale (IV tipo

[28] Nn. 1-38.

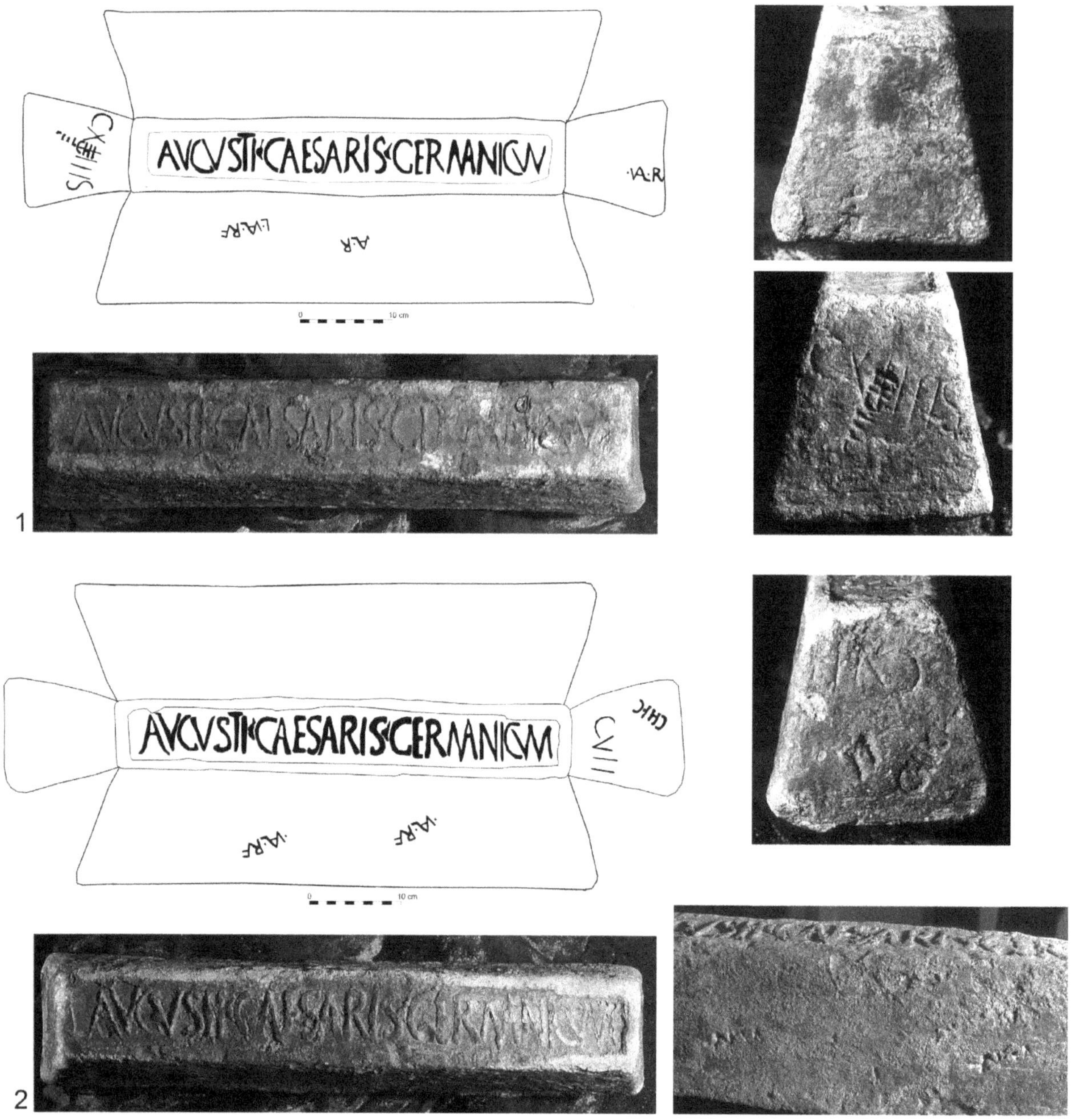

Figura 8. Lingotti della Serie 1, Gruppo 1. Esemplari nn. 25 (1), 26 (2).

Domergue)[29]; il loro peso medio raggiunge i 65,6 kg, pari a 200,6 libbre romane[30]. Le dimensioni della base sono comprese rispettivamente tra 56,5 e 57,5 cm e 11,5 e 12,5 cm; anche il dorso ha dimensioni piuttosto costanti, assestandosi su una misura media di 50,5x8 cm. L'altezza oscilla infine tra gli 11 ed i 12 cm. È presente un bollo dorsale inserito in un cartiglio di forma rettangolare di 48x5 cm; il testo, formato da lettere alte in media 4 cm, è il seguente:

Augusti Caesaris Germ^anicu^m (plumbum)

Nel testo compaiono due legature, tra la *M* e la *A* e tra la *U* e la *M* nella parola *Germanicum*, mentre una piccola *haedera* funge da segno di interpunzione.

Serie 1, Gruppo 2 (lingotti nn. 39-42; Figg. 11-12). Al secondo gruppo appartengono 4 soli lingotti[31], anch'essi di forma tronco-piramidale (tipo Domergue IV) ma di dimensioni e peso inferiori a quelli del Gruppo 1. Le dimensioni medie della base inferiore e della base superiore corrispondono rispettivamente a 51,5x 13,3 cm e 47x7,6 cm; l'altezza media è di 11 cm. Tali valori determinano un peso medio di 63,1 kg, corrispondente a 193 libbre romane circa. Anche se lo scarto tra l'esemplare più pesante e quello più leggero è di circa 3

[29] Domergue, "La mine antique de Diògenes," 41-72; Domergue, *Les mines de la Péninsule Ibérique*, 253-257; 265-266; 273.

[30] Le misure delle *massae plumbeae* di questa serie evidenziano piccole variazioni che non superano mai il centimetro per tutti i parametri.

[31] Nn. 39-42.

Serie 1, gruppo 1 – lingotti dal n. 1 al 25								
N.	**A**	**B**	**C**	**bollo**	**i. p.**	**v. i. p.**	**peso reale**	**differenza**
1	57,5X13	50,5X8,5	11,5	non leggibile	-	-	198,4=65	-
2	57,5X12,5	51X7,8	12	*AUGUSTI CESARIS GERM^ANICU^M*	*CXI*	211=69,1	206,1=67,5	- 4,9=1,6
3	58x11,5	51x8	12	*AUGUSTI CESARIS GERM^ANICU^M*	*CXX*	220=72	210,3=68,9	- 9,7=3,1
4	56,5x12,5	50,5x8	11,8	*AUGUSTI CESARIS GERM^ANICU^M*	*CIX*	209=68,4	202,7=66,4	- 6,1=1,9
5	57,5x12	50,5x8	11,6	*AUGUSTI CESARIS GERM^ANICU^M*	*CIIIS*	203,5=66,6	197,8=64,8	- 5,5=1,8
6	57x12	50,5x8	11,5	*AUGUSTI CESARIS GERM^ANICU^M*	-	-	190,5=62,4	-
7	57x12	50,3x8	11,8	*AUGUSTI CESARIS GERM^ANICU^M*	*CX*	210=68,8	202,1=66,2	- 7,9=2,6
8	56,9x12	50,5x8	11,8	*AUGUSTI CESARIS GERM^ANICU^M*	*CIXS*	209,5=68,6	199,3=65,3	- 10=3,3
9	57x12,5	50,8	11,5	*AUGUSTI CESARIS GERM^ANICU^M*	-	-	203,9=66,8	-
10	56x12	50,5x8	11,7	*AUGUSTI CESARIS GERM^ANICU^M*	*CIIIII*	205=67,1	198,4=64,9	- 6,4=2,1
11	57,5x12	51x8	11,7	*AUGUSTI CESARIS GERM^ANICU^M*	*CIIIII*	205=67,1	200,2=65,6	- 4,5=1,5
12	57x12,2	50x8,5	11,8	*AUGUSTI CESARIS GERM^ANICU^M*	*CIIII*	204=66,8	196,4=64,3	- 7,6=2,5
13	57x11,6	50,5x7,5	11,8	*AUGUSTI CESARIS GERM^ANICU^M*	*CXIIII*	214=70	205,1=67,2	- 8,5=2,8
14	57x11,8	50,5x7,8	11,5	*AUGUSTI CESARIS GERM^ANICU^M*	*CVII*	207=67,8	198,1=64,9	- 8,8=2,9
15	57x12	50,1x7,9	11,7	*AUGUSTI CESARIS GERM^ANICU^M*	*CIIIS*	203,5=66,6	196,3=64,3	- 7=2,3
16	57x12	50,5x8,1	11,6	*AUGUSTI CESARIS GERM^ANICU^M*	*CVII*	207=67,8	198,7=65,1	- 8,2=2,7
17	57x12	50,5x7,9	11,2	*AUGUSTI CESARIS GERM^ANICU^M*	*C?*	200=65,5	201,5=66	+ 1,6=0,5
18	56x11,5	50x7,7	11	*AUGUSTI CESARIS GERM^ANICU^M*	*XCVIII*	198x64,8=	190,8=62,5	- 7=2,3
19	57x11,5	50x8	11,1	*AUGUSTI CESARIS GERM^ANICU^M*	*C*	200=65,5	192,5=63	- 7,6=2,5
20	56x12	50x8	11	*AUGUSTI CESARIS GERM^ANICU^M*	*CII*	202=66,1	195,4=64	- 6,4=2,1
21	57x11,5	50,1x8	11,6	*AUGUSTI CESARIS GERM^ANICU^M*	*CVII*	207=67,8	200,3=65,6	- 6,7=2,2
22	56,5x12	50x8	12	*AUGUSTI CESARIS GERM^ANICU^M*	*[C]XVI*	216=70,6	208,2=68,2	- 7,9=2,6
23	56,5x12	50,5x7,8	11,3	*AUGUSTI CESARIS GERM^ANICU^M*	*CVIII*	208=68,1	202,2=66,2	- 5,8=1,9
24	57x11	50x7,5	11,3	*AUGUSTI CESARIS GERM^ANICU^M*	*CIX*	209=68,4	205,1=67,2	- 3,6=1,2
25	57x12	50,5x7,5	11,8	*AUGUSTI CESARIS GERM^ANICU^M*	*CXIIIIS*	214,5=70,2	206,7=67,7	- 7,6=2,5

Figura 9. Tabella riassuntiva dei dati relativi ai lingotti della Serie 1, Gruppo 1, nn. 1-25. A: faccia superiore; B: base; C: altezza (misure espresse in cm.); i. p.: indicazione ponderale; v. i. p.: valore dell'indicazione ponderale. I valori delle colonne i. p., peso reale e differenza sono espressi in libbre romane e kg.

kg[32], le misure di tutti i lingotti del gruppo risultano nel complesso assai omogenee, con differenze mai superiori ad 1 cm.

Il testo del bollo risulta inserito all'interno di un cartiglio rettangolare di 42,6x3,5 cm circa, leggermente più piccolo di quelli dei lingotti del Gruppo 1; il testo, in lettere capitali alte 2-2,5 cm, è il seguente:

[32] Il lingotto n. 32 pesa 62 kg mentre il n. 48 raggiunge i 65 kg.

Serie 1, gruppo 1 – lingotti dal n. 1 al 25								
N.	**A**	**B**	**C**	**bollo**	**i. p.**	**v. i. p.**	**peso reale**	**differenza**
26	56,5x11,5	50,2x7,5	11,4	*AUGUSTI CESARIS GERM^ANICU^M*	*VII*	207=67,8	199=65,2	- 7,9=2,6
27	57x12	50x7,5	11,3	*AUGUSTI CESARIS GERM^ANICU^M*	-	-	204,5=67	-
28	56x11	50,4x8	11,2	*AUGUSTI CESARIS GERM^ANICU^M*	-	-	197,5=64,7	-
29	56,5x12	50,2x8	11,1	*AUGUSTI CESARIS GERM^ANICU^M*	*CIXS*	209,5=68,6	200,6=65,7	- 8,8=2,9
30	56,5x12	50,1x7,9	11,1	*AUGUSTI CESARIS GERM^ANICU^M*	*CVIIS*	207,5=68	201,5=66	- 6,1=2
31	56,5x12	50,2x7	11,5	*AUGUSTI CESARIS GERM^ANICU^M*	*CVIIII*	209=68,4	202,1=66,2	- 7,6=2,2
32	56x11,3	50,5x7,9	11	*AUGUSTI CESARIS GERM^ANICU^M*	-	-	196=64,2	-
33	56,5x12	50x8	10,4	*AUGUSTI CESARIS GERM^ANICU^M*	-	-	207,6=68	-
34	56,5x11,5	52x8	11,4	*AUGUSTI CESARIS GERM^ANICU^M*	*CS*	200,5=65,6	196=64,2	- 4,2=1,4
35	56,2x11,5	50,2x8	11	*AUGUSTI CESARIS GERM^ANICU^M*	*CIII*	203=66,5	198,7=65,1	- 4,2=1,4
36	56,2x11,5	50,2x8	11	*AUGUSTI CESARIS GERM^ANICU^M*	*CVIII*	208=68,1	198,7=65,1	- 9,1=3
37	58x12,6	50,5x7,5	11,3	*AUGUSTI CESARIS GERM^ANICU^M*	*CXIII*	213=69,7	203,3=66,6	- 9,4=3,1
38	56,5x11,5	50,5x7,6	11,7	*AUGUSTI CESARIS GERM^ANICU^M*	*CVI*	206=67,4	198,7=65,1	- 7=2,3

Figura 10. Tabella riassuntiva dei dati relativi ai lingotti della Serie 1, Gruppo 1, nn. 26-38. A: faccia superiore; B: base; C: altezza (misure espresse in cm.); i. p.: indicazione ponderale; v. i. p.: valore dell'indicazione ponderale. I valori delle colonne i. p., peso reale e differenza sono espressi in libbre romane e kg.

Augusti Caesaris (plumbum) Germanic(um)

Anche in questo caso una piccola *haedera* funge da segno di interpunzione tra le parole e dopo l'ultimo termine del testo. Nessuna legatura caratterizza il testo di questo secondo bollo. Il *ductus* appare in generale meno accurato[33]; la prima parte del testo, fino alla parola *Caesaris*, occupa più di metà della lunghezza del cartiglio[34]. Limitatamente al testo, la principale differenza rispetto ai bolli dei lingotti del Gruppo 1 è l'abbreviazione, in corrispondenza della *C*, del termine *Germanic(um)*. Differenze nel corredo epigrafico e nei valori del peso e nella morfologia consentono di individuare nei lingotti dei Gruppi 1 e 2 due produzioni distinte di una stessa miniera, nell'ambito delle quali si sono impiegate lingottiere e matrici diverse.

Il testo del bollo di entrambi i gruppi è evidentemente confrontabile con quello dei lingotti di piombo di epoca repubblicana e imperiale, nei quali l'indicazione di proprietà del piombo compare assieme al nome della miniera presso la quale il lingotto è stato prodotto[35]; in questo caso particolare l'uso del genitivo individua il proprietario della *massa plumbea* in Augusto.

In base alla titolatura si può, infatti, affermare che, nonostante l'insolita inversione del *nomen* e del *cognomen*[36], il personaggio in questione è senz'altro Augusto, il quale viene menzionato come *Augustus Caesar* in Livio e in Velleio Patercolo[37]. Strabone è solito riferirsi ad Augusto definendolo regolarmente Σεβαστός Κάισαρ quando il contesto richiede una certa precisione (ad esempio se nello stesso passo si citano Tiberio o C.

[33] La *T* di *Augusti*, secondo una moda che inizia nel I sec. a.C. e che si intensifica particolarmente nel I sec. d. C., risulta allungata al di sopra delle due lettere ad essa adiacenti (I. Calabi Limentani, *Epigrafia latina*, Milano 1974, 130).

[34] In *Germanic(um)* infatti il primo tratto obliquo della *u* finisce all'interno dell'area delimitata dalla *c* che la precede.

[35] J. M. Blázquez Martinez, "Admninistracion de las minas en epoca romana. Su evolucion." In *Mineria e Metalurgia en las antigas civilizaciones mediterraneas y europeas, I, Colloquio Internacional Asociado, (Madrid, 1985)*, Editado por C. Domergue (Madrid 1989), 119-132; Domergue, *Les mines de la Péninsule Ibérique*, 253-277; J. M. Blázquez, "Las explotaciones y la romanizaciòn de Hispania." In *La romanizaciòn en Occidente*, Editado por J. M. Blázquez, J. Alvar (Madrid 1996), 179-200.

[36] Calabi Limentani, *Epigrafia*, 145-148; E. Vant'Dack, "La papyrologie et l'histoire du Haut-Empire: le *"formulae"* des empereurs." In *Aufstieg und Niedergang des romisches Welt*, I, 1, Herausgegeben H. Temporini (Berlin 1974), 857-888; A. Magioncalda, *Lo sviluppo della titolatura imperiale da Augusto a Giustiniano attraverso le testimonianze epigrafiche*, Torino 1990, 3-18; C. Rubincam, "The nomenclature of Julius Caesar and the Later Augustus in the triumviral period," Historia 41 (1992): 88-103.

[37] Liv., I, 19, 3; 4, 20, 7; 28, 12, 12; *Per.*, 59; Vell. Pat., II, 91, 1; . Rubincam, "The nomenclature of Julius Caesar," 92-97, 101.

Giulio Cesare)[38]. È importante sottolineare che gli autori citati sono tutti contemporanei di Augusto e che questo rende la loro testimonianza particolarmente attendibile in onore di L. Cesare, nella quale Augusto viene definito *Augusti Caesaris patris patriae pontificis maximi tribuniciae potestatis XXV filius*[40]; la menzione della

Figura 11. Lingotti della Serie 1, Gruppo 2. Esemplari nn. 39 (1), 41 (2).

per quanto riguarda l'uso, forse più diffuso di quanto si pensi, della formula *Augustus Caesar* proprio durante il principato augusteo.

La stessa formula, per quanto rara, è documentata anche da diverse iscrizioni, soprattutto di tipo sacro[39]. Nei *Cenotaphia Pisana* (2-4 d. C.) troviamo un'iscrizione *tribunicia potestas* fissa la data al 2-3 d. C. Nell'iscrizione dedicatoria del tempio di Roma e Augusto a Pola (*Romae et Augusto Caesari divi f(ilio) patri patriae*) la formula è nuovamente impiegata; in questo caso l'attribuzione del titolo di *pater patriae* individua un *terminus post quem* nel 2 a. C.[41]. Il titolo di *pater patriae* consente di datare nello stesso modo

[38] Cfr. ad es. Strabo, III, 3, 8; IV, 1, 1; in IV, 6, 7, invece, dove Augusto è menzionato da solo, Strabone usa semplicemente Καίσαρ.
[39] Ruggeri, "Un naufragio di età augustea," 905.
[40] CIL XI, 1420.
[41] CIL V, 18.

Serie 1, gruppo 1 – lingotti dal n. 1 al 25								
N.	A	B	C	bollo	i. p.	v. i. p.	peso reale	differenza
39	52x13,5	47x8	11,1	AUGUSTI CESARIS GERMANIC(UM)	XCVIII	198=64,8	189,4=62	- 8,5=2,8
40	51x13	47x7,5	10,8	AUGUSTI CESARIS GERMANIC(UM)	XCIII	193=63,2	193=63,2	-
41	51,5x13	47x7,5	11,1	AUGUSTI CESARIS GERMANIC(UM)	XCVIII	198=64,8	198,4=65	+ 0,6=0,2
42	52x14	47x7,5	11	AUGUSTI CESARIS GERMANIC(UM)	XCVI	196=64,2	190=62,2	- 6,1=2

Figura 12. Tabella riassuntiva dei dati relativi ai lingotti della Serie 1, Gruppo 2, nn. 38-42. A: faccia superiore; B: base; C: altezza (misure espresse in cm.); i. p.: indicazione ponderale; v. i. p.: valore dell'indicazione ponderale. I valori delle colonne i. p., peso reale e differenza sono espressi in libbre romane e kg.

una terza epigrafe proveniente da Pompei[42]. Una quarta iscrizione, presente su un sarcofago rinvenuto presso *Histonium*, illustra il *cursus honorum* completo di *Publius Paquius Scaeva*[43]. Questi, dopo essere stato *quaestor*, *decemvir stlitibus iudicandis*, *quattuorvir capitalis*, tribuno della plebe, edile curule e *iudex quaestionis,* ricopre la carica di *praetor aerarii*, creata da Augusto nel 23 a. C.[44]. Successivamente, forse tra il 22 ed il 21 a. C.[45], viene inviato a Cipro in qualità di proconsole e, l'anno successivo è *viarum curator extra urbem Romam* per un periodo di cinque anni. Torna a quindi a Cipro, presumibilmente tra il 15 ed il 10 a. C.[46], con la seguente carica: *proco(n)s(ul) iterum extra sortem auctoritate Aug(usti) Caesaris / et S(enatus) c(onsulto) missus ad componendum statum in reliquum provinciae Cypri*. L'epigrafe di *Scaeva*, di carattere funerario, è quindi sicuramente più tarda rispetto al 10 a. C., anno dell'ultima carica da lui ricoperta in ordine di tempo.

L'inversione del *nomen* e del *cognomen*, pur in assenza di una datazione sicura, è presente su altre iscrizioni di ambito religioso provenienti da Terracina[47], Bologna[48], Aix-en-Provence[49] e *Segodunum/Rodez* [50]e in alcune epigrafi relative a carriere civili e militari. Tra queste vi sono quelle di *L. Annius Eros, lictor Augusti Caesaris*[51] e del centurione *Edusius*[52]. Nel testo di una iscrizione di Corfinio, nella quale si fa riferimento agli *iudicia August(i) Caesaris*, si trova impiegata contestualmente anche la formula *Caesaris August(i)*[53]. Ricordiamo che questa seconda formula, *Caesar Augustus*, compare nei bolli dei lingotti di piombo di S. Niccolò in Sardegna (*Caesaris Augusti*)[54], di un lingotto di Roma (*Caesaris Aug(usti)*)[55] e sul lingotto di Jasenovik, in Serbia (*[Metall]o [Cae]saris Aug(usti)*)[56], tutti genericamente databili tra il 27 a. C. ed il 14 d. C. e attribuibili allo stesso Augusto. L'inversione è attestata anche in iscrizioni in lingua greca: la formula Σεβαστός Κάισαρ compare, ad esempio, su un'epigrafe egiziana da Elefantina[57] e su iscrizioni dell'Asia da Tatar Keui[58], *Thyatira*[59], Smirne[60],

[42] *[Augu]sto Caesari, parenti patriae* (CIL X, 823).

[43] CIL IX, 2845,6 = ILS 915: *P(ublius) Paquius, Scaevae et Flaviae filius, Consi et Didiae nepos, Barbi et Dirutiae pronepos, / Scaeva, quaestor, decemvir stlitibus iudicandis ex S(enatus) c(onsulto) post quaesturam, quattuorvir / capitalis ex S(enatus) c(onsulto) post quaesturam et decemviratum stlitium iudicandarum, tribunus plebis, / aedilis curulis, / iudex quaestionis, / praetor aerarii, / pro consule provinciam Cyprum optinuit, / viar(um) cur(ator) extra u(rbem) R(omam) ex S(enatus) c(onsulto) in quinq(uennium), proco(n)s(ul) iterum extra sortem auctoritate Aug(usti) Caesaris / et S(enatus) c(onsulto) missus ad componendum statum in reliquum provinciae Cypri, fetialis, / consobrinus idemque vir Flaviae Consi filiae, / Scapulae neptis, / Barbi proneptis, simul cum ea conditus. Flavia, Consi et Sinniae filia, / Scapulae et Sinniae neptis, / Barbi et Dirutiae / proneptis, consobrina eademque uxor P(ublii) Paquii Scaevae, filii Scaevae, Consi / nepotis, Barbi pronepotis, / simul cum eo condita.* Vedi anche PIR VI, n. 126, 38-39.

[44] Dio, 53, 32, 2; cfr. anche W. Eck, "La riforma dei gruppi dirigenti. L'ordine senatorio e l'ordine equestre." In *Storia di Roma. II, 2. L'impero mediterraneo, i principi e il mondo*, a cura di A. Schiavone (Torino 1991), 88.

[45] T. B. Mitford, "Roman Cyprus." In *Aufstieg und Niedergang der Römischen Welt*, II, 7,1, Herausgegeben W. Haase (Berlin 1980), 1299, nota 47.

[46] Una datazione più alta, a partire dal 17 a. C., è ipotizzata da Mitford che pone il primo incarico nel 22-1 a. C. (Mitford, ,*Roman Cyprus*, 1299: *early Augustan, at least 4 years after his first term of office*). Per una cronologia più tarda (12-10 a. C.) cfr. PIR VI, p. 38, n. 126.

[47] *Romae et Augusto Caesari divi [f(ilio)]* (CIL X, 6305).

[48] *Apollini Genioque Augusti Caesaris* (CIL XI, 804 = ILS, 3218).

[49] *Augusto Caesari* (CIL XII, 513).

[50] AE 1994, 1215a-b.

[51] CIL IX, 4057.

[52] ILS 2231: *C(aius) Edusius Sex(ti) f(ilius) Clu(stamina tribu) / natus Mevaniae / centurio legion(is) XXXXI / Augusti Caesaris / et centurio classicus / ex testamento*. Il fatto che nel corso delle guerre civili Edusio abbia militato in una legione con un numero alto e, quindi, precocemente congedata da Augusto dopo la loro fine, non può tuttavia dirci niente in merito alla datazione dell'epigrafe.

[53] CIL IX, 3158.

[54] CIL X, 8073, 1; M. Besnier, "Le commerce du plomb à l'époque romaine d'aprés les lingots estampillés," *Revue Archéologique* 13 (1921): 113; P. Meloni, *La Sardegna romana*, Sassari 1975, 299-317; Y. Le Bohec, "Notes sur les mines de Sardaigne à l'époque romaine." In *Sardinia Antiqua*. Studi in onore di P. Meloni (Cagliari 1992), 260-262.

[55] Besnier 1921, "Le commerce," 113; CIL XV, 7914.

[56] S. Dušanić, " Iz istorije rimskog rudarstva u gornjoj meziji (A lead ingot at Zuc)," *Archeoloski Vestnik* XXVIII (1977): 163-164, 178; IMS, 137, n. 135.

[57] CIG 4863 = IGRR I, 1290.

[58] IGRR IV, 691.

[59] IGRR IV, 1276.

[60] IGRR IV, 1390.

Erythrae[61], Halasarna (17-13 a. C.)[62] e *Myra* (1-12 a. C.)[63].

Le testimonianze letterarie ed epigrafiche attestano quindi l'uso della formula *Augustus Caesar* e dell'equivalente espressione greca Σεβαστός Κάισαρ in alternativa al più frequente impiego di *Caesar Augustus* e di Κάισαρ Σεβαστός[64]. Sulla base della sola formula onomastica invertita è tuttavia solo in parte possibile circoscrivere ulteriormente la datazione dei lingotti della Serie 1. Due delle epigrafi greche che abbiamo citato, quelle di Halasarna e di *Myra*[65], attestano l'uso della titolatura inversa già nel corso del secondo decennio prima della nascita di Cristo; le iscrizioni in lingua latina con una cronologia certa sembrano tuttavia indicare che nella parte occidentale dell'impero tale formula onomastica possiede una datazione leggermente più tarda, forse non precedente al 10 a. C. circa.

Anche il confronto con le titolature degli imperatori posteriori ad Augusto riportate nei bolli dei lingotti di piombo indica che il *princeps* menzionato nei lingotti del relitto di Rena Maiore può essere identificato con certezza con Augusto; anche in questo particolare ambito, come in tutte le epigrafi di carattere ufficiale, l'amministrazione imperiale segue la *ratio* per cui il nome del *princeps* deve sempre risultare chiaramente identificabile. Limitatamente alla dinastia giulio-claudia è possibile osservare come Tiberio compaia quindi come *Imp(erator) Ti(berius) Caesar Aug(ustus)* nei bolli di due lingotti, rinvenuti rispettivamente a Tongeren, in Belgio[66], e a presso Fos-sur-Mer[67]; Gaio[68] è invece ricordato come *Caius Caesar Augustus Germanicus* nel bollo presente in due lingottiere di marmo rinvenute nell'insediamento del Magdalensberg;[69] il testo, che ricorda anche la provenienza del metallo, è *C(aii) Caesaris Aug(usti) Germanici Imp(eratoris) ex Noric(is*

Figura 13. Immagini dei lingotti della Serie 1 (nn. 38, 13, 16, 30, 3, 31, 20, 16).

[61] IGRR IV, 1534.
[62] IGRR IV, 1095.
[63] IGRR III, 719.
[64] Vant'Dack, *La papyrologie et l'histoire du Haut-Empire*, 870-871; Magioncalda, *Lo sviluppo*, 8-10.
[65] IGRR IV, 1095; III, 719.
[66] M.-Th. Raepsaet-Charlier, "*Plumbum Germanicum*. Nouvelles données," *L'Antiquité classique* 80 (2011): 187-188; M.-Th. Raepsaet-Charlier, G. Charlier, "Der in Tongern aufgefundene Bleibarren mit dem Namen des Kaisers Tiberius." In *Ein Bleibarren mit Stempel des Tiberius aus Tongeren (Belgien)*, Edited by G. Creemers, Atuatuca 4 (Tongeren 2013): 38-49.
[67] AE 1992, 913; Raepsaet-Charlier, "*Plumbum Germanicum*," 188-189; M. Bode, "Bleiisotope als Schlüssel zur Herkunftsbestimmung von Metallen – Die römischen *Plumbum Germanicum*-Barren." In *Ein Bleibarren mit Stempel des Tiberius aus Tongeren (Belgien)*, Edited by G. Creemers, Atuatuca 4 (Tongeren 2013): 50-57.
[68] Cfr. CIL II, 4746.
[69] G. Piccottini, "Gold und Kristall am Magdalensberg," Germania 72 (1993): 467-477.

metallis). Di Claudio[70] è attualmente noto un solo lingotto, prodotto nelle miniere britanniche nel 49 d. C. e bollato *Ti(berius) Claud(ius) Caesar Aug(ustus) p(ontifex) m(aximus) tr(ibunicia) p(otestate) VIIII imp(erator) XVI de Britan(nicis metallis)*[71]. Due lingotti britannici e uno, perduto, rinvenuto nel golfo di Baratti a Populonia riportano infine la titolatura di Nerone[72]; nei primi due casi il principe è menzionato come *Nero Augustus* – lingotto dalle Mendip Hills datato al 60 d. C.[73]; lingotto rinvenuto in Normandia, presso l'attuale centro di St. Valéry sur Somme[74] – mentre nel terzo la titolatura di Nerone compare nella formula *Imperator Nero Claudius Caesar*[75].

I bolli appena menzionati indicano che la titolatura imperiale presente sui lingotti di piombo della prima età imperiale non si discosta, nelle sue caratteristiche principali, da quella ufficiale di ciascun imperatore[76]. Dopo Augusto, la cui titolatura completa è *Imperator Caesar Augustus*, ciascuno dei suoi successori inserisce nella propria un elemento distintivo, solitamente costituito dal *praenomen*, nel caso di Tiberio e Caligola, o dal *cognomen*, per gli imperatori successivi a quest'ultimo[77]. Il bollo *Augusti Caesaris Germanicum* ci informa quindi in primo luogo del fatto che Augusto è il proprietario del metallo.

---

[70] Cfr. CIL V, 8002; IX, 5959.
[71] CIL VII 1201; RIB, 38-9, n. 1 (dal Somerset).
[72] Cfr. CIL III, 6741; IX, 1331. Sul lingotto di Populonia vedi anche Cap. 2.4.6.
[73] CIL VII, 1203; RIB, 40, n. 3: *Neronis Aug(usti) ex K(alendis) Ian(uariis) IV co(n)s(ulis) Brit(annicum) (plumbum)*. La datazione è stata determinate grazie alla menzione del quarto consolato di Nerone.
[74] CIL XIII, 3491; Besnier 1921, "Le commerce," 67; D. Bayard, J.-L. Massy, *Amiens romain*. Samarobriva Ambianorum, Amiens 1983, 153-155 e nota 160; RIB, 38-66, n. 24: *Neronis Aug(usti) Britan(nicum) l(egio) II*.
[75] Vedi Cap. 2.4.6 (sul rinvenimento vedi A. M. Mc Cann, "Survey of the Etuscan Port at Populonia)," *Muse. Annual of the Museum of Art and Archaeology (University of Missouri-Columbia)* 5 (1971), 22, fig. 2; A. M. Mc Ann, J. Bourgeois, E. Lyding Will, "Underwater Excavation at the Etruscan Port of Populonia", *Journal of Field Archaeology* 4 (1977), 288, fig. 21; Fedeli, *Populonia*, 424; S. Genovesi, "Un lingotto di piombo dal Golfo di Baratti (Populonia, LI). Il commercio del piombo dalle province settentrionali dell'impero al Mediterraneo nella prima età imperiale," *Rassegna di Archeologia* 23/B (2007-2008): 111-138.
[76] Questo stessa consuetudine, volta a favorire l'identificazione di ciascuno *princeps* per mezzo degli elementi maggiormente distintivi della titolatura, è attestato anche successivamente all'età giulio-claudia. Vespasiano (*Imperator Caesar Vespasianus Augustus*; è attestata anche la forma *Imperator Vespasianus Caesar Augustus*. Cfr. CIL III, 6993 e XI, 3605) è menzionato su numerosi lingotti britannici come *Imperator Vespasianus Augustus* (*Imp(eratoris) Vespasian(i) Aug(usti)* in RIB, 38-66, nn. 4-10 (dal Somerset); M. W. C. Hassal, R. S. O. Tomlin, "Roman Britain in 1997," Britannia 29 (1996): 446-448, nn. 12, 13; *Imp(eratoris) Vespasiani Aug(usti)* in RIB, 38-66, nn. 11-12 (dal Somerset); Hassal, Tomlin, "Roman Britain in 1997," 446, n. 11; *Imp(eratoris) Vesp(asiani) Aug(usti)* in RIB, 46, n. 13).
Vespasiano a Tito compaiono assieme nei bolli di alcuni lingotti britannici (*Imp(eratore) Vesp(asiano) VII T(ito) imp(eratore) V co(n)s(ulibus)*), databili, grazie alla menzione del consolato ricoperto da essi assieme, al 76 d. C. (RIB, 53-55, nn. 31-35, dalle miniere del Galles nord-orientale).
Per quanto riguarda Domiziano (CIL II, 4721; *Eph. ep.* V, 94-95) è possibile ricordare quattro *massae plumbeae* rinvenute nel porto di *Caesarea Maritima* (S. R. Wolff, "*Ceasarea*," *American Journal of Archeology* 98 (1994): 506-510; A. Raban, "Sebastos, the royal harbour of Herod at Caesarea Maritima: 20 years of underwater research." In *Archeologia subacquea. Come opera l'archeologo. Storie dalle acque*, VIII Ciclo di Lezioni sulla Ricerca applicata in Archeologia, Certosa di Pontignano (Siena, 9-15 Dicembre 1996), a cura di G. Volpe (Siena 1996), 217-273; A. Raban, "The lead ingots from the wreck site (area K8)." In *Caesarea papers 2. Herod's temple, the provincial's governor's praetorium and granaries, the later harbours, a gold coin hoard and others studies*, edited by K. G. Holum, J. Patrich (Porthsmouth 1999), 180-188) e alcuni lingotti della Britannia dove compaiono i bolli *Imp(eratoris) Domit(iani) Aug(usti) Ger(manici)* (RIB, 38-66, n. 36; relitto di Runcorn, nel Galles settentrionale) e *Imp(eratore) Caes(are) Domitiano Aug(usto) co(n)s(ule) VII*, quest'ultimo databile all'81 d. C. in virtù della menzione del quarto consolato di Domiziano (RIB, 61-62, nn. 61-62, dalle miniere dello Yorkshire).
Su due soli lingotti, entrambi britannici, compaiono i nomi di Nerva (CIL II, 956 e VI, 952) e di Traiano (CIL II, 2097, III, p. 870, *dipl.* XXVII, VI, 962 e XII, 405). Il primo degli imperatori della dinastia antonina è menzionato sul bollo (*Imp(eratoris) Nervae Ca[es(aris) ---]*) di una *massa plumbea* rinvenuta nei livelli degli inizi del II sec. d. C. di una abitazione dell'insediamento di *Portus Rutupiae*/Richborough, sulla costa meridionale dell'Inghilterra (RIB, 63, n. 65). Il bollo di un secondo lingotto, rinvenuto attorno al 1885 nelle miniere dello Yorkshire e successivamente andato perduto, riporta in modo leggibile il nome di Traiano (*"... the name of the emperor Trajan (A. D. 98) stamped on it."*; J. Lucas, "Grassington Lead Mines", *Old Yorkshire*, ser. 2, I (1885): 49). Numerosi sono invece i lingotti che riportano il nome di Adriano. Nove *massae plumbeae* provenienti dalla Sardegna - 8 pertinenti al relitto di Porto Pistis (Zucca, *Le* massae plumbeae, 797-826) e uno rinvenuto isolato nei pressi di Carcinadas, nella regione mineraria dell'Iglesiente (CIL X, 8073,2; Besnier M., "Le commerce du plomb à l'époque romaine d'aprés les lingots estampillés." *Revue Archéologique* 12 (1920): 222; Zucca, *Le* massae plumbeae, 797-799) riportano il bollo *Imp(eratoris) Caes(aris) Hadr(iani) Aug(usti)*. Numerosi esemplari, sui compaiono i bolli *Imp(eratoris) Caes(aris) Hadriani Aug(usti)* (RIB, 63-64, n. 67, dal centro di *Lactodurum*/Towcester; RIB, 56, n. 39, dalle miniere del Derbyshire) e *Imp(eratoris) Hadriani Aug(usti)* (RIB, 38-66, nn. 14, da Bath, e 28-30, dal Galles centrale), provengono inoltre dalle miniere britanniche e dal relitto di Saint-Gervais 1, individuato nel 1966 all'ingresso del golfo di Fos-sur-Mer (L. Monguilan, "Une épave romaine chargée de fer et de plomb dans le golfe de Fos-Saint-Gervais I." In *Les mines et la Métallurgie en Gaule et dans les provinces voisines, Actes du Colloque (Paris, 26-27 April 1986)*, Caesarodunum 22 (Paris 1987), 171-179).
Di questo stesso relitto fanno parte anche tre lingotti di Antonino Pio (CIL IX, 697; X, 1640) recanti il bollo *Imp(eratoris) Caes(aris) Antonini Aug(usti) Pii*, attestato anche su esemplari britannici, nei quali compare anche l'epiteto *pater patriae* (*Imp(eratoris) Caes(aris) Antonini Aug(usti) Pii p(atris) p(atriae)*; RIB, 38-66, nn. 16, da Charterhouse on Mendip, 17-18, da Bristol).
Bolli di Marco Aurelio e Lucio Vero (CILVI, 360*bis*; IX, 15.16), databili tra il 165 e il 169 d. C., anno della morte del secondo, provengono dall'area mineraria di Charterhouse on Mendip e dai suoi immediati dintorni (RIB, 38-66, nn. 19-22); il bollo è in tutti i casi *Imp(eratorum) duor(um) Aug(ustorum) Antonini / et Veri Armeniacorum*.
Sono infine noti due lingotti, entrambi rinvenuti in Francia, in prossimità del centro di Châlon-sur-Saône, recanti bolli di Settimio Severo (CIL VI, 225; VIII, 1036; XIII, 2612a; 3222; Besnier 1921, "Le commerce," 67; M. L. Armand-Calliat, "Note sur des saumons de plomb antiques trouvès dans le Chalonnais," *Bullettin archèologique du comité des travaux historiques et scientifiques* 6 (1936-1937): 527-533; RIB, 65-66, nn. 72a-b.). Il testo, *Imp(eratoris) Caes(aris) L(ucii) Sept(imii) Severi Pertinacis Aug(usti) Partici Adiabenici*, permette di datare i due lingotti tra il 198, anno dell'assunzione dei titoli di *Parthicus* e di *Adiabenicus*, e il 210 d. C., anno dell'assunzione dell'epiteto di *Britannicus Maximus* (per i titoli di *Parthicus* e *Adiabenicus* cfr. Dio, LXXV, 9, 3-5 e Erodian., III, 9, 9-11; per il titolo di *Britannicus Maximus* cfr. Dio LXXVI, 13, 3-4; vedi anche C. Letta, "La dinastia dei Severi." In *Storia di Roma. II, 2. L'impero mediterraneo, i principi e il mondo*, a cura di A. Schiavone (Torino 1991), 664, 672).
[77] Magioncalda, *Lo sviluppo*, 27-78.

Riveste un notevole interesse la seconda parte del bollo, nella quale compare il termine *Germanicum*. Esso, che può essere unicamente inteso come aggettivo da riferirsi alla provenienza del piombo, deve essere quindi letto come *Germanicum (plumbum)*, ossia come "piombo della *Germania*". L'espressione, che fa riferimento ad un ambito provinciale, trova un buon numero di confronti nei corredi epigrafici dei lingotti di piombo prodotti nei *metalla* delle province occidentali nel corso della prima età imperiale; è possibile ricordare, in particolare, l'espressione *(plumbum) Brit(annicum) ex arg(entariis)*[78], presente su numerosi lingotti di piombo della *Britannia* datati tra la metà del I e la metà del II sec. d. C.[79].
Lo stesso tipo di indicazione è presente nel testo inserito nelle già citate lingottiere di marmo del Magdalensberg: *C(aii) Caesaris Aug(usti) Germanici Imp(eratoris) ex (metallis) Noric(is)*[80]. Appaiono infine caratterizzati dalle legende *met(alla) Nor(ica)*, *metal(la) Delm(atica)* e *(in) meta(llis) Pannonicis* i *nummi metallorum* che circolano nel corso del II sec. d. C. nei distretti minerari del *Noricum*, della *Pannonia* e della *Dalmatia*[81].

In merito alla questione del significato del termine *Germanicum*, è poi necessario sottolineare che esso non può essere confuso con il termine *Germanicus*, impiegato come *cognomen ex virtute* nei bolli di lingotti appartenenti ad imperatori successivi ad Augusto ma mai attribuito ad Ottaviano[82]; sui 6 lingotti di piombo rinvenuti nel porto di *Caesarea Maritima* in Palestina e su quelli, oggi perduti, del relitto di Runcorn (Galles) compaiono rispettivamente i bolli *Imp(eratoris) Domit(iani) Caesaris Aug(usti) Ger(manici)*[83] e *Imp(eratoris) Domit(iani) Aug(usti) Ger(manici)*[84]. In entrambi i casi *Germanicus* è il *cognomen ex virtute* che Domiziano assume nell'83 d. C. in seguito alle campagne da lui condotte contro le popolazioni germaniche. Altre ipotesi, secondo le quali il termine *Germanicum* sarebbe da mettere in relazione con il nome di uno dei precedenti proprietari della miniera, possono essere escluse con certezza[85].

Il bollo dichiara quindi esplicitamente l'origine "germanica" del metallo; l'aggettivo fa riferimento ad una realtà geografica che, come vedremo più in dettaglio nel capitolo successivo, è stata, almeno per un breve periodo nel corso del principato di Augusto, anche una realtà politica a tutti gli effetti, con caratteristiche tali da costituire di fatto una provincia tra il 7 a. C., anno del trionfo di Tiberio sui *Germani*[86] e – successivamente alla disastrosa sconfitta di Varo nel 9 d. C. – il definitivo ritiro di Germanico dall'area ad Est del Reno (16-17 d. C.).

Le analisi archeometriche condotte sugli isotopi del piombo di alcuni dei lingotti della Serie 1[87] indicano che la probabile origine del piombo delle *massae plumbeae*

[78] Da notare, nel caso dei lingotti britannici, la presenza di una ulteriore informazione, veicolata dall'espressione *ex arg(entariis)* e relativa al fatto che il piombo di cui è fatto il lingotto è frutto del processo di coppellazione del minerale d'argento.
[79] RIB, 38-65. Va peraltro notato, a questo proposito, che, i bolli dei lingotti di piombo dei relitti ricordati alludono genericamente alla provenienza del metallo dalla *Germania*; si può rilevare, in questo caso, la differenza rispetto alla realtà delle *massae plumbeae* prodotte, a partire dal principato di Claudio, in *Britannia*, il cui corredo epigrafico fornisce spesso anche l'indicazione del nome dell'area minerara di provenienza dei lingotti (*argentariae Veb(---)*; *metalla Deceanglica*; *metalla Lutudarensia*).
[80] Piccottini, "Gold und Kristall," 467-477.
[81] S. Dušanić, "Aspects of roman mining in Noricum, Pannonia, Dalmatia and Moesia Superior." In *Aufstieg und Niedergang des römisches Welt*, II, 6, Herausgegeben W. Haase (Berlin 1977), 56-62. L'iscrizione *MD* presente su una *massa plumbea* proveniente dalla *Moesia Superior*, è stata sciolta come *m(etalla) D(elmatica)* o *D(ardanica)*, a seconda che si intenda l'indicazione relativa ad un ambito provinciale o al singolo distretto minerario di *Dardanum* (IMS, 154).
[82] Calabi Limentani, *Epigrafia*, 145-148; Magioncalda, *Lo sviluppo*, 3-18.
[83] Wolff, "*Ceasarea*," 506-510; Raban, *Sebastos, the royal harbour*, 217-273; Raban, *The lead ingots*, 180-188.
[84] RIB, 55.
[85] Plinio il Vecchio ricorda la miniera betica del *metallum Antonianum* (*N. H.*, XXXIV, 165), che avrebbe preso il nome da uno dei suoi proprietari, verosimilmente il primo, chiamato *Antonius*. Esempi analoghi si trovano ancora in Plinio: l'*aes Marianum*, a nord di Cordoba, prese il nome dal suo proprietario Sesto Mario e, come testimoniano il passo pliniano e un gruppo di iscrizioni di età flavia (Plin., *N. H.*, XXXIV, 4; CIL II, 956,1179; XIV, 52), lo mantenne anche dopo il suo passaggio nel demanio imperiale ad opera di Tiberio. Sappiamo inoltre che le miniere di rame di proprietà di Livia e di C. Sallustio Crispo presero da loro i rispettivi nomi di *aes Livianum* ed *aes Sallustianum* (Plin. *N. H.*, XXXIV, 165; Tac., *Ann.*, III, 30).
P. Ruggeri, nello studio preliminare sulle *cistae* del relitto di Rena Maiore, ha supposto che il nome dipenda da un ruolo di qualche tipo ricoperto da Germanico nella gestione della miniera (Ruggeri, "Un naufragio di età augustea," 910). Se è, da un lato, poco probabile che una miniera abbia ricevuto il nome da colui che ne è responsabile, appare poco probabile anche il possesso del *metallum Germanicum* da parte dello stesso Germanico. Si dovrebbe, infatti, ipotizzare che una miniera già in possesso di Germanico sia passata successivamente ad Augusto, il quale ne è proprietario nella seconda parte del suo principato. Se di per sé l'aspetto cronologico potrebbe anche non costituire un problema (Germanico nasce nel 15 a. C. e in età tardo-augustea avrebbe potuto avere dei possedimenti personali), tale ricostruzione non è plausibile per almeno due motivi; non abbiamo, in primo luogo, idea del motivo per cui Augusto avrebbe ricevuto da Germanico la miniera. La suffissazione indicante la proprietà e il cambiamento di proprietà di schiavi o di beni mobili e immobili, inoltre, è solitamente *–anus* (Calabi Limentani, *Epigrafia*, 135-143.). Nel catasto medioevale dell'abbazia di Farfa sono menzionati un *fundus Germanicianus* ed una *curtis Germaniciana*, probabilmente da identificare con tenute appartenute a Germanico che conservano il nome del loro proprietario anche dopo la morte di costui (D. J. Thompson, "Le tenute imperiali." In *Il mondo di Roma imperiale III: economia, società, e religione*, a cura di J. Wacher (Bari 1989), 9). Alcuni schiavi di Germanico sono definiti *Germaniciani* in alcune iscrizioni provenienti da Roma; ricordiamo *Felix Germanician(us)*, *Bassus Germanus Germanician(us)*, *Valens Germanus Germanicianus*, e *Diocles Germanicianus* (CIL VI, 4336, 4337, 4341, 4351; M. G. Angeli Bertinelli, "Germanico nella documentazione epigrafica." In *Germanico: la persona, la personalità, il personaggio nel bimillenario della nascita. Atti del Convegno (Macerata-Perugia, 9-10 maggio, 1986)*, a cura di G. Bonamente, M. P. Segoloni (Roma 1987), 38.); liberti e schiavi di Germanico passati a Tiberio dopo la sua morte sono analogamente definiti *Germaniciani* in presenza delle specificazione del loro nuovo rapporto con il secondo *princeps*: tra questi vi sono ad esempio *Philocinus Ti(berii) Caesaris Germ(anicianus)*, *Evhemerus Ti(berii) Caesaris Germanicianus* e *Xystus Ti(berii) Caesaris ser(vus) Germanic(ianus)* (CIL VI, 4353, 4398, 4409; vedi anche G. Boulvert, *Les esclaves et les affranchis impériaux sous le Haut-Empire romain*, Aix-en-Provence 1964, 477 e nota 94). Altre iscrizioni, per designare liberti o schiavi del nipote di Augusto, usano in alternativa il genitivo del nome proprio (cfr. CIL VI, 4328: *Antiocus Germanici Caesaris l(ibertus) argentarius*).
[86] Dio, 55, 8, 1.
[87] Analisi svolte sui lingotti nn. 1, 2, 3, 10, 32, 37, 38 (Serie 1, Gruppo 2), 39, 40 (Serie 1, Gruppo 2). Vedi l'Appendice al presente capitolo.

bollate da Augusto deve essere attribuita ai giacimenti della regione dell'Eifel, ad Ovest di Colonia, o, in alternativa, dell'area attorno all'attuale centro di Brilon, in Westphalia (per le quali vedi Cap. 2.3.3). Si tratta di regioni distanti, rispettivamente situate ad Ovest e ad Est del Reno, ma certamente parte in età augustea della provincia di *Germania*. Le caratteristiche isotopiche del piombo presente nei giacimenti dell'Eifel e della Westhpalia, affini tra di loro, non consentono di escludere la possibilità che i lingotti della Serie 1, in parte o tutti, provengano da una sola o da entrambe le regioni.

Le analisi condotte, contestualmente all'indicazione contenuta nel bollo, concorrono quindi a definire una sicura attribuzione ai *metalla* della *Germania* di tutte le *massae plumbeae* della Serie 1 del relitto di Rena Maiore. Queste ultime si aggiungono quindi ad un *corpus* di almeno 146 lingotti di piombo, anch'essi riconducibili ai giacimenti presenti in questo stesso territorio e provenienti da rinvenimenti subacquei e terrestri localizzabili nell'area compresa tra la regione renana e le Bocche di Bonifacio (Cap. 2.4). È importante sottolineare gli esemplari del relitto di Rena Maiore sono gli unici a riportare per esteso il termine *Germanicum*, che in tutti gli altri casi risulta abbreviato come *Germ(anicum)* o *Ger(manicum)*[88].

Il riferimento alla *Germania* contenuto nel bollo dei lingotti del relitto di Rena Maiore, come vedremo nel Capitolo 2, consente di individuare nel periodo compreso tra il 7 a. C., anno del trionfo di Tiberio sui *Germani* e della creazione di una *provincia* di *Germania*[89], e la morte di Augusto la cronologia delle *massae plumbeae*. È inoltre opportuno ricordare che i lingotti di tipo troncopiramidale del tipo IV Domergue non sono attualmente noti in contesti precedenti i primi anni del I sec. d. C.[90], datazione confermata, in relazione al relitto di Rena Maiore, anche dall'evidenza fornita dalle ancore[91]. Queste ultime considerazioni non devono essere ovviamente ritenute in contraddizione con una datazione che comprenda anche gli ultimissimi anni del I sec. a. C.

Il riferimento all'esistenza di una *provincia* di *Germania* impone di individuare, con una certo margine di sicurezza, negli anni successivi al trionfo di Tiberio un *terminus post quem* per tutti i lingotti della Serrie, mentre la menzione di Augusto individua nel 14 d. C. il *terminus ante quem* per la loro produzione. Dal momento che i dati forniti dalle analisi isotopiche non consentono di distingere il piombo estratto nelle miniere dell'Eifel e della Westphalia, è possibile ipotizzare cronologie leggerrmente diversa nei casi in cui i lingotti provengano tutti da una regione o dall'altra.

Se le *massae plumbeae* fossero state eventualmente prodotte ad Ovest del Reno, nell'Eifel, allora si potrebbe pensare ad una cronologia successiva alla sconfitta di Varo; se almeno una parte dei lingotti della Serie 1 fosse stata prodotta ad Est del Reno, allora la perdita di questi territori nel 9 d. C. verrebbe a costituire per essi un *terminus ante quem*. Non è peraltro possibile escludere che lo sfruttamento dei giacimenti della Westphalia sia stato avviato qualche anno dopo il trionfo di Tiberio, momento ufficiale della creazione della provincia; sappiamo che in almeno due occasioni – nel corso dell'*immensum bellum* domato dal governatore Marco Vinicio nell'1 d. C.[92] e tra il 4 ed il 6 d. C.[93] – i territori della *Germania* ad Est del Reno furono caratterizzati da rivolte e da nuove campagne militari, che potrebbero aver reso difficili e impossibili attività quali lo sfruttamento di giacimenti minerari. Neppure una cronologia molto ristretta, compresa tra questi eventi e la sconfitta di Teutoburgo, può quindi essere esclusa *a priori*.

Le contromarche e l'indicazione ponderale (Figg. 14-16). Sui lingotti della Serie 1 compaiono le seguenti tre contromarche, apposte a freddo per mezzo di punzoni in momenti diversi, comunque successivi all'estrazione dalla lingottiera:

- *L · V^A^L ·R^U^F.*
- *CHI*
- *IMP*

La prima contromarca[94], individuata su 26 lingotti del Gruppo 1 e su due del Gruppo 2[95], è quella che conta il maggior numero di attestazioni. Il testo, non inserito in un cartiglio, possiede lettere alte 1,6 cm; una serie di legature definisce i due nessi *V^A^L* e *R^U^F,* mentre due piccoli segni di interpunzione circolari questi ultimi e *L* in prima posizione dal nesso *V^A^L*. La leggibilità del testo varia notevolmente, in particolare in relazione al modo in qui il punzone è stato_ogni volta impresso sul metallo; l'osservazione delle lettere e del *ductus* consente tuttavia di escludere l'impiego di più punzoni[96]. La

[88] L'abbreviazione *Germ(anicum)* compare su quattro lingotti provenienti rispettivamente dallo stesso relitto di Rena Maiore (Serie 3, n. 66: *Puden^tis Germ(anicum)*), da Fos-sur-Mer (*Imp(eratoris) Ti(berii) Caesaris Aug(usti) (plumbum) Germ(anicum)TEC(---)*), da Tongeren (*Imp(eratoris) Ti(berii) Caesaris Aug(usti) (plumbum) Germ(anicum) TEC(---)*) e dal relitto dell'*Île Rousse* (*[C(ai)] Caesar(is) Aug(usti) Imp(eratoris) (plumbum) Germ(anicum) (plumbum) TEC(-) F(-)*) e su 8 lingotti del relitto *Saintes-Maries-de-la-Mer 1* (*[L(ucii)] Flavi* (hedera) *Veruclae plumb(um) Germ(anicum) (plumbum)*). L'abbreviazione *Ger(manicum)* è invece presente su un lingotto isolato rinvenuto a Fos-sur-Mer (*Sociorum plumb(um) Ger(manicum)*). Ipotetica rimane, come vedremo (Cap. 2.4.6) è la soluzione *Ge(rmanicum) (plumbum)* per il termine *GE* presente nel bollo di un lingotto di piombo rinvenuto a Populonia: *Imp(eratoris) Ner(onis) Claud(ii) Caes(aris) Aug(usti) GE EC*. Per tutti questi lingotti vedi nel dettaglio il Cap. 2.4.1-6

[89] Vell. Pat., II, 97. Su tale problematica vedi in generale W. Eck, "Augusto – la Germania – Varo – Tiberio. Il fallimento di una storia romana di successi," *Rivista storica Italiana* 123 (2011): 5-25.

[90] Domergue, "La mine antique de Diògenes," 41-72; Domergue, *Les mines de la Péninsule Ibérique*, 253-257; 265-266; 273.

[91] Vedi *supra*, Cap. 1.1. L'imbarcazione naufragata a Rena Maiore risultava dotata di ancore di tipo Kapitän A e B, queste ultime mai attestate contestualmente in relitti del I sec. a. C. (Riccardi, Genovesi, *Un carico di metalli*, 1312 e fig. 1).

[92] Vell. Pat., II, 104, 2.

[93] Vell. Pat., II, 104, 3-4; Dio, 55, 28, 6 (queste campagne furono condotte da Tiberio).

[94] AE 2002, 636a.

[95] Gruppo 1, nn. 3-6, 9, 11-16, 19-23, 25, 26, 28, 30, 32-35, 37; Gruppo 2, nn. 39, 42.

[96] Sono state riscontrate le seguente iscrizioni incomplete: *L. Val R[--]*, *[-]Val Ruf*, *L. Val [---]*, *L. [---] Ruf*, *[-] Val [---]*, *[----] Ruf*, *[---]al R[-*

Serie 1, gruppo 1 – lingotti dal n. 1 al 22						
N.	**bollo**	**posizione delle contromarche**				
		A	**B**	**C**	**D**	**E**
1	non leggibile					
2	AUGUSTI CESARIS GERM^ANICU^M			CHI·CHI	CXI	
3	AUGUSTI CESARIS GERM^ANICU^M	L ·VAL· RUF L ·VAL· RUF		CHI·CHI CXX		L ·VAL· RUF
4	AUGUSTI CESARIS GERM^ANICU^M	L ·VAL· [RUF]		CIX	CHI	
5	AUGUSTI CESARIS GERM^ANICU^M	[L] ·VAL· RUF L ·VAL· RUF		IMP	CIIIS	
6	AUGUSTI CESARIS GERM^ANICU^M		[L] ·VAL· RUF [L] ·VAL· RUF			
7	AUGUSTI CESARIS GERM^ANICU^M			CHI·CHI CX	III (?)	
8	AUGUSTI CESARIS GERM^ANICU^M				CHI CIXS	
9	AUGUSTI CESARIS GERM^ANICU^M		[L]·VAL·RUF [L]·VAL· RUF	CHI·CHI CHI·CHI		
10	AUGUSTI CESARIS GERM^ANICU^M				CIIIII	
11	AUGUSTI CESARIS GERM^ANICU^M	L ·VAL· RUF L ·VAL· RUF		CHI·CHI CIIIII		
12	AUGUSTI CESARIS GERM^ANICU^M	[L] ·VAL· RUF			CIIII	
13	AUGUSTI CESARIS GERM^ANICU^M				CXIIII	L ·VAL· RUF L ·VAL· RUF L ·VAL· RUF
14	AUGUSTI CESARIS GERM^ANICU^M	L ·VAL· RUF L ·VAL· RUF		CVII	CHI	
15	AUGUSTI CESARIS GERM^ANICU^M	L ·VAL· RUF L ·VAL· RUF L ·VAL· [RUF]			CHI·CHI CIIIS	
16	AUGUSTI CESARIS GERM^ANICU^M	L ·VAL· RUF L ·VAL· RUF L ·VAL· RUF		CHI·CHI CVII		
17	AUGUSTI CESARIS GERM^ANICU^M			CHI	[L] ·VAL·[RUF] CHI·CHI CHI C	
18	AUGUSTI CESARIS GERM^ANICU^M			CHI·CHI XCVIII	CHI	
19	AUGUSTI CESARIS GERM^ANICU^M	L ·VAL· RUF L ·VAL· RUF L ·VAL· RUF			C	
20	AUGUSTI CESARIS GERM^ANICU^M		[L ·VAL·] RUF	IMP CII		
21	AUGUSTI CESARIS GERM^ANICU^M	L ·VAL· RUF L ·VAL· RUF		CVII		
22	AUGUSTI CESARIS GERM^ANICU^M	[L] ·VAL· RUF		CHI·CHI [C?]XVI		

Figura 14. Tabella riassuntiva delle occorrenze delle contromarche e delle indicazioni ponderali sui lingotti della Serie 1, Gruppo 1, nn. 1-22. Osservando i lingotti in modo da leggere il bollo si distinguono: A: lato lungo anteriore: B: lato lungo posteriore; C: lato corto destro; D: lato corto sinistro; E: base.

contromarca risulta apposta principalmente in corrispondenza dei fianchi lunghi dei lingotti (27 casi)[97] ma è attestata anche sulla base (3 casi)[98] e sui lati corti (1 caso)[99]. Su uno stesso lingotto la contromarca può essere ripetuta una, due o tre volte, secondo un uso noto, ad esempio, anche su esemplari di età flavia rinvenuti in

-], oppure [--]al [---]. Il punzone impiegato, tuttavia, è comunque sempre lo stesso, con il testo completo *L. Val. Ruf.*

[97] Gruppo 1, nn. 3, 4, 5, 6, 9, 11, 12, 14, 15, 16, 19, 20, 21, 22, 23, 25, 26, 28, 30, 32, 33, 34, 35, 37; Gruppo 2, n. 39.

[98] Gruppo 1, nn. 13, 37; Gruppo 2, n. 42. Si può quindi pensare che al momento dell'apposizione della contromarca *L. Val. Ruf.* i lingotti formassero una catasta e che alcuni fossero disposti in modo da trovarsi capovolti mentre veniva apposta la contromarca; anche le contromarche presenti sul fondo potrebbero essere state impresse in questo momento.

[99] Gruppo 1, n. 25.

N.	bollo	posizione delle contromarche				
		A	B	C	D	E
		Serie 1, gruppo 1 – lingotti dal n. 23 al 38				
23	*AUGUSTI CESARIS GERM^ANICU^M*		*L ·VAL· RUF* *L ·VAL· RUF*	*CVIII*	*CHI*	
24	*AUGUSTI CESARIS GERM^ANICU^M*			*CIX*		
25	*AUGUSTI CESARIS GERM^ANICU^M*	*[L·V]AL·R[UF]* *L ·VAL· RUF*		*[L] ·VAL·RUF*	*CHI·CHI* *CXIIIIS*	
26	*AUGUSTI CESARIS GERM^ANICU^M*	*[L] ·VAL· RUF* *[L] ·VAL· RUF*		*CHI·CHI* *CVII*		
27	*AUGUSTI CESARIS GERM^ANICU^M*				*CHI·CHI*	
28	*AUGUSTI CESARIS GERM^ANICU^M*		*L ·VAL· R[UF]* *L ·VAL· R[UF]*			
29	*AUGUSTI CESARIS GERM^ANICU^M*				*CIXS*	
30	*AUGUSTI CESARIS GERM^ANICU^M*	*L ·VAL· RUF*			*CHI* *CVIIS*	
31	*AUGUSTI CESARIS GERM^ANICU^M*			*CHI·CHI* *CHI*	*CVIIII*	
32	*AUGUSTI CESARIS GERM^ANICU^M*	*L ·VAL· RUF* *L ·VAL· RUF* *L ·VAL· RUF*				
33	*AUGUSTI CESARIS GERM^ANICU^M*	*L ·[VAL]· RUF* *L ·[VAL]· RUF*				
34	*AUGUSTI CESARIS GERM^ANICU^M*	*L ·VAL· RUF* *L ·VAL· RUF*		*IM[P]*	*CS*	
35	*AUGUSTI CESARIS GERM^ANICU^M*	*L ·VAL· [RUF]* *L ·VAL· [RUF]*			*CHI* *CIII*	
36	*AUGUSTI CESARIS GERM^ANICU^M*			*CVIII*	*CHI·CHI*	
37	*AUGUSTI CESARIS GERM^ANICU^M*		*L ·VAL· RUF*		*CXIII*	*[L] ·VAL· RUF*
38	*AUGUSTI CESARIS GERM^ANICU^M*				*CHI* *CVI*	

Figura 15. Tabella riassuntiva delle occorrenze delle contromarche e delle indicazioni ponderali sui lingotti della Serie 1, Gruppo 1, nn. 23-38. Osservando i lingotti in modo da leggere il bollo si distinguono: A: lato lungo anteriore: B: lato lungo posteriore; C: lato corto destro; D: lato corto sinistro; E: base.

Britannia[100]; essa, inoltre, non compare mai sulla stessa faccia di un lingotto assieme ad una delle altre contromarche o all'indicazione ponderale.

Per quanto riguarda lo scioglimento della contromarca la soluzione più logica è evidentemente quella di riconoscere nel testo i *tria nomina* di un personaggio di nome *L(ucius) V^a^l(erius) R^u^f(us)*; il confronto con le contromarche presenti sui lingotti di piombo della prima età imperiale consente di sciogliere, con una certa verosimiglianza, il testo al genitivo: *L(ucii) V^a^l(eri) R^u^f(i)*.

Il gentilizio *Valerius*, estremamente diffuso in tutto il mondo romano, non fornisce elementi utili per definire l'identità del personaggio in questione[101]; è inoltre possibile mettere in evidenza come il *cognomen Rufus*, anch'esso notevolmente diffuso, raramente viene portato da persone di rango libertino o servile[102]. Il contestuale impiego dei *tria nomina* e l'assenza di qualsiasi altra indicazione esplicita consentono quindi di riconoscere in *Lucius Valerius Rufus* un ingenuo.

Numerose sono le attestazioni epigrafiche di personaggi con lo stesso nome; è possibile ricordare, tra quelle databili alla prima età imperiale, due iscrizioni provenienti da Roma, nelle quali vengono rispettivamente menzionati un *L(ucius) Valerius Rufus, evocatus Caesaris*[103], un *L(ucius) Valeri(us) Rufus*, membro della tribù *Maecia*[104], e un terzo testo epigrafico, presente su un'altare rinvenuto negli scavi dell'*insula* 1

[100] RIB, 41-42, n. 2404.5 (contromarca *Soc(---) No(---)* ripetuta 2 volte su un lingotto bollato da Vespasiano) o 44-45, n. 2404.10 (contromarca di *Tiberius Claudius Triferna* ripetuta 4 volte su un lingotto bollato da Vespasiano).

[101] Calabi Limentani, *Epigrafia*, 135-143.

[102] I. Kajanto, *The latin cognomina*, Helsinki 1982, 65, 121, 134, 229.

[103] CIL VI, 3441 = ILS, 2139 (fine I sec. a. C.-inizio I sec. d. C.): *L(ucius) Valerius Rufus / evocatus Caesaris.*

[104] CIL VI, 28099, 1 (prima metà del I sec. d. C.): *L(ucius) Valeri(us) L(uci) f(ilius) Maeci(a) / Rufus, / Cocceia L(uci) l(iberta) Tychenis.*

Serie 1, gruppo 2 – lingotti dal n. 38 al 42						
N.	bollo	posizione delle contromarche				
		A	B	C	D	E
39	*AUGUSTI CESARIS GERMANICU^M*	*L ·VAL· RUF* *L ·VAL· RUF* *L ·VAL· RUF*		*XCVIII*	*CHI*	
40	*AUGUSTI CESARIS GERMANICU^M*			*CHI*	*XCIII*	
41	*AUGUSTI CESARIS GERMANICU^M*			*CHI·CHI*	*XCVIII*	
42	*AUGUSTI CESARIS GERMANICU^M*				*XCVI* *IMP*	*L ·VAL· [RUF]*

Figura 16. Tabella riassuntiva delle occorrenze delle contromarche e delle indicazioni ponderali sui lingotti della Serie 1, Gruppo 1, nn. 23-38. Osservando i lingotti in modo da leggere il bollo si distinguono: A: lato lungo anteriore: B: lato lungo posteriore; C: lato corto destro; D: lato corto sinistro; E: base.

di Gravisca e datato tra l'ultimo quarto del I sec. a. C. e il primo quarto del I sec. d. C.[105]. Bolli su sigillata italica proveniente dall'area dell'Esquilino in Roma attestano inoltre un produttore di questa classe ceramica, onomino del personaggio che contromarca i lingotti di Rena Maiore[106]. In nessun caso[107], tuttavia, è stato possibile ravvisare una relazione di qualche tipo con il *L(ucius) Valerius Rufus* che contromarca i lingotti della Serie 1 del relitto di Rena Maiore.

Sembra di poter riferire ad un unico titolare una seconda contromarca, che risulta impressa a freddo, in due varianti corrispondenti ad altrettanti punzoni, su 22 lingotti del Gruppo 1[108], su 3 esemplari del Gruppo 2[109] e, elemento di notevole importanza, sul lingotto n. 66 (per il quale vedi oltre, Par. 1.2.4).
Una delle varianti riporta il testo *CHI*, lungo 1,3 cm e composto da lettere capitali alte 1,1 cm; la contromarca è priva di cartiglio. Nella seconda variante si registra la ripetizione dello stesso testo (*CHI·CHI*), intervallato da un piccolo segno di interpunzione; l'altezza delle lettere è analoga, mentre la lunghezza complessiva è pari a 2,7 cm.
La variante "breve" è attestata in 14 casi, su 13 esemplari della Serie 1 e sul lingotto n. 66 (Serie 3)[110], sempre sui lati corti dei lingotti. Questa stessa posizione caratterizza anche la variante *CHI·CHI*, individuata su 16 lingotti della Serie 1[111]; in un caso il punzone risulta impresso due volte[112].
Entrambi i punzoni sono compresenti su uno stesso lingotto in 3 casi: mentre sui lingotti n. 18 e 31 i due punzoni risultano rispettivamente impressi sui due lati corti e sullo stesso lato corto, sull'esemplare n. 17 il punzone *CHI* compare da solo su uno dei lati corti e assieme al punzone *CHI·CHI* sull'altro[113].

Incerta rimane la soluzione del testo; poco probabile appare l'identificazione della contromarca con l'abbreviazione dei *tria nomina* di un secondo individuo[114], mentre più verosimile appare una sue lettura come forma abbreviata di un *cognomen*. In questo caso le soluzioni sono molteplici: *Chilo/C(h)ilo* o *Chilon*,

[105] Not. Sc., 1971, 205-207; AE 1972, 181 (2): *⟦L(ucius) Valerius L(uci) f(ilius) Rufus⟧ / ⟦Ṭ(itus) Lucilius P(ubli) f(ilius) Ḟạḅẹr⟧ / ⟦ fẹḷịciter⟧* . L'iscrizione, rinvneuta nel corso degli scavi effettuati nel 1969 presso il porto Clementino, è stata sommariamente erasa con deboli scalpellature in senso orizzontale.
[106] CIL XV, 5720a (*L(ucius) Vale(rius) / Rufus*), 5720b (*L(ucius) Val(erius) / Rufu(s)*).
[107] Personaggi omonimi risultano attestati in un cospicuo numero di iscrizioni databili a tutta l'età imperiale; cfr. CIL II, 1937=AE 2006, 651 (Alechipe/*Lacipo*; *Baetica*): *L(ucius) Servili[us Probus] / Canuleiae Q[uinti(?)] / filiae uxori s[uae] / L(ucius) Valerius Rufus he/res L(uci) Servilii Probi / d(e) s(ua) p(ecunia) d(onum) d(edit)*. CIL II, 2450 (Braga / *Bracara Augusta*): *L(ucio) Valerio Quir(ina) / Rufino / Val(erius) Rufus fi(lius) A / her(es) ex [H]S m(ille) n(ummis)*. CIL II, 4554 (Barcelona / *Barcino*): *Corneliae / L(uci) filiae Secun/dinae L(ucius) Valer(ius) / Rufus maritae / optimae et bene / de se meritae et / Cornelia Secunda / mater fil(iae) pientiss(imae) / l(ocus) d(atus) d(ecreto) d(ecurionum)*. CIL III, 1485 (Sarmizegetusa): *L(ucio) V(alerio) Rufo vet(erano) / leg(ionis) XIII G(eminae)*. CIL VIII, 15040 (da Ain Tounga / *Thignica*; *Africa proconsularis*): *Saturno / Aug(usto) sac(rum) / L(ucius) Valerius Ru/fus sacerdos vo/tum s(olvit) l(ibens) a(nimo)*.
[108] Gruppo 1, nn. 2, 3, 4, 7, 8, 9, 11, 14, 15, 16, 17, 18, 22, 23, 25, 26, 27, 30, 31, 35, 36, 38.
[109] Gruppo 2, nn. 39, 40, 41.
[110] Sui lingotti della Serie 1 le attestazioni sono relative a 10 lingotti del Gruppo 1 (nn. 4, 8, 14, 17, 18, 23, 30, 31, 35, 38) e 2 della serie 2 (nn. 39 e 40). La contromarca compare due volte sul lingotto n. 17.
[111] Su 14 lingotti del Gruppo 1 (nn. 2, 3, 7, 9, 11, 15, 16, 17, 18, 22, 25, 26, 27, 31, 36) e su 1 della serie 2 (n. 41).
[112] Gruppo 1, n. 9.
[113] In P. Rothenhöfer, M. Bode, "Wirtschaftliche Auswirkungen der römischen Herrschaft im augusteischen Germanien." In *Über die Alpen und über den Rhein ... Beiträge zu den Anfängen und zum Verlauf der römischen Expansion nach Mitteleuropa*, Herausgegeben G. A. Lehmann, R. Wiegels (Berlin 2015), 323 si trova la lettura errata *CFHI·CHCI*. Si coglie l'occasione per stigmatizzare l'atteggiamento di scarsa collaborazione riscontrato dallo scrivente nei colleghi tedeschi, i quali, coinvolti dalla Soprintendenza Archeologica della Sardegna per le analisi degli isotopi, concordando che tutti i dati (quelli archeologici e quelli delle analisi in oggetto) avrebbero dovuto essere divulgati di comune accordo, hanno mostrato in più occasioni una scarsa volontà di collaborazione, di condivisione e di confronto.
[114] Si veda, a questo proposito, la contromarca *QPS*, presente su lungotti del relitto di età tardo-augustea/tiberiana *Cabrera 5* (Colls, Domergue, Guerrero Ayuso, "Les lingots de plomb," 57); il testo, nel quale compaiono segni di interpunzione di forma triangolare, è stato identificato come una estrema abbreviazione dei *tria nomina* di *Q(uintus) Pomp(eius)* (o *Pomp(onius)*) *Satul(lus)*, *negotiator* menzionato anche sui bolli di alcuni dei lingotti del relitto. Vedi anche le contromarche dei lingotti del relitto coevo *Sud-Perduto 2* (Bernard, Domergue, " Les lingots de plomb", 88).

probabilmente il più diffuso tra i *cognomina* che iniziano con *CHI*[115], oppure *Chius*,[116] *Chionius*,[117] *Chialaetus*,[118] *Chirosophus*,[119] *Chilades*.[120] Verosimile ma non certa è l'identificazione del titolare della contromarca con un personaggio di rango servile o libertino[121].

Una ulteriore alternativa – decisamente più problematica – può essere proposta a partire da un testo graffito su un piccolo disco di piombo forato al centro, forse un etichetta da applicare a qualche oggetto, rinvenuto nel corso degli scavi del campo di Dangstetten, occupato tra il 15 e il 9-8 a. C.[122]. Su uno dei due lati compaiono due distinti testi, graffiti in momenti diversi; al primo (*Privatus calo(nibus) ser(vus) (centuriae) Cae(---) primipili*)[123] si sovrappone, con lettere di dimensioni maggiori[124], un secondo graffito, del quale risulta chiaramente leggibile solo il gentilizio *Valerius*[125]. Sulla faccia opposta dell'elemento compaiono due iscrizioni graffite, una delle quali, costituita da lettere di dimensioni maggiori, scarsamente leggibile[126]. È lungo il bordo dell'elemento che risulta invece graffito il testo *Pr[iva]tus calon(ibus) ser(vus) P(ublii) Q(uintili) Vari leg(ati) l(egionis) XIX c(o)h(ortis) I*[127]; sono in definitiva le lettere *CH I*, poste al termine di questo secondo graffito, a poter ipoteticamente costituire un confronto per la contromarrca *CHI* del relitto di Rena Maiore. A prescindere dal significato complessivo dell'intero gruppo di graffiti in oggetto, è tuttavia possibile osservare come sull'elemento di piombo da Dangstetten sia ben visibile un segno di interpunzione tra il termine *c(o)h(ors)* e il numerale *I*; se si accettase tale ipotesi, risulterebbe inoltre insolita, nel corredo epigrafico dei lingotti di forma troncopiramidale del relitto sardo, l'assenza dell'indicazione della legione di appartenenza della coorte, informazione che compare invece almeno una volta sul disco di piombo[128].

La contromarca *IMP*, impressa a freddo, risulta attestata sui lati corti di 4 lingotti di forma troncopiramidale appartenenti solo alla Serie 1[129]; il testo, costituito da lettere capitali altre 1,2 cm, circa, risulta inserito in un piccolo cartiglio di forma rettangolare, di 1,3x3,3 cm. In tutti i casi essa è presente contestualmente alla contromarca *L V^A^L R^U^F* e all'indicazione ponderale, senza che si registrino tuttavia casi di sovrapposizione[130].

La soluzione più verosimile è ovviamente *Imp(eratoris)* o *Imp(erator)*, con evidente riferimento ad un controllo di qualche tipo effettuato da parte dell'amministrazione del *princeps* in un momento imprecisato della filiera commerciale seguita dai lingotti[131]. Purtroppo l'assenza di sovrapposizioni con le altre contromarche o con l'indicazione ponderale rende impossibile stabilire alcun rapporto di tipo cronologico tra questa contromarca e il resto del corredo epigrafico. La contromarca in oggetto non può comunque essere messa in relazione con altre dello stesso Augusto, di Vespasiano e di Nerva presenti rispettivamente sui lingotti dei relitti *Saintes-Maries-de-la-Mer 1*, *Cabrera 6* e su un lingotto di Pompei[132], in quanto queste ultime si trovano su *massae plumbeae* bollate da privati e sottendono, di conseguenza, una diversa problematica di tipo amministrativo, relativa all'acquisizione di metallo da parte dell'amministrazione romana.

Visto lo scarso numero di attestazioni rispetto al numero dei lingotti si potrebbe in effetti ipotizzare, senza poterne averne la certezza, che questa particolare contromarca sia

[115] CIL II, 841 (Capera, *Lusitania*); 2266 (Cordoba); 3243 (Tarragona); XII, 294 (Frejus,); 887 (Arles); 5129 (Nîmes). Vedi anche Kajanto, *The latin*, 118-119, 236. Immotivata e non esaustiva appare, a questo proposito, la proposta fatta da alcuni studiosi (Raepsaet-Charlier, "*Plumbum Germanicum*," 186, nota 9; P. Rothenhöfer, "Römische Bleigewinnung in der Nordeifel." In *Ein Bleibarren mit Stempel des Tiberius aus Tongeren (Belgien)*, Edited by G. Creemers, Atuatuca 4 (Tongeren 2013): 46; D. Faoro, "Osservazioni sugli inizi della proprietà imperiale nelle province del Nord," *Rivista di Studi Classici e Orientali* LX (2014): 381-401, in particolare 388-389) di sciogliere la contromarca unicamente come *Chilo/C(h)ilo.*

[116] CIL II, 1227 (da *Hispalis*); XII, 2826 (da *Ugernum*/Beaucaire).

[117] CIL II, 4967, 35 (da Cordoba).

[118] CIL II, 3298 (da Castulo).

[119] CIL XII, 3513 (da Nîmes).

[120] CIL XII, 5686, n. 1077 (da Avignone).

[121] Kajanto, *The latin*, 118-119.

[122] R. Wiegels, "Zwei Blei-Marken aus dem frührömischen Truppenlager Dangstetten", *Fundberichte aus Baden-Württemberg* 14 (1989): 430-437, Fig. 3-4. Più recentemente sullo stesso manufatto H. U. Nuber, "P. Quinctilius Varus siegte… als kegatus Augusti in Süddeutschland." In *2000 Jahre Varusslacht.* Imperium, Herausgegeben Herausgegeben R. Asskamp, H. Derks, E. Treude (Stuttgart 2009): 108-109, fig. 5, A1. Il disco ha un diametro di 3.5-3,7 cm e uno spessore di 2-3 mm; il diametro del foro interno è di 0,7-0,9 cm.

[123] Nuber, "Quinctilius Varus siegte… ":, 109. Il graffito è invece letto *Privatus Coțęni(?) ser(vus) (centurionis) co(hortis) II primip(ilaris)* in Wiegels, "Zwei Blei-Marken ", 431, 434-435. Altezza delle lettere: 0,1-0,3 cm.

[124] Altezza lettere 0,9-1,0 cm.

[125] Tre sono le letture proposte in Nuber, "Quinctilius Varus siegte… ":, 109: *Valerius (centuriae) T(---)* oppure *Valerius (centuriae) I* oppure *Valerius /centurio) I. ì* Il testo è stato invece letto solo come *Valerius* in Wiegels, "Zwei Blei-Marken ", 434-435.

[126] Nuber, "Quinctilius Varus siegte… ":, 109.

[127] Nuber, "Quinctilius Varus siegte… ":, 109. Il testo viene letto *Pr[iva]tus Coteni ser(vus) P(ublii) Q(uintili) Vari leg(ione) XIX c(o)h(orte) I* in Wiegels, "Zwei Blei-Marken ", 435-437. Altezza delle lettere: 0,1-0,3 cm.

[128] Del tutto casuale può inoltre essere considerata la presenza, su quest'ultimo, del graffito *Valerius*, in riferimento alla contromarca *L V^A^L R^U^F.*

[129] Gruppo 1, nn. 5, 20 e 34 e Gruppo 2, n. 42. Nel caso del lingotto 34 la contromarca appare incompleta: *Im[p(erator)]*. In parte lacunosa è la contromarca del lingotto n. 42, impressa in corrispondenza di uno degli spigoli del lato corto.

[130] L'esiguo numero di attestazioni della contromarca non consente tuttavia di formulare conclusioni attendibili in merito al fatto che essa non comparia mai assieme alla contromarca *CHI.*

[131] Al più tardi nel 40 a.C., in seguito alla vittoria riportata nell'assedio di Perugia, Ottaviano assume come *praenomen* il termine *Imperator*, in precedenza usato come titolo per i generali vittoriosi che venivano acclamati dalle truppe (Magioncalda, *Lo sviluppo*, 3-7). In età tardo-augustea questo titolo è quindi ormai un elemento fisso nella titolatura del *princeps* e, come tale, suo esclusivo appannaggio (Dio, LIV, 25, 2).

[132] Besnier 1921, "Le commerce," 109-110; C. Veny, "Dicisiete lingotes de plomo de una nave romana de Ses Salines (Mallorca)," *Ampurias* 31-32 (1969-1970): 191-219. La lunghezza è tutto sommato la misura più regolare; in 12 casi è compresa tra 35 e 38.5 cm (nn. 43, 44, 45, 47, 49, 50, 51, 52, 54, 57, 59, 60, 61); la misura minima e quella massima sono state registrate rispettivamente sui lingotti n. 43 (35 cm) e n. 56 (55,5 cm). La larghezza è compresa tra 16 cm (n. 43) e 27,5 cm (n. 56); l'altezza, infine, oscilla tra 3,5 cm (n. 53) e 10 cm (n. 59).

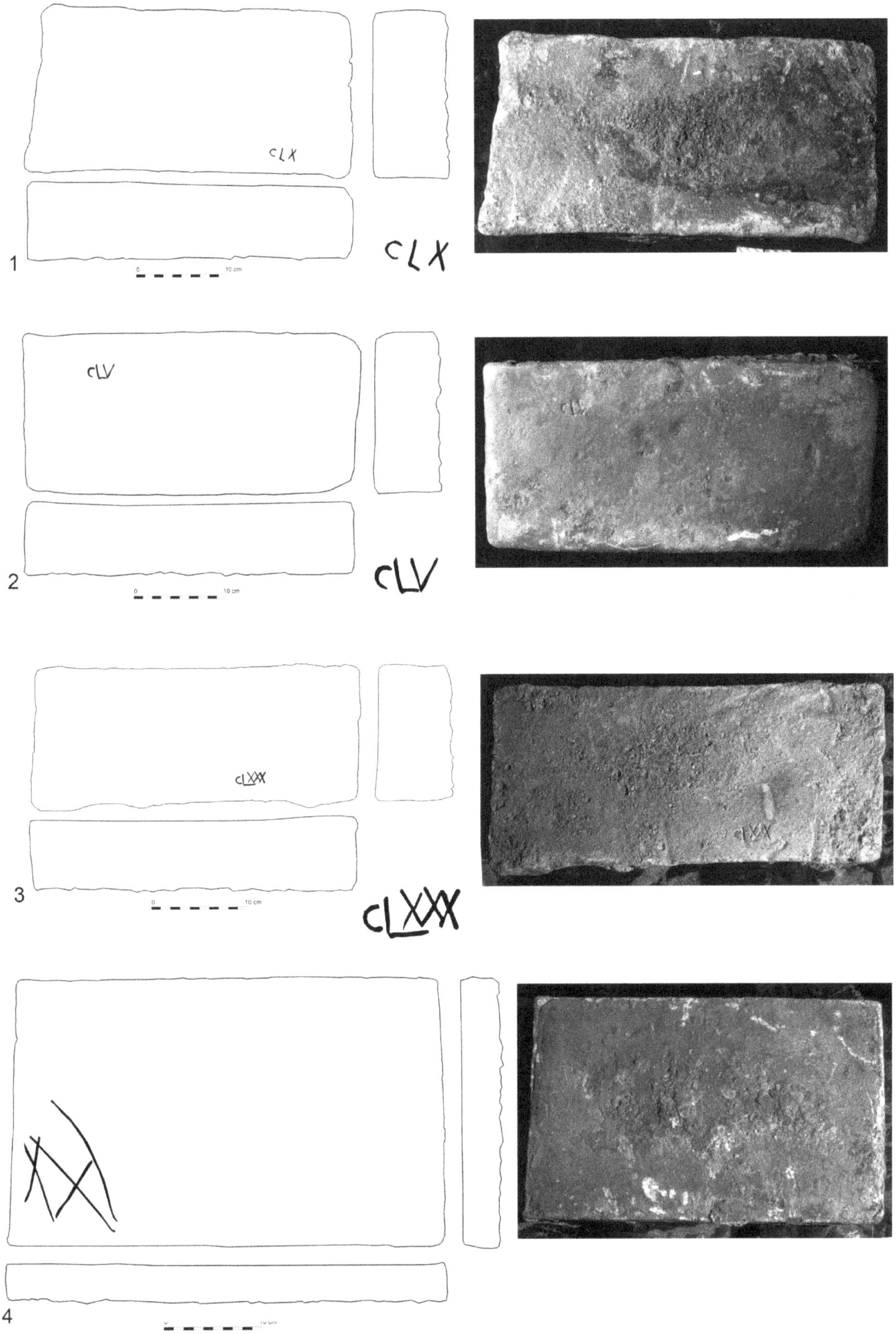

Figura 17. Lingotti della Serie 2, Gruppo 1. Esemplari nn. 45 (1), 49 (2), 52 (3), 53 (4).

dopo la fusione dei lingotti, quando essi erano ancora proprietà del *fiscus*[133]. Un confronto in questo senso può essere tentato con una contromarca analoga (*Imp(eratoris)*), impressa a freddo su uno dei quattro lingotti bollati *Imp(eratoris) Vespasian(i) Aug(usti)* rinvenuti nella loc. di Green Ore (Somerset), e definita, in *Roman Inscritpions of Britain*, come *a checking-stamp*[134].

L'indicazione ponderale. Un numerale, inciso a freddo con uno strumento metallico, compare su uno dei lati corti di 35 dei 42 lingotti della Serie 1[135]; l'iscrizione, con lettere altre 1,5 cm circa[136], può essere identificata con l'indicazione ponderale. L'incisore, secondo una prassi riscontrata anche sui lingotti dei relitti *Saintes-Maries-de-la-Mer 1*[137], *Cabrera 6*[138] e dell'*Île Rousse*[139], rende la cifra 4 con *IIII*, mentre la mezza libbra, la cui indicazione è attualmente nota solo nel caso di un lingotto del relitto *Cabrera 5*[140], risulta espressa con una *S*, talvolta simile a due *C* giustapposte e normalmente alta 1/3 in più delle altre cifre[141].

Il peso medio dei lingotti appartenenti ai due gruppi della Serie 1, rispettivamente di 65,6 e 63,1 kg, è sensibilmente maggiore sia rispetto a quello attestato per i lingotti di età repubblicana (attorno ai 33 kg) sia rispetto a quello fatto registrare dai lingotti di molti carichi di età augustea della *Baetica*, oscillante tra i 30 ed i 49 kg[142]. Anche i lingotti del relitto *Saintes-Maries-de-la-Mer 1*, ugualmente provenienti dai *metalla Germanica* e databili all'età augustea, fanno registrare pesi sensibilmente inferiori, mai superiori ai 36 kg circa[143]. L'unico termine di paragone, anche se di epoca_successiva, proviene dai lingotti di piombo prodotti in Britannia a partire dal principato di Claudio, i quali raggiungono solitamente pesi dell'ordine di 65-75 kg[144].

Il sistema impiegato per l'indicazione del peso è quello riscontrato nella maggior parte dei carichi di epoca imperiale e attestato anche nel caso del relitto *Saintes-Maries-de-la-Mer 1*; la cifra espressa dai graffiti indica le libbre in eccesso rispetto ad un un peso standard di 100 libbre (32,75 kg)[145] e risulta, di conseguenza, sempre inferiore rispetto al peso reale dei lingotti. Quest'ultimo valore poteva essere facilmente ricalcolato aggiungendo le 100 libbre non espresse dal numerale.

Nel caso dei lingotti del relitto di Rena Maiore il quadro generale che si ottiene risulta notevolmente coerente, con una differenza tra il peso reale e quello indicato sui lingotti sensibilmente ridotta. A titolo esemplificativo possiamo portare il caso del lingotto n. 38 (Gruppo 2), il cui numerale – *XCVIII* – fa riferimento ad un peso in

[133] Tale procedimento risulta attestato, con formule tuttavia esplicite e relativamente a contesti della media-tarda età imperiale, su lingotti di piombo della *Moesia Superior*: IMS, 154-155, nn. 160 (*Gaia(nus) i(ustum) p(robavit)*), 161 (*Lev(---) i(ustum) si(gnavit)*), 164 (*Hel(iodorus) i(ustum) p(robavit)*), 165 (*Aur(elianus?) pr(obator) Aug(usti)*; II-III sec. D. C ?) e su barre d'oro di IV-V sec. d. C. rinvenute in Dacia (AE 1976, 590a: *T(h)es(salonicae) ddd(omini) / nnn(ostri) Flavius / Calliopius / pro(bavit) et sig(navit) // T(h)es(salonicae) / ddd(omini) nnn(ostri) cur(ator) the(sauri) s(acri) / in arc(a) aur(i) ob(ryzum) prob(avit) et sig(navit);* AE 1976, 590c: *Comit(atus) Bassus iusta / [---] digma probavi(t)*; AE 1976, 609d: *T(h)es(salonicae) ddd(omini) / nnn(ostri) cur(ator) the(sauri) s(acri) / in arc(a) aur(i) ob(ryzum) / prob(avit) et sign(avit)*) e nella baia di Abukir in Egitto (*Archäologisch Anzeiger* 1902, 46 : *(---)antius ACUE p(raepositus?) sig(navit) / [p]robavit //* Ἕρμου / *Ermou*). La *probatio* (indicata per mezzo delle sigle *pr*, *prob(atus?)*, *prob(ator?)*, seguite dal nome di un liberto imperiale) è attestata nel caso dei semilavori in marmo per il II sec. d. C. (A. M. Hirt, *Imperial Mines and Quarries in the Roman World. Organization Aspects (27 B.C.-AD 235)*, Oxford 2010, 310-311); per la sua attestazione presso le cave di Luni vedi C. Letta, "Tipologia delle *notae* apposte nell'area delle cave lunensi." In Notae lapicidinarum *dalle cave di Carrara*, a cura di E. Paribeni, S. Segenni (Segrate 2015), 429-431.

[134] Il corredo epigrafico del lingotto, frutto di un rinvenimento casuale effettuato nel 1956 in questa località prossima alle miniere delle Mendip Hills, è completato dall'iscrizione *Brit(annicis) ex arg(entariis) Veb(---)*, realizzata, come il bollo, al momento della fusione[134], e dalla contromarca *Ti(berii) Cl(audi) Trif(---)* e/o *Ti(berii) Cl(audi) Trifer(---)*, verosimilmente appartenente ad un personaggio che ha acquistato il metallo presso a miniera (RIB, n. 2404, 10).
Sulla contromarca si vedano anche le considerazioni in M.-Th. Raepsaet-Charlier, G. Raepsaet, "Der in Tongern aufgefundene Bleibarren mit dem Namen des Kaisers Tiberius." In *Ein Bleibarren mit Stempel des Tiberius aus Tongeren (Belgien)*, Atuatuca 4, 38-49, Herausgegeben G. Creemers (Tongeren 2013), 46-47, dove la sigla viene intepretata come "ein redundant Stempel" o, in alternativa, come una indicazione della destinazione pubblica del metallo o di un qualche tipo di transazione commerciale.

[135] L'indicazione ponderale è presente su 31 lingotti del Gruppo 1 (nn. 2, 3, 4, 5, 7, 8, 10, 11, 12, 13, 14, 15, 16, 17, 18, 19, 20, 21, 22, 23, 24, 25, 26, 29, 30, 31, 34, 35, 36, 37, 38) e sui 4 lingotti del Gruppo 2 (nn. 39, 40, 41, 42); non sono state riscontrate tracce dell'indicazione ponderale su 6 lingotti della serie 1 (nn. 1, 6, 9, 27, 28, 32, 33).

[136] In 23 casi il numerale risulta inciso con grafia retrograda (Gruppo 1, nn. 2, 4, 7, 10, 11, 12, 13, 14, 16, 18, 20, 21, 23, 26, 27, 29, 30, 31, 35, 36, 37, 38; Gruppo 2, nn. 39, 40, 42).

[137] Long, Domergue, "Le «Véritable plomb»," 829.

[138] Veny, "Dicisiete lingotes de plomo," 121-119.

[139] H. Alfonsi, P. Gandolfo, "Le lingot de plomb de l'épave de l'Isula Rossa," *Bulletin de la Société des Sciences Historique et Naturelles de la Corse* 656 (1989): 397-403.

[140] Si tratta di un lingotto bollato *M(arci) Valeri Ablon(nis)*, il cui ponderale è *XXIIIS* (C. Domergue, B. Liou, "L'apparition de normes dans le commerce maritime romain: le cas des métaux et des denrèes transportèes en amphores," Pallas 46 (1997): 11-30, in particolare 17).

[141] Lingotti del Gruppo 1, nn. 8, 13, 25, 29, 30, 34.

[142] I lingotti dei relitti Cabrera 5 e Sud-Perduto 2 hanno pesi che oscillano rispettivamente tra 34 e 42 kg e tra 43 ed 49 kg; le *massae plumbeae* del relitto Cabrera 4, pur superando le 100 libbre di età repubblicana, hanno un peso ancora più ridotto, compreso tra 33 e 38 kg. Agli esemplari di Rena Maiore non possono essere confrontati neppure i lingotti del relitto di Valle Ponti (30 kg di media) ed il lingotto sardo di S. Niccolò (35,6 kg). Cfr. C. Domergue, "Production et commerce des métaux dans le monde romain: l'exemple des métaux hispaniques d'aprés l'épigraphie des lingots." In *Epigrafia della produzione e della distribuzione, Actes de la VII rencontre franco-italienne sur l'épigraphie du monde romain*, (Roma, 5-6 juin 1992), éditè par C. Nicolet, S. Panciera (Roma 1994), 61-91; Domergue, Liou, "L'apparition de normes," 11-30.

[143] 45,850 kg per i lingotti del Gruppo 1; 39,3 kg per i lingotti del Gruppo 2.

[144] G. C. Whittick, "The Earliest Roman Lead-Mining on Mendip and in North Wales: A Reappraisal," Britannia XII (1982), 113-123; RIB, 38-66.

[145] Domergue, Liou, "L'apparition de normes," 15-18.

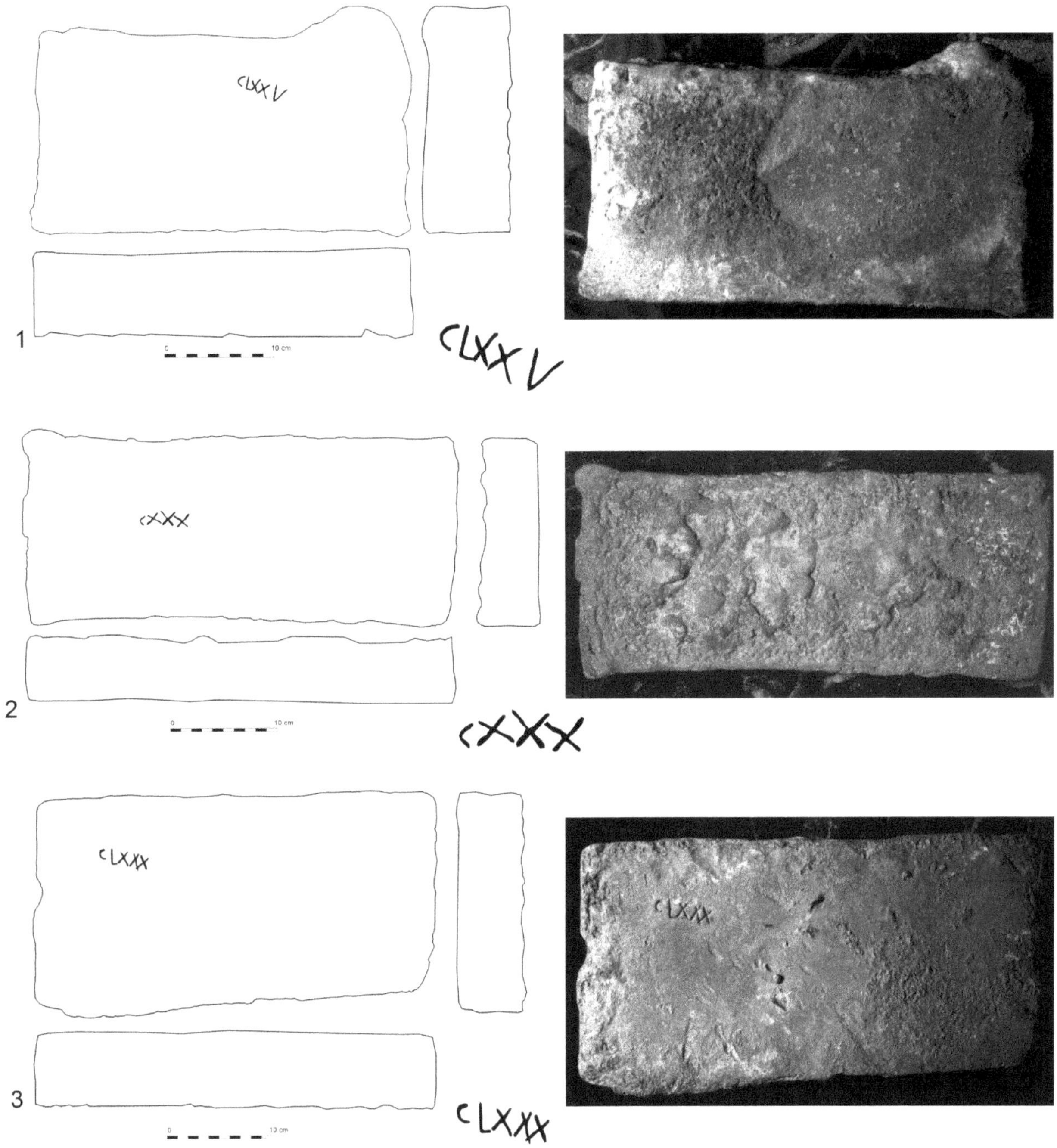

Figura 18. Lingotti della Serie 2, Gruppo 1. Esemplari nn. 54 (1), 58 (2), 60 (3).

eccesso di 98 libbre, corrispondente ad un peso totale di sua volta inferiore di soli 0,2 kg pari al peso reale del lingotto (65 kg)[146].

La differenza tra il peso espresso in libbre e quello espresso in chilogrammi – quest'ultimo sempre maggiore – è compresa tra 1,2 e 2 kg in 10 casi[147] ed è di poco superiore ai 2 kg in 23 casi[148], con il lingotto n. 8 (Serie 1) che fa registrare lo scarto maggiore (3,3 kg in più). In libbre romane lo scarto è quindi compreso tra 3,6 e 10 unità, per una media di 6,5 libbre (pari ad 1,5 kg). La costanza di questa discrepanza – peraltro in linea con i dati relativi ai carichi di lingotti di altri relitti – potrebbe sottendere un errore ricorrente nella tara della bilancia, senza che si debbano ipotizzare tentativi di frodi[149].

[146] Il peso reale risulta inferiore a quello indicato anche nel caso del lingotto n. 17 (Serie 1).

[147] Lingotti nn. 2, 4, 5, 11, 23, 24, 30, 34, 35 (Serie 1) e 42 (Serie 2).

[148] Lingotti nn. 3, 7, 8, 10, 12, 13, 14, 15, 16, 18, 19, 20, 21, 22, 25, 26, 29, 31, 36, 37, 38 (Serie 1) e 39 (Serie 2).

[149] Lo scarto tra peso indicato e peso reale dei lingotti dei relitti *Cabrera 5* e *Cabrera 6* si aggira rispettivamente attorno alle 4 e alle 3 libbre (Veny, "Dicisiete lingotes de plomo," 121-119; Colls, Domergue, Guerrero Ayuso, "Les lingots de plomb," 61-62). La possibilità di una frode è stata ventilata, fino ad oggi, soltanto per il carico del relitto augusteo di *Saintes-Maries-de-la-Mer 1* e per i lingotti di Fos-sur-Mer e del relitto dell'*Île Rousse*, nei quali i valori standard da aggiungere all'indicazione ponderale (120-150 libbre, corrispondenti a 6,5-16,3 kg) risultano insolitamente alti rispetto al riferimento solitamente adottato di 100 libbre (Domergue, Liou, "L'apparition de normes," 18-20).

Serie 2, gruppo 1 – lingotti dal n. 43 al 61							
N.	dimensioni	Corredo epigrafico					
		i. p.	posizione i. p.	altre iscrizioni	v. i. p.	peso reale	differenza
43	35x16x5,5	*CXX*	B	*III* (B)	120=39,2	81=26,5	-39=12,7
44	36x17x7,5	*CLV*	A		155=50,6	147,4=48,3	-7,6=2,3
45	35,5x17,3x8,2	*CLX*	A		160=52,3	158,7=52	-1=0,327
46	47,2x26,4x4,7	*[C]XXX ?*	A		130=42,5	161,8=53	+31=10,5
47	36,3x20,5x6,8	*CLXV*	A		165=53,9	158,7=52	-5,8=1,9
48	50,5x20x5,6	-	-		-	186,5=61	-
49	37,1x17,2x7,2	*CLV*	A		155=50,6	161,4=52,8	+6,4=2,2
50	37x18x5,9	*CLX* (o *CIX*)	A		160=52,3	163,3=53,4	+3,3=1,1
51	37,5x18x8	*CLXXXV*	A		185=60,5	185,6=60,7	+0,6=0,2
52	38,5x16,2x8	*CLXXX*	A		180=58,8	172,4=56,4	-7,6=2,4
53	44,5x26,5x3,5	*CXX*	B	*C?* (A)	120=39,2	161,4=52,8	+41,4=11,4
54	34,2x17,5x8	*CLXXV*	A		175=75,2	175=75,2	-
55	52,5x27x5	-	-		-	272,2=89,2	-
56	55,5x27,5x5	*C ?*	B		100=32,7	254,4=83,2	+154,4=50,5
57	37,8x21x6	*CLX*	A		160=52,3	161,4=52,4	+0,50=0,16
58	40x17x6	*CXXX*	B		130=42,5	127,5=41,7	-2,5=0,8
59	38,5x18,6x10	*CCX*	A		210=68,6	208,5=68,2	-1,5=0,5
60	38,5x19x7	*CLXXX*	A		180=58,8	178=58,2	-2=0,6
61	37,2x18x7,5	*CLXXX*	A		180=58,8	175,5=57,4	-4,5=1,4

Figura 19. Tabella riassuntiva dei dati relativi ai lingotti della Serie 2, Gruppo 1 (nn. 43-61). A: faccia superiore; B: base; C: altezza (misure espresse in cm.); i. p.: indicazione ponderale; v. i. p.: valore dell'indicazione ponderale. I valori delle colonne i. p., peso reale e differenza sono espressi in libbre romane e kg.

Su 23 lingotti[150] le indicazione ponderali risultano presenti contestualmente alla contromarca *CHI* ma non sullo stesso lato; in 14 di questi le due iscrizioni compaiono assieme su uno dei due lati corti[151]. Nell'unico caso di sovrapposizione, individuato sul lato corto sinistro del lingotto n. 25 (Gruppo 1), il ponderale *CXIIIIS* e una parte della contromarca *CHI·CHI* si sovrappongono perpendicolarmente. L'assenza di un cartiglio che delimiti la contromarca rende ancora meno agevole stabilire quale delle due iscrizioni sia anteriore all'altra. La prima *I* del ponderale, nel punto nel quale si interseca con le lettere della contromarca, rende quasi completamente illeggibile il testo della contromarca, mentre le lettere del graffito, sensibilmente più lunghe, appaiono ancora comprensibili. Sulla base di questa osservazione, peraltro ampiamente confutabile, è forse possibile ipotizzare che, la contromarca *CHI*, peraltro apposta al centro della faccia del lingotto, sia anteriore al ponderale. Tale eventuale anteriorità non può tuttavia essere ulteriormente definita in termini di tempo, in quanto, come vedremo oltre (Par. 1.4), le due iscrizioni potrebbero essere state apposte in una stessa fase della commercializzazione dei lingotti.

1.2.2. La Serie 2 (gruppi 1-2): lingotti nn. 43-65

Gli esemplari della Serie 2 – 23 *massae plumbeae* – risultano caratterizzati da forma parallelepipeda e da una notevole disomogeneità nelle dimensioni e, di conseguenza, nel peso. Per quanto riguarda quest'ultimo, si registrano variazioni notevoli, comprese tra un valore minimo di 26,5 ed un massimo di 89,2 kg; nella maggior parte dei casi tale valore si colloca tra 50 e 58,2 kg[152], corrispondenti a 152-178 libbre romane. Unico elemento epigrafico presente sulle *massae plumbeae* della Serie 2 è un numerale, espresso in lettere latine o greche; la presenza contestuale di queste ultime e di immagini su quattro dei lingotti ha indotto a distinguere all'interno della serie un primo (lingotti nn. 43-61) ed un secondo gruppo (lingotti nn. 62-65).

Serie 2, Gruppo 1 (lingotti nn. 43-61; Figg. 17-19). Il Gruppo 1 risulta composto da 19 lingotti, tutti caratterizzati da misure che differiscono notevolmente da esemplare a esemplare. La lunghezza appare nel complesso la misura più regolare; in 12 casi è compresa tra 35 e 38.5 cm (nn. 43, 44, 45, 47, 49, 50, 51, 52, 54,

[150] Lingotti nn. 2, 3, 4, 7, 8, 11, 14, 15, 16, 17, 18, 22, 23, 25, 26, 30, 31, 35, 36, 38 (Gruppo 1), 39, 40, 41 (Gruppo 2). Sul lato corto destro del lingotto n. 27 (Gruppo 1) compare un'iscrizione incisa scarsamente leggibile, che potrebbe essere identificata proprio con l'indicazione ponderale.

[151] Lingotti nn. 3, 7, 11, 16, 18, 22, 26 (Serie 1; lato corto destro), 6, 8, 15, 17, 25, 30, 35 (Serie 1, lato corto sinistro).

[152] Soltanto 3 esemplari scendono sotto i 50 kg (nn. 43, 44, 58); i nn. 48 e 51 superano di poco i 60 kg (rispettivamente 61 e 60.7 kg), il n. 59 pesa 68,2 e i nn. 55 e 56 raggiungono i 89,2 e 83,2 kg.

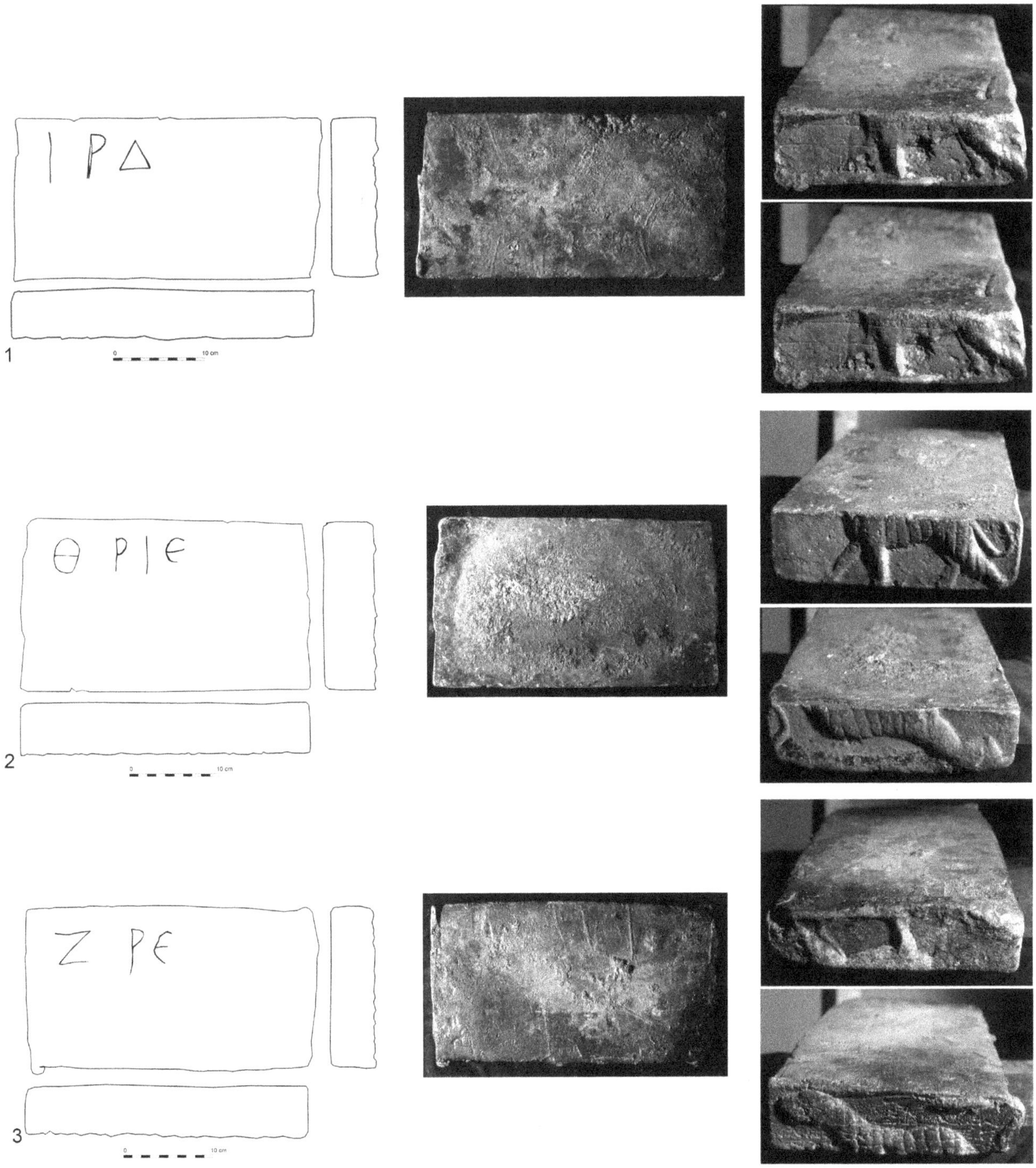

Figura 20. Lingotti della Serie 2, Gruppo 2. Esemplari nn. 62-64.

57, 59, 60, 61); la misura minima e quella massima sono state registrate rispettivamente sui lingotti n. 43 (35 cm) e n. 56 (55,5 cm). La larghezza è compresa tra 16 cm (n. 43) e 27,5 cm (n. 56); l'altezza, infine, oscilla tra 3,5 cm (n. 53) e 10 cm (n. 59). Alla disomogeneità nelle dimensioni corrisponde di conseguenza una forte differenza nel peso dei singoli esemplari. Il lingotto più leggero della Serie 2 è il n. 43 (26,5), mentre il n. 55, con i suoi 89,2 kg, è il più pesante. La maggioranza dei lingotti, 10 esemplari, ha un peso compreso tra 52 e 58,2 kg[153] e soltanto 3[154] scendono sotto i 50 kg. Tre esemplari[155] superano i 60 kg e 2[156] superano gli 80 kg[157].

[153] Serie 2, Gruppo 1, nn. 45, 46, 47, 49, 50, 52, 53, 54, 57, 60, 61.
[154] Serie 2, Gruppo 1, nn. 43, 44, 58.
[155] Serie 2, Gruppo 1, nn. 48, 51, 59.
[156] Serie 2, Gruppo 1, nn. 55, 56.
[157] Questi due ultimi valori sono comparabili soltanto con quelli delle *massae plumbeae* di forma Domergue IV della Britannia (Tylecote, *Metallurgy in Archaeology*, 36-64; Whittick, "The Earliest Roman Lead-Mining," 113-123; RIB, 38-66).

Le differenze di dimensioni e peso indicano che ciascun lingotto è stato fuso in una diversa lingottiera, di forma parallelepipeda. Solitamente una delle facce maggiori risulta caratterizzata da una superficie notevolmente irregolare, sensibilmente diversa da quella più uniforme e liscia che mostrano tutti gli altri lati. Appare difficile determinare se siano state impiegate lingottiere in legno o argilla, create appositamente, o se, più verosilmente, si siano realizzate semplici buche nel terreno, di volta in volta delle dimensioni desiderate[158]. Ignote rimangono le motivazioni di questa attività produttiva, caratterizzata dalla creazione di lingotti disomogenei per peso e dimensioni; senza la possibilità di un riscontro positivo, è solo possibile ipotizzare che il metallo impiegato non derivi direttamente da una attività estrattiva ma dalla rifusione di oggetti di vario genere che, una volta trasformati in lingotti, avrebbero dato come risultato *massae plumbeae* sensibilmente difformi.

Le considerazioni appena fatte ci permettono di ipotizzare che l'intero processo produttivo possa essere quindi avvenuto non necessariamente presso una miniera – dove si sarebbero utilizzate le più comuni lingottiere di forma tronco-piramidale e/o a dorso curvo – ma, ipoteticamente, presso un'*officina plumbaria*, dove potrebbero essere stati rifusi e ridotti a lingotti oggetti in piombo non più servibili e/o invenduti.

L'indicazione ponderale, incisa[159] o graffita[160] a freddo in piccole lettere alte 1,2 cm circa con uno strumento metallico, compare in 14 casi sulla faccia superiore dei lingotti[161] e in 3 su quella inferiore[162]; due sono i lingotti anepigrafi[163]. Il valore espresso esprime il peso totale del lingotto in 13 casi[164]: in 8 di questi[165] la differenza tra il valore indicato ed il valore reale non supera le 3 libbre – poco meno di 1 kg – e in 5[166] essa è compresa tra 5 ed 8 libbre (1,6-2,6 kg). Il lingotto n. 45, ad esempio, pesa 52 kg; il numerale inciso su di esso, *CLX*, riporta il valore di 160 libbre, pari a 52,4 kg.

Non sembrano invece corrispondere al peso totale, neppure presupponendo un peso standard da aggiungere, i numerali dei restanti quattro lingotti recanti il numerale[167]. Dal momento che le lettere appaiono in buono stato di conservazione e che non sembra di ravvisare lacune nei testi, è solo possibile ipotizzare – per quanto non sia questa la soluzione ideale – errori nella trascrizione del peso. Sul lingotto n. 53, il cui peso è pari a 52,8 kg, compare il numerale *CXX*, che sembra apparentemente indicare un peso di 120 libbre, corrispondenti tuttavia a soli 39,3 kg.

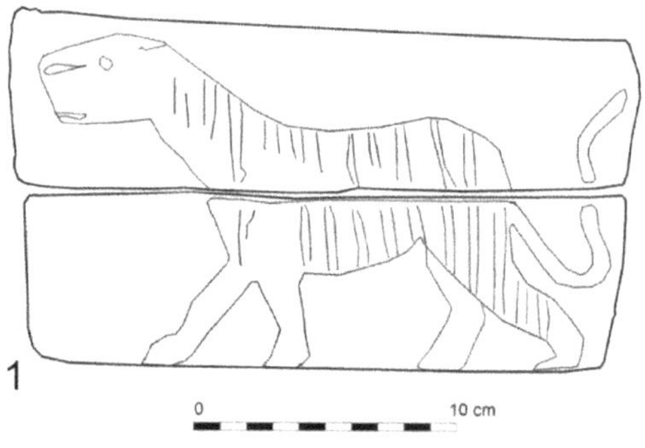

1

2

3

Figura 21. Lingotti della Serie 2, Gruppo 2. Gli esemplari nn. 63-64 sovrapposti.

Decisamente inusuale è la morfologia dei lingotti di questa Serie; tra gli scarsi confronti è possibile ricordare un lingotto di piombo rinvenuto isolato a largo di Agde e caratterizzato da forma parallelepipeda[168]; la *massa plumbea* è dotata di due prese di forma cilindrica ubicate in corrispondenza dei lati lunghi, forse per agevolarne il

[158] Tale ricostruzione spiegherebbe la diversità tra le superfici dei lingotti, in quanto le facce che presentano irregolarità sarebbero quelle che conservano la traccia del fondo della buca dove il piombo fuso venne colato.

[159] Nn. 44, 45, 46, 47, 49, 50, 51, 52, 54, 56, 58, 59, 60, 61.

[160] Nn. 43, 53, 57.

[161] Nn. 43, 44, 45, 46, 47, 49, 50, 51, 52, 54, 57, 59, 60, 61.

[162] Nn. 53, 56, 58.

[163] Nn. 48, 55.

[164] L'indicazione del valore totale del peso è attestata in età augustea sul lingotto sardo di S. Niccolò; su uno dei fianchi della *massa plumbea*, bollata *Caesaris Aug(usti)*, compare il numerale *CVII* che, con una differenza di 1,5 libbre, indica il peso reale di 108,5 libbre romane (35,6 kg) del lingotto (CIL X, 8073, 1; Besnier 1921, "Le commerce," 113; R. Binaghi, "La metallurgia in età romana in Sardegna." In *Sardegna Romana*, vol. II, a cura di A. Tramelli, S. Vardabasso, R. Binaghi (Roma 1939), 46).

[165] Nn. 45, 50, 51, 54, 57, 58, 59, 60.

[166] Nn. 44, 47, 49, 52, 61.

[167] Nn. 43, 46, 53, 56.

[168] A. Bouscaras, "Notes sous les recherches sous-marine d'Agde", *Rivista di Studi Liguri* 30 (1964): 269-270. Il lingotto misura 56x20x9 cm. Una generica datazione alla tarda età imperiale ed una origine britannica del piombo sono state ipotizzate da F. Bénoît, in

trasporto; una contromarca raffigurante un timone compare su una delle facce del lingotto. Il peso, pari a 103 kg, corrisponde a 314,9 libbre.

Circa 200 lingotti di forma rettangolare, caratterizzati da un peso sensibilmente disomogeno, compreso tra 27 e 150 kg, fanno parte del carico di 271 *massae plumbeae* del relitto bretone di Ploumanac'h-Malban[169], relativo ad una imbarcazione affondata tra II e IV sec. d. C. lungo le coste meridionali dall'Inghilterra. Il corredo epigrafico risulta costituito da indicazioni ponderali apparentemente non espresse in libbre romane e da iscrizioni – *civ(i)t(as) Icen(orum)* e *civ(i)tas Br(i)g(antium)* – che fanno riferimento alle tribù britanne degli *Iceni* e dei *Brigantes*, nei cui territori erano presumibilmente ubicate le miniere presso le quali i lingotti vennero prodotti.

Serie 2, Gruppo 2 (lingotti nn. 62-64; Figg. 20-21, 23). I lingotti di questo gruppo, morfologicamente simili agli esemplari del Gruppo 1, sono stati distinti dai precedenti in virtù della presenza di immagini in corrispondenza dei lati corti dei lingotti e di iscrizioni graffite in lettere greche. Dimensioni simili (33,1x17,8x5 cm circa) caratterizzano i lingotti nn. 62, 63 e 64,[170]; i pesi oscillano tra un minimo di 33,3 kg (101,8 libbre) del lingotto n. 62 ai 36,5 kg (111,6 libbre) del n. 63[171].
Sulla faccia superiore dei tre lingotti compaiono le seguenti iscrizioni in lettere greche alte 4 cm circa, graffite con tratto poco profondo per mezzo di uno strumento metallico:
- *IPΔ* (n. 62),
- *ΘPIE* (n. 63),
- *ZPE* (n. 64),

Di non facile soluzione è la lettura dei tre brevi testi in oggetto[172]; è per un verso assai difficile distinguere in essi eventuali formule onomastiche e/o indicazioni di altro tipo, mentre è forse possibile, anche in analogia con gli altri lingotti della Serie 2, ipotizzarne una funzione come indicazione ponderale. Tale ricostruzione non è tuttavia esente da dubbi, in quanto essa funziona solo nel caso che non si tenga conto della prima lettera di ciascuna iscrizione, secondo il seguente schema:

- lingotto n. 62: I=10 (?); PΔ=104 (libbre romane?)
- lingotto n. 63: Θ=9 (?); PIE=115 (libbre romane?)
- lingotto n. 64: Z=7 (?); PE=105 (libbre romane?)

I numerali cosi ottenuti sembrano trovare notevole corrispondenza rispetto al peso reale dei lingotti espresso in libbre, corrispondente, per i tre lingotti del Gruppo 2, rispettivamente a 101,8, 111,6 e 102,7 libbre; le differenze non risultano peraltro superiori a quelle riscontrate per gli altri lingotti del carico. Insoluto rimarrebbe comunque il significato delle lettere iniziali.

Una serie di immagini in rilievo compare sui lati corti dei tre lingotti del Gruppo; esse sono state realizzate inserendo sul fondo della lingottiera una matrice precedentemente preparata con l'immagine desiderata impressa in negativo, secondo una tecnica impiegata nelle *officinae plumbariae* per la produzione di oggetti di piombo decorati e/o iscritti e ampiamente documentata nel caso di piccole cisterne di uso domestico, cisterne delle pompe di sentina, sarcofagi, contenitori di vario genere e *fistulae aquariae*[173].

Sui entrambi i lati corti piccoli dei lingotti nn. 62, 63 e 64 compare quindi in rilievo l'immagine di un felino di grossa taglia; dal momento che su ciascun lingotto è presente soltanto metà della figura intera (la parte superiore o la parte inferiore dell'animale), le immagini risultano complete soltanto se si sovrappongono due lingotti. Ciò è vero per gli esemplari nn. 63 e 64, le cui immagini risultano di fatto complementari; l'animale completo risulta peraltro dritto su un lato e capovolto su quello opposto. Il felino è rappresentato in posizione stante, rivolto verso la sinistra di chi osserva; le zampe sinistre posteriore ed anteriore sono avanzate. Il collo risulta slanciato e nella testa, resa con un profilo sfuggente, è possibile individuare la bocca, il naso, l'occhio destro e le orecchie protese all'indietro. La coda assume una forma ad U, con la parte terminale inserita nella matrice superiore. Sul corpo appaiono numerose striature verticali che partono dal collo e giungono fino alla coda. In base a quest'ultima caratteristica si potrebbe supporre che l'animale in questione sia una tigre, nota a

considerazione della forma inconsueta e del notevole peso. Di fatto non esistono elementi a favore o meno di tale ricostruzione.

[169] M. L'Hour, "Le commerce maritime breton dans l'antiquité: l'épave de Ploumanac'h-Malban." In *Les mines et la métallurgie en Gaule et dans les provinces voisines, Actes du Colloque (Paris, 26-27 April 1986)*, Caesarodunum 22 (Paris, 1987), 137-148.

[170] N. 62: 32,8x17x5 cm; n. 63: 33x18,6x5,5 cm; n. 64: 33,5x18x5 cm.

[171] Il lingotto n. 64 ha un peso di 33,6 kg, pari a 102,6 libbre romane.

[172] Alcune iscrizioni greche sono presenti sui lingotti di stagno di probabile origine iberica del relitto Bagaud 2 (Var) (L. Long, "Quelques precisions sur le conditionnement des lingots d'étain de l'èpave antique Bagaud 2 (Var)." In *Les mines et la métallurgie en Gaule et dans les provinces voisines, Actes du Colloque (Paris, 26-27 April 1986)*, Caesarodunum 22 (Paris 1987), 149-157). L'imbarcazione, datata alla metà del I sec. a. C., trasportava un carico di anfore Dressel 1A e Lamboglia 1, ceramica Campana A di tipo tardo, alcuni lingotti di ferro e 45 lingotti di stagno sui quali erano incise le iscrizioni *ΤΩΝ ΠΕΡΙ ΗΡΑΚΛΕΙΔΗΝ, ΥΠΩ ΚΕΛΤΩΝ* e *ΑΙΣΤΩΡ*. Queste ultime sono state interpretate come iscrizioni relative all'associazione nel commercio dello stagno tra popolazioni celtiche e mercanti greci delle colonie occidentali (si è pensato soprattutto a Marsiglia).

[173] L'immagine, in rilievo, è stata realizzata con l'inserimento nella lingottiera di una matrice precedentemente preparata; la presenza di immagini su oggetti di piombo è ampiamente documentata per i sarcofagi, per le cisterne da atrio e per quelle delle pompe di sentina delle imbarcazioni, per contenitori di vario genere e perfino per le *fistulae* (D. Rossi, "Relitto di Chiessi (Marciana)," In *Relitti romani dell'isola d'Elba*, M. Zecchini (a cura di), Lucca 1982, 128-133, in particolare 128; A. Cochet, J. Hansen, *Conduites et objects de plomb gallo-romains de Vienne (Isère)*, suppl. 46 a Gallia, Paris 1986; M. Massa, "Precisazioni in margine al relitto di Chiessi (isola d'Elba)," *Rassegna di archeologia* 16 (1999): 259-290; A. Cochet, *Le plomb dans la Gaule romaine. Techniques de fabrication et produits*, Montagnac 2000). Vedi oltre, in questo capitolo, il paragrafo 2.3, relativo alle *cistae* in piombo.

Figura 22. Lingotto della Serie 2, Gruppo 3. Esemplare n. 65.

Serie 2, gruppi 2 e 3 – lingotti dal n. 62 al 65							
N.	dimensioni	Corredo epigrafico					
		i. p.	posizione i. p.	altre iscrizioni	v. i. p.	peso reale	differenza
62	32,2x17x5	*IPΔ*	A		104=34	100,9=33,3	-2,1=0,7
63	33x18,6x5,5	*ΘPIE*	A		115=37,6	111,6=36,5	-3,4=1,1
64	33,5x18x5	*ZPE*	A		105=34,3	102,7=33,6	-2,3=0,7
65	29,4x31,6x5,5	-	-	-	-	170,3=55,7	-

Figura 23. Tabella riassuntiva dei dati relativi ai lingotti della Serie 2, gruppi 2 e 3 (nn. 62-65); i. p.: indicazione ponderale; v. i. p.: valore dell'indicazione ponderale. I valori delle colonne i. p., peso reale e differenza sono espressi in libbre romane e kg.

Roma già nell'11 a. C., quando un'esemplare addomesticato viene esibito in gabbia durante lo spettacolo offerto da Augusto per la dedica del teatro di Marcello[174].

Il lingotto n. 62 doveva essere invece complementare ad un quarto lingotto, che non è purtroppo tra quelli recuperati; sui lati corti compaiono infatti le metà inferiori del felino, orientate in entrambi i casi nello stesso modo. Questo particolare, contestualmente ad alcune differenze di carattere formale (ad es. la posizione nella coda del felino), permette di definire l'impiego di almeno due matrici. Anche il felino raffigurato sul lingotto n. 62 è in posizione stante, rivolto vero sinistra; dal momento che sembrano assenti le striature che caratterizzano gli animali presenti sui lingotti nn. 63-64, è possibile ipotizzarne una identificazione più generica, con un leone o una pantera.

Serie 2, Gruppo 3 (lingotto n. 65; Figg. 22-23). Il lingotto n. 65, caratterizzato da forma parallelepipeda e dalla presenza di una immagine su una delle facce, risulta tuttavia privo di corredo epigrafico; per questo è stato distinto dagli esemplari del Gruppo 2 e costituisce il solo esemplare di questo Gruppo all'interno della Serie 2. La *massa plumbea*, che misura 29,4x31,6x5,5 cm, è la sola dell'intera Serie 2 a presentare facce maggiori di forma

[174] Dio, LIV, 26, 1; Plin, *N.H.*, VIII, 25 (18), 65. La scarsa conoscenza che tuttavia si doveva avere di questo animale a Roma in età augustea, non consente tuttavia di escludere *a priori* che, nonostante le striature, l'immagine dei lingotti del relitto di Rena Maiore faccia genericamente riferimento ad un felino di grossa taglia. L'impiego di tigri nelle *venationes* (Mart., *Lib. de spec.*, 18-19;) e la maggior parte delle raffigurazioni di questo animale (C. W. Weber, Panem et circenses. *La politica dei divertimenti di massa nell'antica Roma*, Dusseldorf-Wien 1989, 41-44) sono infatti successive all'età augustea. Per rappresentezioni realistiche e particolareggiate si veda, ad esempio, il mosaico della Grande Caccia della Villa del Casale di Piazza Armerina (R. Rea, "Gli animali della *venatio*: cattura, trasporto, custodia." In *Sangue e arena*, Catalogo della mostra (Roma, 22 giugno 2001-7 gennaio 2002), a cura di A. La Regina. (Milano 2001), 254-256). Per quanto riguarda le raffigurazioni di animali a tema anfiteatrale vedi, in generale, A. Gabucci (a cura di), *Il Colosseo*, Milano 1999, 63-95; Rea, *Gli animali della venatio*, 254-275; M. Papini, "*Munera gladiatoria* e *venationes* nel mondo delle immagini," *Atti dell'Accademia Nazionale dei Lincei. Classe di scienze morali, storiche e filologiche. Memorie*, ser. IX, vol. XIX, fasc. 1 (2004): 203-221.

quasi quadrata; essa raggiunge inoltre un peso di 55,7 corrispondenti a 170,3 libbre.

Sulla faccia superiore compare una scena di combattimento tra gladiatori. I personaggi, alti circa 10 cm, si trovano a metà della faccia del lingotto, leggermente spostati verso il margine destro. Il combattente di sinistra è chiaramente un reziario; il personaggio, in posizione d'attacco, impugna il tridente (*fuscina*) con entrambe le mani. Sono riconoscibili la protezione metallica del braccio (*manica*) e del collo (*galerus*); il *subligaculum* all'altezza della vita e le calzature leggere (*fasciae*) tipiche di questo gladiatore[175].

La presenza di colature di piombo sulla superficie del lingotto rende di difficile lettura la figura del secondo gladiatore; l'apparente mancanza di un elmo di grandi dimensioni, la presenza della *manica* metallica sul braccio sinistro e delle *ocreae*, calzature tipiche dei gladiatori dotati di spade e scudi[176], consentono tuttavia una sua identificazione come *secutor*, tradizionale avversario del reziaro. La mano sinistra sembra stringere un oggetto non ben definibile, assi verosimilmente una spada corta. Alla sinistra dei gladiatori compare un braciere acceso, costituito da una parte superiore nel quale si trovano le braci e da un sostegno con tre gambe.

L'iconografia dell'immagine appare tipica del combattimento della coppia reziario-*secutor*: il primo, che raramente viene raffigurato con la rete, attacca da sinistra col tridente, mentre l'altro, a destra, tenta di parare il colpo con lo scudo e di rispondere con la spada[177]. Anche in questo caso, come per i lingotti precedenti, è possibile sottolineare da un lato l'estrema diffusione del tema – in questo caso gladiatorio – nel mondo romano; questo tipo di raffigurazioni risultano particolarmente diffuse anche sui manufatti prodotti nelle *officinae plumbariae*. È possibile ricordare, a titolo esemplificativo, una *cista* rinvenuta all'interno di una *taberna* del Decumano Massimo di Ostia (II sec. d. C.) [178], e un elemento della pompa di sentina dell'imbarcazione naufragata presso Chiessi (Isola d'Elba; inizio I sec. d. C.)[179], sulle quali compaiono scene di combattimento con orsi, e le stesse *cistae* nn. 1-2 del relitto di Rena Maiore, i cui felini rimandano in qualche modo al mondo delle *venationes*.

Le immagini presenti sui lingotti nn. 62-65, contestualmente alla forte disomogeneità che caratterizza tutti i lingotti della Serie 2 e alla pertinenza al carico del relitto di Rena Maiore delle quattro *cistae* decorate ed inscrittte, costituiscono una ulteriore prova a favore dell'ipotesi che individua nell'*officina* di un *plumbarius* – un contesto produttivo presso il quale si può facilmente giustificare la presenza dei mezzi e delle conoscenze artigianali atte alla realizzazione delle rimmagini dei lingotti dei Gruppi 2 e 3 – il probabile luogo di origine di tutte le *massae plumbeae* della Serie 2. L'incertezza che emerge dall'analisi morfologica dei lingotti di questo gruppo è peraltro confermata dai risultati delle analisi degli isotopi[180], nelle quali gli indici dei campioni analizzati si sovrappongono a quelli dei depositi minerari della *Germania* nel diagramma superiore mentre non coincidono con questi ultimi nel diagramma inferiore. La spiegazione più probabile di un tale risultato – ossia che essi siano stati prodotti fondendo in un'unica lingottiera piombo di diversa provenienza, certamente gallica[181] – costituisce un ulteriore indizio all'ipotesi proposta.

1.2.3. La Serie 3: il lingotto n. 66

La *massa plumbea* n. 66 (Figg. 24-25)[182] è caratterizzata da una base piana con spigoli arrotondati di 50,5x12 cm e da un dorso con andamento curvo; l'altezza raggiunge i 10 cm, mentre i lati lunghi, che nei lingotti di forma tronco-piramidale sono solitamente inclinati verso l'interno, in questo caso sono praticamente perpendicolari rispetto alla base. Le caratteristiche descritte – che non trovano riscontro tra le altre *massae plumbeae* del relitto di Rena Maiore – rendono questo lingotto sensibilmente diverso rispetto ai lingotti di forma tronco-piramidale di tipo Domergue IV, avvicinandolo piuttosto al profilo degli esemplari di età tardo-repubblicana di tipo Domergue I[183]. Rispetto a questi

[175] G. Ville, *La gladiature en Occident des origines à la mort de Domitien*, Paris 1981, 162; M. C. Hellmann, "Les rapresentation de gladiateurs sur les lampes romaine," In *Les gladiateurs (Table ronde, Lattes, 1987)*, éditè par C. Landes (Lattes 1987), 83-85; J. J. Storch De Gracia Y Asencio, "Gloire et mort dans l'arène: les rapresentations des gladiateurs dans la Péninsule Ibérique." In Spectacula *I: gladiateurs et amphitéatres. Actes du colloque tenù à Toulouse et à Lattes les 26, 27, 28 ey 29 mai 1987*, édité par C. Domergue, C. Landes, J.-M. Pailler (Lattes 1990), 185-191; F. Coarelli, "L'armamento e le classi dei gladiatori." In *Sangue e arena*. Catalogo della mostra, (Roma, Colosseo, 22 giugno 2001-7 gennaio 2002), a cura di A. La Regina (Milano 2001), 153-174.

[176] Ville, *La gladiature*, 161-164; Hellmann, *Les rapresentation de gladiateurs*, 83-85; Storch De Gracia Y Asencio, *Gloire et mort dans l'arène*, 185-191; Coarelli, *L'armamento e le classi dei gladiatori*, 153-174

[177] Hellmann, *Les rapresentation de gladiateurs*, 83-85; Storch De Gracia Y Asencio, *Gloire et mort dans l'arène*, 185-191.

[178] M. Floriani Squarciapino, "Ostia. Situla in piombo," *Notizie degli scavi* 44 (1952): 42-46.

[179] Rossi, "Relitto di Chiessi," 128-133; Massa, "Precisazioni," 259-290.

[180] I lingotti sottoposti ad analisi sono i seguenti: 43, 44, 48, 51, 60 (Serie 2, Gruppo 1), 62, 64 (Serie 2, Gruppo 2), 65 (Serie 2, Gruppo 3). Vedi l'Appendice al presente capitolo.

[181] Per le miniere della Gallia meridionale, vedi, in generale, G. Soricelli, "Lo sfruttamento minerario della Gallia transalpina tra il II secolo a. C. ed il I sec. d. C.," *Rendiconti della Accademia nazionale dei Lincei. Scienze morali, storiche e filologiche*, Serie IX, vol. V (1995): 215-245. Sull'origine gallica del metallo, oltre all'Appendice al Cap. 1, vedi anche Rothenhöfer, Bode, *Wirtschaftliche Auswirkungen*, 325.

[182] Il lingotto è stato pubblicato preliminarmente in N. Hanel, P. Rothenhöfer, S. Genovesi, "Germanisches Blei für Rom. Zur Rolle des römischen Bergbaus im rechtsrheinischen Germanien im frühen Prinzipat.," Germania 83 (2005): 53-65, in particolare 58-59.

[183] La classificazione proposta da Domergue per la prima volta in un articolo del 1967 (C. Domergue, "Les lingots de plomb romains du Musée Archéologique de Carthagéne et du Musée naval de Madrid," *Archivo Español de Arqueologia* XXXIX (1966), 62-72) individua come caratteristica peculiare dei lingotti di tipo I (serie 1000), prodotti tra la fine del II sec. a. C. e gli inizi dell'età imperiale, il profilo semicilindrico, il peso vicino a 100 libbre romane (32,7 kg) e la presenza, in

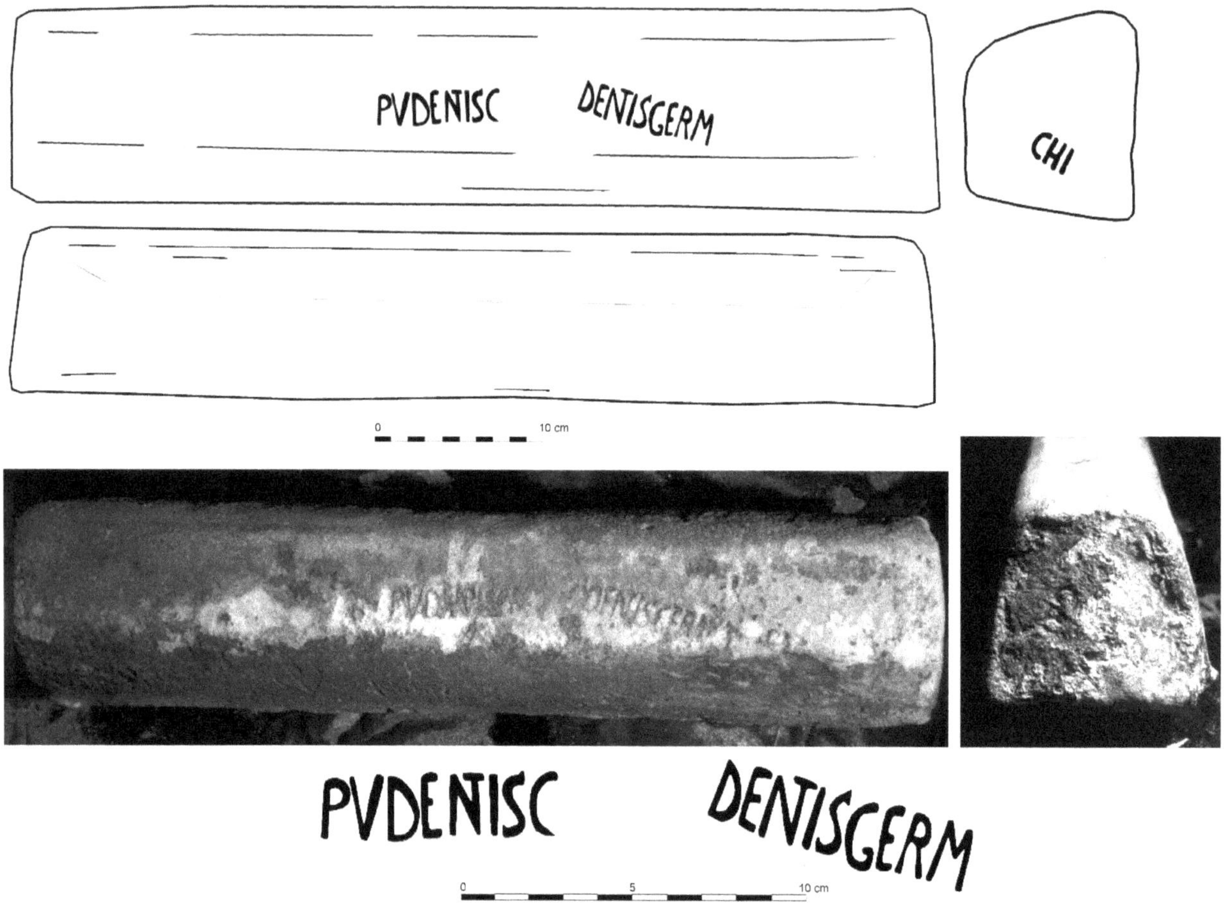

Figura 24. Serie 3: lingotto n. 66.

Serie 3 – lingotto n. 66								
N.	A	B	Bollo	contromarche	i. p.	v. i. p.	peso reale	differenza
66	50,5X12	10	PUDEN^TIS G[ERM(ANICUM)] // [PU]DEN^TIS GERM(ANICUM)	CHI	-	-	240,3=78,6	-

Figura 25. Tabella riassuntiva dei dati relativi al lingotto n. 66 (Serie 3); i. p.: indicazione ponderale; v. i. p.: valore dell'indicazione ponderale. I valori delle colonne i. p., peso reale e differenza sono espressi in libbre romane e kg.

ultimi, normalmente caratterizzati da un peso prossimo alle 100 libbre romane (32,7 kg circa), il lingotto n. 66 raggiunge gli 78,6 kg, corrispondenti a 240,3 libbre, in linea con il generale aumento del peso delle *massae plumbeae* che si rileva all'inizio dell'età imperiale.

Il lingotto non risulta dotato di bolli dello stesso tipo di quelli presenti sugli esemplari della Serie 1; sul dorso risulta invece impresso due volte a freddo un punzone con il seguente testo in lettere capitali alte 2,5 cm, privo di cartiglio[184]: *Puden^tis G[---] // [--]den^tis G(erm(---)*. Sulla base del confronto con i bolli dei lingotti della Serie 1, è possibile ipotizzare, per entrambi i testi, la seguente soluzione: *Puden^tis G[ermanicum (plumbum)] // [Pu]den^tis Germanicum (plumbum)*. La presenza di concrezioni e lacune sulla superficie del lingotto impedisce con certezza di stabilire se il testo del bollo, in analogia con i lingotti bollati da Augusto, riportasse per intero il termine *Germanicum* o se questo fosse abbreviato in *Germ(anicum)*. In questo secondo il caso la trascrizione dei due bolli sarebbe *Puden^tis G[erm(anicum) (plumbum)] // [Pu]den^tis Germ(anicum) (plumbum)*.

Le iscrizioni in oggetto non costituiscono bolli di tipo canonico; la loro posizione sul dorso del lingotto e le informazioni contenute nel testo – nome del produttore e origine del metallo – trovano tuttavia riscontro nei lingotti della Serie 1, prodotti presso dei *metalla Germanica*. Come confermano anche le analisi degli isotopi del piombo[185], da queste stesse miniere, probabilmente dal distretto minerario del Bergisches

corrispondenza del dorso curvo, di un bollo composto da uno, due o tre cartigli rettangolari.

[184] La lunghezza del punzone è di 10 cm.
[185] Vedi l'Appendice al presente capitolo.

Land, proviene quindi anche il lingotto n. 66[186]. Il rinvenimento in Westphalia di un manufatto in piombo recante il bollo *[-]Pudent[is---]*[187] non costituisce la prova di un legame tra quest'ultimo oggetto, il lingotto e l'ipotetica attività mineraria condotta anche in questo specifico settore della *Germania* dall'amministrazione romana[188].

Più problematica appare l'identità di *Pudens*, che qui figura apparentemente come produttore del metallo ma che potrebbe anche solo aver acquistato il lingotto, contrassegnandolo a freddo in un momento successivo alla sua fusione. La menzione del solo *cognomen*, nonché il tipo di stesso di *cognomen* consentono di ipotizzarne una condizione di rango servile o libertino[189]. A questo proposito è possibile ricordare come non sia insolito in età augustea, così come in età repubblicana e nei primi secoli dell'impero, il coinvolgimento in attività di carattere minerario di personaggi di condizione servile o libertina, quali il liberto *Titus Iuventius Duso*, il cui bollo compare su parte dei lingotti del relitto augusteo *Cabrera 4* (isole Baleari)[190] e su altri rinvenuti nel distretto minerario del *Saltus Castulonensis*[191] .

Il corredo epigrafico del lingotto è completato dalla presenza della contromarca *CHI*, impressa una sola volta sul lato corto sinistro della *massa plumbea*; è questa una ulteriore prova della pertinenza del lingotto di *Pudens* alla stessa filiera commerciale che, dalla *Germania*, ha consentito il trasporto di una parte del carico al Reno e al Rodano e successivamente, via mare, fino alle coste della Sardegna Nord-occidentale.

1.2.4. La Serie 4: lingotti nn. 67-69

Le tre *massae plumbeae* che costituiscono questa Serie[192] sono sostanzialmente delle barre di piombo caratterizzate da una base piana con angoli arrotondati e da una parte superiore che presenta un profilo curvo

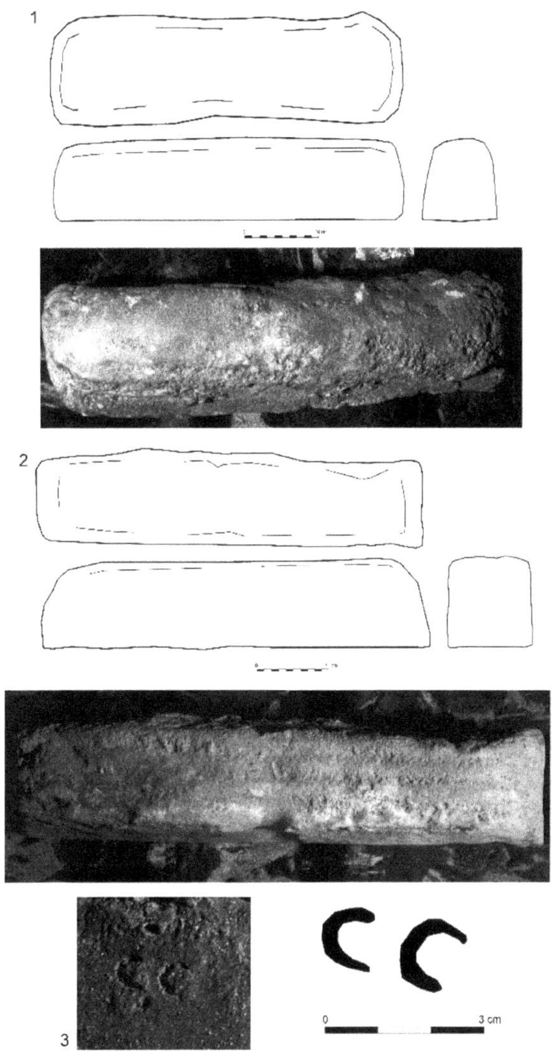

Figura 26. Lingotti della Serie 4. Esemplari nn. 67 (1) e 69 (2); indicazione ponderale sulla base del lingotto n. 69 (3).

[186] Su questo vedi Cap. 2.3.2-2.3.3.

[187] Hanel, Rothenhöfer, Genovesi, "Germanisches Blei für Rom," 54-58.

[188] Su tale problematica vedi Cap. 2.3.2.

[189] Kajanto, *The latin*, 68, 75, 93, 264.

[190] C. Veny, D. Cerda, "Materiales arqueologicos de dos pecios de la isla de Cabrera (Baleares)," *Trabajos de Prehistoria* 29 (1972): 298-310; C. Veny, "Nuevos materiales de Moro Boti," *Trabajos de Prehistoria* 36 (1979): 465-488.

[191] Domergue, *Les mines de la Péninsule Ibérique*, 270, 330; Rico, "Sociétés et entrepreneurs," 397. In questo secondo caso *T. Iuvent(ius) Duso* lavora in società con *M. Lu[---]*, il cui nome compare nel bollo dei lingotti rinvenuti presso Castulo assieme a quello del liberto.

[192] Nn. 66-69. Le caratteristiche formali di questi lingotti, assai poco simili a quelle dei lingotti normalmente attestati in età imperiale, possono trovare almeno un confronto con un gruppo di 4 lingotti di piombo rinvenuti nel 1988 assieme a due piombi di sonda lungo le coste di Israele, in prossimità della città di Akko (S. A. Kingsley, K. Raveh, "Stamped lead ingots from the coast of Israel," *International Journal of nautical Archeology*, 23 (1994): 119-128); non si tratta di un confronto preciso ma i lati lunghi delle 4 *massae plumbeae* sono perpendicolari alla base mentre i lati corti presentano una inclinazione piuttosto forte. Le dimensioni ed il peso sono nettamente inferiori rispetto al lingotto del relitto di Rena Maiore: la base misura in media 42x10,6 cm; l'altezza è di circa 7,2 cm. Sui fianchi e sul dorso sono presenti alcune contromarche in lettere greche e latine per le quali non sono state avanzate ipotesi. Il peso è rispettivamente di 29,4 (89,9 libbre), 25 (76,4 libbre), 18,5 (56,57 libbre) e 23 (70,3 libbre) kg. Gli autori dello studio sottolineano le caratteristiche tecniche inferiori di questa produzione rispetto agli standard raggiunti tra il II sec. a. C. ed il II sec. d. C. (G. C. Whittick, "The Casting Techinque of Roman-British Lead Ingots," *Journal of Roman Studies* 51 (1961): 105-111; L. Willies, "Development of lead smelting techniques." In *Archeologia delle Attività Estrattive e Metallurgiche, V Ciclo di Lezioni sulla Ricerca Applicata in Archeologia (Certosa di Pontignano-Campiglia Marittima, 1991)*, a cura di R. Francovich (Firenze 1993), 497-514) e riconoscono l'impossibilità di inserire questi lingotti nelle tipologie elaborate per la produzione di età romana. Tuttavia, sulla base della netta difformità morfologica rispetto alle *massae plumbeae* di età repubblicana del tipo I Domergue e della maggiore rassomiglianza con i lingotti di età imperiale, propongono una datazione compresa tra il I e la prima metà del II sec. d. C. (Kingsley, Raveh, "Stamped lead ingots," 24-126). Anche se, di fatto, la datazione proposta non ci sembra esente da critiche, il confronto tra i lingotti di Akko e quelli del Gruppo 3 di Rena Maiore appare importante, in quanto testimonia l'esistenza di forme diverse da quelle attestate dalla maggioranza dei lingotti a noi noti. L'assenza di bolli su lingotti del genere potrebbe forse significare che esisteva una parte della produzione non destinata all'esportazione ma che, in alcuni casi, poteva comunque essere immessa nei circuiti commerciali esterni alle province di origine dei lingotti.

Serie 4 – lingotti dal n. 67 al 69							
N.	dimensioni	Corredo epigrafico					
		i. p.	posizione i. p.	altre iscrizioni	v. i. p.	peso reale	differenza
67	46,5x14; h 10,3	-	-	-	-	136=44,5	-
68	48,5x16; h 9,5	C	B	-	100=32,7	190,5=62,3	+90,3=29,6
69	53x11,6; h 11,7	CC	B	-	200=64,4	197,2=64,5	-2,8=0,9

Figura 27. Tabella riassuntiva dei dati relativi ai lingotti della Serie 4 (nn. 67-69); i. p.: indicazione ponderale; v. i. p.: valore dell'indicazione ponderale. I valori delle colonne i. p., peso reale e differenza sono espressi in libbre romane e kg.

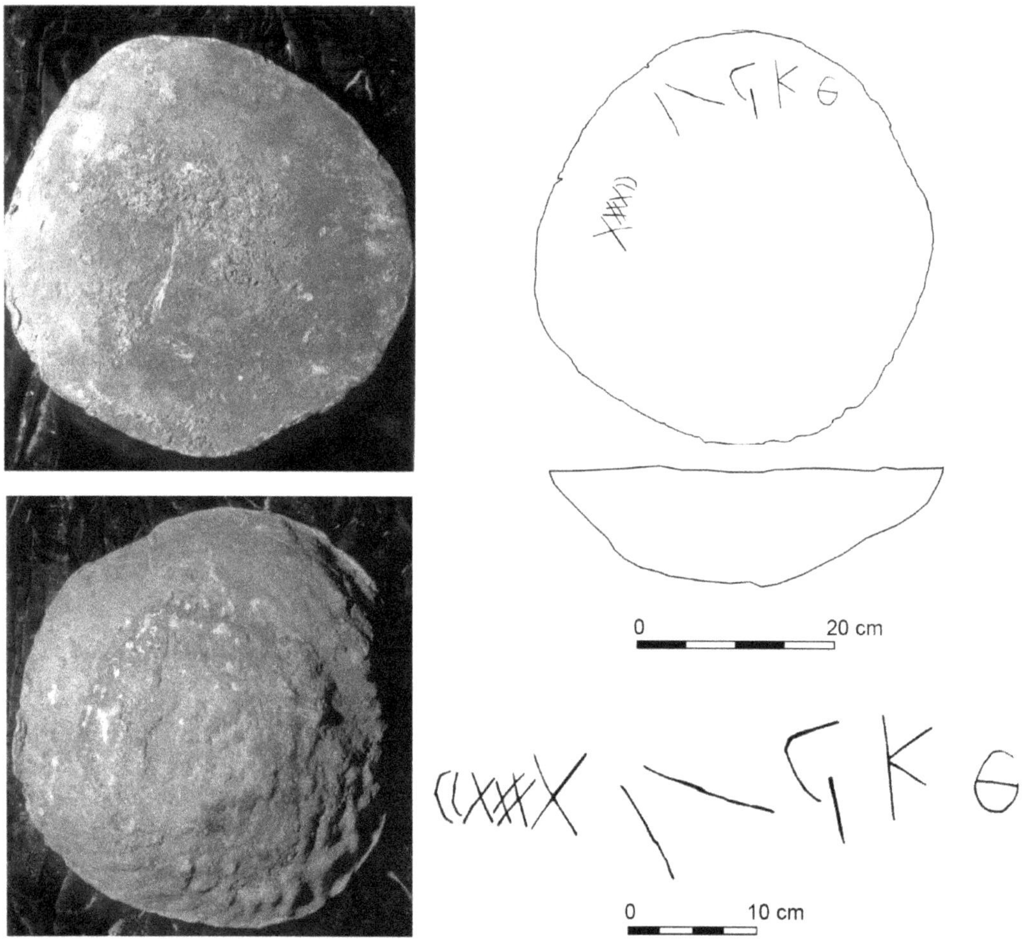

Figura 28. Lingotti della Serie 5. Esemplare n. 70.

estremamente irregolare, non paragonabile a quello, sensibilmente più definito, che contraddistingue i lingotti di età repubblicana di tipo Domergue I e, limitatamente al carico del relitto di Rena Maiore, il lingotto n. 66. Alla notevole disomogeneità delle dimensioni e del peso fa inoltre riscontro un ridotto corredo epigrafico, limitato alla sola indicazione ponderale, presente sui lingotti nn. 68 e 69. La base del lingotto n. 67 e la sua altezza misurano rispettivamente 46,5x14 cm e 10,3 cm. Il peso, pari a 44,5 kg, corrisponde a 136 libbre romane.

Nel lingotto n. 68, leggermente più grande del precedente, la base e l'altezza misurano rispettivamente 48,5x16 cm e 9,5 cm. Il peso è di 62,3 kg, pari a 190,5 libbre. Sulla base risulta incisa la lettera *C*; se essa costituisse l'indicazione ponderale, si potrebbe pensare che il peso sia stato indicato tenendo conto di uno standard di 100 libbre da aggiungere al valore indicato. Tale ipotesi appare tuttavia non del tutto certa, a causa della consistente differenza - 9,8 libbre, pari a 3,3 kg - tra il peso reale e quello indicato sul lingotto e dell'assenza di attestazioni di valori standard sottintesi, corrispondenti a 10 libbre.

Il lingotto n. 69 (Figg. 26, 2; 27) possiede una base di 53x11,6 cm ed una altezza di 11,7 cm; il peso, 64,5 kg, corrisponde a 197,2 libbre[193]. Sulla base inferiore risulta incisa l'indicazione ponderale *CC*, apparentemente corrispondente all'intero peso della *massa plumbea* (Fig. 26, 3)[194]. Per quanto riguarda i risultati delle analisi degli isotopi è possibile ribadire, per i lingotti di questa Serie, quanto già esposto per i lingotti della Serie 2[195].

1.2.5. La Serie 5: lingotti nn. 70-72

L'aspetto morfologico, come già per le *massae plumbeae* dei due gruppi precedenti, è stato l'elemento determinante anche per la definizione di questa ultima Serie. La caratteristica principale che accomuna i tre lingotti che ne fanno parte è infatti il profilo piano-convesso, decisamente raro nella morfologia dei lingotti di piombo di età romana.

La faccia superiore, piana, presenta un andamento circolare, notevolmente incerto nel caso dei lingotti nn. 71 e 72. La parte inferiore risulta invece caratterizzata da una superficie nettamente irregolare e da profilo convesso, che permettono di formulare una ricostruzione attendibile del procedimento con il quale i lingotti sono stati verosimilmente prodotti; il piombo fuso è stato verosimilmente versato in tre distinte cavità subcircolari, verosimilmente scavate nel terreno. Tale metodo, normalmente non impiegato per i lingotti di piombo, è stato ipotizzato anche per una *massa plumbea* proveniente dalla *Gallia Narbonensis*, che, limitatamente al piombo, costituisce attualmente il confronto più puntuale per i lingotti della Serie 5[196].

In virtù di tale processo produttivo, le dimensioni ed il peso dei tre lingotti variano sensibilmente. Il lingotto n. 70 (Figg. 28, 31), con un'altezza massima di 8 cm e un diametro di 40 cm circa, raggiunge il considerevole peso di 74,6 kg, corrispondente a 228 libbre circa. È il solo lingotto del Gruppo 5 a possedere un apparato epigrafico ed il solo lingotto dell'intero carico a possedere iscrizioni in lettere greche e latine[197]; sulla faccia superiore sono presenti le seguenti iscrizioni, entrambe graffite con uno strumento metallico a punta fine: *CCXXXX // I[?]PKΘ*[198].

Il primo numerale, costituito da lettere alte 4,2 cm[199], può essere identificato, con quale incertezza, con un'indicazione ponderale espressa in latino; essa fornirebbe il peso totale del lingotto[200], che risulterebbe stimato in 240 libbre. L'incertezza risiede in effetti nel fatto che il peso indicato risulterebbe inferiore di quasi 4 kg (12 libbre circa) rispetto al peso reale della *massa plumbea*. La notevole irregolarità della superficie del lingotto non consente di stabilire se la seconda iscrizione, in questo caso in lettere greche, sia completa; lo *iota* in prima posizione, distante alcuni centimentri dalle lettere seguenti, consente forse di attribuirne la pertinenza ad un termine diverso, che veicolava una propria informazione, per noi non meglio comprensibile.

In analogia con i lingotti della Serie 2, è possibile ipotizzare che le lettere *PKΘ* costituiscano un secondo numerale, espresso tuttavia in lingua greca[201]. La cifra indicata sarebbe pari a 129 libbre, valore che, sottintendendo 100 libbre in più, è quasi perfettamente corrispondente al peso reale del lingotto in libbre romane: 228 libbre (74,6 kg). Il confronto con i lingotti nn. 62-64 può forse essere risolutivo, in quanto anche in questo caso i numerali in lettere greche sembra sottintendere un peso standard di 100 libbre. Rimane invece difficile da comprendere il motivo per il quale su uno stesso lingotto compaiono iscrizioni in lettere latine e greche e, in particolare, perché i valori del peso siano stati espressi secondo modalità diverse.

Gli altri lingotti della Serie 5 (Figg. 29-30, 31), entrambi anepigrafi, sono anch'essi caratterizzati da pesi e dimensioni sensibilmente diversi tra loro e rispetto al lingotto n. 70; il n. 71, con un diametro massimo di 30,5,

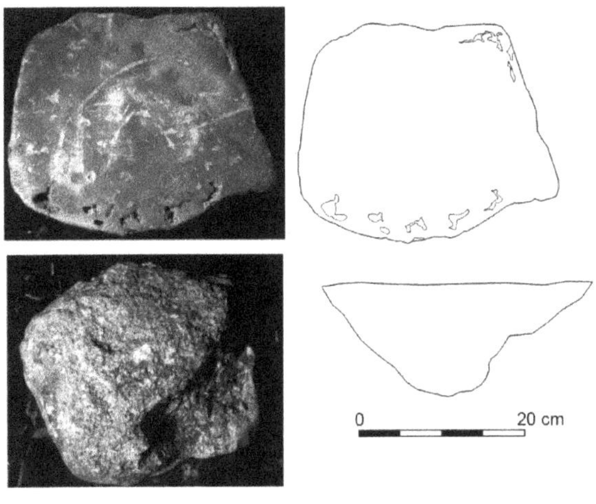

Figura 29. Lingotti della Serie 5. Esemplare n. 71.

[193] Il lingotto presenta una forma alquanto inusuale: i lati lunghi perpendicolari alla base determinano una sezione pressoché rettangolare; l'inclinazione dei lati corti, soprattutto in un caso, è invece piuttosto accentauta. Sulla faccia superiore non risulta presente alcun bollo. Alcune striature sui fianchi sono stati intepretate come segni provocati dal contatto tra il piombo fuso e le pareti di lingottiere in argilla (Whittick, "The Casting Techinque," 105-111).

[194] Lo scarto tra le 200 libbre indicate e il peso reale corrisponde a 2,8 libbre. Su uno dei lati lunghi è inoltre presente un graffito raffigurante una *X* intersecata a metà altezza da una linea verticale, per la quale, tuttavia, non siamo in grado di fornire alcuna ipotesi.

[195] I lingotti sottoposti ad analisi sono i seguenti: nn. 67, 68 (Serie 4) .

[196] F. Laubenheimer-Leenhardt, *Recherches sur les lingots de cuivre et de plomb d'èpoque romain dans les région de Languedoc –Roussillon et de Provence-Corse*, (Revue Archéologique de Narbonnaise, suppl. 3), Paris 1973, 162.

[197] Per la presenza di iscrizioni graffite in lettere greche cfr. i lingotti della Serie 2 (nn. 62-64, paragrafo 1.2.4).

[198] Il secondo graffito, caratterizzato da un diverso orientamento, si trova ad una distanza di 10 cm circa dal precedente.

[199] L'intero testo raggiunge una lunghezza di 16,9.cm.

[200] Il sistema, impiegato per i lingotti della Serie 2, è riscontrato in età augustea anche sulla *massa plumbea* di S. Niccolò, in Sardegna, bollata da Augusto (CIL X, 8073, 1); Besnier 1921, "Le commerce," 113.

[201] Il numerale è lungo 18,3 cm, mentre l'altezza delle lettere è compresa tra 6,5 e 14,1 cm.

Figura 30. Lingotti della Serie 5. Esemplare n. 72.

Serie 5 – lingotti dal n. 70 al 72								
N.	dimensioni	Corredo epigrafico						
		i. p.	posizione i. p.	altre iscrizioni	v. i. p.	peso reale	differenza
70	diam. 30,5; h 12	-	-	-	-	140,9=46,1	-
71	diam. 41; h 8	*CCXXXX*	A	-	240=78,4	228,1=74,6	-11,9=3,8
		I[-]PKΘ	A	-	229=74,8	228,1=74,6	-0,9=-0,2
72	diam. 23,2 ; h 5	-	-	-	-	24,7=8,1	-

Figura 31. Tabella riassuntiva dei dati relativi ai lingotti della Serie 4 (nn. 70-72)); i. p.: indicazione ponderale; v. i. p.: valore dell'indicazione ponderale. I valori delle colonne i. p., peso reale e differenza sono espressi in libbre romane e kg.

raggiunge i 46,1 kg, pari a 140,9 libbre romane. Il terzo lingotto del gruppo (n. 72), con un diametro di 23,2 cm, pesa invece solamente 8,1 kg, ossia circa 24,71 libbre[202].

La forma dei lingotti di questa Serie, decisamente inusuale nel panorama delle *massae plumbeae*, trova scarsi confronti. È pertinente ad un contesto della seconda metà del I sec a. C. della villa romana di Font de Rome (Aude) un piccolo lingotto di piombo, caratterizzato da una forma simile a quella del lingotto n. 72[203]. Il manufatto, che possiede un peso di appena 1,34 kg (4 libbre circa), presenta una faccia superiore piatta con andamento sub-circolare ed una parte inferiore convessa. La *massa plumbea* sarebbe stata prodotta per mezzo di una lingottiera improvvisata, rifondendo scarti di lavorazione nell'ambito delle attività di lavorazione dei metalli che si tenevano nella villa.

La morfologia del lingotto n. 70, la più regolare della Serie 5, può essere accostata, con le dovute cautele, ad un gruppo di 5 lingotti di rame di forma piano-convessa rinvenuti nella Francia meridionale[204]; a tre esemplari facenti parte del carico dal relitto *Planier 2*, affondato al largo di Marsiglia durante il principato di Antonino Pio[205], si aggiungono un quarto ed un quinto lingotto, privi di contesto, rispettivamente rinvenuti poco al largo dei centri costieri di Marseillan e Béziers[206].

[202] L'altezza della due *massae plumbeae* è rispettivamente di 12 (IV, 71) e 5 cm (IV, 72).

[203] Laubenheimer-Leenhardt, *Recherches sur les lingots*, 162. La datazione è stata definita sulla base dei frammenti di sigillata italica presenti nel livello nel quale si trovava la *massa plumbea*.

[204] Non pertinente appare invece il confronto con la forma troncoconica o emisferica che caratterizza la maggior parte dei lingotti di rame (M. Euzennat, "Lingots espagnols retrouvés en mer," *Études Classiques* III (1968-1970): 83-98, in particolare 97-98; Laubenheimer-Leenhardt, *Recherches sur les lingots*, 5-87; Domergue, *Les mines de la Péninsule Ibérique*, 283-286).

[205] Del carico fanno parte anche anfore di tipo Dressel 20 bollate *QIMFN* (Domergue, *Les mines de la Péninsule Ibérique*, 285-287; C. Domergue, C. Rico, "À propos de deux lingots de cuivre antique trouvés en mer sur la côte languedocienne." In *Mélanges offerts à Bernard Liou*, éditè par L. Rivet, M. Sciallano (Montagnac 2002), 141-152); di seguito riportiamo il testo dei graffiti presenti sulla faccia superiore dei tre lingotti di rame del relitto *Planier 2*:
- *Imp(eratoris) Antoni(ni) / Primuli Silonis / CCXCVII / Pro[c](uratoris) S(altus?) Lono-/-bensis* (lingotto 1),
- *CCC / p(ondo) / S(exti) Rassini S(exti) Ras[ini] / f(---) e(---) m(etallum?) p(---) c(---) / aup(---)* (lingotto 2),
- *M(etallum) Au(---) / Trop(himi) /Fel(icis ?) p(rocuratoris ?) / aud(---) f(---) n(---) / CCCXVII* (lingotto 3).

[206] Non da scartare la possibilità che i due lingotti abbiano fatto entrambi parte del carico di una stessa imbarcazione, naufragata presso Marseillan (Laubenheimer-Leenhardt, *Recherches sur les lingots*, 53; Domergue, Rico, *À propos de deux lingots de cuivre*, 146; AE 2002, 975, per il secondo lingotto). Di seguito riportiamo il testo dei graffiti rispettivamente presenti sui lingotti di Marseillan e Béziers:
- *Telesphori / Aug(usti) n(ostri) ser(vi) / Aud(---) d(---) np(---) sr(---) / pr(ocurator) Felix / CCCXXVII,*
- *L(ucii) Caesi Severi / p(---) a(----) D(ominorum) N(ostrorum) / pr(ocuratoris) Fel(ix?) / CCXCVIIII.*
Riportiamo, per il secondo lingotto, anche la lettura presente in AE 2002, 975, parzialemente diversa da quella proposta in Domergue,

Rispetto al lingotto di Rena Maiore si riscontrano tuttavia pesi sensibilmente maggiori; i tre esemplari del relitto *Planier 2*, di dimensioni leggermente diverse[207], pesano rispettivamente 97 (296 libbre), 95 (290 libbre) e 100 kg circa (305 libbre); su valori simili si attestano i pesi dei lingotti di Marseillan e di Béziers, rispettivamente pari a 106 (323,6 libbre) e 99,4 kg (304 libbre)[208]. Come indicano i numerali *CCXCVII*, *CCC*, *CCCXVII*, graffiti sui primi tre esemplari, *CCCXXVII* e *CCXCVIIII*, presenti su quelli di Marseillan e Béziers, le indicazioni ponderali forniscono, con errori contenuti, l'indicazione del valore totale del peso, secondo la modalità già riscontrata per il lingotto n. 70. Nonostante tale analogia, appare estremamente difficile stabilire, anche in considerazione del diverso tipo di metallo, se il lingotto n. 70 del relitto di Rena Maiore possa essere considerato una attestazione dell'adozione – in limitatissimi casi – della forma piano-convessa anche nella produzione di lingotti di piombo già presso la miniera.

La scarsa omogeneità morfologica e del peso delle *massae plumbeae* della Serie 5 fornisce, al contrario, l'impressione – avvalorata dai dati delle analisi degli isotopi del piombo, analoghi a quelli dei lingotti dei gruppi 2 e 4[209] – che essi siano in realtà il frutto di una produzione occasionale, verosmilmente avvenuta al di fuori dalla normale filiera produttiva che aveva luogo nei distretti minerari.

1.3. I contenitori in piombo (*cistae*)

Del carico di metalli del relitto di Rena Maiore fanno infine parte due coppie di contenitori in piombo recanti iscrizioni e decorazioni di vario tipo. A 2 *cistae* di forma cilindrica, di grandi dimensioni, si aggiungono 2 *cistae* di forma parallelepipeda, di dimensioni sensibilmente più ridotte. Gli esemplari di ciascuna coppia condividono – oltre alla forma – le dimensioni, l'apparato decorativo ed il corredo epigrafico. Nessuno dei contenitori conserva il coperchio, mentre sui margini superiori degli oggetti non sono stati individuati segni di ganci, di altri meccanismi o di saldature ad esso pertinenti. La forma originaria delle *cistae* è oggi solo ricostruibile in quanto esse, probabilmente destinate ad essere rifuse, sono state imbarcate dopo essere state tagliate e schiacciate, al fine di ridurre al minimo lo spazio occupato e di favorirne lo stivaggio[210].

1.3.1. Le *cistae* parallelepipede (nn. 1-2)

La *cista* n. 1 (Fig. 32), di forma parallelepipeda, è stata oggetto di uno schiacciamento dall'alto verso il basso; due dei lati sono stati inoltre ripiegati verso l'interno, mentre altri due, dopo essere stati tagliati longitudinalmente, sono stati accartocciati su se stessi e rivolti verso l'alto.

Il reperto, nella sua forma attuale, possiede una lunghezza di cm 56[211]; la base, quasi quadrata, conserva ancora le dimensioni originarie (32x27,5 cm). Nonostante l'intervento di schiacciamento subito al momento dell'imbarco, l'aspetto originario del manufatto è tuttora intuibile; la *cista* si presentava come un piccolo contenitore privo di coperchio, con un fondo quasi quadrato e quattro facce di dimensioni simili.

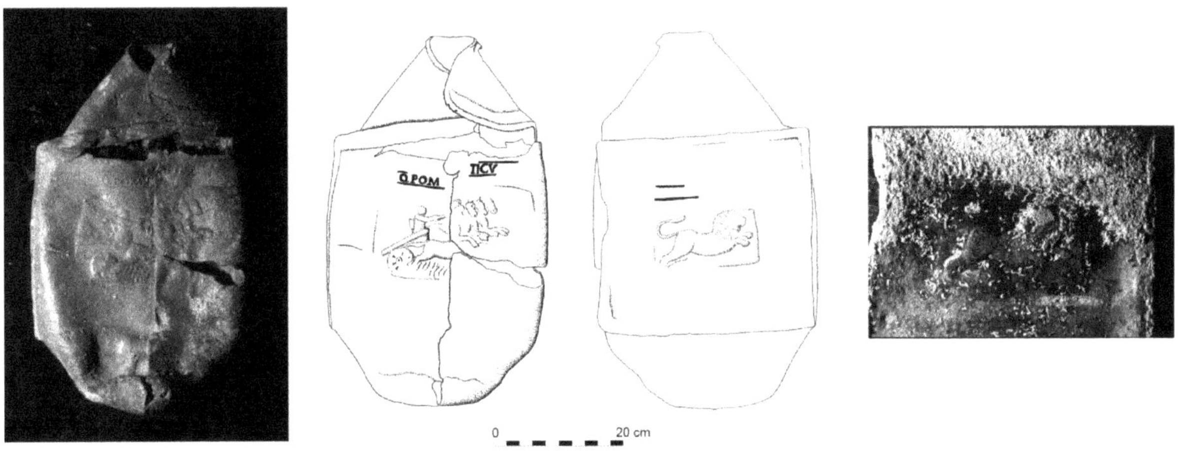

Figura 32. *Cista* in piombo n. 1.

Rico, *À propos de deux lingots de cuivre*, 146: *L(ucii) Caesi Severi / p(rocuratoris) A(ugustorum) (duorum) D(ominorum) N(ostrorum). / Pr(obator) Fel[i]x XX / CCXCVIIII.*

[207] Lingotto n. 1: diam. 41/44 cm; altezza 9,6 cm. Lingotto n. 2: diam. 42 cn; altezza 12 cm. Lingotto n. 3: diam. 42 cm; altezza 14 cm (Domergue, *Les mines de la Péninsule Ibérique*, 285).

[208] Lingotto di Marseillan: diam. 41 cm; altezza: 17 cm (Domergue, *Les mines de la Péninsule Ibérique*, 285). Lingotto di Béziers: diam. 40 cm circa; altezza: 15 cm circa (Domergue, Rico, *À propos de deux lingots de cuivre*, 146).

[209] I lingotti sottoposti ad analisi sono i seguenti: nn. 70, 72 (Serie 5).

[210] Le loro condizioni attuali non hanno permesso di effettuare una misurazione precisa delle dimensioni. Nella descrizione seguente faremo riferimento alla numerazione definita in occasione dello studio preliminare di P. Ruggeri (Ruggeri, "Un naufragio di età augustea," 88-103).

[211] L'altezza è stata misurata dalla base dell'oggetto fino al punto più alto dei lati tagliati.

Di non immediata comprensione appare la dislocazione attuale dell'apparato decorativo e del corredo epigrafico; quando si è provveduto a schiacciare l'oggetto, due dei suoi lati, sono stati ripiegati verso l'interno con i margini leggermente sovrapposti. In questo modo, su quello che adesso è il lato superiore del manufatto, compaiono le due metà di un bollo e di una immagine – una quadriga – che originariamente, sull'oggetto finito, non dovevano essere unite.

Il bollo, inserito in un cartiglio delimitato da linee orizzontali solo in alto e in basso, possiede un testo in lettere capitali alte 1,8-2 cm e lungo 20 cm. Il testo ricomposto è il seguente:

Q. Pom[---] // [---]ticu[---]

Sulla base del confronto con la *cista* n. 2, è possibile ricostruire l'intero bollo come segue:

Q(uintus) Pom[peius At]ticu[s A F]

All'incirca un centimetro più in basso del bollo, si trova l'immagine in rilievo di una quadriga racchiusa in un cartiglio rettangolare di 12x26 cm; nonostante una trattazione assai schematica del disegno, appare evidente al pertinenza delle due parti ad un'unica immagine. Il carro, di piccole dimensioni, dirige verso destra ed è dotato di ruote raggiate situate nella parte posteriore, come avvade nel tipo impiegato per le competizioni circensi. I profili dei quattro cavalli sono leggermente sfalsati, in modo da conferire profondità alla scena; gli animali tengono il muso rivolto in avanti ed hanno le zampe anteriori in alto, ad indicare che sono lanciati al galoppo. L'auriga, leggermente proteso in avanti nell'atto di incitare i cavalli, regge le redini con la mano sinistra e una frusta con la mano destra. Un particolare di forma trapezoidale, posto sulla schiena dell'auriga, potrebbe essere ipoteticamente identificato con le *fasciae* con le quali gli aurighi legavano dietro le loro spalle le redini per poter condurre meglio il carro[212].

La base della *cista*[213] risulta ricoperta da uno spesso strato di concrezioni, al di sotto delle quali risultano solo in parte visibili un secondo bollo e l'immagine di un leone in corsa. Del bollo risultano visibili soltanto pochi tratti del cartiglio, alto 2 cm circa. Il leone, racchiuso in un cartiglio rettangolare di 15,5x7,5 cm, è in corsa rivolto verso destra; ha le zampe anteriori sollevate e la coda sollevata sopra il dorso. Le concrezioni nascondono soprattutto la testa, lasciando intravedere solo parte della criniera.

La *cista* n. 2 (Fig. 33), come la precedente, possiede forma parallelepipeda; anch'essa è stata schiacciata prima di essere stivata sull'imbarcazione naufragata a Rena Maiore: due lati, anche qui quelli con il bollo ed il cartiglio figurato, sono stati piegati verso l'interno fino a sovrapporre il bordo del lato di sinistra sul lato di destra. Gli altri due lati, una volta tagliati longitudinalmente, sono stati accartocciati e incurvati verso l'alto. L'attuale lunghezza raggiunta è pari a cm 56[214], mentre la base, che conserva ancora la sua forma originaria, misura 30,6x27,5 cm.

Su quello che attualmente è il lato superiore della *cista*, analogamente a quanto già osservato per la *cista* n. 1, si vengono a trovare sovrapposte le due metà di uno stesso bollo, originariamente collocate su due lati opposti del contenitore. Il *ductus* e le dimensioni delle lettere risultano simili a quelli del contenitore precedente. Il bollo originariamente posto sulla lastra impiegata per la realizzazione della cista risulta quindi separato in due distinti segmenti[215]:

Q(uintus) Pompei[us] // [Attic]cus A F.

L'immagine della quadriga, anche in questo caso posta immediatamente al di sotto del bollo, risulta quasi

Figura 33. *Cista* in piombo n. 1.

[212] Ruggeri, "Un naufragio di età augustea," 886. La schematicità del tratto non consente di escludere altre soluzioni; appare tuttavia *lectio difficilior*, in particolare a causa delle dimensioni e della forma, una sua identificazione con delle ali. In questo caso l'auriga sarebbe un erote.

[213] 27,5x30 cm.

[214] Misurata come per la *cista* n. 1, dalla base dell'oggetto fino al punto più alto dei lati tagliati.

[215] Le dimensioni orignarie del cartiglio dovevano essere di 2x20 cm circa.

totalmente illeggibile a causa delle conrezioni marine. Un secondo bollo, in tutto simile al precedente, appare chiaramente leggibile al centro di una delle facce contigue[216], solo in parte deformato dallo schiacciamento subito dalla *cista*:

Q(uintus) Pompeius Atticus A F.

Sul fondo del contenitore[217] è infine presente un terzo bollo, anch'esso in lettere capitali e con cartiglio non chiuso alle estremità[218]:

Q(uintus) Pompeius Atticus A F.

All'incirca un centimetro sotto l'iscrizione è presente, come già sulla *cista* n. 1, un secondo cartiglio rilevato[219] che racchiude l'immagine di un leone gradiente rivolto verso destra. Le pochissime concrezioni presenti consentono di leggere l'intera figura: le zampe anteriori, leggermente sfalsate in modo da essere entrambe visibili, sono sollevate, mentre la testa è protesa in avanti in posizione di attacco. La posizione delle zampe posteriori, ben piantate sul terreno, sottolinea lo slancio dell'animale; una leggera linea curva disegna la parte superiore della zampa destra. La coda, infine, esattamente come per il leone della *cista* n. 1, è sollevata in alto a formare una U che si inserisce nell'angolo superiore sinistro del cartiglio.

Una consistente parte degli oggetti in piombo – *fistulae*, sarcofagi, urne cinerarie, contenitori di vario tipo – realizzati nelle officine dei *plumbarii* erano prodotte a partire da una o più lastre di metallo, successivamente lavorate in modo da ottenere la forma desiderata[220]. Tali lastre venivano prodotte versando il piombo fuso all'interno di "matrici" di forma quadrangolare spesso ricavate nel terreno e dotati di un fondo in sabbia bagnata o argilla compattata; la loro profondità, in genere assai ridotta (nell'ordine di pochi centimetri), determinava lo spessore della lastra finita[221]. Una volta che il metallo si era raffreddato, si poteva estrarre la lastra e completarne la lavorazione[222]. Se si voleva che le lastre possedessero un apparato decorativo o bolli, era necessario produrre delle matrici con immagini e testi desiderati in rilievo e imprimerli sul fondo dello spazio destinato a ricevere la colata di metallo fuso.

È stato assai verosimilmente questo il processo impiegato per la realizzazione di tutte le *cistae* del relitto di Rena Maiore; è quindi possibile ipotizzare che i due piccoli contenitori parallelepipedi siano stati creati a partire da una lastra di piombo di circa 92x114 cm[223], successivamente divisa in due lastre più piccole di 46x57 cm circa (Fig. 34). In corrispondenza di un lato di ciascuna di queste lastre sarebbero stati staccati due quadrati di 28,5 cm circa di lato, al fine di ottenere una lastra a forma di T. Piegando poi i tre segmenti più esterni secondo angoli di 90° sarebbe stato possibile ottenere la base e tre lati della cista; per il quarto lato ed un eventule coperchio si potevano infine impiegare le due porzioni precedentemente staccate dalla lastra. Gli spigoli, come dimostra la presenza di un bordo leggermente rilevato che corre lungo di essi, venivamo successivamente saldati.

La ricostruzione proposta consente di spiegare in modo soddisfacente la disposizione finale delle immagini e delle iscrizioni sui manufatti finiti; sulla lastra originaria, prima della sua suddivisione in due parti, vengono impresse le matrici con i bolli e le immagini. La matrice con il leone è stata impressa, assieme al bollo, alle due estremità dello spazio rettangolare nel quale si sarebbe versato il piombo fuso, in modo da trovarsi all'interno del quadrato che avrebbe poi costituito la base delle singole *cistae*. In corrispondenza di due angoli di questa stessa superficie sarebbe stato impresso un punzone con il solo bollo, che si sarebbe poi venuto a trovare al centro di una delle facce delle *cistae*.

La coppia costituita dall'immagine della biga e dal bollo è stata infine impressa al centro dei lati lunghi dell'area di fusione. Quando la lastra principale è stata suddivisa nelle due lastre più piccole, anche l'immagine e il bollo sono stati divisi, comparendo, nelle *cistae* finite, presso i margini di facce opposte.[224]. Solo dopo la schiacciamento dei contenitori, le due metà sono state riavvicinate.

[216] Le dimensioni del cartiglio sono 20,8x2,6; l'altezza delle lettere è 1,5 cm. La faccia sulla quale il bollo si trova misura 32,6x20,6 cm.

[217] 30,6x28,5 cm.

[218] Il testo, in lettere alte 1,4 cm, risulta inserito all'interno di un cartiglio di 20,6x2,4 cm.

[219] 14,3x7,5 cm circa.

[220] Cochet, *Le plomb dans la Gaule romaine*, 7-25 e 27.

[221] Lo scavo di uno di questi impianti, situato presso il centro gallo-romano di Chateuneuf les Boissons, ha permesso di ricostruire l'intero processo: il piombo fuso veniva versato all'interno di canali di forma semicilindrica, posti a diverse altezze, in modo da far giungere il metallo nell'area dove veniva creata la lastra (Cochet, *Le plomb dans la Gaule romaine*, 16).

[222] Ovviamente potevano esservi diverse modalità nella disposizione dei canali per il piombo rispetto allo spazio destinato a ricevere la colata: uno stesso canale poteva avere bocche su entrambi i lati e servire in questo modo alla produzione contemporanea di due lastre o, in alternativa, si potevano avere lastre prodotte versando il piombo da due canali diversi (Cochet, *Le plomb dans la Gaule romaine*, 17).

[223] Si veda la ricostruzione della lastra in Ruggeri, "Un naufragio di età augustea," 885.

[224] La tecnica descritta risulta impiegata per la realizzazione di contenitori in piombo di forma parallelepipeda rinvenuti nella Penisola iberica, in Sardegna, nella *Gallia Narbonensis* (G. Bapst, "L'orfèvrerie d'étain dans l'antiquité," *Revue archèologique* 1-2 (1883): 100-109; P. Tamponi, "Terranova Pausania. Sepolcreto romano appartenente alla necropoli dell'antica Olbia ed esplorato in contrada Acciaradolza," *Notizie degli Scavi* 20,2 (1895): 56-57; M. Oliva Prat, "Urnas cinerarias de plomo de Ampurias," *Memorias de los Museos y Archivos Provinciales* 9 (1948): 265-283; M. Almagro, *Las necròpolis de Ampurias*, Barcelona 1953; R. Thouvenot, "Urne cinéraire de *Banasa*." In *Hommages à M. Renard*, vol. III, édité par Jacqueline Bibauw (Bruxelles), 1960 558-562, tav. 201; J. Alarçao, R. Etienne, A. Mouthino Alarçao, S. Da Ponte, *Fouilles de Conimbriga, vol. VII, Trouvailles diverses*, Lisbona 1979, 188-189; R. Caparra, A. Lucani, G. Maciocco (a cura di), *Archeologia del territorio. Territorio dell'archeologia. Un sistema informativo territoriale orientato sull'archeologia della regione ambientale Gallura*, Cagliari 1996, 111) e, in un caso, in Britannia (RIB, 66-67). Questa ultima *cista*, databile al IV sec. d. C., è stata rinvenuta nel 1863 in tre frammenti nei pressi del villaggio di Caistor (Inghilterra centrale); originariamente il contenitore, di 76,2x76,2x35,6 cm, risultava decorato su tutti i lati da motivi geometrici e da figure maschili stilizzate. Al di sopra delle

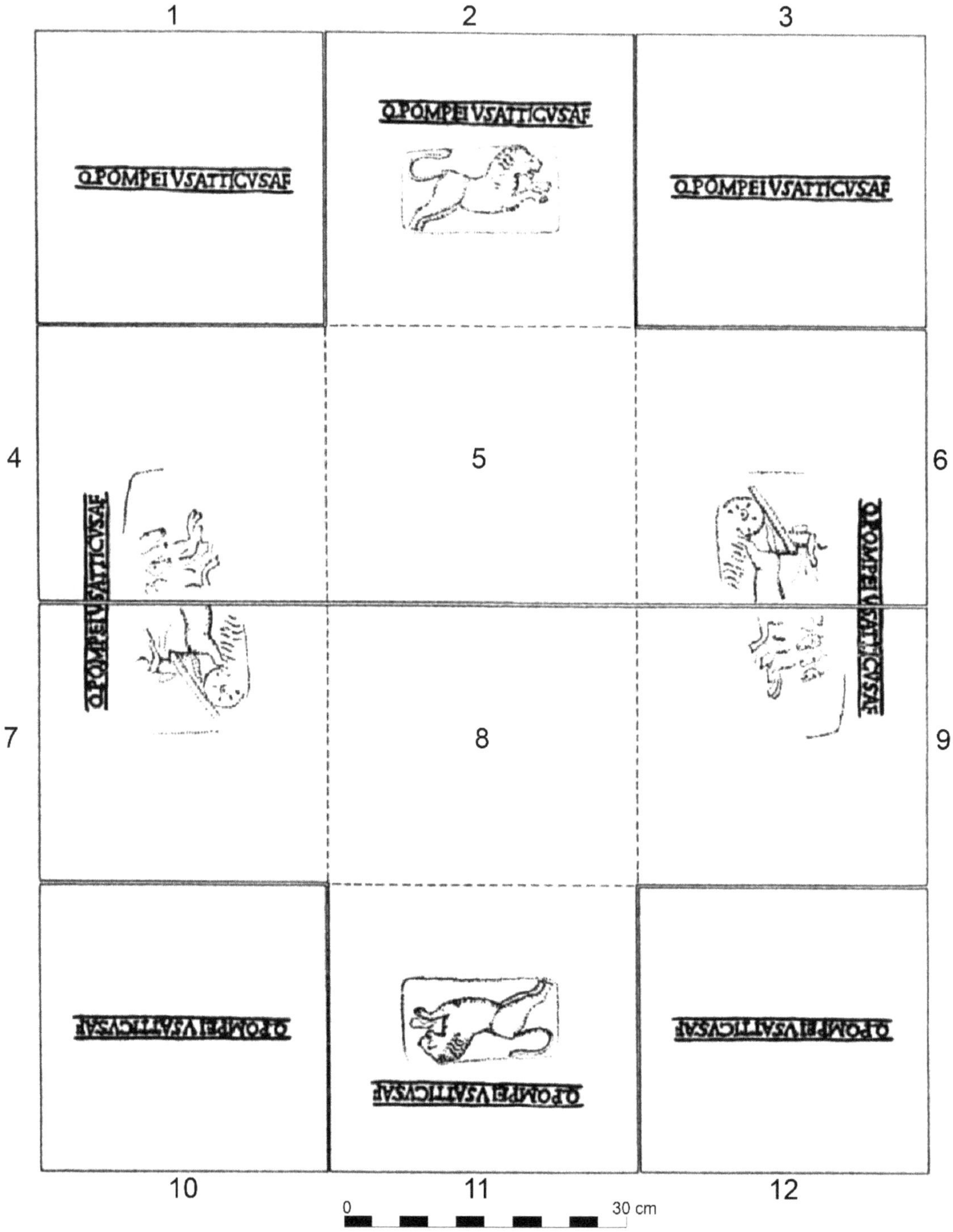

Figura 34. Disegno ricostruttivo di una lastra in piombo a partire dalla quale sarebbero state realizzate le *cistae* nn. 1 e 2 (da Ruggeri, "Un naufragio di età augustea," 885).

Non semplice appare l'identificazione della funzione delle due *cistae* di forma parallelepipeda (nn. 1-2). Notevole è la diffusione di contenitori parallelepipedi in ambito funerario, dove essi risultano frequentemente impiegati, in alternativa a quelli di forma cilindrica o globulare, come cassette nelle quali deporre il cinerario e gli altri oggetti del corredo[225], e, più raramente, come vere e proprie urne cinerarie[226]. Nel settore occidentale

decorazioni compare il bollo del *plumbarius*: *Cunobarrus fecit vivas*. Anche se distanti nel tempo, le *cistae* realizzate da *Cunobarrus* e da *Quintus Pompeius Atticus* attestano la notevole diffusione delle tecniche produttive dei manufatti in piombo.

[225] J. M. C. Toynbee, *Death and burial in the roman world*, London 1971, 253-254; Stiaffini, Borghetti (a cura di), *I vetri romani*, 45.

[226] Come esempio di sepoltura ad incinerazione contenente un'urna in piombo di forma parallelepipeda descriviamo la tomba Nofre n. 18 di *Ampuriae* (Almagro, *Las necròpolis*, 209-210): la cavità, di forma rettangolare, è scavata nella roccia ed ha una profondità di 30 cm; le pareti della fossa, che recavano tracce di intonaco rosso, erano rinforzate agli angoli da alcune pietre. Il corredo funerario era composto da un unguentario di vetro piriforme, da un pendente in oro a forma di foglia, da un anello in bronzo e da frammenti di un bicchiere millefiori; tutti questi oggetti sono stati rinvenuti, assieme alle ceneri, all'interno di una cassa di piombo di forma parallelepipeda e con le pareti lisce, le

dell'impero, questo uso appare limitato alle sepolture a incinerazione nelle quali la deposizione avviene direttamente nel terreno, in modo che la piccola cassa in piombo costituisca una protezione, soprattutto per i cinerari in vetro[227]. Sotto il profilo cronologico il momento di maggior diffusione di tali contenitori è compreso tra l'età augustea e la seconda metà del I sec. d. C., mentre le attestazioni – in analogia con quanto visto per le *cistae* cilindriche – interessano in primo luogo i centri costieri del Mediterraneo occidentale afferenti alle principali rotte commerciali dei metalli e/o gli insediamenti ubicati in prossimità di aree minerarie presso le quali si estraeva piombo[228].

In generale è possibile osservare come, in ambito funerario, l'impiego di contenitori di forma parallelepipeda – sia come cinerari che come loro protezione – rimanga largamente minoritario, in particolare rispetto a quelli cilindrici e/o troncoconici; nella *Gallia Narbonensis*, ad esempio, dove questi ultimi sono attestati in più centri (Arles, Nîmes, Fréjus, Vienne, Saint-Paul-Trois-Chateaux)[229], i contenitori di forma parallelepipeda risultano comunque rarissimi. Il motivo di questa diversa fortuna è stato individuato proprio nella forma che, nel caso dei cinerari cilindrici, risulterebbe maggiormente adatta a contenere le fragili urne in vetro[230]. Nel complesso le dimensioni delle urne cinerarie risultano assai variabili; nella necropoli di *Ampuriae* sono attestati esemplari che misurano 33x27x14 cm – compatibili con le *cistae* di Rena Maiore – e altre sensibilmente più piccole (23x18x13 cm)[231], mentre tra i contenitori più grandi vi è un'urna rinvenuta a Terranova Pausania (66x22x16 cm)[232]. Le *cistae* in piombo impiegate in ambito funerario – a prescindere dalla forma – sono generalmente sprovviste di un apparato decorativo e/o epigrafico; tra le rare eccezioni è possibile ricordare un esemplare da *Ampuriae* che presenta sui quattro lati e sul coperchio una conchiglia[233].

Su numerosi relitti del Mediterraneo occidentale sono stati rinvenuti elementi relativi all'apparato delle pompe di sentina, indispensabili per tenere asciutto il carico nella stiva e per espellere acqua in caso di pericolo[234]; il tratto distintivo dei *sentinacula* noti è la presenza contestuale di un meccanismo impiegato per pompare l'acqua dal fondo della stiva[235] e di un contenitore in piombo di forma parallelepipeda che fungeva da collettore per l'acqua raccolta. Da quest'ultimo, per mezzo di due tubi in piombo che si aprivano in corrispondenza delle fiancate della nave, al di sotto del livello del ponte, l'acqua veniva poi pompata all'esterno dell'imbarcazione.

Tra le pompe di sentina meglio conservate vi è sicuramente del relitto di epoca imperiale di Chiessi, naufragato presso l'isola d Elba nei primi decenni del I sec. d. C.[236]; i resti della pompa sono costituiti da un tubo circolare lungo circa 40 cm e con un diametro di 9,3 cm, da due anelli in bronzo di forma subcilindrica e da due lastre rettangolari in piombo, rispettivamente pertinenti agli ingranaggi della pompa e al collettore[237]. Le due lastre, in particolare[238], costituivano originariamente un unico contenitore di forma parallelepipeda, dotato di due fori di uscita; nella parte superiore compare, all'interno di un cartiglio rettangolare, una scena di caccia all'orso, ottenuta applicando la stessa tecnica descritta per le *cistae* di Rena Maiore[239]. Una figura maschile vestita solo con una clamide e armata di *hasta*, posta a sinistra, fronteggia un orso alzato sui piedi posteriori in posizione di attacco; alle spalle del cacciatore è presente la raffigurazione stilizzata di un albero.

cui dimensioni sono 26x17x16 cm. La sepoltura, così come tutte quelle che ad *Ampuriae* contengono urne parallelepipede, è datata all'età claudia.

[227] È significativo che nei colombari o in altri tipi di tombe dotate di spazi appositi per la deposizione delle urne cinerarie l'impiego di questi contenitori sia estremamente raro.

[228] Cinerari in piombo di forma parallelepipeda sono stati rinvenuti nella penisola iberica nelle necropoli di *Ampuriae* (Oliva Prat, "Urnas cinerarias de plomo," 265-283; Almagro, *Las necròpolis*, 132-133), di *Conimbriga* (Alarçao, Etienne, Mouthino Alarçao, Da Ponte, *Fouilles de Conimbriga*, 188-189) e di *Baelo Claudia* (Paris, Bonsor, Laumonier, Ricard, De Mergelina, *Fouilles de Belo*), in Sardegna nelle necropoli di Terranova Pausania (Tamponi, "Terranova Pausania. Sepolcreto romano," 56-57) e del centro di Juanne Canu presso Olbia (Caparra, Lucani, Maciocco (a cura di), *Archeologia del territorio*, 111), e forse nella Mauretania Tingitana, a *Banasa* (Thouvenot, *Urne cinéraire*, 558-562, tav. 201).

[229] Bapst, "L'orfèvrerie," 100-109; Bel, *La necropole gallo-romaine*, 35-41; Beraud, Gebara, *Les necropoles de Fréjus*, 25-33; Cochet, Hansen, *Conduites et objects*.

[230] Almagro, *Las necròpolis*, 133.

[231] Almagro, *Las necròpolis*.

[232] Tamponi, "Terranova Pausania. Sepolcreto romano," 56-57.

[233] Oliva Prat, "Urnas cinerarias de plomo," 279. Le raffigurazioni della *cista* in questione, le cui dimensioni sono di 28x26x22 cm, sono state ottenute con ogni probabilità impiegando la solita tecnica dell'impressione della matrice su un piano di sabbia o argilla.

[234] Gianfrotta, Pomey, *Archeologia subacquea*, 289-291; F. Foerster, "New views on bilge pumps from roman wrecks," *International Journal of Nautical Archeology* 13 (1987): 85-93.

[235] Colum., 1, 5, 1; Virg., *Georg.*, 4, 229; Paol. di Nola, *Epist.*, 49,3. Il meccanismo più diffuso prevedeva l'impiego una pompa a bindolo costituita da una serie di dischi di legno che, collegati l'uno dopo l'altro ad una corda che passava in un cilindro verticale in legno, portavano l'acqua nella vasca dalla quale essa sarebbe defluita all'esterno della nave (F. Bénoît, "Pièces de grèement et d'armement en plomb, engins, et pièces decoratives trouvèes en mer." In *Atti del III Congresso di Archeologia sottomarina, Barcellona 1961* (Bordighera 1971), 395-407; Gianfrotta, Pomey, *Archeologia subacquea*, 290-291). Resti di un sistema del genere sono stati trovati, ad esempio, sui relitti del I sec. d. C. di Los Ullastres (Aragona) e de l'*Île Rousse* (Foerster, "New views on bilge pumps," 85-93; H. Alfonsi, P. Gandolfo, "Note sur la pompe de cale de l'épave de dolia de l'Ile-Rousse," *Cahiers d'Archéologie Subacquatique* 7 (1988): 69-75); in altri casi, come sulle navi di Nemi e sul relitto Dramont D (G. Ucelli, *Le navi di Nemi*, Roma 1950; Gianfrotta, Pomey, *Archeologia subacquea*, 290-291; Foerster, "New views on bilge pumps," 85-93) per portare l'acqua nella vasca di raccolta sono state usate pompe a stantuffo in legno o in bronzo.

[236] Rossi, "Relitto di Chiessi," 128-133; Massa, "Precisazioni," 259-290. L'imbarcazione, rinvenuta nel 1966, trasportava un carico di anfore di produzione iberica, in maggioranza contenitori iberici di tipo Beltrán IIA; il resto del carico risultava composto da Dressel 20, Beltrán IIB e Vindonissa 583.

[237] Massa, "Precisazioni," 262-263.

[238] Le dimensioni dei due elementi sono rispettivamente 44x31,5 cm e 45,5x32 cm.

[239] Cochet, *Le plomb dans la Gaule romaine*, 7-23.

La precisa funzione delle due *cistae* parallelepipede del relitto di Rena Maiore rimane alquanto probematica; se l'assenza di fori per il passaggio di tubi rende decisamente difficile una loro identificazione come collettori per *sentinacula*, un impiego in ambito funerario, come cinerario o come contenitore per quest'ultimo, costituisce al momento l'ipotesi più verosimile[240]. Tuttavia, anche se in ambito funerario risulta attestato l'impiego di contenitori parallelepipedi, le forme di gran lunga più diffuse rimangono quella cilindrica e quella piriforme[241], mentre il corredo epigrafico e le immagini presenti sulle *cistae* di Rena Maiore contrastano con le caratteristiche di tali urne, normalmente lisce e anepigrafi. Degno di nota – anche se non risolutivo – è il confronto con una contenitore in piombo di forma parallelepipeda proveniente da *Banasa*, che presenta su tutti i quattro lati verticali un cartiglio contenente l'immagine di un leone[242]; l'animale, rivolto verso sinistra, ha le zampe anteriori sollevate in avanti, in posizione di corsa o di attacco[243]. Thouvenot, autore dello studio del reperto, afferma che l'oggetto è stato rinvenuto negli scavi di *Banasa* ma non precisa né il luogo né le circostanze del ritrovamento, non avanza nessuna ipotesi di datazione; egli è tuttavia sicuro, soprattutto in base al confronto con reperti analoghi rinvenuti nella necropoli di *Baelo Claudia*, che la funzione della *cista* dovesse essere quella di urna cineraria. Secondo lo studioso francese la presenza dell'immagine del leone non sarebbe affatto casuale e rinvierebbe, come animale guardiano di tombe e sepolcri, ad un contesto funerario[244]. La presenza sulle *cistae* di Rena Maiore anche dell'immagine della quadriga, elemento non immediatamente riconducibile a questo stesso ambito, e la decontestualizzazione del contenitore di *Banasa* limita tuttavia fortemente le possibilità di uno confronto cogente tra i due manufatti.

In relazione alle scene figurate e al corredo epigrafico che compaiono sugli *cistae* 1 e 2 di Rena Maiore è inoltre possibile osservare come essi non fossero pienamente fruibili da parte di chi osservava gli oggetti finiti; il leone e il relativo bollo venivano infatti a trovarsi sul fondo del manufatto, mentre la quadriga e il suo bollo risultavano divisi in due parti. È questa una caratteristica che le distingue notevolmente dalle due *cistae* cilindriche – le cui immagini, pienamente visibili sulla superficie esterna, costituivano un vero e proprio apparato decorativo – e che rende ancora più problematico identificarne la funzione. Vale infine la pena ricordare che nelle *officinae plumbariae* la realizzazione di manufatti legati all'uso dell'acqua (*fistulae*, cisterne, lastre di piombo per le navi o per vasche) non era esclusiva.

1.3.2. Le *cistae* cilindriche (nn. 3-4)

Anche i due contenitori di forma cilindrica sono stati schiacciati al momento dell'imbarco sulla nave naufragata a Rena Maiore; per favorirne lo stivaggio entrambe la *cistae* sono state tagliate per tutta la loro lunghezza e poi ripiegate e appiattite. Il fondo, a causa di tale intervento, risulta fuoriuscito verso l'esterno. Nessuno dei due esemplari conserva, in corrispondenza del margine superiore, tracce di perni per un eventuale coperchio.

La *cista* n. 3 (Figg. 35-36) risulta attualmente conservata per un'altezza di 65 cm, all'incirca corrispondente a quella originaria; l'intera lastra a partire dalla quale è stata realizzata, doveva essere larga 76,5 cm circa[245]. Sulla superficie esterna troviamo due fregi, situati rispettivamente a 9 cm di distanza dall'orlo superiore e dall'orlo inferiore del manufatto; ciascun fregio, alto circa 7,1 cm, percorre il corpo della *cista* per tutta la sua lunghezza e risulta delimitato in alto da un motivo nel quale si alternano fusarole con profilo biconvesso e due perline di forma ovale.

I due fregi, di identico soggetto, sono costituiti da girali di vite nei quali sono inseriti alternatamente eroti vendemmianti (6 girali) e grandi foglie di vite con grappoli di uva (6 girali). Nel fregio superiore – caratterizzato da un migliore stato di conservazione – si possono individuare in tutto 11 girali; tuttavia la presenza di un bollo incompleto sulla parte sinistra del corpo della *cista* lascia supporre che originariamente l'oggetto avesse una larghezza maggiore. Il confronto con un bollo analogo, conservato intatto nella parte

[240] A tal proposito è possibile ricordare la presenza di raffigurazioni analoghe a quelle presenti sulle due *cistae* parallelepipede su sarcofagi in piombo di epoca successiva (II-IV sec. d. C.) rispetto ai contenitori del relitto di Rena Maiore; per la quadriga si veda un sarcofago da Saleux, centro dell'attuale Piccardia (Cochet, *Le plomb dans la Gaule romaine*, 20, fig. 25), mentre per immagini di leoni in corsa si veda, a titolo esemplificativo, un sarcofago in piombo da Lione (Cochet, *Le plomb dans la Gaule romaine*, 22, fig. 29).

[241] Sulla forma delle urne cinerarie in piombo vedi, in generale, Cochet, *Le plomb dans la Gaule romaine*, 182-201. L'uso di contenitori in piombo di forma cilindrica risulta attestato anche in ambito cultuale; alcuni esemplari, privi di decorazione e di corredo epigrafico, sono stati rinvenuti nel santuario dedicato alla ninfa *Anna Perenna* a Roma, impiegati come contenitori per figurine antromorfe (M. Piranomonte (a cura di), 2002. *Il Santuario della musica e il bosco sacro di Anna Perenna*, Milano; Piranomonte M., "I contenitori di piombo della fontana di Anna Perenna e la loro valenza magica." In *La fattura scritta. Atti del Convegno Università La Sapienza di Roma. Roma, 3 febbraio 2009*. (Brescia 2010), 21-33.

[242] Thouvenot, *Urne cinéraire*, 558-562 e tav. 201. Il contenitore ed il cartiglio misurano rispettivamente 27x29x19 cm e 9,5x6 cm.

[243] La figura del leone è nel complesso piuttosto stilizzata: tuttavia è possibile notare il tentativo di rendere in modo preciso la muscolatura delle zampe e la criniera.

[244] Thouvenot (*Urne cinéraire*, 558-562), sulla scorta dell'opera astrologica di Manilio (*Astron.*, 4, 176 e 7, 426), mettendo in evidenza l'importanza delle credenze astrologiche in età romana, ipotizza che l'immagine del leone sulla *cista* di *Banasa* possa aver avuto la funzione di ricordare sotto quale astro fosse nato il defunto. L'impiego del leone come simbolo della morte e come guardiano delle tombe è effettivamente attestato in molti casi; un esempio per tutti è la presenza di leoni accovacciati su un gruppo di "pseudourne" a cista provenienti da Aquileia e databili attorno alla metà del I sec. d. C. (M. Buora, "Urne e pseudourne a cista aquileiesi," *Aquileia nostra* 7 (1990): 190-216, in particolare 195-196); questo tipo di oggetti, di forma cilindrica e decorati con incisioni che imitano i recipienti in vimini, recano nella parte superiore delle raffigurazioni a tutto tondo di leoni e di cani accovacciati, animali entrambi legati al mondo degli Inferi.

[245] La larghezza della *cista* schiacciata corrisponde a 36,5 cm circa.

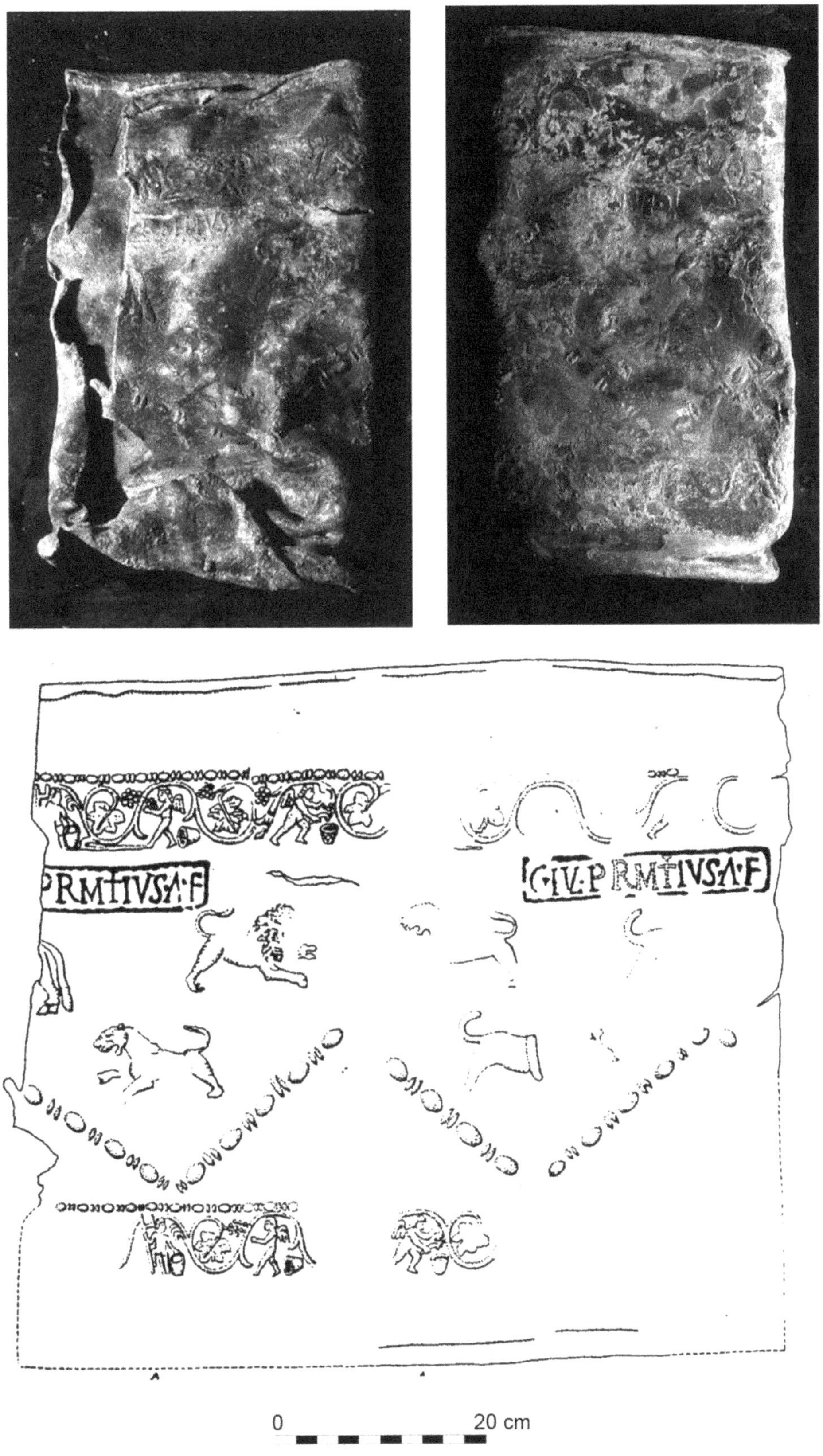

Figura 35. *Cista* in piombo n. 3.

destra della *cista*, consente di stimare la larghezza originaria della lastra in 84,6 cm. La parte mancante, una striscia di 8x65 cm circa, è stata verosimilmente asportata quando il contenitore è stato schiacciato. È quindi in definitva possibile ipotizzare un fregio composto da 12 girali, 6 dei quali animati da eroti e 6 da soggetti vegetali.

Gli eroti, tratteggiati in modo sommario, compiono tre diverse azioni, ciascuna delle quali ripetuta ciclicamente

Figura 36. Particolare del fregio superiore della *cista* in piombo n. 3.

2 volte all'interno del fregio. Nel fregio superiore, a partire dal margine sinistro della *cista*, un primo erote sta per salire su una scala con un cesto di forma troncoconica dotato di manico. La scala è rivolta verso sinistra, mentre il personaggio, con il piede destro poggiato sul primo piolo, è voltato verso destra. Un secondo erote afferra un grosso grappolo d'uva, indietreggiando per strapparlo dal girale cui è appeso; dietro al piede destro dell'erote si trova un secchio rovesciato. L'ultimo erote, rivolto verso destra, sta raccogliendo un grappolo d'uva con l'aiuto di un falcetto tenuto nella mano destra.

Oltre il girale alla destra del terzo erote, in corrispondenza della linea lungo la quale la *cista* è stata piegata, il fregio diventa assai lacunoso; il confronto tra le parti ancora leggibili – la gamba di un erote, una delle foglie di vite inserite nei girali – e la parte conservata del fregio, consente di stabilire che la stessa sequenza era ripetuta anche nella parte destra della lastra.

Il fregio inferiore, assai più rovinato di quello superiore, ha una lacuna lunga 10 cm circa in corrispondenza del margine sinistro della lastra; dopo di essa ritroviamo l'erote che sale sulla scala, un girale con la foglie di vite e l'erote che strappa il grappolo. A destra di una seconda lacuna di 7,1 cm circa, sono visibili il terzo erote e il girale posto alla sua destra. Da questo punto in poi il fregio è totalmente rovinato. Anche se le immagini sono leggermente sfalsate rispetto a quelle del fregio superiore, le posizioni dei tre eroti ancora visibili rivelano la presenza della stessa sequenza di immagini anche in quello inferiore.

Lo spazio delimitato dai due fregi nel settore mediano della lastra è diviso in due fasce, ciascuna alta 15 cm; quella inferiore risulta percorsa da un motivo a squadra con fusarole e perline di dimensioni maggiori rispetto a quelle pertinenti ai fregi[246], mentre nella fascia superiore compaiono immagini di felini. Alternati in alto e in basso sono visibili un leone, due leonesse o pantere e altri tre felini non meglio identificabili; il leone e uno degli altri felini sono in posizione di attacco mentre altri tre animali sono rappresentati in posizione stante. Sotto il fregio superiore viene ripetuto per due volte un cartiglio di 24,x4,3 cm contenente un bollo in lettere capitali alte 2,3 cm circa:

C(ai) I^ul(ius) [Pri^mi^t]ius A F // [C(aius) I^ul(ius)]
Pri^mi^tius A F

Nel testo si rileva la presenza di piccole *haederae distinguentes* negli spazi tra tutte le parole del testo, inclusi quelli tra *Pri^mi^tius* e la lettera *A* e tra quest'ultima e la lettera *F*. Le lettere sono caratterizzate da apicature ben visibili, mentre, in entrambi i bolli, la *A* in penultima posizione risulta priva della stanghetta orizzontale.

La *cista* n. 4 (Fig. 37), conservata in modo sensibilmente peggiore rispetto alla precedente, è per forma e dimensioni del tutto simile alla precedete. L'altezza è pari a 65 cm, mentre la lunghezza della lastra dalla quale il corpo cilindrico del contenitore è stato realizzato doveva misurare 85 cm circa. Il manufatto è stato aperto e successivamente schiacciato, sovrapponendo parzialmente i margini della lastra; in seguito a tale intervento, anche il fondo risulta fortemente deformato. La *cista* presenta, in corrispondenza di una delle linee lungo le quali è stata schiacciata, un cordone di piombo largo circa 2,5 cm che ne percorre il corpo dalla base fino all'orlo superiore e che può essere identificato con la

[246] Il fregio è alto 2 cm circa.

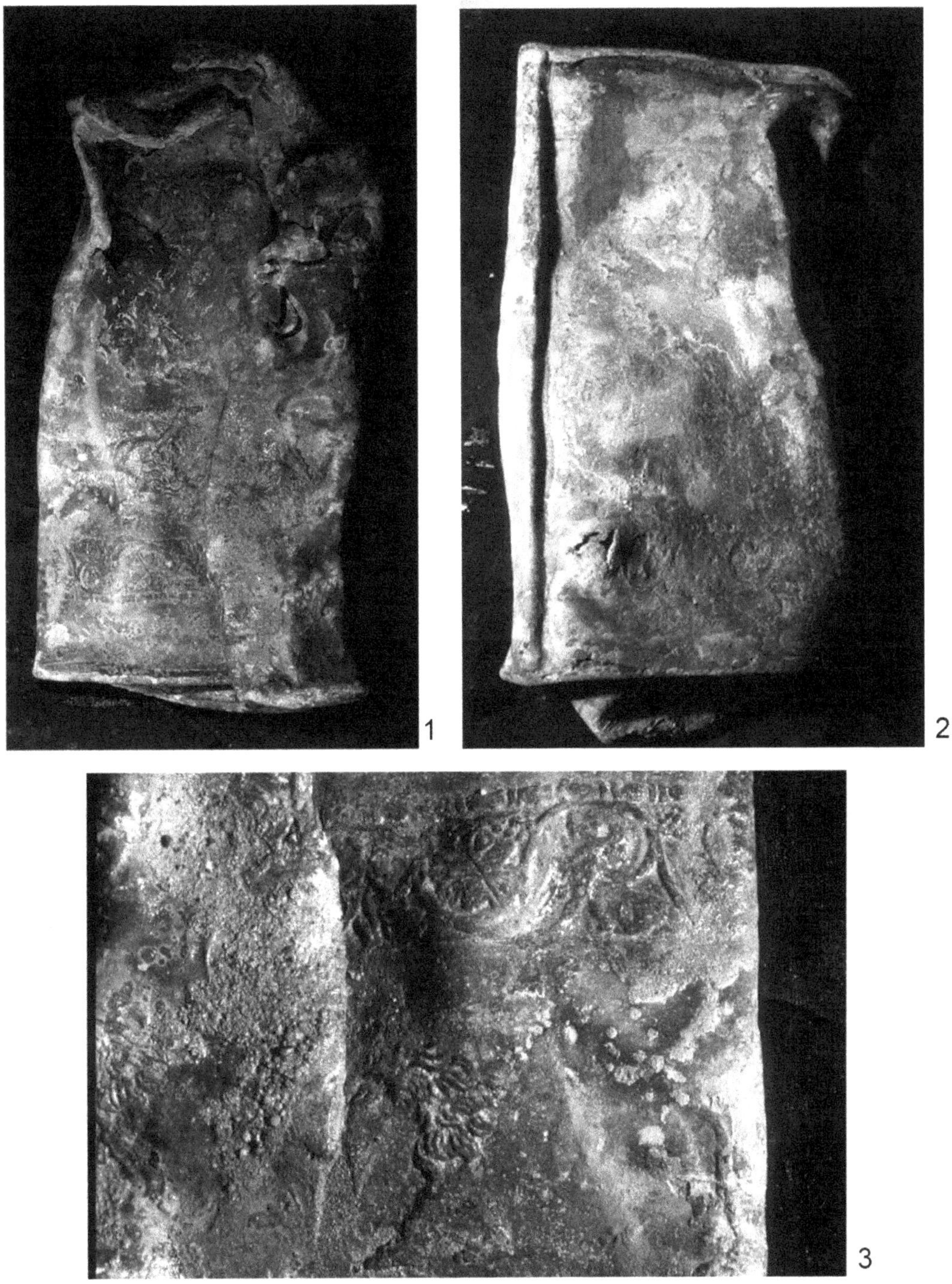

Figura 37. *Cista* in piombo n. 4.

saldatura che univa originariamente i due margini della lastra[247].

Le scarsissime tracce dell'apparato decorativo ne rivelano le analogie con quello della *cista* n. 3. Uno dei lati che si sono creati in seguito allo schiacciamento del contenitore risulta completamente illeggibile; sul lato opposto compaiono un girale con foglia di vite e uno degli eroti con il secchio rovesciato pertinenti al fregio superiore[248]. Del fregio inferiore resta visibile un segmento con un erote sulla scala e i due girali ad esso adiacenti. Nella zona centrale si intravedono due brevi segmenti appartenenti al motivo ad astragali e perline, la parte anteriore di un leone e il profilo di un secondo felino non identificabile. Nonostante sulla superficie del contenitore non sia stata rilevata alcuna traccia di bolli, forma, dimensioni e quello che resta dell'apparato decorativo consentono tuttavia di ipotizzare che questa seconda *cista* cilindrica, prodotta nell'*officina* di *Caius Iulius Primitius*, fosse in tutto simile alla precedente.

[247] Dal momento che nella cista n. 3 la saldatura non è presente, possiamo ipotizzare che la porzione della lastra mancante sia probabilmente proprio quella dove era stata effettuata la saldatura.

[248] Il segmento rimane in parte nascosto sotto uno dei margini tagliati della *cista*..

I due contenitori, anche se di forma cilindrica, sono stati assai certamente realizzati secondo una tecnica analoga a quella già descritta per le due *cistae* parallelepipede. La fase iniziale del processo produttivo deve aver previsto la realizzazione di una serie di matrici – almeno 6 – relative al bollo ed alle immagini destinate a comparire sulle *cistae*, secondo il seguente schema:

- matrice per il bollo,
- matrice per il fregio con eroti[249],
- matrice per il motivo a fusarole e perline,
- matrici (2? 3? 4?) per i leoni e gli altri felini[250].

Il piombo fuso deve essere confluito all'interno di in uno spazio rettangolare di 65x85 cm, dove erano stati impressi in precedenza i punzoni relativi all'apparato decorativo. Una volta terminato il raffreddamento della lastre che si erano ottenute, era necessario conferire ad esse la forma di un cilindro, seguendo la stessa tecnica che veniva impiegata per la piegatura dei tubi di piombo: la lastra veniva posta su un supporto di legno al quale si era data in precedenza la forma desiderata e martellata in modo da farla aderire perfettamente a tale supporto[251]. L'ultimo passaggio prevedeva la saldatura dei margini liberi[252] e del fondo della lastra.

Nel corso della prima età imperiale nelle province occidentali dell'impero si diffonde l'uso di riporre il cinerario vero e proprio all'interno di un contenitore in piombo di forma cilindrica, quadrangolare e troncoconica[253]. Le attestazioni sono pertinenti a centri delle province iberiche (*Baelo Claudia*, *Carmona*, *Cordoba*, *Ampuriae*[254]), della *Gallia Narbonensis* (Arles, Nîmes, *Viennae*, Vaison la Romaine, Fréjus e nel centro gallo-romano di Saint-Paul-Trois-Chateaux, nel Drome[255]), della Sardegna[256] e della penisola italica (Ostia)[257]. Le ridotte dimensioni[258], determinate dalla necessità di proteggere al meglio il cinerario e altri eventuali oggetti conservati al loro interno, e l'assenza generalizzata di apparati decorativi – presenti invece sugli esemplari del relitto di Rena Maiore – sono tratti caratteristici dei contenitori in piombo impiegati in ambito funerario e non consentono tuttavia l'identificazione con urne cinerarie[259] o come contenitori per il cinerario delle due *cistae* in oggetto.

Queste ultime possono invece essere identificate con maggiore verosimiglianza come piccole cisterne per acqua, solitamente impiegate in ambito domestico; la presenza di decorazioni di vario tipo e/o di scene figurate sulla parete esterna è determinata dalla collocazione di questi oggetti nei settori più rappresentativi delle *domus* (atri, peristili). La produzione di questi manufatti aveva luogo all'interno di *officinae plumbariae*, secondo una tecnica analoga a quella descritta per gli esemplari di Rena Maiore.

Le nunerose *cistae* rinvenute in area vesuviana – più di 30 attestazioni a Pompei, una ad Ercolano[260] – sono grossi recipienti di forma cilindrica prodotti, decorati e solitamente bollati da un *plumbarius* [261]; l'altezza e il diametro, che oscillano genericamente tra 60/70 e 30/40 cm e tra 50/60 e 20/30 cm circa, risultano spesso sensibilmente maggiori rispetto a quelle dei contenitori in piombo per urne cinerarie. La funzione di questo tipo di manufatti è chiarita, oltre che dal luogo di rinvenimento di alcuni di essi, dalla presenza, in alcuni casi, di un rubinetto posizionato nella parte inferiore o di un foro nella parte superiore, con funzione di troppo-pieno. I luoghi usuali dei rinvenimenti sono l'atrio e, in

[249] Si può notare che in un punto del fregio superiore della *cista* n. 3 l'astragalo a fusarole e perline e i girali non sono continui; si può ipotizzare che questo sia stato il punto nel quale la matrice, che probabilmente conteneva i tre eroti e tre girali, è stata impressa di nuovo.

[250] Lo stato di conservazione delle *cistae* ci permette attualmente di ipotizzare con sicurezza l'esistenza di matrici diverse per il leone, per la leonessa e per il felino con l'ipotetico collare della *cista* n. 3 e per il leone della *cista* n. 4 (che forse è il gemello del felino del quale si intravede la parte posteriore nella prima *cista*).

[251] Cochet, Hansen, *Conduites et objects*, 28-34; Cochet, *Le plomb dans la Gaule romaine*, 25-31. La poca resistenza offerta dal piombo doveva di fatto agevolare un processo del genere. Per quanto riguarda la produzione di *fistulae*, il supporto impiegato per piegare la lastra doveva avere forma semicilindrica, in modo da poter ottenere la sezione a goccia tipica dei tubi in piombo al momento della saldatura dei due margini liberi.

[252] Il processo di saldatura poteva avvenire secondo due diverse modalità, attestate contemporaneamente su oggetti in piombo di età romana; seguiamo la classificazione proposta da Cochet e da Hansen nel loro lavoro del 1986 (Cochet, Hansen, *Conduites et objects*, 28-34):
- saldature del I tipo: la saldatura avviene ancorando bene il pezzo a terra e ponendo ai due lati della linea da unire due listelli in legno o in argilla; successivamente si riscaldando i bordi e si immette nello spazio tra i due listelli il metallo liquido. Una volta avvenuto il raffreddamento e tolti i listelli, la saldatura appare come un cordone di forma quadrangolare che insiste sui due margini della lastra.
- saldature di II tipo: la saldatura avviene senza alcuna aggiunta di metallo semplicemente riscaldando i due margini della lastra e lasciando che questi si fondano assieme; le saldature di questo tipo non presentano esteriormente tracce particolarmente evidenti.

[253] Almagro, *Las necròpolis*, 132-133.

[254] P. Paris, G. Bonsor, A. Laumonier, R. Ricard, C. De Mergelina, *Fouilles de Belo (Bolonia, Cadiz), 1917-1921, I, La ville et ses dépendances. II, La nécropole*, Bordeaux 1923-1926; Oliva Prat, "Urnas cinerarias de plomo," 265-283; Almagro, *Las necròpolis*, 132-244; M. Bendala Galán, *La necropolis romana de Carmona (Sevilla)*, Sevilla 1976, 123-126, figg. 51 e 77; D. Vaquerizo, "El mundo funerario." In *Cordoba en tiempos de Seneca*, editado por D. Vaquerizo (Cordoba 1996), 182.

[255] Bapst, "L'orfèvrerie," 100-109; Sautel, "Note sur l'industrie du plomb," 369-371; V. Bel, "La necropole gallo-romaine de Saint-Paul-Trois-Chateaux (Drome)." In *Necropoles à incineration du Haut-Empire. Table ronde de Lyon, 30 et 31 mai 1986*, (Lyon 1987), 35-41; I. Beraud, C. Gebara, "Les necropoles de Fréjus." In *Necropoles à incineration du Haut-Empire. Table ronde de Lyon, 30 et 31 mai 1986*, (Lyon 1987), 25-33; Cochet, Hansen, *Conduites et objects*.

[256] D. Stiaffini, G. Borghetti (a cura di), *I vetri romani del Museo di Cagliari*. Mediterraneo tardoantico e medievale. Scavi e ricerche, 9, Cagliari 45; Caparra, Lucani, Maciocco (a cura di), *Archeologia del territorio*, 111.

[257] A. Pellegrino (a cura di), *Dalle necropoli di Ostia: riti ed usi funerari*, Ostia 1999, 9, 41-45, 53, 59-61.

[258] I contenitori cilindrici in piombo impiegati in ambito funerario raramente superano i 30 cm di altezza e il diametro di 25 cm.

[259] Ipotesi suggerita in Ruggeri, "Un naufragio di età augustea," 894-895, 902-903.

[260] A questi si aggiunge un gruppo di 20 esemplari custoditi presso il Museo archeologico di Napoli, genericamente attribuiti a siti dell'area vesuiana.

[261] S. Adamo Muscettola, "Le ciste di piombo decorate." In *La regione sotterrata dal Vesuvio. Studi e prospettive. Atti del convegno internazionale (11-15 novembre 1979)*, Napoli 1982, 701-752.

misura minore, il peristilio[262]; l'unica *cista* proveniente da Ercolano è stata invece rinvenuta in una cucina. La collocazione nei luoghi più accessibili della casa permetteva probabilmente di non dover necessariamente attingere sempre alla cisterna principale, posta solitamente sotto l'impluvio dell'atrio. Significativo è il ritrovamento di una delle *cistae* pompeiane nel porticato del santuario di Iside: il manufatto si trovava ai piedi di una delle colonne, dove veniva raccolta l'acqua che defluiva da un condotto[263].

Caratteristiche costanti della decorazione di tutti gli esemplari di area vesuviana sono i motivi geometrici, costituiti da intrecci orizzontali o verticali a ovoli e astragali, che delimitano spazi di forma e ampiezza diverse, all'interno dei quali si trova un notevole varietà di motivi decorativi figurati. Più *officinae plumbarie*, riconoscibili grazie ai bolli presenti sulle *cistae* risultano attive nella prima età imperiale nella sola Pompei; esemplare è, in particolare, la produzione riconducibile al *plumbarius L. Clodius Hilarus*, databile, grazie ai soggetti di tipo politico che decorano parte delle *cistae*, alla piena età augustea[264]. I contenitori realizzati da *Hilarus* non si discostano per dimensioni, forma e decorazione dal resto delle produzioni pompeiane: all'interno di spazi delimitati da motivi a squadra si trovano una serie di medaglioni che costituiscono la parte più rilevante dell'apparato decorativo; i soggetti di questi ultimi – anche sei-sette per ciascuna cista – costituiscono un repertorio piuttosto articolato, che varia da temi generici di carattere mitologico e non (l'Amazzonomachia, i centauri, i pigmei, alcune divinità[265]) ad altri più ricorrenti e specifici. Tra questi si trovano medaglioni con immagini di Atena[266], con la triade isiaca[267], con motivi monetali di età augustea e precedente[268] e di soggetto romano[269].

Le due *cistae* cilindriche di Rena Maiore, ad ulteriore testimonianza della diffusione che tali manufatti dovevano avere, possono essere accostate ad esemplari rinvenuti anche al di fuori dalla Campania, a Roma, in più centri della penisola italica e delle province occidentali dell'impero. Limitatamente agli esemplari meglio conservati, è possibile ricordare due *cistae* cilindriche datate al III sec. d. C. e attualmente custodite presso i magazzini del Museo delle Terme di Diocleziano; definite "serbatoi" da Floriani Squarciapino[270], esse presentano, oltre ad una decorazione a cordoni formati da ovuli e perline, le immagini di una palma e di un tridente.

Dagli scavi degli anni 1939-40 del retrobottega di una *taberna* del Decumano Massimo di Ostia un contenitore cilindrico in piombo, alto 55 cm e con un diametro di 32 cm[271]. La *cista*, genericamente databile – in virtù del contesto di ritrovamento – al II sec. d. C., è stata ricavata da una sola lastra di piombo realizzata già con il fondo attaccato; la forma permette di ipotizzare che essa fosse originariamente collocata a ridosso di un pilastro. Anche se, a differenza delle *cistae* vesuviane, non presenta alcun rubinetto o foro, il suo rinvenimento in una *taberna* lascia comunque supporre un utilizzo come contenitore per l'acqua o, meno verosimilmente, altri liquidi. La *cista* presenta un apparato decorativo composto da una serie di cordoni formati da ovuli e perline che si intrecciano tra di loro a partire da un primo cordone situato lungo il bordo superiore dell'oggetto; circa 12,5 cm più in basso, i vari intrecci terminano in corrispondenza di un secondo cordone parallelo al primo. Da questo partono verso il basso altri cordoni ancora che, a loro volta, terminano con dei cerchi. Al di sotto di quest'ultimo schema decorativo troviamo tre raffigurazioni in rilievo inserite ciascuna in un cartiglio di forma rettangolare di 20x7 cm; nel cartiglio centrale si trova un cinghiale sulla cui schiena si sta avventando un cane. Le due immagini restanti sono uguali e rappresentano una scena di caccia all'orso: il cacciatore, sulla sinistra, è armato di lancia ed è vestito con una tunica corta. La posizione assunta è quella di difesa, con l'arma puntata in avanti, la gamba sinistra avanzata e la destra più arretrata. L'orso, che

[262] A. Maiuri, 1927, "Pompei. Relazione sui lavori di scavo dal marzo 1924 al marzo 1926," *Notizie degli scavi* 19 (1927): 7-11, tav. 1; A. Rocco, "*Pompeiana suppellex.*" In Pompeiana. *Raccolta di studi per il secondo centenario degli scavi di Pompei*, a cura di F. Di Capua (Napoli 1950), 279-287.

[263] Adamo Muscettola, *Le ciste di piombo decorate*, 703.

[264] Adamo Muscettola, *Le ciste di piombo decorate*, 705, 726. Un numero consistente di piccole cisterne in piombo da Pompei reca il bollo del *plumbarius*, apposto per mezzo di più punzoni, sui quali la formula onomastica del personaggio può comparire in diverse varianti, più o meno complete (*L(ucius) Clodi(us) Hilar(us)*; *L(uci) Clodi Hilari*; *Hilari*).

[265] Risultano attestati medaglioni con Giove stante con il fulmine, Afrodite al bagno, Eros con una fiaccola accesa, soggetti di ambito ellenistico, notevolmente diffusi anche nel mondo romano, dove 0essi cmpaiono su numerosi oggetti di artigianato artistico (lucerne, arule, *oscilla*, gemme, bronzetti) e in opere di maggiore impegno, quali mosaici, pitture, statue (Adamo Muscettola, *Le ciste di piombo decorate*, 706-712).

[266] A questa serie appartengono immagini di *Athena Parthenos*, seduta con la lancia e incoronata dalla Vittoria.

[267] Questo gruppo è rappresentato da un solo tipo relativo alla triade isiaca. Iside, raffigurata al centro, ha alla sua destra Anubis e alla sua sinistra Arpocrate, secondo uno schema iconografico assai diffuso anche su altri manufatti, quali le lucerne. Da sottolineare che questo tipo di decorazione compare sulla *cista* rinvenuta nel cortile del Tempio di Iside.

[268] Sono presenti medaglioni con il ritratto laureato di Augusto, attestato su emissioni coniate tra il 10 ed il 7 a. C., e con il toro adorno dei *dorsualia* e l'aquila, tipi accostabili ad emissioni commemorative dei sacrifici in onore del *Genius Augusti* (Adamo Muscettola, *Le ciste di piombo decorate*, 723-724); ad essi si aggiungono medaglioni con il toro e la Vittoria, con il toro e il serpente e con il leone e l'albero, rispettivamente riconducibili a tipi della monetazione di *Neapolis* di IV sec. a.C., di Roma di III sec. a. C. e di Cartagine, questi ultimi emessi da zecche della Magna Grecia all'epoca della I guerra punica (Adamo Muscettola, *Le ciste di piombo decorate*, 723-726).

[269] Appartengono a questo gruppo, certamente quello che conta il maggior numero di attestazioni, medaglioni con la fuga di Enea, la quadriga condotta da un togato, l'aquila con il fascio di fulmini tra gli artigli e una palma nel becco, la biga trainata da elefanti (nell'esergo del medaglione è presente l'iscrizione *Salus Augusti*), lo scontro tra un cavaliere ed un barbaro (nell'esergo del medaglione è presente l'iscrizione *Caesari*), una scena di battaglia con cavalieri e fanti, una statua di Marte e la Sfinge, tutti soggetti tipici della propaganda augustea (Adamo Muscettola, *Le ciste di piombo decorate*, 706-723; P. Zanker, *Augusto e il potere delle immagini*, Torino 1989).

[270] Floriani Squarciapino, "Ostia. Situla in piombo," 46, nota 1.

[271] Floriani Squarciapino, "Ostia. Situla in piombo," 42-46.

forse è legato con una corda (l'immagine non è conservata perfettamente), si sta avventando verso l'uomo. L'autrice dello studio della *cista* ha ipotizzato che entrambe le scene siano ispirate alle *venationes* e che gli anelli attaccati ai cordoni siano un richiamo ai giochi acrobatici che si tenevano nell'arena[272]. Se questa seconda ipotesi è tutta da verificare, per quanto riguarda la scena di caccia all'orso, la presenza di una raffigurazione simile presente su due lastre plumbee rinvenute sul relitto di Chiessi (isola d'Elba)[273], testimonia la diffusione di questo soggetto, oltre che sulla ceramica e su altri oggetti di artigianato artistico[274], anche sui manufatti decorati in piombo.

Risale al 1863 il ritrovamento presso Fiesole di un contenitore cilindrico in piombo, genericamente datato tra II e III sec. d. C. [275]. L'assenza di dati relativi alle dimensioni e la perdita del manufatto[276], rende decisamente arduo definire l'impiego originario della *cista*; l'apparato decorativo, tuttavia, consente, seppur solo ipoteticamente, di ricondurre anche questo manufatto alla tipologia delle cisterne per acqua. Il corpo è diviso in due parti da un cordone con perline ed ovuli, che corre a metà altezza del fianco. Mentre la metà inferiore appare priva di decorazioni, la parte superiore è ulteriormente suddivisa in sei riquadri da un motivo simile al precedente; al centro di ognuno di essi compare una cornice rettangolare contenente una Vittoria alata che incorona un imperatore in posa eroica o, in alternativa, un medaglione circolare contenente la raffigurazione di un *congiarium* con due imperatori su un podio. Oltre a queste scene principali, in ogni riquadro sono presenti sei scene più piccole, due con una biga trainata da cervi e quattro con una divinità femminile con la cornucopia. Su un fianco è presente un cordone verticale, che attesta l'impiego di una saldatura di tipo I per chiudere la lastra con la quale è statto realizzato il contenitore[277].

Al momento della scopertal il contenitore venne identificato con un'urna cineraria a causa della presenza al suo interno di ossa bruciate e ceneri[278]; un suo utilizzo originario come *caldarium*, ipotizzato successivamente, sembra tuttavia da scartare, a causa della bassa temperatura di fusione del piombo. L'apparato decorativo, costituito da soggetti di carattere marcatamente politico, sembra indicare che il suo uso come urna cineraria sia frutto di un reimpiego, e che il contenitore, analogamente a quanto osservato per le cisterne pompeiane, fosse destinato ad un ambiente – pubblico o privato – nel quale il messaggio politico veicolato fosse chiaramente visibile. Questa osservazione consente ragionevolmente di escluderne una destinazione originaria come urna funeraria, mentre l'identificazione con una piccola cisterna rimane la soluzione più verosimile.

Le *cistae* dell'area vesuviana e delle altre città italiche e provinciali sono gli esemplari meglio noti di una classe di manufatti che per il loro impiego e per le possibilità decorative che offrivano dovevano essere piuttosto diffusi[279], soprattutto in centri abitati nei quali la vicinanza ad aree minerarie e/o l'accessibilità alle rotte commerciali dei metalli rendevano disponibili le quantità di piombo sufficienti a garantire lo sviluppo di *officinae plumbariae* quali quella di *C. Iulius Primitius*.

Questi contenitori e i due esemplari del relitto di Rena Maiore condividono quindi, oltre alla forma, la presenza di un apparato decorativo caratterizzato da uno schema ricorrente, che prevede la ripartizione della superficie esterna per mezzo di motivi decorativi e l'inserimento all'interno degli spazi così definiti di immagini con soggetti di vario tipo. È proprio l'apparato decorativo, che in alcuni casi veicola anche messaggi di tipo politico, a individuare soprattutto negli ambienti di rappresentanza delle *domus* gli spazi cui essi erano destinati. La capcità delle *cistae* del relitto sardo, stimabile in 37,5 l. circa, appare anch'essa pienamente in linea con quella media delle cisterne pompeiane[280].

1.3.3. Le *cistae* del relitto di Rena Maiore e le ***officinae plumbariae*** di *Arelas*

Come indicato dai bolli, i quattro manufatti del relitto di Rena Maiore sono stati prodotti in due distinte *officinae plumbariae*, appartenenti a due personaggi di nome *Q. Pompeius Atticus* e *C. Iulius Primitius*; lo scioglimento della coppia di lettere che compare al termine dei bolli di entrambi i personaggi (*AF*) consente di identificare, grazie ad una serie di confronti con bolli di *plumbarii* della *Gallia Narbonensis*, la città di *Arelas*/Arles come il centro nel quale le due *officinae* furono attive nel corso dell'età augustea.

272 Adamo Muscettola, *Le ciste di piombo decorate*, 743.

273 Torneremo su questo reperto più avanti nella parte dedicata alle *cistae* nn. 1 e 2.

274 G. Pucci, "La ceramica aretina: «imagerie» e correnti artistiche." In *L'art décoratif à Rome à la fin de la Rèpublique et au dèbut du Principat. Table ronde (Roma 10-11 mai 1979)*, a cura di Y. Thébert (Roma 1981), 103; Massa, "Precisazioni," 265-267.

275 M. De Marco, *Fiesole. Museo archeologico. Scavi*, Firenze 1981, 12-13.

276 E. von Mercklin, "Archäologische gesellschaft zu Berlin," *Archäologischer Anzeiger* 14 (1936): 252-282, in particolare 267.

277 Cochet, Hansen, *Conduites et objects*, 28-34.

278 E. Galli, *Fiesole. Gli scavi. Il museo civico*, Milano 1954, 108-111.

279 Agli esemplari descritti è possibile aggiungere una *cista* cilindrica rivenuta a Nîmes, identificata come cisterna per acqua e recante il bollo *Dom[---]* (H. Pavis D'Escuriac, "Les méthodes de l'impérialisme romain en Maurétanie de 33 av. J.-C. à 40 aprés J.-C.," Ktema 7 (1982): 221-236), ed un secondo contenitore cilindrico rinvenuta presso la colonia augustea di *Zilil*, in *Mauretania Tingitana* e attualmente esposta al museo archeologico di Rabat (A. Akerraz, N. El-Khatib-Boujbar, A. Hesnard, A. Kermorvant, E. Lenoir, M. Lenoir, "Fouilles de Dchar Jdid", *Bulletin d'Archéologie Marocain*, XIV (1981-1982), 196). L'oggetto, purtroppo privo di contesto, possiede un'altezza di 75 cm ed un diametro di 42,5 cm; la decorazione è composta da fregi con scene bacchiche e da una serie di maschere e conchiglie che supportano due felini affrontati ai due lati di un *kantharos*.

280 Superiore – pari a 44 l. circa – era la capacità del contenitore rinvenuto presso Ostia.

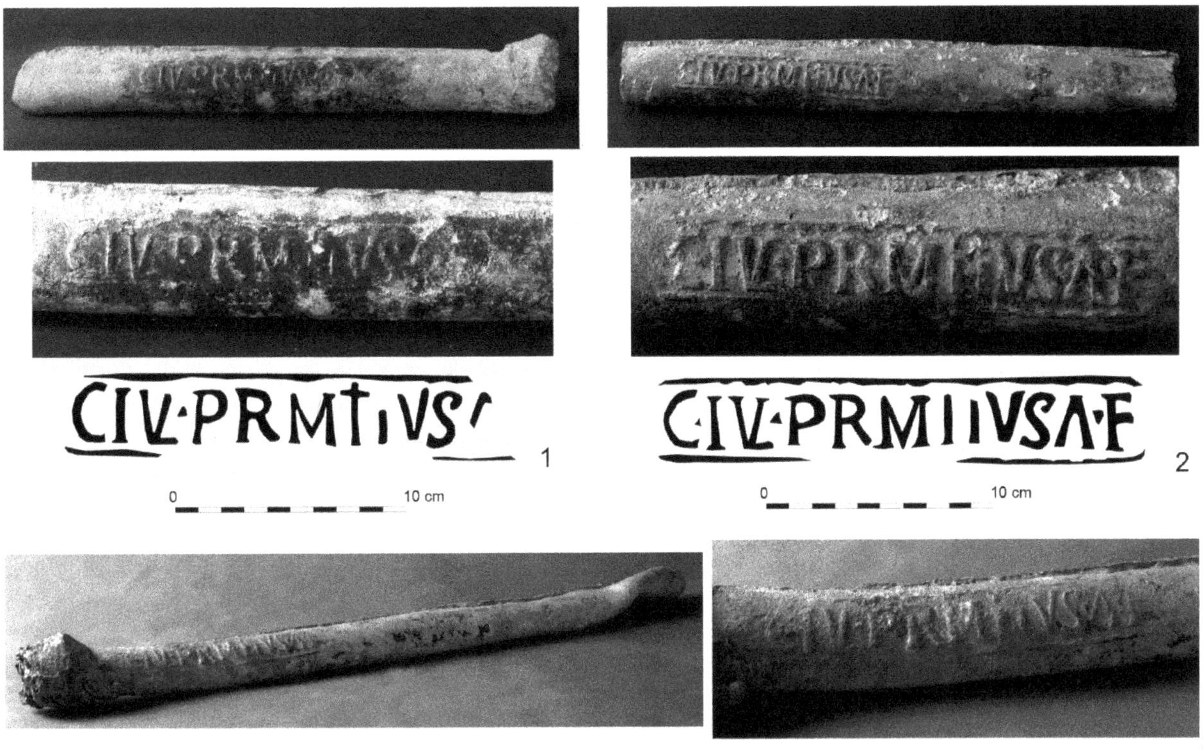

Figura 38. *Fistulae* in piombo del *plumbarius Caius Iulius Primitius* da Arles.

Il segno di interpunzione presente tra le due lettere indica che esse sono pertinenti a due distinti termini; la soluzione più ovvia, *(A)uli f(ilius)*, deve essere scartata in virtù della posizione delle due lettere, le quali, se dovessero essere identificate con il patronomico, si troverebbero inspiegabilmente dopo il *cognomen* e non prima di esso[281]. Anche le soluzioni *a(rtifex)* o *a(rgentarius) f(ecit)*, proposte in uno studio preliminare dei quattro contenitori[282], non possono essere ritenute soddisfacenti, in quanto non coerenti con l'attività dei due personaggi cui i bolli sono relativi, da qualificarsi indubitabilmente come *plumbarii*[283].

Dirimente è invece la testimonianza fornita dai bolli di tre *fistulae* attualmente conservate presso il Museo Archeologico di Arles[284]; una di esse risulta rinvenuta presso il quartiere di Trinquetaille[285], sobborgo commerciale della Arles romana ubicato ad Ovest del Rodano, mentre le altre due provengono da contesti non meglio precisati della città (Fig. 38, nn. 1-3)[286]. Le *fistulae*, caratterizzate dalla tipica sezione a goccia e dalla saldatura longitudinale a sezione quadrangolare, risultano dotate di uno stesso bollo, inserito all'interno di in un cartiglio rettangolare (22x3,2 cm) delimitato unicamente in corrispondenza dei lati lunghi e contenente il seguente testo in lettere capitali alte 2,6 cm: *C(aius) Iu^l(ius) Pri^mi^tius A F.*

Il bollo riporta lo stesso testo presente sulla *cista* n. 3 del relitto di Rena Maiore. Le uniche differenze risiedono nelle dimensioni leggermente maggiori del bollo delle *cistae*[287], nei segni di interpunzione – piccole *haederae* nei bolli della *cista* e triangoli in quelli delle *fistulae* – e nel *ductus* delle *A*, che nei bolli delle *fistulae* sono dotate

[281] È inoltre possibile sottolineare la coincidenza per la quale il *praenomen Aulus*, per quanto tra i più diffusi, sarebbe stato portato dal padre di entrambi i *plumbarii* attestati dai manufatti del relitto di Rena Maiore.

[282] Ruggeri, "Un naufragio di età augustea," 892, 898-899.

[283] Il termine *artifex* è normalmente accompagnato da un secondo termine che ne specifica la qualifica; cfr. *artifex signarius* (C. I. L. VI, 9896); *artifex artis tessellari(a)e lusori(a)e* (CIL VI, 9927); *artifex vitriarius* (CIL XV, 6965). Tale soluzione non appare inoltre soddisfacente in quanto il termine sembrerebbe di difficile comprensione se abbreviato in una *A*. *Argentarius* indica invece i cambiavalute o gli artigiani dell'argento; se escludiamo il primo significato, vediamo che anche nel secondo caso il termine risulta normalmente impiegato assieme ad un secondo termine che ne specifica le caratteristiche: cfr. ad es., *fabri argentarii* (C. I. L. III, 1652, VI, 2226, 9390-93, XII, 4474); *argentarii caelatores* (C. I. L. III, 1652; VI, 2226; VIII, 21106); *argentarii vascularii* (C. I. L. II, 374; V, 3428; VI, 9958); *argentarius excusor* (C. I. L. III, 2024) e così via.

[284] Ringrazio il dott. M. Heijmans, del Musée de l'Arles antique per la possibilità di inserire in questo lavoro i dati relativi alle *fistulae* in questione. Numerosi sono stati i rinvenimenti di *fistulae aquariae* nell'area della città romana e nel Rodano; si ricorda, a titolo esemplificativo, il recupero, effettuato nel 1822, di parte della conduttura in piombo destinata a rifornire d'acqua il quartiere commerciale di Trinquetaille (A. Cochet, "La canalisation sous-fluviale d'Arles à Trinquetaille," Gallia 50 (1993): 205-222; C. Sintès, M. Moutashar (Éditeurs), *Musée de l'Arles antique*, Arles-Actes Sud 1996, 96-97).

[285] Lungh. 93 cm; diam. 6,8 cm. Num. d'inventario Museo Archeologico di Arles: BRO-87.00.17.

[286] Di seguito le dimensioni delle *fistulae* di provenienza ignota conservate presso il Musée de l'Arles antique:

- Lungh. 59,5 cm; diam. 7,5 cm (Musée de l'Arles antique, Fonds ancien),
- Lungh. 57,4 cm; diam. 7,15 cm (Musée de l'Arles antique, Fonds ancien).

[287] 24,x4,3 cm.

del tratto orizzontale all'interno. Comuni a tutti i bolli in oggetto sono invece le legature. La sicura provenienza delle due *fistulae* del Museo Archeologico di Arles consente, in primo luogo, di attribuire alla stessa *officina*, quella di *Caius Iulius Primitius*, tutti i manufatti e, contestualmente, di individuare proprio in *Arelas* la sede dell'*officina* stessa, dove sono state prodotte le *cistae* nn. 3 e 4.

Le due lettere – *A F* – poste nella parte finale del bollo dei prodotti dell'*officina* di *Primitius* trovano infatti un preciso riscontro in altre *fistulae aquariae* rinvenute ad Arles e attribuibili alle produzioni di *officinae plumbariae* della città. Esse sono una delle possibili abbreviazioni dell'espressione *Arelate fecit*, relativa all'ubicazione delle *officinae*. Dal centro urbano di Arles e dal Rodano provengono, in particolare, i bolli degli artigiani *L. Annius Charithonianus* (*L(ucius) An(nius) Charithonianus A(relate) f(ecit)*[288]) e *Flavius Valerius Surillio* (*F(lavius) Valerius Surillio A(relate) f(ecit)*[289]). Solo una *A* – estrema abbreviazione della formula - compare nel bollo *T(itus) Val(erius) Hermes A(relate fecit)*[290]. Altri bolli riportano la formula più esplicita *Arel(ate) f(ecit)* o *Ar(elate) f(ecit)*; è questo il caso delle *fistulae* dei *plumbarii Marcus Verecundus*[291], *T. Valerius Patroclus*[292], *T. Valerius Mascala*[293], *C. Canthius Potinus*[294], *C. Iulius Primulus*[295], rinvenute nel centro urbano, nel Rodano e nel sobborgo di Trinquetaille, e di *[---]r Valerianus*[296], proveniente dalla località di Laudun L'Ardoise, 50 km circa a Nord di Arles.

Fondamentale è infine la testimonianza fornita da una serie di specchi prodotti tra II e III sec. d. C. dal *plumbarius* arelatense *Q. Licinius Tutinus* e commercializzati su una vasta area comprendente centri della *Gallia Narbonensis*, della *Germania inferior* (Xanten) e della *Britannia* (Chesterholm)[297]; su una parte della produzione di questo personaggio – sei esemplari – risultano impressi bolli in lingua latina (*Q(uintus) Licinius Tutinus Arelate facit*[298]) o greca (ΚΟ(ίντος) ΛΙΚ(ίνιος) ΤΟΥΤΕΙΝΟΣ ΕΝ ΑΡΕΛΑΤΩ ΠΟΙΕΙ[299]). La presenza nella parte finale del bollo del nome della città per esteso in caso locativo seguito dal verbo *facere*, costituisce un ulteriore e prezioso confronto per proporre la soluzione estesa *Arelate fecit* (o *facit*) anche per tutte le formule abbreviate attestate su *fistulae* e/o manufatti in piombo[300]. Nonostante la maggior parte delle attestazioni menzionate siano di fatto relative a rinvenimenti del tutto decontestualizzati, tale uso appare genericamente diffuso tra i *plumbarii* di Arles tra l'inizio dell'età imperiale e il II-III sec. d. C.

La formula ridotta (*A(relate) f(ecit)*) sarebbe quindi stata adottata, già in età augustea, da *C. Iulius Primitius* nei bolli delle due *fistulae* del Museo di Arles e delle *cistae* nn. 3 e 4 del relitto di Rena Maiore[301]. All'attività di quest'ultimo è forse possibile attribuire anche la *fistula* di CIL XII, 5701,4, oggetto di un ritrovamento fortuito effettuato nel 1866 nel quartiere di Trinquetaille; il testo riportato nel CIL (*C(aius) Iu^l(ius) Pri^mu^lus Ar(elate)*

[288] CIL XII, 5701, 1; M.-P. Rothé, M. Heijmans (Eds.), *Carte archéologique de la Gaule, 13-5: Arles, Crau, Camargue*, Arles 2008, 762 (provenienza sconosciuta; conservata presso il Museo Archeologico di Arles).

[289] Rothé, Heijmans, *Carte archéologique*, 467-468 (in questa sede il bollo viene sciolto *F(lavius) Valerius Surillio A(relate) f(ecit)*. Un bollo simile (*T(itus) Valerius Surillio* (CIL XII, 5701, 8, nel quale il *cognomen* è riportato come *Surrilio*) è attestato su una *fistula aquaria* rinvenuta ad Arles sul fondo del Rodano nel 1708. Per altri bollu su *fistulae* in piombo vedi anche Rothé, Heijmans, *Carte archéologique*, 502: (*T(itus) Val(erius) Surillio*) e 698 (*T(itus) Val(erius) Surillio*)). Non appare possibile stabilire se i due bolli siano pertinenti a membri distinti – entrambi *plumbarii* – di una stessa famiglia o se nel bollo del CIL sia letto erroneamente anche il *praenomen* del *plumbarius*. L'assenza dell'espressione *A(relatensis) f(ecit)* nei bolli di *T(itus) Val(erius) Surillio* consente forse di propendere per l'attribuzione delle *fistulae* in oggetto a due distinti artigiani.

[290] Rothé, Heijmans, *Carte archéologique*, 467.

[291] *M(arcus) Verec(undus?) Arel(ate) (fecit) DLXXIII* (C. I. L. XII, 5701, 9; Rothé, Heijmans, *Carte archéologique*, 388). La *fistula* fu rinvenuta nel 1650 all'interno di un pozzo di un'abitazione ubicata presso le cosiddette Terme di Costantino, nel settore settentrionale della città.

[292] *T(itus) Val(erius) Patroclus Arel(ate) f(ecit)* (C. I. L. XII, 5701, 7; Rothé, Heijmans, *Carte archéologique*, 601). La *fistula* fu rinvenuta nel 1866 nel quartiere di Trinquetaille).

[293] *T(itus) Val(erius) Mascala Arel(ate) f(ecit)* (Rothé, Heijmans, *Carte archéologique*, 467 e 481: 2 *fistulae*). Per questo *plumbarius* vedi anche la nota seguente.

[294] *T(itus) Val(erius) Mas[ca]l(a) Arel(ate) [fac(it)] // C(aius) Canthius Potinus fac(it)* (CIL XII, 5701,2a-h (riportato come *T(itus) Val(erius) Mas[cu]l(us) Arel(ate) [fac(it)] // C(aius) Canthius Potinus fac(it)*) = AE 1993, 1105. Su questa conduttura vedi anche Cochet, "La canalisation sous-fluviale d'Arles," 205-222).

[295] *C(aius) Iu^l(ius) Pri^mu^lus Ar(elate) (fecit)* (CIL XII, 5701, 4; Rothé, Heijmans, *Carte archéologique*, 602). La *fistula* fu rinvenuta nel 1866 nel quartiere di Trinquetaille).

[296] *[---]r Valerianus f(ecit) Ar(elate)* (Rothé, Heijmans, *Carte archéologique*, 420. L'attuale centro di Laudun l'Ardoise, pertinente all'*arrondissement* di Nîmes, è ubicato lungo la sponda occidentale del Rodano, 40 km circa a Nord di Arles.

[297] Sull'attività produttiva di questo *plumbarius* vedi CIL XIII, 10029, 319; G. Barruol, "Miroirs votifs découverts en Provence et dédiés à Sélènè et à Aphrodite," *Revue archéologique de Narbonnaise* 18 (1985): 343-373; G. Barruol, "Miroirs dédiés è Sélènè et à Aphorditè: observations et découvertes nouvelles," *Revue archéologique de Narbonnaise* 20 (1987): 415-418; SEG XXXVII 1988, 258, n. 834; B. Liou, M. Sciallano, "Trois nouvelles montures en plomb de miroirs de l'altelier arlésien de *Quintos Likinios Touteinos*." In *Peuples et territoires en Gaule méditerranéenne. Hommage à Guy Barruol*, éditè par M. Bats, B. Dedet, P. Garmy (Montpellier 2003), 437-440; G. Baratta, "*Speculorum forma*: un singolare rinvenimento ad Urbs Salvia," Mare Internum 2 (2010): 123-128; G. Baratta, "Firme di artisti/produttori di specchietti in piombo con superficie riflettente in vetro," *Acta Classica Universitatis Scientiarum Debreceniensis* 46 (2010): 91-100; AE 2011, 662; G. Baratta, "Nota sulla rilettura di un testo epigrafico su uno specchietto in piombo: *Iulius*, un nuovo *plumbarius*, e *Brutus* un *plumbarius* inesistente," *Sylloge Epigraphica Barcinonensis* IX (2011): 75-84; Tomlin R.S.O., "Roman Britain in 2010. Iscriptions," *Britannia* 42 (2011): 452, fig. 17.

[298] Tre esemplari: CIL XIII, 10029, 319; Barruol, "Miroirs votifs," 356-260, n. 10; AE 2011, 662. Per i bolli presenti sugli altri specchi prodotto da *Tutinus* vedi Baratta, "Firme di artisti/produttori di specchietti in piombo," 92, nota 5.

[299] Tre esemplari: SEG XXXVII 1988, 258, n. 834; B. Liou, M. Sciallano, "Trois nouvelles montures." 437, n. 12; 438, n. 13.

[300] La possibile soluzione *A(relatensis)* (*Ar(elatensis)* o *Arel(atensis)*), con riferimento alla cittadinanza dei *plumbarii* (cfr. il bollo *Tiberianus / cives Arelat(ensis) / Soionae fec(it)*, impresso su un mortaio proveniente dall'insediamento di *Ellelum* - attuale centro di Ehl - nella *Germania Superior*; AE 1969/70, 433) appare, anche sulla base del confronto con gli specchi di *Q. Licinius Tutinus*, meno probabile.

[301] Il gentilizio *Iulius*, ampiamente diffuso nell'impero già in tarda età repubblicana, è attestato anche ad Arles (CIL XII; 657, 696, 728, 729, 817).

(fecit)[302]) non consente di escludere che il *cognomen Primulus* sia in realtà una errata lettura di *Primitius*.

Sulla base della ricostruzione che qui proponiamo è inoltre possibile scogliere in *A(relate) f(ecit)* anche la parte finale dei bolli presenti sulle *cistae* nn. 1 e 2, che risultano quindi anch'esse prodotte ad *Arles*, nell'*officina* del *plumbarius* – altrimenti sconosciuto – *Quintus Pompeius Atticus*[303]. La presenza nel testo dei bolli di manufatti in piombo – in massima parte *fistulae aquariae* – dell'indicazione del centro nel quale l'*officina plumbaria* era ubicata non è peraltro peculiare delle manifatture della sola Arles; un consistente *corpus* di bolli su *fistulae* e altri manufatti in piombo indica che tale uso è diffuso, tra l'età augustea e il III sec. d. C., nelle *officinae* di alcuni centri urbani e insediamenti minori della *Gallia Narbonensis* e di *Lugdunum*[304]. Tale indicazione, normalmente inserita tra il nome del *plumbarius* è il termine *f(ecit)* (o *fac(it)* o *f(ecerunt)*), è costituita dal locativo del centro nel quale l'*officina* è ubicata, abbreviato nella sola lettera iniziale o in una forma più esplicita. La formula *VF* individua quindi indistintamente *officinae* che, sulla base della localizzazione dei singoli rinvenimenti, sono attive nelle città di *Viennae*[305] e, in numero minore, di *Vasio Vocontiorum*[306]. Uno schema analogo ricorre inoltre in alcuni bolli di *plumbarii* attivi presso insediamenti minori della *Gallia Narbonensis*, quali il *vicus Augustanorum* (Aoste, a poca distanza da Vienne)[307], il *vicus* di *Albinnum*, centro minore della media valle del Rodano (Albens)[308], e un terzo insediamento di difficile identificazione, il cui nome è riportato abbreviato come *AC* nel bollo di una *fistula* rinvenuta nella località di Saint Martin d'Uriage, centro della riva destra del Rodano posto circa a 40 km a sud di *Viennae*[309]. All'esterno della *Gallia Narbonensis* l'uso di indicare il centro presso il quale una *officina plumbaria* è attiva ricorre a Lione, dove alcune *fistulae* riportano la formula *L(ugduni) f(ecit)* (o *fac(it)*)[310].

I quattro contenitori imbarcati sul natante naufragato a Rena Maiore sono quindi stati prodotti dai *plumbarii Q. Pompeius Atticus* e *C. Iulius Primitius*, entrambi attivi ad *Arelas* in età augustea. La presenza in questo centro della *Gallia Narbonensis* di più *officinae plumbariae* non stupisce, se pensiamo al notevole sviluppo che il centro, fortemente legato ai personaggi più importanti di Roma, ebbe tra la tarda età repubblicana e la prima età

[302] CIL XII, 5701, 4.

[303] Il gentilizio *Pompeius* è noto ad Arles (AE 2005, 995).

[304] Per un quadro esaustivo dei bolli di questo tipo cfr J. Sautel, "Note sur l'industrie du plomb et les marques des plombiers à Vaison-la-Romaine," Latomus 5 (1946): 369-371; Cochet, *Le plomb dans la Gaule romaine*, 160-173; Cochet, Hansen, *Conduites et objects*; N. Mathieu, B. Remy, P. Leveau, "Les noms de personnes inscrits sur les tuyaux de plomb de la cité de Vienne." In *L'eau dans les Alpes occidentales à l'époque romaine*, édité par N. Mathieu, B. Remy, P. Leveau (Grenoble 2011), 167-212.

[305] Da *Viennae*/Vienne: *C(aius) Segell(ius) (et) Marin(us) V(iennae) f(ecit)* (O. Faure-Brac, *Carte archéologique de la Gaule 96/1 – Le Rhône* (Paris 2006), 476, 508); *T(itus) Atei(us) Ing(enuus) V(iennae) f(ecit)* (AE 1951, 113); *C(aius) Pri(scus) Priscinus V(iennae) f(ecit)* (CIL XII, 5701,36); *Q(uintus) V(iennae) f(ecit)* (CIL 12, 5701,37); *Saturio V(iennae) f(ecit)* (C.I.L XII, 5701,40); *Saturnin(us) V(iennae) f(ecit)* (CIL XII, 5701,41); *C(aius) An(---) Martial(is) V(iennae) [f(ecit)]* (CIL XII, 5701, 23); *Ant(---) Flavinus V(iennae) f(ecit)* (CIL XII, 5701, 25); *C(aius) Iul(ius) Matur(us) V(iennae) f(ecit)* (CIL XIII, 5701,28a-c); *Macrius Apollonius V(iennae) f(ecit) // Macrius Apollonius V(iennae) f(ecit)* (CIL XII, 5701, 31); *Cn(aeus) P(ublius) Surillo V(iennae) f(ecit) // [Cn(aeus) P(ublius)] Surillo V(iennae) f(ecit)* (CIL XII, 5701, 35); *C(aius) Sex(tus) Eutyches V(iennae) f(ecit)* (CIL XII, 5701,45); *Cn(aeus) Tal(---) Hermes V(iennae) f(ecit)* (CIL XII, 5701,46); *Tat(---) Pop(---) V(iennae) f(ecit)* (CIL XII, 5701,47a-b); *L(ucius) Tit(---) Lucnus V(iennae) f(ecit)* (CIL XII, 5701,49); *Tit(us) Poppo V(iennae) f(ecit)* (CIL XII, 5701,50); *L(ucius) V(ibius) Bellicus V(iennae) f(ecit)* (CIL XII, 5701,51b); *S(extus) V(ibius?) S(---) et G(aius) I(ulius?) C(---) V(iennae) f(ecerunt)* (CIL XII, 5701,52); *D(ecimus) Val(erius) Fronto V(iennae) f(ecit)* (CIL XII, 5701,53a); *Vassedo V(iennae) f(ecit)* (CIL XII, 5701,54b); *T(itus) Vir(anius?) Fortunat(us) V(iennae) f(ecit) // [T(itus) Vir(anius?) For]tunat(us) V(iennae) f(ecit)* (CIL XII, 5701,56); *Carantinus V(iennae) f(ecit)* (CIL XII, 5701,62); *L(ucius) Vir(---) Satto V(iennae) f(ecit)* (AE 1992, 1211a; AE 2011, 725-726); *Satto et Senter V(iennae) f(ecerunt)* (Faure-Brac, *Carte archéologique*, 476); *Bassin(us) et Marcus V(iennae) f(ecerunt)* (Faure-Brac, *Carte archéologique*, 476); *Imp(eratore) M(arco) Aur(elio) Antonino Pio Aug(usto) IIII et Balbino II co(n)s(ulibus) // L(ucius) Vir(eius) Satto V(iennae) f(ecit* (Faure-Brac, *Carte archéologique*, 507); *C(aius) M(---) Marcus V(iennae) f(ecit)* (Faure-Brac, *Carte archéologique*, 476, 508); *Helv(ius) Luc(---) V(iennae) f(ecit)* (Faure-Brac, *Carte archéologique*, 481); *Martinus et Veruco V(iennae) f(ecerunt)* (Faure-Brac, *Carte archéologique*, 508); *Sex(tus) Cond(ius) Quartus V(iennae) f(ecit)* (AE 2011, 719); *P(ublius) Soll(---) Samm(---) V(iennae) f(ecit)* (AE 2011, 723).

Da Sainte-Colombe, quartiere di Vienne: *C(aius) Segell(ius) et Marin(us) V(iennae) f(ecit) // S(exti) P(ubli) Iuliani* (CIL XII, 5701,42b = AE 2000, 900); *L(ucius) V(ibius) Bellicus V(iennae) f(ecit)* (CIL XII, 5701,51a); *D(ecimus) Val(erius) Fronto V(iennae) f(ecit)* (CIL XII, 5701,53b); *M(arcus) Ann(ius) Firmin(us?) V(iennae) f(ecit)* (CIL XII, 5701, 22); *C(aius) Seg(---) Marn(---) V(iennae) f(ecit)* (CIL XII, 5701,42a).

Fistulae verosimilmente prodotte a *Viennae* e rinvenute al di fuori del suo territorio cittadino: *Vassedo V(iennae) f(ecit)* (AE 1941, 30; da Caho do Touro, Portogallo); *T(itus) Domit(ius) Mansuetus V(iennae) f(ecit)* (AE 2000, 902; da Irigny, Lione); *[Satto] et Senter V(iennae) f(ecerunt)* e (CILXII, 5701,39a-b; da *Lugudunum*); *Satto et Senter V(iennae) f(ecerunt)* CIL XII, 5701,39a; da *Lugudunum*); *Vassedo V(iennae) f(ecit)* (C.I.L XII, 5701,54a, da Arles/*Arelas*); *[Sex(tus)] Ammius Servatianus V(iennae) f(ecit) // Sex(tus) Ammius Servatian[us V(iennae) f(ecit)]* (CIL XII, 5701, 21; da Nyons).

[306] *T(itus) Cingetius Myrinus V(asione) f(ecit)* (AE 2003, 1116); *L(ucius) Mut(---) Vitalis V(asione) f(ecit)* (AE 1941, 137; AE 2011, 708); *Sex(tus) Ammius Servatianus V(asione) f(ecit)* (AE 2003, 1124). In merito ai bolli che terminano con la formula *VF*, è possibile osservare che la possibilità che *plumbarii* di uno dei due centri abbiamo esportato i loro pezzi anche altrove sembra da escludere. Nessuno dei personaggi menzionati nei bolli di una delle due città risulta attestato nei bolli rinvenuti nell'altra; inoltre le *fistulae* con le iscrizioni riferibili a *Viennae*, le più numerose, provengono, oltre che dal centro urbano, da un'area che non supera i 30 km di raggio a dalla città. Questo indica che la produzione di *Viennae*, così come quella degli altri centri, è legata prevalentemente ai centri urbani e al rispettivo *ager*.

[307] *Marullus Aug(usto) fecit* (AE 2011, 721; J. Rougier, *Aoste-la-Romaine. Approche archéologique d'un* vicus *gallo-romain*, Saint-Etienne 1988, 294).

[308] *T(itus) Connubius Fusc(us) Alb(inni) fec(it)* (AE 1996, 1017).

[309] *L(ucii) Scri(---) Martinus AC(---) f(ecit)* (CIL XII, 2251b = CIL XII, 5699, 1).

[310] Si vedano, per Lione, i seguenti bolli su *fistulae* in piombo: *S. Atti(cius) Apollinaris L(ugduni) f(ecit)* (CIL XIII, 10029,4a); *L. Tertinius Paul(us) Lug(duni) fac(it)* (CIL XIII, 10029,13a); *Teren(tia) Secundilla L(ugduni) f(ecit)* (Cochet, *Le plomb dans la Gaule romaine*, 170, n. 4); *L(ucius) Sil(---) Maximus L(ugduni) f(ecit)* (Cochet, *Le plomb dans la Gaule romaine*, 170-171, n. 5a-b); *C(aius) Vale(---) Fortun(atus?) L(ugduni) f(ecit)* (Cochet, *Le plomb dans la Gaule romaine*, 171-172, n. 6); *Q(uintus) Blaes(---) Sextus L(ugduni) f(ecit)* (Cochet, *Le plomb dans la Gaule romaine*, 172, n. 7); *C(aius) Aurel(ius) Marin(us) et C(aius) L(ucius) Mercator L(ugduni) f(ecerunt)* (CIL XII, 5701,26); *S(extus) Venecrius et Eutyches L(ugduni) f(ecerunt)* (Cochet, *Le plomb dans la Gaule romaine*, 173, n. 48.

imperiale[311]. Nel 46 a. C., la città è oggetto della deduzione della *Colonia Iulia Arelate Sextanorum*, voluta da Cesare per i veterani della sua *VI legio*[312]. Sotto Augusto *Arelas* vive un'ulteriore momento di sviluppo; l'epiteto *paterna* – con riferimento all'adozione di Ottaviano da parte di Cesare – viene significativamente aggiunto alla precedente titolatura della città (*Colonia Iulia Paterna Arelate*)[313]. L'assetto urbanistico del centro viene strutturandosi pienamente in età augustea, con la realizzazione del foro e del suo criptoportico, del teatro, di una cinta muraria dotata di porte monumentali e di una griglia stradale con assi ortogonali. Segni del forte impatto sulla città della nuova propaganda augustea sono le statue rinvenute nei diversi edifici pubblici, dalla momumentale statua di Augusto in marmo lunense (12-10 a. C.), verosimilmente pertinente all'apparato decorativo del teatro, alla testa di Gaio Cesare rinvenuta nel criptoportico e alla copia in marmo lunense del *clipeus virtutis*, esposto nel criptoportico del foro nel 26 a. C., forse in concomitanza con una visita di Augusto[314]. Lo stesso *princeps*, nell'8 a. C., riceve dalla città il titolo di *pater patriae*[315].

È ancora in età augustea che, con la costruzione degli acquedotti d'Eygalières e di Caparon[316], la città dovette dotarsi di un esteso sistema idrico che serviva i quartieri situati sulla riva sinistra del Rodano e il quartiere commerciale di Trinquetaille, ubicato sulla riva destra del fiume[317]. Il notevole sviluppo in età augustea dell'edilizia pubblica e privata e le testimonianze relative alla presenza nella necropoli degli Alyscamps di urne cinerarie in piombo (oggi perdute) di forma globulare e cilindrica[318], costituiscono una ulteriore attestazione della richiesta di artigiani specializzati nella lavorazione del piombo.

È infine possibile mettere in evidenza come la posizione geografica di Arles permise alla città e ai suoi approdi fluviali e marittimi, già nel corso dell'età repubblicana, di accedere con facilità alle rotte lungo le quali venivano commercializzati i metalli estratti nelle province dell'impero[319]. Ai prodotti delle miniere iberiche e della *Gallia Narbonensis* si aggiunsero, a partire dall'età augustea, quelli dei *metalla* della *Germania* e, dalla metà del I sec. d. C., della *Britannia*.

1.4. Conclusioni

Al termine di questo primo capitolo è possibile proporre alcune considerazioni in merito al carico di metalli del relitto di Rena Maiore.

Certa ne appare la cronologia, compresa tra la fine del I sec. a. C. e il primo decennio del secolo successivo; altrettanto verosimile è la ricostruzione della rotta dell'imbarcazione, la quale, una volta salpata da Arles o da uno dei suoi approdi fluviali e marittimi, si è diretta verso Sud, costeggiando ad Ovest la Corsica e facendo naufragio al momento di imboccare le Bocche di Bonifacio. Il carico era quindi diretto verso la penisola italica, forse a Roma.

Elemento caratteristico del carico è, rispetto ad altri contesti con carichi di metalli contemporanei, la notevole eterogeneità. Accanto a lingotti veri e propri, si registra sull'imbarcazione naufragata a Rena Maiore la presenza di oggetti di metallo di vario genere (agglomerati di scorie di fusione del ferro, due barili di scorie di fusione del piombo, almeno due lamine e 4 *cistae* di piombo piegate e schiacciate), manufatti che, in considerazione della quantità e della bassa temperatura di fusione del piombo, erano assai certamente destinati ad essere venduti come metallo da riciclare[320].

[311] Sullo sviluppo di Arles nella prima età imperiale vedi P. Gros, "Un programme augustéen: le centre monumental de la colonie d'Arles," *Jahrbuch des Deutschen Archäologischen Instituts* 102 (1987): 339-363; M. Heijmans, "Nouvelles recherches sur les cryptoportiques d'Arles et la topographie du centre de la colonie," *Revue archéologique de Narbonnaise* 24 (1991): 161-199; M. Heijmans, "La Topographie de la ville d'Arles de César à Césaire. L'apport des travaux récentes." In *Espace et urbanisme d'Arles. Des origines à nos jours*, édité par M. Baudat (Arles 2000), 25-44; P. Gros, *La Gaule Narbonnaise: de la conquête romaine au IIIe siècle apr. J.-C.*, Paris 2008.

[312] Svet., *Tib.*, 4, 2; Sintès, Moutashar, *Musée de l'Arles antique*, 40. La città fornì navi all'esercito cesariano che stave assediando Marsiglia nel 46 a. C. (Caes., *De bello civili*, I, 36, 4).

[313] Per le attestazioni epigrafiche della titolatura della colonia vedi AE 1991, 1193; 2002, 135, 921; CIL VI, 1006; CIL XII, 689, 694, 700, 702, 704, 712, 719, 731, 738.

[314] Sintès, Moutashar, *Musée de l'Arles antique*, 48-51.

[315] ILS 6755.

[316] I due condotti, dopo aver captato l'acqua dalle sorgenti della catena montuosa delle Alpilles, si riunivano a Sud della località di Fontvieille, a pochi chilometri da Arles, e terminavano in città presso un *castellum acquae* (Sintès, Moutashar, *Musée de l'Arles antique*, 96-97).

[317] Cochet, "La canalisation sous-fluviale d'Arles," 204-222.

[318] G. Bapst, "L'orfèvrerie d'étain dans l'antiquité," *Revue archèologique*, 1-2 (1883): 100-109.

[319] Sul ruolo di Arles nel commercio dei metalli si veda, in generale, L. Monguilan, *Une épave romaine*, 171-179; Soricelli, "Lo sfruttamento minerario della Gallia transalpina," 215-245; Sintès, Moutashar, *Musée de l'Arles antique*, 82-87; L. Long, C. Sintes, "Commerce maritime et fluvial aux embouchires su Rhône: le rôle d'Arles dans l'antiquité," In *Puertos fluviales antiguos: ciudad, desarrollo e infraestructuras, Actas de la IV jornadas de arqueología subacuática (Valencia, 28-30 de Marҫ de 2001)*, editado por G. Pascual Berlanga, J. Pérez Ballester (Valencia 2001), 183-199; L. Long, C. Rico, C. Domergue, "Les épaves antiques de Camargue et le commerce maritime du fer en Méditerranée nord-occidentale (Ier siècle avant J.-C.-Ier siècle après J.-C.)." In *XIV Convegno di Studi sull'Africa Romana (Sassari, 7-10 dicembre)*, a cura di M. Khanoussi, P. Ruggeri, C. Vismara (Urbino 2002), 161-188.

[320] L'uso di commerciare materiali da riciclare (metalli, vetri) doveva essere piuttosto diffuso, come indica il rinvenimento su numerosi relitti di oggetti di piombo di vario tipo che, al pari delle quattro *cistae* del relitto di Rena Maiore, sono risultati schiacciati volontariamente al momento dell'imbarco. Contenitori in piombo di medie e piccole dimensioni (urne cinerarie e/o contenitori di altro tipo), tutti schiacciati di proposito sono stati ad esempio rinvenuti sui relitti Dramont D (J. P. Joncheray, "Etude de l'épave Dramont D: les objets metalliques," *Cahiers d'archéologie subaquatique*, 4 (1975): 12), della Garoupe (P. Fiori, "Etude de l'épave A de la Garoupe dite des *dolia*," *Cahiers d'archéologie subaquatique* 1 (1972): 35), di Carqueiranne (F. Carrazè, "L'épave romaine de la pointe de Carqueiranne," *Cahiers d'archéologie subaquatique* 5 (1976): 154), dell'Île Rousse (H. Alfonsi, P. Gandolfo, "Note sur la pompe de cale," 74) e di Diano Marina (M. Corsi-Sciallano, B. Liou, "Les épaves de Tarraconaise à chargement d'amphores Dressel 2-4", *Archaeonautica*, 5 (1985): 59 e nota 59), tutti datati al I sec. d. C., e sul relitto delle Colonne di

Figura 39. Ricostruzione della probabile rotta dei lingotti delle Serie 1-5 e del carico del relitto di Rena Maiore (i quadrati indicano le diverse regioni minerarie, dalle quali proviene il metallo dei lingotti). 1. Percorso fluviale dalla Germania ai porti della Gallia (lingotti delle Serie 1 e 3); 2. Rotte di approvvigionamento dei metalli iberici della Gallia Meridionale. 3. Rotta seguita dall'imbarcazione prima del naufragio (lingotti delle Serie 1-5). 4. Area delle miniere di piombo della Gallia Narbonense. 5. Ipotetica prosecuzione del percorso dell'imbarcazione oltre Rena Maiore. 6. Miniere della Germania.

L'eterogeneità del carico di metalli del relitto non si limita, come abbiamo osservato, alla sola tipologia dei manufatti trasportati (lingotti e altri oggetti da rifondere); all'interno del gruppo di 72 lingotti è stato possibile, come evidenziato nei paragrafi precedenti, distinguere 5 Serie di *massae plumbeae*, sensibilmente diverse sotto il profilo morfologico e del peso e del corredo epigrafico.

A fianco ai lingotti di forma tronco-piramidale – tra i più antichi attualmente noti del tipo Domergue IV – si trovano lingotti che rimandano ancora alla morfologia di età tardo-repubblicana (tipo Domergue I) – quale l'esemplare recante l'iscrizione *Puden^tis Germ(anicum) (plumbum)* – e altri, a base piana o di morfologie decisamente insolite (Serie 2 e 5), non inquadrabili nella tipologia proposta dallo studioso francese. A proposito dell'esemplare recante l'iscrizione *Puden^tis*

Camarina (G. Di Stefano, *Collezioni subacquee del museo regionale di Camarina*, Prato 1998, 36-46), affondato tra II e III sec. d. C.
In merito al riciclaggio dei vetri è inoltre possibile ricordare i vetri rotti trasportati in una botte, facente parte del carico del relitto di Grado (M. Giacobelli, "I vetri del relitto di Grado.", In *Atti del Convegno Nazionale di Archeologia Subacquea (Anzio, 30-31 maggio e 1 giugno 1996)*, a cura di G. Volpe (Bari 1997): 311-313).

Germ(anicum) (plumbum), è possibile osservare come quest'ultima, impressa a freddo per due volte, non costituisca un vero e proprio bollo; dato il testo, tuttavia, appare poco verosimile che *Pudens* possa essere identificato con un acquirente del lingotti piuttosto che con il suo produttore.

In relazione alla filiera commerciale che ha portato alla costituzione del carico di metalli del relitto, è possibile proporre una ulteriore considerazione (Fig. 39). Quest'ultimo si è costituito, come indica la provenienza delle quattro *cistae* da due distinte *officinae plumbariae* ubicate presso Arles, in questa stessa città o in uno degli approdi fluviali e/o marittimo del suo territorio. Da qui l'imbarcazione sarebbe salpata verso Sud, per dirigersi verso le Bocche di Bonifacio dopo aver costeggiato ad Ovest la Corsica. Lo studio del corredo epigrafico delle *cistae* e dei lingotti e le analisi degli isotopi del piombo di questi ultimi indicano che presso la città di Arles sarebbe stato "assemblato" un carico di metalli costituito dai seguenti gruppi di oggetti:
- almeno 43 lingotti prodotti in una o più miniere della *Germania* (esemplari della Serie 1, gruppi 1 e 2; Serie 3), giunti ad Arles per mezzo della rete fluviale delle province galliche,
- almeno 29 lingotti anepigrafi, eterogenei per peso e morfologia (Serie 2, 4, 5),
- oggetti inutilizzabili o invenduti da rifondere (le *cistae*; le lamine; le scorie di piombo), acquistati presso alcune *officinae* di *plumbarii* della città.

È opportuno soffermarci, in particolare, sui lingotti delle Serie 2, 4, e 5. Gli esemplari delle Serie 2 e 5 sono stati quasi certamente realizzati al di fuori della filiera produttiva che caratterizza, in particolare con le tipologie Domergue I e IV, l'estrazione e la commercializzazione del piombo su scala mediterranea. L'estrema disomogeneità nella forma delle *massae plumbeae*, in particolare, sottende una notevole diversità delle lingottiere nelle quali è stato versato il piombo fuso, caratteristica anomala nell'ambito di una produzione di lingotti presso un sito minerario. In relazione all'indicazione del peso, unico elemento epigrafico dei lingotti delle Serie 2 e 5[321], è possibile ipotizzare che proprio le notevoli differenze tra esemplare e esemplare abbiamo indotto ad indicare, nella quasi totalità dei casi, il peso totale di ciascun lingotto, senza applicare la formula adottata per i lingotti della Serie 1, maggiormente compatibile con una produzione altamente standardizzata.

La presenza delle immagini sui lingotti (nn. 62-65) e la contestuale presenza delle 4 *cistae* decorate nel carico del relitto costituiscono ulteriori elementi che consentono in definitiva di ipotizzare che le *massae plumbeae* in oggetto – forse anche quelle del gruppo 4? – sono afferenti ad una filiera produttiva da localizzare non presso una miniera ma presso una o più *officinae plumbariae*, dove più oggetti di dimensioni e pesi diversi sono stati rifusi all'interno di lingottiere improvvisate, per essere poi acquisiti come piombo da riclare nel carico dell'imbarcazione naufragata a Rena Maiore.

Il corredo epigrafico dei manufatti trasportati da quest'ultima risulta peraltro caratterizzato dalla compresenza di iscrizioni in lingua latina e in lingua greca, in un caso compresenti su uno stesso lingotto (n. 72, Serie 5); dal momento che il carico si è verosimilmente costituito ad Arles o in porto del territorio circostante, è tuttavia possibile constatare come l'uso del greco fosse diffuso ancora nel corso della prima età imperiale in alcune aree della *Gallia Narbonensis* – in particolare nel territorio di Marsiglia e in altre – quali quella di Arles – che da secoli intrattenevano rapporti con la colonia greca[322]. Significativa, in questo senso, appare la figura di Favorino di Arles, retore bilingue originario della città, vissuto tra la fine del I e il primo terzo del II sec. d. C.

A differenza dei lingotti della Serie 1 e 3, per i quali sono disponibili i dati completi relativi alle indagini degli isotopi del piombo (per i quali vedi l'Appendice al presente capitolo), è solo possibile fornire alcune considerazioni preliminari sull'origine degli esemplari delle Serie 2, 4, e 5, a partire dai dati parziali[323]. Le analisi individuano con certezza nella regione delle Cévennes, nella Francia meridionale, l'area di origine del piombo; tale dato appare in linea con le considerazioni sin qui fatte in merito alla filiera produttiva dei lingotti in oggetto. I *plumbarii* di Arles si rifornivano di metallo nell'ambito di circuiti locali, incentrati sulle miniere presenti nella stessa *Gallia Narbonensis*; anche se non è escluso che essi avessero altri canali di approvvigionamento – quali la penisola iberica – è assai verosimile che i *metalla* della loro provincia fornissero la maggior parte del piombo necessario alla loro attività. Da qui, se si accetta la nostra ricostruzione, il metallo sarebbe giunto alle *officinae* di *C. Iulius Primitius* e *Q. Pompeius Atticus* e, ipoteticamente, di altri *plumbarii*, non epigraficamente attestati da oggetti iscritti nel carico del relitto da Rena Maiore.

La regione delle Cévennes, una vasta area collinare e montana che lambisce il settore orientale della valle del Rodano[324], è nota nelle fonti antiche per i suoi giacimenti d'oro, ricordati in particolare da Strabone (τὰ μέταλλα

[321] Limitatamente all'esemplare n. 72.
[322] M. Sève, "Rapports avec l'archéologie", *Bulletin épigraphique* 101 (1988): 335, n. 256; Baratta, "Firme di artisti/produttori di specchietti in piombo," 92, nota 4. *Contra* G. Barruol, "Miroirs votifs," 372.
[323] Quando il presente lavoro era in fase di revisione il prof. P. Rothenhöfer (Kommission fuer Alte Geschichte und Epigraphik des Deutschen Archaeologischen Instituts) ha provveduto a comunicare al sottoscritto e al dott. R. D'Oriano (Soprintendenza Archeologia, Belle Arti e Paesaggio per le province di Sassari e Nuoro), i risultati preliminari delle analisi isotopiche condotte su un secondo lotto di campioni prelevati dai lingotti del relitto di Rena Maiore, comunicando unicamente l'origine del piombo (su questo vedi anche Rothenhöfer e Bode, *Wirtschaftliche Auswirkungen*, 325). I risultati completi saranno prossimamente oggetto di una comunicazione congiunta dello scrivente e dei colleghi tedeschi.
[324] Per l'ubicazione e le caratteristiche geografiche della regione vedi, limitatamente alle fonti antiche, Strabo, IV, 1, 1-3; 1, 6; 2, 1; 2, 3; 6, 11.

<τά> ἐν τῷ Κεμμένῳ ὄρει)[325], Diodoro Siculo[326] e Posidonio[327], mentre generici riferimenti alle notevoli quantità d'oro e argento in possesso delle tribù galliche della regione si trovano in Cicerone, Livio e Cassio Dione[328]. Strabone, limitatamente all'argento, menziona le miniere ubicate nel territorio della tribù gallica dei Ruteni, stanziati immediatamente a Nord del confine della provincia romana, in un territorio non distante dalla regione delle Cévennes [329]. Qui, successivamente ad un'attività mineraria forse già avviata tra VI e V sec. a. C. e che vede coinvolti Etruschi, greci di Marsiglia e popolazioni locali[330], si assiste, in particolare nei decenni finali del II sec. a. C., allo sviluppo di uno sfruttamento su ampia scala di più distretti minerari. Tra questi si segnalano quelli del bacino del fiume Orb, nel settore meridionale delle Cévennes, e dell'area di Lastours, ubicata nella parte settentrionale della regione[331]; in tutti i siti l'intensità della coltivazione dei giacimenti raggiunge l'apice attorno alla metà del I sec. a. C. – verosimilmente in concomitanza con le campagne di Cesare nella *Gallia comata*[332] – per proseguire ancora, senza apparenti interruzioni, nei primi decenni del I sec. d. C., quando essa si estende a nuovi distretti minerari, quali quelli di Vialas, nell'area del Gard, e di Bleymard, nel Lozère[333].

Degno di nota è anche lo sviluppo di un'attività estrattiva nella regione posta a Nord delle Cévennes, che, seppure all'esterno della *Gallia Narbonensis*, condivide con quest'ultima le caratteristiche geologiche del sottosuolo; già attestata alla fine del II sec. a. C., la coltivazione dei giacimenti di argento e piombo, prosegue nei primi decenni del I sec. d. C.[334], quando presso il centro di Villefranche-de-Rouergue (Aveyron) è attiva la *familia Ti(berii) Caesaris*, posta agli ordini del *vilicus* e *quaest(or) in metallis Zmaragdus*[335]. Nella seconda metà del I sec. a. C. presso il sito di Lastours è attestata, grazie al rinvenimento di un consistente numero di *tesserae* in piombo, l'esistenza di una *societas argentifodinarum Rotonensium*, verosimilmente analoga a quelle coinvolte nello sfruttamento delle miniere iberiche e germaniche[336]. L'attività di quest'ultima può essere messa significativamente in relazione con la contestuale presenza in *Gallia Narbonensis* e nella sua capitale di affaristi Romani e Italici, giunti nella provincia allo scopo di sfruttarne le ricchezze economiche[337]. Una produzione di lingotti di piombo inserita in una filiera commerciale complessa quale quella che caratterizza l'attività mineraria delle province iberiche potrebbe essere infine sottesa da una *massa plumbea* di forma tronco-piramidale (tipo Domergue IV), rinvenuta presso la località di Barry (valle del Rodano) e recante il bollo *Segusiavic(---)*[338]; il lingotto, databile alla prima età imperiale, è infatti stato attribuito ad uno sfruttamento di giacimenti delle Cévennes, condotto dalla *civitas* dei *Segusiavi*[339].

Le fonti disponibili indicano con chiarezza che, nel corso della tarda età augustea, i *metalla* delle Cévennes potevano costituire una delle principali fonti di approvvigionamento di metallo per le *officinae plumbariae* della città di Arles, all'epoca importante centro di consumo e snodo commerciale di importanza centrale dei traffici nel settore occidentale del Mediterraneo.

Dal momento che il corredo epigrafico dei lingotti delle Serie 2, 4 e 5 risulta costituito esclusivamente dall'indicazione ponderale, non appare possibile stabilire se, al momento dell'imbarco, essi e i lingotti di origine germanica appartenessero ad un unico proprietario. Proprio i 42 lingotti della Serie 1, recanti il bollo dorsale, più contromarche e l'indicazione ponderale, e il solo esemplare della Serie 3, sul quale compaiono il bollo e una contromarca, risultano invece afferenti ad una filiera complessa, ormai tipica degli assetti che il commercio di lingotti di piombo assume a partire dall'età augustea[340]. Come indicato dai bolli e delle analisi degli isotopi del piombo, le *massae plumbeae* in oggetto provengono da miniere delle quali, nell'ambito del tentato processo di provincializzazione della Germania, Roma avviò lo sfruttamento a partire dall'ultimo ventennio del I sec. a. C. Torneremo anche nei capitoli seguenti a focalizzare la nostra attenzione su questi lingotti, in particolare in

[325] Strabo, III, 2, 8 (vedi anche IV, 1, 13).
[326] Diod. Sic., 5, 27, 1-3.
[327] Posid., frammento 33 Jacoby.
[328] Cic., *De orat.*, 2, 18, 124; Liv., *Epit.*, 65; Dio, 27, 90 (in riferimento al saccheggio di Tolosa, messo in atto nel 106 a.C. dal console Q. Servilio Cepione all'indomani della vittoria sui *Tectosagi* e che avrebbe fruttato una enorme quantità di oro e argento).
[329] Strabo, IV, 2, 2.
[330] Soricelli, "Lo sfruttamento minerario della Gallia transalpina," 221.
[331] Sull'attività estrattiva nelle Cévennes in età tardorepubblicana e nella prima età imperiale, vedi, in particolare, C. Domergue, M. Leroy, "L'état de la recherche sur les mines et les métallurgies en Gaule, de l'époque gauloise au haut Moyen Âge. Mines et métallurgies en Gaule. Recherches récentes." *Gallia* 57 (2000): 3-10; C. Domergue, V. Serneels, B. Cauuet, J.-M. Pailler, S. Orzechowski, "Mines et métallurgies en Gaule à la fin de l'âge du Fer et à l'époque romaine." In *Celtes et Gaulois, l'Archéologie face à l'Histoire, 5: la romanisation et la question de l'héritage celtique.* Actes de la table ronde de Lausanne (17-18 juin 2005), éditè par D. Paunier. (Glux-en-Glenne 2006), 131-162, in particolare 136; C. Landes, "Les ressources minières antiques des Cévennes: premiers résultats." In *Mineria y Metalurgia en las antigas civilizaciones mediterraneas y europeas*, I Colloquio Internacional Asociado (Madrid 1985), editado por C. Domergue. (Madrid 1989), 223-234; Soricelli, "Lo sfruttamento minerario della Gallia transalpina," 215-245.
[332] Soricelli, "Lo sfruttamento minerario della Gallia transalpina," 237-238.
[333] Landes, "Les ressources minières antiques des Cévennes," 227-229; Soricelli, "Lo sfruttamento minerario della Gallia transalpina," 229-230.
[334] Soricelli, "Lo sfruttamento minerario della Gallia transalpina," 225.
[335] CIL XIII, 1550. Su questo vedi anche Cap. 3.2.1.
[336] Landes, "Les ressources minières antiques des Cévennes," 227-228 ; R. Gourdioule, C. Landes, "La Transalpine minière: des Monts-d'Orb au bassin de Lodève." In *Carte archéologique de la Gaule. Le Lodévois 34/1*, édité par L. Schneider, D. Garcia. (Paris, 1998), 53-66.
[337] Cic., *Pro Fonteio*, 5, 13.
[338] CIL XII, 5700; Laubenheimer-Leenhardt, *Recherches sur les lingots*, 128-129.
[339] Domergue *et alii*, "Mines et métallurgies en Gaule," 152.
[340] Sui quali vedi, in generale, Domergue, *Production et commerce des métaux dans le monde romain*, 61-91; C. Domergue, "A view of Baetica's external commerce in the I century A.D. based on its trade in metals." In *The Archeology of Early Roman Baetica. Journal of Roman Archeology*, edited by S. Keay (Portsmouth, Rhode-Island 1998), 201-215.

relazione alla loro importanza per la nostra conoscenza dell'amministrazione dei *metalla* che, a partire da Augusto, vengono a ricadere sotto l'autorità del *princeps*. Al termine di questo primo capitolo è tuttavia possibile definire meglio alcuni aspetti della loro presenza all'interno del carico del relitto di Rena Maiore.

Una parte del carico risulta costituito da *massae plumbeae* prodotte presso una o più miniere, ubicate nei territori della provincia della *Germania*; il bollo (*Augusti Caesaris Germanicum (plumbum)* rende possibile ipotizzare che esse appartenessero al *fiscus Caesaris* al momento della loro fusione, mentre il personaggio di nome *Pudens* che bolla il lingotto n. 66 potrebbe essere un privato, titolare di un appalto per lo sfruttamento di una miniera o, meno verosimilmente, un acquirente del metallo. Fuorviante ci appare invece, in relazione a *Pudens*, una sua identificazione con uno schiavo imperiale[341].

Una serie di contromarche e l'indicazione ponderale risultano apposte sui lingotti successivamente alla loro produzione; a questo proposito è possibile osservare che sulle *massae plumbeae* della Serie 1 le contromarche *L V^A^L R^U^F* e *CHI/CHI·CHI* non compaiono mai sullo stesso lato di un lingotto; mentre la prima risulta apposta sui lati lunghi e (in un paio di casi) sulla base, la seconda compare unicamente sui lati corti. L'indicazione ponderale e la contromarca *CHI/CHI·CHI*, presenti su uno stesso lingotto in 23 casi[342], compaiono 14 volte su uno stesso lato corto[343]. Così come la contromarca *CHI*, anche l'indicazione ponderale risulta sempre incisa sui lati corti dei lingotti. Se, come abbiamo osservato nel paragrafo 1.2.1., la contromarca è posteriore all'indicazione ponderale, allora possiamo ipotizzare la seguente scansione temporale nell'apposizione del corredo epigrafico successivo al bollo:
- Apposizione della contromarca *L V^A^L R^U^F* sui lati lunghi o sul fondo dei lingotti della Serie 1,
- Apposizione, ipoteticamente presso il porto d'imbarco, della contromarca *CHI/CHI·CHI* sui lati corti dei lingotti della Serie 1 e del lingotto contromarcato da *Pudens*[344],
- Incisione, verosimilmente anch'essa il porto d'imbarco[345], dell'indicazione ponderale sui lingotti delle Serie 1, 2, 3 e 4, in occasione del pagamento del *portorium*.

Incerta, all'interno di tale quadro, rimane la collocazione della contromarca *IMP*, attestata sui lati corti di soli 4 lingotti della Serie 1. Se essa costituisse l'attestazione di un controllo effettuato dall'amministrazione imperiale al momento dell'estrazione della lingottiera – sia essa una *probatio* o meno – potremmo cautamente ipotizzare che proprio essa sia stata la prima ad essere apposta sui lingotti. Sul lingotto n. 42, tuttavia, essa risulta apposta in corrispondenza dello spigolo del lato corto della *massa plumbea*, vicinissimo al numerale *XCVI*, che occupa invece la parte centrale di questo stesso lato. Anche se tra il ponderale e la contromarca non vi è sovrapposizione, si potrebbe comunque ipotizzare una posteriorità della seconda pensando che, in assenza di spazio si è scelto di apporre il punzone *IMP* in uno spazio, che, per quanto limitato, era ancora libero. In realtà tale ricostruzione non può essere ritenuta in alcun modo sicura, in quanto al di sotto del ponderale vi è ancora molto spazio e perché non possiamo escludere che altri fattori abbiamo influenzato la scelta di apporre la contromarca in un punto "scomodo" come quello in prossimità dello spigolo.

La posteriorità della contromarca all'indicazione ponderale, se accettata, postulerebbe che anche questa contromarca, cosi come *CHI/CHI·CHI* possa essere stata apposta presso il porto d'imbarco, contestualmente alle operazioni relative alla pesatura dei lingotti. Tale possibilità, anche in virtù dell'oggettiva incertezza del momento nel quale la contromarca è stata apposta, sembra presentare non pochi aspetti problematici; se Augusto fosse rimasto proprietario almeno dei 4 lingotti recanti il suo contrassengo non si comprenderebbe perché su tali lingotti sia stato apparentemente imposto il *portorium*; anche un intervento con funzioni di controllo sulla pesatura da parte di personale alle dipendenze del *princeps* non sembra costituire una soluzione del tutto soddisfacente, soprattutto in considerazione del ruolo svolto dalle *societates* di *publicani* nella riscossione dei *portoria* ancora in età augustea. Alle incertezze legate ai rapporti di anteriorità e posteriorità tra contromarche e indicazioni ponderali si aggiungono quelle legate all'indentità e al ruolo svolto dai personaggi che appongono le contromarche. Riteniamo tuttavia possibile e necessario, a questo proposito, fissare alcuni punti fermi.

L. Valerius Rufus, che sembra contromarcare per primo i lingotti, è stato recentemente identificato con un membro dell'amministrazione del *princeps* o, comunque, con un suo agente[346]. In merito a questo – e la nostra osservazione vale anche per il personaggio che appone la

[341] Raepsaet-Charlier, Raepsaet, *Der in Tongern aufgefundene Bleibarren*, 47.
[342] Gruppo 1, nn. 2, 3, 4, 7, 8, 11, 14, 15, 16, 17, 18, 22, 23, 25, 26, 30, 31, 35, 36, 38; Gruppo 2, nn. 39, 40, 41.
[343] Gruppo 2, nn. 3, 6, 7, 8, 11, 15, 16, 17, 18, 22, 25, 26, 30, 35.
[344] Il riferimento all'origine germanica del piombo consente di ipotizzare che la contromarca di *Pudens* sia stata apposta direttamente presso la miniera o in un momento di poco successivo, precedente comunque all'uscita del lingotto dalla *Germania*.
[345] È qui che normalmente si pagava il *portorium* (*Lex portorii Asiae*, ll. 61-62; H. Engelmann, D. Knibbe, "Das Zollgesetz der Provinz Asia. Eine neue Inschrift aus Ephesos," Epigraphica Anatolica 14 (1989): 86-88; Domergue, *Production et commerce des métaux dans le monde romain*, 88-90; C. Domergue, "L'État romain et le commerce des métaux à la fin de la Rébublique et sous le haut-Empire." In *Les échanges dans l'antiquitè: le role de l'État. Entretiens d'archéologie e d'histoire*, édité par J. Andreau, A. Bresson, P. Briant (Saint-Bertrand-de-Comminges 1994), 99-113; J. France, Quadragesima Galliarum. *L'organisation douanière des provinces alpestres, gauloises et germaniques de l'Empire romain (Ier siècle avant J.-C.-IIIe siècle après J.-C.)*, Rome 2001, 273-305. Ad *Arelas* la presenza di una *statio* del *portorium* è epigraficamente attestata a partire dall'età giulio-claudia (CIL XII, 724; CIL XII, 717 = ILS 1565; CIL XII, 648; vedi anche France, Quadragesima Galliarum, 24-31).
[346] L'identificazione dei personaggi che contromarcano i lingotti con membri dell'amministrazione imperiale e la conseguente proprietà imperiale dei lingotti del carico è stata ipotizzata in Eck, "Augusto – la Germania," 18; Raepsaet-Charlier, Raepsaet, *Der in Tongern*

contromarca *CHI/CHI·CHI* – ci sembra necessario sottolineare come, in assenza di espliciti riferimenti nei testi stessi delle contromarche, non esistono di fatto elementi che dimostrino l'appartenenza o eventuali legami tra questi personaggi e l'amministrazione del *princeps*, sia presso la miniera che in relazione al pagamento del *portorium*[347]. È possibile osservare che, su parte dei lingotti rinvenuti sul relitto di *Saintes-Maries-de-la-Mer 1*, coevo a quello di Rena Maiore, compare la contromarca *Imp(eratoris) Caes(aris)*, la quale, evidentemente apposta da membri dell'amministrazione imperiale, fa esclusivo riferimento alla titolatura del *princeps*, omettendo il nome del funzionario. Altrettanto significativa è la testimonianza offerta dai lingotti di stagno del relitto *Port-Vendres 2*, datato al principato di Claudio, sui quali il liberto *L. Valerius* appone un graffito (*L(ucii) Val(eri) Aug(usti) l(iberti) a com(mentariis)*) nel quale l'afferenza del personaggio in oggetto al *fiscus Caesaris* è riportata contestualmente al suo nome[348].

P. Rothenhöfer e M. Bode[349], in merito all'identità di *L. Valerius Rufus*, ne ipotizzano invece un ruolo come appaltatore presso una delle miniere germaniche; i lingotti, la parte della produzione destinata al *fiscus* imperiale (su tali meccanismi vedi Cap. 3.2.2), sarebbero stati bollati direttamente con il nome del *princeps* e con l'indicazione dell'origine del metallo. Tale ricostruzione non appare tuttavia verosimile, in quanto l'impiego del genitivo nel bollo – esplicito proprio nel caso dei lingotti del relitto di Rena Maiore – nella documentazione relativa alla tarda età repubblicana e alla prima età imperiale rimanda all'identità del proprietario del metallo al momento della fusione del lingotto[350], mentre non appare contestualmente possibile attribuire tale ruolo a coloro che appongono contromarche a freddo, certamente dopo l'estrazione delle *massae plumbeae* dalla lingottiere[351].

La presenza di contromarche sui lingotti di piombo, divenuta comune a partire dalla fine del I sec. a. C., sembra sottendere piuttosto un passaggio di proprietà del metallo (dal produttore ad un *mercator* o da un *mercator* ad un altro)[352]; è questa una possibilità che, sulla base dei testi delle contromarche del relitto di Rena Maiore, non è possibile escludere. Appare, anzi, lecito chiedersi se, limitatamente al commercio dei lingotti, l'amministrazione del *princeps* potesse comportarsi alla stregua di qualunque altro produttore, vendendo i propri beni – in questo caso le *massae plumbeae* prodotte direttamente dal *fiscus* nei *metalla Germanica* o da esso acquisite dagli appaltatori – a terzi, che poi commercializzavano il metallo (su questo vedi Cap. 3.2.1-2)[353].

In assenza di prove certe di un qualunque controllo da parte del fisco imperiale, la commercializzazione dei lingotti germanici, così come gli altri facenti parte del carico del relitto di Rena Maiore, da parte di privati *negotiatores* ci appare forse la ricostruzione più sostenibile[354]. La contromarca *L V^A^L R^U^F* da un lato e la contromarca *CHI/CHI·CHI* e l'indicazione ponderale dall'altro possono essere quindi essere messe rispettivamente in rapporto con quelle che possiamo immaginare come le due principali tappe del viaggio dei lingotti della Serie 1 e del lingotto n. 66: quella per via fluviale dalla *Germania* alla foce del Rodano e quella, effettuata col resto del carico e per via marittima, da qui fino alle Bocche di Bonifacio. D'obbligo appare il confronto con la filiera commerciale che viene strutturandosi negli stessi anni nella provincia della *Baetica*[355]; i carichi di *massae plumbeae* prodotti nella ricca regione mineraria della Sierra Morena vengono infatti commercializzati su chiatte lungo il Guadalquivir e poi, a partire dai principali porti della *Baetica* (*Gades*, *Hispalis*), per via marittima lungo le coste delle province occidentali dell'Impero, fino alla penisola italica. È

---

aufgefundene Bleibarren, 46; Raepsaet-Charlier, "*Plumbum Germanicum*," 186; Faoro, "Osservazioni sugli inizi della proprietà imperiale," 381-401.

[347] In questo senso Raepsaet-Charlier, Raepsaet, *Der in Tongern aufgefundene Bleibarren*, 46.

[348] D. Colls, C. Domergue, F. Laubenheimer, B. Liou, "Les lingots d'étain de L'èpave Port-Vendres II," Gallia 33 (1975): 61-94; Domergue, *Production et commerce des métaux*, 90, nota 58.

[349] Rothenhöfer, Bode, *Wirtschaftliche Auswirkungen*, 323.

[350] Per un quadro generale vedi C. Rico, "Sociétés et entrepreneurs miniers italiques en Hispanie à la fin de l'époque républicaine. Une comparaison entre les districts de Carthagène et de Sierra Morena," *Pallas* 82 (2010): 395-415, con riferimenti bibliografici (per l'età repubblicana) e Domergue, *A view of Baetica's external commerce*, 201-215 (per la prima età imperiale).

[351] Significativo, in questo senso, è il caso di un lingotto di piombo rinvenuto nel 1951 presso l'attuale centro di Zŭc, in Serbia (Dušanić, "Iz istorije rimskog rudarstva", 163-179; IMS, 138, n. 136; AE 1994, 1512); mentre nel bollo viene riportata l'identitià del proprietario della miniera (*Metallo Imp(eratoris) Aug(usti)*), può essere identificato con il produttore il personaggio (*Q(uinti) Gn(---)*) menzionato in una seconda iscrizione, ottenuta, come quella del bollo, grazie all'inserimento di una matrice in uno dei lati corti della lingottiera.
Il *nomen* può essere sciolto come *Gn(orius)* – come proposto in Dušanić, " Iz istorije rimskog rudarstva", 163-179; cfr. CIL III, 14000 (*Q(uintus) Gnorius*, da *Nedinum*), AE 1998, 1032 (*M. Gn[orius] Satyr(us)*, da *Senia*/Senj), AE 1994, 1479 (*Q. No[rius] Libur[nus]*, da Osijek/*Mursa*) – o, meno probabilmente, come *Gn(atius)*, attestato principalmente in area gallica (AE 1983, 714; 1976, 474; CIL XII 2272, 3602 *add.*, 4012, 4179; P. Wuilleumier, *Inscriptions latines des trois Gaules*, Paris 1963, 369), nella *Germania Superior* (CIL. XIII 6262; 11610) e a Brescia (AE 1998, 594).

[352] Si veda, in relazione alla sempre più consitente presenza di contromarche sui lingotti di piombo prorio a partire dalla prima età imperiale Domergue, *A view of Baetica's external commerce*, 201-215.

[353] Va da sé che la rotta dell'imbarcazione naufragata a Rena Maiore, verso la penisola italica, non può essere ritenuta indicativa della proprietà del carico da parte del *princeps*.

[354] Rothenhöfer e Bode (*Wirtschaftliche Auswirkungen*, 323), a causa della posizione della contromarca *IMP* sui lati corti, ne ipotizzano la posteriorità rispetto alla sigla di *L. Valerius Rufus*, apposta invece sui lati lunghi, e concludono che, se quest'ultimo è un produttore, l'apposizione della contromarca *IMP* verrebbe ad attestare l'appartenenza dei lingotti al *princeps* dopo la loro produzione. A prescindere dal fatto che, come abbiamo già osservato, *Rufus* può essere difficilmente ritenuto un produttore, risulta difficile capire perché, una volta posto sui lingotti il bollo di Augusto come attestazione della proprietà sul metallo al momento della produzione, alla contromarca di *Rufus*, abbia poi fatto seguito una seconda contromarca riconducibile al *princeps*. Resta il fatto che la contromarca *CHI* e l'incisione dell'indicazione ponderale sembrano comunque indicare un ulteriore passaggio di proprietà del carico.

[355] Sulla quale vedi, da ultimo, C. Domergue, C. Rico, "Les itinéraires du commerce du cuivre et du plomb hispaniques à l'époque romaine dans le monde méditerranéen," *Bulletin de la Société des Sciences Historique et Naturelles de la Corse* 746-747 (2014): 135-168.

possibile citare, a titolo esemplificativo, il caso del relitto *Cabrera 5*, databile tra la fine del I sec. a. C. ed i primi anni del secolo successivo[356]; l'imbarcazione, proveniente da un porto della *Baetica* con un carico composto da anfore di tipo Dressel 7-11 e da 43 lingotti di piombo, è stato individuato nel 1979 all'imboccatura del porto dell'isola omonima, nell'arcipelago delle Baleari. I lingotti, prodotti nelle miniere della Sierra Morena e bollati da 9 diversi personaggi, sono stati successivamente acquistati da *mercatores* che hanno provveduto al loro trasporto fino al *Baetis*/Guadalquivir, dove altri *mercatores* hanno a loro volta imbarcato le *massae plumbeae* su chiatte[357].

In relazione alla fase finale della formazione del consistente carico di metalli recuperato presso la spiaggia di Rena Maiore, è quindi possibile ipotizzare che esso sia stato costituito presso il porto di Arles, tra la fine del I sec. a. C. e l'inizio del I sec. d. C., forse ad opera di uno o più *mercatores* che avrebbe acquistato lingotti e oggetti di piombo di varia provenienza, al fine di rivenderli verosimilmente sul mercato italico (a Roma o altrove).

Appendice al capitolo 1.
I lingotti di piombo del relitto di Rena Maiore e la loro origine sulla base delle analisi degli isotopi del piombo (LIA - lead isotope analyses)

Michael Bode[358]

Introduzione

In archeometria lo strumento migliore per lo studio della provenienza è il confronto dei quattro isotopi stabili del piombo quattro stabili (Pb), il cosiddetto "piombo comune", in metalli e minerali. A differenza della composizione chimica, gli indici isotopici del piombo rimangono inalterati durante processi metallurgici come fusione, coppellazione o colata. In molti studi, tuttavia, l'analisi della composizione chimica di metalli e di minerali viene omunemente fatta. Metalli nobili come l'argento (Ag) e oro (Au) o metalli di transizione come nichel (Ni) o cobalto (Co) tendono a formare una lega con rame, ferro o piombo durante la fusione.

Il "piombo comune" si compone di isotopi radiogenici e non radiogenici; gli isotopi radiogenici ^{206}Pb, ^{207}Pb e ^{208}Pb sono i prodotti di decadimento stabili di uranio (U) e torio (Th) all'interno delle rocce dei giacimenti minerari, mentre l'isotopo ^{204}Pb non è radiogenico. È quindi essenziale per il metodo basato sugli isotopi del piombo che il minerale contenga solo in pochissimi casi sia piombo che uranio/torio; questo il motivo per il quale i minerali hanno una stabile composizione isotopica del piombo, senza ulteriore aumento di isotopi radiogenici: in sintesi più i depositi sono giovani, più è radiogenica la composizione degli isotopi del piombo.

Oltre alla possibilità di comparare direttamente metalli e minerali, questo metodo è limitato dal fatto che depositi di minerali diversi possono avere età geologiche simili e, quindi, una simile composizione degli isotopi del piombo. Nel caso di uno studio sull'origine dei metalli, vi è la necessità di una stretta cooperazione tra LIA e indagini archeologiche per definire il numero di depositi di minerale, che entrano in questione come potenziale fonte di metalli in esame.

In epoca romana, con il grande bisogno di manufatti in metallo, il riciclaggio potrebbe aver giocato un ruolo significativo, in particolare per quanto riguarda il piombo, estremamente facile da fondere nuovamente. Di conseguenza, il piombo non necessariamente deve essere caratterizzato dalla composizione isotopica di un solo deposito di minerale.

Nel diagramma bidimensionale degli indici degli isotopi del piombo (Fig. 40), gli oggetti con piombo misto potrebbero probabilmente collocarsi da qualche parte tra i dati dei depositi di minerale di piombo, o, se frutto della fusione di metallo proveniente da due depositi, lungo una linea di miscelazione tra questi ultimi.

Al contrario di oggetti in piombo, come tubi per l'acqua o pesi, i lingotti di piombo romani molto probabilmente vennero prodotti direttamente all'interno di aree minerarie. Ecco perché l'impiego di piombo proveniente da diverse regioni minerarie può essere trascurato nel casi di lingotti di piombo e i dati degli isotopi di piombo consentono di individuare in modo affidabile depositi di minerale di piombo sfruttati in età romana. La figura 1 mostra tutti i dati disponibili sui lingotti di piombo di età repubblicana e della prima età imperiale noti in bibliografia e da un progetto in esecuzione da parte del Deutsches Archäologisches Institut (DAI) e del Deutsches Bergbau-Museum Bochum (DBM), chiamato *Corpus Massarum Plumbearum Romanarum* (CRPM).

Preparazione dei campioni e analisi

Nel laboratorio della DBM, circa 100 mg di materiale fresco è stato disciolto in acido nitrico meta-concentrato. Le soluzioni sono state poi diluite con acqua fino ad una concentrazione di 1000 mg/l per LIA, in modo da determinare gli elementi. La composizione degli isotopi del piombo è stata misurata presso l'Institut für Geowissenchaften a Francoforte sul Meno con una MC-ICP-MS (Nettuno, Thermo Scientific) dal Dr. S. Klein[359].

[356] Colls, Domergue, Guerrero Ayuso, "Les lingots de plomb," 31-80.

[357] Domergue, sulla base del corredo epigrafico dei lingotti noti, ha elaborato, limitatamente alla *Baetica*, un modello commerciale articolato in almeno tre diverse ricostruzioni della filiera commerciale dei metalli (Domergue, *A view of Baetica's external commerce*, 201-215):
- Modello 1: produttore → *mercator* → *navicularius*,
- Modello 2: produttore → *mercator* = *navicularius*,
- Modello 3: produttore → *mercator* 1→ *mercator* 2 → *navicularius*.

[358] Deutsches Bergbau-Museum Bochum, Research Center for Archaeology and Materials Science, Herner Straße 45, D-44787 Bochum. Traduzione dall'inglese di S. Genovesi.

[359] Sulla procedura di misurazione vedi S. Klein, C. Domergue, Y. Lahaye, G. P. Brey, H.-M. von Kaenel, "The lead and copper isotopic composition of copper ores from the Sierra Morena (Spain)," *Journal of Iberian Geology* 35 (2009): 59-68.

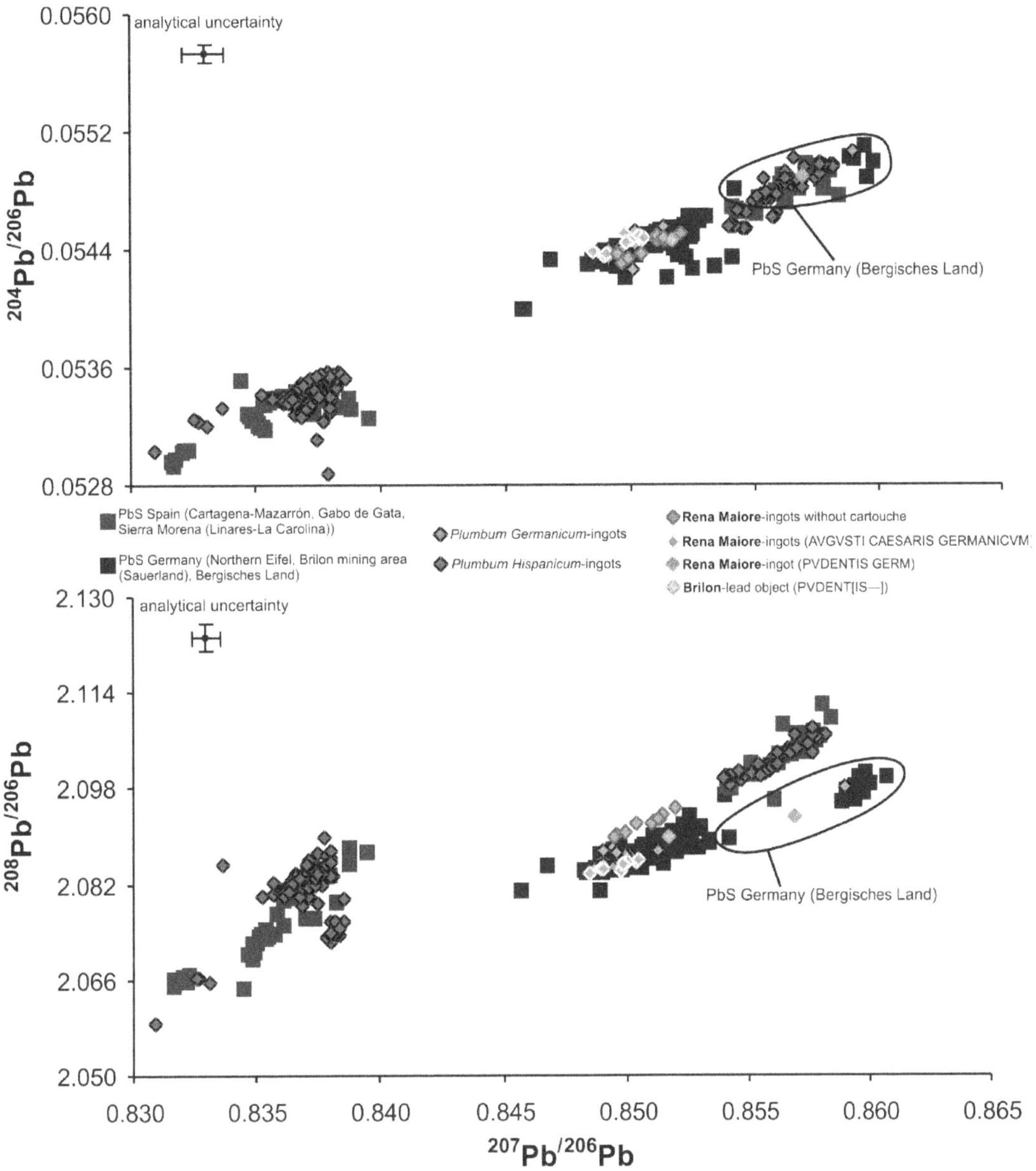

Figura 40. Diagramma degli isotopi $^{204}Pb/^{206}Pb$ e $^{208}Pb/^{206}Pb$ vs. $^{207}Pb/^{206}Pb$ contenenti i valori dei lingotti realizzati con *plumbum Hispanicum* (età repubblicana-prima età imperiale), con *plumbum Germanicum* (prima età imperiale), del relitto dei lingotti di Rena Maiore e dell'oggetto recante il bollo di *Pudens* da Brilon, comparati con i valori dei depositi di minerale di piombo della Germania e della Spagna (immagine realizzata da M. Bode).

Risultati

I due diagrammi in Fig. 40 mostrano gli indici degli isotopi del piombo da depositi di minerale di piombo sfruttati in età romana in Spagna e Germania[360]. Che i minerali della penisola iberica abbiamo ovviamente giocato un ruolo dominante per l'approvvigionamento di piombo in età repubblicana e nel corso della prima età imperiale (*plumbum Hispanicum*) e quelli germanici (*plumbum Germanicum*) nel corso della prima età imperiale è confermato da tutti i lingotti di piombo di questo periodo, i cui dati trovano corrispondenza con quelli dei depositi di minerali. Potrebbero fare eccezione i depositi di Brilon, nella regione del Sauerland, i cui dati, insieme a quelli della galena dell'Eifel settentrionale, costituiscono un unico gruppo (0,845-0,853 $^{207}Pb/^{206}Pb$).

Sono stati sottoposti all'analisi 22 dei 72 lingotti del relitto di Rena Maiore (9 lingotti recanti il bollo *Augusti Caesaris Germanicum (plumbum)*; il lingotto con il bollo *Puden^tis Germ(anicum) (plumbum)*, 12 lingotti privi di bollo delle Serie 2, 4, 5). In aggiunta a quelli dei lingotti sardi, sono inseriti nel diagrmma i dati provenienti da un oggetto in biombo recante il bollo da Brilon e da altri lingotti delle miniere germanich (Fos-sur-Mer,

[360] Su questo vedi, in generale, S. W. Meier, *Blei in der Antike. Bergbau, Verhüttung, Fernhandel*, Zurich 1995; M. Bode, *Archäometallurgische Untersuchungen zur Blei-/Silbergewinnung im Germanien der frühen Römischen Kaiserzeit*, Lübbecke 2008.

St.Maries-de-la-Mer, Ile Rousse [F], Tongeren [B], Bad Sassendorf, Haltern [D]).

La Figura 40 mostra chiaramente come i lingotti iberici siano stati ovviamente prodotti con il piombo estratto nei due noti distretti minerari nella penisola iberica meridionale, la Sierra Morena e le zone di mineralizzazione di Cartagena-Mazarrón. Queste due regioni sono chiaramente distinguibili dai dati degli isotopi del piombo e lo stesso vale per i lingotti di piombo iberici di età romana (relitti di *Mal di Ventre*, *Ses Salines*, *Comacchio* o *Cabrera*), i cui valori corrispondo a quelli dei minerali iberici.

Analogamente i principali distretti minerari produttori di piombo in età romana in Germania hanno due diversi raggruppamenti di dati (Fig. 40). Un primo raggruppamento si colloca tra i minerali iberici ed è 'composto da campioni di galena dell'Eifel settenrionale e del distretto minerario di Brilon.

Quasi tutti i dati dei lingotti germanici risultano corrispondenti tra loro, inclusi quelli dei lingotti recanti il bollo *Augusti Caesaris Germanicum (pumbum)*. È interessante notare che i lingotti Rena Maiore privi di bollo corrispondono bene nel diagramma superiore ma non in quello inferiore. Pur tenendo conto di errori nelle analisi relative al minerale e ai lingotti, essi potrebbe in effetti provenire dall'Eifel o dall'area di Brilon, ma nel caso specifico tale coincidenza non appare comunque convincente. Probabilmente, almeno i lingotti caratterizzati da forme insolite potrebbero essere stati prodotti mischiando piombo spagnolo e essere stati impiegati semplicemente come zavorra sulla nave, senza essere mai stati commercializzati.

Le analisi della galena della regione del Bergisches Land sulla riva destra del Reno corrispondono parzialmente ai dati della Sierra Morena nel diagramma superiore in Fig. 40. Il gruppo di dati si concentra su campioni dalla miniera di Lüderich, uno dei tre siti di estrazione di mineale d'argento della prima età imperiale noti nel Bergisches Land. Purtroppo, la disponibilità di dati analitici è relativa esclusivamente alla galena della miniera di Lüderich; è quindi probabilmente per effetto del campionamento che le analisi risultano concentrate sul lato destro delle ellissi dei dati. Tuttavia, ai fini delle nostre indagini, è importante che non vi sia alcuna sovrapposizione con i dati dei minerali Sierra Morena nel diagramma inferiore, il che significa che questi siti minerari possono essere distinti l'uno dall'altro.

Due lingotti germanici ricadono nel raggruppamento del Bergisches Land. Il simbolo del diamante blu con bordo nero corrisponde alle analisi di un lingotto di Haltern (Germania settentrionale); i campi di Haltern sono una delle basi romane di età augustea poste ad Est del Reno. Il lingotto risulta contrassegnato dall'iscrizione graffita *l(egionis) XIX* e pesa circa 64 kg[361]. Il secondo è il lingotto recante il bollo *Puden^tis Germ(anicum) (plumbum)* dal relitto di Rena Maiore; pur non presentando indici corrispondenti a quelli del lingotto di Haltern, può comunque essere correlato ai depositi minerari del Bergisches Land. Sorprendentemente, l'oggetto bollato da *Pudens* non sembra provenire dalla stessa area, ma, come il resto dei lingotti germanici, dall'Eifel o dalla zona mineraria Brilon, nella quale è stato rinvenuto. Per risolvere tale problema e, infine, sbarazzarsi di speculazioni sull'importanza di *Pudens* come produttore di piombo e sulla localizzazione dei giacimenti che egli sfruttava, è auspicabile che ulteriori dati emergano nel prossimo futuro dalla documentazione archeologica e dalle indagini sugli isotopi. Per tutti gli altri lingotti del gruppo "germanico" il confronto dei dati dimostra che tutti molto probabilmente provengono dall'antica Germania.

[361] S. von Schnurbein, "Ein Bleibarren der 19. Legion aus dem Hauptlager von Haltern," Germania 49 (1971): 132-136.

Capitolo 2 – I *metalla Germanica*

2.1. La *provincia* di *Germania*

Il corredo epigrafico e le analisi isotopiche condotte sui lingotti del relitto di Rena Maiore che recano il bollo *Augusti Caesaris Germanicum (plumbum)* individuano nella *Germania* l'area geografica di provenienza del metallo. Scavi e studi recenti hanno permesso di ridisegnare, almeno in parte, il quadro storico e archeologico di quella che, tra il 7/6 a. C. e gli anni compresi tra il 9 ed il 14-17 d. C., fu in effetti la *provincia Germania*. All'interno di tale quadro è possibile contEstualizzare anche l'avvio, da parte di Roma, di una attività mineraria, che, fin dai suoi esordi, giocà un ruolo importante nell'assetto economico della regione renana.

2.1.1. La *provincia* di *Germania*. Dall'avvento di Roma alle campagne di Germanico (14-17 d. C.)

I primi rapporti stabili tra Roma e le tribù germaniche stanziate nella regione renana vennero avviati con le campagne galliche di Cesare[1], più precisamente in occasione dello scontro contro gli *Suebii* di Ariovisto nel 58 d. C.[2] e, in particolare, nel corso delle spedizioni effettuate oltre il Reno nel 55 e nel 53 a. C.[3]. Il racconto di Cesare rivela con chiarezza come tali operazioni non fossero finalizzate ad ulteriori conquiste ma che dovessero esaurirsi in incursioni di carattere punitivo nei confronti delle tribù germaniche resesi responsabili, negli anni precedenti, di numerose invasioni e di aver portato aiuto alle popolazioni galliche nel corso della loro lotta contro i Romani.

Unica tribù germanica a scegliere fin dai primi contatti con Roma un atteggiamento amichevole fu quella degli *Ubii*, i quali, al momento della spedizione cesariana del 55 a. C., inviarono ambasciatori e permisero all'esercito romano di stabilirsi nel proprio territorio[4]; la consegna, in questa stessa occasione, di ostaggi ha fatto ipotizzare una *deditio in fidem* da parte degli *Ubii* e la conseguente nascita di un legame di *amicitia* col popolo romano[5].

Negli anni successivi alle campagne cesariane si registrano nell'area renana solo scontri di scarsa entità, normalmente causati da incursioni in territorio gallico di invasori provenienti dalle regioni ad Est del Reno; in questa fase i governatori Romani sembrano attenersi ad una politica di controllo volta a contenere eventuali invasioni, ricorrendo talora a spedizioni di carattere punitivo.

Tra il 39 ed il 38 a. C. fu Agrippa a compiere oltre il Reno un'azione militare della quale ignoriamo la portata[6]; nel 29 a. C. i legati Nonio e Carrinas sconfissero rispettivamente i *Treveri* e altre tribù germaniche ad essi alleate[7] e gli *Suebi*[8]. A distanza di quattro anni (25 a. C.) un terzo legato, Marco Vinicio, ottenne il trionfo – peraltro mai celebrato – per aver sconfitto un gruppo di *Germani* responsabili dell'uccisione di Romani entrati nei loro territori a scopi commerciali[9]. Tra il 20 ed il 19 a. C., in occasione del secondo governatorato di Agrippa in Gallia, si verificarono ulteriori incursioni germaniche;[10] non ancora chiaro è se, anche in questo caso, Roma intendesse mantenere lo *status quo*, cercando in primo luogo di rendere sicura la riva sinistra del Reno contro le incursioni delle tribù più aggressive[11], o se, fin da questi anni, si sia inziato a definire una diversa strategia. È in questa fase che ebbe luogo la *transgressio Rheni* degli *Ubii*, con i quali non era forse mai venuto meno il legame di *amicitia* stabilito all'epoca delle spedizioni di Cesare. Agrippa, con ogni probabilità, rinnovò tale patto per mezzo di una seconda *deditio in fidem* da parte della tribù germanica[12]; Strabone, ricordando l'avvenimento, mette contestualmente in evidenza l'intervento diretto di Agrippa e l'esplicita volontà della tribù germanica di muoversi oltre il Reno[13]. È Tacito, che, facendo riferimento al nuovo *foedus* tra gli *Ubii* e Roma[14], rivela quale fosse il fine ultimo della politica di Agrippa: lo stanziamento della tribù alla destra

[1] Per il periodo compreso tra il 55 ed il 16 a. C. cfr. in generale W. Eck, *Köln in römischer Zeit. Geschichte einer Stadt im Rhamen des* Imperium Romanum, Köln 2004, 46-62; F. Lamberti, "Alle origini della *Colonia Agrippina*. Notazioni sul rapporto fra gli *Ubii* e il *populus Romanus*," *Mélange de L'École Francaise de Rome* 118-1 (2006), 107-132, in particolare 107-117, entrambi con bibliografia recente. Per un quadro aggiornato sul periodo compreso tra il primo governatorato di Agrippa e l'inizio dell'offensiva condotta da Druso N. Hanel, "Zwischen Agrippa und Drusus: Roms Intervention am Niederrhein in den Jahren 19 und 12 v. Chr.: historische Quellen und archäologische Zeugnisse." In *Über die Alpen und über den Rhein ... Beiträge zu den Anfängen und zum Verlauf der römischen Expansion nach Mitteleuropa*, Herausgegeben G. A. Lehmann, R. Wiegels (Berlin 2015), 165-176.

[2] Caes., *De bello gallico*, I, 31-53; vedi anche Dio, 38, 34-50 e Plut., *Vita Caesaris*, 19, i quali rifanno al racconto cesariano.

[3] Caes., *De bello gallico*, IV, 16-19 (55 a. C.); VI, 9-10; 29, 1-3 (53 a. C.).

[4] Caes., *De bello gallico*, IV, 16, 5.

[5] Per il dibatitto relativo ai rapporti tra Roma e gli *Ubii* nel periodo successivo alla spedizione del 53 a. C. cfr. Lamberti, "Alle origini della *Colonia Agrippina*," 107-112.

[6] Dio, 48, 49, 2; vedi anche A, *Bell. Civ.*, V, 75; Svet., *Aug.*, XXI, 2. Sebbene non siano chiari gli eventuali obiettivi militari di tale iniziativa, è improbabile che sia avvenuta in questo stesso momento la *transgressio Rheni* compiuta dagli *Ubii* prima delle spedizioni di Druso oltre il fiume tra il 12 e il 9 a. C. (Strabo, IV, 3, 4; Tac., *Germ.*, 28, 4; *Ann.*, XII; 27). Cfr. anche Lamberti, "Alle origini della *Colonia Agrippina*," 113-115).

[7] Dio, 51, 20, 5.

[8] Dio, 51, 21, 6.

[9] Dio, 53, 26, 4-5.

[10] Dio, 54, 11, 2; vedi anche Eck, *Köln in römischer Zeit*, 46-55.

[11] Tra le quali si ricordano, in particolare, gli *Suebii* (Strabo, IV, 3, 4).

[12] Lamberti, "Alle origini della *Colonia Agrippina*," 113-116.

[13] Strabo, IV, 3, 4: πέραν δὲ ᾤκουν Οὔβιοι κατά τὸν τόπον, οὓς μετήγαγεν Ἀγρίππας ἑκοντας εἰς τὴν ἐντός τοῦ Ῥήνου.

[14] Tacito (*Ann.*, XII, 27), ricordando il patto, parla di *experimento fidei* e afferma che *eam gentem (---) Agrippa in fidem acciperet.*

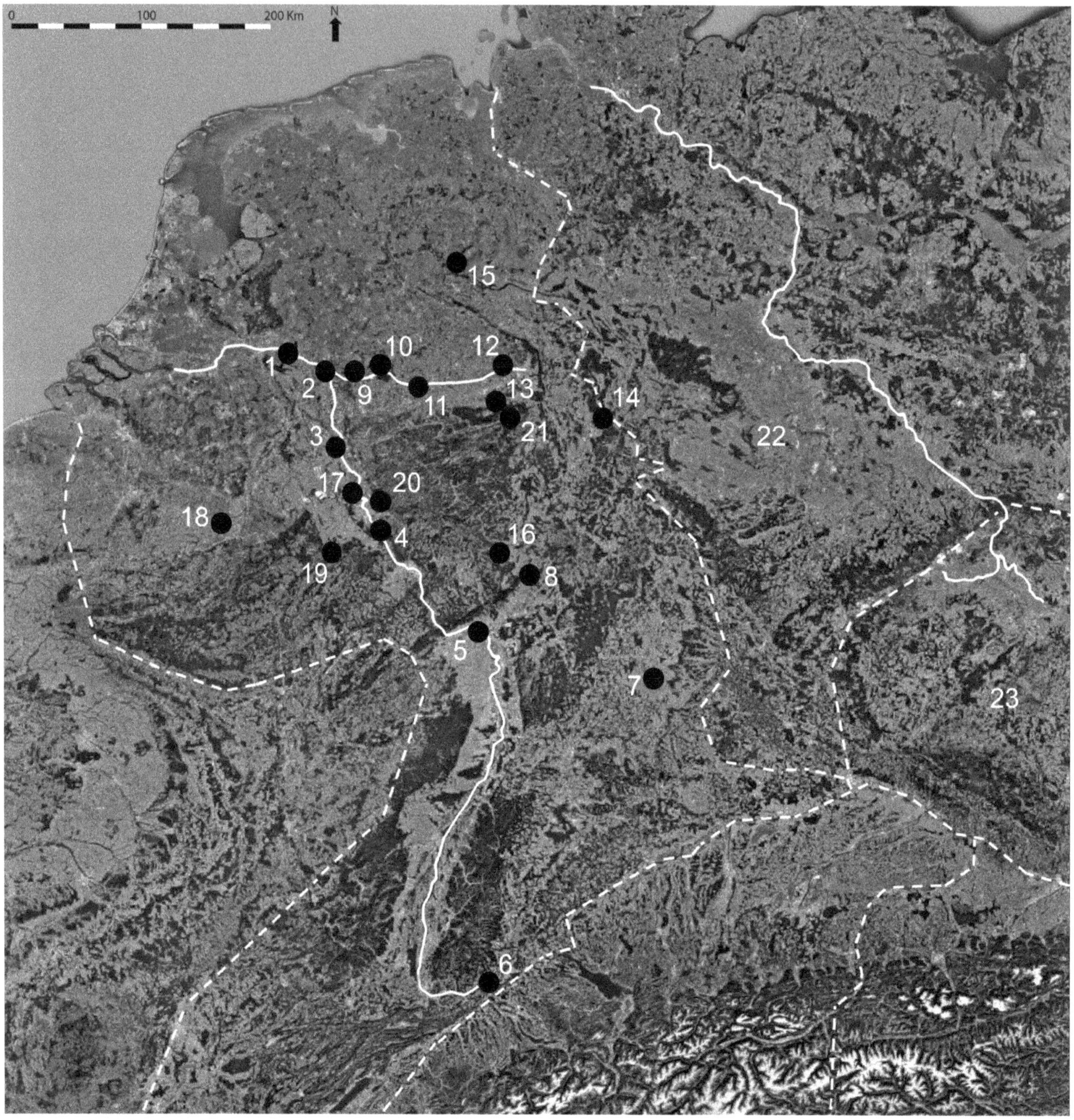

Figura 41. La provincia di Germania in età augustea (siti citati nel testo). 1. *Noviomagus*/Nijmegen; 2. *Vetera*/Xanten; 3. *Novaesium*/Neuss; 4. *Bonna*/Bonn; 5. *Mogontiacum*/Mainz; 6. Dangstetten; 7. Marktbreit; 8. Rögden; 9. Holsterhausen; 10. Haltern; 11. Oberaden-Beckinghausen; 12. Anreppen; 13. Kneblinghausen; 14. Hedemünden; 15. Kalkriese; 16. Waldgirmes; 17. *Oppidum*/*Ara Ubiorum*; 18. Tongeren; 19. Mechernich (miniere dell'Eifel); 20. Lüderich bei Rösrath (miniere del Bergisches Land); 21 Brilon; 22. Area tra Weser e Elba, parzialmente posta sotto l'influenza da Roma; 23. Regno dei Marcomanni.

del fiume fu infatti gradito a Roma in quanto gli *Ubii* vennnero stanziati lungo la riva sinistra del Reno *ut arcerent, non ut custodirentur*[15]. Il tentativo romano di creare lungo il Reno una sorta di "zona cuscinetto" controllata da popolazioni fedeli non si sarebbe esaurito con il *foedus* stipulato con gli *Ubii*[16]; accordi analoghi sarebbero infatti stati stretti da Agrippa anche con tribù germaniche stanziate ad Est del fiume, come i *Chatti* e i *Sugambri*[17].

È all'interno di questo quadro, nel quale il coinvolgimento militare romano rimase ancora limitato, che si inserì l'impegno di Agrippa nell'ampliamento della rete viaria delle province galliche[18] e, più in

[15] Tac., *Germ.*, 28, 4.
[16] Su tale ricostruzione vedi Lamberti, "Alle origini della *Colonia Agrippina*," 117, nota 86.
[17] Dio, 54, 36, 3.
[18] Per il ruolo svolto da Agrippa nella politica augustea negli anni precedenti la sua morte (12 a. C.) vedi in particolare J.-M. Roddaz, Marcus Agrippa, Roma 1984, 383 e segg.

particolare, il prolungamento, avvenuto presumibilmente negli anni 18-17 a. C., della via che collegava *Lugdunum* a Treviri e, quest'ultima, al Reno, presso la località di *Novaesium*/Neuss[19]. Tale situazione sembra mutare bruscamente nel 16 a. C., quando il legato Marco Lollio, al comando della legione *V Alaudae*, si fece sorprendere da un'incursione in territorio gallico delle tribù germaniche dei *Sugambri*, degli *Usipeti* e dei *Tencterii*[20]. La sconfitta, a detta di Svetonio, sarebbe stata *maioris infamiae quam detrimenti*,[21] mentre le tribù germaniche responsabili si sarebbero ritirate oltre il Reno una volta saputo che Lollio stava riorganizzando le forze; a prescindere dalla reale entità della sconfitta, la *clades Lolliana* rappresentò per Augusto e per i suoi collaboratori un campanello d'allarme tale da determinare un netto cambiamento nella politica difensiva adottata fino a questo momento nei confronti delle tribù germaniche della riva destra del Reno. Solo parzialmente diverso è il quadro tratteggiato recentemente da W. Eck[22], secondo il quale la conquista della *Germania* sarebbe stata pianificata già almeno a partire dal 20/19 a. C. da Augusto e, in particolare, da Agrippa; si spiegherebbe così l'operato di Agrippa in Gallia e la conseguente presenza di truppe romane lungo il Reno – nei campi di *Noviomagus*/Nijmegen (Fig. 41, nn. 1, 3) e di *Novaesium*/Neuss (Fig. 41, n. 6) – e sul Danubio, nel campo di Dangstetten, già negli anni 16/15 a. C., prima dell'offensiva lanciata da Druso nel 12 a. C.[23]

Quello che è certo è che lo stesso Augusto lasciò Roma per la *Gallia comata*[24], dove, tra il 16 ed il 13 a. C., portò a compimento la riorganizzazione amministrativa della provincia, già intrapresa a partire dal 27 a. C.[25]. È verosimilmente entro il 13 a. C. che la *Gallia*, all'arrivo di Augusto ancora sottoposta all'autorità di un solo governatore, venne divisa nelle tre province della *Gallia Lugdunensis*, della *Gallia Belgica* e dell'*Aquitania*[26], poste sotto l'autorità di altrettanti *legati Augusti pro praetore*[27]. Il nuovo assetto delle province galliche trovò inoltre un ulteriore elemento identitario nel culto provinciale, la cui sede – *l'Ara trium Galliarum* – venne stabilita a partire dal 12 a. C. presso *Lugdnunum*[28].

Contestualmente ai provvedimenti di carattere amministrativo venne pianificato e preparato l'intervento militare, adesso certamente finalizzato a stabilire un saldo controllo romano sulla regione renana. La realizzazione di tale proposito passò in primo luogo attraverso la conquista delle regioni alpine,

---

[19] Tale attività è nota grazie a fonti storiche (Strabo, IV, 6, 11) e archeologiche Eck, *Köln in römischer Zeit*, 48; Lamberti, "Alle origini della *Colonia Agrippina*," 113-114). Sulla presenza romana a Neuss vedi J. Heinrichs, "Zur Topographie des ubischen Neuss anhand einheimischer Münznominale," *Bonner Jahrbücher* 199 (1999): 69-91.

[20] Dio, 54, 20, 4-6; Svet. *Aug*., 23.

[21] Svet. *Aug*., 23.

[22] Eck, "Augusto – la Germania," 6-8 e note 6 (rinvenimenti monetali da *Noviomagus*/Nijmegen; Heinrichs, "Zur Topographie des ubischen Neuss," 69-91), 7 (*Novaesium*/Neuss) e 8 (Dangstetten). Vedi anche Hanel, *Zwischen Agrippa und Drusus*, 165-176. Ritengono invece più verosimile una politica prettamente difensiva fino alla *clades Lolliana*: D. Kienast, *Augustus. Prinzeps und Monarch*, Darmstadt 2014, 332; R. Wolters, *Die Römer in Germanien*, München 2004, 26-29.
Sulle offensive militari romane oltre il Reno vedi, in generale, anche A. Becker, "Zur Logistik der augusteischen Germanienfeldzüge." In Imperium Romanum. *Studien zu Geschichte und Rezeption, Festschrift für Karl Christ zum 75. Geburtstag*, Herausgegeben P. Kneisel, V. Losemann (Stuttgart 1998), 41-50; T. Fischer, "Römische Militärlager und zivile Siedlungen in Germanien zwischen Rhein und Elbe zur Zeit Marbods (von der Drusus-Offensive 12/9 v. Chr. bis zu der Aufgabe der römischen Eroberungspläne 17 n. Chr.). Ein aktueller Überblick." In *Mitteleuropa zur Zeit Marbods* (Praha-Bonn 2009), 485-519; M. Gechter, "Neue Forschungen zu den augusteisch-tiberischen Militäranlagen am Niederrhein." In Imperium – *Varus und seine Zeit*, Herausgegeben R. Asskamp, T. Esch (Münster 2007), 97-104; M. Gechter, "Die Militärgeschichte am Niedderrhein von Caesar bis Tiberius - eine Skizze." In *Krieg und Frieden. Kelten – Römer – Germanen*, Herausgegeben G. Uelsberg (Darmstadt, Bonn 2010), 89-96; P. Kehne, "Limitierte Offensiven: Drusus, Tiberius und die Germanenpolitik im Dienste des augusteischen Prinzipats." In Res publica reperta. *Zur Verfassung und Gesellschaft der römischen Republik und des frühen Prinzipats*, Herausgegeben J. Spielvogel (Stuttgart 2002): 297-321; J.-S. Kühlborn, "Die Zeit der augusteischen Angriffe gegen die rechtsrheinischen Germanenstämme," In *Kaiser Augustus und die verlorene Republik. Katalog zur Ausstellung im Martin-Gropius-Bau* (Berlin 7.6-14.8.1988), Herausgegeben W. D. Heilmeyer, E. La Rocca, H. G. Martin (Mainz 1988): 530-541; J. Kunow, "Die Militärgeschichte Niedergermaniens." In *Die Römer in Nordrhein-Westfalen*, Hrausgegeben H. G. Horn (Stuttgart 1987), 27-109; H. Schönberger, "Die römischen Truppenlager der frühen und mittleren Kaiserzeit zwischen Nordsee und Inn," *Bericht der Römisch-Germanischen Kommission* 66 (1986): 322-497: R. Wiegels, "Von der Niederlage des *M. Lollius* bis zur Niederlage des *Varus*. Die römische Germanenpolitik in der Zeit des *Augustus*," In *Feindliche Nachbarn, Rom und die Germanen*, Herausgegeben H. Schneider (Köln 2008): 47-76.

[23] Sulla presenza dei Romani nella regione renana prima delle offensive avviate da Druso nel 12 a. C. vedi in generale F. Kemmers, *Coins for a legion. An Analysis of the Coin Finds from the Augustan Legionary Fortress and Flavian canabae legionis at Nijmegen*, Mainz 2006, 61 e segg.; F. Kemmers, "A military presence on the Lower Rhine before Drusus' campaigns: the coin finds of the Augustan legionary fortress at Nijmegen." In *Römische Präsenz und Herrschaft im Germanien der augusteischen Zeit. Der Fundplatz von Kalkriese im Kontext neuerer Forschungen und Ausgrabungsbefunde*, Herausgegeben G. A. Lehmann, R. Wiegels (Göttingen 2007), 183-200; J. Heinrichs, "Eburonisches Erbe. Sch.217 I (a) zwischen Tungrern und Sunukern." In *Coinage in the Iron Age. Essays in honour of Simone Scheers*, edited by J. van Heesch, I. Heeren (London 2009), 187-291, in particolare 194 e segg.; D. Timpe, *Römisch-germanische Begegnungen in der späten Republik und frühen Kaiserzeit. Voraussetzungen – Konfrontationen – Wirkungen. Gesammelte Studien*, München 2006.

[24] Dio, 54, 19, 1; 25, 1.

[25] Al periodo precedente al 16 a. C. risale un censimento della popolazione ricordato in particolare da Cassio Dione (LIII, 22, 5; vedi anche Liv., *Per*., 138-139; Tac., *Ann*., I, 31, 2; I, 33, 2; II, 6, 1. M.-Th. Raepsaet-Charlier "Les institutions municipales dans les Germanies sous le Haut Empire: bilan et questions." In *Cités, Municipes, Colonies. Les processus de municipalisation en Gaule et en Germanie sous le Haut Empire*, édité par M. Dondin-Payre, M.-T., Raepsaet-Charlier (Paris 1999), 273-275).

[26] Dio, 53, 12, 5. Cfr. anche Eck, *Köln in römischer Zeit*, 47-48.

[27] Non deve meravigliare, per quanto riguarda l'aspetto più strettamente amministrativo, che proprio in questo momento si collochi l'episodio del liberto Licino (15 a. C.), narrato dal solo Dione Cassio (Dio, 54, 21, 2-8). Costui, un liberto di Augusto di origine gallica, avrebbe ottenuto, unico caso attualmente noto, la carica di ἐπιτροπος τῆς Γαλατίας. L'avidità con la quale Licinio avrebbe svolto l'incarico causò tuttavia numerose proteste tra gli abitanti della provincia; nonostante la conclusione non positiva della vicenda (Augusto, di fronte alla ricchezze accumulate dal liberto, venne meno al proposito di punirlo; Dio, 54, 21, 7-8), la disponibilità di Augusto a contrastare gli abusi dell'amministrazione romana costituisce un probabile indizio della sua volontà di non esasperare le popolazioni galliche in un momento di difficoltà nell'area renana.

[28] Liv., *Per*., 138.

strategicamente indispensabili per i collegamenti via terra tra la penisola italica e le valli di Reno e Danubio; tra 16 e 15 a. C. Tiberio e Druso Maggiore condussero, partendo rispettivamente dalla Gallia e dall'Italia settentrionale, una serie di campagne che permisero la conquista dei territori della futura provincia della *Raetia* e l'assoggettamento del regno del *Noricum*[29].

Tra il 16 ed il 13 a. C. le unità legionarie, precedentemente dispiegate all'interno del territorio gallico, vennero progressivamente concentrate in nuove basi disposte lungo la riva sinistra del Reno[30]; i dati archeologici mettono in evidenza la costruzione, da Nord a Sud, dei *castra* legionari di *Noviomagus*/Nijmengen[31], di *Vetera*/Xanten/[32], *Novaeusium*/Neuss/[33] e *Mogontiacum*/Mainz[34] e di altri campi destinati ad accogliere le truppe ausiliarie (Fig. 41)[35]. Per quanto rimanga tuttora arduo definire la dislocazione delle singole unità all'interno dei diversi campi, è possibile definire con una certa sicurezza l'entità dell'esercito destinato all'invasione della *Germania*. Di questo avrebbero fatto parte, oltre alle tre legioni perse in occasione della *clades Variana* (*legiones XVII*, *XVIII*, *XIX*), le *legiones I Minervia* e *XIII Gemina*, probabilmente acquartierate a *Noviomagus*, le *legiones XIV Gemina* e *XVI Gallica*, di stanza nel campo di *Mogontiacum* e la *legio V*[36]. Altre unità, tra le quali per un certo periodo anche la *legio XIX*, vennero dislocate nel settore meridionale del Baden-Württemberg, in prossimità delle sorgenti del Reno, dove sono noti i *castra* legionari di Dangstetten e altri forti più piccoli per *vexillationes* o truppe ausiliarie[37].

La prima campagna di Druso, che iniziò nel 12 a. C.[38], viene presentata dalle fonti romane come un *bellum iustum*; se Dione Cassio fa riferimento all'invasione effettuata nel 16 a. C. dai *Sugambri*[39], Floro ricorda, nell'ambito dello stesso evento, che gli stessi *Sugambri* avrebbero scatenato la guerra, macchiandosi dell'uccisione di 20 centurioni[40]. Druso, partendo dalle basi poste nella bassa valle del Reno, entrò nei territori degli *Usipeti* e dei *Batavi*, a partire dai quali portò l'attacco contro il territorio dei *Sugambri*, situato nella zona compresa tra le valli dei fiumi Lippe e Lahn. Prima di ripassare il Reno a causa del sopraggiungere dell'inverno, Druso discese il fiume, stringendo alleanza con la popolazione dei *Frisii* e combattendo contro i *Chauci*. Nell'ambito delle operazioni condotte contro questi ultimi, l'esercito romano si servì anche dell'apporto della flotta, indispensabile per condurre operazioni militari nel settore settentrionale della valle del Reno[41].

L'offensiva effettuata a partire dalla primavera dell'11 a. C. consentì a Druso di attaccare, oltre ai *Sugambri*, anche le tribù degli *Usipeti* e dei *Cherusci* e di spingersi ad Est fino al corso del *Visurgis*/Weser[42], dove l'avanzata venne interrotta per mancanza di vettovaglie[43]. Nell'ambito di tali operazioni furono realizzate le prime strutture stabili nei territori ad Est del Reno, indicative – come sottolinea anche da Floro[44] – della volontà romana di avviare quanto

[29] Per la campagna del 16 a. C. contro i *Norici* vedi Vell. Pat., II, 39, 3; Florus, II, 22, 4-5; Dio, 54, 20, 2. Per la campagna del 15 a. C. contro i *Raeti* vedi Liv., *Per.*, 138, 1; Vell. Pat., II, 39, 3; 95, 2; Svet., *Tib.*, 9, 3; 21, 1; Dio, 54, 22, 1-5. Sulle campagne alpine vedi, in generale: H. U. Nuber, "Militärische Einsatzstrategien im Alpenfeldzug des Jahres 15 v. Chr." In Imperium – *Varus und seine Zeit*, Herausgegeben R. Asskamp, T. Esch (Münster 2007), 59-71; W. Zanier, "Der römische Alpenfeldzug unter Tiberius und Drusus im Jahre 15 v. Chr. übersicht zu den historschen und archäologischen Quellen." In Imperium – *Varus und seine Zeit*, Herausgegeben R. Asskamp, T. Esch (Münster 2007), 73-96 ; M. Speidel, "Der römische Neubeginn im Gebiet der Heltetier und in der Vallis Poenina." In Heer und Herrschaft im Römischen Reich der Hohen Kaiserzeit, Herausgegeben M. Speidel (Stuttgart 2009), 545-562.

[30] Secondo Schönberger non è da escludere che alcuni dei campi siano già stati occupati durante il secondo soggiorno in *Gallia* di Agrippa nel 20-19 a. C. (H. Schönberger, "The roman frontier in Germany: an archeological survey," *Journal of roman studies* 59 (1969): 144-197, in particolare 144 e nota 6).

[31] Schönberger, "The roman frontier in Germany," 145; C. M. Wells, *The German policy of Augustus. An examination of the archaeological evidence*, Oxford 1972, 116-123; T. Bechert, W. J. H. Willems, *Die romische Reichsgrenze zwischen Mosel und Nordsee-kuste*, Stuttgart 1995, 65-72.

[32] Schönberger, "The roman frontier in Germany," 144; Wells, *The German policy*, 123-127; Bechert, Willems, *Die romische Reichsgrenze*, 49-51.

[33] Schönberger, "The roman frontier in Germany," 144; Wells, *The German policy*, 127- 134; G. Müller, "*Novaesium*. Die Ausgrabungen in Neuss von 1955 bis 1972," *Ausgranbungen in Deutschland*, I (1975): 384-400; Bechert, Willems, *Die romische Reichsgrenze*, 41-43.

[34] Schönberger, "The roman frontier in Germany," 144; Wells, *The German policy*, 138-146; T. Bechert, *Romisches Germanien zwischen Rhein und Maas: die Provinz* Germania Inferior, Munchen 1982, 187-188; Kühlborn, *Die Zeit der augusteischen Angriffe*, 430-540; Bechert, Willems, *Die romische Reichsgrenze*,, 35-52, 63-76.

[35] Ad esempio Moers-Asberg/*Asciburgium* e Bonn/*Bonna* lungo il basso Reno e Vechten in prossimità della foce del fiume (sui forti vedi Wells, *The German policy*, 97-98, 101-116, 136-138; Bechert, Willems, *Die romische Reichsgrenze*, 24-25, 29-88).

[36] D. Baatz, Mogontiacum: *neue Untersuchungen am römischen Legionslager in Mainz*, Berlin 1962; Bechert, Willems, *Die romische Reichsgrenze*, 65-70; R. Wiegels, "*Legiones XVII, XVIII, XIX*." In *Les légions sous le Haut-Empire. Actes du Congrès de Lyon (17-19 septembre)*, éditè par Y. Le Bohec, C. Wolff (Lyon 2000): 75-81. In relazione alle più antiche fasi dell'occupazione militare romana nelll'alta valle del Reno vedi anche M. Reddé, "Befunde und Erkenntnisse zu den römischen Militäranlagen am Oberrhein in augusteischer und tiberischer Zeit." In *Über die Alpen und über den Rhein ... Beiträge zu den Anfängen und zum Verlauf der römischen Expansion nach Mitteleuropa*, Herausgegeben G. A. Lehmann, R. Wiegels (Berlin 2015), 300-311, con bibliografia.

[37] Il campo di Dangstetten, individuato nel 1967, è situato in prossimità di un guado del Reno ed è destinato ad accogliere una notevole guarnigione, composta da una o due legioni; campi più piccoli e torri di avvistamento, databili all'età augustea sono noti, nella stesso settore di Dangstetten, presso Oberwinthertur e nell'area del Walensee (Wells, *The German policy*, 53-58; G. Fingerlin, "Dangstetten, ein augusteiches Legionslager am Hocrhein. Vorbericht über die Grabungen 1967-1969," *Bericht der römisch-germanischen Kommission des deutschen archäologischen Instituts* LI-LII (1970-1971): 197-232; G. Wieland, "Augusteisches Militär an der oberen Donau?" Germania 72 (1994): 205-216; G. Fingerlin, *Dangstetten I*, Stuttgart 1986; G. Fingerlin, *Dangstetten II*, Stuttgart 1998; K. Roth-Rubi (Herausgegeben), Dangstetten III, Stuttgart 2006).

[38] Druso, giunto in Gallia con Augusto nel 16 a. C., resta nella regione dopo la partenza del *princeps* nel 13 a. C. (Dio, 54, 25, 1).

[39] Dio, 54, 20, 4; 31, 1.

[40] Florus, II, 30, 24.

[41] Florus, II, 22; Dio, 54, 32, 1-3.

[42] Dio, 54, 33, 1-5.

[43] Dio, 54, 33, 1.

[44] Florus, II, 30, 26.

prima una stabile occupazione dei territori assoggettati. All'inizio della campagna Druso costruì un ponte sulla *Lupia*/Lippe, la cui valle costituisce, in questa prima fase della conquista, la principale via di accesso ai territori germanici[45].

Alla confluenza di questo fiume con l'*Elison* (forse l'attuale fiume Sesecke) fu inoltre stabilito un primo accampamento – φρούριον nel testo di Dione Cassio[46] – destinato a controllare il territorio dei *Sugambri*[47]; un secondo campo, la cui ubicazione è attualmente sconosciuta, venne inoltre posto più a Nord nel territorio dei *Chatti*, in corrispondenza della riva destra del Reno[48].

I dati archeologici consentono di attribuire a questa stessa campagna altri campi, ubicati in corrispondenza delle principali direttrici degli attacchi romani[49]; nel settore mediano della valle della Lippe si trovano i *castra* legionari di Oberaden (Fig. 41, n. 11)[50] e, ad una distanza di 2,5 km da questi, il piccolo campo di Beckinghausen[51], destinato ad una *vexillatio* o, più verosimilmente, ad un reparto di ausiliari. Una seconda direttrice dell'avanzata romana si situa più a sud, nella regione del Wetterau, lungo il corso del Meno e del suo affluente Nidda; la base legionaria di riferimento sulla riva sinistra del Reno è quella di *Mogontiacum* (Fig. 41, n. 5)[52], mentre almeno il campo di Rögden (Fig. 41, n. 8)[53], tra quelli di età augustea individuati nella regione, può essere messo in relazione alle campagne condotte da Druso tra l'11 ed il 9 a. C.

La costruzione di *castra* oltre il Reno permise a Druso di proseguire con maggiore efficacia l'azione di conquista negli anni successivi; nel 10 a. C. venne invaso il territorio dei *Chatti*, mentre l'anno successivo, partendo dalla base di *Mogontiacum*, Druso sconfisse i *Cherusci*, i *Sugambri* e gli *Suebi*, oltrepassando per la seconda volta il Weser e spingendosi fino all'*Albis*/Elba, dove fu innalzato un trofeo[54]. In questa fase dell'offensiva drusiana venne occupato un nuovo campo di recente scoperta, situato presso la località di Hedemünden (Fig. 41, n. 14)[55]; l'insediamento, che occupa un terrazzo della

[45] Dio, 54, 33, 1.

[46] Dio, 54, 33, 4; cfr. inoltre Florus, II, 30, 26; Tac., *Ann.*, I, 56.

[47] La prima base risulta ancora occupata nel 9 d. C., quando, nei giorni successivi alla *clades Variana*, il *praefectus Lucius Caecidius* riesce a resistere all'assedio dei *Germani* e ad organizzare una ritirata verso i campi posti sulla riva sinistra del Reno (Vell. Pat., II, 120, 4; Tac., *Ann.*, II, 7; Dio, 56, 22).

[48] Dio, 54, 33, 4; cfr. inoltre Florus, II, 30, 26; Tac., *Ann.*, I, 56.

[49] Rimane incerto se, contestualmente agli attacchi portati a partire dal Reno, i Romani abbiano condotto operazioni della stessa portata anche a partire dall'alta valle del Danubio, da essi controllata dal 16-15 a. C., successivamente alla conquista della *Raetia*; in questo settore il principale campo legionario risalente alle campagne di Druso è quello di Dangstetten (Wells, *The German policy*, 57-58. Per la problematica relative all'importanza di questo terzo settore nelle campagne militari condotte in *Germania* vedi Wieland G., "Augusteisches Militär," 205-216.).

[50] Il campo, scavato tra il 1906 ed il 1914, occupa una collina scoscesa su tutti i lati e situata un chilometro circa a Nord del corso della Lippe; difeso da un singolo *agger* di forma irregolare in terra e legno dotato di quattro porte, possiede una superficie di 54 ettari, verosimilmente in grado di ospitare una guarnigione di due legioni ed eventuali unità ausiliarie (Schönberger, "The roman frontier in Germany," 147-151; Wells, *The German policy*, 211-220; Kühlborn, *Die Zeit der augusteischen Angriffe*, 533-535; J.-S. Kühlborn, "Die neuen Grabungen in der Nordwestecke des römischen Legionslagers Oberaden," Germania 60 (1982): 501-512; J.-S. Kühlborn, *Das Römerlager in Oberaden III. Ausgrabungen im Nordwestlichen Lagerbereich und weitere Baustellenuntersuchungen der Jahre 1962-1988*, Münster 1992; J.-S. Kühlborn, *Versorgungsbasis in Germanien*, Stuttgart 2004; J. Kunow, "Die Militärgeschichte Niedergermaniens." In *Die Römer in Nordrhein-Westfalen*, Herausgegeben H. G. Horn (Stuttgart 1987), 27-109; H. Polenz, *Römer und Germanen in Westfalen*, Münster 1985; Bechert, Willems, *Die romische Reichsgrenze*, 53-62; R. Wolters, *Die Römer in Germanien. 3. Auflage*, München 2002; R. Aßkamp, "Aufmarsch an der Lippe. Römische Militärlager im rechtsrheinischen Germanien." In *2000 Jahre Varusschlacht. Imperium*, Herausgegeben LWL-Römermuseum in Haltern am See (Stuttgart 2009), 177-178). I *castra* di Oberaden saranno abbandonati tra l'8 ed il 7 a. C. in seguito ad un incendio, verosimilmente appiccato dagli stessi romani per rendere inutilizzabili le strutture del campo (Wells, *The German policy*, 215-216). Sulla base di tale cronologia è possibile escludere l'identificazione del campo di Oberaden con il sito di *Aliso*, che è invece ancora occupato al momento della *clades Variana* (Vell. Pat., II, 120, 4; Tac., *Ann.*, II, 7; Dio, 56, 22).

[51] Il campo, individuato nel 1911 e oggetto di campagne di scavo nel 1912-14, si trova sulla riva meridionale della Lippe (Schönberger, "The roman frontier in Germany," 147; Wells, *The German policy*, 220-222; Bechert, Willems, *Die romische Reichsgrenze*, 60; Aßkamp, *Aufmarsch an der Lippe*, 178; W. Ebel-Zepezauer, "Zwischen Caesar and Drusus. Das Uferkastell von Lünen-Beckinghausen und seine Vorgängersiedlung." In *Petasos. Festschriften H. Lohmann*, Herausgegebn G. Kalatizzoglu, G. Lüdorf (Paderborn 2013), 251-259).

Alla stessa fase può inoltre essere attribuito il campo di Dorsten-Holsterhausen, situato lungo il versante settentrionale della Lippe a 36 km da *Vetera*/Xanten e a 18 km da Haltern (Fig. 42, n. 9); un fossato con sezione a V privo di *agger* delimita una superficie rettangolare di 50 ettari. La vasta superficie interna, capace di ospitare due legioni ed eventuali *auxilia*, e l'assenza di resti di costruzioni permettono di identificare il sito con un *marschlager* simile al primo campo di Haltern. Gli scarsi reperti rinvenuti forniscono una cronologia compresa tra l'età augustea e la prima età tiberiana, che non consente tuttavia di escludere l'impiego del campo nel corso delle campagne condotte da Tiberio e Germanico dopo il 9 d. C. (Wells, *The German policy*, 167-168; S. von Schnurbein, "Von Drusus bis Varus," *Archäologie in Deutschland* 5 (2004), 40-43; Aßkamp, *Aufmarsch an der Lippe*, 172-173 ; W. Ebel-Zepezauer, "Die augusteischen Marschlager in Dorsten-Holsterhausen," Germania 81 (2003): 539-554; W. Ebel-Zepezauer, *Holsterhausen, Stadt Dorsten, Kreis Recklinghausen*, Römerlager in Westfalen 2, Detmold 2008).

[52] Baatz, Mogontiacum: *neue Untersuchungen*; Schönberger, "The roman frontier in Germany," 144-197; Wells, *The German policy*, 138-146; Kühlborn, *Die Zeit der augusteischen Angriffe*, 531.

[53] Presso il moderno centro di Rögden, situato a poca distanza dalla riva orientale del Wetter, è stato indagato, tra il 1960 ed il 1966, un forte di piccole dimensioni (3,3 ettari), occupato tra il 12/11 e l'8 a. C. La presenza all'interno del campo di almeno tre grandi granai (3450 mq totali) ha permesso di identificare i *castra* di Rögden con una base logistica per le truppe operanti nelle valli del Meno e del Wetter. La presenza nella valle della Werra del campo di Hedemünden consente di avvalorare ulteriormente tale ipotesi, inquadrando i due campi nell'ambito delle operazioni condotte da Druso verso il Weser e l'Elba a partire da *Mogontiacum* (H. Schönberger, "Die augusteische Römerlager in Rögden. Vorbericht über die Grabungen in den Jahren 1961 bis 1966," Germania 45 (1967): 84-95; Schönberger, "The roman frontier in Germany," 147, fig. 15; Wells, *The German policy*, 226-230; H. Schönberger, H.-G. Simon, "Römerlager Rödgen", *Limesforschungen*, 15 (1976)).

[54] Dio, 55, 1, 2-5; Florus, II, 30, 22.

[55] K. Grote, "Römer an der Werra. Das Militärlager bei Hedemünden im südlichen Niedersachsen," *Archäologie in Niedersachsen* 8 (2005): 113-117; K. Grote, "Das Römerlager in Werratal bei Hedemünden (Ldkr. Göttingen). Ein neuentdeckter Stüzpunkt der augusteichen Okkupationsvorstößе im rechtsrehinischen Germanien," Germania 84 (2006): 26-59; K. Grote, *Römerlager*

valle della Werra, affluente di destra del Weser, è costituito da un campo legionario fortificato, dotato di vari edfici (tra i quali un probabile *horreum*), da almeno due *Marschlager* e da strutture più piccole (torri di guardia, *praesidia* minori) ubicate nel territorio circostante, che ne fecero una delle basi principali per le operazioni militari romane nel cuore della regione compresa tra Reno ed Elba[56].

Durante il viaggio di ritorno verso il Reno, Druso morì in seguito alle ferite riportate in una caduta da cavallo, secondo la versione di Cassio Dione [57], o per una malattia, secondo la tradizione seguita da Livio e da Valerio Massimo[58]. Tiberio, immediatamente inviato sul posto da Augusto, assunse il comando delle forze del fratello[59]. Le operazioni militari vennero riprese con notevole velocità e, già nell'8 a. C., 40.000 *Sugambri* furono costretti ad abbandonare i loro insediamenti, ubicati nella regione delimitata dai fiume Lippe e Lahn, per stanziarsi sulla riva sinistra del Reno, a Nord dell'*oppidum* degli *Ubii*[60]. L'opera avviata da Druso venne notevolmente ampliata: la maggior parte dei siti militari precedentemente occupati, divenuti inutili con il progredire delle conquiste, furono infatti abbandonati non più tardi del 6 a. C.; è questo il caso dei campi ubicati nelle valli della Lippe (Oberaden, Beckinghausen) e del Meno (Rögden), mentre l'importante posizione in prossimità del Weser favorì la continuità insediativa del campo di Hedemünden. Le vie di accesso ai territori situati oltre il Reno continuarono tuttavia ad essere le stesse della fase "drusiana"; nella valle della Lippe vennero quindi realizzati una nuova base legionaria nella località di Haltern[61] e almeno due campi minori nelle vicine località di Annaberg[62] e Hofestatt[63]. Più a Sud, nell'area delle valli del Meno e del Wetter, l'occupazione romana successiva alla morte di Druso è attestata da una serie di *Marschlager* e/o campi militari stabili (Dorlar[64],

---

Hedemünden. Der augusteische Stützpunkt, seine Außenanlagen, seine Funde und Befunde, Hannover 2012; K. Grote, "Die römischen Militäranlagen der augusteischen Germanienfeldzüge und Hinweise auf spätere Vorstoße im Werra-Leine-Bergland rings um Hedemünden." In *Über die Alpen und über den Rhein ... Beiträge zu den Anfängen und zum Verlauf der römischen Expansion nach Mitteleuropa*, Herausgegeben G. A. Lehmann, R. Wiegels (Berlin 2015), 191-223.

[56] Significativi della posizione strategica del sito e di questo settore della Germania sono i ritrovamenti pertinenti a successive campagne militari, tra le quali quelle contro i Chatti della seconda metà del I sec. d. C. e quella di Massimino Trace del 235 d. C. (Grote, "Die römischen Militäranlagen," 191-223).

[57] Dio, 55, 1, 4-5.

[58] Liv., *Per.*, 142, 2; Val. Max., V, 3.

[59] Vell. Pat., II, 97, 4; Dio, 55, 6, 1.

[60] Tac., *Ann.*, 12, 39. 2; Svet. *Aug.*, 21, 2; Svet. *Tib.* 9, 3; Eutr. 7, 9; Oros. *Hist.* 4, 21, 16-17.

[61] Ad Haltern sono stati scavati, nei primi anni del '900, due grandi campi costruiti in successione sulla stessa area, un *Marschlager*, occupato solo per breve tempo, e il cosiddetto *Hauptlager*, vaso accampamento stabile di 16,7-18, con fortificazioni in terra e legno e doppio fossato. All'interno di questo recinto, all'incrocio della *via praetoria* con la *via principalis*, troviamo il *praetorium* ed i *principia*; a Nord e ad est sono concentrati gli alloggiamenti delle truppe, una costruzione probabilmente adibita a *fabrica* e il *valetudinarium*. Nel settore centrale del campo e nell'area dell'ampliamento, inoltre, si trova una serie di edifici con pianta caratterizzata da un atrio e da un peristilio che, seppur realizzate come il resto delle strutture del campo, in legno e materiali deperibili, sono da indentificare con abitazioni di un certo livello (sui *castra* di Haltern vedi R. Aßkamp, *Haltern*, in *2000 Jahre Römer in Westfalen*, Herausgegeben T. Bendix (Mainz 1989), 21-42; Aßkamp, *Aufmarsch an der Lippe*, 173-177; Bechert, Willems, *Die romische Reichsgrenze*, 55-60; Kehne, *Limitierte Offensiven*, 297-321; J.-S. Kühlborn, "Die römischen Militäranlagen in Westfalen." In *Hinter Schloß und Riegel. Burgen und Befestigungen in Westfalen*, Herausgegeben H. Polenz (Bönen 1997): 77-119; Polenz, *Römer und Germanen*; Schönberger, "The roman frontier in Germany," 148-149; Schönberger, Simon, *Römerlager Rödgen*; Kühlborn, *Die Zeit der augusteischen Angriffe*, 535-538; J.-S. Kühlborn, "Der augusteische Militärstützpunkt Haltern," In Germaniam pacavi – *Germanien habe ich befriedet. Archäologische Stätten augusteischer Okkupation*, Herausgegebn J.-S. Kühlborn (Münster 1995): 82-102; J.-S. Kühlborn, "Die römischen Militäranlagen in Westfalen." In *Hinter Schloß und Riegel. Burgen und Befestigungen in Westfalen*, Herausgegeben H. Polenz (Bönen 1997): 77-119; S. von Schnurbein, *Die römischen Militäranlagen bei Haltern: Bericht über die Forschungen seit 1899*, Bodenaltertümer Westfalens 14, Munster 1974; S. von Schnurbein, "Untersuchungen zur Geschichte der römischen Militärlager an der Lippe." Germania 62 (1981): 5-101; S. von Schnurbein, "Halterner Sigillata-Produkte in rheinischen Stützpunkten," Germania 64 (1986): 45-59; S. von Schnurbein, "The Organization of the Fortresses in Augustan Germany." In *Roman Fortresses and their Legions. Papers in Honour of George C. Boon*, edited by R. J. Brewer, (London 2000), 29-39; S. von Schnurbein, "Zum Ende von Haltern," Archäologisches Korrespondenzblatt 43 (2013): 91-98; Wolters, *Die Römer in Germanien*).

[62] Secondo uno schema tipico dell'organizzazione militare del *limes* di epoca imperiale, anche Haltern possiede nelle sue vicinanze altri *castra* più piccoli che assolvono a funzioni specifiche o destinati ad accogliere unità militari con caratteristiche particolari (*cohortes* o *alae* di cavalleria ausiliarie). Su un'altura non distante dal *castrum* principale, nei pressi del centro di Annaberg, si trova un piccolo *castellum* di 7 ettari di superficie e di forma insolitamente triangolare. La posizione di quest'insediamento, vicina ad Haltern e a pochissima distanza dalla Lippe, è ottima per il controllo del traffico lungo il fiume e la sua funzione è probabilmente analoga a quella che svolgeva il forte di Beckinghausen nei confronti di Oberaden (Bechert, Willems, *Die romische Reichsgrenze*, 55-60; Aßkamp, *Aufmarsch an der Lippe*, 174).

[63] Più ad est, presso la località di Hofestatt, è stata scavata una porzione dell'*agger* in terra e legno di un terzo *castrum*; anche se il settore meridionale del forte risulta distrutto a causa dei mutamenti del corso della Lippe, è stata tuttavia individuata una grossa costruzione di 55x40 m che le interpretazioni più recenti tendono ad indentificare con dei *navalia* (per questa interpretazione cfr. S. von Schnurbein, "Augustus in *Germania* and his new "town" at Waldgirmes east of the Rhine," *Journal of Roman Archaeology* 16 (2003): 93-108, in particolare 96). Alla luce della realtà produttiva sviluppata dall'insediamento di Haltern, è allora possibile ipotizzare che l'insediamento di Hofestatt aggiungesse alla funzione di approdo di carattere militare anche quella di scalo commerciale (Kühlborn, *Die Zeit der augusteischen Angriffe*, 535-538; Bechert, Willems, *Die romische Reichsgrenze*, 55-60; Aßkamp, *Aufmarsch an der Lippe*, 174-175).

[64] Individuato in seguito ad una campagna aereofotogrammetrica effettuata nel 1985, il sito di Dorlar è stato oggetto di una serie di interventi successivi (indagini geofisiche e scavi stratigrafici) a partire dal 1991. Il campo, che occupa due distinti terrazzamenti situati sul lato settentrionale della valle della Lahn, svolge un ruolo di controllo dei percorsi da e per il Reno. Un unico fossato con sezione a V ed un *agger* in terra e legno interrotto da almeno due porte, delimitano uno spazio trapezoidale di 21 ettari. Gli scarsi materiali rinvenuti hanno permesso di definire una cronologia compresa tra il 7/5 a. C. ed il 9 d. C., successiva, quindi, al periodo delle campagne condotte da Druso (S. von Schnurbein, H.-J. Köhler, "Dorlar: ein augusteisches Römerlager im Lahntal," Germania 72 (1994): 193-203).

Friedberg[65], Bad-Nauheim[66], Marktbreit[67]; Fig. 41, n. 7) e dall'insediamento militare e civile situato presso il moderno centro di Lahnau-Waldgirmes (Fig. 41, n. 16)[68], sul quale torneremo in seguito[69].

Nel 7 a. C., in seguito alle vittorie riportate sui *Sugambri* e sulle altre tribù, Tiberio fu finalmente in grado di celebrare il trionfo sui *Germani*[70]; secondo Cassio Dione, a queste campagne non fecero seguito altre iniziative militari di rilievo e, per il 7 ed il 6 a. C., lo storico greco sottolinea che in *Germania* si registra οὐδεν ἄξιον μνήμης[71]; nel 6 a. C. Tiberio si recò a Rodi, iniziando un periodo di esilio volontario destinato a terminare solo nel 4 d. C.[72]. Nessun evento di questo periodo è in effetti riportato nelle *Periochae* di Livio[73], da Floro[74]e da Strabone[75], mentre solo qualche scarna notizia può essere desunta dai testi di Velleio Patercolo, Cassio Dione, Tacito e Svetonio. Tra il 6 e l'1 a. C. una spedizione condotta da Gneo Domizio Enobarbo avrebbe raggiunto l'Elba partendo dal territorio degli *Ermunduri* sull'alto Danubio e percorrendo la valle della Saale[76]; nell'occasione Enobarbo riescì ad oltrepassare il fiume per alcune ricognizioni e ad innalzare un altare ad Augusto[77]. Secondo Cassio Dione Enobarbo si sarebbe successivamente spinto fino al Reno nell'intento di ricondurre presso le loro sedi originarie un gruppo di *Cherusci* cacciati in precedenza dalla loro stessa tribù. Velleio Patercolo è il solo autore a riportare la notizia di una rivolta di notevoli proporzioni avvenuta nel periodo compreso tra la spedizione di Enobarbo e il ritorno di Tiberio (4 d. C.)[78]; tale insurrezione, da lui definita *immensum bellum*, fu domata in modo apparentemente agevole dal governatore Marco Vinicio, che ottenne per questo gli *ornamenta triumphalia*[79].

Nel 4 d. C. Tiberio, una volta richiamato dal suo esilio a Rodi[80], fu nuovamente inviato da Augusto sul *limes* renano; due intense campagne, volte a imporre definitivamente il potere romano sulla provincia, vennero effettuate nello stesso anno e in quello successivo. Tiberio attaccò inizialmente le tribù dei *Canninefates*, degli *Attuarii*, dei *Bructerii* e dei *Cherusci*, stanziate nelle regioni costiere del Mare del Nord, e successivamente condusse l'esercito oltre il Weser, per poi far ritorno alle basi di partenza[81]. Velleio Patercolo, fonte principale per questa spedizione, afferma che *ad caput Lupiae fluminis hiberna digrediens princeps locaverat*; gli *hiberna* di Velleio possono essere identificati con la grande base legionaria tardo-augustea individuata a parzialmente scavata nella seconda metà degli anni '60 nella località di Anreppen (Fig. 41, n. 12)[82].

[65] Un campo militare è certamente presente presso la cittadina di Friedberg, nel settore contrale della valle della Nidda; la pertinenza del campo al sistema di *castra* esistente nel 9 d. C. è tuttavia solo ipotetica; una moneta recante la contromarca di Varo permette di identificare il 6 d. C. come un *terminus post quem* per l'occupazione del sito da parte dei Romani (Wells, *The German policy*, 224-226).

[66] Situato nelle immediate vicinanze dei campi di Rögden e Friedberg, il sito di Bad-Nauheim condivide con il secondo la cronologia; come già a Friedberg, infatti, tra i materiali più antichi si trovano le monete contromarcate da Varo tra il 6 ed il 9 d. C. Da un punto di vista strutturale il sito appare caratterizzato da un campo con fossato a forma di V e *agger*, assai probabilmente da attribuire a Germanico, e da un forte a pianta quadrangolare di età domizianea (Wells, *The German policy*, 230-233).

[67] Il campo, individuato nel 1985, è difeso da un *agger* in terra e legno che delimita uno spazio di forma poligonale di 37 ettari circa; all'interno sono stati scavati i *principia*, il *praetorium* e alcune abitazioni. La struttura, mai completamente terminata, sembrerebbe costruita attorno al 10 a. C., per essere abbandonata nel 9 d. C. (H. F. Xaver, "Das Römerlager bei Marktbreit," Gymnasium 94 (1992): 546-564; M. Pietsch, "Marktbreit: ein neues augusteiches Legionslager bei Würzburg, Unterfranken." In *Roman Frontier Studies 1989: proceedings of the XVth International congress of Roman frontier studies*, edited by V. Maxfield, J. E. Dobson Michael (Exeter 1991), 196-202; M. Pietsch, "Die Zentralbebäude des augusteichen Legionslagers von Marktbreit und die Principia von Haltern," Germania 71 (1993): 355-368; M. Pietsch, D. Timpe, L. Wamser, "Das augusteiche Truppenlager Marktbreit: bisherige archäologische Befunde und historische Erwägungen," *Bericht der Römisch-Germanischen Kommission des Deutschen Archäologischen Instituts* LXXII (1991): 263-396). La base, situata lungo il medio corso del Meno, si trova 140 km circa ad est di *Mogontiacum*; tale distanza ha fatto ipotizzare un suo impiego in relazione alla campagna intrapresa nel 6 d. C. da Tiberio contro Maroboduo (C. Wells, "What's New Along the Lippe: Recent Work in North Germania," Britannia 29 (1998): 459-464).

[68] Per quanto riguarda il campo militare vedi S. von Schnurbein, A. Wigg, D. G. Wigg, "Ein spätaugusteisches Militärlager in Lahnau-Waldgirmes (Hessen): Bericht über die Grabungen 1993-1994," Germania 73 (1995): 337-367; D. Walter, A. Wigg, "Ein Töpferofen im augusteichen Militärlager Lahnau-Waldgirmes," Germania 75 (1997): 285-297; A. Becker, G. Rasbach, "Der spätaugusteische Stützpunkt Lahnau-Waldgirmes," Germania 76 (1998): 673-692.

[69]Questa prima serie di nuovi campi mostrano, nel complesso, una cronologia iniziale compresa tra il 7/6 a. C. e l'1 d. C. e possono quindi essere attribuiti sia all'ultimo periodo del comando di Tiberio sia ai comandanti che sono succeduti a quest'ultimo. I *castra* e gli insediamenti realizzati in questa fase rimangono attivi senza soluzione di continuità fino al 9 d. C.

[70] Vell. Pat., II, 97; Dio, 55, 6, 6; 8, 1.

[71] Dio, 55, 9, 1.

[72] Per le diverse motivazioni addotte dagli storici vedi Vell. Pat. II, 99, 2; Tac., *Ann.*, I, 53, 2; Svet., *Tib.*, 10, 1-2; 11,8.

[73] Liv., *Per.*, 142, 2; alla menzione degli onori tributati da Augusto a Tiberio (presumibilmente nel 7 a. C.) segue immediatamente il ricordo della *clades Quinctilii Vari.*

[74] Florus, II, 30; in questo caso l'autore passa immediatamente dalla morte di Druso al governatorato di Quintilio Varo: *postquam ille* (scil. *Drusus*) *defunctus est, Vari Quinctili libidinem ac superbiam haud secus quam saevitiam odisse coeperunt* (scil.*Germani*).

[75] Strabone (IV, 3, 4) parla di τῶν Ῥωμαίων νυνὶ τῶν στρατηγούντων τὸν Γερμανικὸν πόλεμον, con riferimento alle campagne militari condotte tra il 14 ed il 16 d. C. da Germanico (Vell. Pat., II, 120-123; Tac., *Ann.*, I, 33-51; 55-71 II, 5-26; 44-46; Dio, 56, 24, 6; 57, 3, 1; 5, 1; Xiph., CXXXIV, 20-32.); nel libro VII (1, 4) invece, dopo aver accennato alle prime ostilità con i *Sugambri* nel 16 a. C. (Dio, 54, 20, 4-6; Svet. *Aug.*, 23), passa direttamente alla narrazione della sconfitta di Varo.

[76] Dio, 55, 10a, 2; Tac., *Ann.*, 4, 44, 2; Svet., *Nero*, 4.

[77] La stessa impresa non era invece riuscita a Druso nel 9 a. C. (Dio, 55, 1, 2-5; Florus, II, 30, 22).

[78] Vell. Pat., II, 97, 4 (9-6 a. C.); 104, 1-2 (4 d. C.).

[79] Vell. Pat., II, 104, 2.

[80] Sul ritorno di Tiberio da Rodi all'indomani della morte di Gaio nel 4 d. C. cfr. Dio, 55, 10, 10.

[81] Vell. Pat., II, 104, 3-4; 105, 1-3; Dio, 55, 28, 6.

[82] Individuato nel 1967, il sito di Anreppen, situato in prossimità della riva meridionale della Lippe, è stato oggetto di scavi nel corso degli anni 1968-1981 e 1988-1994. L'*agger*, dotato di una doppia linea di fosse e di una palizzata con torri di guardia, delimita un'area molto allungata di 23 ettari circa, all'interno della quale sono stati identificati il *praetorium*, i *principia*, gli alloggi degli ufficiali, le caserme ed un edificio adibito probabilmente a *fabrica*. La cronologia emersa dallo studio dei reperti (soprattutto monete e terra sigillata) indica che il campo è contemporaneo a quello di Haltern (sui *castra* di Anreppen vedi Aßkamp, *Aufmarsch an der Lippe*, 178; Bechert, Willems, *Die*

Nel 5 d. C. le operazioni militari sarebbero state riprese in modo talmente imponente che, sempre secondo la testimonianza di Velleio, *perlustrata armis tota Germania est, victae gentes paene nominibus incognitae*[83]; l'esercito romano, partito dalle basi situate lungo il corso della Lippe, sottomise la tribù dei *Chauci* e, una volta superato il Weser, proseguì fino all'Elba attraverso i territori dei *Longobardi*, dei *Semnones* e degli *Ermunduri*; contemporaneamente la flotta, dopo aver costeggiato l'attuale Germania settentrionale, risalì la foce dell'Elba fino a ricongiungersi con l'esercito.

Di notevole interesse sono per noi le forti divergenze che emergono nei racconti di Velleio e Cassio Dione in merito alla valutazione dei risultati ottenuti dalle spedizioni condotte in questa fase da Tiberio. Il primo, che quasi certamente prese parte ad entrambe le campagne[84], conclude la sua narrazione affermando che, al termine della seconda campagna, *nihil erat iam in Germania, quod vinci posset, praeter gentem Marcomannorum*[85], mentre Cassio Dione si limita ad osservare che, nonostante il raggiungimento del corso dell'Elba οὐ μεντοι καὶ ἀξιομνημονευτόν τι τότε γε ἐπράχθη[86].

Nel 7 d. C. a Senzio Saturnino successe, nella carica di *legatus Augusti pro praetore*, Quintilio Varo, già proconsole in *Africa* nel 7-6 a. C. e *legatus Augusti pro praetore* in Siria dal 6 a. C.[87]; le azioni di governo compiute da Varo prima dello scontro nel *saltus Teutoburgensis*, descritte da Floro, Velleio Patercolo[88] e Cassio Dione, oltre a costituire una preziosa testimonianza di alcuni aspetti relativi ai processi di provincializzazione di nuovi territori, gettano luce sulle motivazioni della rivolta del 9 d. C. Il tentativo di Varo di imporre una legislazione romana alle popolazioni germaniche deve aver influito negativamente sul comportamento delle aristocrazie locali, certamente colpite in una delle prerogative principali del loro rango; Velleio parla di *iurisdictionibus agendoque pro tribunali ordine*,[89] mentre Floro afferma che Varo *ausus ille agere conventum, et incautus edixerat, quasi violentiam barbarum lictoris virgis et praeconis voce posset inhibere*[90]. Cassio Dione, in merito, afferma che Varo χρήματα ὡς καὶ παρ'ὑπηκόων ἐσέπρασσεν[91], sottolineando inoltre che agli occhi dei capi germani l'esazione di tributi apparve di fatto come l'usurpazione di un potere che essi da sempre detenevano[92]. Anche Velleio Patercolo, pur se col fine di mettere in evidenza le capacità amministrative e politiche di Tiberio, riconosce apertamente l'inopportunità di queste misure che finirono solo per esasperare le *élites* germaniche[93].

Nel 9 d. C. Arminio, membro di spicco della tribù dei Cherusci ammesso nell'*ordo equester* dopo aver militato come ausiliario per i romani, organizzò una rivolta che colse assolutamente impreparato Varo[94]. Nello scontro della Selva di Teutoburgo, assai probabilmente da identificare con la moderna località di Kalkriese (Westphalia; Fig. 41, n. 15)[95], tre legioni (la *XVII*, la *XVIII* e la *XIX*), tre ali di cavalleria e sei coorti ausiliarie furono annientate, mentre il governatore, i legati di legione e gli altri ufficiali si suicidarono o vennero uccisi. L'esercito del Reno fu tuttavia in grado di tenere il confine lungo il fiume ma l'intera area situata tra il Reno e l'Elba risultò di fatto perduta[96]; le tracce di abbandono o di distruzione violenta di siti militari e civili[97] costituiscono la prova archeologica della laconica conclusione di Floro secondo la quale *imperium, quod in litore Oceani non steterat, in ripa Rheni fluminis staret*[98].

Nonostante le campagne compiute da Tiberio tra il 10 ed il 12 d. C. e da Germanico negli anni successivi (14-17 d. C.)[99], la possibilità di ristabilire il controllo su tutti i

romische Reichsgrenze, 60-61; J.-S. Kühlborn, "Die Grabungen in den westfälischen Römerlagern Oberaden und Anreppen." In *Ein Land macht Geschichte. Archäologie in Nordrhein-Westfalen*, Herausgegeben H. G. Horn, H. Hellenkemper, H. Koschik, B. Trier (Köln 1995): 203-209; Kühlborn, *Versorgungsbasis*; Polenz, *Römer und Germanen*; von Schnurbein., "Untersuchungen zur Geschichte," 5-101; S. von Schnurbein, "Von Drusus bis Varus," 40-43; von Schnurbein, "Augustus in *Germania*," 97-98; Schönberger, "The roman frontier in Germany," 149; Wells, *The German policy*, 222).

83 Vell. Patt., II, 106, 1-3; Dio, 55, 28, 5.

84 Vell. Pat., II, 104, 3-4; 106-107.

85 Vell. Pat., II, 108, 1. Ed è infatti contro il regno del re Maroboduo che si indirizza immediatamente dopo l'azione militare di Tiberio il quale, già nel 6. d. C. lancia l'attacco contro di esso. Il congiungimento in Boemia delle truppe al comando dello stesso Tiberio, partito dal campo di *Carnuntum* sul Danubio, con quelle del legato Senzio Saturnino, a sua volta partito dalla valle del Meno, viene tuttavia impedito dalla rivolta dei *Pannoni* e dei *Dalmati* nell'Illirico (Vell. Pat., II, 108, 1-5; Dio, 55, 29, 1. Cassio Dione non nomina direttamente Maroboduo o i Marcomanni, limitandosi a parlare di una spedizione condotta da Tiberio contro i Germani).

86 Dio, 55, 28, 5.

87 PIR VII, 1, 20-26.

88 Dio, 55, 18, 1-4.

89 Vell. Pat., II, 117, 4.

90 Florus, II, 30, 31.

91 Dio, 55, 18, 3.

92 Provvedimenti di questo stesso carattere costituiscono una delle concause della rivolta dalmatico-pannonica del 6-9 d. C. (Dio, 54, 36, 2).

93 Vell. Pat., II, 117, 3-4.

94 Sulla rivolta di Arminio vedi: Vell. Pat., II, 117; Florus, II, 30-31; Dio, 56, 18, 3. Sulle vicende relative ad Arminio dopo il 9 d. C. vedi Tac., *Ann.*, I, 16; II, 10.

95 Sulla battaglia del *Teutoburgensis saltus* – la cui localizzazione presso il centro di Kalkriese (Bassa Sassonia) è ormai comunemente accettata dagli studiosi – vedi, in generale, con la relativa bibliografia W. Schlüter, R. Wiegels, *Rom, Germanien und die Ausgrabungen in Kalkriese*, Osnabrück 1999; G. Moosbauer, S. Willbers-Rost, "Kalkriese und die Varusschlacht." In *2000 Jahre Varusslacht. Konflikt*, Herausgegeben Varusschlacht im Osnabrücker Land GmbH – Museum un Park Kalkriese (Stuttgart 2009), 56-67; A. Rost, "Das Schlacht von Kalkriese. Eine archälogische Quelle für die Konfliktforschung." In *2000 Jahre Varusslacht. Konflikt*, Herausgegeben Varusschlacht im Osnabrücker Land GmbH – Museum un Park Kalkriese (Stuttgart 2009), 68-76.

96 É nel corso di questi eventi che si colloca l'episodio della vittoriosa difesa dei *castra* di *Aliso* da parte del *praefectus* del campo *Lucius Caecidius* (Vell. Pat., II, 120, 4; Tac., *Ann.*, II, 7; Dio, 56, 22).

97 Schönberger, "The roman frontier in Germany," 144-155; Kühlborn, *Die Zeit der augusteischen Angriffe*, 530-540; Bechert, Willems, *Die romische Reichsgrenze*, 53-62.

98 Florus, II, 31, 39. Alcuni territori, come quello abitato dalla tribù dei *Chauci*, situato in prossimità della costa del Mare del Nord, sono ancora controllati dai Romani nel 15 d. C., quando Tacito menziona la presenza di *vexillarios in Chaucis* (Tac., *Ann.*, I, 38:).

99 Per le fonti relative a queste campagne vedi Vell. Pat., II, 120-123; Tac., *Ann.*, I, 33-51; 55-71 II, 5-26; 44-46; Dio, 56, 24, 6; 57, 3, 1; 5, 1; Xiph., 134, 20-32. L'opera di riorganizzazione del *limes* condotta negli anni tra il 10 e il 14 d. C. sotto Augusto e nei primi anni del regno di

territori della provincia di *Germania* venne di fatto meno, fino a che lo stesso Tiberio prese la decisione di richiamare definitivamente il nipote dall'area renana. Da sottolineare che, almeno a giudicare dall'opera di Cassio Dione, la *Germania* intesa come *provincia* sembrerebbe ancora esistente in questi primi anni del principato di Tiberio, quando Germanico è sul Reno come τῆς Γερμανίας ἄρχων [100].

Nonostante il fallimento della politica "germanica" promossa da Augusto, il settore occidentale della provincia rimane sotto il controllo romano; le legioni si attestano lungo il Reno, mentre una flotta – la *classis Germanica*[101] – ne pattugliava il corso. Successivamente alle offensive di Germanico e durante l'intera età giulio-claudia la regione, riorganizzata nelle province della *Germania inferior* e *superior* solo sotto Domiziano, venne divisa in due distretti militari, rispettivamente posti sotto il controllo di un *legatus Augusti pro praetore exercitus Germaniae inferioris* e di un *legatus Augusti pro praetore exercitus Germaniae superioris*[102].

2.1.2. La *provincia* di *Germania*: strutture amministrative, insediamenti

Come visto nel paragrafo precedente, le vittorie ottenute da Tiberio nel corso delle campagne degli anni 8-7 a. C.[103] costituirono un momento di svolta nel processo di conquista della *Germania* avviato da Roma pochi anni prima. L'affermazione di Velleio Patercolo, secondo la quale Tiberio *sic perdomuit eam* (scil. *Germaniam*), *ut in formam paene stipendiariae redigeret provinciae*[104], rivela che, al termine del periodo compreso tra la morte di Druso ed il 7 a. C., Augusto ed il suo *entourage* dovettero giudicare che la *Germania* fosse in massima parte definitivamente pacificata e pronta a ricevere una struttura amministrativa pienamente provinciale[105]. L'apparente sicurezza delle conquiste realizzate consentì ad Augusto, contestualmente, di estendere il *pomerium* dell'Urbe[106]. Non casuale appare, quindi, l'espressione impiegata da Velleio Patercolo (*in formam quasi stipendiarie provinciae redigere*), che deve, al contrario, essere compresa nel suo più pieno senso tecnico, che è quello del conferimento al nuovo territorio conquistato di un'assetto amministrativo il più compiuto possibile, secondo le modalità normalmente impiegate da Roma in ambito provinciale[107]. Vale la pena sottolineare che di tale sfumatura tecnica e dell'assetto amministrativo della *provincia Germania* doveva peraltro essere ampiamente consapevole lo stesso Patercolo, ufficiale romano con notevole esperienza in ambito provinciale e presente come *magister equitum* di Tiberio nella stessa Germania tra il 4 ed il 6 d. C.

Che la costituizione in nuova provincia dei territori germanici conquistati fosse il fine ultimo delle azioni militari intraprese a partire almeno dal 12 a. C. appare evidente nelle fonti. Floro afferma che lo stesso Augusto, per onorare Cesare, il primo ad invadere i territori oltre il Reno, *concupierat facere provinciam*[108]; lo stesso Floro, in relazione alle azioni militari condotte da Druso, parla esplicitamente della Germania come di una *provincia*[109]: Druso sarebbe stato inviato *in eam provinciam*, mentre la costruzione lungo i corsi della Mosa, dell'Elba e del Weser di presidi militari sarebbe stata fatta *in tutelam provinciae*, con una sfumatura evidentemente geografica, impossibile da intendere *tout-court* nel senso generico dell'incarico assegnato a Druso. È ancora Floro che, prima di iniziare la narrazione della sconfitta di Varo, ricorda come *difficilius est provincias obtinere quam facere*[110]. Allude chiaramente ad una *provincia Germania*, preesistente alle due province di età flavia della *Germania inferior* e della *Germania superior*, un passo del Digesto[111]: *si eadem provincia postea divisa sub duobus praesidibus constituta est, velut Germania, Mysia, ex altera ortus in altera adsidebit nec videtur in sua provincia adsedisse*[112].

Tiberio vede il rafforzamento delle basi militari sulla riva destra del Reno. Le legioni V *Alaudae* e XXI *Rapax* vengono stanziate a Vetera (Tac., *Ann.*, I, 45, 1), mentre la *I* e la *XX Valeria Victrix* si trovano *apud Aram Ubiorum* (Tac., *Ann.*, I, 39, 1-2). Durante la rivolta dei soldati (14 d. C.) le quattro legioni si trovano, forse solo temporaneamente, in uno stesso campo, situato nel territorio degli *Ubii* (Tac., *Ann.*, I, 31, 3; *in finibus Ubiorum*). Lungo il corso superiore del Reno troviamo inoltre la *legio XIV Gemina* e la *legio XVI Gallica* a *Mogontiacum*, la *legio II Augusta* ad *Argentoratum* (Strasburgo) e la *legio XIII Gemina* probabilmente a Windisch (cfr. anche Tac., *Ann.*, I, 37, 3). Al più presto nei primi anni del principato di Tiberio, lungo il Reno vengono organizzati due distretti militari dipendenti dagli eserciti della *Germania inferior* e della *Germania superior*, che, nel corso dell'età flavia, daranno vita alle due provincie omonime (Wells, *The German policy*, 138-148; Schönberger, "The roman frontier in Germany," 145; Bechert, Willems, *Die romische Reichsgrenze*, 20-28; Eck, *Köln in römischer Zeit*, 114-120; R. Wolters, "Rache, Anspruch und Verzicht. Die römische Germanienpolitik nach der Varuskatastrophe." In *2000 Jahre Varusslacht*. Imperium, Herausgegeben LWL-Römermuseum in Haltern am See (Stuttgart 2009), 210-216).

[100] Dio, 57, 3, 1.

[101] Th. Fischer, N. Hanel, "Neue Forschungen zum Hauptstützpunkt der *Classis Germanica* in Köln-Marienburg (Alteburg)," *Kölner Jahrbucher* 36 (2003): 567-585.

[102] M.-Th. Raepsaet-Charlier, "*Germania inferior* et *Germania superior*," Latomus 32 (1973): 158-161; G. A. Lehmann, "Das Ende der römischen Herrschaft über das »westelbische« Germanien: Von der Varus-Katastrophe zur Abberufung des Germanicus Caesar 16/17 n. Chr.," *Zeitschrift für Papyrologie und Epigraphik* 86 (1991): 79-96; Wolters, *Rache, Anspruch und Verzicht*, 210-216.

[103] Dio, 55, 6, 6; 8, 1; Tac., *Ann.*, XII, 39. 2; Svet. *Aug.*, 21, 2; Svet. *Tib.* 9, 3; Eutr. 7, 9; Oros. *Hist.* 4, 21, 16-17.

[104] Vell. Pat., II, 97.

[105] Eck, "Augusto – la Germania," 11-12; per una diversa ma più improbabile ipotesi, che vede la fondazione della provincia di Germania negli anni del soggiorno di Augusto nelle province galliche (16-13 a. C.), vedi F. M. Aüsbuttel, "Die Gründung und Teilung der Provinz Germanien," *Klio* 93 (2011): 392-410.

[106] Kienast, *Augustus*, 126, nota 152.

[107] Maiuro, Res Caesaris. *Ricerche sulla proprietà imperiale nel Princ*ipato, Bari 2012, 91 e nota 224.

[108] Florus, II, 30, 21*: Sed quatenus sciebat patrem suum C. Caesarem bis transvectum ponte Rhenum quaesisse bellum, in illius honorem concupierat facere provinciam.*

[109] Florus, II, 30, 23-28.

[110] Florus, II, 30, 29.

[111] Dig. I, 22, 3.

[112] W. Eck osserva come, ancora negli anni 60-70 d. C., alcuni territori ubicati sulla sponda sinistra del Reno, in larga parte compresi negli *Agri Decumates*, venissero indicati nei documenti ufficiali come *Germania* (W. Eck, "Augusto e la Germania: come nasce una provincia," *Storicamente.org. Laboratorio di Storia* 11 (2015): 1-26; CIL XVI, 20, 23, 28, 158; R.M.D. II 79; V 327. Vedi anche W. Eck, A. Pangerl, "*Sex. Iulius Frontinus* als Legat des niedergermanischen

Nelle fonti la qualifica dei legati che si succedono in Germania negli anni compresi tra le offensive di Druso e quelle di Germanico coincide con quelle normalmente impiegate per i governatori provinciali; Gaio Senzio Saturnino, in *Germania* tra il 3 ed il 6 d. C., viene definito da Cassio Dione ὁ τῆς Γερμανίας ἄρχων[113], mentre Velleio Patercolo, in riferimento a Tiberio, sottolinea come lo stesso Saturnino sarebbe stato *legatus patris eius* - ossia di Augusto - *in Germania*[114]. È ancora Cassio Dione ad affermare che Quintilio Varo, nel 6 d. C., avrebbe ricevuto τήν ἡγεμονίαν τῆς Γερμανίας[115], e che nel 14 d. C. Germanico si trova presso le legioni del Reno come τῆς Γερμανίας ἄρχοντα[116]. L'esistenza a Colonia, nello stesso 14 d. C., di una *domus Germanici*, attesta la presenza del governatore – in questo caso di Germanico, all'epoca il funzionario romano più alto in *Germania* – presso la città eletta a capitale provinciale[117].

Si è recentemente affermato che "*nelle fonti letterarie non si parla di una provincia di Germania, ma, al massimo, del fatto che Tiberio era riuscito a ridurre la Germania in una provincia soggetta a tributo*"[118]; è vero che, con l'eccezione del passo del Digesto, le fonti menzionate non ricordano esplicitamente la *provincia Germania*[119]. È tuttavia evidente che anche in alcuni dei passi di Floro e in quello di Velleio Patercolo[120], la Germania viene considerata di fatto una provincia, seppure – come nel secondo caso – non ancora sottoposta ad un regime fiscale completo (*quasi stipendiaria provincia*).

Per quanto la perdita dei territori oltre il Reno e il negativo ricordo di quanto accaduto a Teutoburgo abbiano influenzato gli autori di età romana, la nascita di una provincia di *Germania* appare adesso un fatto pienamente supportato anche dai dati archeologici[121]. Di notevole interesse è, a questo proposito, la breve descrizione di Cassio Dione dell'assetto della *Germania* al momento della disfatta di Varo[122]: εἶχον τινα οἱ Ῥωμαῖοι αὐτῆς, οὐκ ἀθρόα ἀλλ'ὥς που καὶ ἔτυχε χειρωθέντα, διὸ οὐδὲ ἐς ἱστορίας μνήμην ἀφίκετο. Καὶ στρατιῶται τε αὐτῶν ἐκεῖ ἐχείμαζον καὶ πόλεις συνῳκίζωοντο, ἔς τε τὸν κόσμον σφῶν οἱ βάρβαροι μετερυμίζοντο καὶ ἀγορὰς ἐνόμιζον συνόδους τε εἰρηνικὰς ἐποιοῦντο.

Heeres. Zu neuen Militärdiplomen in den germanischen Provinzen," *Zeitschrift für Papyrologie und Epigraphik* 143 (2003): 205-218).

[113] Dio, 55, 28, 6.

[114] Vell. Pat., II, 105, 1.

[115] Dio, 55, 18, 3.

[116] Dio, 57, 3, 1. Lo stesso Dione Cassio (Dio, 56, 18, 1), nel menzionare la *Germania*, pur omettendo sistematicamente il termine greco ἐπαρκεία, corrispondente al latino *provincia* (H. J. Mason, *Greek Terms for Roman Institutions. A lexicon and analysis*, Toronto 1974, 135-136), utilizza il termine Κελτικὴ per indicare la *Germania* come area geografica, mentre è la parola Γερμανία ad essere impiegata per definire questo stesso territorio con una connotazione amministrativa.

[117] Tac., *Ann.*, 1, 39: *Interea legati ab senatu regressum iam apud aram Ubiorum Germanicum adeunt. (...); et nocte concubia vexillum in domo Germanici situm flagitare occipiunt, concursuque ad ianuam facto moliuntur foris, extractum cubili Caesarem tradere vexillum intento mortis metu subigunt.* Su questo vedi anche Eck, *Köln in römischer Zeit*, 242-244 e nota 6.

[118] Eck, "Augusto – la Germania," 11-12; l'affermazione è ripresa anche in Faoro, "Osservazioni sugli inizi della proprietà imperiale," 384 e nota 26 ("*Le fonti non parlano dell'istituzione di una provincia per l'età augustea*").

[119] Decisamente vaghi, ma evidentemente influenzati dagli eventi seguiti alla battaglia di Teutoburgo, sono gli accenni allo *status* della *Germania* nelle *Res gestae* (Aug., *Res gestae*, 26: *Gallias et Hispanias provincias, i[tem Germaniam qua inclu]dit Oceanus a Gadibus ad ostium Albis flumin[is pacavi].*).

[120] Florus, II, 30, 21; II, 30, 23-28; Vell. Pat, II, 97, 4.

[121] Su tale tematica è possibile citare, tra i numerosi contributi legati al nuovo quadro definito dai ritrovamenti archeologici dell'ultimo trentennio: Eck, *Köln in römischer Zeit*, 46-64; W. Eck, "Augustus und die Großprovinz Germanien," *Kölner Jahrbuch* 37 (2006): 11-22; W. Eck, "Das Rhein als Lebensader der Städte des römischen Germaniens." In *Von* cura aquarum *bis zur EU-Wasserrahmenrichtlinie*, Herausgegeben Ch. Ohlig (Siegburg 2007), 109-126; W. Eck, "Germanien – eine Provinz unter Augustus." In *Die römischen Provinzen. Begriff und Gründung,* Colloquium Cluj-Napoca, 28. September – 1. Oktober 2006, Herausgegeben I. Piso (Cluj-Napoca 2008): 165-178; W. Eck, "Eine römische Provinz. Das augusteische Germanien links und rechts des Rheins." In *2000 Jahre Varusslacht.* Imperium, Herausgegeben LWL-Römermuseum in Haltern am See (Stuttgart 2009): 188-195 (con bibliografia); W. Eck, "Die Donau als Ziel römischer Politik: *Augustus* und die Eroberung des Balkan." In *Roma e le province del Danubio*, a cura di L. Zerbini (Catanzaro 2010), 19-34; W. Eck, "Augusto – la Germania," 5-25; W. Eck, "Augusto e la Germania," 1-26; A. Eich, "Der Wechsel zu einer neuen grand strategy unter Augustus und seine langfristigen Folgen," *Historische Zeitschrift* 288 (2009): 561-611; Kehne, *Limitierte Offensiven*, 297-321; Kühlborn, *Die Zeit der augusteischen Angriffe*, 530-541; J. S. Külhborn, "Auf den Marsch in die *Germania Magna.*" In Colonia Ulpia Traiana. Xanten und sein Umpland in römischer Zeit, Herausgegeben M. Müller, H.-J. Schalles, N. Zieling (Mainz 2008), 67-91; A. Lehmann, Imperium *und* Barbaricum. *Neue Befund und Erkenntnisse zu den römisch-germanischen Auseinandersetzungen im nordwestdeutschen Raum – von der augusteichen Okkupationsphase bis zum Germanien-Zug des* Maximinus Thrax, Wien 2011; von Schnurbein S., "Römische und indigene Strategien der Herrschaft und Friedenssicherung." In Fines imperii – imperium sine fine? Herausgegeben G. Moosbauer, R. Wiegels (Rahden-Westalen 2011), 75-85; D. Timpe, *Römisch-germanische Begegnungen in der späten Republik und frühen Kaiserzeit. Voraussetzungen – Konfrontationen – Wirkungen. Gesammelte Studien*, München 2006; R. Wiegels, "Römische Germanienpolitik in nachcaesarischer Zeit," In *Die Varusschlacht. Wendepunkt der Geschichte? Archäologie in Deutschland Sonderheft 2007* (Stuttgart 2007), 50-64; R. Wiegels, "Von der Niederlage des M. Lollius bis zur Niederlage des Varus. Die römische Germanenpolitik in der Zeit des Augustus." In *Feindliche Nachbarn, Rom und die Germanen*, Herausgegeben H. Schneider (Köln 2008), 47-76; R. Wolters, "Germanien im Jahre 8 v. Chr." In *Rom, Germanien und die Ausgrabungen von Kalkriese*, Herausgegeben W. Schlüter, R. Wiegels (Osnabrück 1999), 591-637; R. Wolters, *Die Schlacht im Teutoburger Wald.* Arminius, Varus *und das römische Germanien*, München 2008. Da ultimo, si vedano i contributi contenuti in G. A. Lehmann, R. Wiegels (Herausgegeben), In *Über die Alpen und über den Rhein ... Beiträge zu den Anfängen und zum Verlauf der römischen Expansion nach Mitteleuropa*, Herausgegeben G. A. Lehmann, R. Wiegels (Berlin 2015).

Su questa stessa problematica vedi, infine, anche K. Christ, "Zur Beurteilung der augusteischen Germanienpolitik," *Chiron* 7 (1977): 149-205. G. A. Lehmann, "Zum Zeitalter der römischen Okkupation Germaniens: neue Interpretationen und Quellenfunde," Boreas 12 (1989): 207-230; H.-G. Simon, "Eroberung und Verzicht. Die römische Politik in Germanien zwischen 12 v. Chr. und 16 n. Chr." In *Die Römer in Hessen*, Herausgegeben D. Baatz, F. R. Herrmann (Stuttgart 1982): 38-57; Wells, *The German Policy*.

Il processo di provincializzazione della Germania viene invece fortemente messo in dubbio in J. Deininger, *Die Provinziallandtage der römischen Kaiserzeit von Augustus bis zum Ende des dritten Jahrhunderts n. Chr.*, München 1965; J. Deininger, "*Germaniam pacare.* Zur neueren Diskussion über die Strategie des Augustus gegenüber Germanien," *Chiron* 30 (2000): 749-773; Kienast, *Augustus*, 355.

[122] Dio, 56, 18,1-2.

Se Velleio Patercolo mette in rilievo che durante il governatorato di Varo la provincia non è ancora del tutto pacifica[123] e Floro descrive i *Germani* come *victi magis quam domiti*[124], il passo dioneo restituisce invece un quadro più complesso e più aderente alla realtà che le testimonianze archeologiche consentono di ricostruire. Cassio Dione, in questo in accordo con Velleio e Floro, afferma che l'egemonia romana in *Germania*, in particolare nei territori oltre il Reno, sarebbe stata limitata soltanto ad alcune aree e che – è questo l'aspetto maggiormente interessante del passo dioneo – il processo di provincializzazione era tuttavia in corso: alla presenza di *castra* legionari stabili, archeologicamente attestati a partire dall'11 a. C., avrebbe fatto riscontro anche la nascita di centri urbani, questi ultimi oggetto di scavi e di nuovi studi solo in un passato molto recente[125].

Risale al 1993 la scoperta, presso il moderno centro abitato di Lahnau-Waldgirmes (Assia), di un campo militare databile alla fase tiberiana dell'invasione della *Germania* (Figg. 41, n. 16 e 42)[126]; un doppio fossato ed un *agger* in terra e legno, quest'ultimo dotato di quattro porte in legno situate al centro di ciascun lato in corrispondenza della *via principalis* e della *via praetoria*, delimitano un'area di forma trapezoidale di circa 7,7 ettari. Ulteriori indagini condotte all'interno del campo hanno tuttavia presto indotto a mutare la prima interpretazione data del sito; se non esistono dubbi sul carattere militare dell'insediamento originario, è risultato altrettanto evidente che, al momento della sconfitta di Varo, questo stava assumendo i caratteri di un vero e proprio centro urbano[127]. Elemento caratterizzante di tale *status* è il complesso di carattere pubblico ubicato al centro dell'insediamento, in corrispondenza dell'incrocio formato dalle *viae principalis* e *praetoria*[128]; esteso su un'area di 45x43 m, esso risulta articolato in una piazza scoperta circondata da portici sui lati Sud, Ovest ed Est, e in gruppo di ambienti coperti, disposti sul lato settentrionale. Un'aula a pianta rettangolare (45x12 m), accessibile dalla piazza per mezzo di cinque porte, immette a sua volta in un ambiente quadrato e in due ambienti absidati laterali, ad esso adiacenti. Il rinvenimento dei frammenti di una statua equestre in bronzo all'interno di cinque buche realizzate al centro

[123] Vell. Pat., II, 118, 4: *mediam ingressum Germaniam velut inter viros pacis gaudentes dulcedine iurisdictionibus agendoque pro tribunali ordine trahebat aestiva.*

[124] Florus, II, 30, 30.

[125] Di non secondaria importanza è la presenza, anche nei territori ad Est del Reno, di una viabilità, nota grazie ad un passo di Tacito, nel quale si fa riferimento a percorsi stradali e a ponti realizzati in *Germania* da Domizio Enobarbo e non più praticabili all'epoca delle spedizioni di Germanico (Tac., *Ann.*, I, 63: *trames ....a L. Domitio aggeratus...ruptos vetustate pontes*). Sull'assetto insediativo della Germania all'arrivo dei Romani vedi il quadro tratteggiato in H. Steuer, "Landschaftsorganisation, Siedlungsnetz und Dorfstruktur in der Germania in den Jahrzehnten um Christi Geburt." In *Über die Alpen und über den Rhein ... Beiträge zu den Anfängen und zum Verlauf der römischen Expansion nach Mitteleuropa*, Herausgegeben G. A. Lehmann, R. Wiegels (Berlin 2015), 339-373, con bibliografia di riferimento.

[126] Sull'insediamento di Waldgirmes vedi A. Becker, "Die Ausgrabungen in Lahnau-Waldgirmes 1999. Eine nova colonia aus der Zeit des Kaisers Augustus in Lahnthal?" *Denkmalpflege und Kulturgeschichte. Landesamt für Denkmalpflege* 2 (1999): 60-65; A. Becker, "Eine römische Stadt an der Lahn?" *Antike Welt* 31 (2000):, 601-606; A. Becker, "Lahnau-Waldgirmes. Eine augusteische Stadtgründung in Hessen," *Historia* 52 (2003): 337-350; A. Becker, "Neue Aspekte zur Chronologie der augusteischen Germanienpolitik: wirtschaftliche, topographische und politische Standortfaktoren einer urbanen römischen Siedlung in Waldgirmes," *Münstersche Beiträge zur antiken Handelsgeschichte* 24 (2005): 161-174; A. Becker, "Die Ausgrabung einer römischen Stadt. Waldgirmes im Lahn-Dill-Kreis." In *Hessen in der Antike: die Chatten vom Zeitalter der Römer bis zur Alltagskultur der Gegenwart*, Herausgegeben D. Rohde, H. Schneider (Kassel 2006): 88-104; A. Becker, "Lahnau-Waldgirmes. Eine römische Stadtgründung im Lahntal aus der Zeit um Christi Geburt." In *Römische Präsenz und Herrschaft im Germanien der augusteischen Zeit*, Herausgegeben G. A. Lehmann, R. Wiegels (Göttingen 2007), 321-330; A. Becker, "Die Römer an der Lahn. Die Ausgrabungen in Waldgirmes." In *Feindliche Nachbarn, Rom und die Germanen*, Herausgegebn H. Schneider (Köln 2008), 97-151; A. Becker, "*Waldgirmes*. Praesidium, oppidum, colonia?" In *Kontaktzone Lahn Studien zum Kulturkontakt zwischen Römern und germanischen Stämmen*, Herausgegeben K. Ruffing, A. Becker, G. Rasbach (Wiesbaden 2010), 5-20; A. Becker, "Die römische Okkupation des Rhein-Main Gebietes und der Wetterau unter Augustus." In *Über die Alpen und über den Rhein ... Beiträge zu den Anfängen und zum Verlauf der römischen Expansion nach Mitteleuropa*, Herausgegeben G. A. Lehmann, R. Wiegels (Berlin 2015), 225-234; A. Becker, H. J. Köhler, "Das *forum* von Lahnau-Waldgirmes," In *Archäologie in Hessen. Festschrift für F. R. Herrmann*, Herausgegebn S. Hansen, V. Pingel (Rahden 2001), 171-177; A. Becker, G. Rasbach, "Der spätaugusteische Stützpunkt Lahnau-Waldgirmes," Germania 76 (1998): 673-692; A. Becker, G. Rasbach, "Städte in Germanien. Der Fundplatz Waldgirmes." In *Die Varusschlacht. Wendepunkt der Geschichte*, Herausgegeben R. Wiegels (Stuttgart 2009), 102-116; A. Becker, G. Rasbach, S. Biegert, "Die spätaugusteische Stadtgründung in Lahnau-Waldgirmes. Archäologische, architektonische und naturwissenschaftliche Untersuchungen," Germania 81 (2003): 147-199; K. Christ, "Waldgirmes. Historische Aspekte der neuen Ausgrabungen im mittleren Lahntal." In *Ad fontes. Festschrift für Gerhard Dobesch zum fünfundsechzigsten Geburtstag am 15. September 2004, dargebracht von Kollegen, Schülern und Freunden*, Herausgegeben H. Hefter, K. Tomaschitz (Wien 2004), 487-492; Eck, *Köln in römischer Zeit*, 70-72; Eck, "Augusto – la Germania," 13-14; von Schnurbein, "Augustus in *Germania*," 98-104; von Schnurbein, Wigg, Wigg, "Ein spätaugusteisches Militärlager," 337-367; Walter, Wigg, "Ein Töpferofen," 285-297. Per un rilievo complessivo del sito di Waldgirmes e delle fasi costruttive del foro vedi *2000 Jahre Varusschlacht.* Imperium, 356, fig. 7.8 e 122, fig. 1.
Per il campo militare vedi von Schnurbein, "Augustus in *Germania*," 98 (in prossimità dell'angolo sud-orientale del campo risulta inoltre presente un secondo *castrum* protetto da un singolo vallo e da una palizzata, quasi sicuramente un *Marschlager* anch'esso attribuibile al periodo posteriore alla morte di Druso).

[126] Le cortine murarie hanno fondazioni in pietre non sbozzate legate da malta e profonde 50 cm circa, destinate a sorreggere muri perimetrali e colonnati in materiali deperibili (legno ed argilla); i porticati e gli altri ambienti risultano coperti da tetti a capriate e tegole in terracotta. Cfr. la ricostruzione dell'intero complesso in Becker, Rasbach, Biegert, "Die spätaugusteische Stadtgründung," 194, fig. 26; 195, fig. 27; 196, figg. 28-29; vedi anche von Schnurbein, "Augustus in *Germania*," 100-102, figg. 7-9.

[127] All'interno del vallo le indagini archeologiche hanno individuato la viabilità principale, fiancheggiata su entrambi i lati da porticati e dotata di una rete idrica realizzata in parte con *fistulae* in piombo, numerose abitazioni con impianti di tipo indigeno e di tradizione mediterranea, *tabernae* e botteghe artigiane, una delle quali attiva nella produzione di ceramica di tipo indigeno.

[128] Le cortine murarie hanno fondazioni in pietre non sbozzate legate da malta e profonde 50 cm circa, destinate a sorreggere muri perimetrali e colonnati in materiali deperibili (legno ed argilla); i porticati e gli altri ambienti risultano coperti da tetti a capriate e tegole in terracotta. Cfr. la ricostruzione dell'intero complesso in Becker, Rasbach, Biegert, "Die spätaugusteische Stadtgründung," 194, fig. 26; 195, fig. 27; 196, figg. 28-29; vedi anche von Schnurbein, "Augustus in *Germania*," 100-102, figg. 7-9.

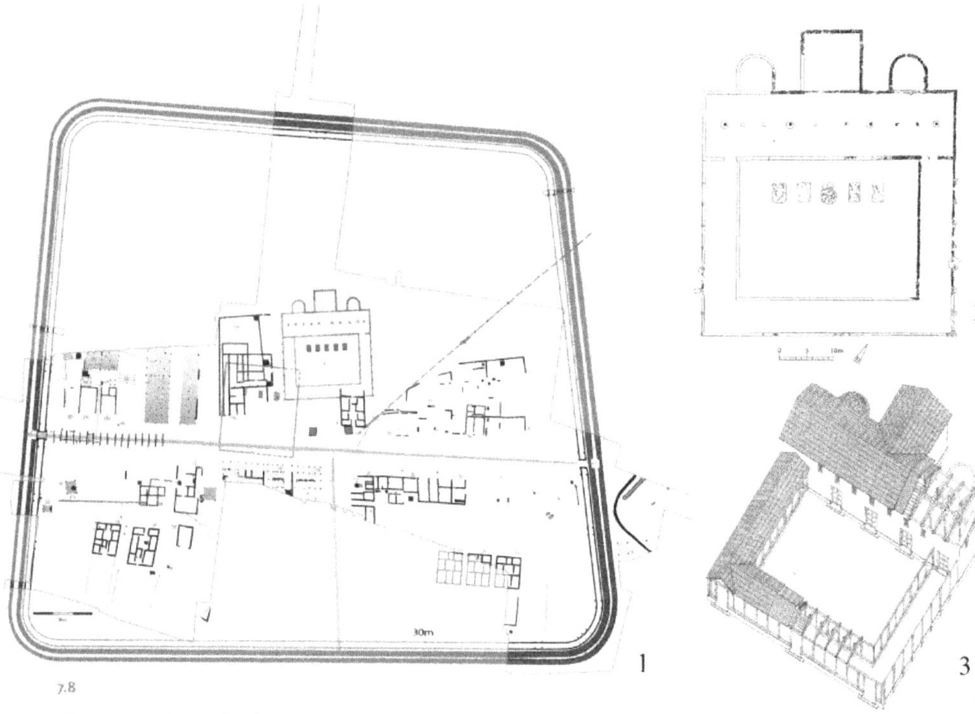

Figura 42. Insediamento di Waldgirmes. Pianta del sito e del foro e ricostruzione delle strutture del foro (da Becker, Rasbach, Biegert, "Die spätaugusteische Stadtgründung").

della piazza[129], consente, contestualmente agli elementi strutturali e topografici dell'intero complesso, una identificazione di quest'ultimo come *forum*[130] e dell'insediamento di Waldgirmes con una delle πόλεις che, secondo Cassio Dione, erano in via di costruzione al momento della sconfitta di Varo nel *saltus Teutoburgensis*.

Le indagini dendrocronologiche condotte sul legno di rivestimento di una delle fontane dell'insediamento hanno consentito di individuare nel 4-3 a. C. il momento della fondazione dell'insediamento[131], mentre la sconfitta di Teutoburgo (9 d. C.) ne comportò un repentino abbandono, caratterizzato da stratigrafie con consistenti tracce di incendio[132].

Di non secondaria importanza sono inoltre alcuni significativi mutamenti nell'assetto strutturale e nel corpo sociale dei *castra* di Haltern (Fig. 43)[133], riconducibili alla necessità di trasformare in un insediamento permanente, forse anch'esso con carattere civile, il campo militare. Attestano tale fenomeno la ricostruzione, secondo modelli abitativi di carattere prettamente mediterraneo, delle abitazioni destinate ad un consistente numero di ufficiali (legati e tribuni), forse destinato a sviluppare una amministrazione anche di carattere civile, la creazione di una rete idrica con condutture in piombo[134] e l'ampliamento della cortina difensiva del campo. All'esterno del campo si sviluppano necropoli con tombe anche di una certa monumentalità, nelle quali sono contestualmente attestate sepolture di Romani e di personaggi di origine indigena[135], e attività

[129] Le buche, contenente anche frammenti di lastre architettoniche in larga parte appartenenti al complesso, furono verosimilmente realizzate al momento dell'abbandono dell'insediamento, avvenuto all'indomani della sconfitta di Varo e del conseguente abbandono dei territori oltre il Reno.

[130] Il complesso sarebbe quindi dotato di una piazza porticata, nella quale si trovava assai verosimilmente la statua equestre del *princeps* o di un membro della sua famiglia, da una basilica civile e da tre edifici connessi a quest'ultima, da identificare come sacelli e/o come ambienti destinati all'amministrazione (curia, *tabularium*), secondo un modello che, già in età augustea trova confronto nei centri delle vicine province galliche (cfr. ad es. i fori di Feurs/*Forum Segusiavicorum*, nella *Gallia Lugdunensis*, e quello di *Glanum* nella *Gallia Narbonensis*).

[131] Becker, Rasbach, *Städte in Germanien*, 102-116.

[132] I dati archeologici indicano tuttavia che l'insediamento venne rioccupato per breve tempo negli anni delle offensive condotte da Germanico, solo per essere nuovamente e definitivamente abbandonato (Becker, Rasbach, *Städte in Germanien*, 110-116).

[133] von Schnurbein, "Augustus in *Germania*," 95-97, fig. 2, n. 13; W. Eck, H. Von Hesberg, "Der Rundbau einer *dispensator Augusti* und andere Grabmäler der frühen Kaiserzeit in *Colonia*. Monumente und Inschriften," *Kölner Jahrbucher* 36 (2003), 151-205, in particolare 200-201.

[134] von Schnurbein., "Untersuchungen zur Geschichte," 68-70. Significativo è, in questo contesto, il rinvenimento nel campo di due lingotti di piombo, uno dei quali recante l'iscrizione graffita *l(egionis) XIX* (von Schnurbein, "Ein Bleibarren," 136). Sulla circolazione di manufatti in piombo nell'insediamento di Haltern vedi anche R. Asskamp, B. Rudnick, "Römische Bleifunde aus Haltern," *Soester Beiträge zur Archäologie* 8 (2007): 33-40; M. Bode, A. Hauptmann, K. Metzger, "Tracing Roman lead sources using lead isotope analyses in conjunction with archaeological and epigraphic evidence - a case study from Augustan/Tiberian *Germania*," *Archaeological and Anthropological Sciences* 3 (2009): 177–194.

[135] A Sud-Ovest del campo è stata scavata a più riprese, tra il 1816 ed il 1989, una vasta area di necropoli costituita da almeno 56 tombe a fossa, a recinto e a tumulo, e dai relativi *ustrina*, disposti ai lati della strada che da Haltern si dirigeva verso il Reno (R. Asskamp, "Haltern." In *2000 Jahre Römer in Westfalen*, Herausgegebn R. Asskamp (Mainz 1989): 21-43; S. Berke, "Das Gräberfeld von Haltern." In *Die römische Okkupation nördlich der Alpen zur Zeit des Augustus. Kolloquium Bergkamen 1989*, Herausgegeben B. Trier (Münster 1991): 149-157; S. Berke, "*Requies aeterna!* Der Grabbau und die relative Chronologie

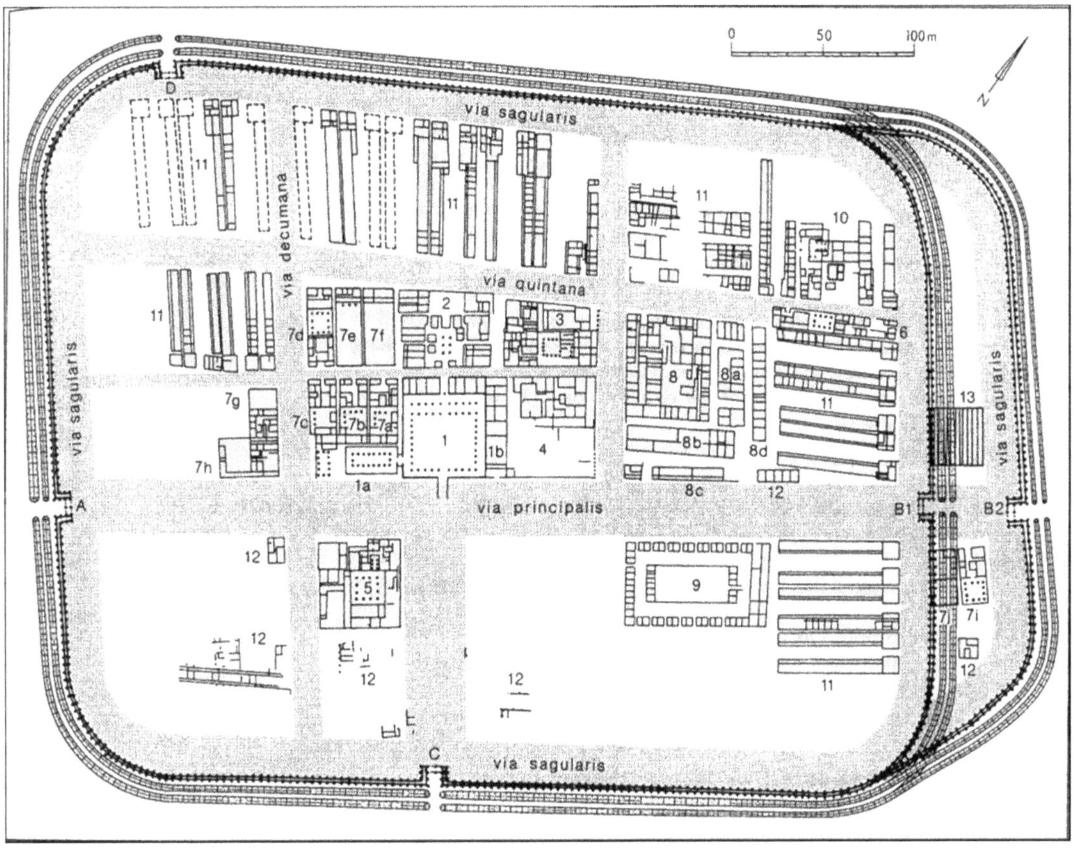

Figura 43. Planimetria dei *castra* di Haltern.

di carattere economico, quale la manifattura ceramica di *P. Flos*, i cui prodotti risultano commercializzati in insediamenti civili e militari delle valli della Lippe e del Reno[136].

Centrale, nel disegno di Roma, fu infine il ruolo giocato dal principale insediamento della tribù degli *Ubii* (la futura Colonia; Fig. 41, n. 17), destinato, forse fin dalla sua fondazione, ad essere il principale centro amministrativo della nuova provincia della *Germania*[137]. Fedeli alleati dei Romani già all'epoca delle guerre cesariane in *Gallia*, gli *Ubii* furono costituiti come *civitas* successivamente alla *transgressio Rheni* operata da Agrippa (19-18 a. C.)[138]. Tracce di occupazione nelle regioni ad Ovest del Reno da parte degli *Ubii* sono attestate a *Noviomagus*/Neuss e a *Bonna*/Bonn a partire dal 30 a. C. circa, mentre attorno al 16 a. C. si aggiungono, in entrambi i siti, campi militari costruiti in vista dell'offensiva di Druso oltre il Reno[139]. Più tardo è invece l'insediamento che si sviluppa presso l'attuale Colonia, dove le prime testimonianze archeologiche, risalenti al 7-5 a. C., sono relative ad un sito di carattere militare, forse da identificare con i *castra* di una *vexillatio* legionaria[140]; peculiare (e significativa), rispetto ai vicini centri di Neuss e Bonn, fondati sulla sommità di rilievi facilmente difendibili, appare la posizione dell'insediamento, ubicato in un'area pianeggiante alla sinistra del Reno[141].

innerhalb der römischen Gräberstraße von Haltern." In Munus. *Festschrift Wiegart*, Herausgegeben T. Mattern (Münster 2000), 27-39; Eck, von Hesberg, "Der Rundbau einer *dispensator Augusti*," 178-179, fig. 32a-b; 200-201; G. Weiler, "Römisches Militär und die Gründung niedergermanisches Städte." In *The impact of the Roman Army (200 BC-AD 476)*, Herausgegeben L. de Blois, G. De Klejin (Leiden 2007): 371-390). Il rito principale, l'incinerazione, e i corredi identificano la quasi totalità dei defunti come Romani, mentre l'epigrafe funeraria in latino di una tomba a tumulo scavata nella vicina località di Nickenich rivela la presenza presso Haltern anche di *Germani* romanizzati (si veda l'epigrafe di una una tomba a tumulo in Eck, von Hesberg, "Der Rundbau einer *dispensator Augusti*," 178-179, fig. 32a-b).

[136] von Schnurbein, "Halterner Sigillata-Produkte," 46-59; von Schnurbein, "Augustus in *Germania*," 97; S. Biegert, S. von Schnurbein, "Neue Untersuchungen zum Sigillatastempel P. FLOS." In *Römische Keramik. Hertellung und Handel*, Herausgegeben B. Liesen (Mainz 2003), 1-6. Manifatture dello stesso *P. Flos.* risultano attive anche presso Colonia. Per le produzioni ceramiche attive presso il campo di Haltern vedi anche B. Rudnick, *Die römischen Töpfereien von Haltern*, Mainz 2001; S. von Schnurbein, "Von Drusus bis Varus," *Archäologie in Deutschland* 5 (2004): 40-43. Negli stessi anni è attestata, in particolare nel settore orientale dell'Eifel, l'esistenza di cave di pietra, presso le quali si produceva materiale da costruzione, impiegato, ad esempio, per il cantiere delle mura di Colonia, e di macine in basalto (Rothenhöfer, Bode, Wirtschaftliche Auswirkungen, 327-329).

[137] Su questa ricostruzione vedi, da ultimo, Eck, *Köln in römischer Zeit*, 77-102 e A. Schäfer, "Cologne, *oppidum* des Ubiens. L'urbanisme augustéen." In *La Naissance des capitale de cités en Gaule Chevelue*, édité par M. Reddé, W. Van Andring (Paris 2015): 269-284.

[138] Strabo, IV, 3, 4; Tac., *Germ.*, 28, 4; *Ann.*, XII, 27. Cfr. anche Lamberti, "Alle origini della *Colonia Agrippina*," 113-115; M.-Th. Raepsaet-Charlier, "Les Gaules et les Germanies," In *Rome et l'intégration de l'empire (44 av. J. C.-260 apr. J. C.). Tome 2. Approches régionales du Haut-Empire romaine*, édités par C. Lepelley (Paris 1998), 161; Eck, *Köln in römischer Zeit*, 46-62.

[139] M. Gechter, "Early roman militay installations and Ubian settlements in the Lower Rhine." In *The Early Roman Empire in the West*, edited by T. Blagg, M. Millet, (Oxford 1990), 100-102.

[140] Gechter, *Early roman militay installations*, 100-102; Eck, *Köln in römischer Zeit*, 81-82; Bechert, Willems, *Die romische Reichsgrenze*, 34-35.

[141] Gechter, *Early roman militay installations*, 100-102.

Ignoto rimane il nome originario del centro, che Tacito definisce *Ara Ubiorum* in un passo relativo a vicende del 9 d. C.[142] e *oppidum Ubiorum* in un secondo passaggio pertinente alla ribellione delle legioni renane nel 14 d. C.[143]. Una serie di testimonianze di carattere archeologico e, in particolare, epigrafico, ne mettono in evidenza il marcato e precoce sviluppo urbano e, soprattutto, il ruolo di principale centro amministrativo – verosimilmente di capitale – della nuova provincia (Fig. 44).

La parte inferiore di una torre di cinta realizzata in *opus coementicium* e paramento in blocchi squadrati – il cosiddetto *Ubiermonument* – è stata datata tra il 5 ed il 6 d. C., sulla base dei dati forniti dalle analisi condotte sui pali in legno di quercia che ne costituiscono le fondazioni[144]. La struttura, pertinente al settore sud-orientale della cortina murartia della città, è la prima traccia dell'esistenza di un abitato di carattere urbano destinato a svilupparsi ulteriormente nel corso dei decenni successivi. Nel 14 d. C. Germanico, durante la sua permanenza nella città, abita una *domus*[145], mentre resti di abitazioni di notevole impegno di età tardoaugustea e tiberiana sono state individuate nel corso di indagini archeologiche condotte presso la cattedrale e ed il Margarethenkloster[146]. Su un'area di 96 ettari viene quindi creata una griglia di quartieri, destinati a ospitare edifici monumentali in pietra, *domus* e impianti artigianali che, fin dalla sua fondazione, fanno della città degli *Ubii* il principale centro "romano" della regione renana. Un arco onorario, del quale rimane unicamente un piccolo frammento di colonna, venne probabilmente eretto in onore di Augusto in un punto non meglio noto all'interno della città[147].

Il termine *Ara*, che costituisce il tratto caratterizzante del nome dell'insediamento, è da porre in relazione con l'esistenza di un santuario, incentrato sulla presenza qualificante di un altare; tale culto, ospitato all'interno di una vasta area sacra ubicata nel settore orientale della città, lungo il corso del Reno, risulta caratterizzato da tratti che rimandano ai culti provinciali voluti dal *princeps* e mette in evidenza la centralità del centro urbano all'interno della *provincia Germania*[148]. Evidentemente legato a quest'ultimo è la figura del sacerdote *Segimundus*, appartenente alla tribù germanica dei *Cherusci* e coinvolto, nello stesso 9 d. C., nella rivolta di Arminio. La presenza nella città di un sacerdote di nazionalità non ubia implica l'esistenza di un culto comune agli *Ubii*, ai *Cherusci* e, verosimilmente, alle

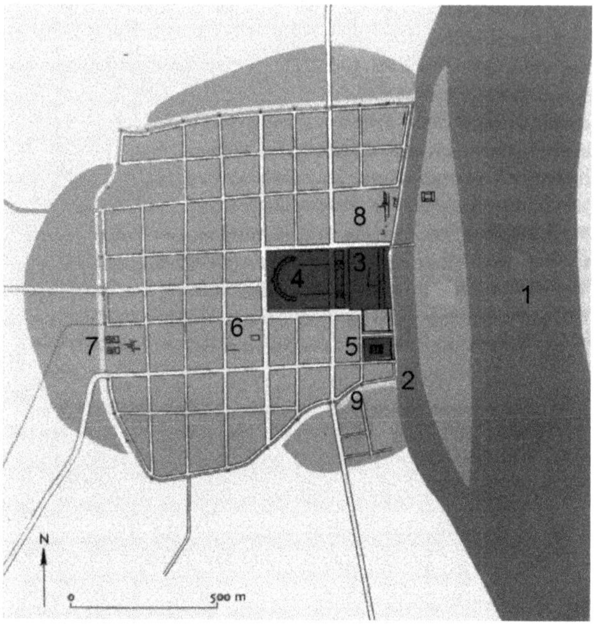

Figura 44. Planimetria di Colonia nella prima età imperiale (immagine rielaborata, da Eck, *Köln in römischer Zeit*), 1. Reno; 2. Porto; 3. Altare del culto provinciale; 4. Foro provinciale; 5. *Capitolium*; 6. Terme; 7. Santuario; 8. "*Praetorium*" (residenza del governatore?; 9. Cosiddetto "Ubiermonument".

altre popolazioni di stirpe germanica; il carattere "federale" del culto risulta peraltro attestato dal fatto che *Segimundus* viene eletto (*creatus*), verosimilmente per un periodo di tempo limitato, alla carica sacerdotale. La dedica nel 12 a. C. da parte di Druso dell'*Ara trium Galliarum*, realizzata presso *Lugdunum* per la celebrazione del culto imperiale congiunto delle tre province galliche di *Aquitania*, *Gallia Lugdunensis* e *Gallia Belgica*, costituisce il più immediato e cogente elemento di paragone; al momento della dedica dell'*ara*, successiva al *census* provinciale del 13 a.C., il sacerdote addetto al culto è un membro della *civitas* degli *Aedui* e *civis Romanus*, *C. Iulius Vercondaridubnus*[149].

Verosimilmente la scelta del principale insediamento della fedele tribù degli *Ubii* come sede del culto federale di Roma e Augusto della nuova provincia di *Germania* dovette concretizzarsi nel periodo successivo all'8 a. C., quando il trasferimento dei 40.000 *Sugambri* sulla riva sinistra del Reno e la celebrazione del trionfo di

[142] Tac., *Ann.*, I, 57: *anno, quo Germaniae descivere, sacerdos apud Aram Ubiorum creatus, ruperat vittas, profugus ad rebelles.*

[143] Tac., *Ann.*, I, 36: *... destinatum excidio Ubiorum oppidum.*

[144] La struttura è stata scavata nel 1965. H. Hellenkemper, "Architektur als Beitrag zur Geschichte der *Colonia Ara Agrippinensium*." In *Aufstieg und Niedergang der römischen Welt*, II, 4, Herausgegeben W. Haase (Berlin 1975), 783-824; H. Galsterer, "Kolonisation im Rheinland." In *Cités, Municipes, Colonies. Les processus de municipalisation en Gaule et en Germanie sous le Haut Empire*, éditè par M. Dondin-Payre, M.-T., Raepsaet-Charlier (Paris 1999), 257; Eck, *Köln in römischer Zeit*, 80-81.

[145] Tac., *Ann.*, I, 39: *....in domo Germanici.*

[146] Galsterer, *Kolonisation im Rheinland*, 257-258 e nota 27. Tali residenze, oltre ad ospitare personaggi come Germanico, ufficiali dell'esercito o membri dell'amministrazione civile, potrebbero anche aver costituito le abitazioni di membri delle *élites* della tribù degli *Ubii*.

[147] H. Hesberg, *"Bauteile der frühen Kaiserzeit in Köln – Das oppidum Ubiorum zur Zeit des Augustus*," In *Festschrift G. Precht*, Herausgegeben , Xantener Berichte 12 (Mainz 2002): 13-36.

[148] Eck, *Köln in römischer Zeit*, 85-87; "Augusto – la Germania," 20-21. Le indagini archeologiche hanno permesso di determinare che il quartiere riservato al santuario, al cui centro era ubicato l'altare, copriva un'area di 200x90 m ed era immediatamente prospicente il Reno.

[149] Liv., *Per.*, 138: *Ar<a> d<e>i Caesaris ad confluentem Araris et Rhodani dedicata, sacerdote creato C. Iulio Vercondaridubno Aeduo.*

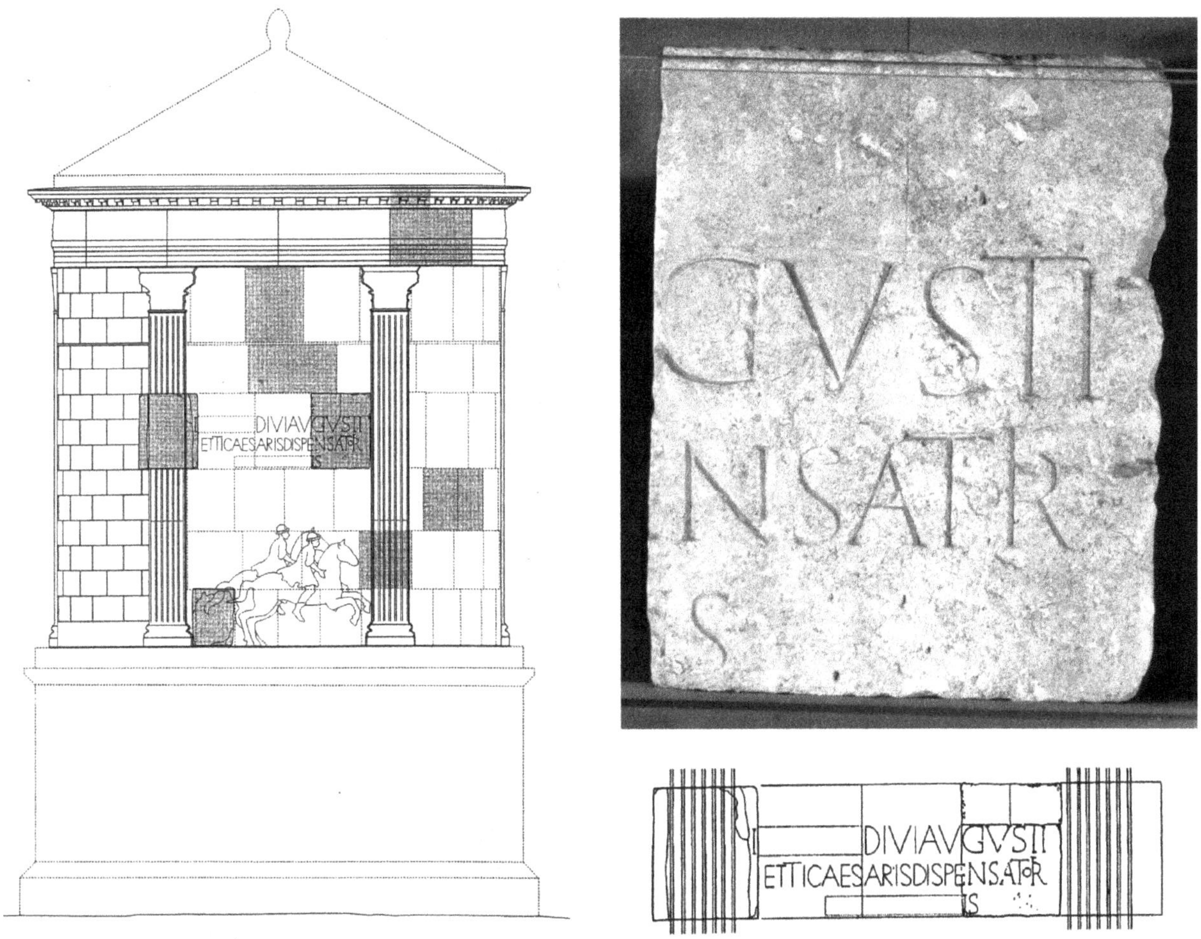

Figura 45. Ricostruzione ed epigrafe della tomba del *dispensator* da Colonia (da Eck, von Hesberg, "Der Rundbau einer *dispensator Augusti*," fig. 40a-c).

Tiberio[150] apparvero ai Romano come un momento di svolta nella guerra contro i *Germani*[151]. Si è ipotizzato che, sull'esempio di *Lugdunum* e dell'*Ara trium Galliarum*, il nome del santuario e dell'insediamento nel quale esso si trovava, possa essere stato *Ara Germaniae*[152]. Ciò che appare certo è che dopo la sconfitta di Varo e la perdita dei territori situati tra Reno ed Elba, il santuario, non più legato al culto della *provincia* della *Germania*, rimase il centro religioso di riferimento della sola *civitas* degli *Ubii*, mentre il centro urbano dovette assumere in questo momento la denominazione definitiva di *Ara Ubiorum*[153].

La città, come anticipato, era stata concepita per essere contestualmente la sede del culto imperiale e la capitale stessa della provincia. Agli ultimi anni del principato augusteo si data la presenza nell'insediamento di un *servus* del *princeps*, investito della carica di *dispensator*[154]. Lo scavo, in prossimità dell'edificio della Filarmonica presso la riva sinistra del Reno, dei resti di una tomba ad edicola, ha permesso il recupero di parte dei materiali architettonici che la componevano[155]. La struttura (Fig. 45) era caratterizzata da un basamento cilindrico, di 5,31 m di diametro, sul quale si impostava un'edicola decorata con lesene e falsi capitelli corinzi, a loro volta sormontati da un'architrave semplice coronato da una cornice aggettante a dentelli[156]. I confronti stilistici permettono di accostare il monumento di Colonia con altri mausolei di chiara derivazione italica presenti in area renana (tombe di *Petronius Asellius* e di *Nasidienus Agrippa* da Mainz, di *Marcus Caelius* da

[150] Dio, 55, 6, 6; il trionfo verrà poi celebrato l'anno seguente (Dio, 55, 8, 1). Vedi anche Eck, *Köln in römischer Zeit*, 102-103.

[151] Svet., *Aug.*, 21, 2; *Tib.*, 9, 3; Tac., *Ann.*, XII, 39; Eutr., VII, 9; Oros., *Hist.*, VI, 21, 16-17; Eck, *Köln in römischer Zeit*, 87.

[152] Eck, *Köln in römischer Zeit*, 93. Da sottolineare che normalmente la presenza di un santuario con queste caratteristiche è associata a territori già organizzati in province.

[153] Eck, *Köln in römischer Zeit*, 89. Dal momento che il culto riuniva più tribù, si deve ipotizzare che la denominazione *Ara Ubiorum*, peraltro menzionata dal solo Tacito, fosse anacronistica ai tempi dello storico.

[154] L. Lazzaro, *Esclaves et affranchi en Belgique et Germanies romaines d'après les sources épigraphiques*, Paris 1993, 230, n. 260; Eck, von Hesberg, "Der Rundbau einer *dispensator Augusti*," 151-205; Eck, *Köln in römischer Zeit*, 92-93.

[155] Il mancato recupero di larga parte degli elementi che dovevano costituire la struttura (tra questi nessun frammento pertinente allo zoccolo e alla copertura) rende impossibile stabilire le dimensioni originali del monumento funerario.

[156] Eck, von Hesberg, "Der Rundbau einer *dispensator Augusti*," 152-158, figg. 1 e 5.

Bonn)[157], ai quali, nel complesso, viene attribuita una cronologia compresa tra il 10 ed il 20 d. C. La struttura, così come gran parte dei monumenti funerari delle necropoli di età imperiale di *Colonia Ara Agrippina*, viene stata smantellata tra l'inizio e la fine del III sec. d. C. al fine di reimpiegarne i blocchi per le opere di fortificazione del centro urbano[158].

Tra i frammenti superstiti, tutti pertinenti all'edicola, due soli riportano il testo dell'iscrizione funeraria, il cui testo è stato parzialmente ricostruito come segue: *I[ca. 6 divi Aug]usti / [et Ti(berii) Caesaris dis]pensatori / [ca. 14]is*[159].

Il *dispensator* di Colonia, certamente di rango servile, pur essendo deceduto durante il principato di Tiberio, ha tuttavia svolto le sue funzioni, presumibilmente nella stessa Colonia, anche sotto Augusto; decisamente verosimile è quindi l'appartenenza di tale personaggio all'amministrazione civile che, durante l'età augustea, è attiva nei territori della nuova *provincia* della *Germania*[160]. Da sottolineare, nel caso in oggetto, la scelta, per il monumento funerario di un *servus* del *princeps*, di forme autorappresentative di notevole impatto architettonico, che, nel corso dell'età augustea, appaiono caratterizzare principalmente i gruppi dirigenti municipali e i ceti libertini nella penisola italica e nelle regioni più profondamente romanizzate[161]. Non sarebbe da escludere, infine, che la tomba sia stata realizzata impiegando fondi del *princeps* piuttosto che con denaro di proprietà dello stesso *dispensator*[162].

Questo ed altri sepolcri di età giulio-claudia[163] attestano la costituzione, fin dall'età augustea, di un *officium* con funzionari di rango servile e/o libertino legati al *princeps*, che ha come base la capitale provinciale e la cui attività è connessa all'amministrazione dei territori germanici. Come risulta chiaro dal passo di Tacito nel quale viene menzionata la *domus Germanici*[164], presso la città risiede anche il *legatus Augusti pro praetore* governatore della *Germania*.

Assai verosimilmente la scelta del sito di Colonia come capitale fu determinata sulla base della posizione geografica che l'insediamento avrebbe avuto all'interno della nuova provincia; la città, ubicata lungo il Reno, era ben collegata alla rete stradale delle province galliche e si trovava a poca distanza dalla valle della Lippe, principale direttrice delle operazioni militari ad Est del fiume. Allo stesso tempo essa possedeva una posizione centrale rispetto ai confini provinciali disegnati da Roma; questi ultimi, come dichiarato dallo stesso Augusto nelle *Res gestae*[165], avevano come limite orientale l'*Albis*, mentre, ad Ovest del Reno, la *Germania provincia* doveva includere una lunga fascia di territori ubicati lungo il fiume, corrispondenti alle future province della *Germania superior* e della *Germania inferior*. Chiara attestazione di ciò rimane nella denominazione di *Germanicum* del piombo estratto nelle miniere dell'Eifel, regione ubicata a Nord-Ovest di Colonia (per la quale vedi Cap. 2.3.1), e nell'esistenza di *civitates Germanicae* ad Ovest del Reno già durante il principato di Augusto. Nella *Tabula Siarensis* vengono infatti menzionati *Gallis Germanisque qui citra Rhenum incolerent quorum civitates iussae essent ab divo Augusto rem divinam ad tumulum Drusi facere*[166]; è ancora Plinio a ricordare l'origine germanica della quasi totalità delle *civitates* stanziate lungo il Reno (*Nemetes, Triboci, Vangiones, in Ubiis colonia Agrippinensium, Guberni, Batavi*[167]), nel territorio corrispondente alla provincia della *Germania inferior*. I territori adiacenti ad Ovest il corso del Reno, che almeno fino al 16 a. C. avevano fatto certamente parte della *Gallia Belgica*, vennero coinvolti nell'attività di riorganizzazione delle province galliche, culminata

[157] Eck, von Hesberg, "Der Rundbau einer *dispensator Augusti*," 161-162, 174-176.

[158] Eck, von Hesberg, "Der Rundbau einer *dispensator Augusti*," 153-154.

[159] Per la ricostruzione del testo cfr. Eck, von Hesberg, "Der Rundbau einer *dispensator Augusti*," 191-195, fig. 40a.

[160] Torneremo nel capitolo finale sulle possibili implicazioni che la presenza di un *dispensator* del *princeps* ha in relazione alla gestione delle miniere della *Germania* (su tale problematica vedi anche P. Rothenhöfer, "*Plumbum Germanicum*-Germanic lead and the history of Augustan Germany." In *Archaeometallurgy in European Proceedings. International Conference (Mailand 24-26.9.2003)* (Mailand 2003), 646; Eck, von Hesberg, "Der Rundbau einer *dispensator Augusti*," 195)

[161] Eck, von Hesberg, "Der Rundbau einer *dispensator Augusti*," 38-50, 59-67, 273-275; vedi anche gli esempi di sepolcri monumentali di area renana e non, menzionati in Eck, von Hesberg, "Der Rundbau einer *dispensator Augusti*," 176-191, figg. 32-39.

[162] Eck, von Hesberg, "Der Rundbau einer *dispensator Augusti*," 196

[163] É pertinente ad un monumento funerario di tipologia simile a quello del *dispensator* un blocco di calcare rinvenuto presso la Bonnerplatz di Colonia attorno al 1890 (CIL XIII, 8266=AE 2004, 969b; Eck, *Köln in römischer Zeit*, 94, nota 6; Lazzaro, *Esclaves et affranchi*, 230, n. 261; Eck, von Hesberg, "Der Rundbau einer *dispensator Augusti*," 195-196, fig. 40, c.); il testo dell'epigrafe funeraria presente sul blocco, suo unico elemento superstite, è ricostruibile come segue: *[--- Ti(berii) Augusti et Augus]tae l(iberto) Vedian[o ---] / [---]pii filii parens* o, in alternativa, *[--- Ti(berii) Caes(aris) Augusti et Augus]tae l(iberto) Vedian[o ---] / [---]pii filii parens*. Il monumento sarebbe quindi pertinente alla sepoltura di un *Vedianus*, liberto di Tiberio e di Livia, anch'esso presente a Colonia come membro della nascente amministrazione imperiale; da sottolineare che il liberto in questione fa parte della *familia* che Augusto e Livia ereditano da parte di Vedio Pollione dopo la sua morte nel 15 a. C.[163] La cronologia dell'epigrafe è necessariamente compresa tra il 14 d. C., anno nel quale Livia assume il titolo di *Augusta* ed il 29 d. C., anno della sua morte; sulla base di tale datazione non è possibile escludere che *Vedianus* abbia iniziato il suo servizio in *Germania* già duranti gli ultimi anni di Augusto.
Una terza iscrizione, notevolmente frammentaria, è infine pertinente ad un terzo monumento funerario, anch'esso realizzato per un liberto imperiale, forse di Claudio (CIL XIII, 8376.); di seguito riportiamo la ricostruzione del testo superstite proposta da W. Eck (Eck, von Hesberg, "Der Rundbau einer *dispensator Augusti*," 196-197, fig. 40, b.): *[Ti(berio) Clau]dio [divi Claudi?] / [Aug(usti) lib(erto) Ele]uthero [---] / [---]*.

[164] Tac., *Ann.*, 1, 39: *Interea legati ab senatu regressum iam apud aram Ubiorum Germanicum adeunt. (...); et nocte concubia vexillum in domo Germanici situm flagitare occipiunt, concursuque ad ianuam facto moliuntur foris, extractum cubili Caesarem tradere vexillum intento mortis metu subigunt.*

[165] Aug., *Res gestae*, 26: *Gallias et Hispanias provincias, i[tem Germaniam qua inclu]dit Oceanus a Gadibus ad ostium Albis flumin[is pacavi].*)

[166] *Tab. Siar.*, I, 29-31 (CIL VI, 31199a 2-17). Cfr. anche Galsterer, *Kolonisation im Rheinland*, 262.

[167] Plin., *N. H.*, IV, 106: *Rhenum accolentes Germaniae gentium in eadem provincia Nemetes, Triboci, Vangiones, in Ubiis colonia Agrippinensium, Guberni, Batavi.*

con il *census* del 13 a. C.[168] e con la consacrazione dell'*Ara trium Galliarum* a *Lugdunum* nel 12 a. C.[169] e funzionale alla preparazione dell'intervento militare in *Germania*[170]. Anche se alcune delle *civitates* menzionate potrebbero quindi essere state costituite precedentemente, ad esempio nell'ambito del governatorato di Agrippa in Gallia[171], è possibile ipotizzare che altri interventi di questo tipo possano essere stati realizzati a partire dal 12 a. C. da Druso, da Tiberio e/o dai legati che ad essi succedono, nei territori ad Ovest del Reno e, come indica il caso dell'insediamento di Waldgirmes, anche ad Est di quest'ultimo[172]. Potrebbe essere questo il caso della *civitas Tungrorum*, la cui capitale *Atuatuca* è caratterizzata da un impianto ortogonale di età augustea e nella quale è attestato da Igino l'impiego di una unità di misura lineare definità *pes Drusianum*[173], della *civitas Batavorum*, della quale sono noti l'impianto di età augustea del foro di *Noviomagus*/Nijmegen e l'epigrafe di un *magister civitatis*[174] e, forse, di *Mogontiacum*, dove i monumenti in memoria di Druso – il *tumulum Drusi* e l'arco di trionfo eretto da Germanico in onore del padre – costituiscono un importante polo aggregativo già in augustea[175].

La politica di marcata impronta imperialistica che Roma mise in atto in *Germania* può essere efficamente descritta con le stesse parole impiegate da Tacito nell'*Agricola* in relazione alla *Britannia*: *namque ut homines dispersi ac rudes eoque in bella faciles quieti et otio per voluptates adsuescerent, hortari privatim, adiuvare publice, ut templa fora domos exstruerent, laudando promptos, castigando segnes*[176]. È tuttavia possibile mettere in evidenza tuttavia come quelle stesse caratteristiche negative che i Romani riscontrano nei Britanni prima della loro "romanizzazione" costituiscono in *Germania* un riflesso della non piena comprensione da parte di Roma delle caratteristiche dei popoli che abitavano ad Est del Reno, e che, in definitiva venne a costituire un elemento irriducibile, contro il quale si infranse il processo di provincializzazione della regione. Profondamente significative sono le figure di alcuni membri della tribù dei *Cherusci*, grazie alle quali è possibile percepire le difficoltà – rivelatesi in ultima

[168] Liv., *Per.*, 138: *Agrippa, Caesaris gener, mortuus. A Druso census actus est.* Liv., *Per.*, 139: *civitates Germaniae cis Rhenum et trans Rhenum positae oppugnantur a Druso, et tumultus, qui ob censum exortus in Gallia erat, componitur. Ar<a> d<e>i Caesaris ad confluentem Araris et Rhodani dedicata, sacerdote creato C. Iulio Vercondaridubno Aeduo.* Il testo delle *Periochae* afferma che il *census* effettuato da Druso è successivo alla morte di Agrippa (12 a. C.), data che quindi costituisce un *terminus post quem*. Il tumulto causato dalla stessa imposizione del *census*, inoltre, si colloca tra l'inizio delle campagne contro i *Germani* (12 a. C.) e la consacrazione dell'altare provinciale delle *Tres Galliae*, avvenuta ancora nel 12 a. C. La data del 13 a. C., proposta da M. Raepsaet-Charlier (Raepsaet-Charlier, *Les institutions municipales*, 275), deve essere ritenuta errata.

[169] Dio, 56, 18; Raepsaet-Charlier, *Les Gaules et les Germanies*, 156; Galsterer, *Kolonisation im Rheinland*, 275.

[170] Interventi di questo tipo, realizzati da Roma su ampi territori di nuova conquista, sono noti per l'età augustea nelle aree alpine e, tra le regioni con importanti distretti minerari, nell'Illirico (CIL IX, 2564; Plin., *N. H.*, III, 25, 139 ; 26, 142-143; J. J. Wilkes, Dalmatia, London 1969, 287-290) e nei territori della penisola iberica nord-occidentale (A. Orejas, "Les populations des zones minières du nord-ouest de la péninsule ibérique (bassin NO du Douro, Léon-Espagne)," *Dialogues d'Histoire Ancienne* 20.1 (1994), 245-281; A. Orejas, I. Sastre, "Fiscalité et organisation di territoire dans le Nord-Ouest de la Péninsule Ibérique: *civitates, tribus et ager mensura comprehensus*," *Dialogues d'Histoire Ancienne* 25.1 (1999), 159-188; A. Orejas, F. J. Sánchez-Palencia, "Mines, Territorial Organization, and Social Structure in Roman Iberia: *Carthago Nova* and the Peninsular Northwest," *American Journal of Archaeology* 106 (2002), 589-595).

[171] Raepsaet-Charlier, *Les Gaules et les Germanies*, 159; Raepsaet-Charlier, *Les institutions municipales*, 275. Questo è stato ipotizzato da M. Raepsaet-Charlier (Raepsaet-Charlier, *Les Gaules et les Germanies*, 154) per Tongeren, in quanto l'impianto urbano di *Atuatuca Tungrorum* sarebbe da datare al 15 a. C. circa, prima, quindi, dell'arrivo in *Gallia* di Druso. Lo stretto arco cronologico impedisce tuttavia di affermare che tale datazione rappresenta di fatto un ostacolo all'ipotesi in oggetto.

[172] Un riflesso di tali interventi può essere colto nelle discrepanze tra l'elenco dei popoli stanziati lungo il Reno redatto da Strabone, in massima parte pertinente all'assetto amministrativo precedente l'invasione della *Germania*, e quello di Plinio, stilato diversi decenni dopo (su tale problemaica vedi, in proposito Raepsaet-Charlier, *Les institutions municipales*, 287, 293-297).
L'opera geografica di Strabone (IV, 3, 4), nella quale non si fa menzione della *Germania* come provincia, menzionando le popolazioni della *Gallia Belgica* stanziate lungo il Reno, ricorda, da Sud a Nord, gli Ἐλουητίοι, i Σεκοάνοι i Μηδιομάτρικοι, i Τρίβοκχοι, i Τρηοὺηροι, gli Οὔβιοι, i Νερούιοι e i Μενάπιοι, il cui territorio si trova presso la riva del Mare del Nord. A questi Strabone aggiunge i Σούγαμβροι, che risultano stanziati genericamente vicino agli altri (κατὰ τούτους) ma comunque alla sinistra del Reno; è questo l'unico elemento di questa parte del testo riferibile ad eventi posteriori al 13 a. C. Successivamente Plinio (NH, IV, 106), elencando i nomi delle *civitates* situate in prossimità del corso del fiume (*Rhenum autem accolentes, Germaniae gentium in eadem provincia* ...), ricorda i *Nemetes*, i *Triboci*, i *Vangiones*, gli *Ubii*, i *Guberni*, i *Batavi* e *quos in insulis diximus Rheni*, ossia i *Caninefates*, costituiti in *civitas* dal legato Corbulone attorno al 47 d. C. (Plin., *N. H.*, IV, 101; Raepsaet-Charlier, *Les institutions municipales*, 285-286). Il quadro in parte diverso che emerge dal testo di Plinio è versosimilmente il riflesso della nascita, successivamente alla stesura del testo di Strabone, di nuove *civitates*, in precedenza non esistenti o ancora *adtributae* di quelle già costituite.

[173] Hyginus, *De condicionibus agrorum*, 86 (Th.)=123, 9-19 (L); Raepsaet-Charlier, *Les institutions municipales*, 275-278. Le fonti (Svet., *Claud.*, 1: *.trans Rhenum fossas navi et immensi operis effecit, quae nunc adhuc Drusianae vocantur*; Tac., *Ann.*, II, 8: *fossam cui Drusianae nomen*) attribuiscono all'attività di Druso in questa regione anche la cosiddetta *fossa Drusiana*, canale artificiale che collegava il Reno al settore costiero dello Zuyder-See (vedi anche R.E., VII, 1, 75, *Fossa Drusiana*; Galsterer, *Kolonisation im Rheinland*, 282, nota 55, con bibliografia recente). La costituizione della *civitas Tungrorum* viene attribuita ad Agrippa da M. Raepsaet-Charlier in Raepsaet-Charlier, *Les Gaules et les Germanies*, 161.

[174] Raepsaet-Charlier, *Les institutions municipales*, 279-280. L'iscrizione, databile alla prima metà del I sec. d. C., fa riferimento ad un personaggio di origine germanica, *Flaus*, figlio di *Vihirmas*, titolare della carica unica di *summus magister civitatis Batavorum*.

[175] Per tale ipotesi vedi Raepsaet-Charlier, *Les institutions municipales*, 311-315, con relativa bibliografia; Galsterer, *Kolonisation im Rheinland*, 262. Si ricorda tuttavia che la più antica attestazione della *civitas Mog[ontiacensis]* risale tuttavia alla fine del III sec. d. C. (CIL XIII, 6769; Raepsaet-Charlier, *Les institutions municipales*, 311). Sull'istituzione della *civitas* dei *Cugerni* ad opera di Tiberio vedi Raepsaet-Charlier, *Les Gaules et les Germanies*, 161; Galsterer, *Kolonisation im Rheinland*, 261-263; Raepsaet-Charlier, *Les institutions municipales*, 319.

[176] Si riporta di seguito l'intero passo di Tac., *Agr.*, 21: *Sequens hiems saluberrimis consiliis adsumpta. Namque ut homines dispersi ac rudes eoque in bella faciles quieti et otio per voluptates adsuescerent, hortari privatim, adiuvare publice, ut templa fora domos exstruerent, laudando promptos, castigando segnes: ita honoris aemulatio pro necessitate erat. Iam vero principum filios liberalibus artibus erudire, et ingenia Britannorum studiis Gallorum anteferre, ut quo modo linguam Romanam abnuebant, eloquentiam concupiscerent. Inde etiam habitus nostri honor et frequens toga; paulatimque discessum et delenimenta vitiorum, porticus et balinea et conviviorum elegantiam. Idque apud imperitos humanitas vocabatur, cum pars servitutis esset.*

instanza insormontabili – del processo di romanizzazione della *Germania magna*. *Segimundus*, sacerdote addetto al culto provinciale, aderì alla rivolta guidata da Arminio abbandonando la capitale provinciale, mentre suo padre *Segestes*, *civis Romanus*, tentava inutilmente, nello stesso frangente, di informare Varo dei preparativi di quella stessa ribellione[177], giungendo addirittura a schierarsi a fianco di Germanico nel suo tentativo di riconquista della *Germania*[178]. *Flavus*, fratello di quello stesso Arminio che per i meriti acquisiti nel suo servizio negli *auxilia* era stato insignito dell'*ordo equester* e aveva ricevuto *aucta stipendia, torquem et coronam aliaque militaria dona*[179], negli anni dell'offensiva di Germanico combatteva ancora nell'esercito romano contro lo stesso Arminio[180].

2.2. I *metalla Germanica*: le fonti

Nel quadro storico della tentata conquista romana della *Germania*, così ricco di contrasti, si inserisce, ancora una volta grazie alla ricerca archeologica, un ulteriore elemento; negli anni compresi tra le offensive militari di Druso e Tiberio e la perdita dei territori ad Est del Reno viene avviata nella nuova provincia una intensa attività di sfruttamento delle risorse minerarie, nell'ambito della quale si inserisce anche la produzione dei lingotti recanti il bollo di Augusto e di *Pudens* del relitto di Rena Maiore. Contrasta con tale realtà la conoscenza delle ricchezze minerarie della *Germania* mostrata dagli autori antichi, che risulta nel complesso estremamente scarsa.

Cesare, che fu personalmente in *Germania* nel corso delle due brevi campagne condotte tra 54 e 53 a. C., nel libro VI del *De bello gallico*, menzionando le risorse economiche della regione, afferma che i *Germani* trascurano l'agricoltura e vivono principalmente dei prodotti dell'allevamento (latte, formaggio, carne)[181].
Non contengono notizie in merito la *Chorographia* di Pomponio Mela, scritta in età augustea, la più tarda *Nauralis Historia*[182] e l'opera geografica di Strabone, nella quale non si menziona l'esistenza di attività minerarie di qualche interesse sia nella parte del libro IV dedicata alle popolazioni stanziate presso il Reno[183] che nella prima parte del libro VII, relativa alle tribù germaniche che abitano i territori situati oltre il fiume[184].

La stessa mancanza di dati si riscontra infine, negli autori storici, contemporanei e posteriori all'età augustea; Velleio Patercolo[185], Floro[186] e Cassio Dione[187], che nelle rispettive opere dedicano spazi importanti alle vicende delle guerre contro i Germani, pur facendo a più riprese riferimento anche ad aspetti non di carattere militare, non fanno menzione di una eventuale attività mineraria promossa dall'amministrazione romana.
È possibile notare come il silenzio delle fonti geografiche e storiche sulle ricchezze del sottosuolo della *Germania* è relativo non solo ai territori situati ad Est del Reno – peraltro in massima parte scarsamente noti ai Romani – ma anche alle regioni minerarie ubicate ad Ovest di questo, in particolare nella *Germania inferior*, della quale facevano parte i ricchi *metalla* della regione dell'Eifel[188].

Nel complesso, le uniche informazioni di un certo interesse, relative peraltro ai territori situati alla sinistra del fiume sono contenute in due passi di Tacito, rispettivamente appartenenti alla *Germania*[189] e agli *Annales*[190].

Nel quinto capitolo della *Germania*, dopo aver fornito una descrizione delle risorse agricole del paese, lo storico si sofferma sulle ricchezze del sottosuolo, affermando con un'espressione piuttosto elaborata che la *Germania* sarebbe priva sia di oro che di argento[191]: *argentum et aurum propitiine an irati dii negaverint dubito. Nec tamen adfirmaverim nullam Germaniae venam argentum aurumve gignere: quis enim scrutatus est?*

L'affermazione iniziale, nella quale si nega sostanzialmente la presenza di oro e argento nei territori situati oltre il Reno, viene mitigata dallo stesso Tacito immediatamente dopo; l'autore, aggiungendo di non poter comunque essere assolutamente sicuro della povertà del sottosuolo della *Germania*, mette in evidenza la mancanza di ricerche in proposito. Nel capitolo successivo Tacito sottolinea anche la scarsità di giacimenti di ferro, da lui supposta sulla base dell'armamento dei *Germani*, che in battaglia raramente

---

[177] Vell. Pat., II, 118, 4: *Id Varo per virum eius gentis fidelem clarique nominis, Segeten, indicatur*. Florus, II, 30, 33: *tanta erat Varo pacis fiducia, ut ne prodita quidem per Segesten unum principum coniuratione commoveretur*.

[178] Tac., *Ann.*, I, 58: *non hic mihi primus erga populum Romanum fidei et constantiae dies, Ex quo a divo Augusto civitate donatus sum, amicos inimicosque ex vestris utilitatibus delegi, neque odio patriae (quippe proditores etiam iis quos anteponunt invisi sunt), verum quia Romanis Germanisque idem conducere et pacem quam bellum probabam*.

[179] Vell. Pat., II, 118, 2.

[180] Tac., *Ann.*, II, 9, 3.

[181] Caes., *De bello gallico*, VI, 22: *agriculturae non student, maiorque pars eorum victus in lacte, caseo, carne consistit*. Per quanto riguarda le due incursioni è tuttavia necessario sottolineare che la loro limitata durata nel tempo verosimilmente non permise a Cesare di raccogliere approfondite informazioni sulle regioni ad Est del Reno; certamente queste due occasioni non possono aver di molto modificato il quadro che lo stesso Cesare poteva formarsi della *Germania* per mezzo di notizie di seconda mano.

[182] Nella *Naturalis Historia* si afferma, peraltro in modo estremamente generico, che il piombo, alla metà del I sec. d. C., sarebbe stato estratto *totas per Gallias* (Plin., *N. H.*, XXXV, 49), senza che sia tuttavia possibile determinare se l'autore stia facendo riferimento a particolari aree estrattive. Dal momento che all'epoca di Plinio le regioni adiacenti ad Ovest al Reno sono già organizzate nelle due province della *Germania inferior* e *superior*, è verosimile che il passo sia in effetti relativo alle sole province galliche. È infine possibile ricordare che Plinio, in qualità di *praefectus alae*, servì sotto Corbulone sul *limes* renano negli anni compresi attorno al 47 d. C.

[183] Strabo, IV, 3,1-4,6.

[184] Strabo, VII, 1, 3. In merito alle tribù germaniche stanziate ad Est del Reno Strabone ricorda come loro uniche risorse economiche l'agricoltura e, soprattutto, l'allevamento.

[185] Vell. Pat., II, 97; 104, 3-4; 105-109; 117-123, 1.

[186] Florus, II, 30, 21-39

[187] Dio, 48, 49, 2; Dio, 51, 20, 5; 21, 6; 53, 26, 4-5; 54, 11, 1-2; 20, 4-6; 32-33; 55, 1, 2-5; 2, 1-3; 6; 9, 1; 28, 5-7; 56, 18-23; 24, 1-6.

[188] Sulla quale vedi oltre (Cap. 2.3.1).

[189] Tac., *Germania*, 5.

[190] Tac., *Ann.*, XI, 20.

[191] Tac., *Germ.*, 5.

indossavano armature ed elmi, servendosi, come arma offensiva, solo di una lancia dotata di una piccola punta in ferro, denominata *framea*[192].

Il secondo passo di Tacito, contenuto nell'undicesimo libro degli *Annales*, fa riferimento ad un'episodio avvenuto sul *limes* renano nei primi anni del principato di Claudio, probabilmente nel 47 d. C.[193]: *nec multo post Curtius Rufus eundem honorem adipiscitur, qui in agro Mattiaco recluserat specus quaerendis venis argenti; unde tenuis fructus nec in largum fuit. At legionibus cum damno labor, effodere rivos, quaeque in aperto gravia, humum infra moliri. Quis subactus miles, et quia plures per provincias similia tolerabantur, componit occultas litteras nomine exercituum, precantium imperatorem ut, quibus permissurus esset exercitus, triumphalia ante tribueret*[194].

Il consolare Quinto Curzio Rufo ricoprì il comando dell'esercito di stanza nella *Germania superior* con la carica di *legatus Augusti pro praetore* negli anni compresi tra 46-7 ed il 48 d. C.[195]; in questi stessi anni il comando delle truppe di stanza nella *Germania inferior* era invece affidato a Domizio Corbulone che, in seguito alle operazioni effettuate per la realizzazione di un canale tra il Reno e il mare (la *fossa Corbulonis*), ricevette da Claudio le insegne del trionfo (*insignia triumphi*)[196].

La zona oggetto della ricerca di giacimenti di argento corrisponde alla odierna regione del Taunus, situata sulla riva destra del Reno, poco a Nord di Mainz. *L'ager Mattiacorum* corrisponde al territorio della tribù germanica dei *Mattiaci*, forse da identificare con una parte della tribù dei *Chatti*, il cui principale *oppidum*, distrutto da Germanico nel 15 d. C., si chiama appunto *Mattium*[197] o Ματτιακόν, secondo la testimonianza di Tolomeo[198]. Tra la fine del I sec. d. C. e l'età traianea, in seguito allo spostamento del *limes* e all'annessione del territorio degli *agri Decumates*, la parte meridionale di tale territorio viene incorporato nell'impero; nel 47 d. C., al momento in cui si svolge l'attività mineraria promossa da Curzio Rufo, l'intera regione si trova tuttavia al di fuori del territorio propriamente romano.

L'avvio dell'attività mineraria in oggetto appare in primo luogo determinato dalle ambizioni del legato stesso, desideroso di ottenere, per mezzo delle attività condotte, onori analoghi a quelli del suo collega Corbulone. Forse proprio la scarsità delle risorse minerarie presenti nella *Germania Superior* spinse Rufo a cercare all'esterno della provincia, nell'area immediatamente ad Est del Reno, che nominalmente rientrava nella sua sfera di compentenza e le cui tribù erano almeno nominalmente soggette all'impero[199]. La prospezione – da notare il significativo impiego del verbo *quaero* da parte di Tacito[200] – si avvale del lavoro dei legionari, i quali, come sottolinea lo storico, in quello stesso periodo *plures per provincias similia tolerabantur*[201]. L'impiego di soldati nell'attività estrattiva vera e propria potrebbe quindi essere giustificato dal fatto che tali operazioni di ricerca venivano intraprese in modo non continuativo, mentre una loro durata prolungata nel tempo poteva causare – come attesta il passo degli *Annales* – rimostranze da parte degli uomini.

Il passo non chiarisce peraltro altri aspetti dell'azione intrapresa dal legato, quali le motivazioni che hanno spinto Rufo a intraprendere, in particolare, una spedizione volta alla ricerca di giacimenti di argento (e di piombo?) e su quali conoscenze si basasse la speranza di trovare *venas argenti* nell'*ager Mattiacus*. Lo sforzo effettuato nell'occasione, tuttavia, non porta i risultati sperati e i lavori vengono presto interrotti (*tenuis fructus nec in largum fuit*).

2.3. Topografia e archeologia dei *metalla Germanica*

L'evidenza archeologica – vecchi dati e acquisizioni recenti – e le sistematiche analisi isotopiche condotte su lingotti e manufatti di piombo rinvenuti in Germania e in altri siti del Mediterraneo permettono di ricostruire un quadro parziale – in larga parte diverso da quello

[192] Tac., *Germ.*, 6: *Ne ferrum quidem superest, sicut ex genere telorum colligitur. Rarii gladii aut maioribus lanceis utuntur: hastas vel ipsorum vocabulo frameas gerunt angusto et brevi ferro, sed ita acri et ad usum habili, ut eodem telo, prout ratio poscit, vel cominus vel eminus pugnent. Et eques quidem sucto frameaque contentus est, pedites et missilia spargunt, puraque singuli, atque in immensum vibrant, nudi aut sagulo leves, Nulla cultus iactatio; scuta tantum lectissimis coloribus distinguunt. aucis loricae, vix uni alterive cassis aut galea.*

[193] Tac., *Ann.*, XI, 20.

[194] Per la localizzazione dell'*ager Mattiacus* sulla riva destra del Reno vedi anche Tac., *Ann.*, I, 56, 3-4.

[195] Dubbi sul prolungamento del suo comando fino al 49 d. C. ed oltre sono espressi in W. Eck, *Die Statthalter der germanischen Provinzen von 1.-3. Jahrundert*, Bonn 1985, 17-18, n. 7).

[196] Tac., *Ann.*, IV, 44; Svet., *Nero*, 4.

[197] Tac., *Ann.*, I, 56: *... incenso Mattio (id genti caput)...*

[198] Ptolem., II, 11, 14.

[199] Si potrebbe applicare, in questo caso, il concetto di *Limesvorland*, ossia di un'area che, seppur ubicata oltre il Reno, è considerata dalle autorità romane come parte integrante del territorio di loro competenza e che, come tale, può essere sottoposta allo sfruttamento economico da esse ritenuto opportuno (su tale problematica vedi J. Kunow, "Relations between Roman occupation and the Limesvorland in the province of *Germania Inferior*." In *The Early Roman Empire in the West*, edited by T. Blagg, M. Millet (Oxford 1990), 87-96 con relativa bibligrafia). Esemplare è, ad esempio, il caso degli *agros vacuos et militum usui sepositos* sui quali tentano di insediarsi i *Frisii* nel 58 d. C . ad Est del Reno (Tac., *Ann.*, XIII, 54).

[200] Una serie di testimonianze presenti nelle fonti letterarie ed epigrafiche permettono di postulare l'esistenza di prospezioni volte ad acquisire la conoscenza di eventuali aree minerarie nelle province appena conquistate. Sulla base dell'evidenza fornita da un lingotto di piombo proveniente dalle *argentariae* delle Mendip Hills (Somerset) e databile al 49 d. C. (CIL VII 1201; Collingwood, Wright, *The Roman Inscription*, 38-9, n. 1 (dal Somerset). Il testo del bollo è *Ti(berius) Claud(ius) Caesar Aug(ustus) p(ontifex) m(aximus) tr(ibunicia) p(otestate) VIIII imp(erator) XVI de Britan(nicis metallis)*) è possibile stabilire che lo sfruttamento dei giacimenti della *Britannia* ha avuto inizio sei anni al massimo dopo l'invasione dell'isola. Durante il principato di Augusto si assiste, nel periodo immediatamente successivo al termine delle operazioni militari, all'apertura delle miniere d'oro nella penisola iberica nord-occidentale (Florus, II, 33, 60) e in *Dalmatia* (Florus, II, 25). È, in tutti questi casi, evidente che la presenza dell'esercito, solitamente consistente in aree appena pacificate, deve aver costituito una importante risorsa ai fini della localizzazione di eventuali giacimenti minerari di interesse per lo stato romano.

[201] Tac., *Ann.*, XI, 20.

desumibile dalle fonti scritte – dell'attività mineraria condotta da Roma a partire dall'età augustea nei territori della *provincia Germania* e, successivamente alla battaglia di Teutoburgo, nelle regioni corrispondenti alle province della *Germania inferior* e *superior*. Sono purtroppo proprio le fasi iniziali di tale attività a presentare, in virtù di una molteplicità di cause, una difficile lettura; se da un lato le tracce delle fasi estrattive più antiche sono state in parte cancellate da quelle successive, è contestualmente possibile supporre che le prime abbiamo comunque posseduto di per sè una minore consistenza.

Fin dall'età augustea l'attività mineraria romana in *Germania* appare incentrata su due – forse tre – distinte aree, una delle quali – l'Eifel – ubicata ad Ovest del Reno; se la coltivazione dei questi giacimenti proseguì almeno fino al III/IV sec. d. C., la perdita dei territori posti ad Est del fiume pose precocemente alle possibilità di sfruttamento dei *metalla* ubicati nel Bergisches Land – riva orientale del Reno – e forse nel Sauerland, all'interno del bacino idrigrafico del fiume Lippe. Se da un lato la fama dei *metalla Germanica* non fu certamente ampia quanto quella di altre regioni minerarie del mondo romano, l'intensità del loro sfruttamento, in particolare nei primi secoli dell'impero, ne fece uno dei distretti estrattivi più importanti del settore occidentale dell'impero[202].

2.3.1. L'Eifel

Circa 20 km a Sud di Colonia, a partire dalla riva sinistra del Reno e poi nell'interno fino a circa 80 km dal corso del fiume, si estende il vasto distretto minerario dell'Eifel (Fig. 41, n. 19)[203]. La morfologia dell'area è caratterizzata dalla presenza di colline di media altezza[204] che digradano verso Nord sulla valle del Reno e sulle pianure ad Ovest di questa. Due fiumi, la Ruhr e l'Erft, nascono nel settore centrale dell'Eifel e si dirigono verso Nord, gettandosi rispettivamente nella Mosa e nel Reno.

I giacimenti si concentrano nel settore settentrionale della regione, lungo una fascia pede-collinare delimitata a Sud dal corso della Mosella, a Nord-Ovest dalla pianura tedesco-olandese e ad Est, come detto, dalla valle del Reno. Da Ovest ad Est, tre sono le principali aree estrattive, quella di Aachen-Stolberg, il triangolo Blankenheim-Berg von Nideggen-Mechernich e, in prossimità del Reno, quella di Ahrweiler-Hürtgener Hochfläche[205].

L'intensa attività mineraria di età medievale e moderna – prolungatasi fino alla metà del secolo scorso in particolare presso i moderni centri di Mechernich e Aachen-Stolberg - ha in larga parte asportato le evidenze di età romana[206]; tracce di sfruttamento di giacimenti di

---

[202] Anche ammettendo che le conoscenze acquisite nel corso dell'età augustea siano in parte andate perdute, l'impressione è che Tacito, l'autore più importante di questo scarnissimo *corpus*, si serva di notizie di seconda mano, senza possedere una diretta conoscenza delle attività estrattive che avevano luogo, ancora alla sua epoca, lungo e oltre il *limes* renano. Tra le fonti di Tacito si trovano peraltro assai probabilmente i *Bella Germaniae* di Plinio, opera incentrata sulle campagne condotte dall'esercito romano lungo il Reno in età giulio-claudia e attualmente perduta; come abbiamo ricordato, Plinio, che si trova sul *limes* settentrionale alla metà del I sec. d. C., non fornisce notizie in merito alle ricchezze minerarie dell'area renana o delle regoni oltre il Reno neppure nella *Naturalis Historia*, composta successivamente rispetto ai *Bella Germaniae*.

[203] O. Davies, *Roman Mines in Europe*, Oxford 1935, 176-179; O. Meyer-Boulenaz, "Der römische Bleibarren von Arbon," *Ur-Schweiz* XVI (1952): 51-54; H. von Petrikovits, "Neue Forschungen zur römerzeitliche besiedlung der Nordeifel," Germania 34 (1956): 99-125; E. Preuschen, "Zur ältesten Geschichte des Mechernicher Bleierzbergbaues," *Der Anschnitt* 6 (1956): 32-34; H. von Petrikovits, "Bergbau und Hüttenwesen in der römischen Rheinzone," *Zeitschrift für Erzbergbau und Metallhütternwesen* XI (1958): 594-600; H. von Petrikovits, *Die romische Rehinland. Archeologische Forschungen seit 1945*, Köln 1960, 68-69, 113-116; G. C. Whittick, "Der römische Bleibarren von Arbon," *Ur-Schweiz* 29 (1965): 17-21; Bechert, *Romisches Germanien*, 187-188; M. Gechter, J. Kunow, "Zur ländlichen Besiedlung des Rheinlandes in römischer Zeit," *Bonner Jahrbucher* 186 (1986): 377-396; J. Schalich, F. K. Schneider, G. Stadler, "Die Bleierzlagerstätte Mechernich - Grundlage des Wohlstands, Belastung für den Boden," *Fortschrifte Geologie Rheinland und Westfalen* 34 (1986): 11-91; M. Gechter, "Römischer Bergbau in der Germania inferior. Eine Bestandsaufnahme." In *Montanarchäologie in Europa*, Herausgegeben H. Steuer, U. Zimmermann (Sigmaringen 1993), 161-165; W. Wegener, "Montanarchäologische Prospection im Rheinland." In *Montanarchäologie in Europa*, Herausgegeben H. Steuer, U. Zimmermann (Sigmaringen 1993), 168-176; M. Polfer, "Eisenproduktion und Eiseverarbeitung in Nordgallien un dem Rehinland während der römischen Kaiserzeit." In *Iron, Blacksmiths and Tools. Ancient European Crafts. Acts of the Instrumentum Conference at Podsreda (Slovenia) in April 1999*, edited by M. Feugère, M. Guštin (Montagnac 2000), 67-87; M. Bode, A. Hauptmann, K. Metzger, "Rekonstruktion frühkaiserzeitlicher Bleiproduktion in Germanien: Synergie von Archäologie und Materialwissenschaften." In *Bleibergbau und Bleiverarbeitung während der römischen Kaiserzeit in rechtsreinischen* Barbaricum, Herausgegeben T. Capelle, W. Melzer, Soester Beiträge zur Archäologie, 8 (Soest 2007): 107-108, 114; S. Durali-Mueller, G. P. Brey, D. Wigg-Wolf, Y. Lahaye, "Roman lead mining in Germany: ist origin and development through time deduced from lead isotope provenance studies," *Journal of Archaeological Sciences* 34 (2007): 1555-1567; P. Rothenhöfer, *Die Wirtschaftsstrukturen in südlichen Niedergermanien. Untersuchungen zur Entwicklung eines Wirtschaftraumes an der Peripherie des* Imperium Romanum, Rahden/Westfalen 2005; P. Rothenhöfer, "Römische Bleigewinnung in der Nordeifel." In *Ein Bleibarren mit Stempel des Tiberius aus Tongeren (Belgien)*, Edited by G. Creemers, Atuatuca 4 (Tongeren 2013): 64; P. Rothenhöfer, "Die Wirtschaft der Römer: Produktionszentren und Handelswege in römischer Zeit." In *Straßen von der Frühgeschichte bis in die Moderne. Verkehrswege – Kulturträger – Lebensraum*, Herausgegeben F. Thomas, H. Heinz Günter (Wiesbaden 2013): 113-114; Rothenhöfer, Bode, Wirtschaftliche Auswirkungen, 313-326.

[204] La quota massima è di 747 m s.l.m.

[205] Gechter, *Römischer Bergbau*, 161-165.

[206] M. Bode, *Archäometallurgische*, 67; Rothenhöfer, *Römische Bleigewinnung*, 59; Rothenhöfer, Bode, *Wirtschaftliche Auswirkungen*, 323-324.

galena argentifera[207], ferro[208], rame[209] e, in misura minore, zinco e calamina[210], risalenti all'età imperiale, sono state individuate in almeno un centinaio di siti in tutta la regione[211]. Nonostante tale attività abbia avuto inizio fin dagli ultimi due decenni del I sec. a. C., l'intensa fase estrattiva che ha luogo tra il II e l'inizio del III sec. d. C. ha, a sua volta, in larga parte cancellato le evidenze della prima età imperiale.

Rinvenimenti monetali effettuati nelle gallerie di più miniere sono stati considerati in passato – in particolare da Eick, Davies e Preuschen[212] – come prove dell'esistenza, già durante la fine dell'Età del Ferro, di una attività mineraria indigena volta allo sfruttamento di giacimenti di piombo presso Aachen-Stolberg e nelle località di Kommern, Keldenich, Kall e Kallmuth, presso Mechernich (Fig. 46, n. 9)[213]. Se da un lato si deve registrare negli insediamenti della regione l'assenza di manufatti in piombo e/o di tracce di lavorazione del piombo in età preromana, è stato dimostrato da studi più recenti che le supposte monete originariamente attribuite alla tarda età del Ferro sono in realtà emissioni in argento della *civitas* degli *Ubii* – *quinarii* della serie cosiddetta "della danza del piccolo uomo"[214] – da collocare cronologicamente tra il 20 ed il 10 a. C.[215], successivamente al trasferimento della tribù ad Ovest del Reno.

L'attività mineraria romana nell'Eifel settentrionale ha quindi avuto verosimilmente inizio nel corso del secondo governatorato di Agrippa in *Gallia* (18-17 a. C.), quando l'asse viario che collegava *Lugdunum* a Treviri e al Reno viene prolungato fino al nuovo campo militare di *Novaesium*/Neuss, ubicato in prossimità del fiume[216].

207 Per gli aspetti geologici e le caratteristiche dei giacimenti di galena argentifera nell'Eifel vedi, in particolare, Bode, *Archäometallurgische Untersuchungen*, 63-64 (area di Mechernich), 66-67 (area di Aachen).

208 Il minerale di ferro, come attestano le numerose miniere e gli insediamenti per la lavorazione del metallo attualmente noti, appare diffuso in tutto l'Eifel, dove sono note almeno 14 diverse miniere sfruttate nel corso dell'età imperiale (Gechter, Kunow, "Zur ländlichen Besiedlung," 386-388; Polfer, *Eisenproduktion und Eiseverarbeitung*, 68, 71; vedi anche H.-P. Kuhnen, "Frühe Eisengewinnung rechts und links des Rheins. Oder: Woher kam das Eisen im Dekumatland?" In *Landesamt für Denkmalpflege Baden-Württemberg, Landesarchäologie. Festschrift D. Planck*, Herausgegeben J. Biel, J. Heiligmann, D. Krausse (Esslingen 2009): 239-258). Esclusivamente dedite all'estrazione e alla lavorazione di tale metallo sono le aree contigue di Ahrweiler (H. Ritzdorf, "Die römische Eisenverhüttungsanlage von Bad Neuenahr-Ahrweiler, Kreis Ahrweiler,", *Ber. Arch. Mittelrhein u. Mosel* 11 (2006): 101-162) e di Hürtgener Hochfläche; solamente in quest'ultima tracce di lavorazione di minerali ferrosi sono state identificate in 59 siti sparsi su un area di 70 kmq (Gechter, *Römischer Bergbau*, 161-163). Per evidenziare il notevole sfruttamento al quale la regione è stata sottoposta è sufficiente considerare che la densità degli insediamenti raggiunge il valore, notevolmente alto, di un sito per 1,2 kmq. Nella vicina area di Ahrweiler la densità è di un sito ogni 2 kmq (Gechter, *Römischer Bergbau*, 164). Nonostante le ricerche condotte, la cronologia dell'attività estrattiva non appare del tutto sicura (Gechter, *Römischer Bergbau*, 164-165); nell'Hürtgener Hochfläche la coltivazione dei giacimenti sembrerebbe iniziare nel II sec. d. C. per interrompersi entro la metà del III sec. d. C., mentre presso Ahrweiler essa sembra compresa tra il III ed il IV sec. d. C.
Nel settore centrale dell'Eifel i giacimenti di minerale ferroso e la relativa attività di lavorazione del metallo si concentrano principalmente attorno al moderno centro di Berg von Nideggen (Davies, *Roman Mines*, 176-179; von Petrikovits, "Neue Forschungen," 99-125; von Petrikovits, *Die romische Rehinland*, 113-116; Bechert, *Romisches Germanien*, 187-188.; E. M. Wightman, Gallia Belgica, London 1985, 139-140; Gechter, *Römischer Bergbau*, 161-165; Polfer, *Eisenproduktion und Eiseverarbeitung*, 68, 71-72, fig. 1, nn. 8, 23, 25), dove, in un'area di 9 kmq a sud della città, sono stati individuati 12 forni e un centinaio di miniere a cielo aperto, caratterizzate da una conformazione ad imbuto (nell'area di Berg von Nideggen la densità di siti è di 0,83 per chilometro quadrato (Gechter, *Römischer Bergbau*, 164). Altri giacimenti sfruttati in età imperiale sono stati individuati 20 km circa a sud di Berg von Nideggen, presso Nettersheim e Blankenheim (Polfer, *Eisenproduktion und Eiseverarbeitung*, 69, fig. 1, nn. 8 e 23) e Schleiden (Davies, *Roman Mines*, 171).

209 Le miniere note (vedi in generale Gechter, *Römischer Bergbau*, 161, fig. 1) si trovano nell'alta valle del fiume Erft, presso le località di Blauberg, di Kordel e di Virneberg (Davies, *Roman Mines*, 177-178). Una moneta di Augusto, rinvenuta in quest'ultimo sito non può, da sola, essere considerata una prova sufficiente di una attività mineraria già nei primi decenni dell'età imperiale (Davies, *Roman Mines*, 178; dubbio appare anche il rinvenimento, segnalato da Davies - Davies, *Roman Mines*, 177 - di ceramica romana all'interno di una quarta miniera situata presso il centro di Göllheim, più probabilmente attiva in età medievale).
Nel complesso i giacimenti sembrano essere stati sfruttati principalmente tra il II ed il III sec. d. C. (Gechter, *Römischer Bergbau*, 165). Due iscrizioni graffite all'interno di gallerie presso le miniere di rame di Blauberg (CIL XIII, 4238: *incepta offi/cina Emiliani / nonis Mart(is)*) e di Kordel (Davies, *Roman Mines*, 177, nota 11: *Marci*) sono pertinenti a personagi coinvolti nello sfruttamento dei giacimenti, ipoteticamente da individuare in usufruttari, in particolare nel primo caso.

210 Lo sfruttamento di calamina è attestato presso il moderno centro di Gressenich a partire dall'ultimo quarto del I sec. d. C. (Davies, *Roman Mines*, 178-179; J. Bayley, *The Production of Brass in Antiquity with Particular Reference to Roman Britain*, in *2000 Years of Zinc and Brass*, edited by P. T. Craddock, British Museum Occasional Paper N. 50, (London 1990), 7-28).

211 Gechter, *Römischer Bergbau*, 161.

212 C. A. Eick, *Die römische Wasserleitung aus der Eifel nach Köln mit Rücksicht auf die zunächst gelegenen römischen Niederlassungen, Befestigungswerke und Heerstraßen. Ein Beitrag zur Altertumskunde im Rheinland*, Bonn 1867, 42; F. Imle, *Der Bleibergbau von Mechernich in der Voreifel. Eine wirtschafts- und sozialpolitische Studie*, Jena 1909, 6; Davies, *Roman Mines*, 176-177; Preuschen, "Zur ältesten Geschichte," 32-34. Davies, in particolare, ricorda il ritrovamento di monete pertinenti ad emissioni della *civitas Ubiorum* nelle miniere di Kommern, Kall, Kallmuth e Keldenich, mentre monete databili al principato di Claudio sarebbero state rinvenute, assieme a materiali ceramici in quelle di Mechernich. La possibilità di uno sfruttamento dei giacimenti prima dell'età romana viene inoltre accolta in Gechter, *Römischer Bergbau*, 161-165 e Wegener, *Montanarchäologische Prospection*, 168-176.

213 Per questi rinvenimenti vedi anche H. Löhr, V. Zedelius, "Der 'Schlangenberg'. Ein Platz der frührömischen Okkupation bei Stolberg-Breinigerberg, Kreis Aachen," *Archäologie im Rheinland* (1980): 93-99.

214 A. Simons, *Bronze- und eisenzeitliche Besiedlung in den Rheinischen Lößbörden. Archäologische Siedlungsmuster im Braunkohlengebiet*, Oxford 1989; H.-E., Joachim, "Jüngerlatènezeitliche Siedlungen bei Eschweiler, Kr. Aachen," *Bonner Jahrbücher* 180 (1980): 355-459; K.-H. Lenz, *Siedlungen der römischen Kaiserzeit auf der Aldehovener Platte*. Rheinische Ausgrabungen 45, Köln 1999, 79; Rothenhöfer, *Die Wirtschaftsstrukturen in südlichen Niedergermanien*; Rothenhöfer, *Römische Bleigewinnung*, 61. Per le emissioni degli *Ubii* vedi S. Scheers, *Traité de numismatique gauloise. II. La Gaule Belgique*, Paris 1983, 117-118, Tav. XIII.

215 Bode, Hauptmann, Metzger, *Rekonstruktion frühkaiserzeitlicher Bleiproduktion in Germanien*, 107-108; M. Bode, P. Rothenhöfer, N. Hanel, A. Hauptmann, K. Metzger, W. Eck, "Roman lead ingots in Europe-a Key to Reconstruct Lead Trade and Lead Production in the Roman World?" In *2nd International Conference Archaeometallurgy in Europe (17-21 June, 2007, Aquileia Italy)*; Bode, *Archäometallurgische Untersuchungen*, 65.

216 Strabo, IV, 6, 11; Eick, *Die römische Wasserleitung*, 36 e segg.; C. von Veith, "Die Römerstraße von Trier nach Köln," *Bonner Jahrbucher*

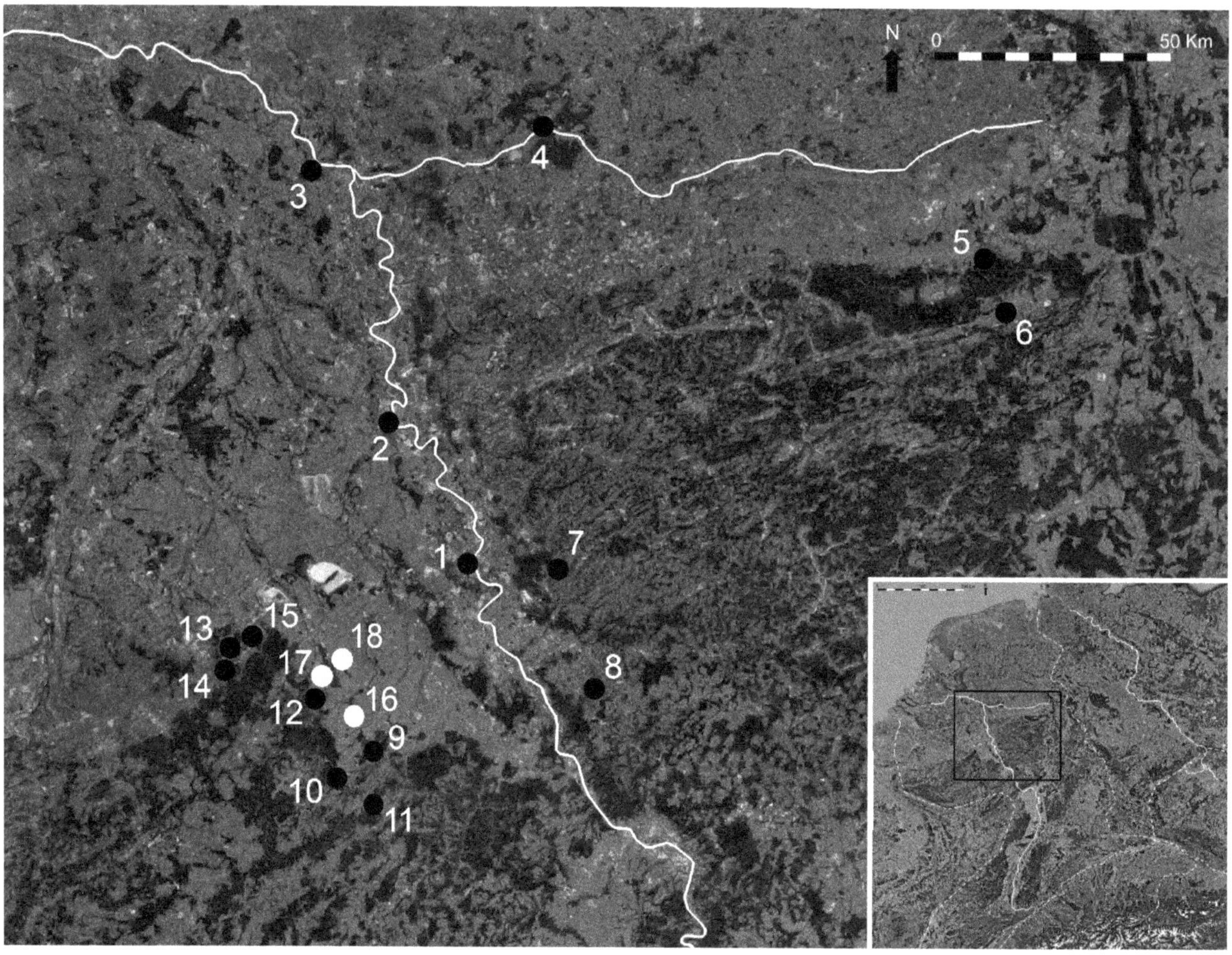

Figura 46. Carta delle principali miniere di piombo attive in area germanica nella prima età imperiale (fine del I sec. a. C.-II/III sec. d. C.). 1. *Oppidum Ubiorum/Colonia*; 2. Novaesium/Neuss; 3. *Vetera*/Xanten; 4. Haltern; 5. Kneblinghausen; 6. Brilon; 7. Lüderich bei Rösrath; 8. Hennef-Altglück; 9. Mechernich (siti minrari di Kallmuth e Kommern); 10. Kall (siti minerari di Keldenich e Tanzberg); 11. Nettersheim; 12. Berg von Nideggen; 13. Stolberg; 14. Breinigerberg; 15. Gressenich. Attestazioni epigrafiche del culto delle *Matronae Textumehae*: 16. Floisdorf; 17. Soller; 18. Boich.

Tale percorso, che taglia in due la regione dell'Eifel, passa non lontano dal centro minerario di Mechernich e rappresenta il primo significativo intervento realizzato nella regione da parte dell'amministrazione romana. L'individuazione, contestuale alla realizzazione della strada, di importanti giacimenti minerari nell'area potrebbe aver comportato in tempi rapidi l'avvio di una attività estrattiva che, almeno in una prima fase, potrebbe ipoteticamente essere stata gestita all'esercito[217].

La più consistente occupazione militare romana della valle del Reno nel corso degli anni 16-12 a. C. nell'ambito del progetto di conquista dei territori germanici ad Est del fiume e il contestuale sviluppo di numerosi insediamenti civili – autonomi o legati ai *castra* – devono aver successivamente provocato un notevole aumento della domanda di metalli nell'intera regione[218], alla quale può aver fatto riscontro una progressiva intensificazione dello sfruttamento dei giacimenti dell'Eifel. Le maggiori testimonianze dell'estrazione di galena argentifera – obiettivo principale delle coltivazioni romane – nel corso della prima età imperiale sono state individuate nel settore centrale della regione, presso il centro di Mechernich e nei suoi immediati dintorni, e, nel settore più orientale dell'Eifel, presso il centro urbano di Aachen-Stolberg.

Nell'area di Mechernich estese formazioni di arenarie risultano impregnate da mineralizzazioni di varia natura, tra le quali depositi di galena caratterizzati da un

79 (1885): 1-27, in particolare 12; J. Hagen, *Römerstraßen der Rheinprovinz. Erläuterungen zum geschichtlichen Atlas der Rheinprovinz*, Bonn 1931, 131-132, 168; K. Grewe, "Die Römerstraße durch das Königsfeldertal bei Keldenich," *Archäologie im Rheinland 1995*, 8 (1996): 80; Eck, *Köln in römischer Zeit*, 48; Rothenhöfer, *Die Wirtschaftsstrukturen in südlichen Niedergermanien*, 89; Lamberti, "Alle origini della *Colonia Agrippina*," 113-114.

[217] Non va dimenticata, a questo proposito, la velocità con la quale vennero sottoposti a sfruttamento i giacimenti della *Britannia*, già in attività nel 49 d. C. (lingotto bollato da Claudio di CIL VII 1201; Collingwood, Wright, *The Roman Inscription*, 38-9, n. 1 (dal Somerset): *Ti(berius) Claud(ius) Caesar Aug(ustus) p(ontifex) m(aximus) tr(ibunicia) p(otestate) VIIII imp(erator) XVI de (metallis) Britan(nicis)*.

[218] Davies segnala, come unica attestazione di una attività estrattiva nell'Eifel nel corso della prima età imperiale, una moneta di Augusto proveniente dalla miniera di rame di Virneberg, presso il moderno centro di Rheinbreitach (Davies, *Roman Mines*, 178).

bassissimo contenuto di argento, che in età romana potè esser verosimilmente estratto solo in minima parte mediante il processo di coppellazione. Il bacino minerario si estende su un'area di 9 km^2, fino alla profondità di 60 m circa[219]; tuttora visibili sono gallerie di 1,5-1,7 m di altezza per 1 m di larghezza, scavate fino alla profondità di 20 m, i cui materiali ceramici e i rinvenimenti monetali indicano, nel complesso, un'attività estrattiva continua e particolarmente intensa tra la fine del I e il terzo quarto del III sec. d. C.[220]. Consistenti depositi di sabbie lavate, accumuli di risulta della lavorazione del minerale di piombo, caratterizzano tutta l'area circostante Mechernich; l'acquedotto che si dirigeva verso Colonia, costruito nella seconda metà del I sec. d. C., intercetta con il suo percorso quasi interamente interrato questi stessi depositi, attestando l'intensità della coltivazione dei giacimenti fin dai primi decenni dell'età imperiale[221].

Altri insediamenti coinvolti nell'estrazione e/o nella lavorazione del minerale di piombo sono stati localizzati in siti ubicati entro un raggio di 20 km da Mechernich (Fig. 46, nn. 9-12), la cui area si caratterizza come il centro principale della regione; tra questi si segnalano i centri di Kall (località di Keldenich e Tanzberg), Kommern, Nettersheim e Berg von Nideggen, quest'ultimo tuttavia attivo a partire dal II sec. d. C.[222] A Keldenich, 7 km a Sud di Mechernich, è nota un'area di miniere a cielo aperto di notevoli dimensioni (750x300 m) e profondità (73 m), presso la quale sono presenti materiali laterizi e ceramici di età romana[223]. L'attività estrattiva di questo settore del ditretto minerario doveva essere incentrata su un *vicus*, ubicato nell'area compresa tra Keldenich e Kall[224].

É precoce, nell'Eifel così come in numerosi altri *metalla* controllati dal *princeps*, la presenza di unità militari; proviene da Mechernich un oggetto in piombo di forma rettangolare[225], identificato con un peso[226] o con il frammento di un lingotto[227] e recante un cartiglio con il testo *leg(ionis) XVI [---]*, certamente da riferirsi all'unità legionaria *XVI Gallica* (Fig. 47, n. 3). Presumibilmente già a partire dal 13 a. C. la legione, assieme alla *legio XVI Gemina*, è di stanza sul Reno nel campo di *Mogontiacum*[228]; nel 14 d. C., durante le operazioni condotte oltre il fiume da Germanico, entrambe le unità risultano ancora acquartierate nello stesso campo[229]. Al più tardi nel 43 d. C., per rimpiazzare la *legio XX Valeria* in partenza per la *Britannia*, l'unità si sposta nel campo di Neuss/*Novaesium*[230], dove rimane fino al momento del suo scioglimento, avvenuto nel 69-70 d. C., nel corso dei disordini legati alla rivolta di Civile e Classico[231]. Il coinvolgimento di membri della legione nell'attività mineraria svolta da Roma nel settore più occidentale dell'Eifel deve quindi essere genericamente datato al periodo compreso tra il principato di Augusto ed il 70 d. C., senza che sia possibile escludere che tale coinvolgimento fosse in atto prima del trasferimento presso *Novaesium*, più vicino all'Eifel di *Mogontiacum*[232].

---

[219] Schalich, Schneider, Stadler, "Die Bleierzlagerstätte Mechernich," 11-91; Gechter, *Römischer Bergbau*, 161-165; Wegener, *Montanarchäologische Prospection*, 168-176; Bode, A. Hauptmann, K. Metzger, Bode, Hauptmann, Metzger, *Rekonstruktion frühkaiserzeitlicher Bleiproduktion in Germanien*, 107-108, 114; Rothenhöfer, *Die Wirtschaftsstrukturen in südlichen Niedergermanien*, 88-90; Rothenhöfer, *Römische Bleigewinnung*, 64.
Sugli aspetti geologici dei giacimenti minerari dell'area di Mechernich vedi Bode, *Archäometallurgische Untersuchungen*, 62-63.

[220] Davies, *Roman Mines*, 176-177 e nota 4 (una moneta di Claudio II - 268-270 d. C. - costituirebbe una delle evidenze più tarde dell'attività estrattiva).

[221] Rothenhöfer, *Die Wirtschaftsstrukturen in südlichen Niedergermanien*, 88-90; Rothenhöfer, *Römische Bleigewinnung*, 64.

[222] Davies, *Roman Mines*, 176; Gechter, *Römischer Bergbau*, 161; Bode, Hauptmann, Metzger, *Rekonstruktion frühkaiserzeitlicher Bleiproduktion in Germanien*, 107-108. La possibilità che nel distretto si estrasse anche argento si basa sulla presenza, a Berg von Nideggen, di un forno fusorio nel quale sono attestate consistenti tracce dell'impiego della tecnica della coppellazione, normalmente impiegata per disargentizzare il minerale di piombo e argento (H. G. Bachmann, "Eine römische Bleischlacke aus der Nordeifel und ihre metallurgische Zuordnung," *Gesellschaft Deutscher Metallhütten Wesen und Bergleute*, 1969, 102-103; H. G. Bachmann, "Bleiglätte-Fund aus der Nordeifel. Ein Hinweis auf Silbergewinnung in der Römischen Rheinzone," *Bonner Jahrbucher* CLXXVII (1977): 617-622).

[223] Schalich, Schneider, Stadler, "Die Bleierzlagerstätte Mechernich," 11-91; Rothenhöfer, *Die Wirtschaftsstrukturen in südlichen Niedergermanien*, 89; Bode, *Archäometallurgische Untersuchungen*, 65.

[224] Eick, *Die römische Wasserleitung*, 39-40; Hagen, *Römerstraßen*, 131; Rothenhöfer, *Die Wirtschaftsstrukturen in südlichen Niedergermanien*, 89.

[225] La lunghezza misura 6,3 cm, mentre il peso è pari a 0,268 kg.

[226] Rothenhöfer, *Römische Bleigewinnung*, 64.

[227] von Petrikovits, *Die romische Rehinland*, 68, 116 (Petrivokits, che non fornisce le dimensioni esatte del manufatto, indica tuttavia che le dimensioni del disegno del bollo sono in scala 1:1 rispetto all'originale).

[228] La *legio XVI Gallica* viene creata probabilmente *ex novo* da Augusto dopo Azio e confluisce successivamente nell'esercito al comando di Druso tra il 13 ed il 9 a. C. (RE XII-2, 1761-1765). Vedi anche l'epigrafe funeraria CIL XIII, 11857, quasi certamente da datare entro la prima età augustea.

[229] Tac., *Ann.*, I, 37.

[230] Schönberger, "The roman frontier in Germany," 145-153.

[231] R. E., XII-2, 1763-1764; von Petrikovits, *Die romische Rehinland*, 115-116; Bechert, Willems, *Die romische Reichsgrenze*, 42-43.

[232] Di notevole interesse è, in questo senso, un secondo oggetto in piombo proveniente proprio da Mainz e recante il bollo della *legio XVI*. Si tratta di una lamina rinvenuta nel 1881 in occasione di lavori condotti presso il ponte romano di *Mogontiacum* e riportata nel CIL tra la *suppellex plumbea reliqua* (CIL XIII, vol. 3, 10029, 309; R.E. XII, *Legio XVI*, 1761); il reperto, che raggiunge raggiunge una lunghezza di 1,4 m, una larghezza di 6-7 cm ed uno spessore massimo di 5 cm, è caratterizzato dalla presenza di un foro di forma rettangolare in corrispondenza della parte mediana. All'interno di un cartiglio di forma quadrangolare, inserito nella matrice prima della produzione del manufatto, è presente l'iscrizione retrograda *leg(ionis) XVI*. Ritterling propone una datazione compresa tra il principato di Tiberio e quello di Gaio (RE XII-2, 1761), ossia al periodo in cui la *legio XVI* è acquartierata a *Mogontiacum*. La barra, in virtù delle proprie dimensioni e caratteristiche, può essere verosimilmente identificata con una *fistula aquaria*, prodotta e messa in opera dalla stessa *legio XVI* durante la sua permanenza a *Mogontiacum*; già nel periodo precedente al trasferimento a *Novaesium* si può quindi ipotizzare che i *metalla* dell'Eifel potrebbero aver costituito la principale fonte di piombo per le necessità della legione.
Le attestazioni della presenza di unità militari nel distretto minerario dell'Eifel si fanno consistenti a partire dall'età flavia; tra il 70 d. C., anno del suo arrivo dalla penisola iberica (Tac., *Hist.*, V, 22), ed il 122 d. C. (CIL II, 4510; VI, 1549), anno della partenza per la *Britannia*, è di stanza nei campi di *Novaesium*/Neuss e di *Vetera*/Xanten, dove l'unità viene trasferita presumibilmente nel corso del principato di Traiano, e nei *castra* minori di Köln-Altenburg, *Gelduba*/Gellep, *Asciburgium*/Moers-Asberg, *Burginatium*/Born). Il nome di un ufficiale della legione (*Valerius Postumus*), verosimilmente un

Ad un'intenso sfruttamento furono inoltre sottoposti i giacimenti di calamina, ferro, zinco e galena argentifera dell'area ubicata presso i moderni centri di Aachen e di Stolberg, ad una distanza di 30-40 km a Nord-ovest di Mechernich (Fig. 46, n. 13)[233]. L'insediamento di questo settore più occidentale dell'Eifel che mostra le più antiche tracce di uno sfruttamento minerario è quello di Breinigerberg (Fig. 46, n. 14), ubicato 5 km a Sud di Stolberg; la consistente presenza di *quinarii* ubii di tipo Scheers 57 II consente di datare agli ultimi decenni del I sec. a. C. l'avvio di tale attività estrattiva, evidenziata nell'area circostante la città – in particolare presso la località di Schlangenberg, ad Ovest di Breinigerberg – da enormi accumuli di scorie e da pozzi e gallerie[234].

Consistenti tracce di un insediamento destinato ad accogliere i minatori e/o le attività legate alla lavorazione del metallo estratto, attivo nel corso della prima età imperiale (I-II sec. d. C.), è stato individuato negli anni '20 immediatamente all'esterno del centro abitato di Breinigerberg[235].

Ad una distanza di 15 km ad Est di Aachen, presso l'abitato di Gressenich (Fig. 46, n. 15), è stato individuato e parzialmente scavato un *vicus*, sviluppatosi verosimilmente non prima dell'età flavia[236]. Una serie di strutture di tipo abitativo e produttivo si dispongono ai lati di un asse viario che conduceva a Sud-Ovest verso gli altri insediamenti minerari dell'area di Aachen e, a Nord-Est, verso Colonia e il Reno; il sito ha restituito consistenti tracce dello sfruttamento di giacimenti di galena argentifera, zinco, ferro e calamina, ben visibili in particolare nell'area ad Ovest del moderno centro abitato, dove si trovano vasti cumuli di scorie miste a sabbie, in parte rimossi in epoca moderna al fine di recuperare il metallo in esse ancora contenuto[237]. I materiali presenti nel sito e quelli rinvenuti nel corso degli scavi dell'insediamento, presso il quale il minerale veniva poi lavorato, definiscono una attività estrattiva che, successivamente all'età flavia, si protrae per tutto il II sec. d. C. per vedere una forte flessione nel corso del III sec. d. C.

Una attività estrattiva e di trasformazione del minerale d'argento e piombo e di zinco, genericamente datata alla prima età imperiale (I-III sec. d. C.), è inoltre attestata in altri siti ubicati nelle immediate vicinanze di Aachen, quali Stolberg, Hastenrath e Büsbach[238]. Nella maggior parte delle miniere dell'Eifel l'attività estrattiva registra un apparente crollo entro la metà del III sec. d. C.[239]; H. Von Petrikovits ipotizza che l'attività mineraria sia proseguita, almeno presso Berg von Nideggen, fino al IV sec. d. C. mentre Kleemann data al IV sec. d. C. l'abbandono dei giacimenti di ferro dell'Ahrweiler[240]. M. Gechter è convinto che, in entrambi i casi, una datazione così tarda rimanga tuttavia non comprovata da dati certi[241]; a parziale ma significativa conferma di quest'ultima affermazione vi sono i risultati dello studio condotto nel 2006 su 240 oggetti in piombo provenienti da più centri della regione renana (Dangstetten, Waldgirmes, *Mogontiacum*/Mainz, *Augusta Treverorum*/Trier, Martberg e Wallendorf)[242], secondo i quali a partire dal III sec. d. C. si assisterebbe, in particolare nei centri urbani di *Mogontiacum* e *Augusta*

---

centurione, compare su un lingotto di piombo rinvenuto isolato presso il moderno centro di Arbon, nella Svizzera occidentale (Meyer-Boulenaz, "Der römische Bleibarren von Arbon," 51-54; Whittick, "Der römische Bleibarren," 17-21; S. Meier, "Blei-Fernhandel in römischer Zeit (2. Jh. V. Chr.-4. Jh. N. Chr.)," Helvetia archaeologica. *Archäologie in der Schweiz* 28 (1997): 2-14, in particolare 13-14). La *massa plumbea*, di forma troncopiramidale, ha una base di 64,2x19,05 cm e un'altezza di13 cm; il peso, pari a 145 kg (442,7 libbre romane), trova una buona corrispondenza nell'indicazione ponderale (*p(ondo) CCCCL*), incisa a freddo sulla base.
Due ulteriori iscrizioni, anch'esse incise, compaiono sulla base (*Val(eri) Postume*) e sulla faccia superiore (*c(enturionis) coh(ortis) (I?) l(egionis) VI Postum(i)*). La presenza di tegole recanti il bollo della legione presso il centro minerario di Aachen nell'Eifel (CIL XIII, VI, 12152, 1-8) costituisce, contestualmente al lingotto di *Postumus*, una verosimile prova del coinvolgimento dell'unità legionaria nell'attività estrattiva che aveva luogo nell'Eifel.
Bolli su laterizi della *legio I Minervia*, unità di stanza nei *castra* di *Bonna* a partire dall'83-86 d. C. (Dio, 55, 24, 3), provengono inoltre dai centri minerari di Aachen (CIL XIII, VI, 12115: *l(egionis) I M(inerviae) P(iae) F(idelis)*) e Iversheim (CIL XIII, VI, 12116: *[l]eg(ionis) I M(inerviae) P(iae)*, dove membri della legione risultano impegnati nella costruzione di forni fusori in età severiana (CIL XIII, 7945=ILS 2459). Vedi anche von Petrikovits, "Neue Forschungen," 99-125; von Petrikovits, *Die romische Rehinland*, 113-116; Gechter, *Römischer Bergbau*, 161-165; Polfer, *Eisenproduktion und Eiseverarbeitung*, 68, 71-72, fig. 1, n. 25.

[233] Rothenhöfer, *Die Wirtschaftsstrukturen in südlichen Niedergermanien*, 90-91; Bode, *Archäometallurgische Untersuchungen*, 67-69 (con bibliografia).

[234] Bode, Hauptmann, Metzger, *Rekonstruktion frühkaiserzeitlicher Bleiproduktion in Germanien*, 108; Bode, *Archäometallurgische Untersuchungen*, 68. In questa località, dove le prime tracce di sfruttamento dei giacimenti si datano al primo terzo del I sec. d. C., l'attività mineraria era fortemente incentrata sull'estrazione della calamina e, in misura minore, su piombo, ferro e rame (H. G. Horn, *Die Römer in Nordrhein-Westfalen*, Stuttgart 1987; Wegener, *Montanarchäologische Prospection*, 168-176; Bode, *Archäometallurgische Untersuchungen*, 68).

[235] M. Schmidt-Burgk, "Arbeitsbericht," *Zeitschrift Aachener Geschichtsverein* 45 (1923): 283; Löhr, Zedelius, "Der `Schlangenberg," 93-99; V. Zedelius, "Alter Schatz-Neuer Typ. Keltische Kleinsilbermünzen von Stolberg-Breinigerberg, Kreis Aachen," *Das Rheinische Landesmuseum Bonn*, 3/4 (1986): 48-49.

[236] R. Gerlach, S. Olbrecths, "Römische Messingindustrie am Eifelnordrand?," *Archäologie im Rheinland 1992* (1993): 58-60; A. Jürgens, Th. Vogt, "Reste römischer Gewerbebetriebe in Stolberg-Gressenich, Kr. Aachen," *Ausgrabungen im Rheinland '79/80* 3 (1981): 129-132; Rothenhöfer, *Die Wirtschaftsstrukturen in südlichen Niedergermanien*, 90; Bode, *Archäometallurgische Untersuchungen*, 68

[237] F. von Werner, "Beiträge zur älteren Geschichte von Gressenich," *Zeitschrift Aachener Geschichtsverein* 3 (1881): 138-147, in particolare 147; Davies, *Roman Mines*, 178; A. Voigt, "Gressenich und sein Galmei in der Geschichte. Eine historisch-lagerstättenkundliche Untersuchung," *Bonner Jahrbucher* 155-156 (1955-56): 318-335; Jürgens, Vogt, "Reste römischer Gewerbebetriebe," 129-132; Rothenhöfer, *Die Wirtschaftsstrukturen in südlichen Niedergermanien*, Bode, Hauptmann, Metzger, *Rekonstruktion frühkaiserzeitlicher Bleiproduktion in Germanien*, 108.

[238] Horn, *Die Römer*; Bode, Hauptmann, Metger, *Rekonstruktion frühkaiserzeitlicher Bleiproduktion in Germanien*, 108; Bode, *Archäometallurgische Untersuchungen* 68-69.

[239] Preuschen, "Zur ältesten Geschichte," 32-34; Gechter, *Römischer Bergbau*, 164-165 .

[240] von Petrikovits, "Neue Forschungen," 99-125; O. Kleemann, *Vor- und Frühgeschitche des Kreises Ahrweiler*, Broschiert 1971, 25-30.

[241] Gechter, *Römischer Bergbau*, 164.

[242] R. Gottschalk, A. Baumann, "Material Provenance of late-Roman lead coffins in the Rhineland," *European Journal of Mineralogy* 13 (2001): 197-205; Durali-Mueller, Brey, Wigg-Wolf, Lahaye, "Roman lead mining," 1559, 1565-1566.

Treverorum, ad una progressiva diminuzione del consumo di piombo proveniente dall'Eifel, evidente riflesso di un contestuale calo dell'attività estrattiva nei giacimenti del distretto minerario.

Sono in massima parte i rinvenimenti monetali ad individuare nel periodo compreso tra la metà e la fine del III sec. d. C. un momento di forte cesura anche per l'attività estrattiva dei giacimenti del settore più orientale dell'Eifel[243]. Una continuità nella coltivazione dei giacimenti ancora nella tarda età imperiale è peraltro confermata indirettamente dall'impiego del piombo dell'Eifel per la produzione di sarcofagi in piombo da parte di una o più officine attive nell'area di Colonia tra III e IV sec. d. C.[244], mentre alcuni lingotti di piombo attestano il proseguire dello sfruttamento dei giacimenti da parte dell'amministrazione imperiale ancora fino alla prima metà del V sec. d. C.

Al regno di Valentiniano III (425-455 d. C.) è stato attribuito un lingotto di piombo rinvenuto nella località di St. Aldegund, presso il centro di Cochem-Zell (Renania-Palatinato)[245]; la *massa plumbea*, rinvenuta all'interno di un deposito di oggetti metallici databile al V sec. d. C. assieme ad un secondo lingotto di piombo anepigrafe, presenta un corredo epigrafico costituito dall'indicazione ponderale[246], e da tre contromarche non attestate in precedenza e attribuite, non senza dubbi, a Valentiniano. Le analisi degli isotopi, che individuano nei bacini minerari dell'Eifel la probabile area di origine del piombo, consentono di cogliere la persistenza di una attività estrattiva condotta dall'amministrazione imperiale nei *metalla Germanica* ancora nella prima metà del V secolo.

Incerta – ma verosimile – è inoltre la pertinenza alle miniere dell'Eifel di una seconda *massa plumbea*, rinvenuta nel 1885 lungo il corso del fiume Tafelacker, presso Worms[247]; il lingotto possiede un corredo epigrafico costituito dall'indicazione ponderale (*p(ondo) CLXXV*)[248] e da una seconda iscrizione, entrambe incise a freddo. Il testo di quest'ultima, (*DDD(ominorum) NNN(ostrorum)*), è stato ricondotto a Settimio Severo, Caracalla e Geta[249], *Augusti* tra il 209 e il 201 d. C., o, più verosimilmente, a Valente, Valentiniano II e Graziano, che regnano congiuntamente tra il 375 e il 378 d. C.[250]. Le caratteristiche dei corredi epigrafici – ormai costituiti da indicazioni ponderali che esprimono l'intero valore del peso e da brevi contromarche e/o iscrizioni incise – e quelle formali – barre parallepilede sensibilmente diverse dai lingotti troncopiramidali diffusi ancora fino alla fine del II sec. d. C. – consentono di riconoscere nei lingotti di St. Aldegund e Tafelacker una nuova tipologia di lingotti prodotti nel corso della tarda età imperiale[251].

2.3.2. Il Berghisches Land

È ubicata alla destra del Reno, alla stessa altezza di Colonia, la regione mineraria del Bergisches Land, nella quale indagini recenti hanno riconosciuto tracce di attività estrattiva già a partire dall'età augustea[252]. La regione in oggetto, che si allunga in corrispondenza della riva orientale del Reno, risulta costituita da una serie di terrazzi fluviali progressivamente digradanti, a partire da una quota massima di 300 m s.l.m., fino al corso del fiume.

Il Bergisches Land è caratterizzato dalla presenza di giacimenti di galena argentifera, zinco, rame e ferro, in parte già oggetto di sfruttamento da parte delle popolazioni germaniche nel corso della tarda Età del Ferro[253].

In età augustea sulla riva opposta del Reno vengono costrituiti, da Nord a Sud, i *castra* ausiliari di *Asciburgium*/Asberg, la base legionaria di *Novaesium*/Neuss, l'insediamento civile di *Oppidum Ubiorum* e il campo di *Bonna*/Bonn, anch'esso probabilmente destinato a truppe legionarie. Da sottolineare che i quattro siti appena menzionati risultano tutti attivi fin dalle prime fasi dell'invasione romana in

[243] A Gressenich la moneta più tarda appartiene a Filippo l'Arabo (244-249 d. C.; Davies, *Roman Mines*, 179); il III sec. d. C. rappresenta il dato cronologico più tardo anche per il sito di Büsbach, presso Stolberg (Bode, Hauptmann, Metzger, *Rekonstruktion frühkaiserzeitlicher Bleiproduktion in Germanien*, 108).

[244] Gottschalk, Baumann, "Material Provenance," 197-205.

[245] P. Rothenhöfer, "Werbogen an der Mosel – ein ungewöhnlicher Metalldepotfund aus dem 5. Jarhundert n. Chr.," *Archäologische Korrispondenzblatt* 37 (2007): 549-561; Kuhnen, *Frühe Eisengewinnung*, 239 – 258.

[246] Il numerale *CLXV* indica il peso totale del lingotto, pari a 165 libbre romane (54 kg circa).

[247] CIL XIII, 10029, 25; Besnier 1921, "Le commerce," 73-74 (nella pubblicazione non viene indicata la forma della *massa plumbea*); Davies, *Roman Mines*, 177. Besnier, che probabilmente non conosce ancora l'importanza dei giacimenti dell'Eifel, attribuisce il lingotto alla *Britannia* (Besnier 1921, "Le commerce," 74). La *massa plumbea*, che misura 50 cm di lunghezza, raggiunge il peso di 61,5 kg, pari a 187,7 libbre romane.

[248] L'indicazione ponderale riporta verosimilmente il peso totale, pari a 175 libbre (57,31 kg). Tale ipotesi, già proposta da M. Besnier (Besnier 1921, "Le commerce," 74), implica che l'autore dell'iscrizione abbia omesso – volontariamente o meno - una *X*, con la quale il peso indicato, pari a 185 libbre (*p(ondo) CLXXXV*), sarebbe compatibile con quello reale.

[249] R. Cagnat, *Cours d'épigraphie latine*, Paris 1914, 208.

[250] Cagnat, *Cours d'épigraphie*, 246-247.

[251] È difficile stabilire se la scomparsa del bollo, già attestata a partire dalla fine del III sec. d. C,, sia da imputare o meno ad una "regionalizzazione" delle filiere commerciali del piombo, che, nel corso della tarda età imperiale, non afferiscono più a Roma e al Mediterraneo ma a mercati provinciali e/o regionali.

[252] In generale sulll'attività romana nel Bergisches Land vedi M. Gechter, "Die Wirtschaftsbeziehungen zwischen dem Römischen Reich und dem Bergischen Land." In Germania Inferior, Herausgegeben Th. Grünewald (Berlin-New York 2001), 517-546; G. Körlin, M. Gechter, "Römischer Bergbau auf dem Lüderich-Vorbericht über die Grabungen 2000-2002." In *Man and Mining-Mensch und Bergbau. Festschrift G. Weisberger*, Herausgegeben Th. Stöllner, G. Körlin, G. Steffens, J. Cierny, (Bochum 2003), 237-248; Rothenhöfer, *Die Wirtschaftsstrukturen in südlichen Niedergermanien*; Bode, Hauptmann, Metzger, *Rekonstruktion frühkaiserzeitlicher Bleiproduktion in Germanien*, 108-109; Rothenhöfer, Bode, *Wirtschaftliche Auswirkungen*, 326.

[253] Sulle mineralizzazioni presenti nel Bergisches Land vedi Bode, Hauptmann, Metzger, *Rekonstruktion frühkaiserzeitlicher Bleiproduktion in Germanien*, 114; Bode, *Archäometallurgische Untersuchungen*, 74-76.

Germania e che proprio il loro precoce sviluppo potrebbe aver costituito un fattore determinante per l'avvio dello sfruttamento minerario della regione situata sulla riva opposta del Reno. Un altro evento, anch'esso di carattere militare, potrebbe aver facilitato questo stesso processo: nella stessa regione risulta infatti stanziata la tribù dei *Sugambri*, rivelatasi da subito una tra le più ostili a Roma e, per questo, oggetto di attacchi da parte di Druso nel corso di tutte le campagne condotte tra il 12 ed il 9 a. C.[254]. Nell'11 a. C. nel territorio dei *Sugambri* venne costruito un primo presidio stabile[255] e, nell'8 a. C., la resistenza della tribù ebbe termine in seguito al trasferimento forzato di 40.000 suoi membri sulla riva sinistra del Reno[256].

Limitatamente ai giacimenti di galena argentifera, alcuni insediamenti (Lüderich bei Rösrath, Hennef-Altglück) risultano attivi già nel corso dell'età augustea[257]. Il sito di Lüderich, individuato nel corso di ricerche recenti sui primi terrazzi della valle in prossimità del moderno centro di Röstrah[258], appare attivo in età augusteo-tiberiana; gli scavi hanno permesso di individuare una serie di pozzi di estrazione, mentre rimangono ignote le aree destinate alla lavorazione del minerale; nel sito è inoltre presente un piccolo edificio caratterizzato da copertura in tegole e coppi e dalla presenza di una serie di buche di incerta funzione,[259] rinvenute colme di ceramica, scorie di fusione del piombo e altri materiali. L'intera area dello scavo ha inoltre restituito una notevole quantità di scorie di lavorazione del piombo e frammenti dei recipienti impiegati nel processo di coppellazione della galena argentifera[260]. Tale testimonianza implica evidentemente che l'insediamento minerario di Lüderich fosse dedito all'estrazione sia di piombo che di argento, elemento, quest'ultimo che deve aver certo costituito per i Romani un incentivo determinante per l'avvio dello sfruttamento dei giacimenti minerari del Bergisches Land.

Sulla base della cultura materiale è stata ipotizzata *in loco* la presenza di una guarnigione[261], che, in assenza di più specifici segni riconducibili a truppe legionarie e/o ausiliarie[262], non può tuttavia essere considerata come certa[263]. Lo sfruttamento delle risorse minerarie della *Germania* coinvolge, in età augustea, anche personale non militare, come i *coloni* (o *occupatores*) appaltatori di parte delle miniere menzionati nei bolli dei lingotti di piombo attribuibili ai *metalla* della provincia. L'eventuale presenza sul posto di questo personale, costituito da personaggi di rango libero, servile o libertino, spesso provenienti, al pari dei legionari, dall'area mediterranea, può di per sé giustificare l'importazione a Lüderich delle derrate alimentari e dei manufatti ceramici rinvenuti nel corso degli scavi. Vale infine la pena di sottolineare, su questa problematica, che il Bergisches Land, situato in prossimità della riva destra del Reno, è di per sé una regione particolarmente favorita sotto il profilo dell'accessibilità alle principali vie commerciali della regione renana.

L'occupazione romana del sito di Hennef-Altglück (Fig. 46, n. 8) ha inizio nel corso del secondo decennio del I

[254] Florus, II, 30, 22-26; Dio, 54, 32, 1-3; 33, 4; LV, 1, 2-5; Tac., *Ann.*, I, 56

[255] Dio, 54, 33, 4; cfr. inoltre Florus, II, 30, 26; Tac., *Ann.*, I, 56.

[256] Svet. *Aug.*, 21, 2; Tac. *Ann.*, 12, 39. Non è da escludere che eventuali membri della tribù rimasti ad Est del Reno siano stati coinvolti nello sfruttamento dei giacimenti minerari della loro stessa regione come *pretium victoriae* dovuto a Roma. È questa la sorte che spetta in età augustea ai *Dalmates* (Florus, II, 25) e agli *Astures* (Florus, II, 33, 60) e quella che, in età flavia, il capo caledone *Calgacus* prospetta ai suoi uomini prima della battaglia del *Mons Graupius* (Tac., *Agricola*, 30; *Hic dux, hic exercitus; ibi tributa et metalla et ceterae servientium poenae, quas in aeternum perferre aut statim ulcisci in hoc campo est*).

[257] Tra questi il solo sito già attivo in epoca preromana è quello di Hennef-Altglück; l'insediamento risulta già occupato nel corso della tarda età del Ferro, tra l'inizio del II e la metà del I sec. a. C. A questo sito indigeno succede a partire dal secondo decennio del I sec. d. C. l'insediamento romano, sul quale torneremo in seguito (Gechter, *Die Wirtschaftsbeziehungen*, 519; M. Gechter, J. Gechter-Jones, "Die Befestigung einer frührömischen Handelsstation im freien Germanien," *Archäologie in Rheinland* 19 (2006): 45-57).

[258] Nel periodo 2000-2002 una serie di ricerche effettuate per mezzo di prospezioni geomagnetiche e di carotaggi, che hanno portato all'individuazione di parte dell'areale del sito (300 mq circa), sono stati affiancate da successivi interventi di scavo archeologico (Gechter, *Die Wirtschaftsbeziehungen*, 519-520, n. 101, 102, 153, fig. 7; G. Körlin, "Römischer Bergbau auf dem Lüderich bei Rösrath, Rheinisch-Bergischer Kreis." In *Bergbau im Sauerland. Westfälischer Bergbau in der Römerzeit und im frühen Mittelalter*, Herausgegeben R. Köhne, W. Reininghaus, Th. Stöllner, Schriften der Historischen Kommission für Westfalen, 20 (Münster 2006), 21-31; Körlin, Gechter, *Römischer Bergbau auf dem Lüderich-Vorbericht*, 237-248; Bode, Hauptmann, Metzger, *Rekonstruktion frühkaiserzeitlicher Bleiproduktion in Germanien*, 108-109; Bode, Hauptmann, Metzger, "Tracing Roman lead sources," 184, tabella 2 (manufatti in piombo sottoposti ad analisi isotopiche dal sito di Lüderich).

[259] Non è da escludere che alcune di esse, di dimensioni maggiori, siano state impiegate per lo stoccaggio di derrate alimentari o di altri materiali (Körlin, Gechter, *Römischer Bergbau auf dem Lüderich-Vorbericht*, 241).

[260] Körlin, Gechter, *Römischer Bergbau auf dem Lüderich-Vorbericht*, 245.

[261] Ai materiali di carattere marcatamente "romano" (terra sigillata italica, anfore vinarie di tipo Dressel 2-4 e da olio di tipo Dressel 20) si aggiungono frammenti pertinenti a ceramiche da mensa e di uso comune prodotte nella *Gallia Belgica*. La dieta, tipicamente mediterranea, che le derrate alimentari importate nell'insediamento consentono di definire e l'associazione di ceramica fine da mensa di produzione italica e ceramica di uso comune di produzione gallica, normalmente attestata nei campi militari della valle del Reno e della *Germania*, ha permesso agli autori delle ricerche di ipotizzare la presenza di truppe romane (Körlin, Gechter, *Römischer Bergbau auf dem Lüderich-Vorbericht*, 244-247).

[262] È possibile ricordare, a questo proposito, il rinvenimento di una daga, presso il sito minerario di Brilon-Altenbüren (Hanel, Rothenhöfer, Genovesi, "Germanisches Blei für Rom," 60).

[263] Certa appare invece la presenza nel Bergisches Land di distaccamenti legionari e/o truppe ausiliarie in epoca successiva; sono state messe in relazione con *figlinae* militari le produzioni di laterizi attive, a partire dalla metà del I sec. d. C., sui terrazzi della riva destra del Reno, in particolare gli esemplari che recano il bollo della *figlina Transrhenana*, gestita dalle *legiones I Minervia*, *VI Victrix* e *X Gemina* (Gechter, *Die Wirtschaftsbeziehungen*, 532, nn. 154, 155, 157, fig. 7, 534, 537-538). Che l'intera area fosse di fatto organizzata come *prata legionis* (Gechter, *Die Wirtschaftsbeziehungen*, 517-546) è inoltre dimostrato dal fatto che nel 160 d. C. una *vexillatio* della *legio I Claudia Minervia*, di stanza nei *castra* di *Bonna*, si trova presso le cave di trachite di Drachenfels (*ad lapidem*; CIL XIII, 8036:), mentre nella prima metà del secolo il centurione *Quintus Tarquitius Restitutus* effettua nel Bergisches Land una battuta di caccia per procurarsi 15 orsi, presumibilmente per una *venatio* (CIL XIII, 12048).

sec. d. C.[264]; un *agger* in terra e legno, esternamente difeso da una doppia trincea, delimita un'area di 40x40 m circa, verosimilmente destinata ad accogliere una piccola guarnigione, ipoteticamente una *vexillatio* legionaria o un distaccamento di *auxilia*. Come dimostrano le numerose buche di palo individuate, le strutture presenti all'interno del piccolo *burgus* sono realizzate in materiali deperibili. All'esterno del perimetro di tale struttura si trova un insediamento aperto esteso per quasi 7 ettari, presumibilmente da identificare con il villaggio destinato ai minatori; a poca distanza da questo, infine, è ubicata l'area mineraria vera e propria, costituita da una trincea a cielo aperto lunga 500 m, larga 32 m e coltivata fino ad una profondità di 12 m. I materiali rinvenuti attestano tre diverse fasi di occupazione, identificabili con la tarda Età del Ferro (II-metà del I sec. a. C.), la prima metà del I sec. d. C. e il XII secolo; in età imperiale il periodo nel corso del quale il giacimento viene sfruttato e, di conseguenza, il periodo di vita della fortificazione e del relativo abitato, appaiono decisamente brevi. Entro la metà del I sec. d. C. l'*agger* e le strutture interne vengono infatti volontariamente smantellate, mentre l'intero insediamento risulta abbandonato[265].

Così come nell'Eifel ad Ovest del Reno, anche nella fascia pedecollinare del Bergisches Land l'attività estrattiva condotta da Roma non pare quindi interrompersi improvvisamente e/o del tutto dopo il 9 d. C.; la presenza di quello che è di fatto un *castellum* a protezione dell'insediamento minerario di Hennef-Altglück è stata messa in relazione con le campagne condotte da Germanico tra il 12 e il 16 d. C. Nei decenni successivi, lo sviluppo dei centri romani della riva sinistra del fiume – *Oppidum Ubiorum* e i *castra* legionari in particolare[266] – deve aver richiesto consistenti quantità di metallo, che potrebbe essere stato in parte ottenuto dal Bergisches Land[267], facilmente controllabile da parte di Roma a causa della sua ubicazione lungo la riva destra del Reno.

Anche dopo l'abbandono dell'insediamento di Hennef-Altglück, lo sfruttamento delle risorse, minerarie e non[268], del Bergisches Land proseguirà anche oltre la metà del I sec. d. C.; una miniera di rame è attiva durante la prima metà del II sec d. C. presso Overath-Schalken, in prossimità dei rilievi più alti della regione,[269] mentre altri siti (Überrohr-Hinsel, Düsseldorf-Stockum, Rösrath-Bensberger) risultano attivi nello sfruttamento e nella lavorazione del ferro tra il II e la prima metà del III sec. d. C. Da un punto di vista strettamente amministrativo le regioni poste immediatamente ad Est del Reno devono essere state considerate dai legati dei due eserciti come parte effettiva del territorio di loro competenza; è quindi possibile, come già per l'attività estrattiva promossa da Curzio Rufo nell'*ager Mattiacorum*[270], applicare il concetto di *Limesvorland*[271].

La piena attività dei giacimenti del Bergisches Land in età augustea è peraltro confermata dalle analisi isotopiche alle quali è stato sottoposto un lingotto di piombo da tempo noto, rinvenuto nel corso degli scavi del campo di Haltern (Fig. 47, nn. 1-2)[272]. La *massa plumbea*, caratterizzata da sezione arrotondata[273] e privo di bollo dorsale, ha una base di 62,5x10 cm, mentre l'altezza misura 11,5 cm circa; il peso, infine, raggiunge i 64 kg, pari a 196 libbre. Sulla base inferiore del lingotto risulta graffita con uno strumento metallico l'iscrizione *l(egionis) XIX // CCIII*[274], costituita dall'indicazione di proprietà da parte della *legio XIX* e dal ponderale. Dal momento che 203 libbre corrispondono a 66,4 kg, è possibile affermare che, pur con una differenza di oltre due chilogrammi (7 libbre) rispetto al suo peso reale, il numerale *CCIII* esprime l'intero peso del lingotto,

[264] Gechter, Gechter-Jones, "Die Befestigung einer frührömischen Handelsstation", 45-57; Gechter, *Die Wirtschaftsbeziehungen*, 519, n. 102 (fig. 7).

[265] Un'attività di lavorazione della galena argentifera ha avuto luogo, nel corso della prima metà del I sec. d. C., anche nel sito di Engelskirchen-Bliesenbach, ubicato nel settore orientale del Bergisches Land (Wegener, *Montanarchäologische Prospection*, 168-176; M. Gechter M., "Ein Überblick über den Forschungsstand zur Montanarchäologie im Bergischen Land." In *Archäologisches Zellwerk. Beiträge zur Kulturgeschichte in Europa und Asien. Festschrift für Helmut Roth zum 60. Geburtstag*, Herausgegeben E. Pohl,, U. Recker, C. Theume (Rahden 2001), 39-45; Rothenhöfer, *Die Wirtschaftsstrukturen in südlichen Niedergermanien*).

[266] Tra il 10 ed il 14 d. C. le legioni *I* e *XX Valeria Victrix* si trovano *apud Aram Ubiorum* (Tac., *Ann.*, I, 39, 1-2), mentre durante la rivolta dei soldati del 14 d. C. sono ben quattro le legioni che, forse solo temporaneamente, si trovano di stanza in uno stesso campo, situato nel territorio degli *Ubii* (Tac., *Ann.*, I, 31, 3; *in finibus Ubiorum*).

Gechter, *Die Wirtschaftsbeziehungen*, 537.

[268] Ai metalli si aggiungono inoltre altre risorse, quali il legno e la pietra, entrambi facilmente trasportabili dalle zone boscose della riva destra del Reno ai centri della sponda opposta. Se più evanescenti risultano le tracce archeologiche del commercio del primo (Gechter, *Die Wirtschaftsbeziehungen*, 532-534, 538, nn. 158-159; fig. 7), due cave di trachite appaiono coltivate nel corso del II sec. d. C. in prossimità della riva del Reno a Drachenfels, poco a sud di *Bonna*/Bonn (Gechter, *Die Wirtschaftsbeziehungen*, 532, nn. 158-159, fig. 7; 538.).

[269] Gechter, *Die Wirtschaftsbeziehungen*, 523, n. 153 (fig. 7).

[270] Tac., *Ann.*, XI, 20. Vedi *supra* paragrafo 2.2.

[271] Su tale problematica vedi Kunow, *Relations between Roman occupation and the Limesvorland*, 87-96. Non va inoltre dimenticata la presenza nel Bergisches Land di impianti per la produzione di laterizi e di cave gestite tra la metà del I e la seconda metà del II sec. d. C. direttamente dall'esercito.

[272] Nel 1964, in occasione di uno scavo di emergenza in corrispondenza del lato nord della *via principalis* dell'accampamento, furono individuate numerose buche di forma irregolare; in una di queste si trovavano un lingotto di piombo, scorie della lavorazione del ferro e del piombo e numerosi frammenti di ceramica (S. von Schnurbein, "Ein Bleibarren," 132-136). Nel 1954 nel campo era già stato rivenuto un lingotto di piombo, anepigrafe e del peso di 43,7 kg (von Schnurbein, "Ein Bleibarren," 132 particolare 134, nota 10). Per le analisi vedi Bode, Hauptmann, Metzger, *Rekonstruktion frühkaiserzeitlicher Bleiproduktion in Germanien*, 114; Bode, Rothenhöfer, Hanel, Hauptmann, Metzger, Eck, "Roman lead ingots in Europe," fig. 8a-b; Bode, Hauptmann, Metzger, "Tracing Roman lead sources," tab. 1, D-137/21.

[273] Il lingotto non appare attribuibile a nessuna delle IV tipologie definite da Domergue.

[274] Le due parti del testo, divise da uno spazio di circa 4 cm, hanno dimensioni diverse, con lettere alte rispettivamente 3,4-3,9 cm e 3,7-4,5 cm.

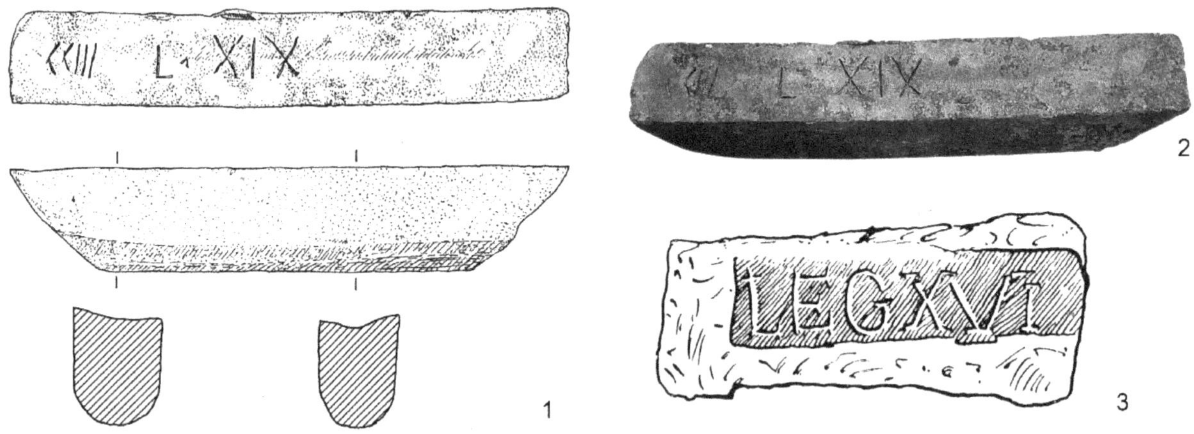

Figura 47. Lingotto da Haltern (nn. 1-2), recante il graffito della *legio XIX* (da von Schnurbein, "Ein Bleibarren") e oggetto in piombo (lingotto? peso?) recante il bollo della *legio XVI* (n. 3; da von Petrikovits, *Die romische Rehinland*).

secondo una modalità attestata nel corso della prima età imperiale[275].

I dati archeologici consentono di stabilire che tra il 15 ed l'8/7 a. C. la *legio XIX*[276] occupava il campo di Dangstetten, nella Germania meridionale[277], dove era giunta nell'ambito dell'offensiva condotta da Druso tra 16 e 15 a. C. nell'area alpina. In occasione della nuova fase di operazioni militari condotte da Tiberio dopo la morte di Druso direttamente contro le tribù della *Germania*, la legione venne poi spostata in una nuova base posta in prossimità del Reno, forse Colonia.[278] Lo stesso lingotto di Haltern permette, infine, di identificare nel campo uno degli *hiberna* della legione,[279] occupato quando, assieme alle legioni XVII e XVIII, questa unità costituiva l'*exercitus omnium fortissimus*[280] che si trovava al comando di Varo nel 9 d. C.

I risultati delle analisi condotte sul lingotto della *legio XIX* mostrano che i valori degli isotopi del piombo di quest'ultimo si sovrappongono ai valori del minerale del Bergisches Land e della Sierra Morena[281]; l'eventualità che l'unità legionaria abbia portato con sé un lingotto dalla penisola iberica fino al campo di Haltern appare tuttavia scarso. La *legio XIX* non è una delle unità legionarie che presero parte alle campagne contro le popolazioni cantabriche tra il 25 e il 16/15 a. C.[282] e non è altrimenti noto un suo coinvolgimento nell'attività mineraria romana nelle province iberiche[283]; il precoce avvio dell'attività estrattiva nelle miniere dell'Eifel e, dopo l'8/7 a. C., presso i giacimenti del Bergisches Land e del Sauerland rende allo stesso tempo estremamente improbabile l'importazione di piombo dalla penisola iberica per il rifornimento delle truppe romane di stanza in *Germania* in epoca successiva.

[275] Domergue, *Production et commerce des métaux*, 61-91; Domergue, Liou, "L'apparition de normes," 11-30; Domergue, *A view of Baetica's external commerce*, 201-215.

[276] Una *legio XIX* esisteva già in epoca repubblicana; successivamente, nel periodo compreso tra le battaglie di Filippi e di Azio, l'unità venne coinvolta nella riorganizzazione dell'esercito attuata da Ottaviano (Wiegels, Legiones XVII, XVIII, XIX, 76-77; secondo Von Schnurbein (von Schnurbein, "Ein Bleibarren," 136) la *legio XIX* sarebbe stata creata *ex novo* da Augusto solo dopo la battaglia di Azio). Le vicende della legione tra il 30 ed il 15 a. C. rimangono attualmente ignote; l'ipotesi di Ritterling, per quanto non sicura, è che essa fosse dislocata in *Aquitania* assieme alle *legiones XVII* e *XVIII* (R. E., XII, *Legio XIX*, 1767).

[277] Schönberger, "The roman frontier in Germany," 144-151; Wiegels, "Zwei Blei-Marken," 427-456; Wiegels, Legiones XVII, XVIII, XIX, 77-78. Ritterling, prima dello scavo del sito di Dangstetten, ipotizzava la presenza della legione nel campo di *Vetera* assieme alla XVIII (R.E., XIII, *Legiones XVII, XVIII, XIX*, 1767-1768).

[278] von Schnurbein, "Ein Bleibarren," 136. L'attribuzione è basata sul graffito *prin(cipis) leg(ionis) XIX* presente su un frammento di terra sigillata italica rinvenuto nei pressi del duomo di Colonia (AE 1969/70, 444= AE 1975, 626; Bechert, *Romisches Germanien*, 187-188), sulla cui autenticità tuttavia gravano tuttora forti dubbi (Wiegels, Legiones XVII, XVIII, XIX, 78 e nota 33).

[279] Wiegels, Legiones XVII, XVIII, XIX, 78.

[280] Vell. Pat., 2, 119, 2.

[281] Bode, Hauptmann, Metzger, *Rekonstruktion frühkaiserzeitlicher Bleiproduktion in Germanien*, 119 e figg. 1-2 e, da ultimo, Rothenhöfer, Bode, Wirtschaftliche Auswirkungen, 326. Da segnalare che in un precedente lavoro (M. Bode, A. Baumann, A. Hauptmann, K. Metzger, M. Prange, "Geochemical and lead isotope investigations for lead production in Roman Times in the Rhineland and in the Westphalia (Germany)." In *Archaeometallurgy in European Proceedings. International Conference (Mailand 24-26.9.2003)* (Mailand 2003) il lingotto, ancora sulla base di analisi isotopiche, risulta attribuito alle miniere dell'Eifel.

[282] Per le legioni impiegate nelle campagne iberiche (*legiones I* e *II Augusta, IV Macedonica, V Alaudae, VI Victrix* e *X Gemina*) vedi R. F. J. Jones, "The roman military occupation of north-west Spain," *Journal of Roman Studies* 66 (1976): 45-66.

[283] La *legio XIX* non è, ad esempio, tra le unità (legioni *X Gemina, legio IV Macedonica, I Augusta*) che contromarcano per conto di Agrippa i lingotti di piombo di provenienza iberica del relitto di Valle Ponti (Comacchio). Sul relitto di Valle Ponti vedi F. Berti, "La nave romana di Valleponti (Comacchio)," *Rivista di Studi Liguri* 51 (1985): 567-570; F. Berti, "L'épave aux lingots de Valle Ponti (Comacchio)" In *Les mines et la métallurgie en Gaule et dans les provinces voisines, Actes du Colloque (Paris, 26-27 April 1986)*, Caesarodunum 22 (Paris 1987), 132-133; C. Domergue, "Les lingots de plomb de l'épave romaine de Valle Ponti (Comacchio)." Epigraphica 49 (1987): 109-175, in particolare 132-141; M. P. García y Bellido, "Marcas legionarias y de Agrippa en los lingotes de Comacchio," Epigraphica, 60 (1998): 9-43, in particolare 42-43; M. P. García y Bellido, "Legionsstempel aus der Zeit des Agrippa auf Hispanischen Bleibarren aus Comacchio (Ferrara)," *Bonner Jahrbücher* 198 (1998): 1-27, in particolare 25-27.

Il riscontro positivo tra le analisi condotte sul lingotto e le caratteristiche isotopiche del minerale di piombo dei giacimenti del Bergisches Land rivelano in primo luogo il forte fabbisogno di piombo dei *castra* di Haltern, dotati, nel 9 d. C., di una rete idrica con condutture in piombo. Von Schnurbein, basandosi sul confronto con le iscrizioni delle *massae plumbeae* del *corpus* raccolto da Besnier negli anni '20, ha ipotizzato che il graffito possa indicare il produttore del metallo, in questo caso la *legio XIX*[284]; il fatto che l'iscrizione sia stata graffita a freddo – quindi dopo il processo produttivo – consente tuttavia di affermare con certezza solo che l'unità militare è la destinataria – e proprietaria – del metallo estratto nel Bergisches Land[285].

D'altro canto, come attestano altre testimonianze relative alla prima età imperiale, il coinvolgimento di uomini della legione nell'attività mineraria non può essere escluso con assoluta certezza; i dati raccolti nel sito di Hennef-Altglück sembrano trovare un valido confronto nella notizia tacitiana dell'attività mineraria promossa dal legato Curzio Rufo in *Germania superior* alcuni decenni dopo[286]. In entrambi i casi assistiamo al coinvolgimento dell'esercito romano in attività estrattive di durata imprecisata – verosimilmente prospezioni – in territori situati oltre il Reno. Da sottolineare è anche il comune obiettivo di entrambe le ricerche; se nel sito di Hennef-Altglück è certa l'estrazione di galena argentifera, la spedizione di Curzio Rufo oltre il Reno ha inizio *quaerendis venis argenti.*

2.3.3. Sauerland (Westphalia)

L'avvio da parte dell'amministrazione imperiale di una attività mineraria – in larga parte volta allo sfruttamento di giacimenti di piombo – è stata ipotizzata anche nel settore più orientale del territorio germanico posto sotto il controllo di Roma prima della sconfitta di Teutoburgo, in particolare nel Sauerland (Westphalia orientale), in una regione collinare delimitata a Nord dal corso della Lippe e a Sud dal corso della Ruhr[287]. Una serie di rinvenimenti, particolarmente intensi a partire dalla fine degli anni '90[288], consentirebbe di definire, successivamente alla fase iniziale di età augustea, una fase successiva, nel corso della quale lo sfruttamento dei giacimenti venne proseguito dalle popolazioni germaniche.

In prossimità del piccolo centro di Brilon-Altenbüren, pochi km a Sud di Heppen, sono stati effettuati sporadici rinvenimenti occasionali che attestano una frequentazione nel corso della prima età imperiale; ad un gladio con guaina decorata, databile ai primi anni del I sec. d. C. (da Brilon-Rösenbeck) e compatibile con una presenza militare presso i *metalla*, si aggiunge un consistente gruppo di monete che, nel complesso, definisce una frequentazione compresa tra la tarda età repubblicana e l'inizio del II sec d. C. (da Brilon-Nedhen e Brilon-Thülen)[289]. Di questo gruppo di materiali fa parte un oggetto di piombo, tuttora di incerta funzione, sul quale è presente una iscrizione in lingua latina (Fig. 48)[290]; del reperto, in cattivo stato di conservazione, si conserva solo una frammento, sul quale sono presenti numerosi ed evidenti segni di una rottura intenzionale, effettuata per mezzo di strumenti da lavoro con punte in

[284] Besnier 1920, "Le commerce," 211-244 ; Besnier 1921, "Le commerce," 36-76, 98-130.

[285] Non va dimenticata, a questo proposito, la presenza di una rete idrica con *fistulae plumbeae* nel campo di Haltern (S. von Schnurbein, "Untersuchungen zur Geschichte der römischen Militärlager an der Lippe." Germania 62 (1981): 68-70).

[286] Tac., *Ann.*, XI, 20.

[287] A. Schulten, "Eine neue Romerspur in Westfalen," *Bonner Jahrbucher* 124 (1917): 88-103; K. Wilhelmi, "Ein Bleiringbarren aus der Kaiserzeit siedlung Albersloh, Kr. Münster," Germania 52 (1974): 473-478; Polenz, *Römer und Germanen*; H. Laumann, "Eine germanische Siedlung des 1. Jahrhunderts n. Chr. in Balve-Garbeck," *Märker* 36 (1987): 75-79; Th. Rehren, "Die Zusammensetzung einiger germanischer und römischer Bleifunde aus Nord-rhein-Westfalen," *Metalla* 5 (1998): 63-69; I. Pfeffer, "Neue Ausgrabungen in Soest-«Ardey»-Ein Zwischenbericht über die laufenden Grabungen," *Soester Zeitschrift* 113 (2001): 4-7; Bode, Baumann, Hauptmann, Metzger, Prange, *Geochemical and lead isotope investigations*, 201-209; P. Rothenhöfer, "Geschäfte in Germanien. Zur Ausbeutung von Erzlagerstätten unter Augustus in Germanien," *Zeitschrift für Papyrologie und Epigraphik* 143 (2003): 277-286; Rothenhöfer, Plumbum Germanicum-*Germanic lead*, 641-648; P. Rothenhöfer, "*Lucius Flavius Verucla* – ein römischer Großunternehmer in Germanien. Neue Erkenntnisse zu einem alten Fundstück im Burghofmuseum Soest," In *Zeitschrift des Vereins für Geschichte und Heimatpflege Soest*, Herausgegeben N. Wex (Soest 2003): 12-21; P. Rothenhöfer, "Das Blei der Germanen. Bemerkungen zu einer neuen Fundgattung und zur Aufnahme der Bleiproduktion dirch Germanen während der älteren römischen Kaiserzeit in Westfalen," *Archäologische Korrispondenblatt* 34 (2004): 423-434; M. Bode, A. Hauptmann, K. Metzger, M. Prange, "Vorläufige Ergebnisse zur geochemischen und Blei-isotopischen Provenienzuntersuchung einiger westfälicher Bleifunde mittels Vergleich mit heimischen Bleierz," *Archäologie in Ostwestfalen* 8 (2004): 43-46; D. Bérenger, "Frührömische Kaiserzeit und Blei in Ostwestfalen-Lippe," *Soester Beiträge zur Archäologie* 8 (2007): 25-31; Hanel, Rothenhöfer, Genovesi, "Germanisches Blei für Rom," 53-65; M. Bode, "Neues aus dem Alten Rom mit Hilfe der Archäometallugie." In *Bergbau im Sauerland. Westfälischer Bergbau in der Römerzeit und im frühen Mittelalter*, Herausgegeben R. Köhne, W. Reininghaus, Th. Stöllner (Münster 2006): 32-44; Bode, Hauptmann, Metzger, *Rekonstruktion frühkaiserzeitlicher Bleiproduktion in Germanien*, 105-123; Bode, Rothenhöfer, Hanel, Hauptmann, Metzger, Eck, "Roman lead ingots in Europe"; W. Melzer, I. Pfeffer, "Soest – Ein Zentrum der Bleiverarbeitung im 1 Jahrhundert nach Christus." *Soester Beiträge zur Archäologie* 8 (2007): 91-104; Horn, *Die Römer*; N. Hanel, P. Rothenhöfer, "Römische Bleigewinnung im Raum Brilon und der Bleitransport nach Rom." In *Bleibergbau und Bleiverarbeitung während der römischen Kaiserzeit im rechtsrheinischen Barbaricum*, Herausgegeben W. Melzer, T. Capelle, (Soest 2007), 41-46; M. Strassburger, "*Plumbi nigri origo duplex est* – Bleierzbergbau der römischen Kaiserzeit im nordöstlichen Sauerland," *Soester Beiträge zur Archäologie* 8 (2007): 57-70; Bode, Hauptmann, Metzger, "Tracing Roman lead sources," 184. Sulla geologia dei giacimenti minerari dell'area di Brilon vedi Bode, *Archäometallurgische Untersuchungen*, 69-71; Rothenhöfer, Bode, *Wirtschaftliche Auswirkungen*, 318-324.

[288] Bode, Hauptmann, Metzger, *Rekonstruktion frühkaiserzeitlicher Bleiproduktion in Germanien*, 114-115.

[289] Hanel, Rothenhöfer, Genovesi, "Germanisches Blei für Rom," 60-62, con relativa bibliografia.

[290] Hanel, Rothenhöfer, Genovesi, "Germanisches Blei für Rom," 54-58; Bode, Hauptmann, Metzger, *Rekonstruktion frühkaiserzeitlicher Bleiproduktion in Germanien*, 120; Bode, Rothenhöfer, Hanel, Hauptmann, Metzger, Eck, "Roman lead ingots in Europe"; Rothenhöfer, Bode, *Wirtschaftliche Auswirkungen*, 321-322, 325

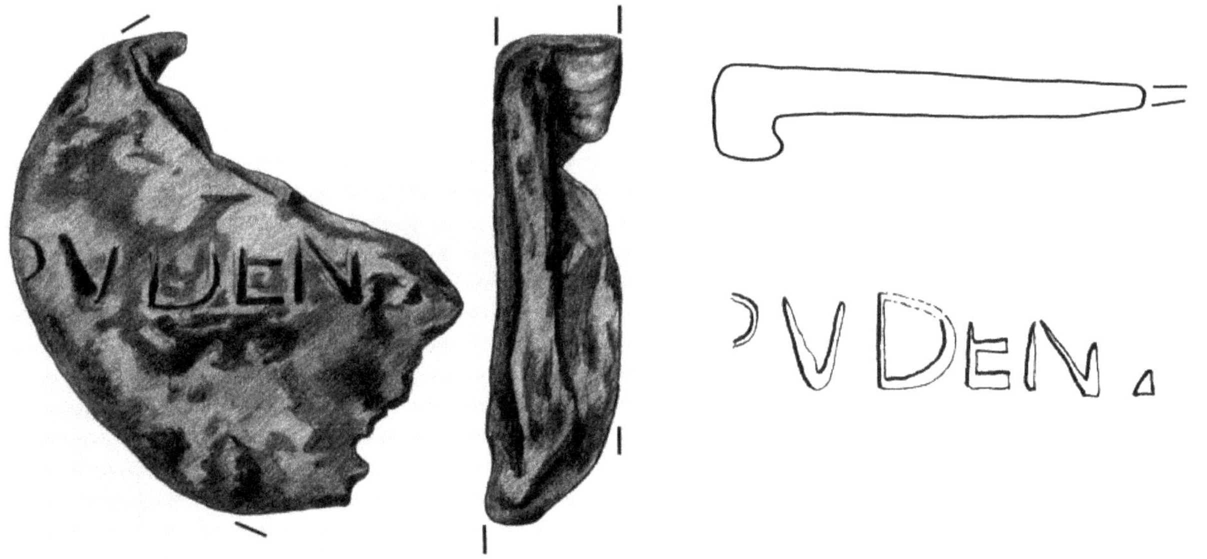

Figura 48. Oggetto in piombo recante il bollo *[-] Pudent[is ---]*, rinvenuto presso Brilon (da Hanel, Rothenhöfer, Genovesi, "Germanisches Blei für Rom").

metallo; sulla base di tale evidenza è stato tuttavia possibile ricostruirne l'aspetto originario, caratterizzato da forma circolare internamente concava. La lunghezza e l'altezza massima conservate misurano rispettivamente 7,1 e 5,1 cm, mentre lo spessore della parete varia tra 0,5 e 0,8 cm; il peso attuale è di 123 g. L'iscrizione, situata sulla faccia inferiore dell'oggetto, è alta 1 cm circa e risulta già presente nella matrice nella quale l'oggetto è stato fuso. La lettura del testo è la seguente: *[-] Pudent[is ---]*. Non è possibile escludere la mancanza di altre lettere precedenti la *P*[291], mentre scarsa appare la possibiltà che vi siano altre lettere successivamente al *cognomen*, per il quale la soluzione in genitivo appare la più probabile.

Anche se le analisi isotopiche hanno permesso di stabilire che il piombo con il quale esso è stato realizzato, estremamente povero di argento, potrebbe in effetti essere compatibile con il minerale presente negli stessi giacimenti del Sauerland[292], altre possibilità, quali la provenienza dal vicino Eifel, non possono essere escluse.

Notevolmente incerta è, anche a causa delle non perfette condizioni di conservazione, la funzione dell'oggetto; sulla base del confronto dei profili esterno e interno con i manufatti in piombo impiegati per la bollitura del sale[293], è possibile ipotizzare una simile funzione anche per l'oggetto bollato da *Pudens*[294]. Nonostante i bolli presenti su oggetti identificati con certezza come bollitori – rinvenuti in Britannia e datati alla tarda età imperiale – si adattino normalmente al profilo circolare del fondo e non si dispongano – come nel nostro caso – trasversalmente rispetto ad esso[295], tale ipotesi rimane al momento la più soddisfacente[296].

Difficile appare determinare se il bollo indichi l'identità del proprietario o del produttore del manufatto di Brilon; altrettanto problematico, anche in assenza di una ipotesi certa sulla funzione dell'oggetto, è anche il confronto con il lingotto del relitto di Rena Maiore contrassegnato *Pudentis Germ(anicum)*[297]. Il *Pudens* menzionato su quest'ultimo è un personaggio attivamente coinvolto nell'attività mineraria svolta nella nuova provincia, come *colonus* (o *occupator*) – analogamente a *Lucius Flavius Verucla* e ai *socii* del lingotto di Fos-sur-Mer – o semplicemente come *mercator*, se si ritiene l'iscrizione sul lingotto solo una contromarca relativa alla proprietà della *massa plumbea*[298]. Se si accetta la prima ipotesi e la possibilità che i due *Pudens* siano in realtà lo stesso personaggio, si potrebbe supporre che l'oggetto rinvenuto a Brilon sia in realtà in quache modo

291 La *P*, per quanto lacunosa nella sua parte iniziale, non presenta tuttavia problemi nella lettura, così come le quattro lettere seguenti (*V, D, E, N*); scarsamente leggibile ma sicuramente presente è, infine, la T (Hanel, Rothenhöfer, Genovesi, "Germanisches Blei für Rom," 56-57).

292 Bode, Hauptmann, Metzger, *Rekonstruktion frühkaiserzeitlicher Bleiproduktion in Germanien*, 120.

293 S. Penney, D. C. A. Shotter, "An inscribed Roman salt-pan from Shavington, Cheshire," *Britannia* 27 (1996): 360-365; S. Penney, D. C. A. Shotter , "Further Inscribed Roman Salt Pans from Shavington, Cheshire," *Journal of the Chester Archaeological Society* 76 (2000-2001): 53-61.

294 Hanel, Rothenhöfer, Genovesi, "Germanisches Blei für Rom," 56.

295 È possibile effettuare un confronto con due recipienti in piombo rinvenuti in Inghilterra presso la località di Henhull (Cheshire), sul fondo dei quali sono presenti le seguenti iscrizioni con andamento circolare: *Cunitus Cl(audii) Er(----)* e *Cuni(tus) Ti/berii) Cl(audii) E(---)* (vedi *Britannia*, 15, 1984, 342, nn. 18, 19; *Britannia*, 29, 1998, 436-437, n. 11; RIB, 65, nn. 2416,2-3). Rispetto agli esemplari britannici, caratterizzati da diametri di 1 m circa, le dimensioni dell'oggetto di Brilon-Altenbüren appaiono tuttavia decisamente ridotte.

296 Sull'esistenza nella regione di una attività di estrazione del sale in epoca preromana e romana vedi, in particolare, Rothenhöfer, Bode, *Wirtschaftliche Auswirkungen*, 326-327.

297 Limitatamente alla prima età imperiale, il *cognomen Pudens*, peraltro diffussissimo, risulta attestato in area renana da un bollo presente sul fodero in metallo di un gladio custodito presso il Museo di Bonn (CIL XIII, III-2, 10027): *Q(uintus) Nonienus Pude(n)s ad Ara(m) f(ecit)*. La relazione con il *Pudens* dell'oggetto in piombo da Brilon e con il *Pudens* del lingotto del relitto di Rena Maiore appare tuttavia tutt'altro che certa, in primo luogo in quanto *Nonienus Pundens* è assai verosimilmente di condizione libera.

298 Deve, a nostro avviso, essere considerata *lectio difficilior* la possibilità che egli abbia anche agito come *plumbarius*, producendo e bollando manufatti in piombo commercializzati localmente.

funzionale all'attività estrattiva condotta da quest'ultimo nel Sauerland; esso sarebbe quindi stato prodotto direttamente dalle maestranze alle dipendenze di *Pudens* e bollato da quest'ultimo per indicarne il possesso.

Concorre alla definizione del quadro di una ipotetica attività mineraria romana in Westphalia anche la testimonianza costituita dal lingotto rinvenuto nel 1910 presso il moderno centro urbano di Heppen, 7 km circa a Sud del corso della Lippe (vedi paragrafo 2.3.2.)[299]. Le analisi degli isotopi della *massa plumbea*, recante il bollo e la contromarca di *Lucius Flavius Verucla*, così come quelli dei lingotti di *Verucla* del relitto *Saintes-Maries-de-la-Mer 1*, si sovrappongono a quelli del minerale di piombo presente nei giacimenti dell'Eifel e del Sauerland[300], mentre da escludere, in virtù del bassissimo contenuto di argento, è una origine dall'area del Bergisches Land[301].

La presenza di un campo militare di medie dimensioni presso il moderno centro di Rüthen-Kneblighausen (Fig. 41, n. 13), ad una distanza di non più di 10 km a Nord di Brilon, costituisce un ulteriore elemento di interesse[302]. In un primo momento il sito, nel quale non sono state effettuate indagini archeologiche, è stato datato alle campagne condotte da Domiziano oltre il Reno tra l'83 e l'86 d. C. sulla base delle presenza di porte del tipo a *clavicula*; la presenza di porte dello stessa tipologia anche in *castra* di epoca tardorepubblicana (*Alesia*)[303] e augustea (Haltern e La Espina del Gallego nelle Asturie)[304] consente tuttavia di attribuire più verosimilmente anche il forte di Rüthen-Kneblighausen ai campi costruiti in età augustea. Dal momento che la posizione del campo ad una distanza di 20 km a Sud dell'alto corso della Lippe risulta apparentemente estranea al sistema di *castra* dislocati lungo il corso del fiume e strettamente legati al principale asse di penetrazione romano in *Germania*, non è da escludere che il forte sia piuttosto funzionale al controllo dell'attività estrattiva nell'area di Brilon, dove una possibile presenza militare è peraltro attestata dal frammento di gladio già menzionato.

Nel 2001, a Nord-ovest dell'area urbana di Altenbüren, in una zona già nota per la presenza di un insediamento indigeno[305], sono stati rinvenuti 30 lingotti di piombo di produzione locale, scorie, resti di fusione del piombo e due monete, una delle quali, un sesterzio attribuibile a Nerva, Traiano o Adriano. Tale contesto, che si aggiunge ad un *corpus* di evidenze analoghe, in massima parte pertinenti a siti della Westphalia orientale e tutte caratterizzate dalla presenza di lingotti di piombo con morfologie sensibilmente diverse da quelle delle *masse plumbeae* di produzione romana[306]. L'eredità dell'attività

---

299 Besnier 1921, "Le commerce," 72-73 e, da ultimo, Rothenhöfer, Bode, *Wirtschaftliche Auswirkungen*, 317-318.

300 Bode, Baumann, Hauptmann, Metzger, Prange, *Geochemical and lead isotope investigations*, 203-207; Bode, Rothenhöfer, Hanel, Hauptmann, Metzger, Eck, "Roman lead ingots in Europe"; Rothenhöfer, Bode, *Wirtschaftliche Auswirkungen*, 317-318.

301 In merito alla problematica legata all'origine e alla diffusione del piombo prodotta da *Verucla* si veda quanto già detto nel paragrafo precedente.

302 Il campo ha una superficie di 11 ettari; il vicino campo di Anreppen, presumibilmente destinato ad accogliere almeno una legione completa, copre un'area di 23 ettari, mentre il piccolo forte ausiliario dell'Annaberg presso Haltern, si estende per soli 7 ettari (B. Rudnick, *Kneblinghausen, Gemeinde Rüthen, Kreis Soest*, Münster 2008; Hanel, Rothenhöfer, Genovesi, "Germanisches Blei für Rom," 61-62).

303 M. Reddé, "Titulum et clavicula: à propos des fouilles récentes d'Alésia," *Revue archéologique de l'Est* 46 (1995): 349-256, in particolare 352.

304 E. Peralta Labrador, "Die augusteische Belagerung von La Espina del Gallego (Kantabrien, Spaniel)," Germania 79 (2001): 21-42, in particolare 32-35, figg. 8-9.

305 Hanel, Rothenhöfer, Genovesi, "Germanisches Blei für Rom," 54.

306 Per un quadro riassuntivo vedi Rothenhöfer, "Das Blei der Germanen," 429, tab. 1; vedi anche Rothenhöfer, "Geschäfte in Germanien," 281-282; Rothenhöfer, Plumbum Germanicum-*Germanic lead*, 641-648; Rothenhöfer, *Die Wirtschaftsstrukturen in südlichen Niedergermanien*, P. Rothenhöfer, *"Iam et plumbum excoquere docuimus?* – Zum Phänomen der germanischen Bleiproduktion im nördlichen Sauerland während der römischen Kaiserzeit," *Soester Beiträge zur Archäologie* 8 (2007): 47-55; Bode, *Archäometallurgische Untersuchungen*, 73-74, con bibliografia; Bode, Hauptmann, Metzger, *Rekonstruktion frühkaiserzeitlicher Bleiproduktion in Germanien*, 106-107, 109-110; Rothenhöfer, Bode, *Wirtschaftliche Auswirkungen*, 320-321, nota 23). A Brilon l'estrazione del piombo potrebbe continuare ancora nel corso dell'età antonina (Hanel, Rothenhöfer, Genovesi, "Germanisches Blei für Rom," 61-62), mentre l'attestazione più tarda - due lingotti rinvenuti in un insediamento germanico presso la località di Bad Wünnenberg-Bleiwäsche - si data, sulla base della ceramica indigena, tra il II e, forse, il III sec. d. C. (Rothenhöfer, "Das Blei der Germanen," 430).
Già erroneamente identificati come pesi (F. Kempken, *Die Germanische Siedlung von Balve-Garbeck*, Magisterarbeit Universität Marburg 1990, 60 e segg.), i lingotti rinvenuti nel Sauerland sono del tutto estranei alla tradizione formale delle *massae plumbeae* di produzione romana; completamente anepigrafi, di dimensioni e peso nettamente inferiori agli esemplari pertinenti alla tipologia di Domergue, essi appaiono caratterizzati da una notevole varietà nelle dimensioni e nei pesi. Le misure medie dell'altezza e dello spessore dei diversi tipi sono rispettivamente comprese tra 7- 9,5 e 0,8-3,3 cm; il peso, che oscilla tra un minimo di 268g ed un massimo di 752g, nella maggior parte degli esemplari noti è compreso tra 300 e 500g (Rothenhöfer, "Das Blei der Germanen," 423).
I numerosi esemplari noti sono stati distinti in 5 diverse tipologie (Rothenhöfer, "Das Blei der Germanen," 243-246 e tab. 1): lingotti di forma trapezoidale (tipo 1), quadrangolare (tipo 2), ovale (tipo 3), tronco-conica (tipo 4) e di forme diverse (tipo 5). La quasi totalità degli esemplari possiede un foro di piccoli dimensioni, forse funzionale al loro trasporto.
La maggior parte delle attestazioni (più di 40 lingotti) risultano distribuite entro un raggio di 10 km dal centro di Brilon-Altenbüren, presso il quale è possibile localizzare i principali centri estrattivi e produttivi (Rothenhöfer, "Das Blei der Germanen," 424, fig. 1, nn., 4-8). Cinque lingotti sono inoltre attestati in due distinti siti presso il moderno centro di Soest, 20 km circa ad Ovest di Brilon-Altenbüren (Rothenhöfer, "Geschäfte in Germanien," 281-282; Rothenhöfer, "Das Blei der Germanen," 424, fig. 1, nn. 12 (Soest, Am Ardey), 13 (Soest, Blumnehof Müller); in un caso, nella località di Soest-Am Ardey, un lingotto del tipo 1 è stato rinvenuto in un contesto produttivo ospitato all'interno di una capanna e databile tra l'inizio del I ed il II sec. d. C. (Pfeffer, "Neue Ausgrabungen in Soest-«Ardey»," 4-7).
10 lingotti dei tipi 1 e 2 provengono da Balve-Garbeck, centro ubicato 20 km circa a Sud del corso della Ruhr, presso il quale era attivo nel corso del I sec. d. C. un centro di lavorazione del metallo (Rehren, "Die Zusammensetzung," 63-68; Rothenhöfer, "Das Blei der Germanen," 429, tab. 1, n. 3).
Rinvenimenti di lingotti singoli o a coppie sono noti in altri siti del corso della Lippe (Rothenhöfer, "Das Blei der Germanen," 424, fig. 1, nn. 1. Bad Lippspringe-Dedinghausen, 1 lingotto; 2. Bad Wünnenberg-Bleiwäsche, 2 lingotti; 10. Büren-Wewelsburg, 2 lingotti; 11. Salzkotten-Thüle, 1 lingotto; 14. Warburg-Menne, 1 lingotto), mentre agli anni '70 risalgono due ulteriori ritrovamenti, effettuati nelle località di Abersloh (Rothenhöfer, "Das Blei der Germanen," 429, tab. 1) e Denekamp (Wilhelmi, "Ein Bleiringbarren," 475), lungo il Basso Reno.

estrattiva promossa da Roma nell'area renana venne quindi verosimilmente raccolta dalle tribù germaniche nei decenni successivi alla fine delle campagne di Germanico, per proseguire nel corso del I e ancora nella prima metà del II sec. d. C.

Come si vede, il quadro che abbiamo delineato non è tuttavia esente da dubbi e l'esistenza di una attività mineraria romana nell'area di Brilon deve considerarsi ancora come incerta; al di là delle testimonianze archeologiche ricordate (i materiali dall'area di Brilon, la presenza del forte presso Rüthen-Kneblighausen, l'attività estrattiva promossa dai Germani nel I sec. d. C.), non può essere sottovalutata l'assenza di dati relativi a siti minerari con tracce di sfruttamento di età augustea e il fatto che l'oggetto recante il bollo *[-] Pudent[is ---]* potrebbe in effetti non avere alcuna connessione certa con una attività mineraria e/o con il lingotto bollato da *Pudens* del relitto di Rena Maiore. Sotto l'aspetto cronologico una coltivazione dei giacimenti del Sauerland non potrebbe essere verosimilmente collocata prima dell'8/7 a. C., mentre il 9 d. C., a differenza dell'area del Bergisches Land e, ovviamente, della regione dell'Eifel, ne costituirebbe il termine estremo. Contestualmente al collasso della struttura militare e amministrativa della *provincia* della *Germania* sarebbero infatti venute meno anche le condizioni nelle quali l'attività estrattiva sarebbe stata avviata.

2.4. I lingotti di piombo dei *metalla Germanica*

Il corredo epigrafico e le analisi degli isotopi del piombo consentono di attribuire a miniere ubicate nelle regioni poste ad Ovest e ad Est del Reno un consistente gruppo di lingotti di piombo (quasi 150 lingotti), provenienti da rinvenimenti di ambito terrestre (Germania, Belgio) e subacqueo, con attestazioni nell'area compresa tra le Bocche del Rodano e le Bocche di Bonifacio[307]:
- Bad-Sassendorf-Heppen (Westphalia) – 1 lingotto (1910; Fig. 49, n. 1),
- Fos-sur-Mer (Bocche del Rodano) – 1 lingotto (anni '50; Fig. 49, n. 5),
- Haltern (Westphalia) – 1 lingotto (1964; Fig. 49, n. 2)[308],
- relitto dell'*Île Rousse* (Corsica meridionale) – 1 lingotto (1971; Fig. 49, n. 7),
- Fos-sur-Mer (Bocche del Rodano) – 1 lingotto (1983; Fig. 49, n. 5),
- relitto *Saintes-Maries-de-la-Mer 1* (Bocche del Rodano) – 99 lingotti (1989, Fig. 49, n. 4),
- relitto di Rena Maiore (Sardegna settentrionale) – 42 lingotti (1997; Fig. 49, n. 6),
- *Atuatuca Tungrorum*/Tongeren (Belgio) – 1 lingotto (2008; Fig. 49, n. 3),

Può essere inoltre ipotizzata la pertinenza ai *metalla Germanica* di un ulteriore lingotto, attualmente perduto:
- Populonia (Italia) – 1 lingotto (1970; Fig. 49, n. 8).

2.4.1. Il lingotto di Bad-Sassendorf-Heppen (Westphalia)

La prima attestazione dello sviluppo, in età romana, di una attività mineraria in *Germania* è costituita dal lingotto rinvenuto nel 1910 presso il moderno centro di Bad-Sassendorf-Heppen, situato 7 km circa a Sud del corso della Lippe, nella regione della Westphalia (Fig. 50)[309]. La *massa plumbea*, rinvenuta frammentaria e del tutto decontestualizzata, possiede forma tronco-piramidale (tipo Domergue IV); la parte conservata possiede una base inferiore di 11,5x13 cm e una base superiore di 9,5x7,5 cm; l'altezza raggiunge gli 11 cm. Il peso attuale è di 13 kg, un valore con tutta evidenza sensibilmente inferiore a quello originario. Sul dorso e su uno dei lati lunghi sono presenti rispettivamente il bollo (*L. Fla[---]*) e una contromarca incisa a freddo (*L. F. Ve(---)*).

Schulten, proponendo per il lingotto un'origine gallica, ha correttamente supposto per primo che entrambe le iscrizioni fossero da attribuire ad un medesimo personaggio, da lui identificato come *L(ucius) Fl(avius) Ve(tus)*[310]. Solo pochi anni dopo Besnier ha ipotizzato una diversa lettura (*L(ucius) Fl(avius) Ve[tto]*), basata sulla possibile provenienza del lingotto dalle miniere della penisola iberica, dove il *cognomen Vetto* è notevolmente diffuso[311]. Entrambi gli studiosi attribuiscono inoltre alla *massa plumbea* una cronologia augustea, escludendo tuttavia l'uso commerciale del

Mentre non sembra possibile definire una specializzazione delle forme dei lingotti in relazione agli insediamenti nei quali sono stati rinvenuti, le analisi degli isotopi individuano nella Westphalia l'area di estrazione del piombo (Rehren, "Die Zusammensetzung," 64-68; Bode, Baumann, Hauptmann, Metzger, Prange, *Geochemical and lead isotope investigations*, 201-209; 206, diagrammi 3-4).
Non può essere escluso che lo sviluppo di tale produzione abbia avuto luogo, successivamente all'abbandono da parte dei Romani dei territori ad est del Reno, in vista dell'esportazione del piombo nei centri urbani e nei *castra* che, nel corso del I sec. d. C., si sono progressivamente sviluppati lungo la riva sinistra del fiume (Rothenhöfer, "Das Blei der Germanen," 429).

[307] La prima attestazione del ritrovamento di un lingotto di piombo di età romana in Germania risale al 1653 ed è relativa ad una *massa plumbea* frammentaria rinvenuta presso Basilea (CIL XIII, 10029, 26; Besnier 1921, "Le commerce," 74-75; R. Laur-Belart, "Der Bleibarren von Basel," *Ur-Schweiz* XVI (1952): 53-54; Meier, "Blei-Fernhandel in römischer Zeit," 13-14). Il lingotto, caratterizzato da una base piana di 52x9,5 cm e da un profilo semicilindrico (tipo I della classificazione di Domergue), ha un'altezza di 7,5 cm; il peso raggiunge i 33 kg, pari a 100,7 libbre. Il bollo, distinto in due cartigli, riporta il testo *Societat(is) S(exti et) T(iti) // Lucreti(orum)*. Le caratteristiche del reperto e le analisi isotopiche (Meier, "Blei-Fernhandel in römischer Zeit," 14) rivelano l'origine iberica, già ipotizzata da Besnier, della *massa plumbea*; il lingotto sarebbe in particolare da attribuire ai *metalla* di *Cartagho Nova*, dove esso sarebbe stato prodotto verosimilmente nel corso della prima metà del I sec. a. C.
In assenza di analisi isotopiche, appare invece difficile determinare l'origine di un lingotto rinvenuto in Belgio, presso il moderno centro di Achlum, (CIL XIII, 10029, 27; Besnier 1921, "Le commerce," 72); sulla *massa plumbea*, della quale si conserva solo un frammento lungo circa 15 cm, risulta leggibile l'indicazione ponderale *p(ondo) XXX (libras)* (circa 32,7 kg).

[308] von Schnurbein, "Ein Bleibarren," 132-136.

[309] Besnier 1921, "Le commerce," 72-73 e, da ultimo, Rothenhöfer, Bode, *Wirtschaftliche Auswirkungen*, 317-318.

[310] Schulten, "Eine neue Romerspur," 88-103.

[311] Besnier 1921, "Le commerce," 72 (vedi anche CIL II, 201, 601, 823, 829, 1074, 1075, 3844).

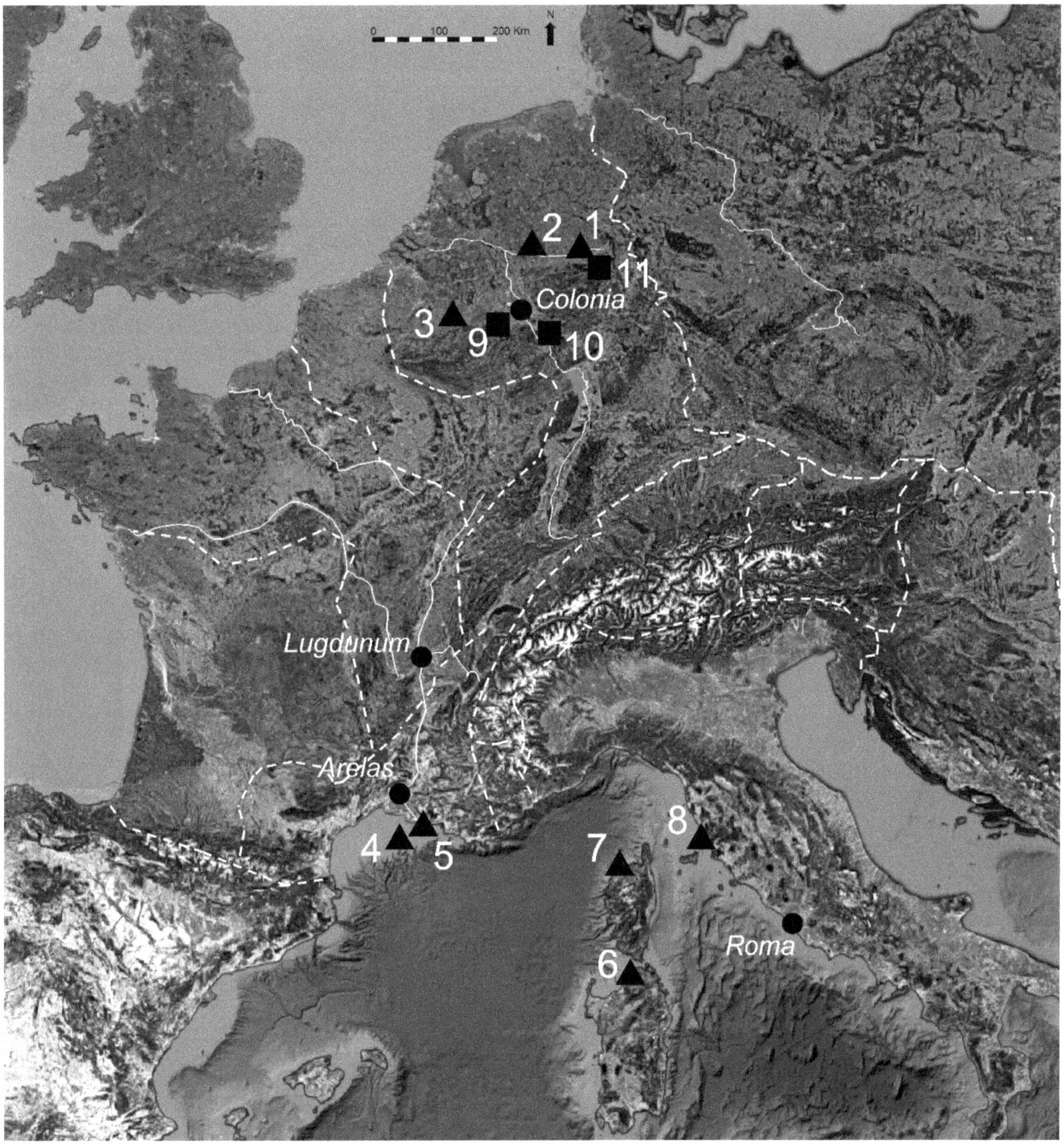

Figura 49. Carta dei lingotti prodotti nei *metalla Germanica*. 1. Bad-Sassendorf-Heppen; 2. Haltern; 3. *Atuatuca Tungrorum*/Tongeren; 4. relitto di *Saintes-Maries-de-la-Mer 1*; 5. Lingotti di Fos-sur-Mer; 6. Relitto di Rena Maiore; 7. Relitto dell'*Île Rousse*; 8. Populonia. Aree minerarie della Germania: 9. Eifel; 10. Bergisches Land; 11. Sauerland (Brilon)?

metallo e ritenendo che esso fosse stato perso da qualche unità dell'esercito romano durante una delle spedizioni compiute oltre il Reno tra il 12 a. C. ed il 17 d. C.[312].

Il confronto con il corredo epigrafico dei lingotti del relitto *Saintes-Maries-de-la-Mer 1* e le analisi isotopiche recentemente effettuate sul piombo del lingotto di Heppen[313] permettono adesso di definire in modo più soddisfacente le problematiche, epigrafiche e non, relative a quest'ultimo[314]; è innanzitutto possibile identificare in *Lucius Flavius Verucla* il produttore anche di questa *massa plumbea* , scogliendo come segue il testo del bollo e delle contromarche:

- *L(ucii) Fla[vi Veruclae plumb(um) Germ(anicum)]*
- *L(ucii) F(lavi) Ve(ruclae)*

[312] Besnier 1921, "Le commerce," 73.

[313] Bode, Baumann, Hauptmann, Metzger, Prange, *Geochemical and lead isotope investigations*, 203-207; Bode, Rothenhöfer, Hanel, Hauptmann, Metzger, Eck, "Roman lead ingots in Europe"; Rothenhöfer, Bode, *Wirtschaftliche Auswirkungen*, 317-318.

[314] Da notare, oltre alle analogie tra i testi, anche la presenza della legatura delle ultime due lettere della contromarca *L. F. Ve.*, presente sia sui lingotti del relitto francese che sul lingotto di Heppen.

Figura 50. Lingotto di Bad Sassendorf-Heppen (da Rothenhöfer, Bode, *Wirtschaftliche Auswirkungen*).

Le ipotesi sull'origine del piombo avanzate in precedenza da Schulten e da Besnier possono adesso essere rigettate in favore di una certa origine germanica, da individuare, in analogia con i lingotti di *Verucla* del relitto *Saintes-Maries-de-la-Mer 1*, nei giacimenti delle regioni dell'Eifel o del Sauerland[315].

La cronologia della *massa plumbea* è in primo luogo legata all'attività di *Verucla*, la quale, almeno nell'area dell'Eifel, potrebbe essersi protratta anche successivamente al 9 d. C.; l'assenza della contromarca di Augusto, elemento determinante invece per la cronologia dei lingotti del relitto, consente addirittura di ipotizzare che l'esemplare di Heppen possa essere stato prodotto addirittura successivamente al 14 d. C. Il ritrovamento del lingotto ad Est del Reno e la possibilità che esso sia stato invece prodotto nelle miniere del Sauerland, quasi certamente non più sotto il controllo romano dopo la battaglia di Teutoburgo, non consente tuttavia di escludere *a priori* una datazione precedente al 9 d. C.

2.4.2. Il relitto di *Saintes-Maries-de-la-Mer 1*

Un consistente carico di lingotti di piombo prodotti nel *metallum Germanicum* è stato recuperato nel mese di maggio del 1989, nell'ambito dello scavo del relitto *Saintes-Maries-de-la-Mer 1*[316]; il giacimento, indagato dal DRASM[317], è situato a Sud della foce del ramo orientale del Rodano, ad una distanza di cinque miglia nautiche dall'attuale linea di costa. I pochi resti dell'imbarcazione, in massima parte pertinenti alla parte inferiore dello scafo[318], e del carico erano dislocati su un fondale piatto e sabbioso ad una profondità di 16 m circa; le *massae plumbeae*, in tutto 100[319], sono state rinvenute allineate in otto file parallele ai lati della chiglia, in quella che, con poche eccezioni, doveva essere la collocazione orginaria[320].

Sui lingotti era disposto il carico di anfore, andato quasi completamente disperso a causa delle correnti[321]; tra il centinaio di frammenti recuperati, nella maggior parte dei casi in pessimo stato di conservazione, è stato possibile identificare il puntale di un'anfora vinaria di tipo Haltern 70, diffusa nel Mediterraneo occidentale a partire dall'età augustea e non oltre la metà del I sec. d. C.[322], e il collo e le anse di un'anfora olearia di tipo Dressel 20, entrambe riconducibili alle prodizioni betiche[323].

I 99 lingotti di piombo sono stati distinti in due serie (I-II) sulla base della forma, del peso e del corredo epigrafico (Fig. 51)[324]; quest'ultimo risulta composto da un bollo dorsale, presente solo sui lingotti della prima serie, da tre diverse contromarche impresse a freddo e dall'indicazione ponderale, graffita sulla superficie degli esemplari.

Fanno parte della serie I 8 esemplari di forma tronco-piramidale (tipo Domergue IV) con un peso variabile tra 52,4 e 55 kg[325]; la base inferiore e il dorso misurano rispettivamente 51x11,5 cm e 48,5/48x7/6,5 cm, mentre l'altezza varia tra gli 11 e i 12 cm. Nonostante i valori delle dimensioni appaiano in generale piuttosto costanti, è stato riconosciuto, in particolare grazie alle

[315] Bode, Hauptmann, Metzger, "Tracing Roman lead sources," 190-192, fig. 6; tab. 1, 135/1. La scarsissima percentuale di argento contenuta nel lingotto consente di escludere, allo stesso tempo, l'impiego della coppellazione nel procedimento produttivo e la provenienza del piombo dall'area del Bergisches Land, il cui minerale è invece caratterizzato da una maggiore quantità di metallo prezioso. Per il dato relativo alla percentuale di argento nel lingotto vedi anche Bode, Baumann, Hauptmann, Metzger, Prange, *Geochemical and lead isotope investigations*, 203-207.

[316] Long, Domergue, "Le «Véritable plomb»," 801-867.

[317] Le ricerche del D.R.A.S.M. (*Direction des Recherches Archéologiques Sous-Marines*) nell'area del relitto sono state programmate in seguito al rinvenimento casuale da parte di un peschereccio di un ritratto in marmo di Augusto; il giacimento di lingotti di piombo è successivamente stato individuato ad una distanza di 1000 m (Long, Domergue, "Le «Véritable plomb»," 801).

[318] Ad eccezione di alcuni frammenti di legno di ridottissime dimensioni, niente si è infine conservato del fasciame dello scafo; sulla sola base della disposizione dei lingotti è stato possibile stimare la lunghezza dell'imbarcazione tra i 10 ed i 12 m circa (Long, Domergue, "Le «Véritable plomb»," 804).

[319] Al termine delle operazioni di scavo le *massae plumbeae* recuperate sono tuttavia risultate 99, in quanto una, staccatasi dal pallone che la riportava in superficie, è ricaduta nei livelli sabbiosi del fondale senza che sia stato possibile individuarla nuovamente.

[320] Alcuni lingotti, coricati su un fianco, hanno verosimilmente mutato posizione in conseguenza del naufragio e/o nel corso delle frequenti mareggiate che caratterizzano il fondale in questo punto della costa. La sistemazione del carico di metalli trova un confronto piuttosto preciso con il relitto corso *Sud-Lavezzi 2* (Liou, Domergue, "Le commerce de la Bétique," 11-155) nel quale 95 lingotti di piombo risultano sistemati in modo analogo immediatamente al di sopra della chiglia dell'imbarcazione che tuttavia, in questo secondo caso, risulta conservata; sull'imbarcazione di Sud-Lavezzi 2 erano imbarcati anche 237 lingotti di rame di forma tronco-conica o piano-convessa la cui disposizione originaria appare tuttavia più difficile da identificare (Liou, Domergue, "Le commerce de la Bétique," 11-155).

[321] Long, Domergue, "Le «Véritable plomb»," 804-806.

[322] Le anfore di questo tipo, estremamente diffuse in età augustea e nel corso dell''età giulio-claudia, appaiono infatti già residuali nelle stratigrafie di Roma databili all'età flavia (G. Rizzo, Instrumenta Urbis I. *Ceramiche fini da mensa, lucerne e anfore nei primi due secoli dell'impero*, Roma 2003, 151, 168 e nota 41: la presenza di anfore di tipo Haltern 70 in un vespaio rinvenuto a Padova nel corso di scavi urbani condotti nei primi anni '90 indica una datazione di tali contenitori al secondo quarto del I sec. d. C.).

[323] Long, Domergue, "Le «Véritable plomb»," 805-806; in questo primo contributo viene erroneamente conferito un valore cronologico (principato di Claudio-fine del I sec. d. C.) al profilo dell'attacco superiore delle anse dei frammenti di Dressel 20; in assenza dell'orlo questo tipo di contenitore è tuttavia difficilmente databile.

[324] Long, Domergue, "Le «Véritable plomb»," 806-830.

[325] Pari a 160-168 libbre romane.

Figura 51. Lingotti del relitto di *Saintes-Maries-de-la-Mer 1*: lingotti dei tipi 1 e 2 (nn. 1-2), bollo del tipo 1 (n. 3) e contromarche (nn. 4-6; da Long, Domergue, "Le «Véritable plomb»").

caratteristiche dei bolli, l'impiego di almeno tre diverse lingottiere[326].

Il bollo, inserito all'interno di un cartiglio di forma rettangolare (47,5x4,2 cm), contiene un testo in lettere capitali alte tra 2,7 e 3,4 cm: *[L(ucii)] Flavi* (hedera) *Veruclae* (hedera) *plumb(um)* (hedera) *Germ(anicum)* (duae rosae)[327].

Le restanti 91 *massae plumbeae* del carico, appartenenti alla serie II, sono caratterizzate dall'assenza del bollo, da una forma diversa e da un peso notevolmente inferiore. Il dorso curvilineo consente un confronto con i lingotti al tipo I della classificazione di Domergue [328], il quale, tipico delle *massae plumbeae* di epoca repubblicana, risulta ancora attestato, contestualmente al tipo IV, nei primi decenni del I sec. d. C. Il peso, compreso tra i 46,5 e i 68 kg[329], è indicativo di una notevole riduzione e di consistenti oscillazioni nelle dimensioni rispetto agli

[326] Per l'individuazione delle diverse lingottiere con le quali sarebbero stati prodotti i lingotti della prima serie risultano determinanti due dettagli, entrambi legati a particolarità del bollo dorsale (Long, Domergue, "Le «Véritable plomb»," 813):
- la distanza che separa l'orlo del lato corto sinistro del bollo e la prima lettera del testo può essere di 7 mm (due casi), di 15 mm (due casi) e di 1,8 mm (due casi),
- le due rosette presenti nella parte terminale del bollo presentano due disegni nettamente diversi.

[327] Si da qui la lettura del bollo adesso comunemente accettata dagli studiosi, dopo che gli autori della prima pubblicazione del relitto avevano ipotizzato un testo in parte diverso (su questo vedi *infra*, in questo stesso paragrafo).

[328] Anche il profilo della sezione dei lingotti varia notevolmente da esemplare ad esemplare, tendendo in alcuni casi alla sezione compiutamente trapezoidale dei lingotti del tipo IV Domergue.

[329] Tra 142 e 208 libbre romane.

esemplari della serie I. Mentre la misura della base si attesta in genere attorno ai 52,5/53x10/11 cm, la lunghezza del dorso oscilla tra 40,8 e 52,5 cm; l'altezza è infine compresa tra gli 8 ed i 9 cm.

Il corredo epigrafico dei lingotti di entrambe le serie è costituito anche da quattro diverse contromarche, da un'iscrizione graffita e dall'indicazione ponderale, anch'essa graffita. I testi delle contromarche sono i seguenti:
- *L(ucii) Fl(avi) Veru(clae)*
- *L(ucii) Fl(avi) Ve(ruclae)*
- *Erotis*
. *Imp(eratoris) Caes(aris)*

Le prime due contromarche, pertinenti ad altrettanti punzoni recanti due versioni diverse dei *tria nomina* dello stesso personaggio, misurano rispettivamente 5,4x1,4/1,5 cm e 4,5x1,5 cm; esse risultano impresse esclusivamente su lingotti appartenenti alla serie II, con 16 attestazioni per la variante *L(ucii) Fl(avi) Veru(clae)* e 50 per la variante *L(ucii) Fl(avi) Ve(ruclae)* e 10 casi nei quali non è possibile riconoscere quale punzone sia stato impiegato[330].

Una seconda contromarca[331], contenente il testo *Erotis*, compare su 15 lingotti della serie II, in due casi sui lati lunghi, in tutti gli altri sui lati corti; su sette lingotti la contromarca è presente, in una variante caratterizzata da *ductus* retrogrado. Le dimensioni del testo delle due versioni risultano infine pressochè coincidenti, misurando rispettivamente 5,3x1,6/1,7 cm e 5,2/5,3x1,6/1,7 cm.

La terza contromarca, *Imp(eratoris) Caes(aris)*, risulta di gran lunga la più diffusa, essendo presente su 93 lingotti di entrambe le serie[332] con due distinte varianti; il testo in oggetto compare in rilievo, inserito all'interno di un cartiglio di 5,5x1,9 cm, sul dorso di 49 lingotti della serie II, mentre le sole lettere sono state impresse sui lati lunghi di 7 lingotti della serie I e di 37 della serie II[333].

Tale testo, da sciogliere come *Imp(eratoris) Caes(aris)*, è evidentemente da indentificare con la parte iniziale di una titolatura imperiale. Dopo Augusto (*Imperator Caesar Augustus*) il *prenomen Imperator* viene regolarmente omesso dai membri della dinastia giulio-claudia[334]. Successivamente il *praenomen* ed il gentilizio *Caesar* occupano i primi due posti della titolatura di Vespasiano (*Imperator Caesar Vespasianus Augustus*)[335] e di Domiziano (*Imperator Caesar Domitianus Augustus*)[336], ma non di Tito, il quale antepone il proprio *praenomen Titus* a *Caesar* (*Imperator Titus Caesar Vespasianus Augustus*)[337].

Su 17 lingotti del relitto *Cabrera 6*[338] compaiono le seguenti contromarche, sicuramente attribuibili a Vespasiano: *Imp(eratoris) Caes(aris)*, *Vesp(asiani) Aug(usti)* e *Aug(usti)*. Anche se la prima e la terza appaiono generiche, è evidente che la contestuale presenza della contromarca *Vesp(asiani) Aug(usti)* sottende la volontà, da parte dell'amministrazione imperiale, di indicare con precisione l'indentità del *princeps*. La formula abbreviata *Imp(erator) Caes(ar)*, in assenza di ulteriori elementi caratterizzanti, può essere riferita unicamente ad Augusto, al cui principato riconducono anche i dati cronologici forniti dagli scarsi frammenti dei contenitori da trasporto del relitto *Saintes-Maries-de-la-Mer 1*.

Sul dorso di uno dei lingotti della serie II compare inoltre l'iscrizione graffita *Iun(---)*[339], identificato da Domergue e Long, in ragione della posizione, con il nome del produttore del lingotto[340]. Tutte le altre iscrizioni graffite risultano essere relative all'indicazione ponderale, presente su 91 lingotti su 99, sempre sui lati corti. Secondo le norme identificate da C. Domergue e B. Liou a partire dallo studio dei ponderali dei relitti di provenienza iberica *Cabrera 5*, *Sud-Lavezzi 2* e *Sud-Perduto 2*[341], si è potuto riscontrare che anche le cifre dei lingotti del relitto *Saintes-Maries-de-la-Mer 1* indicano il peso in eccesso rispetto ad uno standard da sommare alla cifra indicata. Lo standard sottinteso equivale a 140 libbre romane (45,850 kg) nel caso degli esemplari della

[330] La contromarca non risulta presente sui restanti 23 lingotti della seconda serie.

[331] Long, Domergue, "Le «Véritable plomb»," 824-825.

[332] Long, Domergue, "Le «Véritable plomb»," 825-828.

[333] Le lettere occupano uno spazio di 6,4x1,3 cm.

[334] Svet., *Tib.*, 26, 4; Dio, 57; 2, 1 (per Tiberio); Magioncalda, *Lo sviluppo*, 3-7, 27. L'unico membro della dinastia giulio-claudia a portare il *praenomen Imperator* è Nerone, che lo assume nel 66 d. C. in occasione dell'incoronazione di Tiridate a re d'Armenia (Svet., *Ner.*, 13; cfr. a titolo esemplificativo CIL XI, 1331 e, in greco, AE 1994, 1557). La contromarca dei lingotti del relitto di *Saintes-Maries-de-la-Mer 1* non può tuttavia essere attribuita a Nerone, la cui titolatura è *Imperator Nero Claudius Caesar Augustus Germanicus*.

[335] ILS 247, 253. È attestata anche la titolatura *Imperator Vespasianus Caesar Augustus* (Magioncalda, *Lo sviluppo*, 28-29; cfr. anche CIL III, 6993 e XI, 3605.

[336] CIL II, 4721.

[337] CIL II, 318; CIL XI, 3734=CIL VI, 942; CIL VI, 944. Le titolature di Nerva e Traiano seguono in parte l'esempio di Tito (*Imperator Nerva Caesar Augustus* e *Imperator Nerva Caesar Traianus Augustus*), mentre meno frequenti sono le formule *Imperator Caesar Nerva Augustus* e *Imperator Caesar Nerva Traianus Augustus*. Da Adriano in poi la titolatura imperiale prevede la presenza in successione del *praenomen Imperator*, del gentilizio *Caesar*, degli elementi personali del nome e del *cognomen Augustus* (ILS 311; Magioncalda, *Lo sviluppo*, 31).

[338] Veny, "Dicisiete lingotes de plomo," 191-219; J. Parker, "Lead ingots from roman ship at Ses Salines, Majorca," *International Journal of nautical Archeology* 3 (1974): 147-150. Il relitto è noto anche come relitto di *Ses Salines*, denominazione impiegata nella pubblicazione del carico (Veny, "Dicisiete lingotes de plomo," 191).

[339] L'altezza delle lettere è compresa tra 1,8 e 2,2 cm Long, Domergue, "Le «Véritable plomb»," 828).

[340] Il lingotto del relitto di Rena Maiore recante la contromarca di *Pudens* indica che, in alcuni casi, il bollo dorsale inserito nella lingottiera poteva essere sostituito da una contromarca impressa a freddo dopo la fusione del lingotto. In questo secondo caso, tuttavia, il testo, *Pudentis Germ(anicum) (plumbum)*, è nettamente più esplicito rispetto al graffito dell'esemplare del relitto di *Saintes-Maries-de-la-Mer 1*. Va comunque sottolineato che la soluzione *Iun(ii)*, con l'impiego del genitivo, è comunque la più probabile anche nel caso in cui *Iunius* debba essere identificato con un semplice acquirente che contromarca il metallo che ha acquistato. L'ipotesi proposta da Domergue e Long è verosimile ma il testo della contromarca impone comunque una notevole cautela.

[341] Per le problematiche relative alle indicazioni ponderali in questi ed in altri casi cfr. Domergue, Liou, "L'apparition de normes," 11-30.

prima serie e a 120 libbre (39,3 kg=) per i lingotti della seconda serie[342].

Il relitto *Saintes-Maries-de-la-Mer 1* ha posto, fin dal suo rinvenimento, numerosi interrogativi, relativi in particolare all'origine del carico di lingotti e alla cronologia del naufragio. Quest'ultima, sulla base è stata inizialmente individuata nell'età flavia, in vitù dell'attribuzione della contromarca *Imp(eratoris) Caes(aris)* a Vespasiano, dell'appartenenza di *Verucla* alla *gens Flavia* e alla morfologia del collo di una delle anfore di tipo Dressel 20, compatibile con quella degli esemplari pertinenti alle produzioni della fine del I sec. d. C. [343].

In un primo momento l'inclusione nel carico di anfore di produzione betica e l'importanza dell'attività mineraria nella regione della Sierra Morena nel corso della prima età imperiale hanno indotto a individuare il luogo di produzione dei lingotti proprio nel settore meridionale della penisola iberica; il produttore dei lingotti, appartenente alla *gens Flavia* e recante un *cognomen* nel quali Domergue e Long hanno creduto di riconoscere una possibile origine ispanica (*Verucla*), avrebbe quindi ottenuto la cittadinanza romana in occasione dell'attribuzione dello *Ius Latii* all'intera penisola iberica da parte di Vespasiano.[344]

Per l'espressione *plumb(um) germ(---)*, presente nel bollo dorsale dei lingotti della serie I, è stata infine proposta la soluzione *plumb(um) germ(anum)*, nella quale il secondo termine è identificato con l'aggettivo *germanus*; il testo avrebbe, di conseguenza, un'accezzione "pubblicitaria" (*"il vero piombo/l'autentico piombo di Lucio Flavio Verucla"*)[345].

In un contributo successivo[346], gli stessi autori, presentando uno studio comparativo degli isotopi del piombo di manufatti e scorie provenienti da relitti – tra i quali quello di *Saintes-Maries-de-la-Mer 1* – e siti minerari iberici e della Francia meridionale[347], hanno rigettato la precedente ipotesi di una origine spagnola dei lingotti di *Lucius Flavius Verucla*. Dopo aver posto in evidenza la notevole corrispondenza esistente tra i valori isotopici del piombo del relitto francese e dei campioni prelevati nelle miniere della *Gallia Narbonensis* occidentale[348], viene quindi formulata una nuova ipotesi che vede nei giacimenti delle Cévennes o della Montagne Noire il luogo d'origine del metallo[349]. Rimane invece invariata la lettura del bollo (*[L(ucii)] Flavi(i) Veruclae plumb(um) germ(anum)*).

Alla luce dei successivi rinvenimenti di lingotti di piombo – in particolare di quelli del relitto di Rena Maiore, il solo nel quale il termine *Germanicum* risulti completamente sciolto[350] – e delle più recenti indagini, archeologiche e isotopiche, sui *metalla Germanica*, è adesso possibile identificare proprio nella regione renana l'origine del piombo del carico del relitto *Saintes-Maries-de-la-Mer 1*. Il metallo dei lingotti di *Lucius Flavius Verucla* risulta, in particolare, compatibile con il minerale dei distretti minerari dell'Eifel e della Westphalia (Sauerland), rispettivamente situati alla sinistra e alla destra del Reno[351], senza che sia tuttavia possibile operare ulteriori distinzioni tra le due regioni, forse entrambe oggetto di sfruttamento nel corso del principato di Augusto. Non secondario, in questa ricostruzione, è anche il lingotto di Heppen (per il quale vedi il paragrafo precedente 2.4.1.[352]), bollato (*L(ucii) Fla[vi Veruclae plumb(um) Germ(anicum)]*) e contromarcato (*L(ucii) F(lavi) Ve(ruclae)*) dello stesso *Lucius Flavius Verucla.* Quest'ultima *massa plumbea*, anch'essa oggetto di analisi, risulta caratterizzata dagli stessi valori degli isotopi degli esemplari del relitto e può, quindi, essere analogamente attribuita ai distretti minerari dell'Eifel o del Sauerland.

[342] Il numerale del lingotto n. 1 della prima serie è ad esempio *XXIII*; il peso reale corrisponde a 53,5 kg., corrispondenti a 163 libbre romane. Se il peso standard da aggiungere fosse di 100 libbre otterremmo un totale di 123 libbre, pari a 43,97 kg, valore che non corrisponde al peso reale. La differenza, 9,53 kg, corrisponde a 27,6 libbre romane. Lo standard adottato per questo lingotto e per tutti quelli della prima serie corrisponde quindi a 140 libbre. Con un calcolo analogo è possibile ottenere il valore standard da aggiungere ai numerali presenti sui lingotti della seconda serie, corrispondente come detto a 120 libbre romane.

[343] Long, Domergue, "Le «Véritable plomb»," 805, 825-828, 834-835. La ricostruzione di Long e Domergue – della quale essi stessi non sono completamente certi al momento della pubblicazione del relitto – non tiene conto dell frammento dell'angora di tipo Haltern 70 e, soprattutto, del fatto che la contromarca *Imp(eratoris) Caes(aris)* è più verosimilmente da attribuire ad Augusto.

[344] Long, Domergue, "Le «Véritable plomb»," 818-820; 834-835.

[345] Testi di tipo pubblicitario sono attualmente noti su lucerne africane, su pesi in piombo da Pompei, su bicchieri di Colonia (CIL VIII, 22642-8; X, 8065-7; XIII, 10018-72) e, in particolare, sui bolli di due lingotti di piombo del relitto corso *Sud-Perduto 2* (inizi del I sec. d. C.), sui quali è possibile leggere *Emptor eme G(aii) Avi(...plumbum)* e *Emptor salve* (Bernard, Domergue, " Les lingots de plomb", 49).

[346] P. R. Trincherini, P. Barbero, P. Quarati, C. Domergue, L. Long, "Where do the lead ingots of the Saintes-Maries-de-la Mer wreck come from? Archeology compered with physics," *Archeometry* 43,3 (2001): 393-406.

[347] Le analisi sono state eseguite su materiali dai seguenti contesti (Trincherini, Barbero, Quarati, Domergue, Long, "Where do the lead ingots of the Saintes-Maries-de-la Mer wreck come from?" 403, tabella 7): relitto *Saintes-Maries-de-la-Mer 1* (7 lingotti) e *Cabrera 5* (5 lingotti); miniere di El Centenillo del Plomo (Sierra Morena orientale; scorie, manufatti), di Fuente Espí (Sierra Morena orientale; scorie, manufatti), della Sierra de Cartagena (penisola iberica sud-orientale; scorie, manufatti), del Mazarrón (penisola iberica sud-orientale; scorie, manufatti), delle Cévennes (Linguadoca; scorie, manufatti) e della Montagne Noire (Linguadoca; scorie, manufatti).

[348] Trincherini, Barbero, Quarati, Domergue, Long, "Where do the lead ingots of the Saintes-Maries-de-la Mer wreck come from?" 398-405.

[349] Sullo sfruttamento di questi distretti mineari nella prima età imperiale vedi Soricelli, "Lo sfruttamento minerario della Gallia transalpina", 224-232, 243-245.

[350] Riccardi, Genovesi, *Un carico di metalli*, 1311-1329. Da sottolineare che, già nel 1973, F. Laubenheimer opta per questa stessa soluzione nel caso del bollo del lingotto di Fos-sur-Mer: *sociorum plumb(um) Ger(manicum)* (Laubenheimer-Leenhardt, *Recherches sur les lingots*, 193-197).

[351] Bode, Hauptmann, Metzger, *Rekonstruktion frühkaiserzeitlicher Bleiproduktion in Germanien*, 117-120 e figg. 1-2; Bode, Rothenhöfer, Hanel, Hauptmann, Metzger, Eck, "Roman lead ingots in Europe"; Rothenhöfer, Bode, *Wirtschaftliche Auswirkungen*, 314-318.

[352] Besnier 1921, "Le commerce," 72-73.

La presenza del nome di *Verucla* nel bollo dei lingotti del relitto *Saintes-Maries-de-la-Mer 1*, in analogia con quanto noto in relazione alla bollatura delle *massae plumbeae* di età romana[353], consente di identificare il personaggio come uno dei titolari di concessioni di sfruttamento delle miniere di proprietà imperiale nella provincia della *Germania*[354], responsabile dell'estrazione e della fusione dei lingotti. Con l'eccezione dei lingotti del relitto *Saintes-Maries-de-la-Mer 1* e del lingotto di Bad-Sassendorf-Heppen, *Lucius Flavius Verucla* non risulta tuttavia noto nelle fonti letterarie e/o epigrafiche; il *cognomen*, anch'esso non altrimenti attestato, potrebbe essere un diminutivo, ipoteticamente riconducibile a *verruca* (verruca) o a *veru* (spiedo)[355].

Non molto è possibile inferire dall'appartenenza di *Verucla* alla *gens Flavia*; quest'ultima, di estrazione plebea, giunge al consolato nel 104 a. C., con *Caius Flavius Fimbria*[356]. L'uso del *praenomen Lucius*, impiegato dai membri della *gens* già alla fine del II sec. a. C.,[357] è attestato per altri personaggi nel corso del secolo successivo; Cicerone ricorda, in due distinti passaggi della quinta orazione contro Verre[358], un *Lucius Flavius*, assai verosimilmente da identificare con uno stesso personaggio. Questi, residente in Sicilia, avrebbe ricoperto l'incarico di *procurator* per conto di C. Matrinio, *eques* romano con possedimenti ed interesssi economici nell'isola[359]. È ancora un *Lucius Flavius*, partigiano di Pompeo poi passato a Cesare, a ricoprire la pretura nel 58 a. C.[360], mentre, quasi alla fine delle guerre civili, nel 33 a. C., è *consul suffectus* un secondo *Lucius Flavius*[361]. Membri della *gens Flavia* che portano il *praenomen Lucius* – ingenui e di rango libertino - sono inoltre attestati anche nella penisola italica, nel corso della tarda età repubblicana[362] e, successivamente, ancora nel I sec. d. C.[363]. Limitatamente alle province galliche e e ai territori delle due *Germaniae*, è noto un certo numeri di membri della *gens Flavia* che portano il *praenomen Lucius*; nella quasi totalità dei casi, tuttavia, tali attestazioni sono successive all'età augustea e/o non sono comunque riconducibili al *Lucius Flavius Verucla* che bolla i lingotti del relitto *Saintes-Maries-de-la-Mer 1*[364]. La presenza di personaggi legati alla *gens* in questo settore dell'impero è tuttavia attestata in almeno un caso negli anni della guerra civile tra Cesare e Pompeo; un'epigrafe di Tolosa, relativa alla costruzione di un edificio templare e di altre strutture ad esso legate[365], ricorda tra i *magistrei* incaricati della realizzazione delle opere in oggetto un *Hilar(us)*, liberto di *Marcus Flavius*. La menzione dei consoli Publio Vatinio e Quinto Fufio consente di datare la dedica al 47 a. C. La presenza nelle province occidentali di liberti legati a *gentes* di origine italica costituisce un tratto caratteristico della conquista romana tra II e I sec. a. C.; in analogia con altri casi a noi noti – è possibile ricordare quello di *Carthago Nova*, con la presenza stabile di numerosi *servi* e liberti coinvolti assieme ai propri *domini* e *patroni* nello sfruttamento delle miniere d'argento[366] – è possibile ipotizzare che la necessità di seguire *in loco* propri interessi economici abbia spinto *Marcus Flavius* ad inviare nella *Gallia Narbonensis* alcuni dei suoi liberti.

Fortemente coinvolto in attività di carattere economico fin dal periodo delle guerre civili appare anche il ramo della *gens* (*Flavi Sabini*) dal quale discende Vespasiano; il nonno del futuro imperatore, *T. Flavius Petro*, nato a Rieti attorno al 69 a. C., prende parte come centurione

[353] Domergue, *Production et commerce des métaux*, 61-91; Domergue, *L'État romain et le commerce des métaux*, 99-113.

[354] Torneremo su questo aspetto e sulle altre problematiche ad esso relative nel Capitolo III.

[355] Per *verrucula* vedi Cels., V, 28, 14, B; Col., *De agr. colt.*, VII, 6, 2 (*Oxford Latin Dictionary*, ed. P. G. W. Glarea, Frome 1990, p. 2039). Per *veru* vedi *Oxford Latin Dictionary*, ed. P. G. W. Glarea, Frome 1990, p. 2045.

[356] CIL X, 3870=ILS 3341=I.L.L.R.P. n. 716 (104 a. C.) *[C(aius) Mari(us) C(aii) f(ilius)] II C(aius) F[l]avius Fimbr(ia)*. Dopo di lui, sarà solo alle soglie dell'età augustea, nel 33 a. C., che un secondo membro della *gens*, *Lucius Flavius*, ricoprirà la stessa carica come *suffectus* (CIL IX, 422 = ILS 6123 ; vedi anche AE 1967, 62 ; CIL VI, 10286, 7) e ancora nel 22 d. C. (CIL X, 6785 ; *T. Flavius Bassus, consul suffectus*).

[357] Un'epigrafie di Capua (I.L.L.R.P. 712 = AE 1958, 267), datata al 105 a. C. grazie alla menzione dei consoli (*Publius Rutilius, Cnaeus Mallius*), ricorda un *L(ucius) Flavius*, liberto di *Quintus*.

[358] Cic., *In Verrem*, II, 15: *Ab equite Romano C. Matrinio absente, cum is esset Romae, quod eius vilicos pastoresque tibi in suspicionem venisse dixeras, HS dc abstulisti. Dixit hoc L. Flavius, qui tibi eam pecuniam numeravit, procurator C. Matrini, dixit ipse Matrinius, dicit vir clarissimus, Cn. Lentulus censor, qui Matrini honoris causa recenti negotio ad te litteras misit mittendasque curavit.*
Cic., *In Verrem*, II, 155: *Reducam iterum equitem Romanum, L. Flavium, si voles, quoniam priore actione, ut patroni tui dictitant, nova quadam sapientia, ut omnes intellegunt, conscientia tua atque auctoritate meorum testium, testem nullum interrogasti. Interrogetur Flavius, si voles, quinam fuerit T. Herennius, is quem ille argentariam Lepti fecisse dicit; (...).*
Cic., *In Verrem*, II, 15, 156: *Quid de illa multitudine dicemus eorum qui capitibus involutis in piratarum captivorum numero producebantur, ut securi ferirentur? Quae ista nova diligentia, quam ob causam abs te excogitata? an te L. Flavi ceterorumque de T. Herennio vociferatio commovebat?*

[359] Altri membri della *gens*, quali un *tribuno della plebe* (Cic., *Ad Atticum*, I, 18-19), sono ricordati da Cicerone.

[360] Cic., *Ep. ad Atticum* II, 18, 19; II 1; X. 1; *Ep. ad Quintum Fratrem* I, 2; Asconius, *in Cic. Milon.* 47; Dio, 28, 50; 37, 50.

[361] CIL IX, 422 = ILS 6123.

[362] Roma (M.W. Baldwin, M. Torelli, *Latin Inscriptions in the Kelsey Museum*, Ann Arbor 1979, 7-8, nr. 1); S. Maria Capua Vetere (CIL I, 2947); Tarquinia, necropoli dei Monterozzi (CIL XI, 3436).

[363] Trieste: CIL V, 420; *Pollentia*: V, 7594; Roma, VI, 4954, colombario di Vigna Codini; 5901, colombario di Porta Maggiore; 7444; 33195; AE 1988, 76; Alife: CIL IX, 2366; Tor Tre Ponti, Latina: X, 6493.

[364] *Germania inferior*: AE 1998, 963 (Colonia). *Germania superior*: CIL XII, 5131 (Avenches/*Aventicum*) XIII, 6556 = CIL XIII, 11762 = AE 1989, 573 = AE 2007, 1051 (Jagsthausen, settore settentrionale degli *agri Decumates*), XIII, 8150 (Hersel, presso Bonn), XIII, 11508 (Windisch/*Vindonissa*). *Gallia Narbonensis*: CIL XII, 430 (Marsiglia), Carte Archéologique de Narbonnaise, *Les Alpilles et la Montagnette*, 13, 02, p. 385 (Saint-Remy-de-Provence/*Glanum*). *Alpes Poeninae*: CIL XII, 163 (Vevey/*Viviscus*).

[365] CIL XII, 5388 = I.L.L.R.P. n. 766 (Tolosa; 47 a. C.): *[P(ublio) Vatinio, Q(uinto)] Fufio co(n)s(ulibus) / [hei magistrei --- a]edem, basim et solari[um --- faci]und(um) coir(averunt) / [---i]us Cirrat(us), Diallus Atti P(ubli) s(ervus), / [---]s Surus, Hilar(us) Flavi M(arci) s(ervus) l(---) c(---), / [---] ior(---) L(ucii), L(ucii) s(ervus) l(---) c(---), Philodam(us) Volusi C(aii) s(ervus), / [---]nus Trebi L(ucii) s(ervus), / Phi[-]dar(us) Curiati Ap(pi) s(ervus).*

[366] Si veda per la penisola iberica Diod. Sic., V, 36, 3 e per la *Gallia Narbonensis* Cic., *Pro Fonteio*, V, 11-13 e 6, 13. Su tale problematica vedi, in generale, Domergue, *Les mines de la Péninsule Ibérique*, 325-326; Orejas, Sánchez-Palencia, "Mines, Territorial Organization," 583.

alla battaglia di Farsalo[367]. Scampato alla sconfitta dei Pompeiani, torna in Italia e, una volta ottenuti il congedo e il perdono, si dedica all'attività di banchiere. Il figlio di *Petro* e futuro padre di Vespasiano, *T. Flavius Sabinus*, nato attorno al 49 d. C., avrebbe interrotto una promettente carriera militare per motivi di salute, una volta raggiunto il grado di *primus pilus*[368]; successivamente è, in qualità di publicano, nella provincia d'Asia, dove ottiene l'appalto per l'esazione del *portorium*.

Le sovrapposizioni riscontrate tra le contromarche – analogamente a quanto noto per i relitti betici con lingotti di piombo – contribuiscono a ricostruire la filiera commerciale delle *massae plumbeae* del relitto *Saintes-Maries-de-la-Mer 1*[369]; i lingotti della serie I, recanti il bollo di *Lucius Flavius Verucla* sono stati prodotti da quest'ultimo presso il *metallum Germanicum*, mentre quelli della serie II, contromarcati dallo stesso personaggio, possono essere stati da lui acquisiti altrove in un secondo momento.

La contromarca *Erotis*, che compare su 15 lingotti, risulta impressa successivamente e viene messa in relazione da Domergue e Long con un controllo di qualche tipo effettuato sui lingotti della serie II da un liberto associato a *Verucla*. Recentemente si è ipotizzato che *Eros* potrebbe in realtà essere piuttosto identificato con un membro dell'amministrazione imperiale, incaricato di svolgere controlli sui lingotti di *Lucius Flavius Verucla*[370]. In assenza di esplicite indicazioni nel testo della contromarca, appare tuttavia rischioso postularne la pertinenza ad un *servus* o ad un liberto del *princeps*[371]; va inoltre sottolineato che l'appartenenza dei lingotti di *Lucius Flavius Verucla* all'amministrazione imperiale è comunque indicata dalle contromarche *Imp(eratoris) Caes(aris)*[372], certamente apposte dal personale del *princeps*.

Sui lingotti di entrambe le serie vengono infine apposte le contromarche *Imp(eratoris) Caes(aris)*, che sembrano indicare l'acquisizione di entrambe le serie di lingotti da parte del *fiscus*, e i graffiti relativi all'indicazione ponderale, questi ultimi certamente posteriori alle contromarche di *Verucla* e di *Eros*; nonostante l'assenza di sovrapposizioni significative, Domergue e Long sono inclini a ritenere che essi siano posteriori anche rispetto alle contromarche imperiali[373]. I numerali sono relativi al trasporto dei lingotti, in particolare al percorso da essi compiuto dalla miniera e poi, lungo la rete fluviale della *Germania* e della *Gallia*, fino al porto di imbarco, ubicato nell'area della foce del Rodano (Arles? Fos-sur-Mer?).

Qui, secondo un meccanismo che prevede successive rotture dei carichi[374], sarebbe stato costituito un carico costituito da anfore betiche da vino e olio[375] e dai lingotti di piombo provenienti dalla *Germania*. Da sottolineare che, limitatamente al carico di metalli, si tratta della stessa modalità con la quale è stato costituito il carico del relitto di Rena Maiore, nel quale, oltre alle *massae plumbeae* del *metallum Germanicum*, risultano imbarcate quattro *cistae* prodotte in due *officinae plumbariae* di Arles.Poco dopo la sua partenza l'imbarcazione sarebbe quindi naufragata in prossimità della foce del Rodano, verosimilmente tra gli ultimi anni del I sec. a. C. ed il 14 d. C., data oltre la quale le contromarche apposte sui lingotti avrebbero dovuto ipoteticamente far riferimento a Tiberio.

A partire dalle analisi condotte sugli isotopi del piombo è possibile proporre alcune ulteriori considerazioni relativamente alla localizzazione in *Germania* dell'attività estrattiva e produttiva condotta da *Verucla* in *Germania*; dal momento che le analisi non consentono di

[367] Svet., *Vesp.*, 1, 2: *T. Flavius Petro, municeps Reatinus, bello civili Pompeianorum partium centurio an evocatus, profugit ex Pharsalica acie domumque se contulit, ubi deinde venia et missione impetrata coactiones argentarias factitavit.*

[368] Svet., *Vesp.*, 1, 2-3: *Huius filius, cognomine Sabinus, expers militiae – etsi quidam eum primipilarem, nonnulli, cum adhuc ordines duceret, sacramento solutum per causam valitudinis tradunt – publicum quadragesimae in Asia egit; manebantque imagines a civitatibus ei positae sub hoc titulo: ΚΑΛΩΣ ΤΕΛΩΝΗΣΑΝΤΙ. Postea faenus apud Helvetios exercuit ibique diem obiit superstitibus uxore Vespasia Polla et duobus ex ea liberis, quorum maior Sabinus ad praefecturam urbis, minor Vespasianus ad principatum usque processit.*

[369] Long, Domergue, "Le «Véritable plomb»," 831-835.

[370] Rothenhöfer, "*Lucius Flavius Verucla*,"12-21; Eck, von Hesberg, "Der Rundbau einer *dispensator Augusti*," 195 (nello stesso lavoro non si esclude neppure, come proposto da Domergue e Long, che *Eros* sia in realtà schiavo o liberto alle dipendenze dello stesso *Verucla*).

[371] Come ipotizzato, in alterativa ad una identificazione con *actor* o *institor* di *Verucla*, in Raepsaet-Charlier, Raepsaet, *Der in Tongern aufgefundene Bleibarren*, 42. Si veda, a titolo di confronto, la contromarca *L(ucii) Vale(ri) Aug(usti) l(iberti) a com(mentariis)*, apposta da *Lucius Valerius*, *libertus* di Messalina, sui lingotti di stagno del relitto *Port-Vendres II* (Colls, Domergue, Laubenheimer, Liou, "Les lingots d'étain," 61-94; D. Colls, R. Etienne, R. Lequément, B. Liou, F. Mayet, "L'èpave Port-Vendres II et le commerce de la Bètique à l'époque de Claude," Archaeonautica 1 (1977); D. Colls, R. Lequément, "L'èpave Port-Vendres II: noveaux documents épigraphiques." In *Producion y Comercio del Aceite en la Anteguidad*, Primer Congreso Internacional (Madrid 1980), editado por J. M. Blázquez Martínez (Madrid 1981): 177-186 ; A. J. Parker, J. Price, "Spanish exports of the Claudian period: the significance of the Port Vendres II wreck reconsidered," *International Journal of nautical Archeology* 10 (1981): 221-228; J. C. Edmonson, *Two Industries in Roman Lusitania. Mining and* Garum *Production*, Oxford 1987, 37-39; Domergue, *Les mines de la Péninsule Ibérique*, 295-301).

[372] Su tale aspetto torneremo, in particolare, nel capitolo 3.

[373] Long, Domergue, "Le «Véritable plomb»," 833-834.

[374] Numerosi altri relitti, individuati in questo stesso tratto di costa e recanti carichi di lingotti di ferro (Monguilan, *Une épave romaine*, 171-179; L. Long, C. Rico, C. Domergue, "Les épaves antiques de Camargue et le commerce maritime du fer en Méditerranée nord-occidentale (Ier siècle avant J.-C.-Ier siècle après J.-C.)." In *XIV Convegno di Studi sull'Africa Romana (Sassari, 7-10 dicembre)*, a cura di M. Khanoussi, P. Ruggeri, C. Vismara (Urbino 2002), 161-188; L. Long, C. Sintes, "Commerce maritime et fluvial aux embouchires su Rhône: le rôle d'Arles dans l'antiquité." In *Puertos fluviales antiguos: ciudad, desarrollo e infraestructuras, Actas de la IV jornadas de arqueologíia subacuática (Valencia, 28-30 de Marҫ de 2001)*, Editores G. Pascual Berlanga, J. P. Ballester (Valencia 2001), 183-199), attestano il ruolo centrale che il corso del Rodano ed i centri portuali ad esso afferenti hanno svolto in particolare nel corso della prima età imperiale nell'ambito delle correnti commerciali che collegano il bacino occidentale del Mediterraneo alle province galliche e all'area renana.

[375] Visto lo stato di conservazione del relitto non è ovviamente epossibile escludere la presenza nel carico di altre tipologie di contenitori da trasporto.

operare un'esclusione tra i giacimenti dell'Eifel e quelli del Sauerland, tre appaiono le ricostruzioni possibili:
- L'intera produzione ha avuto luogo nell'Eifel; il lingotto di Heppen e il carico del relitto *Saintes-Maries-de-la-Mer 1* costituiscono il riflesso della commercializzazione del metallo rispettivamente a livello provinciale e interprovinciale.

- L'intera produzione ha avuto luogo nel Sauerland; i lingotti di *Verucla* sono stati successivamente commercializzati all'interno della *Germania* (lingotto di Heppen) e all'esterno della provincia (relitto *Saintes-Maries-de-la-Mer 1*).

- *Verucla* potrebbe aver esercitato la sua attività – anche non contemporamente – sia nell'Eifel che nel Sauerland, senza che sia possibile definire da quali distretti provengono i lingotti.

Tutte le ipotesi formulate possiedono una loro validità; nell'Eifel, dove lo sfruttamento minerario romano ha avuto inizio tra 20 e 10 a. C. (cfr. il paragrafo 2.3.1.), l'attività di *Verucla* potrebbe essere stata avviata addirittura prima delle campagne di Druso oltre il Reno, mentre il suo eventuale coinvolgimento nella coltivazione dei *metalla* ubicati nel Sauerland appare comunque difficilmente sostenibile prima degli anni 8/7 a. C.

A favore della possibilità che *Verucla* sia stato attivo anche - o solamente - nell'Eifel vi è la maggiore accessibilità, rispetto alla regione del Sauerland, alla rete fluviale che conduce ai porti della *Gallia Narbonensis*. Il lingotto di Heppen, se effettivamente prodotto in quest'ultima regione, può costituire una prova del fatto che *Verucla*, già appaltatore di miniere in *Germania*, potrebbe aver successivamente esteso i suoi interessi anche ai settori di più recente conquista, accessibili, come il Bergisches Land, dopo le campagne tiberiane. In ogni caso, la presenza ad Heppen della *massa plumbea* potrebbe anche attestare – cosi come il lingotto di età tiberiana di Tongeren (vedi paragrafo 2.4.3.) - una commercializzazione a livello provinciale del piombo "germanico"[376].

È infine importante ricordare che il lingotto di Heppen, sul quale non appare la contromarca *Imp(eratoris) Aug(usti)*, potrebbe teoricamente avere una cronologia leggermente posteriore rispetto a quelli del relitto *Saintes-Maries-de-la-Mer 1*; esso potrebbe infatti essere giunto oltre il Reno successivamente alla battaglia di Teutoburgo, come dotazione delle truppe coinvolte nelle campagnie condotte da Tiberio e Germanico tra il 9 ed il 17 d. C.[377].

2.4.3. Il lingotto di Tongeren/*Atuatuca Tungrorum*

Un lingotto di piombo recante il bollo di Tiberio, anch'esso pertinente alla produzione delle miniere germaniche, è stato recentemente rinvenuto nel corso di uno scavo nel centro urbano di Tongeren/*Atuatuca Tungrorum*[378]. La realizzazione di tre garage nel settore centrale della città romana, ha permesso di scavare un limitato settore di un'*insula*, caratterizzato da una sequenza stratigrafica compresa tra l'ultimo decennio del I sec. a. C., momento della fondazione della città, e l'età Medievale. Lo scavo ha consentito di ricostruire in parte lo sviluppo urbano di *Atuatuca* – in larga parte ignoto – precedente alla distruzione del centro nel corso della rivolta di Civile e Classico negli anni 69-70 d. C.; l'area indagata, che ancora nel corso del principato di Tiberio appare scarsamente edificata, è caratterizzata dalla presenza di fossati, pozzi e di poche strutture in legno, forse pertinenti ad abitazioni di tipo indigeno. Nel corso della tarda età giulio-claudia un consistente intervento di livellamento prelude all'avvio di una più intensa fase edilizia anche in questo settore della città. La *massa plumbea* è stata rinvenuta all'interno di una buca di forma ovale[379], realizzata in età tiberiana e riempita da una sequenza stratigrafica costituita da tre distinti livelli[380], contenenti un certo numero di frammenti ceramici, sabbia e carbone; il lingotto è, in particolare, pertinente allo strato 551. La parte superiore di tale stratificazione sarebbe stato in parte rimaneggiata nell'ambito dei livellamenti realizzati nel corso della tarda età giulio-claudia. È stato ipotizzato che la deposizione dei materiali in oggetto nella buca sia in raltà avvenuta nell'ambito di uno scarico rituale, forse connesso con l'avvio della nuova fase edilizia che interessa l'intera *insula*; andrebbe in questa stessa direzione la presenza stessa del lingotto, un oggetto di notevole valore, che difficilmente potrebbe essere stato considerato alla stregua di un rifiuto.

La *massa plumbea* (Fig. 52), di forma troncopiramidale (tipo Domergue IV), ha un peso di 17,97 kg, corrispondente a 54,8 libbre romane. La base misura 53,3x9,5/9,8 cm, mentre la larghezza del dorso raggiunge i 6,5 cm; l'altezza è compresa tra i 4 ed i 5 cm. Sul dorso è presente un bollo con testo in lettere capitali alte 3-3,6 cm, inserito all'interno di un cartiglio rettangolare: *Imp(eratoris) Ti(beri) Caesaris Aug(usti) Germ(anicum) (plumbum) TEC*. Il *princeps* menzionato nel testo è evidentemente Tiberio, caratterizzato dal proprio

[376] Non si dimentichi l'evidenza costituita dalla commercializzazione a livello interprovinciale della cermica prodotta da *P. Flos* presso Haltern e Colonia (von Schnurbein, "Halterner Sigillata-Produkte," 46-59; von Schnurbein, "Augustus in *Germania*," 97).

[377] Tale possibilità era già stata ipotizzata da Schulten e Besnier, secondo i quali il lingotto potrebbe essere stato perso da un'unità militare romana tra il 12 a. C. ed il 17 d. C (Schulten, "Eine neue Romerspur," 88-103; Besnier 1921, "Le commerce," 73).

[378] K. Borgers, A. Vanderhoeven, "Die Fundumstände des tiberischen Bleibarrens aus Tongern." In *Ein Bleibarren mit Stempel des Tiberius aus Tongeren (Belgien)*, Herausgegeben G. Creemers, Atuatuca 4 (Tongeren 2013): 24-37; M.-Th. Raepsaet-Charlier, G. Raepsaet, "Der in Tongern aufgefundene Bleibarren mit dem Namen des Kaisers Tiberius." In *Ein Bleibarren mit Stempel des Tiberius aus Tongeren (Belgien)*, Herausgegeben G. Creemers, Atuatuca 4 (Tongeren 2013): 38-49; Rothenhöfer, Bode, *Wirtschaftliche Auswirkungen*, 324.

[379] Buca 845: 130x180 cm; profondità 30 cm circa.

[380] Strati 549, 550 e 551 (per i materiali e la cronologia del contesto vedi Borgers, Vanderhoeven, *Die Fundumstände des tiberischen Bleibarrens*, 29-33).

Figura 52. Lingotto di Tiberio da *Atuatuca Tungrorum*/Tongeren (da Raepsaet-Charlier, Raepsaet, *Der in Tongern aufgefundene Bleibarren).*

praenomen e dall'assenza del gentilizio *Claudius*, portato per primo da Claudio. Degno di nota è tuttavia il primo termine della titolatura del *princeps*; al momento della successione Tiberio, respingendo la proposta del Senato[381], rifiutò di assumere il *praenomen Imperator*, mantenendo unicamente il proprio. Nel bollo del lingotto di Tongeren tale termine fa quindi più verosimilmente riferimento alle *salutationes* imperatorie ottenute dallo stesso Tiberio prima e successivamente al 14 d. C.[382]; la presenza in prima posizione del titolo di *Imperator* nella titolatura di Tiberio risulta peraltro attestata, in alcuni casi, in un numero consistente di epigrafi di carattere onorario provenienti da Como[383], dall'*Africa Proconsularis*[384] e dalla *Dalmatia*[385] e da una *fistula aquaria* rinvenuta a Pozzuoli[386].

Dal momento che Tiberio non ha mai portato il *cognomen ex virtute Germanicus*, il termine *Germ(anicum)*, come nel caso dei lingotti dei relitti di *Rena Maiore* e *Saintes-Maries-de-la-Mer* e di Heppen, rimanda all'origine germanica del metallo, confermata peraltro anche dai risultati delle analisi degli isotopi, che evidenziano una elevata compatibilità con i valori isotopici del minerale di piombo dei giacimenti dell'Eifel e dall'area di Brilon nel Sauerland[387]. Il bollo del lingotto di Tongres attesta quindi che l'attività mineraria avviata nell'Eifel nel corso del principato di Augusto – in particolare quella gestita direttamente dall'amministrazione imperiale – non vide presumibilmente interruzioni al momento della successione, proseguendo e sviluppandosi ulteriormente sotto i suoi successori.

La parte finale del testo del bollo consente forse di cogliere un legame proprio con l'area dell'Eifel; tale ipotesi appare peraltro sostanziata dalla cronologia tiberiana del lingotto, incompatibile con una attività estrattiva condotta da Roma nel settore orientale della

[381] Svet. Tib., 26, 4; Dio, 57, 2, 1.

[382] Alla prima *salutatio imperatoria*, avvenuta nel 9 a. C. (Dio, 54, 31, 4), ne seguiranno altre 7, nell'8 a. C. (Dio, 55, 6, 4), nel 6 (Dio, 55, 28, 6) nell'8 (Dio, 56, 1), nel 9 (Svet., *Tib*, 17; Dio, 56, 1), nell'11, nel 13 (AE 2001, 1012; Vell. Pat, II, 122, 2) e nel 16 d. C. (Tac., *Ann.*, II, 18).

[383] AE 1983, 442 (Como): *Imp(eratori) Ti(berio) / d(ivi) Aug(usto) f(ilio) / d(ivi) I(uli) / n(epoti) Aug(usto).*

[384] CIL VIII, 685=ILS 162 (*Africa Proconsularis*; loc. di Mograwa): *Romae et Imp(eratori) Ti(berio) Caesari / Augusto sacrum / [---]VII [---]d[---] / [---]i[---]n[---tribu[---] / [---]i[---]ies[---].* CIL VIII, 26518 = AE 1905, 19 = AE 1969-70, 651 (*Thugga*/Dougga): *Imp(eratori) Ti(berio) Caesari A[ugusto sacr]um / curatore L(ucio) Vergilio P(ubli) f(ilio) Ru[fo ---]g(---) dato Viriae / P(ubli) f(iliae) Rusticae aviae M(arci) Licini [Rufi flam(inis) perp(etui) Aug(usti) c(oloniae) C(oncordiae)] I(uliae) K(arthaginis) / M(arcus) Licinius M(arci) l(ibertus) Tyrannus patronus pa[gi --- ign]e consumptas / restituit aedem et statu[a]s corruptas exornavit opus intestinu[m refecit curatore M(arco) Licinio P]riscillo f(ilio).*
AE 1914, 172 (*Thugga*/Dougga): *Imp(eratori) Ti(berio) Caesari divi Aug(usti) f(ilio) Aug(usto) pontif(ici) maximo tribunic(ia) potest(ate) XXXVIII co(n)s(uli) V / L(ucius) Manilius L(uci) f(ilius) Arn(ensi) Bucco IIvir dedicavit / L(ucius) Postumius C(ai) f(ilius) Arn(ensi) Chius patron(us) pag(i) nomine suo et Firmi et Rufi filiorum / forum et aream ante templum Caesaris stravit aram Aug(usti) aedem Saturn(i) arcum d(e) s(ua) p(ecunia) f(aciendum) c(uravit).*
CIL VIII, 1579 (*Africa proconsularis*; loc. di Ain Gueliane): *Invictissimo felicissimoque / Imperatori Tiberio Iulio / Augusto Caesari orbis / pacatori Musticensium / d(ecreto) d(ecurionum) p(ecunia) p(ublica).*

[385] AE 1922, 40 (Omis, *Dalmatia*): *Imp(eratori) Tiberio Cae]sari div[i] / [Aug(usti)] f(ilio) divi Iuli [nep(oti)] / [Augu]sto ponti[fici] / [maximo] co(n)s(uli) V imp(eratori) VI[II] / [trib(unicia)] pot(estate) XXXV au[guri] / [XV vir]o sacris fa[ciundis] / [VIIviro] epul[onum ---].*

[386] CIL X, 1897 (da Pozzuoli): *Ti(beri) Caesaris // Imp(erator) Tiberius Caesa(r) Aug(ustus) Ger(manicus).*

[387] Bode, Hauptmann, Metzger, "Tracing Roman lead sources," 183, 190-192, fig. 6; Bode, "Bleiisotope als Schlüssel zur Herkunftsbestimmung von Metalle," 50-54, tabella 1 (B-00001).

valle della Lippe, ormai perduta per Roma anche dopo le campagne di Germanico. Non convincente è la lettura delle lettere *TEC* come iniziali dei *tria nomina* di un individuo[388]; mentre il confronto con numerosi lingotti britannici di età flavia consente di identificare le tre lettere come pertinenti ad un unico termine, con il quale si indica il toponimo della miniera o il territorio il quale la miniera si trovava[389].

M.-Th. Raepsaet Charlier ha recentemente messo il termine *Tec(---)* in relazione con le *Matronae Textumehae*[390], divinità indigene il cui culto risulta attualmente attestato da tre epigrafi rispettivamente provenienti dalle località di Floisdorf[391], Soller[392] e Boich[393], tutte ubicate nel settore meridionale dell'Eifel, nell'area corrispondente a quella dei giacimenti ubicati attorno all'attuale centro urbano di Mechernich. Sotto il profilo linguistico l'epiteto che caratterizza le divinità sarebbere connesso alla radice indoeuropea *deks/texs*, che ha come esito il prefisso celtico *Tecto-*, attestato in nomi di tribù di origine germanica quali i *Tectosages* o i *Textoverdi*[394].

La studiosa belga propone inoltre una seconda ricostruzione, che non esclude tuttavia la prima; presso l'attuale centro di Theux, ubicato nell'attuale Belgio vallone, ad una distanza di circa 60 km ad Ovest da Mechernich, si trovava, già in età romana, un insediamento di una certa consistenza, del quale sono attualmente noti un'area cimiteriale e un santuario[395]. Sulla base di un'iscrizione databile al principato di Gordiano III, sfortunatamente incompleta[396], si è ipotizzata l'esistenza di un toponimo *Tectae*, da riferire all'insediamento: *[--- Te]ctensium pro [salute Imp(eratoris) d(omini)] / n(ostri) M(arci) Ant(oni) Gor[diani Aug(usti)] / Veru[s] / [Se]cundini / FI[---].* Nonostante la forte incertezza nella ricostruzione del termine con il quale ha inizio la parte conservata dell'iscrizione, la possibilità che il toponimo sia effettivamente esistito non può essere esclusa; essa è peraltro rafforzata dall'attestazione del nome *Tectis* in un documento datato all'814[397]. Tale toponimo, ipoteticamente di origine celtica, potrebbe essere ricondotto alla stessa radice dalla quale derivano il loro appellativo le *Matronae Textumehae*. Raepsaet-Charlier fa inoltre notare come l'area di Theux sia ubicata all'interno di una delle principali regioni minerarie dell'attuale Belgio, particolarmente ricca di giacimenti di piombo con le stesse caratteristiche isotopiche di quelli dell'Eifel[398]. Lo sfruttamento dei giacimenti, ubicati nell'area compresa tra gli attuali centri urbani di Liegi e Aix-La-Chapelle, è attestato nel corso dell'età del Bronzo e di tutta l'età medievale; non vi sono, tuttavia, prove archeologiche di un'attività estrattiva di epoca romana, che al momento rimane solo ipotetica[399].

La ricostruzione proposta, secondo la quale l'insediamento di Theux (*Tectae*) potrebbe essere stato il centro amministrativo dei *metalla Germanica*[400] o almeno dei lingotti nei cui bolli compare il termine *TEC(---)*, non appare al momento sostenibile; per l'età augustea e ancora per l'intera età imperiale, l'evidenza archeologica sembra infatti individuare nell'area dell'Eifel, presso Mechernich e Aachen-Stolberg, i principali distretti minerari dell'area renana.

Più verosimile appare la possibilità che l'area di Theux – sia essa stata o meno oggetto di un'attività estrattiva in età romana – fosse compresa all'interno di una vasta regione denominata per mezzo del toponimo celtico *TEC(---)*, ipoteticamente estesa anche all'Eifel. Analogamente a quanto noto per le miniere britanniche, questa regione avrebbe costituito uno dei distretti minerari dai quali proveniva il *plumbum Germanicum*.

---

[388] Si noti l'assenza tra le tre lettere, di una punteggiatura, presente invece tra tutti gli altri termini del testo del bollo. Su questo vedi anche Raepsaet-Charlier, "*Plumbum Germanicum*,", 192.

[389] Per quanto riguarda i lingotti britannici si vedano inoltre le formule *Brit(annicum) ex arg(entariis)* (Collingwood, Wright, *The Roman Inscription*, 2404.13), che fa genericamente riferimento alla provincia, *ex arg(entariis) Veb(---)* (Collingwood, Wright, *The Roman Inscription*, 2404.4-10), nella quale è riportato il nome dei giacimenti minerari delle Mendip Hills (Somerset), *Brig(anticum) (plumbum)* (Collingwood, Wright, *The Roman Inscription*, 2404. 61-62), *Deceangl(icum) (plumbum)* (Collingwood, Wright, *The Roman Inscription*, 2404. 31, 32, 34), *met(alli) Lut(udarensis)* (Collingwood, Wright, *The Roman Inscription*, 2404. 39, 57), nelle quali si indicano i nomi delle popolazioni nelle quali le miniere sono ubicate. Il confronto con le *massae plumbeae* della Britannia può essere accettato, a condizione di mettere in evidenza come in questi lingotti l'indicazione del distretto minerario è sempre riportata per mezzo di bolli presenti sui lati lunghi, mentre il più generale riferimento all'origine britannica del piombo è normalmente contenuta nel bollo dorsale. Nei lingotti "germanici" le due informazioni appaiono invece entrambe contenute nel bollo dorsale.

[390] Raepsaet-Charlier, Raepsaet, *Der in Tongern aufgefundene Bleibarren*, 40-41.

[391] CIL XIII, 7899 (Floisdorf): *[Te]xtumeihis / [T]ertini Simi/lis Secundus / Lella l(ibentes) m(erito).*

[392] CIL XIII, 7849 (Soller): *Textume[is] / T(itus) Modest[i]/us Crispin[i f(ilio)] / Turbo l(ibens) [m(erito)].*

[393] AE 1968, 324 = U. Schillinger-Häfele, *Vierter Nachtrag zu CIL XIII*, Berichte der Römisch- Germanischen Kommission, 58 (1977), 447-604, n. 146 (Boich): *Matroni[s] / [T]extume[i]/[his] Ambia[marcis?] / l(ibens) m(erito) / [---]s.*

[394] CIL VII, 712 = AE 1934, 282 = RIB 1965 (Vindolanda): *Deae Sattadae / curia Tex/toverdorum / v(otum) s(olvit) l(ibens) m(erito).*

[395] A.-M. Herinckx, "Theux." In *Les Romains en Wallonie*, éditè par R. Brulet (Bruxelles 2008), 432-434.

[396] AE 1984, 648; Raepsaet-Charlier, "*Plumbum Germanicum*," 195.

[397] J.-H. Michel, *Premiers éléments d'un repertoire de toponymie wallone à l'usage des archéologues*, Bruxelles 1980-81, 135.

[398] L. Dejonghe, "Zinc-lead deposits of Belgium," *Ore Geology Reviews* 12 (1998): 329-354; L. Dejonghe, F. Ladeuze, D. Jans, *Atlas des gisements plombo-zincifères du Synclinorium de Verviers (Est de la Belgique)*, Bruxelles 1993, 211-215, 223-238, 261-265, 291-295; Raepsaet-Charlier, "*Plumbum Germanicum*," 195.

[399] M.-Th. Rapsaet-Charlier (Raepsaet-Charlier, "*Plumbum Germanicum*," 195) fa inoltre notare che in questa stessa regione, ipoteticamente appartenente ai *metalla Germanica*, potrebbe aver avuto luogo l'attività estrattiva della calamina che Plinio il Vecchio colloca *in Germania prouincia* (N.H. XXXIV, 2).

[400] Raepsaet-Charlier, "*Plumbum Germanicum*," 195-196. Non congrua appare, in questo stesso contributo, l'ipotesi secondo la quale, oltre a Theux, centri amministrativi del distretto minerario *TEC(---)* sarebbero stati Aix, il *pagus* di Kornelimünster e/o il centro di Zülpich, quest'ultimo ubicato poco a Nord di Mechernich, mentre non si fa riferimento ad insediamenti minerari di notevole consistenza quali i *vici* dell'area di Mechernich e/o quello di Gressenich (per i quali vedi Paragrafo 2.3.1).

Figura 53. Lingotto di Tiberio da Fos-sur-Mer (da Raepsaet-Charlier, "Plumbum Germanicum", 188*)*.

Un'ultima osservazione può infine essere fatta in relazione al peso della *massa plumbea*; quest'ultimo, pari a 17,97 kg, è sensibilmente inferiore non solo rispetto a quello normalmente rilevato per le *massae plumbeae* dei *metalla Germanica* e/o comunque della prima età imperiale ma anche a quello dei lingotti di tipo Domergue I di età tardo-repubblicana. Dal momento che l'esemplare è integro, è lecito chiedersi se un peso così ridotto sottenda particolari modalità produttive; è, in particolare, lecito chiedersi se il fisco provinciale, in un quadro di progressivo sviluppo degli insediamenti militari e civili dell'area renana, abbia avviato – forse anche prima della morte di Augusto – la produzione di lingotti di peso ridotto, non destinati al commercio transmarino ma ad una commercializzati a livello regionale[401]. Il carattere apparentemente non militare del contesto archeologico dal quale il lingotto proviene rende lecito chiedersi se il fisco stesso abbia immesso una parte del metallo di sua pertinenza sul mercato, di fatto intervenendo in questo ambito alla stregua di un *mercator.*

2.4.4. I lingotti di Fos-sur-Mer

Al 19 gennaio del 1983 risale il ritrovamento, su un fondale di 5-6 m in prossimità di Fos-sur-Mer, di un secondo lingotto di piombo recante il bollo di Tiberio (Fig. 53)[402]. La *massa plumbea*, rinvenuta quasi del tutto priva di contesto[403], ha forma tronco-piramidale (tipo Domerge IV); la base e la faccia superiore misurano rispettivamente 58,8x15,1 cm e 53,4x7,5 cm. L'altezza raggiunge 10,5 cm; il peso, 68,8 kg, corrisponde a 210 libbre romane. Il bollo, inserito all'interno di un cartiglio rettangolare (50,7x4,5 cm), contiene il seguente testo, in lettere capitali alte 3-3,6 cm, distinte da punteggiatura: *Imp(eratoris) Ti(berii) Caesaris Aug(usti) (plumbum) Germ(anicum) TEC(---)*. Per l'intepretazione del testo, in tutto simile a quello del lingotto di Tongeren, vale quanto detto nel paragrafo precedente[404]; se l'origine "germanica" del piombo è confermata dalle analisi isotopiche eseguite da M. Bode[405], la cronologia del lingotto, genericamente databile al principato di Tiberio, consente di identificare nell'Eifel, ancora saldamente in possesso di Roma all'indomani della perdita dei territori ad Est del Reno, l'area di produzione della *massa plumbea.* È inoltre possibile osservare come le dimensioni ed il peso della *massa plumbea* di Fos-sur-Mer siano invece sensibilmente superiori a quelle del primo lingotto. La localizzazione del ritrovamento lungo le coste meridionali della Francia rafforza l'eventualità che presso i *metalla Germanica* si producessero, da parte dell'amministrazione imperiale, lingotti di peso diverso, destinati già al momento della fusione a distinte filiere commerciali.

Il corredo epigrafico e recenti indagini sugli isotopi del piombo permettono di confermare l'attribuzione ai *metalla Germanica* di un lingotto rinvenuto isolato negli anni '50 in prossimità della foce orientale del Rodano, ancora una volta al largo di Fos-sur-Mer (Fig. 54)[406]. L'esemplare, di forma tronco-piramidale (tipo IV Domergue), possiede un peso di 66 kg, corrispondenti a 201,5 libbre romane. La base inferiore e la base superiore misurano rispettivamente 53x13 cm e 48,5x7 cm, mentre l'altezza raggiunge i 12 cm. Il corredo epigrafico è costituito da un bollo dorsale inserito in un cartiglio di forma rettangolare (*Sociorum plumb(---) ger(---)*) e dall'indicazione ponderale, incisa a freddo con uno

[401] L'ipotesi che abbiamo delineato si basa sul presupposto che il sostanziale sviluppo del peso dei lingotti nel passaggio tra la tarda età repubblicana e la prima età imperiale sia almeno in parte legata alla necessità di ottimizzare il trasporto del metallo verso Roma.

[402] Raepsaet-Charlier, "*Plumbum Germanicum,*" 188-189; Bode, "Bleiisotope als Schlüssel zur Herkunftsbestimmung von Metalle," 50-57. Il lingotto, conservato presso il Musée d'Istres (n. inv. DRASSM 125-82; n. inv. del museo 1167) viene brevemente menzionato da B. Liou in AE 1992, 913, nell'ambito della descrizione del lingotto del relitto dell'*Île Rousse* (per il quale vedi il paragrafo 2.4.5).

[403] Il lingotto, certamente pertinente ad un relitto, è stato rinvenuto assieme ad un collo d'anfora non meglio identificato.

[404] In Raepsaet-Charlier, "*Plumbum Germanicum,*" 188-189 si fa menzione della presenza, sui lati del lingotto di Fos-sur-Mer, di contromarche ("estampilles et contremarques") che, ritenute pertinenti ad indicazioni di carattere amministrativo, fiscale o commerciale, non vengono tuttavia presentate nel contributo in oggetto.

[405] Bode, "Bleiisotope als Schlüssel zur Herkunftsbestimmung von Metalle," 50, tab. 1 e fig. 1 (lingotto F-0007).

[406] Laubenheimer-Leenhardt, *Recherches sur les lingots*, 124-125, 195-197; Liou, Domergue, "Le commerce de la Bétique," 19; Long, Domergue, "Le «Véritable plomb»," 820-822. Per le analisi isotopiche vedi Bode, Hauptmann, Metzger, "Tracing Roman lead sources," 183, 190-192, fig. 6; Bode, "Bleiisotope als Schlüssel zur Herkunftsbestimmung von Metalle," 50, tabella 1 e fig. 1 (lingotto F-0001).

Figura 54. Lingotto dei *socii* da Fos-sur-Mer (da Laubenheimer-Leenhardt, Recherches sur les lingots, 193-197).

strumento metallico sul lato corto sinistro del lingotto (*XLVII*).

F. Laubenheimer-Leenhardt, che per prima ha studiato il reperto, ha ipotizzato un'origine britannica sulla base del confronto morfologico con le *massae plumbeae* prodotte nelle miniere dell'isola, solitamente attribuibili al IV tipo della classificazione di Domergue[407]. Nonostante tale ipotesi, la lettura *sociorum plumb(um) Ger(manicum)* appare già alla studiosa francese come la più probabile. Successivamente Domergue e Long, rigettando la proposta avanzata dalla Laubenheimer e attribuendo al lingotto un'origine gallica sulla base dei risultati delle analisi condotte sui lingotti del carico di metallo del relitto *Saintes-Maries-de-la-Mer 1*[408], hanno proposto anche in questo caso la soluzione già prospettata per i lingotti di quest'ultima, ossia *sociorum plumb(um) ger(manum)*[409]. È tuttavia il confronto con i bolli dei lingotti dei relitti di *Rena Maiore*, nei quali compare completamente sciolto il termine *Germanicum*, che permette, con assoluta certezza, la seguente lettura del bollo del lingotto di Fos-sur-mer: *sociorum plumb(um) Ger(manicum)*, con evidente riferimento all'origine germanica del metallo.

Il lingotto di Fos attesta quindi l'esistenza di un ulteriore soggetto coinvolto nello sfruttamento e – ipoteticamente – nella commercializzazione del piombo delle miniere della *Germania*; si tratta, in questo particolare caso, di una *societas* anonima, dello stesso tipo di quelle attive presso le miniere di *Carthago Nova* in età repubblicana[410] e in Britannia nel corso del I e del II sec. d. C.[411].

Di notevole interesse appare inoltre l'indicazione ponderale; il valore espresso per mezzo del numerale *XLVII*, secondo la *ratio* già descritta nel caso dei ponderali dei lingotti dei relitti di *Rena Maiore* e di *Saintes-Marie-de-la-Mer 1*, dovrebbe riportare il peso in eccesso rispetto ad un numero di libbre standard non esplicitato nel numerale stesso[412]. Il valore in chilogrammi del peso indicato in libbre sul lingotto di Fos-sur-Mer (47 libbre, pari a 15,39 kg) non trova tuttavia corrispondenza nel peso complessivo della *massa plumbea* (66 kg, corrispondenti a 201,5 libbre), qualunque standard noto si aggiunga (100, 120, 140 libbre)[413]. La differenza tra il peso indicato ed il peso reale è infatti pari a 5,61 kg, corrispondenti a 17 libbre circa, un valore non altrimenti attestato tra i pesi standard noti[414].

---

407 Laubenheimer-Leenhardt, *Recherches sur les lingots*, 193-197; l'ipotesi dell'origine britannica dei lingotti è presente anche in Ruggeri, "Un naufragio di età augustea," 906-907.

408 Long, Domergue, "Le «Véritable plomb»," 820.

409 Tale soluzione escludeva evidentemente qualunque significato geografico dal termine *ger(manum)*.

410 Si vedano, a titolo esemplificativo, i bolli *Societ(atis) mont(is) argent(arii) Ilucr(onensis?)*, attestato su 5 lingotti rinvenuti nel 1907 nelle miniere di Coto Fortuna a *Carthago Nova* (A. Héron De Villefosse, "Addition a la note précédente," *Revue Archéologique* (1907): 63-68 ; H. Jecquier, "Note sur la decouverte de saumons de plomb romains au Coto Fortuna (Province de Murcie)," *Revue Archéologique* (1907): 58-62), e *Societ(atis) argent(ariarum) fod(inarum) mont(is) Ilucr(onensis?) galena*, presente su un sesto esemplare, ripescato a Roma dal Tevere nel 1888 (Besnier 1921, "Le commerce," 111-113).

411 Vedi, a titolo esemplifictivo, i bolli dei *socii Novaec(---)* (Collingwood, Wright, *The Roman Inscription*, nn. 2404.5-6, 41-42; 2404.13, 46; per una diversa lettura del nome della *societas – soc(ietas) nova C(---)* - vedi S. Genovesi, "Una *societas nova* e la politica mineraria di Vespasiano in Britannia," *Studi Classici e Orientali* XLIX (2008): 275-316) e dei *socii Lutudarenses* (Collingwood, Wright, *The Roman Inscription*, 59-61, nn. 2404.53-61; R. Sheperd, *Ancient mining*, Cambridge 1993, 317-321).

412 Liou, Domergue, "Le commerce de la Bétique," 19.

413 I risultati sono rispettivamente 48,14 kg (sommato con 100 libbre), 54,690 kg (sommato con l'equivalente in kg di 120 libbre) e 61,24 kg (sommato con l'equivalente in kg di 140 libbre).

414 Sul lingotto del relitto dell'*Île Rousse* (Corsica meridionale), del quale si tratterà nel paragrafo successivo (2.4.5), compare, ad esempio l'indicazione ponderale *LXXVIIII*, che indica un peso aggiuntivo rispetto ad uno standard non espresso apparentemente corrispondente a 150 libbre (il peso del lingotto è pari a 75 kg, 229 libbre). Su questo lingotto vedi M. Corsi-Sciallano, "L'épave de l'Île-Rousse (Haute-Corse)," Archaeonautica 5 (1985): 108-118; J. F. Maréchal, "Note sur un lingot de plomb inscrit d'époque romaine retrouvè en Corse," *Bulletin de la Sociétè Nationale des Antiquaires de France* (1987): 258-266; Alfonsi, Gandolfo, "Le lingot de plomb," 397-403; Liou, Domergue, "Le commerce de la Bétique," 18.
Non è facile comprendere il significato delle variazioni note (100, 120, 145 libbre) nei valori standard, forse legati a mutamenti dei regolamenti doganali; decisamente pericoloso appare rintracciarne le cause in tentativi di frode, mentre poco probabile è anche il ripetersi di errori

2.4.5. Il lingotto del relitto dell'*Île Rousse*

Altri lingotti possono essere ipoteticamente attribuiti, pur in assenza di analisi isotopiche[415], alle miniere della *Germania*. Gli esemplari in oggetto, da tempo noti, provengono rispettivamente dal relitto corso dell'*Île Rousse* e dal Golfo di Baratti a Populonia[416] e possono essere datati al periodo giulio-claudio. L'interesse per le due *massae plumbeae* risiede nel bollo, che potrebbe in effetti riportare la menzione dei *metalla Germanica*, e in una contromarca, presente su entrambi gli esemplari.

Il relitto dell'*Île Rousse* - o "dei *dolia*"[417] - è stato individuato nel settembre del 1971 in corrispondenza dell'estremità settentrionale della Corsica, a poca distanza dalla spiaggia che separa il porto dell'*Île Rousse* dall'omonimo centro urbano. L'imbarcazione, databile ai primi decenni del I sec. d. C., è affondata in un basso tratto di fondale sabbioso (3-4 m circa), caratterizzato dalla presenza di materiali pertinenti a relitti di epoche diverse; il contesto in oggetto, che copre una superficie di 250 mq, è tuttavia l'unico di età imperiale. Al carico e alle strutture di quest'ultimo appartengono almeno un centinaio di frammenti di anfora e altrettanti frammenti di *dolia*[418], gli elementi in piombo di una pompa di sentina ed il lingotto di piombo.

La *massa plumbea* (Fig. 55), del tipo IV della classificazione di Domergue, ha forma tronco-piramidale; le basi inferiore e superiore misurano rispettivamente 63x16 e 50x7 cm circa, mentre l'altezza raggiunge i 10 cm[419]. Il peso è di 75 kg, corrispondenti a 229 libbre romane. Il bollo dorsale, inserito all'interno di un cartiglio di forma quadrangolare (4,7x46,5 cm circa), contiene un testo in lettere capitali alte tra 2,8 e 3,8 cm, riportato come segue nel primo disegno pubblicato[420]: *[-] Caesar(is) Aug(usti) imp(eratoris) Germ(---) TFCF*.

La lacuna iniziale, di ridotte dimensioni (4 cm circa), consente l'integrazione di due o, più verosimilmente, una lettera, da identificare con il *praenomen* del *princeps* menzionato nel bollo. J.-F. Maréchal, su suggerimento di M. Chastagnol[421], legge l'intero testo *[Ti(berii)] Caesar(is) Aug(usti) Imp(eratoris) Germ(anici) TFCF*. È di Alfonsi e Gandolfo[422], invece, la soluzione *[(C(aii)]*, con riferimento invece al successore di Tiberio.

Dal momento che l'assenza del gentilizio *Claudius* consente di escludere sia Claudio che Nerone (rispettivamente *Tiberius Claudius Caesar Augustus Germanicus* e *Nero Claudius Caesar Augustus Germanicus*), il testo deve far necessariamente riferimento a Tiberio o a Gaio. La titolatura del primo – *Tiberius Caesar Augustus* – è in effetti compatibile con quella che compare nel bollo; essa sarebbe seguita, a differenza del bollo del lingotto di Tongeren, dall'epiteto *imperator*, ottenuto da Tiberio per la prima volta nel 9 a. C.[423]. Il termine *Germ(---)*, non pertinente quindi alla titolatura del *princeps*, sarebbe quindi da sciogliere come *Germ(anicum)*, con riferimento alla provenienza del piombo dalle miniere della *Germania*[424].

Unica ma determinante obiezione all'identificazione del *princeps* del lingotto dell'*Île Rousse* con Tiberio è tuttavia l'indicazione della *salutatio imperatoria*, priva di numerale e quindi da ritenersi come unica. Al momento della sua assunzione del potere, Tiberio era infatti già stato acclamato *imperator* per sette volte, l'ultima delle quali nel 13. d. C.; da sottolineare che in un ristretto gruppo di testi epigrafici, tutti ovviamente successivi al 14 d. C., il numero preciso di acclamazioni imperatorie del successore di Augusto viene omesso[425].

È importante mettere in evidenza che la lacuna, di forma regolare, non può che essere il frutto di un'atto intenzionale, da identificare assai verosimilmente con una *damnatio memoriae* del *princeps* indicato nel testo[426]. Un ulteriore punto fermo nello studio del lingotto è stato determinato dalle analisi isotopiche, che hanno consentito

nelle operazioni di pesa, soprattutto quando la discrepanza con il peso reale è maggiore di 20 libbre (6,55 kg).

[415] Impossibili nel caso del lingotto di Populonia, attualmente disperso.

[416] I due lingotti sono stati oggetti di un contributo dello scrivente nella rivista *Rassegna di Archeologia* (Genovesi, "Un lingotto di piombo dal Golfo di Baratti," 111-138); quel lavoro viene qui ampiamente rivisto.

[417] Corsi-Sciallano, "L'épave de l'Île-Rousse," 108-118; J. F. Maréchal, "Note sur un lingot de plomb," 258-266; Alfonsi, Gandolfo, "Le lingot de plomb," 397-403; Liou, Domergue, "Le commerce de la Bétique," 18; A. J. Parke, *Ancient Shipwrecks of the Mediterranean*, Oxford 1992, 214; AE 1992, 913. Sulle problematiche relative al corredo epigrafico e all'origine del lingotto vedi anche Genovesi, "Un lingotto di piombo dal Golfo di Baratti," 111-138; Raepsaet-Charlier, "*Plumbum Germanicum*,", 189-197.

[418] Il carico, oggetto di una serie di campagne di scavo condotte tra il 1986 ed il 1987, risulta composto da anfore di tipo Dressel 2-4 di produzione tarraconense, caratterizzate dalla presenza di bolli in corrispondenza del puntale (*Amandi, Fel, LCP, MI, Mali, NP, PF, PTE, Rus.*), da anfore galliche del tipo 4 e da un certo numero di *dolia* bollati da *L(ucius) Licinius Fortunat(us)* e da *C(aius) Piranus Primus*, quest'ultimo esponente della *gens* campana principale armatrice delle imbarcazioni dotate di questi grossi contenitori per vino.

[419] Maréchal, "Note sur un lingot de plomb," 258-266, in particolare 259, tav. X, 1-3; Alfonsi, Gandolfo, "Le lingot de plomb," 397-399, in particolare 398.

[420] P. Pomey, L. Long, M. L'Hour, F. Richez, H. Bernard, "Recherches sous-marine,", Gallia Informations. Préhistoire et Histoire, 1 (1989): 55, fig. 60.

[421] Maréchal, "Note sur un lingot de plomb," 261.

[422] Alfonsi, Gandolfo, "Le lingot de plomb," 398.

[423] Dio, 54, 31, 4 (per le altre *salutationes* ricevute da Tiberio vedi Dio, 55, 6, 4; 56, 1; Svet., *Tib*, 17; Vell. Pat, II, 122, 2; Tac., *Ann.*, II, 18; AE 2001, 1012.

[424] Da ricordare, peraltro, che Tiberio non ha mai portato il *cognomen ex virtute Germanicus*.

[425] Si vedano, a titolo esemplificativo: CIL III, 2908=ILS 2280 (da Zara): *Ti(berius) Caesar divi Aug(usti) f(ilius) / Augustus imp(erator) pontif(ex) max(imus) / trib(unicia) potest(ate) XX co(n)s(ul) III / leg(io) VII leg(io) XI leg(io) / P(ublio) Cornelio Dolabella / leg(ato) pr(o) pr(aetore)*; CIL III, 2972 (da *Aenona*/Nin): *Ti(berius) Caesar divi / Augusti f(ilius) Augustus / pont(ifex) max(imus) imp(erator) trib(unicia) /potest(ate) XVIII co(n)s(ul) desig(natus) tert(ius)*; CIL II, 4712 (da Cordoba): *Ti(berius) Caesar divi Augusti f(ilius) / divi Iuli nepos Augustus / pont<i=U>fex max[imus] co(n)s(ul) / V imp(erator) trib(unicia) potest(ate) XXXVII / ab Iano Augusto qui est / ad Baetem usque ad / Oceanum / LXIIII*; CIL II, 4715 (da Cordoba): *Ti(berius) Caesar divi / Augusti f(ilius) divi Iuli / nepos Augustus pontifex / max(imus) XXI [3]V imp(erator) trib(unicia) / potest(ate) XXXVII ab Iano / Augusto qui est ad Baetem / usque ad Oceanum / LXXXII.*

[426] Di questo parere anche Raepsaet-Charlier, "*Plumbum Germanicum*," 190.

Figura 55. Lingotto del relitto dell'*Île Rousse*. 1. Immagine del lingotto (Raepsaet-Charlier, "Plumbum Germanicum," 190); 2. Disegni del lingotto (Alfonsi, Gandolfo, "Le lingot de plomb", 400).

di identificare nell'Eifel o nel Sauerland i bacini minerari presso i quali il metallo fu estratto[427].

Come già ipotizzato da Alfonsi e Gandolfo[428], il bollo menziona quindi verosimilmente Gaio (*Caius Caesar Germanicus Augustus*), del quale, al momento della *damnatio memoriae*, si è eliminata l'iniziale del *praenomen* dal testo del bollo del lingotto. Anche se questa appare la lettura più verosimile, è tuttavia possibile osservare che, in modo insolito, la menzione della *salutatio imperatoria* – l'unica ottenuta da Gaio è del 37 d. C. – precede e non segue il *cognomen Germanicus*, derivato a Gaio dal padre[429]. La titolatura di Gaio appare invece nella sua forma usuale nei bolli di due lingottiere di marmo rinvenute nel centro minerario del Magdalensberg: *C(aii) Caesaris Aug(usti) Germanici imp(eratoris) ex Noric(is metallis)*. Il testo, nel quale si fa riferimento alla produzione di lingotti – verosimilmente d'oro – nelle miniere del Norico, inserisce in ultima posizione il titolo *imperator*, ancora una volta relativo alla prima ed unica *salutatio imperatoria* del *princeps*[430].

---

[427] Bode, "Bleiisotope als Schlüssel zur Herkunftsbestimmung von Metalle," 50, tabella 1 e fig. 1 (lingotto F-0006).

[428] Alfonsi, Gandolfo, "Le lingot de plomb," 398.

[429] Gaio porta tale titolo in una serie di epigrafi databili al 37 d. C. (AE 1896, 39; ILS 190; CIL X, 796; CIL XII, 2331), al 39 d. C. (CIL II, 6208) e, in un caso, al periodo compreso tra il 37 ed il 41 d. C. (AE 1897, 2). Riportiamo, a titolo esemplificativo, i testi di AE 1896, 39 (=CIL III, 14147,1=ILS 8899; da Asswan. 37 d. C.: *C(aio) Caesari Aug(usto) Germanico, divi Aug(usti) / pronepoti, Ti(berii) Caesaris Aug(usti) n(epoti), Germanici Caesaris f(ilio), / co(n)s(uli) II, trib(unicia) potest(ate), pontif(ici) maximo, imp(eratori), patri patriae / per C(aium) Vitrasium Pollionem praef(ectum) Aegyp(ti) cohors Ituraeor(um) / cui prae(e)st L(ucius) Eienus L(ucii) f(ilius) Fal(erna tribu) Saturninus anno III C(aii) Caesaris Augusti / Germanici IIII kal(endas) Maias N DH III*) e di ILS 190 (= CIL II, 172; da *Aritium*, Portogallo. 37 d. C.: *C(aio) Ummidio Durmio Quadrato / leg(ato) C(aii) Caesaris Germanici imp(eratoris) / pro praet(ore) / (---)*).

[430] Piccottini, "Gold und Kristall," 467-477.

Se, quindi, quest'ultimo può essere identificato con Gaio, la titolatura presente nel bollo è *G(aius) Caesar Augustus imperator*, mentre il termine *Germ(---)*, in virtù della sua posizione dopo la *salutatio imperatoria*, può essere sciolto come *Germ(anicum) (plumbum)*, piuttosto che come *Germ(anicus)*, in riferimento al *cognomen* di *Gaius*. Di difficile soluzione appaiono la lettura e l'interpretazione delle ultime quattro lettere del testo del bollo; decisamente da scartare appare, in primo luogo, la lettura *feci(t)* proposta da Maréchal[431]; Alfonsi e Gandolfo, assieme alla lettura *TFCF*, ne propongono una seconda, nella quale la seconda e la quarta lettera vengono identificate con delle *E*: *TECE*[432]. Tale possibilità non è del tutto da scartare, almeno per quanto riguarda la seconda lettera[433]. Dubbiosa rimane la lettura dell'ultima lettera che potrebbe essere una *F*, una *I* o una *E*[434].

M.-TH. Raepsaet.Charlier ha recentemente proposto, sulla base del confronto con il bollo del lingotto di Tongeren, di identificare la presenza del nome del distretto minerario germanico *Tec(---)* anche nella parte finale del bollo del lingotto dell'*Île Rousse*; la soluzione della studiosa è la seguente: *[C(ai)] Caesar(is) Aug(usti) Imp(eratoris) (plumbum) Germ(anicum) TEC(-) f(ecit* o *-ecerunt)*. Se è del tutto condivisibile la possibilità che anche nel bollo di questo lingotto sia presente il termine *TEC(---)*, con lo stesso significato già definito per i lingotti tiberiani di Tongeren e Fos-sur-Mer, non appare accettabile, nel caso in cui si legga come *F* l'ultima lettera del bollo, la soluzione *f(ecit* o *–ecerunt)*. Proprio il confronto con i lingotti prodotti in Britannia non consente di ipotizzare l'impiego del verbo *facere* in relazione all'indicazione del nome del distretto minerario; la formula *ex arg(entariis) Veb(---)*, presenti su alcune *massae plumbeae* prodotte nell'area mineraria delle Mendip Hills[435], indica chiaramente il valore topografico del termine che segue *argentariis*. Anche se in alcuni casi i nomi dei vari distretti minerari britannici sono certamente derivati dai nomi delle popolazioni nei cui territori i *metalla* erano ubicati (ad es. i *Brigantes* e i *Deceangli*[436]), non appare possibile inferire da questo un richiamo all'impiego di queste tribù nell'attività estrattiva del metallo e/o nella produzione dei lingotti.

Se quindi, come propone M.-TH. Raepsaet.Charlier, si accetta la ricorrenza del toponimo *TEC(---)* anche nel bollo del lingotto del relitto dell'*Île Rousse*, si deve tuttavia ammettere che l'ultima lettera del bollo stesso, sia essa una *F* o meno, veicola una ulteriore informazione, al momento non definibile in modo soddisfacente. La lettura più corretta del bollo appare, quindi, la seguente: *[C(ai)] Caesar(is) Aug(usti) Imp(eratoris) (plumbum) Germ(anicum) (plumbum) TEC(---) F(-)*.

Il corredo epigrafico della *massa plumbea* è inoltre costituito da una contromarca impressa a freddo – sulla quale torneremo più avanti - e dai due seguenti numerali, graffiti rispettivamente su uno dei lati corti e su uno dei lati lunghi del lingotto: *LXXVIIII* e *XXV*. Nessuno dei due, secondo Maréchal[437] e Alfonsi e Gandolfo[438] può essere identificato con l'indicazione ponderale, in quanto al valore totale del peso del lingotto – 75 kg, corrispondenti con una certa precisione a 229 libbre romane – non fanno riscontro i valori espressi dai due numerali, rispettivamente 79 (27,8 kg) e 25 (8,1 kg). Se il numerale *XXV* appare in effetti di difficile lettura[439], il secondo può tuttavia essere identificato proprio con l'indicazione ponderale; *LXXVIIII*, secondo le modalità in uso nel corso della prima età imperiale[440], farebbe riferimeno al peso in eccesso (79 libbre, pari a 25,87 kg) rispetto ad un valore sottinteso di 150 libbre (49,125 kg)[441], che sommato ad esso costituisce il valore totale del peso della *massa plumbea*, ossia 229 libbre[442].

La lunghezza del punzone della contromarca, impressa a freddo per nove volte su uno dei lati lunghi del lingotto, raggiunge gli 8-9 cm, mentre le lettere sono alte 1-1,3 cm[443]; il testo appare composto da sette gruppi di lettere, tutti uniti da legature con la sola eccezione del terzo, costituito da una singola lettera. Tutte le lettere riconoscibili risultano caratterizzate da apicature di ridotte dimensioni, delle quali si deve tenere conto nella soluzione dei nessi. Nel primo di questi sono presenti in legatura una *T*, della quale è visibile il tratto orizzontale superiore, e una *E*, alla quale possono essere attribuiti 3 tratti orizzontali legati a destra al tratto verticale della *T*. Dubbia è la presenza di una terza lettera, ipoteticamente identificabile con una *L*; quest'ultima sarebbe evidenziata, all'interno del nesso, dalla parte superiore del tratto verticale della *T*, che sopravanza di poco quello orizzontale, mentre la base della L potrebbe coincidere con la linea più bassa della *E*[444].

---

[431] Maréchal, "Note sur un lingot de plomb," 261. Non pertinente appare, inoltre, il confronto proposto dallo stesso Maréchal con la contromarca *ITCF*, impressa sul lingotto di piombo del relitto di età flavia di Ses Salines (Baleari; Veny, "Dicisiete lingotes de plomo," 196). Non consente di individuare un nesso tra le due iscrizioni, in particolare, la loro pertinenza a due componenti del corredo epigrafico distinte e spesso relative ad informazioni di carattere diverso quali il bollo e le contromarche impresse a freddo. Si riporta inoltre la soluzione, riferita a Claudio ed evidentemente inesatta, prosposta da Chastagnol: *t(ribunicia) p(otestate) c(ensor) f(ecit)* (Raepsaet-Charlier, "*Plumbum Germanicum*," 190-191).

[432] Alfonsi, Gandolfo, "Le lingot de plomb," 398.

[433] La grafia delle altre *E* presenti nel bollo è caratterizzata da tratti orizzontali chiaramente riconoscibili; numerose imperfezioni presenti nell'intero testo non consentono di escludere una lettura come *E* almeno per la terz'ultima lettera del bollo.

[434] Su questo vedi anche Raepsaet-Charlier, "*Plumbum Germanicum*," 191.

[435] Collingwood, Wright, *The Roman Inscription*, 2404.4-10.

[436] *Brig(anticum) (plumbum)* (Collingwood, Wright, *The Roman Inscription*, 2404. 61-62), *Deceangl(icum) (plumbum)* (Collingwood, Wright, *The Roman Inscription*, 2404. 31, 32, 34).

[437] Maréchal, "Note sur un lingot de plomb," 261.

[438] Alfonsi, Gandolfo, "Le lingot de plomb," 398.

[439] Maréchal ipotizza che il numerale *XXV* sia legato al conteggio del lingotto all'interno di un lotto del quale l'esemplare ha fatto parte in un momento compreso tra la sua produzione ed il carico sull'imbarcazione naufragata presso l'*Île Rousse* (Maréchal, "Note sur un lingot de plomb," 261).

[440] Domergue, Liou, "L'apparition de normes," 11-30.

[441] Tale valore standard è attestato nel caso del lingotto di Fos-su-Mer (per il quale vedi il paragrafo 2.4.4).

[442] La somma dei due pesi parziali espressi in chilogrammi (74,99 kg) è praticamente corrispondente al peso reale del lingotto.

[443] Maréchal, "Note sur un lingot de plomb," 263.

[444] Ancora più dubbia è la pèresenza di una *C* e/o di una *F*.

Il secondo nesso, che quindi essere letto con una certa sicurezza come *C^A*, è poi seguito dall'unica lettera singla della contromarca, una *P*. caratterizzata da un occhiello ancora aperto. Si prestano a più letture e a non pochi dubbi i quattro nessi seguenti; il terzo, apparentemente costituito da due sole lettere, può esere letto *F^R* o *R^F*. I due nessi successivi - *A^C* e *F^A^C* – appaiono differenziati dalla presenza di una *C* in legatura con la *A* nel secondo caso. L'ultimo nesso è infine costituito da due sole lettere, *A^G* ; i soli dubbi sono legati ad una apicatura in corrispondenza del lato sinistro della *A*, forse relativa alla presenza di una ulteriore lettera, e alla possibilità di indivudare una *V* nello spazio compreso tra la *A* e la G.

La lettura del testo di Alfonsi e Gandolfo, *PRAAAG*, da essi interpretato come *le nom des directeurs de la mine*[445], è da ritenersi evidemtemente errata; sono state prorposte da Maréchal le due seguenti trascrizioni, differenziate dalla possibilità di ipotizzare diverse posizioni delle lettere in legatura:
- *T^E C^A P F^R A^C A^F^C A^G*
- *E^T C^A P F^R A^C F^A^C A^G*

Se in ciascun nesso si ordinano da sinistra a destra le lettere chiaramente identificabili, la contromarca può essere letta nel seguente modo, solo parzialmente coincidente con ciascuna delle due trascrizioni di Maréchal: *T^E C^A P R^F A^C F^A^C A^G*. La complessità del testo della contromarca e l'oggettiva difficoltà di escludere letture diverse, non consentono una soddisfacente intepretazione del testo. Vale tuttavia la pena osservare come nel primo caso le prime tre lettere della contromarca siano *T*, *E* e *C*; la legatura, certa, della *C* con la successiva *A* rende tuttavia difficile ravvisare un riferimento al toponimo *TEC(---)*, già presente nel bollo. Se quest'ultimo è riconducibile alla radice germanica *deks/texs*, difficilmente la *A* può essere identificata con la quarta lettera dello stesso toponimo.

Nonostante le difficoltà evidenziate nella lettura e nell'intepretazione della contromarca del lingotto dell'*Île Rousse*, una contromarca simile, presente su un lingotto rinvenuto nel Golfo di Baratti a Populonia, consente forse di attribuire ai *metalla Germanica* anche questa'ultima *massa plumbea*.

2.4.6. Altri lingotti dai *metalla Germanica*? Un lingotto perduto da Populonia

Il lingotto di Populonia (Fig. 56) è frutto di un recupero isolato, effettuato nel 1970 nel settore sud-orientale del

Figura 56. Il lingotto di Populonia. 1. Immagine e e disegno del bollo; 2. Indicazione ponderale; 3-5. Contromarche (da Genovesi, "Un lingotto di piombo dal Golfo di Baratti," 112, 116).

[445] Alfonsi, Gandolfo, "Le lingot de plomb," 398.

Golfo di Baratti da un sub privato (sig. P. Allori)[446], il lingotto di Populonia. Il reperto è stato successivamente depositato, assieme ad altri materiali di epoca romana successivamente acquisiti dalla Soprintendenza,[447] presso la Pensione Marisa a Baratti; qui il lingotto sarebbe rimasto per qualche anno, finchè il patrigno di Allori lo avrebbe donato ad un militare americano di sua conoscenza, all'epoca di stanza a Livorno. Per quanto l'attendibilità della storia non sia verificabile, ciò che è certo è la scomparsa del reperto dal luogo del suo primo deposito.

L'unica documentazione attualmente esistente del lingotto è quindi costituita da una serie di foto scattate prima della scomparsa del reperto da A. M. Mc Ann, membro dell'*équipe* americana che, nel corso dello stesso 1970, ha condotto nell'area del Golfo di Baratti una campagna di prospezioni subacquee coordinata dall'*American Academy in Rome*[448].

La *massa plumbea*, di forma tronco-piramidale, appartiene al IV tipo della classificazione proposta da C. Domergue[449]; sulla base delle foto disponibili è possibile proporre una ricostruzione approssimativa delle dimensioni e del peso del lingotto. La base inferiore e quella superiore risultano misurare rispettivamente 57x17 e 49x7 cm mentre l'altezza sembra aver raggiunto i 10 cm circa. Sulla base superiore un cartiglio di 46x3 cm contiene il seguente testo in lettere capitali alte 3 cm circa: *Imp(eratoris) Ner(onis) Claud(ii) Caes(aris)* (hedera) *Aug(usti) GE EC*. La titolatura imperiale riportata nel bollo fa riferimento a Nerone (*Imperator Nero Claudius Caesar Augustus Germanicus*)[450]. La presenza del *praenomen Imperator*, che Nerone, così come Tiberio, Gaio e Claudio, rifiuta al momento della sua investitura a *princeps* nel 54 d. C.[451], consente di attribuire il lingotto al periodo compreso tra la seconda metà del 66 d. C., quando, in occasione dell'incoronazione a Roma di Tiridate quale re dell'Armenia[452], Nerone assume il *praenomen Imperator*, ed il giugno del 68 d. C., momento del suicidio di Nerone[453].

Dubbia appare invece la parte finale del testo, costituita da quattro lettere, verosimilmente non pertinenti ad una sola parola; la soluzione apparentemente più lineare per le prime due (*GE*) è quella di riconoscervi il *cognomen Germanicus*, ereditato da Nerone al momento della sua adozione da parte di Claudio nel 50 d. C. e successivamente mantenuto dopo la successione[454], qui abbreviato come *Ge(rmanicus)*, in luogo delle più usuali forme *Ger(manicus)* e *Germ(anicus)*[455]. In virtù di tale particolarità si è tentati, anche in considerazione di altre caratteristiche del corredo epigrafico del lingotto, di ipotizzare, con le dovute cautele, una diversa lettura, che faccia riferimento alla possibilità di una origine germanica anche di questa *massa plumbea*. Le due lettere sarebbero, in definitiva, da leggere come *Ge(rmanicum) (plumbum)*, abbreviazione non altrimenti attestata tra i lingotti attribuiti alle miniere dalla *Germania*.

Di non facile interpretazione restano anche le due lettere finali; sulla base dell'identitificazione dell'ultima con una *G*, si è voluto riconoscervi l'abbreviazione del termine *legio*[456], ipotizzando una legatura tra la *E* ed una eventuale *L* (*l^eg(io)*). Nomi di legioni, coinvolte nello sfruttuamento dei *metalla* di alcune province imperiali del settore Nord-occidentale dell'impero, sono menzionati nei bolli o nelle contromarche di alcuni lingotti di piombo[457]; in tutti i casi noti è tuttavia presente, successivamente al termine abbreviato *legio*, il numerale delle diverse legioni, assente, invece, nel bollo del lingotto di Populonia. L'ultima lettera, peraltro, deve essere più verosimilmente letta come una *C*, mentre non vi è di fatto traccia di una *L* in legatura con la *E*.

---

[446] Sul rinvenimento vedi Mc Cann, "Survey of the Etuscan Port at Populonia," 22, fig. 2; Mc Ann, Bourgeois, Lyding Will, "Underwater Excavation", 288, fig. 21; F. Fedeli, *Populonia. Storia e territorio*, Firenze 1983, 424; Genovesi, "Un lingotto di piombo dal Golfo di Baratti," 111-138. Le notizie relative alle vicende del lingotto si devono alla cortesia di E. J. Sheperd e L. Dallai, che nel corso del 2008 hanno avuto un colloquio con il Sig. P. Allori, autore del ritrovamento.

[447] Il gruppo di reperti in oggetto, costituito principalmente da anfore (greco-italiche, Dressel 1A, Dressel 1C, Dressel 20; inv. SBAT 124490-502) ed acquisito dalla Soprintendenza nel 1988, è noto come "dono Malvisi" (dal cognome del patrigno di P. Allori, portato da quest'ultimo), si trova attualmente nella collezione Gasparri, a Populonia (notizia raccolta da E. J. Sheperd e L. Dallai).

[448] Mc Ann, Bourgeois, Lyding Will, "Underwater Excavation", 275-296. Nel 2004, la stessa A. M. Mc Ann, che ringraziamo per la non comune gentilezza, ha trasmesso a chi scrive la documentazione relativa al lingotto.

[449] Domergue, *Les mines de la Péninsule Ibérique*, 253-254, 283.

[450] La presenza dei *praenomina Imperator* e *Nero* consente di escludere che si tratti di Claudio (*Tiberius Claudius Caesar Augustus Germanicus*), il solo altro *princeps* della famiglia giulio-claudia a portare il gentilizio *Claudius*.

[451] Si veda, ad esempio, il testo di CIL III, 6741=ILS 232, databile al 64-65 d. C.: *Nero Claudius / Caesar Aug(ustus) Germanicus /pont(ifex) max(imus) / trib(unicia) pot(estate) XI / co(n)s(ul) IIII imp(erator) VIIII pat(er) p(atriae) / Cn(aeo) Domitio Corbulone / leg(ato) Aug(usti) pro pr(aetore) / T(ito) Aurelio Fulvo leg(ato) Aug(usti) / leg(ionis) III Gal(licae)*

[452] Svet., *Ner.*, 13; Dio, 63, 4-6, 2. Già nel 66-7 d. C. il testo di un'epigrafe lunense (CIL XI 1331= ILS 233) ricorda Nerone come *Imp(erator) Nero Claudius Divi Claudi f(ilius) (---) Germ(anicus)*. Per il riflesso della nuova titolatura nelle iscrizioni in lingua greca si veda, ad esempio, AE 1994, 1557.

[453] Cfr. Svet., *Ner.*, 57; Dio, 63, 29, 3.

[454] Dio, 60, 33, 2; Zon, XI, 10. Vedi anche Magioncalda, *Lo sviluppo*, 40.

[455] Tale insolita abbreviazione è tuttavia attestata (*Nero Claud(ius) Caesar Aug(ustus) Ge(rmanicus)*) su alcune emissioni in bronzo precedenti la riforma monetaria del 64 d. C. (C. H. V. Sutherland, *The roman imperial coinage, 31 BC-AD 69*, vol. 1, London 1984, 155, n. 27).

[456] Mc Cann, "Survey of the Etuscan Port at Populonia," 22, fig. 2; Mc Ann, Bourgeois, Lyding Will, "Underwater Excavation", 288, fig. 21; Fedeli, *Populonia*, 424.

[457] Si riportano, a titolo esemplificativo, i bolli di alcuni lingotti nei quali si menzionano unità legionarie: *l(egionis) XIX* (lingotto da Haltern; von Schnurbein, "Ein Bleibarren," 132-136); *Britannic[u]m (plumbum) Aug(ustae) le(gionis) II* (lingotto rinvenuto presso la località di Blagdon, nell'Inghilterra sud-occidentale; 49 d. C.; CIL VII, 1202; Collingwood, Wright, *The Roman Inscription*, 2404.2, 39-40); *Neronis Aug(usti) Britan(nicum) (plumbum) l(egionis) II* (lingotto di piombo da St. Valéry sur Somme; 54-66 d. C. (AE 1888, 53; CIL XIII, 3491; Collingwood, Wright, *The Roman Inscription*, n. 2404.24, 49-50); *[l]eg(ionis) II Augustae (plumbum)* (lingotto di piombo da Caerwent/*Venta Silurum* (Galles); III sec. d. C.; Collingwood, Wright, *The Roman Inscription*, n. 2404.25, 50).

Problematiche, a partitre dalla sola foto esisente del bollo, sembrano eventuali letture alternative delle due lettere; suggestiva sarebbe, in particolare, la possibilità di riconoscere una *T* in legatura con la *E*, in modo da poter proporre la lettura *T^EC(---)*. In questo caso, anche a prescindere dalla interpretazione delle lettere *GE*, sarebbe possibile proporre una attribuzione alle miniere dell'Eifel anche di questo lingotto.

Il corredo epigrafico del lingotto si compone, inoltre, di un graffito, relativo all'indicazione ponderale (*LXXXIII*[458]), e di tre diverse contromarche, impresse a freddo per mezzo di punzoni sui lati lunghi del lingotto; due di esse, prive di cartiglio, riportano i testi *PLB* e *LIP GO N*, di difficile interpretazione.

Notevole interesse riveste la terza contromarca, anch'essa impressa a freddo su uno dei lati lunghi; il punzone, privo di cartiglio, misura approssimativamente 9 cm di lunghezza, mentre il testo, in lettere capitali alte 1 cm circa, risulta costituito da sei nessi e da una lettera singola che trovano notevoli analogie nella contromarca del lingotto dell'*Île Rousse*. Rispetto a quest'ultimo il *ductus* appare in parte diverso; apicature di dimensioni sensibilmente più grandi e visibili sono presenti in corrispondenza delle estremità inferiori delle *A* e ad una estremità della *G* in ultima posizione[459]. Il primo monogramma, costituito da due lettere, può essere letto anche in questo caso come *T^E*[460]; il monogramma successivo presenta una legatura costituita dalle lettere *C*, *A*, *L*, quest'ultima costituita da una linea verticale congiunta al lato destro della *A*. Seguono la lettera *P* e quattro monogrammi, apparentemente formati dalle stesse lettere dei monogrammi corrispondenti nella contromarca del lingotto dell'*Île Rousse*; unica differenza è la diversa forma che assumono i nessi[461]. Apparentemente simile è, infine, la lettura dell'ultimo monogramma (*A^G.*).

Riportiamo di seguito la trascrizione qui proposta per le due contromarche, ordinando le lettere secondo la posizione di ciascuna nei singoli nessi:

- *T^E C^A P R^F A^C F^A^C A^G* (lingotto dell'*Île Rousse*)
- *T^E C^A^L P F^R C^A C^A^F A^G* (lingotto di Populonia)

È possibile osservare come anche in questo caso la contromarca può prestarsi a ricostruzioni alternative; se si legge *E* invece di *F* nel quinto monogramma e ravvisa la presenza di una V in legatura con *A* e *G* nell'ultimo, è possibile leggere i due nessi come *C^A^E A^V^G* e proporne una lettura come *C^a^e(saris) A^u^g(usti)* o *C^a^e(sar) A^u^g(ustus)*.

Ciò che, tuttavia, appare certo è l'affinità dei testi delle due contromarche, nelle quali le differenze sembrano pesare meno delle caratteristiche in comune. Le difformità tra i due punzoni, organizzati secondo una stessa struttura, consistono nell'inversione delle lettere in alcuni dei monogrammi e nella presenza della *L* nel secondo monogramma della contromarca di Populonia[462]; se quest'ultima può essere ricondotta ad una reale diversità nel contenuto del testo[463], l'inversione nell'ordine delle lettere può essere imputata ad un mutamento nel punzone stesso.

Le due contromarche sarebbero infatti strate impresse sui due ingotti ad una distanza di circa 25 anni, lungo un arco di tempo compreso tra la morte di Gaio nel 41 d. C. e l'assunzione del *praenomen Imperator* da parte di Nerone nel 66 d. C.

Certamente la perdita del lingotto di Populonia e la conseguente impossibilità di effettuare analisi degli isotopi del piombo costituiscono evidentemente un notevole ostacolo alla determinazione dell'origine del metallo; le due contromarche, tuttavia, sottendono, a nostro modo di vedere, l'afferenza delle due *massae plumbeae* ad una stessa filiera commerciale e/o, amministrativa.

Tale dato, che non viene meno anche se non siamo al momento in grado di comprendere il testo delle due contromarche, e l'origine germanica del lingotto dell'*Île Rousse* consentono, pur con tutte le cautele del caso, di ipotizzare anche per l'esemplare di Populonia una stessa origine[464]. Il lingotto, come i carichi dei relitti di Rena Maiore, di *Saintes-Maries-de-la-Mer 1* e come gli alti lingotti isolati di Fos, dopo essere stato prodotto nel bacino minerario dell'Eifel, potrebbe essere stato trasportato lungo le vie fluviali della Gallia fino alla foce del Rodano e da qui, ancora via mare, fino alle coste italiche.

Le caratteristiche del lingotto – in particolare il valore del peso – consentono tuttavia di individuare nelle miniere della Britannia una seconda e valida alternativa[465]; i ricchi

[458] Il numerale *LXXXXIII*, inciso su uno dei lati corti (altezza delle lettere 2 cm circa), indica un peso di 83 libbre, corrispondente a 27,19 kg. A causa della scomparsa del lingotto, la ricostruzione del suo peso può essere ipotizzata solo applicando la formula del volume del tronco di piramide, a partire dalle dimensioni del lingotto desumibili dalla documentazione fotografica; si ottiene in questo modo un volume di 5967,66 cm^3, che moltiplicato per il peso specifico del piombo (11,34 kg su dm^3) permette di definire un peso teorico pari a 67,6 kg circa, corrispondente a 206,4 libbre romane. Sottraendo a tale valore il peso indicato di 83 libbre, si ottiene il risultato di 123,4 libbre, corrispondenti a 40,41 kg; su tale base si può quindi ragionevolmente ipotizzare che lo standard adottato al momento della pesatura del lingotto possa essere stato di 120 libbre.

[459] Nella contromarca del lingotto di Populonia le apicature sono sensibilmente più grandi delle altre linee che costituiscono le lettere.

[460] A differenza del lingotto dell'*Île Rousse*, non risulta visibile il tratto superiore della *T*.

[461] La *F* si lega a destra della *R* nel terzo monogramma (*F^R*); la C precede la A nel quarto (*C^A*), mentre sono invertite le posizioni della *C* e della *F* (*C^A^F*) nel quinto.

[462] Altre difformità potrebbero essere in realtà legate allo stato della documentazione a nostra disposizione, in particolare per quanto riguarda il lingotto di Populonia.

[463] Anche in questo caso, tuttavia, si potrebbe ipotizzare che uno stesso termine sia stato abbreviato in un caso come *C^Ae* nel secondo come *C^A^L*.

[464] Genovesi, "Un lingotto di piombo dal Golfo di Baratti," 135-136.

[465] Genovesi, "Un lingotto di piombo dal Golfo di Baratti," 122-128.

giacimenti delle Mendip Hills, in particolare, già attivi durante il principato di Claudio, continuano sotto Nerone ad essere la principale area produttrice di piombo e argento della provincia[466]. Da questa stessa area proviene un lingotto recante il bollo *Neronis Aug(usti) ex K(alendis) Ian(uariis) IV co(n)s(ulis) Brit(annicum) (plumbum)*, datato al 60 d. C. sulla base dell'indicazione del quarto consolato di Nerone[467]. Un secondo lingotto bollato da Nerone (*Neronis Aug(usti) Britan(nicum) (plumbum) l(egionis) II*[468]), rinvenuto nel 1883 alla foce della Somme, presso la località di S. Valéry, è stato assai verosimilmente prodotto, con il coinvolgimento della *legio II Augusta* – di stanza in età neroniana nei *castra* di *Isca*/Exeter – nelle Mendip Hills.
Resta fermo che, anche nel caso di questa seconda ricostruzione, il fisco imperiale, in un momento imprecisato del viaggio, avrebbe contrassegnato il lingotto impiegando un punzone simile a quello già in uso nel corso del principato di Gaio.

2.5. Conclusioni

La conquista della *Germania*, a prescindere dalle modalità secondo le quali fu decisa e pianificata, portò negli ultimi anni del I sec. a. C. alla nascita di una nuova *provincia Caesaris*; le fonti dipingono un quadro complesso, nel quale, analogamente a quanto noto in altre province occidentali, quali la *Britannia*, problemi di natura militare – più gravi per Roma di quanto sia per noi possibile immaginare con i dati a nostra disposizione[469] – convivono con un processo di provincializzazione che, nel corso dei quasi due decenni di vita della provincia risulta ormai pienamente avviato sotto moltplici aspetti (amministrativo, fiscale, urbanistico).

All'interno di questo quadro deve essere contestualizzato lo sfruttamento delle risorse economiche presenti nei territori conquistati oltre il Reno e nel settore, già sotto il controllo di Roma dai tempi delle campagne cesariane, posto ad Ovest del fiume. In breve tempo, verosimilmente grazie a campagne di prospezione, fu possibile porre le basi di una attività mineraria che, già nel corso dell'età augustea, sembra assumere un notevole sviluppo in almeno due distinte regioni – l'Eifel e il Bergisches Land – e, ipoteticamente, anche nell'area di Brilon. È verosimile che l'esercito, con modalità analoghe a quelle messe in atto da Curzio Rufo nell'*ager Mattiacus* nel 46-48 d. C.[470], abbia giocato un ruolo preminente in questa attività prospettiva; l'evidenza archeologica, peraltro, indica chiaramente, già in queste prime fasi dell'attività mineraria condotta nei territori germanici, quale fosse l'importanza dell'esercito come destinatario dei metalli estratti[471].

I dati a nostra disposizione rendono evidente, in particolare, l'estrazione, nei distretti minerari germanici, di piombo, in lega con variabili quantità di argento, la sua commercializzazione a livello locale e, all'esterno della provincia, lungo la rete fluviale delle *Galliae*, fino al Mediterraneo. Nella coltivazione dei giacimenti risultano coinvolti personaggi privati, quali *L. Flavius Verucla* e una *societas* (i *socii plumbi Germanici*), noti grazie a bolli e contromarche su lingotti di piombo. Contestualmente, presso i *metalla* della *Germania* risulta attestata una produzione di lingotti recanti bolli con il nome del *princeps*, l'indicazione della provincia di origine del metallo e, nel caso di alcuni lingotti prodotti nell'Eifel, il nome del distretto minerario presso il quale le *massae plumbeae* sono state prodotte (*Tec(---)*). Come indicato dai dati archeologici e dai lingotti bollati da Tiberio, Gaio e – forse – Nerone, dopo la definitiva perdita dei territori oltre il Reno l'attività estrattiva condotta da Roma prosegue con certezza nella sola regione dell'Eifel.

Sotto il profilo strettamente amministrativo è possibile ipotizzare che i distretti minerari della provincia, così come altri beni immobili (*praedia*, *saltus*) siano stati acquisiti al *patrimonium Caesaris* e posti sotto il controllo del *fiscus* del *princeps*[472], nella persona del procuratore finanziario e del personale da esso dipendente[473].

I lingotti di Augusto del relitto di Rena Maiore e quelli recanti il bollo dei suoi più immediati successori, prodotti nell'Eifel, sembrano costituire la prova di una attività estrattiva e produttiva condotta in prima persona dal *fiscus Caesaris*, mentre i titolari dei bolli presenti sugli altri lingotti germanici possono essere identificati con altrettanti detentori di concessioni minerarie (*coloni*, *occupatores*), attivi all'interno dei *metalla* del *princeps*[474].

La diffusione dei lingotti attribuibili ai *metalla Germanica*, che già in età augustea interessa, oltre al territorio della stessa *Germania* (lingotti di Heppen e di Tongeren), anche le rotte commerciali che, per mezzo della rete fluviale della Gallia, conducevano fino al Mediterraneo (relitti di Rena Maiore, *Saintes-Maries-de-la-Mer 1* e dell'*Île Rousse*[475]; lingotti isolati di Fos),

[466] Sulle quali vedi, in generale, M. Todd, "*Pretia victoriae*? Roman Lead and Silver Mining on the Mendip Hills, Somerset, England," *Münstersche Beiträge zur antiken Handelsgeschichte* XV (1996): 1-18.
[467] CIL VII, 1203; Besnier 1921, "Le commerce," 67; Collingwood, Wright, *The Roman Inscription*, 40, n. 3.
[468] AE 1888, 53; CIL XIII, 3491; Bayard, Massy, *Amiens romain*, 153-155 e nota 160; Collingwood, Wright, *The Roman Inscription*, 2404.24, 49-50.
[469] Si pensi all'*immensum bellum* cui deve far fronte il legato Marco Vinicio nell'1 d. C., ricordato brevemente dal solo Velleio Patercolo (II, 104, 2).
[470] Tac., *Ann.*, XI, 20.
[471] Si veda, a titolo esemplificativo, il lingotto di piombo recante il graffito della *legio XIX* rivenuto presso Haltern.
[472] In questo senso anche Faoro, "Osservazioni sugli inizi della proprietà imperiale," 381-401. Vedi, su tale problematica, il Cap. 3.1.
[473] Del quale faceva parte il *dispensator* sepolto a Colonia (vedi sopra, Cap. 2.1.2).
[474] Su questo vedi, in particolare, anche il Cap. 3.2.
[475] Mentre evidente è il carattere commerciale dei lingotti dei due primi relitti, il lingotto dell'*Île Rousse*, il solo ad essere stato rinvenuto nel relitto corso, potrebbe far parte della dotazione di bordo dell'imbarcazione naufragata.

rivela il forte impatto economico che lo sfruttamento dei giacimenti della nuova provincia dovette avere fin dal suo inizio. Le necessità del forte apparato militare presente *in loco* e degli insediamenti civili che si stavano sviluppando in *Germania* negli anni precedenti il 9 d. C. costituirono certamente la prima causa dell'avvio di una attività mineraria che, tuttavia, ben presto giunse a ricoprire un ruolo importante anche all'interno delle dinamiche commerciali del Mediterraneo.

Capitolo 3. I *metalla Germanica* e le miniere del *princeps* in età augustea

Il corredo epigrafico del consistente *corpus* di lingotti di piombo prodotti nei *metalla* germanici, contestualmente ai dati archeologici che - particolarmente negli ultimi decenni - sono stati acquisiti su questi stessi giacimenti, apportano un consistente contributo alla conoscenza dei meccanismi amministrativi che, con l'avvento al potere di Augusto, vengono ad interessare le miniere e gli altri beni immobili adesso posti sotto il controllo del *princeps*. Nell'affrontare tali tematiche appare in primo luogo necessario ricordare come i dati in oggetto siano inerenti a giacimenti di piombo e/o di galena argentifera e che su di essi si concentrerà principalmente la nostra analisi.

L'evidenza archeologica dei *metalla Germanica* e di altre aree minerarie – il *saltus Castulonensis*, l'Iglesiente in Sardegna e la *Moesia* – getta luce sulla notevole importanza rivestita in particolare dal piombo nell'ambito della politica di consenso messa in atto da Augusto. Frontino, *curator aquarum* durante il principato di Nerva, ricordando che *Caesaris familia ex fisco accipit commoda, unde et omne plumbum et omnes impensae ad ductus et castella et lacus pertinentes erogantur*[1], sottolinea lo stretto legame tra questo metallo e le strutture idriche di Roma, che Augusto per primo impiegò estesamente come vero e proprio strumento di consenso, e, contestualmente, attesta in modo esplicito la gestione diretta da parte del *fiscus* del *princeps* dei riforminenti in oggetto[2]. Si cercherà inoltre di tenere conto delle peculiarità che caratterizzarono le modalità secondo le quali tali *metalla* furono sfruttati e delle strutture amministrative impiegate per la loro gestione, in larga parte determinate, come è ormai noto, dalle caratteristiche geologiche dei giacimenti stessi[3].

3.1. Le miniere del *princeps* in età augustea

In quanto frutto di una elaborazione *ex post* da parte di un autore che scrive più di due secoli dopo, potrebbe essere considerato solamente suggestivo dell'estrema importanza che i rifornimenti di metalli dovettero rivestire nel nuovo ordine augusteo un passo di Cassio Dione[4], nel quale Mecenate, nel corso di un dialogo "ricostruito" con Augusto e Agrippa sulle necessità dell'impero, pone in evidenza la necessità di effettuare un computo globale del metallo disponibile e di quello richiesto per far fronte alle spese militari e dell'amministrazione di Roma: εἶτα συλλογίσασθαι ταῦτά τε καὶ τἆλλα ὅσα ἔκ τε μεταλλείας καὶ εἰ δή ποθεν ἄλλοθεν βεβαίως δύναται προσιέναι, καὶ μετὰ τοῦτο ἀντιλογίσασθαι μὴ μόνον τὰ στρατιωτικὰ ἀλλὰ καὶ τἆλλα πάντα δι'ὧν καλῶς πόλις οἰκεῖται *(...)*.

Il quadro che le fonti – storiche, epigrafiche e archeologiche – consentono di delineare conferma tuttavia, nella sostanza, il passo dioneo: negli anni compresi tra il 31 a. C. e la sua morte Augusto riuscì a stabilire, in modi e tempi diversi, il proprio controllo su una serie di distretti minerari di notevole importanza, dai quali l'amministrazione che a lui fa capo, il *fiscus Caesaris*, fu in grado di trarre rifornimenti di metallo adeguati alle necessità di quegli stessi ambiti – Roma e l'amministrazione civile e militare delle province – definiti come prioritari da Mecenate proprio nel brano di Cassio Dione. Nel 27 a. C., alll'indomani della ben nota "divisione" delle province tra il *princeps* e il *populus Romanus*[5], i soli *metalla* posti sotto il controllo del

[1] Front., *De. aq.* 118, 4.

[2] È certo che presso gli stessi *metalla Germanica* – così come in altri distretti minerari - il piombo non fosse spesso il principale e il solo metallo estratto, mentre la consistente documentazione archeologica ed epigrafica fornita dai lingotti di tale metallo certamente potrebbe falsare la nostra percezione della sua importanza rispetto ad altri metalli – quali lo stesso argento.

[3] Nel caso specifico, le tecniche impiegate, normalmente caratterizzate dalla realizzazione di opere sotterranee, differivano sensibilmente da quelle impiegate per le vaste coltivazioni a cielo aperto di giacimenti auriferi di natura alluvionale quali quelli della penisola iberica Nord-occidentale e, almeno in parte, della *Dalmatia*. Su tale problematica vedi, da ultimo, Hirt, *Imperial Mines and Quarries*, 32-38. Sui giacimenti del settore Nord-occidentale della penisola iberica, il cui carattere alluvionale impose a Roma lo sviluppo di un sistema di sfruttamento peculiare, che prevedeva il coinvolgimento di una notevole manodopera, dell'esercito e la realizzazione di notevoli infrastrutture (C. Domergue, "Introduction a l'étude des mines d'or du Nord-Ouest de la Péninsule Ibérique dans l'antiquité." In Legio VII Gemina (Léon 1970), 253-286; Domergue, *Les mines de la Péninsule Ibérique*, 39-44; 279-280; Orejas, "Les populations des zones minières," 245-281; N. Santos-Yanguas, "Los indígenas y la minería romana del oro en el suroccidente de Asturias," *Memorias de Historia Antigua* XVII (1997): 219-235; N. Santos-Yanguas, "Ejército romano y minería del oro en el norte de la peninsula ibérica," *Hispania Antiqua* XXI (1997): 109-122; E. Pitillas Salañer, "Integración del Noroeste Peninsular dentro el espacio político romano. Una aproximación global," *Hispania Antiqua* XXII (1998): 89-113; E. Pitillas Salañer, "Integración y promoción social de las poblaciones indígenas del noroeste hispánico dentro el esquema organizativo romano: ejército y minería," *Memorias de Historia Antigua* 19-20 (1998-1999): 225-244; Orejas, Sastre, "Fiscalité et organisation," 164-183; J. Mangas, A. Orejas, "El trabajo en las minas." In *El trabajo el la Hispania Romana*, Edítor J.-F. Rodríguez Neila, J. Mangas, A. Orejas, C. González Roman (Madrid 2000), 291-313; A. Orejas, M. Ruiz del Árbol, F. J. Sánchez-Palencia, "La gestion intégrée de l'eau dans les zones minières du nordouest d'Hispania." In *Vers une gestion intégrée de l'eau dans l'Empire Romain (Actes du Colloque International. Université Laval, octobre 2006)*, édité par E. Hermon (Roma 2008), 209-216; E. Pitillas Salañer, "Incidencia de la exploitación minera romana sobre tierras del noroeste hispánico. Una letura técnico-económica," *Hispania Antiqua* XXIV (2000): 85-99; Hirt, *Imperial Mines and Quarries*, 32-38; I. Sastre Prats, "Las zonas mineras auríferas en el sistema provincial altoimperial: el caso del Noroeste Hispanico," In *Minería y metalurgia antiguas. Visiones y revisiones*, éditato por A. Orejas, C. Rico (Madrid 2012), 255-260; F. Javier Sànchez-Palencia, A. Orejas, "Alcance e impacto de la minería en la economía provincial hispanorromana," In *Minería y metalurgia antiguas. Visiones y revisiones*, éditato por A. Orejas, C. Rico (Madrid 2012), 261-272, con bibliografia.

[4] Dio, 52, 28, 4-5.

[5] Dio, 53, 13-15.

princeps erano quelli dell'Egitto[6], soggetto ad Augusto già dal 31 a. C., e, all'interno delle *provinciae Caesaris*, le ricche *aerariae* di Cipro, gestite dal *princeps* anche dopo la cessione della provincia all'amministrazione *populi Romani* (23 a. C.)[7]. Nel 27 a. C. potrebbero essere state già cedute alla *Colonia Iulia Cartagho Nova* le miniere di galena argentifera ubicate nel territorio della città e adesso comprese nell'*Hispania Tarraconensis*, anch'essa di competenza del *princeps*[8].

Successivamente al 27 a. C., grazie ad interventi di carattere amministrativo – quali quello relativo alla regione mineraria del *saltus Castulonensis* (vedi Cap. 3.2.3.) – e a scambi di province con l'amministrazione del *populus*, Augusto fu in grado di incrementare ulteriormente il numero delle miniere poste sotto il controllo della propria amministrazione; fu poi con l'inizio del ciclo di campagne militari che portarono l'impero alla conquista definitiva della penisola iberica nel 16 a. C. e delle province danubiane (dal 13-12 a. C.) e alla tentata conquista della Germania che entrarono a far parte del gruppo dei *metalla* posti sotto il controllo del *fiscus Caesaris* alcune delle più ricche aree minerarie sfruttate nel corso della prima età imperiale.

3.1.1. *Metallo Augusti Caesaris*[9]. Le miniere del *princeps*: alcuni spunti di riflessione

Non è possibile sapere quando e secondo quali modalità si sia compiutamente sviluppata la visione gaiana secondo la quale *in (provinciali) solo dominium populi romani est vel Caesaris, nos autem possessionem tantum vel usufructum habere videmus*[10]; il giurista, attivo in età adrianea, sintetizza in questo passo la nuova realtà determinata dall'insorgere del principato, con il *princeps* che si affianca nell'*imperium* al *populus Romanus*[11]. Tale evento e la contestuale divisione dei territori provinciali tra *princeps* e *populus*[12] ebbero, tra le loro conseguenze, l'acquisizione da parte del *princeps* di proprietà di varia natura, tra le quali anche i *metalla*[13] e i *vectigalia* che da esse derivavano[14].

Significativa, in questo senso, è la testimonianza offerta, proprio per l'età augustea, da due *massae plumbeae*, rinvenute pressi gli attuali centri urbani di Zŭc[15] e Jasenovik (Fig. 57, nn 1-5), nell'attuale Serbia[16], e recanti rispettivamente, i bolli *Metallo Imp(eratoris) Aug(usti)* e *[Metall]o [Cae]saris Aug(usti)*; dal momento che, sulla base della titolatura, il *princeps* menzionato nel bollo può essere identificato in entrambi i casi con lo stesso Augusto[17], si ha, in questi due casi, una evidente ed

---

[6] Non appare ancora chiaro in che misura e con quali modalità Augusto abbia proseguito lo sfruttamento dei giacimenti minerari – prevalentemente auriferi – presenti nel Deserto orientale egiziano, in particolare nel settore settentrionale di questa vasta regione, ricordato nelle fonti come *mons Bernicidis* (su tale problematica vedi, in generale, Hirt, *Roma Imperial Mines and Quarries*, 12-23, 109-113). Nel 10-11 d. C. risulta attivo, in qualità di ἔπαρχος Βερενείκης ἀρχιμεταλλάρχος τῆς ζμαράγδου καὶ βαζίου καὶ μαραγρίτου καὶ πάντων τῶν μετάλλων τῆς Αἰγούπτου, *Publius Iuventius Rufus*, tribuno della *III legio Cyrenaica*, ricordato nell'iscrizione con la quale *Publius Iuventius Agathopus*, suo liberto, dedica un *Paneion* presso il *mons Ophiates*, nell'odierno sito di Wadi Umm Wikala (AE 1910, 207 = SEG XX, 670; *I. Pan*, 51. Su *Iuventius Rufus* vedi anche PIR[2] I, 885). In un un secondo testo, rinvenuto nel sito di Wadi Hammamat e databile al 18 d. C., *Rufus* è ricordato con il titolo di μεταλλάρχης τῆς ζμαράγδου καὶ βαζίου καὶ μαραγρίτου καὶ λατόμων πάντων τῶν τῆς Αἰγούπτου, nel quale l'espressione, peraltro generica, πάντων τῶν μετάλλων τῆς Αἰγούπτου è sostituita con quella, chiara, relativa alle sole cave di marmo della provincia (Hirt, Roman Imperial Mines and Quarries, 111, con bibliografia).
Fa riferimento alle sole cave di porfido (μετάλλα τοῦ πορφυρίτου καὶ κνηκίτου καὶ μελανοῦ πορφυρίτου καὶ ποικίλου λίθους) l'attività prospettiva condotta da un personaggio di nome Γαίος Κομίνιος Λεύγας, anch'egli forse un militare, menzionato in una dedica a Pan e Serapide, individuata presso il *Mons Porphyrites* e databile tra gli ultimi anni di Augusto ed il 18 d. C. (V. A. Maxfield, D. Peacock, *The Roman Imperial Quarries. Survey and Excavation at Mons Porphyrites. Vol. 1: Topography and Quarries*, London 2001, 58-62, 134).

[7] Dio, 53, 12, 7. Nulla è invece dato sapere in merito alle importanti miniere della *Gallia Narbonensis* (per le quali vedi, in generale, Soricelli, "Lo sfruttamento minerario della Gallia transalpina", 215-245), provincia posta sotto il controllo di Augusto nel 27 a. C. e restituita nello stesso 23 a. C., assieme a Cipro, al *populus Romanus*.

[8] Vedi, su questo Cap. 3.1.2; 3.2.3.

[9] Testo del lingotto di piombo rinvenuto presso il centro urbano di Zŭc (Serbia); AE 1994, n. 1512, p. 448; Dušanić, "Iz istorije rimskog rudarstva", 163-179; IMS, 138, n. 1367

[10] Gaius, *Inst.*, 2, 7. Su questo passo vedi T. Frank, "«Dominium in solo provinciali» and «ager publicus»," *Journal of roman studies* 17 (1927), 141-161; G. I. Luzzato (a cura di), *I diritti locali nelle province romane con particolare riguardo alle condizioni giuridiche del suolo*, Roma 1974; J. Bleicken, "*In provinciali solo dominium populi Romani est vel Caesaris*. Zur Kolonisationpolitik der ausgehenden Republik und frühen Kaiserziet," *Chiron* 4 (1974): 359-414; F. Millar, *The Emperor in the Roman world*, London 1977, 197, nota 58; P. Veyne, *Il pane e il circo. Sociologia storica e pluralismo politico*, Bologna 1984, 522-525; P. A. Brunt, *Roman Imperial Themes*, Oxford 1990, 349-360; F. Grelle, "L'appartenenza del suolo provinciale nell'analisi di Gaio, 2,7 e 2,21," *Index* 18 (1990): 167-183; G. Giliberti, "*Dominium Caesaris*," *Index* 29 (1996): 199-228; E. Lo Cascio, *Il* princeps *e il suo impero. Studi di storia amministrativa finanziaria romana*, Bari 2000, 30, nota 63. Vale la pena ricordare che la nozione di "diritto minerario" è estranea al mondo romano, nel quale le risorse del sottosuolo seguono lo statuto giuridico dei terreni nei quali si trovano, come un qualunque altro tipo di bene immobile (E. Schönbauer, *Beiträge zur Geschichte des Bergbaurechts*, Munich 1929, 158; U. Thäckolm, *Studien über den Bergbau der römischen Kaiserzeit*, Uppsala 1937, 91-96; Domergue, *Les mines de la Péninsule Ibérique*, 229).

[11] Lo Cascio, *Il* princeps, 34.

[12] Dio, 53, 13-15.

[13] L'espressione *metalla Caesariana* è riportata in Dig., 48.13.8.1; 48.19.38.pr., in relazione ad un editto di Antonino Pio relativo alle pene per i reati di furto di oro o argento dalle miniere di proprietà del *princeps*.

[14] La pertinenza dei *vectigalia* – anche di quelli imposti sulle miniere - al *fiscus* può essere inferita sulla base di una passo di Ulpiano riportato in Dig., 50, 16-17,1: "*Publica" vectigalia intellegere debemus, ex quibus vectigal fiscus capit: quale est vectigal portus vel venalium rerum, item salinarum et metallarum et picariarum.* Da notare che il passo di Ulpiano non fa riferimento a rendite provenienti dai *vectigalia* imposti sull'*ager publicus* presente nelle *provinciae populi*.

[15] Dušanić, "Iz istorije rimskog rudarstva", 163-179; IMS, 138, n. 136; AE 1994, n. 1512, p. 448. Il ritrovamento risale al 1951.

[16] Dušanić, "Iz istorije rimskog rudarstva", 163-164 e 178; IMS, 137, n. 135. Il ritrovamento risale al 1946.

[17] S. Genovesi, "L'attività mineraria romana in *Moesia* in età augustea: alcune considerazioni sui bolli di due lingotti di piombo," *Rivista di Storia Antica* (2006): 67-98. La titolatura – inusuale per Augusto – del bollo del lingotto di Zŭc trova confronto con un un'epigrafe di Roma relativa alla ridedicazione di un edificio di culto da parte di Cornelio Gallo, prefetto dell'Egitto, attualmente conservata nei Musei Vaticani (C.I.L. VI, pars VIII, fasc. II, 40304): *[[C(aius) Cornelius Cn(aeii) f(ilius) Gallus / praefectus Aegypti / primus]], [templum --- fecit] / [i]n quod tem[plum signa nova] / [p]er Imp(eratoris) Augu[sti Deivi f(ilii) iussum] / efficiun[da cum omni cultu] / ab A(ulo) Gessio [--- posuit]. /*

1 2 3 4 5

Figura 57. I lingotti di Zûc (nn. 1-3) e Jasenovik (n. 4) e ubicazione dei due ritrovamenti (n. 5). Da IMS, 138, n. 136; Genovesi, "L'attività mineraria romana in Moesia," figg. 1-3).

esplicita attestazione dell'effettiva proprietà da parte dell'imperatore di una o più miniere all'interno della provincia della *Moesia*.

Netta è stata in passato e ancora recentemente la convinzione che con l'avvento del principato un numero sempre maggiore di miniere confluirono nel *patrimonium* dell'imperatore, come beni del *fiscus* e/o come beni privati del *princeps*[18]. C. Domergue, per indicare i giacimenti minerari acquisiti all'interno dell'*ager publicus populi Romani* e sfruttati nella penisola iberica a partire dalla fine del III sec. a. C., impiega l'espressione "*mines d'État*", individuando nell'*aerarium* la cassa alla quale erano destinati i relativi *vectigalia*[19]. Con l'avvento del principato i *metalla* ubicati nelle province *populi* avrebbero continuato ad essere gestiti dall'amministrazione senatoria anche dopo il 27 a. C., mentre quelli situati nelle *provinciae* attribuite ad Augusto sarebbero stati gestiti dal *fiscus*, l'amministrazione finanziaria che a lui faceva capo[20]. Domergue, sulla falsariga della visione di Brunt[21], distingue il *princeps* come figura "pubblica" che incarna in qualche modo lo stato romano dal *princeps* in quanto privato possessore di beni propri, compresi all'interno del *patrimonium*. Il fatto che tali beni ed il *fiscus* stesso siano stati solitamente gestiti dallo stesso personale costituirebbe, tuttavia, un primo elemento che impedisce di distinguere le miniere dipendenti dal *fiscus* da quelle facenti parte del *patrimonium*; il *fiscus*, inoltre, anche nel caso in cui lo si voglia identificare con una cassa di proprietà personale del *princeps*[22], avrebbe finanziato comunque gran parte delle spese "pubbliche" della compagine imperiale. Domergue considera quindi esistenti, per quanto non distinguibili, beni gestiti dal *princeps* per mezzo del *fiscus* in quanto capo dello stato romano e beni facenti parte del suo patrimonio privato; esisterebbero, di conseguenza, miniere di proprietà del *fiscus* ed altre di proprietà personale del *princeps*[23]. Lo studioso francese conclude tuttavia che *«il est, croyons nous, plus simple et sans doute aussi plus conforme à la réalité de considérer ces mines administrées par les services financiers du Prince globalement et sans autre nuance comme des «biens impériaux», donc des «mines impériales»*[24].

Altri studiosi, in particolare in relazione alla penisola iberica, impiegano, per definire singole miniere e/o più ampie regioni minerarie in qualche modo poste sotto il controllo del *princeps* definizioni diverse e, almeno in parte, contradditorie; in uno stesso contributo, i giacimenti auriferi della penisola iberica Nord-occidentale vengono indicati come *metalla publica*[25] e come *propiedades imperiales* facenti parte dell'*ager publicus*[26]. In altri casi si afferma che ampie regioni

Templum Ma[--- vetustate dirutum] / in praefe[ctura fab]rum [senatus] / decret[o ---].

[18] J. Marquardt, *Römische Staatsverwaltung*, Leipzieg 1884, 259 e segg.; O. Hirschfeld, *Die kaiserlichen Verwaltungsbeamten bis auf Diocletian*, Berlin 1905, 146-147; Thäckolm, *Studien über den Bergbau*, 97; G. Alföldy, "*Patrimonium Regni Norici.* Ein Beitrag zur Territorialgeschichte der römischen Provinz Noricum," *Bonner Jahrbücher* 170 (1970): 167; D. Rathbone, "The imperial finances." In *The Cambridge Ancient History. Volume X. The Augustan Empire, 43 BC-AD 69*, edited by A. K. Bowman, E. Champlin, A. Lintott (Cambridge 1996), 315-323. Per una sintesi su tali posizioni vedi Hirt, *Roman Imperial Mines and Quarries*, 82-84.

[19] Domergue, *Les mines de la Péninsule Ibérique*, 230-237.

[20] Il senso che Domergue (Domergue, *Les mines de la Péninsule Ibérique*, 238, nota 56) attribuisce al termine, ripreso da Brunt (P. A. Brunt, "The «*fiscus* » and its development," *Journal of Roman Studies* 56 (1966): 75), è quello di *caisse impériale*, nella quale è compresa *l'ensemble de l'administration financière contrôlée par l'Empereur*.

[21] Brunt, "The «*fiscus* »," 75-91, in particolare 85-86.

[22] F. Millar, "The *fiscus* in the first two centuries," *Journal of roman studies* 53 (1963): 29-42, in particolare 30-31; M. Alpers, *Das nachrepublikanische Finanzsystem. Fiscus und Fisci in der frühen Kaiserzeit*, Berlin-New York 1995.

[23] Domergue, *Les mines de la Péninsule Ibérique*, 238.

[24] Domergue, *Les mines de la Péninsule Ibérique*, 239.

[25] A. Orejas, I. Sastre, E. Zubiaurre, "Organización y regulación de la actividad minera hispana altoimperial." In *Paisajes mineros antiguos en la Península Ibérica Investigaciones recientes y nuevas líneas de trabajo. Homenaje a Claude Domergue*, Editores M. Zarzalejos Prieto, P. Hevia Gómez, L. Mansilla Plaza (Madrid 2012), 34: *Lo cierto es que, hasta donde llega nuestra información, los sectores mineros más importantes, productivos y estratégicos fueron* metalla publica, *minas controladas por el fisco a través de procuratores.*

[26] Orejas, Sastre, Zubiaurre, *Organización y regulación*, 35 : *Como ya se ha indicado, las minas de oro eran propiedades imperiales. Así se deduce del texto de Estrabón (3, 2, 10), así como del de Dion Casio (52,*

minerarie, quale la cosiddetta "fascia piritica" della penisola iberica Sud-occidentale, estesa tra la *provincia Caesaris* della Lusitania e la *provincia populi Romani* della *Baetica*, siano state poste già con Augusto sotto il controllo del *fiscus*, appartenendo in questo modo al *tesoro imperial*[27]. Una generica appartenenza al fisco della maggior parte delle miniere e la contestuale esistenza di miniere di proprietà dello stato (*Eigentum des Staates*) sono stati recentemente ipotizzati in uno dei più recenti contributi relativi ai *metalla Germanica*[28].

A. M. Hirt, infine, ha messo in evidenza come, con scarsissime eccezioni[29], non compaiano nelle fonti attestazioni certe dell'esistenza di miniere (o cave) appartenenti al *patrimonium*[30]; di conseguenza, la quasi totalità dei *metalla* ubicati all'interno delle province imperiali sarebbero in realtà proprietà dello stato romano poste sotto il controllo dell'imperatore e del suo personale. Tale ricostruzione si basa su argomenti di natura diversa, non tutti, tuttavia, condivisibili. Hirt mette in evidenza come nelle fonti sia attestata l'esistenza di miniere e di cave di proprietà di privati, di città e di *metalla publica*, quali sono quelli di *Carthago Nova* in età repubblicana[31] e come, secondo le testimonianze contenute nel *Digestum*[32], esistano ancora all'inizio del III sec. d. C., "*state-owned mines*"[33]. Ancora secondo Hirt, "*the Vipasca Tablets, too, refers to the* fiscus *on several occasions, but they do not specify wheter the term refers to the* fiscus Caesaris, *i. e. the private funds of the emperor, or the* fiscus provinciae, *the provincial sub-chest of the* aerarium Saturni *in Rome*"[34].

Altra prova a favore dell'esistenza di *metalla publica* sarebbe, ancora secondo Hirt, il noto passo di Tacito sulla confisca delle miniere iberiche di *Sextus Marius*[35]; la trasgressione di Tiberio, sottolineata dallo stesso Tacito (*aurarias <argentarias>que eius, quamquam publicarentur, sibimet Tiberius seposuit*) consisterebbe unicamente nel fatto che esse sarebbero poi state gestite da suoi agenti e non dall'amministrazione *populi Romani*, mentre i giacimenti sarebbero stati effettivamente incamerati dallo stato romano.

Hirt osserva, infine, come, l'uso del genitivo di possesso nei bolli dei lingotti sia indicativo del solo possesso del metallo, senza che la presenza presso una miniera di lingotti recanti bolli (o contromarche) di imperatori debba quindi essere considerata come una prova dell'afferenza dei giacimenti al *patrimonium Caesaris*[36]. Nonostante tale affermazione sia in effetti in sé vera, è tuttavia necessario ricordare che l'evidenza costituita dalle *massae plumbeae* recanti bolli o contromarche del *princeps* deve essere tuttavia sempre valutata alla luce di tutte le fonti a disposizione e, di per sé, essa non può essere neppure ritenuta una prova contraria all'identificazione di un distretto minerario compreso nel *patrimonium Caesaris* (vedi, su questo, Cap. 3.2).

Non condivisibile appare, inoltre, la lettura data da Hirt del regolamento minerario di Vipasca, testo che deve essere invece contestualizzato all'interno di una realtà amministrativa, quella della *provincia Caesaris* della *Lusitania*, nella quale l'*aerarium Saturni* non poteva avere alcun interesse[37]. A tale proposito è inoltre possibile osservare che *Ulpius Aelianus*, liberto del *princeps*, non può che afferire al *fiscus* imperiale e che di quest'ultimo fa parte anche il *fiscus* provinciale della *Lusitania*[38]. L'attestazione di proprietà appartenenti a privati[39] e a città[40] in ambito provinciale non comporta peraltro nessuna implicazione in merito ad una eventuale

28, 4), para el que las minas en general se contaban entre los ingresos del Estado. Las minas y los canales serían ager publicus.
Su questa stessa problematica vedi anche I. Sastre, F. J. Sánchez-Palencia, "La red hidráulica de las minas de oro hispanas: aspectos jurídicos, administrativos y políticos," *Archivo Español de Arqueología* 75 (2002): 215-233; F. J. Sánchez-Palencia, A. Orejas, "Alcance e impacto de la minería en la economía provincial hispanorromana." In *Minería y metalurgia antiguas. Visiones y revisiones*, Edítores A. Orejas, C. Rico (Madrid 2012), 261-272; I. Sastre, "Las zonas mineras auríferas en el sistema provincial altoimperial: el caso del Noroeste hispano." In *Minería y metalurgia antiguas. Visiones y revisiones*, Edítores A. Orejas, C. Rico (Madrid 2012), 255-260.

[27] J. A. Pérez Macías, A. Delgado Domínguez, "La minería romana en el Suroeste ibérico," *Cuadernos de prehistoria y arqueología de la Universidad de Granada* 24 (2014): 239, 252: *La solución parece que no dio lugar a tanteos en los sistemas de administración, y la mayor parte de este territorio paso a manos del fiscus, aunque se encontrara en gran medida en una provincia cuya administración correspondía al Senado.*

[28] Raepsaet-Charlier, Raepsaet, *Der in Tongern aufgefundene Bleibarren*, 43-44.

[29] Hirt (*Roman Imperiale Mines and Quarries*, 84, 102, 103) fa riferimento all'espressione *metalla Caesariana* di Dig., 48.13.8.1; 48.19.38.pr. e ai bolli *Metallo Imp(eratoris) Aug(usti)* e *[Metall]o [Cae]saris Aug(usti)*, rispettivamente presenti sui lingotti di Zŭc (AE 1994, n. 1512, p. 448) e Jasenovik (IMS, 137, n. 135).

[30] Hirt, *Roman Imperial Mines and Quarries*, 82-106.

[31] Hirt, *Roman Imperial Mines and Quarries*, 91-92.

[32] Dig., 3.4.1.pr.: *Paucis admodum in causis concessa sunt huiusmodi corpora: ut ecce vectigalium publicorum sociis permissum est corpus habere vel aurifodinarum vel argentifodinarum et salinarum*; Dig., 39.4.13.pr.: *Sed et hi, qui salinas et cretifodinas et metalla habent, publicanorum loco sunt*; Dig., 50.16.17.1: *"Publica" vectigalia intellegere debemus, ex quibus vectigal fiscus capit: quale est vectigal portus vel venalium rerum, item salinarum et metallorum et picariarum.*

[33] Hirt, *Roman Imperial Mines and Quarries*, 92.

[34] Hirt, *Roman Imperial Mines and Quarries*, 92-93.

[35] Tac., *Ann.*, VI, 19, 1: *post quos Sex. Marius Hispaniarum ditissimus defertur incestasse filiam et saxo Tarpeio deicitur, ac ne dubium haberetur magnitudinem pecuniae malo vertisse, aurarias <argentarias>que eius, quamquam publicarentur, sibimet Tiberius seposuit.*

[36] Hirt, *Roman Imperial Mines and Quarries*, 100-106.

[37] Hirt identifica, sulla scia di Brunt (*Roman Imperial Themes*, 139, 143), il *fiscus* e l'*aerarium Saturni* (*Roman Imperial Mines and Quarries*, 92, 97).

[38] Non cogenti appaiono, inoltre, le osservazioni (Hirt, *Roman Imperial Mines and Quarries*, 93-100) relative all'impiego nelle miniere dell'esercito (che, quindi, sarebbero "pubbliche" in quanto l'esercito di Roma avrebbe sempre operato *rei publicae causae*. Cfr. Dig., 4.6.7.; 46.32; 4.6.34; 4.6.35.pr.; 4.6.35.4; 4.6.35.9; 4.6.40-41; 21.2.66.1; 49.16.1) e dei condannati, la cui condizione di *servi fisci* (Dig., 40.5.24.5), da mettere, ancora sulla scia dei Brunt (*Roman Imperial Themes*, 139, 143), in relazione alla loro appartenenenza all'*aerarium*, sarebbe indicativa della "proprietà statale" delle miniere.

[39] É possibile ricordare il caso delle miniere di ferro di *Memmia Sosandris* (*massae ferrariarum Memmiae Sosandridis c(larissimae) f(eminae)*), ubicate nella provincia della *Gallia Lugdunensis* e ricordate dall'iscrizione, databile al 226 d. C., presente su un peso in pietra proveniente da Lione (CIL XIII, 1811).

[40] Vedi oltre (Cap. 3.2.3) per il caso delle miniere appartenenti alla colonia di *Carthago Nova*.

esistenza di *metalla* di proprietà dello stesso *princeps*, realtà, che, per quanto attestata in modo esplicito da un ridotto numero di fonti, appare tuttavia certa. Facevano infatti parte del patrimonio dello stesso Augusto le miniere – verosimilmente mesiche[41] – presso le quali sono stati prodotti i lingotti di Zūc e Jasenovik[42], recanti rispettivamente i bolli *Metallo Imp(eratoris) Aug(usti)* e *[Metall]o [Cae]saris Aug(usti)*. La stessa formula compare anche sul bollo (*metallo Messallini*) di un lingotto inedito proveniente dall'Illirico[43]; a prescindere dall'indentità del personaggio in oggetto (sarebbe suggestiva una identificazione con Marco Valerio Messalla Messalino, governatore dell'Illirico tra il 6 e il 7 d. C.[44]), questo gruppo di *massae plumbeae* costituisce la prova che, analogamente a qualunque altro soggetto privato e secondo modalità del tutto analoghe, anche il *princeps* poteva possedere *metalla*.[45]

La ricostruzione di Hirt sembra inoltre contraddetta dall'afferenza al *patrimonium* del *princeps* dei ricchi giacimenti minerari del Norico. Nell'ambito delle operazioni militari condotte nei distretti alpini viene infatti sottomesso anche il *regnum Norici* (16 a. C.)[46], stato cliente di Roma dal II sec. a. C. e noto per le sue miniere di ferro e di oro (Fig. 59, nn. 7-9), oggetto di un intenso sfruttamento da parte di personaggi provenienti da Roma, già nel corso della tarda età repubblicana[47]. Nonostante la regione non venga costituita in provincia fino al principato di Claudio, vi sono forti indizi dell'acquisizione nel *patrimonium Caesaris* di una o più aree di rilevante importanza sotto il profilo delle risorse minerarie[48]. Due lingottiere di marmo, rinvenute presso l'importante insediamento del Magdalensberg[49] e recanti il bollo *C(aii) Caesaris Aug(usti) Germanici Imp(eratoris) ex Noric(is metallis)* (Fig. 58), costituiscono la più importante testimonianza di tale ricostruzione, attestando il diretto coinvolgimento del *fiscus* imperiale nello sfruttamento delle miniere già nel corso del principato di Gaio[50]. L'espressione *patrimonium regni Norici*, attestata in epigrafi successive alla provincializzazione della regione[51], conserverebbe quindi l'originaria denominazione, verosimilmente risalente al principato di Augusto, di quella parte dei possedimenti regi del piccolo stato cliente che passò, al momento della sottomissione a Roma nel 16-15 a. C., al *patrimonium Caesaris*[52].

Appare peraltro poco probabile, come vedremo oltre, che alcune delle miniere "private" – segnatamente quelle di rame di proprietà di Livia e di C. Sallustio Crispo in Gallia[53], entrambe ricordate da Plinio – possano essere giunte in possesso di questi ultimi senza postularne una

[41] Il territorio della *Moesia* viene sottomesso tra il 29 ed il 28 a. C. in seguito ad una serie di campagne condotte dal proconsole di Macedonia Marco Licinio Crasso tra la propria provincia e il Danubio (54., *Epit.*, 134-135; Florus, II, 26; Dio, 51, 23, 2-7; 53, 7, 1); tale territorio, rimasto in un primo momento soggetto al controllo del governatore della provincia senatoria di Macedonia (Appian., *Ill.* 30; Tac., *Ann.* 1, 80; Dio, 55, 25, 4), è posto sotto il controllo di un *exercitus Moesicus* almeno dal 6 d. C., quando Aulo Cecina Severo, ὁ τῆς πλησιοχώρου Μυσίας ἄρχων, interviene nella vicina Pannonia, dove la tribù dei *Breuci* minacciava di attaccare il centro di *Sirmium* (Dio, 55, 29, 3). Tra il 6 ed il 7 d. C., lo stesso Severo sarà costretto a lasciare la Pannonia a causa di una invasione della *Moesia* da parte di Daci e Sarmati che avevano approfittato della sua assenza (Dio, 55, 32, 3-4). Dubbia – forse di età tiberiana – rimane la cronologia dell'istituzione della provincia di *Moesia*. Per le varie ipotesi relative all'istituzione del *exercitus Moesicus*, posta variamente tra il 12 a. C. ed il 6 d. C., vedi R. Syme,"Lentulus *and the origin of* Moesia," *Journal of Roman Studies* 24 (1934): 113; A. Mócsy, Pannonia *and Upper* Moesia, London 1974, 35-38; F. Papazoglou, "Quelques aspects de l'histoire de la province de la Macédoine." In *Aufstieg und Niedergang der römisches Welt*, II, 7, 1 (Berlin-New York 1979), 326-327; B. Gerov, "Epigraphische Beiträge zur Geschichte der mösichen Limes in vorclaudischer Zeit." In *Beiträge zur Geschichte der römischen Provinzen Moesien und Thrakien. Gesammelte Aufsätze* (Amsterdam 1980), 147-167; K. Strobel, "Zur Geschichte der *Legiones V (Macedonica)* und *VII (Claudia Pia Fidelis)* in der frühen Kaiserzeit und zur Stellung der Provinz Galatia in der augusteischen Heeresgeschichte." In *Les légions sous le Haut-Empire. Actes du Congrès de Lyon (17-19 septembre)*, édité par Y. Le Bohec, C. Wolff (Lyon 2000), 523-524. Per le fonti vedi anche Florus, II, 28, 9; Aug., *Res Gestae*, 30, 2; Tac., *Ann.* 4, 44; Strab., 7, 3, 11; 7, 3, 13.

[42] Per tale ipotesi vedi Genovesi, "L'attività mineraria romana in *Moesia*," 67-98.

[43] Rothenhöfer, Bode, *Wirtschaftliche Auswirkungen*, 314, nota 14.

[44] Su Messalino vedi Dio, 55, 29, 1; 30, 1-4 (in merito al governatorato dell'Illirico); Vell. Pat., II, 112; Tac. *Ann.*, I, 8; II, 18. Nel corso della sua attività come governatore della provincia Messalino potrebbe aver avviato un'attività mineraria condotta all'interno di uno o più distretti minerari da lui acquisiti come possesso personale.

[45] L'impiego del genitivo nei bolli dei lingotti di piombo, vale la pena ricordarlo, è determinato dalle esigenze dettate dalla fase di commercializzazione del metallo, per la quale appare determinante l'indicazione del proprietario del bene commerciato.

[46] Vell. Pat., II, 39, 3; Florus, II, 22, 4-5; Dio, 54, 20, 2.

[47] Strabo, IV, 6, 9-12; V, 1, 8. CIL III, 4815; 4915a; 6507; V, 717=I, 2217. Sullo sfruttamento delle miniere del Norico in età repubblicana e imperiale vedi Alföldy, "*Patrimonium Regni Norici*," 163-176; Dušanić, *Aspects of roman mining*, 63-64, 82; P. Ørsted, *Roman Imperial Economy and Romanization. A study in Roman imperial administration and the public lease system in the Danubian provinces form the first to the third century A.D.*, Copenhagen 1985, 181-201; G. Piccottini, "Scambi commerciali fra l'Italia e il Norico," *Antichità altoadriatiche* 29 (1987), 300-304; Piccottini, "Gold und Kristall," 467-477; Hirt, *Imperial Mines and Quarries*, 53-56.

[48] Si vedano le dediche poste dai *conductores* delle *ferrariae* poste sotto il controllo imperiale alle divinità delle *Termunes*, preposte alla protezione dei confini tra i *territoria metalli* e le *civitates* (CIL III, 5036; Alföldy, *Patrimonium Regni Norici*, 169, 177). Sulle miniere del Norico in età imperiale vedi Hirt, *Imperial Mines*, 53-56.

[49] Piccottini, "Gold und Kristall," 467-477.

[50] Incerta è la datazione alla prima metà del I sec. d. C. dell'epigrafe funeraria (di provenienza incerta) di un liberto imperale (CIL III, 4987; Magdalensberg? *Virunum*?): *Tertio Caesaris l(iberto) Causia Occi f(ilia) uxor v(iva) f(ecit)*. Tale datazione è stata proposta in Alföldy, "*Patrimonium Regni Norici*," nota 12; *contra* G. Winkler, *Die Reichsbeamten von* Noricum *und ihr Personal bis zum Ende der römischen Herrschaft*, Wien 1969, 134. La presenza presso le miniere di liberti e *servi* del *princeps* (CIL III, 4807, 4808, dalla miniera di Hoenstein; CIL III, 4822=11505, dalla miniera di Tiffen) e di *conductores ferrariarum* (CIL III, 4089, 5036, 5480, 5593) è nota solo a partire dalla metà del I sec. d. C., mentre le attestazioni di *procuratores Augusti regni Norici* risalgono all'inizio del II sec. d. C. (CIL III, 11513; VI, 1599=31828; VIII, 9363; IX, 4964). Al III sec. d. C. sono inoltre attribuibili alcune attestazioni relative a funzionari di rango inferiore (CIL III, 4797, 4798, 4800, 4828).

[51] CIL III, 4828; CIL III, 4800 = ILS 4198; CIL III, 4797 = ILS 1506; ILLPRON, n. 176.

[52] Per la problematica relativa al *patrimonium regni Norici* vedi G. Alföldy, "*Patrimonium Regni Norici*," 163-177; M. P. Speidel, "*Noricum* als Herkunftsgebiet der kaiserlichen Gardereiter," *Jahreshefte des Österreichischen Archäologischen Instituts* 53 (1981-1982): 213-244. Su questo vedi, da ultimo, anche Faoro, "Osservazioni sugli inizi della proprietà imperiale," 397-398.

[53] Plin., *N. H.*, XXXIV, 2. Tali miniere sono ricordate anche dallo stesso Hirt, *Roman Imperial Mines and Quarries*, 87.

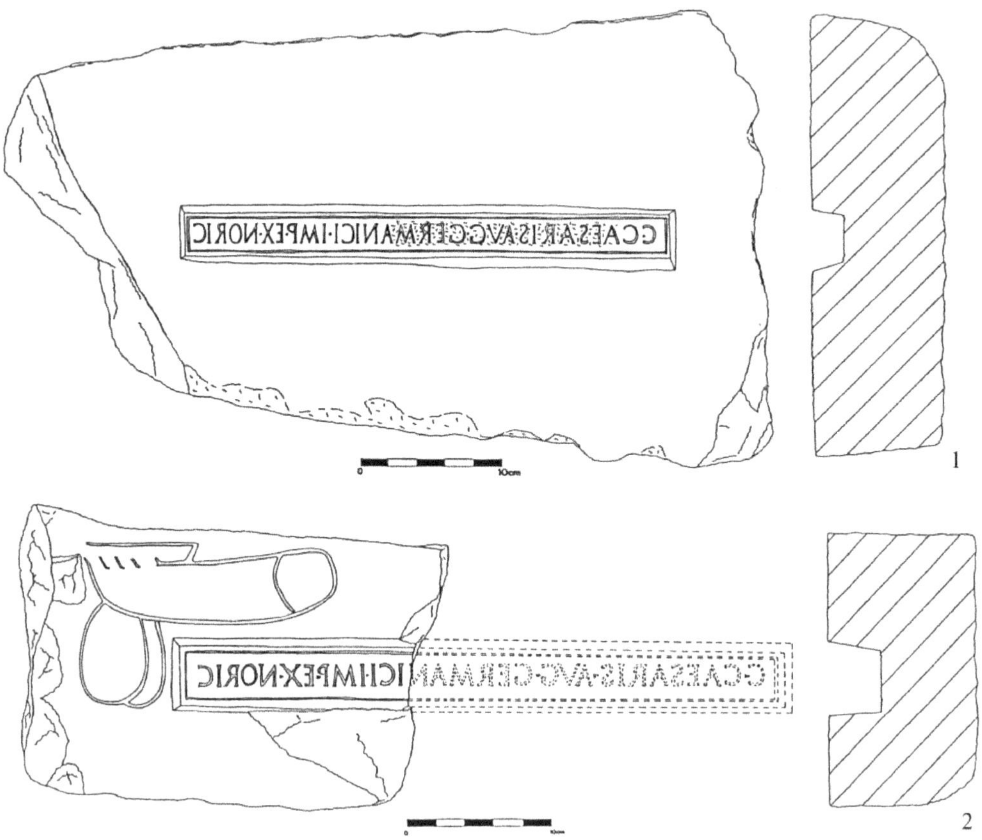

Figura 58. Lingottiere con il bollo di Gaio dal Magdalensberg (da Piccottini, "Gold und Kristall," 469, fig. 4).

originaria pertinenza al patrimonio che Augusto aveva formato nelle *provinciae Caesaris* della Gallia e nei distretti alpini recentemente conquistati; è, al contrario, proprio il caso dell'*aes Livianum*, una "miniera dell'imperatore" a tutti gli effetti, che ci consente di cogliere gli aspetti privatistici della formazione del patrimonio del *princeps*.

La conclusione di Hirt, secondo la quale i *metalla* sarebbero stati di fatto beni di carattere pubblico gestiti dal personale amministrativo dipendente dal *princeps*, non può quindi essere accolta *tout-court*; essa non sembra inoltre cogliere pienamente quello che, con l'avvento del principato, diventa, ovviamente non solo in relazione alle miniere, l'elemento determinatante negli assetti amministrativi e finanziari dello stato romano, ossia la costituzione, accanto all'*aerarium Saturni*, di un *fiscus Caesaris* e, contestualmente, di un *patrimonium* del *princeps* e del rapporto che si instaura tra essi e l'amministrazione del *populus Romanus*[54]. Determinante, infatti, sarà nel corso della prima età imperiale, il ruolo preponderante che il *fiscus Caesaris* viene ad assumere nella gestione dei rifornimenti di metalli, elemento cruciale per l'esistenza stessa del nuovo assetto conferito da Augusto all'impero; significativo in questo senso è, ad esempio, il caso della *cura aquarum*, magistratura che, fin dalla sua crezione in età augustea, ha una notevole ricaduta "pubblica" sulla città stessa di Roma. Ed è proprio lo stretto legame tra la *curatela*, elemento di notevole rilievo della politica di consenso promossa da Augusto e il *fiscus*, al quale è demandato il compito di fornire *et omne plumbum et omnes impensae ad ductus et castella et lacus pertinentes*, ad essere sottolineato nel già citato passo di Frontino[55].

È necessario cogliere quello che, a partire dal principato augusteo, è il carattere peculiare del rapporto tra il *princeps* e tutti quei fondi e beni – tra i quali i *metalla* – che egli possiede e/o che sono posti sotto il suo controllo in quanto detentore di un *imperium* superiore a quello di tutti gli altri magistrati, un carattere nel quale aspetti di natura privata convivono strettamente con altri di natura pubblicistica. Con l'avvento del principato il termine *fiscus*, che in età repubblicana designa la cassa dei singoli governatori provinciali[56], passa infatti ad indicare anche – e spesso soprattutto – l'insieme dei redditi che afferiscono, in virtù del suo *imperium*, al *princeps* e che risultano da subito costituiti da introiti di carattere patrimoniale e di carattere "pubblico". È nel *fiscus Caesaris* che confluiscono infatti i redditi tributari delle province assegnate al *princeps*, le eredità, i *bona caduca* e *vacantia*, i *bona damnatorum* e una consistente serie di imposte indirette[57]. In questo senso Ulpiano può affermare che i *vectigalia* ricavati dalle miniere gestite dal *fiscus* possono essere considerati a tutti gli effetti

[54] Lo Cascio, *Il* princeps, 50-62.
[55] Front., *De aq.*, 118, 4.
[56] Lo Cascio, *Il* princeps, 56, note 177 e 180.
[57] Millar, "The *fiscus*," 34 e segg.; Brunt, "The «*fiscus* »," 79 e segg.; Brunt, *Roman Imperial*, 141 e segg.; Lo Cascio, *Il* princeps, 56-57.

publica[58], senza che questo implichi di per sé che le miniere da cui essi provengono siano necessariamente *metalla publica*, o, secondo l'ambigua espressione impiegata da Hirt, "*state-owned mines*"[59], soprattutto se ubicate all'interno di *provinciae Caesaris*. Lo stesso passo di Ulpiano implica peraltro che l'afferenza al *fiscus* dei *vectigalia* di una miniera non è contestualmente indicativo dell'appartenenza dei *metalla* al *patrimonium*[60]. In questa stessa ottica deve essere inteso anche il testo della terza *Silva* di Stazio, nel quale le *aurariae* della penisola iberica, che, secondo Strabone δημοσιεύεται τὰ πλέιω[61], e quelle della *Dalmatia* vengono ricordate assieme a proprietà di vario tipo (quali i *praedia* dell'*Africa* e dell'Egitto), indifferentemente ubicate all'interno di *provinciae Caesaris* e del *populus Romanus*[62]. Quello che accomuna tutti i beni in oggetto è infatti l'afferenza degli introiti che ne derivano – come *vectiglia* o come metallo grezzo – al *fiscus Caesaris*, senza che il testo di Stazio possa essere in questo frainteso. Nel proprio testamento è peraltro lo stesso Augusto che, in relazione alle somme da lui accumulate per mezzo di lasciti testamentari, dichiara, senza porre l'accento sulla specifica provenienza dei fondi, di averne speso la maggior parte *in rem publicam*, assieme al denaro proveniente dai patrimoni di Cesare e del padre[63].

Cassio Dione, in un passo relativo alla manutenzione delle strade della penisola italica[64], afferma di non saper distinguere da quali θησαυροί – dall'*aerarium* o dal *fiscus* di Augusto – quest'ultimo avrebbe preso i fondi necessari, mettendo in evidenza l'esistenza di due realtà, la cassa "pubblica" dell'*aerarium* e il complesso, che a torto si può definire "pubblico", dei beni e delle finanze del *princeps* ("πρὸς τοῦ Αὐγούστου τις εἰπεν"), e il fatto che, alla sua epoca, e verosimilmente già in età augustea, non sembra aver avuto importanza la distinzione tra fondi "pubblici" e privati impiegati dall'imperatore[65].

Pur senza addentrarsi eccessivamente nella complessa problematica relativa alla natura del *fiscus* e del *patrimonium* e del loro rapporto con il *princeps*[66], appare importante mettere in evidenza come siano le stesse fonti antiche a porre in rilievo, da un lato, la piena titolarità del *princeps* sul *fiscus* – inteso appunto come "cassa e amministrazione finanziaria imperiale"[67] – e, dall'altro, l'assenza di differenze di natura giuridica tra lo stesso *fiscus* e il *patrimonium* del *princeps*[68]. Come si apprende peraltro dal testo del *Senatus consultum de Cn. Pisone patre* (20 d. C.)[69], il *fiscus* viene infatti qualificato come pertinente al *princeps* fin dai primi decenni del principato (...*ex fisco principis nostri*) [70].

---

[58] Dig., 50, 16-17,1.

[59] Hirt, *Roman Imperial Mines and Quarries*, 92. Né si può mettere in relazione con la pertinenza a "*metalla publica*" il coinvolgimento di "*publicani*" nella gestione dei *vectigalia* derivanti dalle miniere (Hirt, *Roman Imperial Mines and Quarries*, 92, in merito a Dig., 39.4.13.pr.); come afferma Ulpiano (Dig., 39, 4, 1, 1) *publicani autem sunt, qui publico fruuntur (nam inde nomen habent), sive fisco vectigal pendant vel tributum consequantur: et omnes, qui quod a fisco conducunt, recte appellantur publicani*. Su questo passo vedi anche M. R. Cimma, *Ricerche sulle società di* publicani, Milano 1981, 23-31; J. Andreau, "Recherches récentes sur les mines à l'époque romaine," *Revue Numismatique* 31 (1989): 93; Domergue, *Les mines de la Péninsule Ibérique*, 258-268.

[60] Su questo vedi anche Maiuro 2012, 18.

[61] Strabo, III, 2, 10. Su tale problematica vedi anche Mangas, Orejas, *El trabajo en las minas*, 295, dove le miniere sono esplicitamente attribuite all'*ager publicus*. Sulla pertinenza delle miniere, delle saline e delle cave al *patrimonium* imperiale vedi invece Lo Cascio, *Il* princeps, 119-120.

[62] Statius, *Silvae*, III, 3, 85-98: *Iamque piam lux alta domum praecelsaque toto, / intravit Fortuna gradu; iam creditur uni / sanctarum digestus opum partaeque per omnis / divitiae populos magnique impendia mundi. / Quicquid ab auriferis eiectat Hiberia fossis, / Dalmatico quod monte nitet, quod messibus Afris / verritur, aestiferi quicquid terit area Nili, / quodque legit mersus pelagi scrutator Eoi, / et Lacedaemonii pecuaria culta Galesi / perspicuaeque nives Massylaque robora et Indi / dentis honos: uni parent commissa ministro, / quae Boreas quaeque Eurus atrox, quae nubilus Auster / invehit: hibernos citius numeraveris imbres / silvarumque comas.*

[63] Svet., *Aug.*, 101, 4: *quamvis viginti proximis annis quaterdecies milies ex testamentis amicorum percepisset, quod paene omne cum duobus paternis patrimoniis ceterisque hereditatibus in rem publicam absumpsisset.* Cassio Dione, infine, in un passo relativo al rifacimento delle strade della penisola italica, afferma che le relative spese sarebbero state sostenute sia dalla cassa pubblica dello stato romano che dallo stesso Augusto (53, 22, 3-4).
L'autore, oltre a mettere in evidenza il fatto che i fondi del *princeps* vengono impiegati, al pari di quelli dell'*aerarium*, con finalità "pubbliche", dimostra come, ai suoi occhi, la distinzione tra beni imperiali di carattere pubblico e di carattere privato non sia percebile, mentre evidente è invece il fatto che il *princeps* è titolare dei fondi che impiega, senza che siano necessarie ulteriori distinzioni relative alle loro eventuali origini (cfr. anche Lo Cascio, *Il* princeps, 50-52).

[64] Dio, 53, 22, 3-4: αἱ δ'ἄλλαι ὕστερον, εἴτ'οὖν πρὸς τοῦ δημοσίου, ἐπειδὴ μηδεὶς τῶν βουλευτῶν ἡδεως ἀνήλισεν, εἴτε καὶ πρὸς τοῦ Αὐγούστου τις εἰπεν, ἐθέλει, ἐπεσκευάσθησαν. οὐ γὰρ δύναμαι διακρῖναι τοὺς θησαυροὺς αὐτῶν, οὐδ'εἰ τὰ μάλιστα ὁ Αὐγούστος καὶ ἀνδριάντας τινὰς ἑαυτοῦ ἀργυροῦς, πρὸς τε τῶν φίλον καὶ πρὸς δήμων τινῶν γεγονότας, ἐς νόμισμα κατέκοψε τοῦ δὴ καὶ οἴκοθεν πάνθ'ὅσα γε καὶ ἔλεγε δαπανᾶν δοκεῖν. Su tale passo vedi anche Lo Cascio, *Il princeps*, 50-52.

[65] Vale la pena ricordare uno studio degli isotopi del piombo e del rame, condotto dall'Università di Francoforte su un consistente campione di 251 nominali bronzei (assi e quadranti) appartenenti alla collezione del Museo Nazionale Romano (S. Klein, Y. Lahaye, G. P. Brey, H.-M. Von Kaenel, "The early roman imperial aes coinage II: tracing the copper sources by analysis of lead and copper isotopes. Copper coins of Augustus and Tiberius," *Archaeometry*, 3, no. 3 (2004): 469-480; S. Klein, H.-M. Von Kaenel, "The early roman imperial coinage: metal analysis and numismatic studies," *Schweizerische Numismatische Rundschau* 79 (2000): 53-106). Il fatto che, tra il 16 a. C. e il 14 d. C., il rame impiegato dalla zecca di Roma per le emissioni di assi e quadranti in bronzo proviene in larga parte dalle miniere della Sardegna, posta fino al 6 d. C. sotto il controllo delll'amministrazione del *populus Romanus*, costituisce una ulteriore prova dell'esistenza di prassi amministrative che non seguivano rigidamente la macrodivisione delle finanze dell'impero tra il *princeps* e il *populus*.

[66] Per la quale vedi Th. Mommsen, *Staatsrecht*, II, Leipzig 1887, 998-1001; Hirschfeld, *Die kaiserlichen Verwaltungsbeamten*, 8-20; L. Mitteis, *Das römische Privatrecht bis auf die Zeit Diokletians*, Lepzig 1908; S. Bolla, *Die Entwicklung des Fiskus zum Privatrechtssubject mit Beiträgen zur Lehre des Aerarium*, Praga 1938; Millar, "The *fiscus*," 29-42, Brunt, "The «*fiscus* »," 75-91; Alpers, *Das nachrepublikanische Finanzsystem*; W. Eck, A. Caballos, F. Fernández (Hrsg.), *Das Senatusconsultum de Cn. Pisone patre*, München 1996; Lo Cascio, *Il* princeps, 50-57; 97-103; 111-113; 163-168.

[67] La definizione è ripresa da Lo Cascio, *Il* princeps, 97. Di diverso avviso L. Mitteis e S. Bolla, secondo i quali il *fiscus* deve essere identificato come una persona giuridica autonoma (L. Mitteis, *Das römische Privatrecht*; S. Bolla, *Die Entwicklung des Fiskus*), e O. Hirschfeld (*Die kaiserlichen Verwaltungsbeamten* 8-20), per il quale la titolarità del *fiscus* deve essere attribuita allo stato romano.

[68] Mommsen, *Staatsrecht*, 998-1001; Lo Cascio, *Il* princeps, 101.

[69] *Sc. de Cn. Pisone patre*, 54-55. Lo Cascio, *Il* princeps, 163-174.

[70] Nel corso della tarda età giulio-claudia è Seneca (*De ben.*, VII, 6, 3) che, in un passo notevolmente dibattuto (vedi la relativa bibliografia in

Tale impostazione, preferibile rispetto a quelle che vedono rispettivamente nel *fiscus* una cassa che il *princeps* gestisce in quanto capo dello stato romano[71] o solo il complesso dei beni privati dello stesso *princeps*[72], comporta, come diretta conseguenza, l'indistinzione giuridica tra lo stesso *fiscus* ed il *patrimonium*[73]. Quest'ultimo si qualifica quindi come l'insieme delle sostanze del *princeps*, siano esse ubicati nelle province di sua competenza, nelle province del *populus* o nella penisola italica[74]. In definitiva, se per un verso le dimensioni stesse e le modalità con le quali il *patrimonium* accumulato da Augusto viene impiegato concorrono a definirne una funzione "pubblica", per sua stessa natura esso continua ad essere, almeno nel primo secolo dell'impero, un complesso patrimoniale gestito dal personale dipendente dal suo proprietario.

Limitatamente ai *metalla*, la ricostruzione di Domergue, che distingue, all'interno dell'insieme delle "miniere imperiali", *metalla* di carattere "pubblico", che il *princeps* avrebbe gestito in quanto capo dello stato romano per mezzo del *fiscus*, ed altri, inclusi nel suo *patrimonium*, che viene qualificato invece come *biens propres des empereurs*[75], peraltro indistinguibili, e quella di Hirt non appaiono soddisfacenti nella misura in cui sono in parte fuorvianti. Con l'avvento del principato due sole sono casse finanziarie dell'impero, l'*aerarium Saturni* e il *fiscus*, dei quali sono rispettivamente titolari il *populus Romanus* e il *princeps*. I beni immobili afferenti a queste due casse – tra cui anche le miniere – non possono, quindi, che essere compresi all'interno dell'*ager publicus* o del *patrimonium Caesaris*, senza che si debba ricorrere a definizioni improprie – quale "*state-owned mines*"[76] – o contraddittorie[77]. Queste sembrano quindi essere le sole categorie all'interno è lecito collocare – analogamente gli altri beni immobili e in tutti quei casi nei quali sia possibile comprenderne il reale statuto giuridico – anche i *metalla*.

L'esistenza di vaste estensioni di *ager publicus* anche all'interno delle *provinciae Caesaris*[78] rende assai verosimile la presenza, al suo interno, di *metalla* che possiamo definire *publica*, secondo la proposta di Hirt; queste stesse miniere, inoltre, potrebbere essere cadute, con l'avvento del principato, sotto il controllo del fisco – si veda, nel paragrafo successivo, il caso dei giacimenti del settore occidentale della *Baetica*. Si tratta, tuttavia, di verificare caso per caso il contesto all'interno del quale le miniere si trovano, tentando, quando è possibile, di definirne l'afferenza all'interno delle categorie note.

3.1.2. Le miniere del *princeps*: *fiscus*, *patrimonium*, *ager publicus*

Come abbiamo cercato di dimostrare, le fonti indicano che, in particolare in età augustea, singole miniere e/o più vaste regioni minerarie potevano appartenere sia al *patrimonium* del *princeps* che all'*ager publicus*. In linea teorica, un *metallum* ubicato all'interno di una *provincia Caesaris* di recente formazione potrebbe essere contestualmente pertinente, in due suoi aspetti costitutivi ed inscindibili, sia al *patrimonium* che al *fiscus*;[79] ci riferiamo alla miniera intesa come bene immobile, costituito dal terreno e dal metallo che in esso si trova – e che, in quanto tale, può essere considerata un bene patrimoniale – e ai *vectigalia* che dallo sfruttamento di questa stessa miniera provengono, i quali, a loro volta, afferiscono al *fiscus Caesaris*[80].

È nell'ambito delle campagne militari condotte tra il 16 e il 15 a. C.[81] in area alpina che viene acquisito il controllo delle miniere comprese nel *patrimonium regni Norici* (Fig. 59, nn. 7-9) e, con ogni probabilità, delle miniere di rame successivamente di proprietà di G. Sallustio Crispo, amico personale di Tiberio e pronipote dell'omonimo storico[82]. Secondo la testimonianza di Plinio[83], l'*aes Sallustianum*, un distretto minerario noto per la qualità del suo minerale, si sarebbe trovato *in Ceutronum Alpino tractu*, ossia nel territorio della tribù celtica dei *Ceutrones*, stanziati nell'attuale valle dell'Isère, nella

Lo Cascio, *Il* princeps, 97, nota 1), mostra l'inscindibile rapporto che lega tra loro *princeps*, *fiscus* e *patrimonium*: *Caesar omnia habet, fiscus eius privata tantum ac sua; et universa in imperio eius sunt, in patrimonio privata.*

[71] Brunt, "The «*fiscus* »," 75-91; Brunt, *Roman Imperial*, 134-162.

[72] Millar, "The *fiscus*," 29-42; Alpers, *Das nachrepublikanische Finanzsystem*.

[73] Mommsen, *Staatsrecht*, 998-1001. Vedi, per le fonti sulle quali si basa tale visione, Dig., 18, 1, 72, 1 (Papiniano); 43, 8, 2, 1-4 (Ulpiano).

[74] Non è possibile escludere l'esistenza di un vero e proprio *patrimonium* privato del *princeps*, soprattutto nel corso dei primi decenni del principato; anche per questo, tuttavia, non appare possibile pensare all'esistenza di uno statuto giuridico o a modalità amministrative diverse (Lo Cascio, *Il* princeps, 101).

[75] Domergue, *Les mines de la Péninsule Ibérique*, 238. Tale distinzione, che, a detta dello stesso Domergue, non risulta nella maggior parte dei casi percepibile, ha carattere giuridico.

[76] Hirt, *Roman Imperial Mines and Quarries*, 92. Né si può mettere in relazione con la pertinenza a "*metalla publica*" il coinvolgimento di "*publicani*" nella gestione dei *vectigalia* derivanti dalle miniere (Hirt, *Roman Imperial Mines and Quarries*, 92, in merito a Dig., 39.4.13.pr.); come afferma Ulpiano (Dig., 39, 4, 1, 1) *publicani autem sunt, qui publico fruuntur (nam inde nomen habent), sive fisco vectigal pendant vel tributum consequantur: et omnes, qui quod a fisco conducunt, recte appellantur publicani.* Su questo passo vedi anche Cimma, *Ricerche*, 23-31; Andreau, "Recherches récentes," 93; Domergue, *Les mines de la Péninsule Ibérique*, 258-268.

[77] Come in Orejas, Sastre, Zubiaurre, *Organización y regulación*, 35, dove le miniere d'oro della penisola iberica Nord-occidentale sono definite contemporaneamente come *propiedades imperiales* e come *ager publicus*.

[78] Hygin Grom., 167, 17 e segg. (nel testo, relativo agli *agri vectigales*, si riporta, a titolo esemplificativo, il caso della Pannonia). Lo Cascio, Il *princeps*, 192, nota 60; L. Maganzani, "*Agri publici vectigalibus subiecti*, organizzazione territoriale, regime giuridico." Iuris Antiqui Historia 3 (2011): 174-177.

[79] Lo Cascio, *Il* princeps, 112-113.

[80] Dig., 50, 16-17,1.

[81] Per la campagna del 16 a. C. contro i *Norici* vedi Vell. Pat., II, 39, 3; Florus, II, 22, 4-5; Dio, 54, 20, 2. Per la campagna del 15 a. C. contro i *Raeti* vedi Liv., *Per.*, 138, 1; Vell. Pat., II, 39, 3; 95, 2; Svet., *Tib.*, 9, 3; 21, 1; Dio, 54, 22, 1-5.

[82] PIR^2 S 87; Tac. *ann.* 3, 30.

[83] Plin., *N. H.*, XXXIV, 2: *Proximum bonitate fuit Sallustianum in Ceutronum Alpino tractu, non longi et ipsum aevi, successitque ei Livianum in Gallia. Utrumque a metallorum dominis appellatum, illud ab amico divi Augusti, hoc a coniuge. Velocis defectus Livianum quoque; certe admodum exiguum invenitur.*

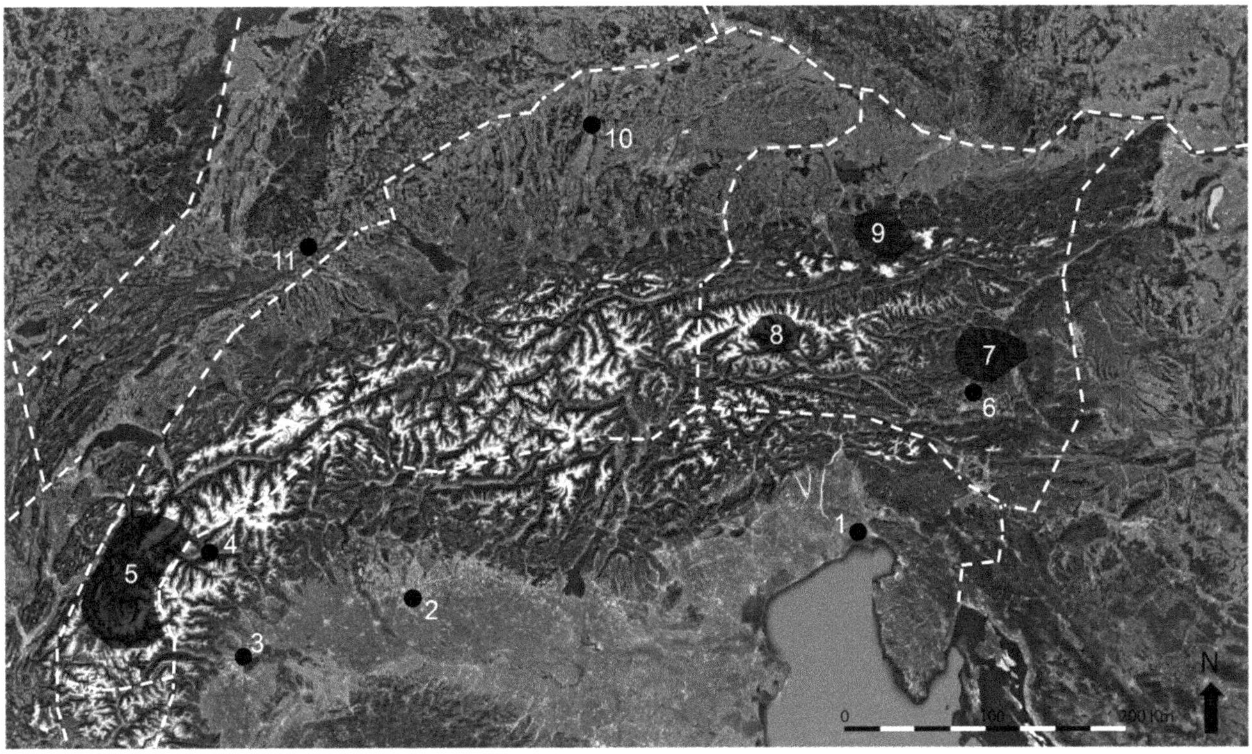

Figura 59. Carta delle miniere poste sotto il controllo di Augusto nell'area alpina. 1. Aquileia; 2. *Mediolanum*; 3. *Augusta Taurinorum*; 4. *Augusta praetoria*; 5. Territorio dei *Ceutrones*; 6. Magdalensberg; 7-9. Aree minerarie del Norico ; 10. *Augusta Vindelicorum*; 11. *Castra* di Dangstetten.

Savoia francese (Fig. 59, n. 5)[84]. Le miniere, ricordate da Plinio in quella che appare come una lista di *metalla* di proprietà imperiale, furono oggetto di un intenso sfruttamento che portò, in breve tempo, all'esaurimento dei giacimenti[85]. Al momento della morte di Crispo nel 21 d. C., queste stesse miniere, assieme alle altre sue numerose proprietà (la sua *familia*, i suoi possedimenti urbani, tra i quali gli *horti Sallustiani*), tornarono a far parte del *patrimonium Caesaris* in seguito al suo lascito testamentario a favore di Tiberio, secondo una prassi che si diffonde, in seno ai ceti dominanti di Roma, a partire dal principato di Augusto[86].

Le miniere, che risultano ubicate all'interno dei distretti alpini obiettivo delle campagne militari del 16-15 a. C., culminate nella sottomissione delle popolazioni delle Alpi occidentali e nella costituzione della provincia di *Raetia, Vindelicia et Vallis Poenina*, furono quindi verosimilmente inglobate nel *patrimonium* di Augusto, che, successivamente, le avrebbe cedute a G. Sallustio Crispo[87]. Sebbene sia stato apparentemente quest'ultimo – e non il *fiscus Caesaris* – ad avviarne lo sfruttamento, è possibile cogliere anche in questo caso l'aspetto "privatistico" che caratterizza la gestione dei beni immobili – in questo caso miniere – che ricadono nella sfera di interesse del *princeps* fin dall'età augustea. Costituiscono quindi un bene di carattere patrimoniale, che appare riduttivo considerare semplicemente come miniere appartenenti a personaggi "privati"[88], anche i giacimenti di rame che costituirono l'*aes Livianum*[89], genericamente ubicate in Gallia. Alle miniere citate si aggiungono, infine, quelle presso le quali vennero prodotti i lingotti, già citati, di Zŭc[90] e Jasenovik[91], anch'esse pertimenti ad un ambito provinciale – in questo caso verosimilmente la *Moesia* – posto sotto il controllo del *princeps*.

Se la pertinenza al *patrimonium Caesaris* è più che verosimile per i casi appena ricordati, più complesso appare il caso delle *aurariae* iberiche e della *Dalmatia*. All'indomani del definitivo assoggettamento delle regioni Nord-occidentali della penisola iberica, avvenuto

[84] Caes., *B. G.* I, 10,4: *Ibi Ceutrones et Graioceli et Caturiges locis superioribus occupatis itinere exercitum prohibere conantur. Compluribus his proeliis pulsis ab Ocelo, quod est oppidum citerioris provinciae extremum, in fines Vocontiorum ulterioris provinciae die septimo* pervenit; *(...)*. Plin., *N. H.* III, 135: *Sunt praeterea Latio donati incolae, ut Octodurenses et finitimi Ceutrones, Cottianae civitates et Turi Liguribus orti, Bagienni Ligures et qui Montani vocantur Capillatorumque plura genera ad confinium Ligustici maris.*

[85] Traccia di tale attività sarebbe l'iscrizione di CIL V, 6821 (da Carema, nel settore orientale della Valle d'Aosta): *C(aio) Sallustio Crispi l(iberto) / Erasio VI vir / C(aio) Sallustio Crispi l(iberto) / Pamphil(o) / Sallustia Crispi l(iberta) [--]loge / sibi et suis v(iva) f(ecit).*

[86] Tac., *Ann.*, 3, 30. Sono noti alcuni *servi* imperiali appartenuti a Sallustio: CIL VI, 5863 (da Roma: *Hagius / Caesaris Aug(usti) / ser(vus) Sallustian(us)*); CIL VI, 27686 (da Roma: *Trypho Caesaris August(i) l(iberto) / Sallustianus sibi et / Rufai Caesaris Augusti l(ibertae)*). Sui lasciti testamentari in favore del *princeps* vedi Maiuro, Res Caesaris, 47-69.

[87] In questo senso vedi anche Maiuro, Res Caesaris, 81-88.

[88] Hirt, Roman Imperial Mines and Quarries, 87.

[89] Plin., *N. H.*, XXXIV, 2.

[90] Dušanić, "Iz istorije rimskog rudarstva", 163-179; IMS, 138, n. 136; AE 1994, n. 1512, p. 448.

[91] Dušanić, "Iz istorije rimskog rudarstva", 163-164 e 178; IMS, 137, n. 135.

attorno al 16 a. C.[92], un noto passo di Floro attesta l'inizio dell'estrazione dell'oro nelle regioni abitate dagli *Astures*: *favebat consilio natura regionis: circa omnis aurifera et chrysocollae miniique et aliorum colorum ferax. Itaque exerceri solum iussit. Sic Astures nitentes in profundo opes suas atque divitias, dum aliis quaerunt, nosse coeperunt*[93]. Al centro del nuovo assetto conferito da Roma ai territori conquistati[94] vi sono le *civitates*, funzionali al calcolo del *tributum*, in denaro e/o in natura, dovuto al *princeps*; attraverso sistemi di divisione delle terre quali l'*ager per extremitatem mensura comprehensus* viene resa possibile la realizzazione di catasti in regioni del tutto prive di strutture urbane e di territori cittadini organizzati[95]. Le tribù indigene, suddivise in *civitates*[96], vengono poste sotto il comando di *praefecti gentium*[97], che svolgono un ruolo primario nel pagamento del *tributum* e nell'eventuale reclutamento di unità ausiliarie, e/o dell'esercito. Tale assetto amministrativo è in realtà strettamente correlato alla modalità – la cosiddetta "regia diretta"[98] – con la quale viene gestita l'attività mineraria in questa particolare regione della penisola iberica; la natura alluvionale che caratterizza i depositi auriferi della regione, non coltivabili se non per mezzo di tecniche che richiedono un notevole sforzo logistico, quali la cosiddetta *ruina montium*[99], e di una numerosa manodopera[100], necessita infatti di una struttura organizzativa complessa, nel quale l'esercito viene coinvolto, oltre che nella gestione e nella sorveglianza della manodopera, nella realizzazione delle infrastrutture necessarie alla coltivazione dei depositi auriferi[101]. Gli insediamenti delle tribù indigene sconfitte vengono quindi ricollocati nel territorio in funzione delle esigenze dettate dalla coltivazione dei giacimenti[102] ed i loro abitanti, in quanto *dediticii*, sono tenuti a fornire la manodopera necessaria[103]. Secondo modalità analoghe venne verosimilmente avviato, negli ultimi anni del principato di Augusto, lo sfruttamento delle *aurariae* del settore interno della *Dalmatia*[104], anch'esse in parte di natura alluvionale e ubicate in una regione definitivamente assoggettata solo nel 9 d. C., al termine di una ribellione domata a fatica da Tiberio e Germanico[105]. Questi territori, caratterizzati dalla presenza di estesi giacimenti auriferi in oggetto vengono

[92] Florus, II, 33, 46-60; Dio, 53, 29, 1-2; 54, 5, 1-3; 11, 2-6; Oros., *Hist.*, XVI, 1-11.

[93] Florus, II, 33, 59-60. Sulle Asturie vedi anche Strabo, III, 4, 20.

[94] Per le miniere d'oro della penisola iberica nord-occidentale vedi Domergue, *Introduction a l'étude des mines d'or*, 253-286; Domergue, *Les mines de la Péninsule Ibérique*, 39-44; 279-280 ; Hirt, *Imperial Mines*, 32-38, 75-78, 186-190; Mangas, Orejas, *El trabajo*, 291-313; Orejas, "Les populations des zones minières," 245-281; Orejas, Ruiz del Árbol, Sánchez-Palencia, *La gestion intégrée de l'eau*, 209-216; Orejas, Sánchez-Palencia, "Mines, Territorial Organization," 589-595; Orejas, Sastre, "Fiscalité et organisation," 164-183; Orejas, Sastre, Zubiaurre, *Organización y regulación*, 34-43; Pitillas Salañer, "Integración del Noroeste Peninsular", 89-113; Pitillas Salañer, "Integración y promoción," 225-244; Pitillas Salañer, "Incidencia de la exploitación," 85-99; F. J. Sánchez-Palencia, "La explotación del oro en la Hispania romana: sus inicios y precedentes." In *Mineria e Metalurgia en las antigas civilizaciones mediterraneas y europeas*, I Colloquio Internacional Asociado (Madrid 1985), Edítor C. Domergue (Madrid 1989), 35-53; Santos-Yanguas, "Los indígenas y la minería romana," 219-235; Santos-Yanguas, "Ejército romano y minería," 109-122; I. Sastre, A. Beltrán, F. J. Sánchez-Palencia, "Ejército y comunidades locales en el Noroeste peninsular: formas de control y relaciones de poder en torno a la minería del oro." In *Militares y civiles en la antigua Roma. Dos mundos diferentes, dos mundos unidos*, Edítor J. J. Palao (Salamanca 2010), 117- 134; Sastre, Sánchez-Palencia, "La red hidráulica," 215-233; Sánchez-Palencia, Orejas, *Alcance e impacto*, 261-272; Sastre, *Las zonas mineras auríferas*, 255-260.

[95] Front, *De agr. qualitat.*, 7-9 ; Plin., *N. H.*, III, 28. Orejas, "Les populations des zones minières, " 245-281; Orejas, Sastre, "Fiscalité et organisation," 164-183; Orejas, Sánchez-Palencia, "Mines, Territorial Organization," 589-595.

[96] Altro elemento di tale assetto amministrativo sono i *conventus*, all'interno dei quali troviamo raggruppate più *civitates* (ad es., nel caso della penisola iberica Nord-occidentale, i *conventus Bracaraugustanus*, *Lucensis*, *Asturicus*).

[97] Per un *praefectus Asturiae* di età augustea vedi CIL II, 4616 = ILS 6948.

[98] Domergue, *Les mines de la Péninsule Ibérique*, 279-308, 321-385, 463-494. Su tale problematica vedi anche Andreau, "Recherches récentes," 99-107; Orejas, "Les populations des zones minières, " 245-281; Orejas, Sastre, "Fiscalité et organisation," 159-188; Mangas, Orejas, *El trabajo*, 207-313; Orejas, Sánchez-Palencia, "Mines, Territorial Organization," 589-595 e, da ultimo, Orejas, Sastre, Zubiaurre, *Organización y regulación*, 34-35. Tale sistema differisce dalla cosiddetta "regia indiretta" nella scelta di non sfruttare i giacimenti per mezzo di concessioni a *coloni* e per la conseguente esclusione dall'attività mineraria di questi ultimi (siano essi singoli imprenditori o *societates*) e dei *conductores* coinvolti nella riscossione dei relativi *vectigalia*.

[99] Plin., *N. H.*, 33, 66-70. Vedi anche Domergue, *Les mines de la Péninsule Ibérique*, 346-251; Orejas, Sánchez-Palencia, "Mines, Territorial Organization," 589-595, con relativa bibliografia.

[100] Mangas, Orejas, *El trabajo*, 292-293 e fig. 19.

[101] Per l'impiego dell'esercito in relazione alle miniere d'oro della penisola iberica vedi, in generale, Pitillas Salañer, "Integración y promoción," 225-244; Santos-Yanguas, "Ejército romano y minería," 109-122.

[102] La creazione dell'assetto amministrativo e territoriale descritto richiese certamente notevole tempo; non è probabilmente casuale che le prime fasi di occupazione del villaggio di minatori de La Corona de Quintanilla (Val Duerna) si datino al 15-20 d. C., circa 30 anni circa dopo la conquista militare della regione (Mangas, Orejas, *El trabajo*, 293, 302).

[103] Per una definizione della condizione di *dediticii* vedi Gaius, *Inst.*, I, 14. Significativa della politica messa in atto da Roma – fatta di benefici per chi si dimostrava fedele e di imposizioni fiscali e/o di altra natura per chi non si fosse sottomesso – è la testimonanza offerta dal testo della *tessera Paemeiobrigensis* (Alföldy, *Das neue Edikt*, 17), con la quale Augusto, nel 15 a. C., esenta dai *tributa* dovuti gli abitanti del *castellum* di *Pameiobriga*, rimasti fedeli nel corso delle guerre cantabriche; è verosimile che l'*immunitas perpetua* ad essi garantita contemplasse anche l'esenzione l'esenzione dal lavoro nei giacimenti auriferi delle Asturie.

[104] *Florus*, II, 25, 12: *...sed Augustus perdomandos Vibio mandat, qui efferum genus fodere terras coegit aurumque repurgare; quod alioquin gens omnium cupidissima eo studio, ea diligentia anquirit, ut illud in usus eruere videantur.* Il *Vibius* menzionato nel testo di Velleio è *Gaius Vibius Postumus*, comandante, con il titolo di *praepositus Dalmatiae*, di una parte dell'esercito che, agli ordini di Tiberio, porta a termine la repressione della rivolta che, tra il 6 ed il 9 d. C., interessa l'area della Pannonia e della Dalmazia (PIR V, 392; Vell. Pat., II, 116, 2-3; Dio, 55, 15, 3; CIL IX, 730).

[105] Sui giacimenti auriferi della *Dalmatia*, localizzati nel settore centrale della Bosnia-Erzegovina, in prossimità dei moderni centri di Gornji Vakuf e Mračaj, nelle valli dei fiumi Urbas e Bosna e degli affluenti di quest'ultimo Lašva e Fojnica, vedi Davies, *Roman Mines*, 186-189; Dušanić, *Aspects of roman mining*, 54, fig. 2; 66-68, con bibliografia precedente M. Zaninović, "The Economy of Roman Dalmatia." In *Aufstieg und Niedergang des romisches Welt*, II, 6, Herausgegeben W. Haase (Berlin 1977), 797; R. Zotović, *The population and the economy of the eastern part of the roman province of* Dalmatia, Oxford 2002, 64; S. Dušanić, "Roman mining in *Illyricum*: historical aspects." In *Dall'Adriatico al Danubio. L'Illirico nell'età greca e romana. Atti del Convegno Internazionale (Cividale del Friuli, 25-27 settembre 2003)*, a cura di G. Urso (Pisa 2004), 253-255; A. Škegro ("The economy of

Figura 60. Lingotto di Fluminimaggiore (da Rothenhöfer, *Römische Bleigewinnung*, 71).

comunemente attribuiti all'*ager publicus* o comunque definiti come *metalla publica*[106], citando, a sostegno di tale ipotesi, la testimonianza di Strabone secondo la quale le miniere della penisola iberica δημοσιεύεται τὰ πλέιω[107]; in questo caso si potrebber essere di fronte al modello proposto da Hirt, secondo il quale miniere ubicate all'interno dell'*ager publicus*, comunque non incluse nel *patrimonium*, vennero a cadere – e, in questo caso particolare, questo appare scontato, essendo la *Tarraconensis* una *provincia Caesaris* – sotto il controllo del *fiscus*[108].

Nelle province già esistenti in età repubblicana e passate sotto il controllo dell'amministrazione del *princeps* nel 27 a. C., in seguito alla distinzione delle province tra il *princeps* e quelle il *populus Romanus*[109], o successivamente, i beni appartenenti all'*ager publicus* ubicati nelle seconde sarebbero passati col tempo a far parte del *patrimonium Caesaris*, secondo una tendenza che si accentuerà progressivamente con i successori di Augusto[110]. È questo il caso della Sardegna, entrata nel novero delle *provinciae Caesaris* nel 6 d. C. [111]; un lingotto di piombo recante il bollo *Caesaris Aug(usti)* (Fig. 60), rinvenuto nell'800 all'ingresso della miniera di Fluminimaggiore, nell'Iglesiente[112], costituisce un'attestazione del coinvolgimento del *fiscus*, fin dall'età augustea, nello sfruttamento dei giacimenti di minerale d'argento del settore Sud-occidentale della Sardegna, verosimilmente già compresi nell'*ager publicus* in età repubblicana[113].

Nelle province non di competenza del *princeps* le miniere continuarono ad afferire all'*ager publicus*, mentre si perpetuano, in età augustea e ancora fino alla tarda età giulio-claudia, i modelli amministrativi già esistenti in età repubblicana; come rivela un passo di Plinio[114], ancora in età neroniana, due miniere della *Baetica* – i *metalla Samariense* e *Antonianum* – risultano sfruttate secondo il sistema della *locatio-conductio*, che prevede l'affidamento dei giacimenti a *societates* di *publicani*, responsabili della riscossione di un *vectigal*[115].

Roman *Dalmatia*." In Dalmatia. *Research in the Roman Province, 1970-2001. Papers in honour of J. J. Wilkes*, edited by D. Davison, V. Gaffney, E. Marin, BAR Int. Ser. 1576 (Oxford 2006), 149; Hirt, *Imperial Mines and Quarries*, 73-74.

[106] Hirt, *Roman Imperial Mines and Quarries*, 82-106; Orejas, Sastre, Zubiaurre, *Organización y regulación*, 34-35; Sastre. Sánchez-Palencia, *La red hidráulica*, 215-233.

[107] Strabo, III, 2, 10. Su tale problematica vedi anche Mangas, Orejas, *El trabajo en las minas*, 295, dove le miniere sono esplicitamente attribuite all'*ager publicus*. Sulla pertinenza delle miniere, delle saline e delle cave al *patrimonium* imperiale vedi invece Lo Cascio, *Il* princeps, 119-120.

[108] Resta da spiegare, a nostro parere, per quale motivo, a differenza di quanto attestato dai lingotti serbi per le province danubiane, si sia proceduto, all'interno di un territorio anch'esso di nuova conquista – e quindi posto sotto il diretto controllo del *princeps* – alla creazione di estensioni di *ager publicus*, distinte dal *patrimonium* e contestualmente poste sotto il controllo del *fiscus* del *princeps*. Non risolutivo, a questo proposito è il passo delle Silvae di Stazio (*Silvae*, III, 3, 85-98), nel quale si sottolinea solo l'afferenza delle miniere alla gestione del fisco imperiale.

[109] Dio, 53, 13-15.

[110] Su tale processo vedi, in generale, Lo Cascio, *Il* princeps, 61, 111-120.

[111] Dio, 55, 28, 1; Strabo, V, 2, 7; ILS 105 = Eph. ep. VIII, 742; *Notizie degli scavi di antichità*, 1883, 429; P. Meloni, *L'amministrazione della Sardegna da Augusto all'invasione vandala*, Roma 1958, 13-14.

[112] CIL X, 8073, 1; Besnier 1921, "Le commerce," 113; Davies, *Roman Mines*, 70; Binaghi, *La metallurgia in età romana*, 39-53, pp. 46; Meloni, *La Sardegna*, 157-161; Le Bohec, "Notes sur les mines," 255-264. Davies (Davies, *Roman Mines*, 70 e nota 6) riteneva che il lingotto, così come quelli di Porto Pistis e di Carcinadas, appartenesse all'imperatore Adriano e per questo motivo ipotizzava che lo sfruttamento delle miniere sarde fosse iniziato solo con questo imperatore. La *massa plumbea* ha un peso di 35,6 kg, corrispondenti a 108,7 libbre romane; la base inferiore misura 42x11 cm mentre l'altezza raggiunge i 9 cm. Il corredo epigrafico del lingotto è costituito anche da due numerali graffiti sui lati lunghi: *CCCCXXXI*, da identificare con l'indicazione ponderale, e *CVII*, di funzione ignota.

[113] Attestano la pertinenza al *patrimonium fisci* delle miniere dell'isola un lingotto di piombo recente il bollo di Adriano (*Imp(eratoris) Caes(aris) Hadr(iani) Aug(usti)*) rinvenuto isolato presso la località di Carcinadas, non lontano da Fluminimaggiore, nel 1892 (CIL X, 8073,2), il carico di 8 lingotti di piombo – anch'essi recanti il bollo di Adriano (*Imp(eratoris) Caes(aris) Hadr(iani) Aug(usti)*) - del relitto di Porto Pistis, ubicato pochi km a nord di Sulcis (Zucca, *Le* massae plumbeae, 797-799) e il testo di un'epigrafe rinvenuta nel 1996 negli scavi del santuaro delle ninfe di *Forum Traiani*,[113] nel quale viene menzionato *Servatus, Aug(ustorum) lib(ertus)* che riveste l'incarico di *proc(urator) metallorum et praediorum* (AE 1998, 671=AE 2001, 1112, datata al 211-212 d. C.; vedi anche C. Bruun, "*Adlectus amicus consiliaris* and a freedman *proc. metallorum et praediorum*," *Phoenix* 55, nn. 3-4 (2001): 343-368).

[114] Plin. *N.H.* 34, 49, 165.

[115] Su tale problematica vedi J. S. Richardson, "The spanish mines and the development of provincial taxation in the second century B. C.," *Journal of Roman Studies* 66 (1976), 139-152; Cimma, *Ricerche*, 22-31; Domergue, *Les mines de la Péninsule Ibérique*, 229-237, 241-252; C. Domergue, "Les premiéres entreprises de Rome dans les mines de l'Occident méditerranéen." In *Ancient Mining and Metallurgy in Southern Europe. International Symposium (Donji Milanovic, may 20-25, 1990)*, edited by B. Javanovic (Bor-Belgrade 1995), 227-236; A. Mateo, Manceps, redemptor, publicanus. *Contribución al estudio de los contratistas públicos en Roma*, Santander 1999, 127-146; T. Ñaco Del Hoyo, Vectigal incertum. *Economía de guerra y fiscalidad republicana en el occidente romano: su impacto histórico en el territorio*, B.A.R. Int. Ser. 1158, Oxford 2003, 118-123 (con ampia bibliografia); Rico, "Sociétés et entrepreneurs," 404-407; A. Mateo, "Nuevas reflexiones sobre el régimen jurídico minero romano." In *Minería y metalurgia antiguas. Visiones y revisiones.* Editores A. Orejas, C. Rico (Madrid

Già nel corso del principato augusteo, tuttavia, si hanno casi di miniere poste all'interno di province attribuite al *populus* poste, con modalità in larga parte non chiare, sotto il controllo del *princeps*. In questo senso, infatti, sembra di poter intendere un passo di Flavio Giuseppe[116], che ci informa di un accordo intercorso, attorno al 12 a. C., tra lo stesso Augusto ed Erode relativamente alla spartizione degli introiti (πρόσοδοι) delle ricche *aerariae* di Cipro, miniere che, quindi, sarebbero rimaste soggette al *princeps* anche dopo la cessione della provincia al *populus Romanus* nel 23 a. C.[117].

Potrebbero essere cadute sotto il controllo del *fiscus* già in età augustea una serie di aree minerarie, ricche in particolare di rame, ubicate all'interno di una vasta fascia di territorio – la cosiddetta "fascia piritica" – che si estendeva tra la *provincia Caesaris* della Lusitania e la *provincia populi Romani* della *Baetica*[118]; lo sfruttamento minerario di tale regione, già avviato in età preromana e nel corso della tarda età repubblicana, vive una nuova fase di sviluppo a partire dagli anni di passaggio tra il I sec a. C. e il I sec. d. C. e, con ancora maggiore intensità, nel corso della prima età giulio-claudia. Le indagini archeologiche più recenti rivelano un quadro complesso, nel quale si assista alla progressiva formazione di vasti *saltus*, all'interno dei quali vengono a trovarsi le miniere, spesso difese da strutture fortificate e pochi insediamenti di grandi dimensioni – quali Riotinto e Tharsis in *Baetica* (Fig. 69, nn. 8-9) e Vipasca e forse Caveira in Lusitania[119] – che fungono da centri amministrativi dei *metalla* stessi. La pertinenza di tali *saltus* al *fiscus Caesaris*, forse definita già in età augustea, appare tuttavia certa in età giulio-claudia, fase alla quale si datano edifici dedicati al culto della famiglia imperiale, quali quelli di Tharsis, dal quale proviene un busto di Gaio, e di Rio Tinto, con un gruppo di sculture del quale facevano parte certamente statue di Claudio e Livia[120].

Il quadro che è possibile delineare (cfr. Fig. 61) è, come si vede, complesso; molti dei fenomeni – come l'intromissione del *princeps* nella gestione amministrativa di settori più o meno ampi di *ager publicus* all'interno di province di competenza del *populus Romanus* – che in modo sempre più accentuato caratterizzarono l'assetto amministrativo e finanziario dell'impero, videro in realtà il loro inizio proprio nell'ambito dei profondi mutamenti avvenuti nel corso dell'età augustea. I *metalla*, analogamente a quello di altri tipi di beni immobili (*praedia*, *saltus*, miniere, cave), non fanno in questo eccezione; Augusto fu capace di stabilire il proprio controllo su numerosi *metalla*, acquisendone la proprietà e/o il controllo per mezzo di conquista di nuove province e/o con l'espansione di quelle già esistenti o con il passaggio diretto – processo graduale ma verosimilmente iniziato già nel corso del suo principato – dell'*ager publicus* al *patrimonium* ed esercitando, per mezzo del fisco, la gestione di miniere pertinenti all'*ager publicus* ubicate nelle *provinciae Caesaris* e in alcuni casi forse anche nelle *provinciae* del *populus*[121]. Più difficile è stabilire se già nel corso del principato di Augusto alcuni *metalla* siano stati acquisiti per mezzo di confisca e di passaggi di eredità, come è noto per i suoi successori già a partire dal principato di Tiberio[122].

2012), 245-254; Orejas, Sastre, Zubiaurre, *Organización y regulación*, 33.

[116] Joseph., *Antiquitates Iudaicae* XVI, 127-129: Ἐν δὲ ταῖς ὑστέραις ἡμέραις Ηρώδης μὲν ἐδωρεῖτο Καίσαρα τριακοσίοις ταλάντοις, θέας τε καὶ διανομὰς ποιούμενον τῷ Ῥωμαίων δήμῳ, Καῖσαρ δὲ αὐτῷ τοῦ μετάλλου τοῦ Κουπρίων χαλκοῦ τὴν ἡμίσειαν πρόσοδον καὶ τῆς ἡμισείας ἐπιμέλειαν ἔδωκεν. Καὶ τἆλλα ξενίαις καὶ καταγωγαῖς ἐτίμησε.

[117] Dio, 53, 12, 7. Nel corso del II sec. d. C. le miniere risultano poste sotto il controllo di procuratori imperiale (vedi Galen. *De antidotis*, XIV, 7, ed. Kühn; *De simplicium medicamentorum temperamentis ac facultatibus*, XII, 214, 220, 226-27, 234, relativi a successive visite dell'isola, compiute da Galeno tra il 166 e il 168 d. C.). Per le fonti della prima età imperiale relative al rame cipriota vedi Ovidio, *Metam.*, X, 220-223; Plin., *N. H.*, XXXIV, 2; Stat., *Achill.*, I, 413; *Silv.*, I, 5; 42.

[118] Su tale ricostruzione vedi, in particolare, J. A. Pérez, A. Delgado, "Los *metalla* de Riotinto en época julio-Caludia." In *Las minas de Riotinto en época julio-claudia*, J. A. Pérez, A. Delgado editores (Huelva 2007), 37-185; Orejas, Sastre, Zubiaurre, *Organización y regulación*, 34-35; A. Pérez Macías, A. Delgado Domínguez, "Paisaje y territorio de Riotinto en época romana." In *Paisajes mineros antiguos en la Península Ibérica Investigaciones recientes y nuevas líneas de trabajo. Homenaje a Claude Domergue*, Editores M. Zarzalejos Prieto, P. Hevia Gómez, L. Mansilla Plaza (Madrid 2012), 65 e, da ultimo, Pérez Macías, Delgado Domínguez, "La minería romana," 239, 252: *La solución parece que no dio lugar a tanteos en los sistemas de administración, y la mayor parte de este territorio paso a manos del fiscus, aunque se encontrara en gran medida en una provincia cuya administración correspondía al Senado.* Sull'attività mineraria nella regione di Rio Tinto vedi anche G. Chic, "La zona minera del sudoeste de Hispania en época julio-claudia." In *Las minas de Riotinto en la época Julio-Claudia*, Editato por J. A. Pérez-Macías, A. Delgado (Huelva 2007), 9-34; G. Chic, "Al César lo que es del César. La producción de metales en Ríotinto en época romana." In *Río Tinto. Historia, Patrimonio Minero y Turismo Cultural*, Editado por J. A. Pérez Macías, A. Delgado, J. M. Pérez López, F. J. García Delgado (Huelva 2011), 95-112; C. Domergue, "Les mines romaines du Sud-Ouest de la Péninsule Ibérique." In *Río Tinto. Historia, Patrimonio Minero y Turismo Cultural*, Editato por J. A. Pérez Macías, A. Delgado, J. M. Pérez López, F. J. García Delgado (Huelva 2011), 27-45.

[119] Le indagini archeologiche condotte presso *Vipasca*/Aljustrel hanno permesso di individuare livelli di frequentazione preromani e romani – questi ultimi databili a partire dall'inizio del sec. d. C. (Mangas, Orejas, *El trabajo*, 287-288), mentre sequenze stratigrafiche di età augustea risultano attestate presso le miniere di Brancanes e di Serra de Caveira (Edmonson, *Two Industries*, 40-41). Sulle risorse minerarie della *Lusitania* vedi Strabo, III, 2, 3; 2, 9; 3, 5; Plin., *N. H.* XXXIII, 21, 49, 78; XXXIV, 47; 33, relativamente a oro, argento, rame e stagno.

[120] Orejas, Sastre, Zubiaurre, *Organización y regulación*, 35 (con relativa bibliografia); Pérez Macías, Delgado Domínguez, *Paisaje y territorio*, 65 (con bibliografia).

[121] Lo Cascio, *Il* princeps, 17-19; 50-57; Maiuro, Res Caesaris, 19-21.

[122] Su tali prassi vedi, in generale, Maiuro, Res Caesaris, 81-88. Vedi il caso delle miniere di rame di Sallustio Crispo, verosimilmente lasciate da quest'ultimo in eredità a Tiberio (Tac., *Ann.*, 3, 30; Plin., *N. H.*, XXXIV, 2). Esemplare, in relazione alle confische, è il caso di *Sextus Marius*, amico personale di Tiberio e, secondo Tacito, *Hispaniarum ditissimus*, che nel 33 d. C. viene fatto giustiziare dallo stesso Tiberio in seguito all'accusa di incesto con la figlia (Tac., *Ann.*, VI, 19, 1: *Post quos Sex. Marius Hispaniarum ditissimus defertur incestasse filiam et saxo Tarpeio deicitur, ac ne dubium haberetur magnitudinem pecuniae malo vertisse, aurarias* <*argentarias*>*que eius, quanquam publicarentur, sibimet Tiberius seposuit*….); sempre secondo lo stesso Tacito, furono proprio le ricche miniere d'oro e di argento che *Marius* possedeva a costituire la causa prima e reale del processo cui egli fu sottoposto e che si concluse con l'avocazione al *patrimonium* del *princeps* proprio dei *metalla*. Questi ultimi, sarebbero stati ubicati in parte nella provincia della *Baetica*, in particolare nel settore mediano

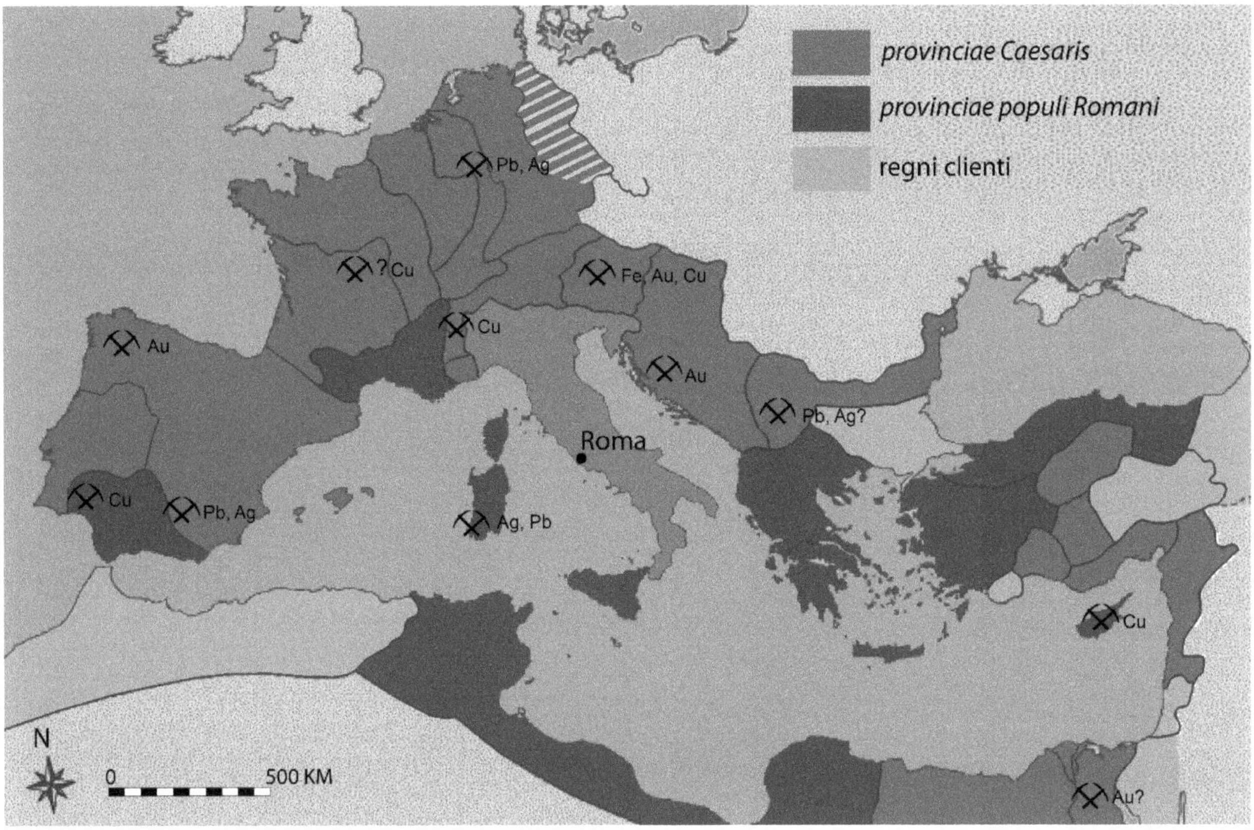

Figura 61. Carta dei distretti minerari posti sotto il controllo di Augusto.

Vale ancora la pena sottolineare, al termine di questa parte, il ruolo centrale che il *fiscus* del *princeps* riveste nella gestione delle risorse minerarie; tale ruolo, in particolare per quanto riguarda l'amministrazione finanziaria degli introiti in denaro e/o in metallo grezzo delle miniere, appare decisamente più determinante di quello – maggiormente legato ad aspetti di carattere logistico, tecnico e di controllo – rivestito dall'esercito. Di fondamentale importanza appare, in particolare, il fatto che il fisco sia, già con Augusto, lo strumento per mezzo del quale il *princeps* controlla le finanze dell'impero, secondo modalità che in parte non possono essere rigidamente inquadrate all'interno di schemi preordinati. Il passo di Cassio Dione relativo alla difficoltà di distinguere da quali θησαυροί provenissero i fondi impiegati dal *princeps*[123] trova adesso riscontro, oltre che in altre fonti scritte, quali il già citato passo di Ulpiano sui *vectigalia* soggetti al *fiscus*, anche nei risultati di uno studio degli isotopi del piombo e del rame condotto dall'Università di Francoforte su un campione di 251 nominali bronzei (assi e quadranti) appartenenti alla collezione del Museo Nazionale Romano[124]. Il fatto che, tra il 16 a. C. e il 14 d. C., il rame impiegato dalla zecca di Roma per le emissioni di assi e quadranti provenisse in larga parte dalle miniere della Sardegna, posta fino al 6 d. C. sotto il controllo delll'amministrazione del *populus Romanus*, costituisce una ulteriore prova dell'esistenza di prassi amministrative che non seguivano rigidamente la macrodivisione delle finanze dell'impero tra il *princeps* e il *populus*.

3.2. *Augusti Caesaris Germanicum (plumbum)*. Il piombo dell'imperatore

Alla luce di quanto osservato nei paragrafi precedenti, la riflessione di Mecenate sulla necessità di una attenta

dell'attuale Sierra Morena, e in parte nella *Tarraconensis*, presso *Carthago Nova*. Per la localizzazione delle miniere di rame di proprietà di *S. Marius* nella regione di Cordoba cfr. CIL II, 1179 (da Cordoba: *T(ito) Flavio Aug(usti) / lib(erto) Polychryso / proc(uratori) montis / Mariani praes/tantissimo / confectores aeris*) e Plin., *N. H.*, XXXIV, 2, 4: *(aes) Summa gloriae nunc in Marianum conversa, quod et Cordubense dicitur*. Con questo stesso personaggio sono stati inoltre messi in relazione alcuni lingotti di ferro del relitto *Saintes-Maries-de-la-Mer 3* (primo quarto del I sec. d. C.) recanti il bollo *Mari* (Long, Rico, Domergue, *Les épaves antiques de Camargue*, 169) e l'iscrizione *S(exti) Mari*, impressa su un elemento in legno pertinente ad una struttura di sostegno di una galleria della miniera de La Fortuna, nel distretto minerario di Mazarrón (P. Gianfrotta, "I relitti de la Camargue e *Sextus Marius Hispaniarum ditissimus* (Tac., *Ann.*, VI, 19, 1)," *Rivista di studi liguri* LXX (2004): 161-176).

123 Dio, 53, 22, 3-4: αἱ δ'ἄλλαι ὕστερον, εἴτ'οὖν πρὸς τοῦ δημοσίου, ἐπειδὴ μηδεὶς τῶν βουλευτῶν ἡδέως ἀνήλισεν, εἴτε καὶ πρὸς τοῦ Αὐγούστου τις εἰπεν, ἐθέλει, ἐπεσκευάσθησαν. οὐ γὰρ δύναμαι διακρῖναι τοὺς θησαυροὺς αὐτῶν, οὐδ'εἰ τὰ μάλιστα ὁ Αὐγούστος καὶ ἀνδριάντας τινὰς ἑαυτοῦ ἀργυροῦς, πρὸς τε τῶν φίλον καὶ πρὸς δήμων τινῶν γεγονότας, ἐς νόμισμα κατέκοψε τοῦ δὴ καὶ οἴκοθεν πάνθ'ὅσα γε καὶ ἔλεγε δαπανᾶν δοκεῖν. Su tale passo vedi anche Lo Cascio, *Il princeps*, 50-52.

124 S. Klein, Y. Lahaye, G. P. Brey, H.-M. Von Kaenel, "The early roman imperial aes coinage II: tracing the copper sources by analysis of lead and copper isotopes. Copper coins of Augustus and Tiberius," *Archaeometry*, 3, no. 3 (2004): 469-480; S. Klein, H.-M. Von Kaenel, "The early roman imperial coinage: metal analysis and numismatic studies," *Schweizerische Numismatische Rundschau* 79 (2000): 53-106.

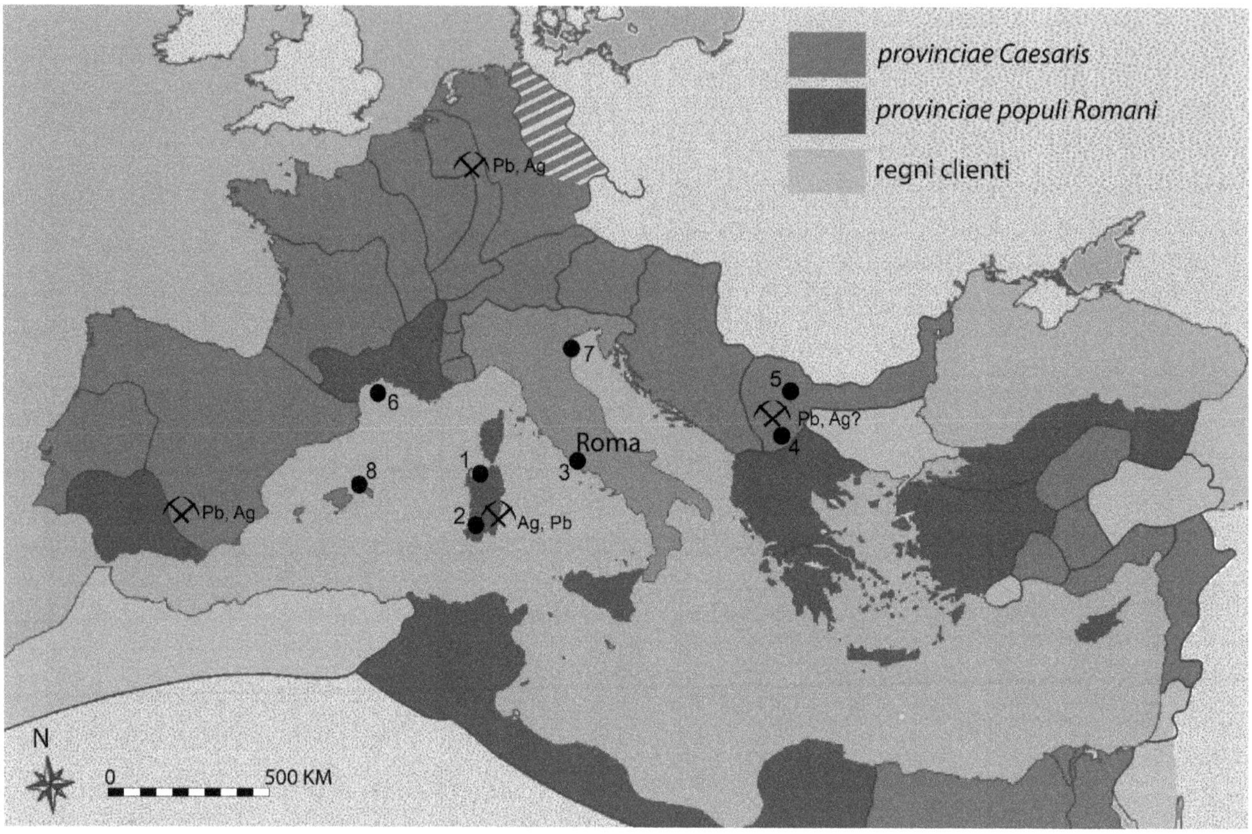

Figura 62. Carta dei distretti minerari attivi nella produzione di piombo posti sotto il controllo dell'amministrazione del *princeps* in età augustea. In evidenza i carichi e i lingotti di piombo isolati recanti bolli e/o contromarche riconducibili ad Augusto (1. Relitto di Rena Maiore; 2. Lingotto di Fluminimaggiore; 3. Lingotto di Roma; 4. Lingotto di Zûc; 5. Lingotto di Jasenovik; 6. Relitto di *Saintes-Maries-de-la-Mer 1*) e ad Agrippa (7. Relitto di Valle Ponti; 8. Lingotto di Minorca).

gestione delle risorse minerarie (μεταλλείας) riportata da Cassio Dione[125] risulta particolarmente significativa dell'attenzione dedicata da Augusto e dal suo *entourage* a questo particolare aspetto della gestione dell'impero. L'attività mineraria avviata nella *provincia* di Germania è relativa a giacimenti che, in particolare nell'area dell'Eifel, risultano caratterizzati dalla presenza di metalli di tipo diverso; la documentazione fornita dai numerosi lingotti di piombo attribuibili a queste miniere – in particolare il loro articolato apparato epigrafico – ci permettono di apprezzare in modo più compiuto le dinamiche relativi all'estrazione di questo metallo[126], che, in questo modo, può costituire un significativo *case study* da confrontare con il passo dioneo.

L'importanza di questo metallo, ampiamente attestata dalle fonti[127], può essere pienamente apprezzata a partire dagli sforzi con i quali il regime augusteo cercò di garantirsene approvvigionamenti sicuri (cfr. Fig. 62); le minere germaniche, come abbiamo visto, potrebbero aver iniziato la loro produzione negli anni successivi al trionfo di Tiberio nel 7 a. C.[128], quando, con l'istituzione della *Germania provincia*, trova piena giustificazione l'uso dell'espressione *Germanicum (plumbum)* nei bolli dei lingotti che vi venivano prodotti. È solo nel corso della tarda età augustea (6 d. C.) che il *fiscus Caesaris* acquisce il controllo delle miniere sarde dell'Iglesiente, certamente di notevole rilevanza anche per la loro vicinanza a Roma, e che possiamo ipotizzare, sulla base dell'evidenza fornita dai lingotti di Zŭc e Jasenovik, l'avvio di una attività mineraria relativa al minerale di piombo e/o argento anche in area danubiana[129].

È proprio la consistente produzione di lingotti recanti bolli di Augusto a porre in evidenza l'interesse da parte dell'amministrazione del *princeps* per l'acquisizione di questo metallo. Centrale, in questo quadro, fu certamente la creazione delle *cura aquarum*. Alla morte di Agrippa nel 12 a. C. seguirono, già nel corso dell'11 a. C., una serie di provvedimenti che portarono alla nascita di questa nuova curatela, voluta da Augusto allo scopo di riorganizzare un settore importante per il consenso verso il nuovo regime e gestito di fatto, fino all'anno della sua morte, da Agrippa[130]. La *familia*

[125] Dio, 52, 28, 4-5.
[126] Nelle miniere della Germania, peraltro, la sola area nella quale l'argento è presente in lega col piombo in quantità apprezzabile per la tecnologia di età romana è quella del Bergisches Land (Cap. 2.3.2).
[127] Sugli usi del piombo in età romana vedi, a titolo esemplificativo, la testimonianza di Plinio (*N.H.*, XXXIV, 164-171); sull'utilizzo di questo metallo vedi anche Meier S. W., *Blei in der Antike*; H.G. Brown, *A study of Lead Ingot Cargoes from Ancient Mediterranean Schipwrecks*, Texas A&M University, 2011 (url: http://*repository.tamu.edu/bitstream/handle/1969.1/.../BROWN-THESIS.pdf*), 19-56, 82-87.
[128] Vell. Pat., II, 97; Dio, 55, 6, 6; 8, 1.
[129] Genovesi, "L'attività mineraria romana in Moesia," 67-97.
[130] Front., *De aq*., 100-101.

impiegata da quest'ultimo nelle attività connesse alla rete idrica diventa *publica* per volere di Augusto, una volta che questi ne diviene il proprietario per averla ereditata dal genero[131]; da questo momento in poi il legame tra la *cura aquarum* e l'amministrazione finanziaria del *princeps*, come attesta Frontino per la prima età antonina, appare più solidamente strutturato, con la *Caesaris familia* preposta alla manutezione della rete idrica che *ex fisco accipit commoda*[132]. Significativo, a questo proposito, è il rivenimento, effettuato a Roma nei pressi del Tevere nel 1880, di un lingotto di piombo recante il bollo *Caesaris Aug(usti)*[133], attualmente perduto; la pertinenza allo stesso contesto di più frammenti di *fistulae aquariae*, anch'essi successivamente andati perduti, ci consente di mettere in evidenza, al di là delle scarse notizie relative al ritrovamento, il possibile legame tra l'arrivo di lingotti di piombo di proprietà del fisco e la manutenzione della rete idrica della città.

In Germania, come in altri settori dell'impero, l'attività mineraria condotta dall'amministrazione del *princeps* fu peraltro in larga parte funzionale alle necessità degli eserciti che in queste stesse regioni erano stanziati; limitatamente alla Germania, è possibile ricordare, oltre alla comune presenza di manufatti in piombo nei siti occupati dall'esercito, il lingotto di Haltern recante il graffito della *XIX legio*[134] e il coinvolgimento, in età giulio-claudia, della *legio XVI* nello sfruttamento delle miniere dell'Eifel[135].

Per quanto risulti difficile stabilire con certezza se tutti questi singoli avvenimenti facciano parte di un piano preordinato, elaborato da Augusto e dal suo *entourage*, è tuttavia possibile osservare come nel corso di un arco cronologico relativamente ridotto all'istituzione della *cura aquarum* abbia fatto contestualmente riscontro l'acquisizione, da parte del *fiscus Caesaris*, del controllo di alcune aree minerarie in grado di garantire le relative risorse in termini di metallo[136]. In Germania sono già attivi, nel penultimo decennio del I sec. a. C., i giacimenti dell'Eifel, mentre di poco più tardo è l'avvio dello sfruttamento delle miniere poste ad Est del Reno; tra il 10 ed il 2 a. C. viene inoltre acquisita alla *provincia Caesaris* della *Hispania Tarraconensis* la regione mineraria del *saltus Castulonensis*, ubicata nel settore orientale della Sierra Morena.

3.2.1. Il piombo "germanico". Aspetti della formazione e della gestione del patrimonio del *princeps* nella provincia di *Germania*

L'avvio dello sfruttamento dei *metalla Germanica*, iniziato nell'ultimo ventennio del I sec. a. C., può essere contestualizzato in un quadro nel quale la conquista di nuovi territori veniva seguita, in tempi molto brevi, da campagne di prospezione[137] e dall'inizio dell'attività mineraria vera e propria, secondo un modello che mirava ad un efficace coltivazione di tutte le risorse economiche esistenti e che non appare eccessivo definire "imperialistico". Significativo di tale modello è il caso, di qualche decennio successivo, delle *argentariae* delle Mendip Hills in Britannia, il cui sfruttamento risulta avviato almeno dal 49 d. C., a soli 7 anni dall'invasione dell'isola da parte di Roma[138].

La nascita della provincia dovette vedere, in tempi decisamente brevi, la costituzione di un insieme articolato di proprietà (*praedia*, *saltus*, miniere) sottratte principalmente ai territori abitati dalle tribù sconfitte e/o da quelle risultate più irriducibili e destinato a rimanere contestualmente distinto dai territori delle *civitates* definiti all'interno della provincia[139]. L'attestazione di tale azione amministrativa in Germania è nota ad Ovest del Reno, dove l'esistenza di *civitates Germaniae* è ricordata nella *Tabula Siarensis* (*Gallis Germanisque qui citra Rhenum incolerent quorum civitates iussae essent ab divo Augusto rem divinam ad tumulum Drusi facere*[140]), e ad Est del fiume, dove può essere identificato con una *civitas* l'insediamento di Waldgirmes[141].

All'interno di territori provinciali acquisiti per conquista, quali la Germania, dove non si ha la presenza di *ager publicus* costituito in età repubblicana e/o di territori

---

131 Front., *De aq.*, 116-117. Tale *familia publica* sarà unita ad una *familia Caesaris* da Claudio in occasione della costruzione dell'*aqua Claudia* e della riorganizzazione della *cura aquarum*.

132 Front., *De aq.*, 118, 4.

133 Besnier 1921, "Le commerce," 113; CIL XV, 7914. Sul lingotto comparivano inoltre due numerali graffiti, uno dei quali (*CCCXXXI*) verosimilmente da identificare con l'indicazione ponderale, e l'altro (*XCVIII*) di funzione ignota.

134 von Schnurbein, "Ein Bleibarren," 132-136; sull'origine locale del metallo vedi Bode, Hauptmann, Metzger, *Rekonstruktion frühkaiserzeitlicher Bleiproduktion in Germanien*, 114; Bode, Rothenhöfer, Hanel, Hauptmann, Metzger, Eck, "Roman lead ingots in Europe," fig. 8a-b; Bode, Hauptmann, Metzger, "Tracing Roman lead sources," tab. 1, D-137/21.

135 Vedi Cap. 2.3.1. Si ricordino, in proposito, i lingotti recanti bolli della *legio II Augusta* (RIB, 39, n. 2404.2; 49-50, nn. 2404.24-25; si veda, a titolo esemplificativo RIB, 39, n. 2404.2: *Britannic[u]m) (plumbum) Aug(ustae) le(gionis) II*) verosimilmente prodotti presso i *metalla* delle Mendip Hills sotto il controllo del personale della legione.

136 È tuttavia importante ricordare (su questo vedi anche Cap. 3.2.2) che una parte di lingotti di proprietà del fisco imperiale poteva essere venduta sul mercato, a livello locale e interprovinciale.

137 Condotte verosimilmente secondo modalità analoghe a quella condotta, per mezzo dell'esercito, da Curzio Rufo nell'*ager Mattiacus* nel 47 d. C. (Tac., *Ann.*, XI, 20).

138 Cfr. CIL VII, 1201= RIB, 38-9, n. 1, relativo ad un lingotto di piombo recante il bollo *Ti(berius) Claud(ius) Caesar Aug(ustus) p(ontifex) m(aximus) tr(ibunicia) p(otestate) VIIII imp(erator) XVI de Britan(nicis metallis))*.

139 Processi analoghi sono ampiamente attestati anche nelle regioni minerarie della penisola iberica, per la quale vedi, a titolo esemplificativo, Orejas, Sastre, Zublaurre, *Organización y regulación*, 33-35; J. A. Pérez Macías, "*«*Metalla*» y «*territoria*» en el Oeste de la «*Baetica*»*," *Habis* 33 (2002): 407-431; Orejas, Sastre, Zublaurre, *Organización y regulación*, 33-35; Orejas A., Rico C., "*Metalla, civitates, coloniae:* les mines hispaniques dans les processus de changement des statuts territoriaux à la fin de la République et au début de l'Empire." In *Expropriations et confiscations en Italie et dans les provinces: la colonisation sous la République et l'Empire*, édité par A. Bertrand (eds.), *Mélanges de l'École française de Rome - Antiquité* [En ligne], 127-2 | 2015.

140 *Tab. Siar.*, I, 29-31 (C.I.L. VI, 31199a 2-17).

141 Vedi su questo Cap.2.1.2.

regi[142], i beni immobili acquisiti dal *princeps* furono verosimilmente compresi all'interno del *patrimonium* e sottoposti al controllo del procuratore finanziario, secondo la formula ulpianea che vuole che i *praedia Caesaris* siano *in formam patrimoni redacta sub procuratore patrimoni*[143]. Il contesto storico che porta alla formazione della provincia della *Germania*, inoltre, rende difficile ipotizzare che i territori di rilevante importanza, quali le miniere, siano divenuti *ager publicus populi Romani*, destinato alla gestione di personale dipendente dallo stesso Augusto.

Il *fiscus Caesaris*, si sviluppa – e non può essere altrimenti – a partire dalla struttura amministrativa che gestisce il *patrimonium* di Ottaviano, nelle forme consuete per i personaggi appartenenti ai ceti magnatizi di Roma[144]. È quindi naturale che esso, nella penisola italica e a livello provinciale, nelle *provinciae Caesaris* e in quelle di pertinenza del *populus Romanus*, si strutturi attorno alla figura del *procurator* finanziario – in età augustea quasi esclusivamente di rango libertino - e dei liberti e dei *servi* posti alle sue dipendenze. A titolo esemplificativo è possibile ricordare, anche per la vicinanza geografica alla Germania, la figura di Licino, liberto di Augusto, noto per gli abusi commessi nel corso del suo mandato come ἐπίτροπος τῆς Γαλατίας (attorno al 15 a. C.) e successivamente perdonati dallo stesso Augusto[145].

Proprio in relazione alla stessa Germania è possibile osservare che Augusto – secondo una modalità che illustra chiaramente gli aspetti "privati" del *patrimonium Caesaris* agli esordi del principato – non fu peraltro il solo proprietario dei beni afferenti al *patrimonium*; una parte di essi viene infatti redistribuito ad altri membri della famiglia del *princeps*. Costituisce un'attestazione dell'esistenza in Germania di proprietà appartenenti a Tiberio e Livia la presenza a Colonia di un liberto di questi ultimi (*[---Ti(berii) Augusti et Augus]tae l(iberto)*), che il cognome *Vedianus* consente di identificare con un membro della *familia* di Vedio Pollione, ereditata, al momento della morte di quest'ultimo nel 15 a. C., da Augusto e Livia[146]. Non è possibile stabilire se Livia o altri membri della famiglia di Augusto e/o del suo *entourage* possedessero alcuni dei *metalla* germanici; è tuttavia significativa l'esistenza, in un settore purtroppo non determinabile delle Gallie, dell'*aes Livianum*, un distretto minerario di proprietà della stessa Livia, noto per la qualità del suo metallo[147]. Quest'ultimo, che avrebbe sostituito nel tempo quello estratto nelle miniere – anch'esse di rame – di Sallustio Crispo, sarebbe stato oggetto di una intensa attività mineraria, che ne avrebbe tuttavia causato in breve tempo l'esaurimento. Analogamente a Crispo, anche Livia sarebbe entrata in possesso delle miniere di rame che portarono il suo nome in seguito ad un passaggio di queste dal *patrimonium Caesaris* – in questo caso da quello delle province galliche – al proprio.

In un passo inerente gli interventi messi in atto da Augusto nel 27 a. C., Cassio Dione ricorda che i procuratori vengono inviati ἐς πάντα ὁμοίως τὰ ἔθνη, τᾶ τε ἑαυτοῦ δὴ καὶ τὰ τοῦ δήμου[148] e che due sono essenzialmente i compiti ad essi assegnati nell'ambito dei *mandata* definiti dallo stesso *princeps*[149]: la riscossione delle imposte e la redistribuzione delle risorse a disposizione. A tali incarichi, definiti secondo i *mandata* del *princeps* e per le quali essi sono chiamati a fornire dettagliati resoconti (*rationem reddere*), si aggiungono tutte le attività relative al *census* del territorio di competenza e alla definizione, all'organizzazione e alla gestione del *patrimonium* esistente al suo interno, la difesa degli interessi del *princeps* nei casi giudiziari nei quali il *fiscus Caesaris* è coinvolto[150] e, in modo ancora limitato in età augustea, l'esercizio di poteri giudiziari[151].

[142] Lo Cascio, *Il* princeps, 111-117 e nota 44; 122-130 (relativamente all'Egitto).

[143] Dig., 30.1.39.7-10. Sui *procuratores* finanziari vedi W. Eck (Herausgegeben), *Die Wervaltung des Römischen Reiches in der Hohen Kaiserzeit. Ausgewählte und erwiterte Beiträge*, Band 1, Basel-Berlin 1995; W. Eck (Herausgegeben), *Die Wervaltung des Römischen Reiches in der Hohen Kaiserzeit. Ausgewählte und erwiterte Beiträge*, Band 2, Basel-Berlin 1997; Lo Cascio, *Il* princeps, 32, 59; Maiuro, Res Caesaris, 88-92. Sulle funzioni dei procuratori fnanziari e dei *procuratores metallorum* vedi ancora Hirt, *Imperial Mines and Quarries*, 202-204 e segg.; 226-260.

[144] Evidenti sono i caratteri di identità e continuità nella struttura e nel funzionamento – non certo nelle dimensioni – della *familia* imperiale con le *familiae* di proprietà dei membri dei ceti senatorio, equestre e cittadini del mondo romano al termine dell'età repubblicana (S. Treggiari, *Roman freedmen during the late Republic*, Oxford 1969, 150-153; Lo Cascio, *Il* princeps, 72, 130).

[145] Dio, 54, 21, 2-8; *Schol. Iuv.* I, 109; Sen., *Apocol.*, 6. La presenza di procuratori di Augusto di rango equestre è ricordata nelle fonti, da Strabone (III, 4, 20, per le *provinciae Caesaris* della *Hispania Tarraconensis* e della *Lusitania*; XIII, 2, 3. per la *provincia populi* d'Asia) e da Flavio Giuseppe (*Ant. Jud.*, XVI, 2, 2, per la Siria; *Ant. Jud.*, XVI, 2, 2, per l'isola di Chio, pertinente alla *provincia populi Romani* d'Asia). Procuratori finanziari di rango equestre sono inoltre epigraficamente attestati in età augustea in Aquitania (CIL XI, 601 = ILS 2691), *Lusitania* (CIL X, 680; AE 1935, 5), Rezia, Siria, *Hispania Tarraconensis* (per le quali vedi AE 1902, 189=ILS 9007=AE 1977, 241) e nelle *provinciae populi* di Creta (AE 1927, 140), di Acaia (AE 1919, 5-6 (=AE 1934, 163 e dell'*Africa proconsularis* (CIL X, 1684 (=ILS 1375).

[146] CIL XIII, 8266=AE 2004, 969b: *[---Ti(berii) Augusti et Augus]tae l(iberto) Vedian[o---] / [---]pii filii parens* o, in alternativa, *[---Ti(berii) Caes(aris) Augusti et Augus]tae l(iberto) Vedian[o---] / [---]pii filii parens*. Sull'epigrafe vedi anche Eck, *Köln in römischer Zeit*, 94, nota 6; Lazzaro, *Esclaves et affranchi*, 230, n. 261; Eck, von Hesberg, "Der Rundbau einer *dispensator Augusti*," 195-196, fig. 40, c.

[147] Plin., *N. H.*, XXXIV, 2: *Proximum bonitate fuit Sallustianum in Ceutronum Alpino tractu, non longi et ipsum aevi, successitque ei Livianum in Gallia. Utrumque a metallorum dominis appellatum, illud ab amico divi Augusti, hoc a coniuge. Velocis defectus Livianum quoque; certe admodum exiguum invenitur.*

[148] Dio, 53, 15, 3.

[149] Sui *mandata* Dio, 53, 15, 3-4; vedi anche Tac. *Ann.*, II, 77 e IV, 15 e 36, relativamente alle competenze dei procuratori imperiali presenti nelle *provinciae populi* e sui problemi da essi creati si ricorda il caso del processo contro *Fonteius Capito*, *procurator* dell'Asia attorno al 23 d. C. G. P. Burton, "The issuing of *mandata* to proconsuls and a new inscription from Cos," *Zeitscrhift für Papyrologie und Epigraphik* 21 (1976), 63-68; W. Eck, *Die Wervaltung*, Band 2, 117.

[150] Sui procuratori finanziari vedi Eck, *Die Wervaltung* Band 1; Eck, *Die Wervaltung*, Band 2; Lo Cascio, *Il* princeps, 32, 59; Maiuro, Res Caesaris, 88-92. Sulle funzioni dei procuratori fnanziari e dei *procuratores metallorum* vedi anche Hirt, *Imperial Mines and Quarries*, 202-204 e segg.; 226-260

[151] P. A. Brunt, "Procuratorial jurisdiction," *Latomus* 26 (1966), 461-489.

Significativa, in relazione al processo di formazione del *patrimonium* nelle province Nord-occidentali dell'impero, è la figura del *procurator Augusti* – uno dei pochi di rango equestre in questa fase del principato – *Octavius Sagitta*, attivo per quattro anni consecutivi come *procurat(or) Caesaris Augusti Vindelicis et Raetis et in valle Poenina*, quasi certamente nei quattro anni immediatamente successivi alle campagne militari che portarono alla conquista dei distretti alpini[152]. Potrebbe aver fatto parte del territorio di competenza di *Sagitta* il territorio dei *Ceutrones*[153], che troviamo successivamente inglobato nella provincia delle *Alpes Graiae et Poeninae*; come ricorda Plinio[154], è proprio *in Ceutronum Alpino tractu* che si trovavano le miniere di rame di proprietà di C. Sallustio Crispo, amico personale di Tiberio e pronipote dell'omonimo storico[155]. Come primo procuratore di questo settore dei territori alpini dovettero spettare a lui la catastazione dei territori conquistati – attività cui era legata la definizione dei beni appartenenti al *patrimonium Caesaris* e degli *agri* delle *civitates* che vennnero costituite – e la strutturazione fiscale e amministrativa della nuova provincia.

Limitatamente alle miniere, al *procurator* finanziario spettava, certamente in collaborazione con l'esercito, l'identificazione – tramite prospezioni – e la definizione topografica delle aree mineraria da avocare al patrimonio imperiale, attività condotta secondo modalità sensibilmente diverse nel caso di regioni caratterizzate da una prevalenza di giacimenti auriferi di natura alluvionale – quali quelle della penisola iberica e della *Dalmatia* – o di giacimenti filoniani di minerali – quali argento, piombo, ferro, rame e stagno. L'attività che Sagitta potrebbe aver svolto in area alpina, dovette avvenire, secondo modalità analoghe, anche in Germania, nel cui territorio risultano attestati quasi esclusivamente giacimenti del secondo tipo (vedi Cap. 2.3.1-4); le aree minerarie del Berghisches Land e, forse, di Brilon, ad Est del Reno – entrambe protette da insediamenti militari – e, ad Ovest del fiume, quello dell'Eifel, che rimase attivo anche dopo la perdita del settore orientale della provincia, vennero quindi organizzate in distretti minerari, che, con tutte le cautele dovute alla distanza temporale che intercorre tra l'età augustea e l'emanazione delle *Tabulae Vipascenses*, potremmo definire come *territoria metallorum* o *territoria metalli*, intendendo con la seconda espressione una singola unità amministrativa[156]. Queste ultime, definite da precisi limiti (*fines metalli* o *metallorum*), erano solitamente costituite da più insediamenti rurali, che in Germania, in particolare nell'area dell'Eifel, possono essere identificati con i vari *vici* ubicati nelle località di Mechernich, Breinigerberg, Gressenich e di Berg von Nideggen, variamente attivi tra la prima e la tarda età imperiale (Cap. 2.3.1). Analogamente ai distretti minerari presenti in altre province – quali quelli della cosiddetta "fascia piritica", estesa tra il settore occidentale della *Baetica* e le regioni più orientali della Lusitania[157] – sarà caratteristico, anche nei secoli successivi, della regione dell'Eifel l'assenza di uno sviluppo in senso urbano degli insediamenti esistenti e la contestuale presenza, particolarmente evidente almeno fino al II-inizio del III sec. d. C., di distaccamenti legionari appartenenti alle unità presenti lungo il *limes* renano, indicativa del coinvolgimento dell'esercito nell'attività mineraria[158].

Se, quindi, il compito di gestire le miniere della *Germania* spettò *in primis* al *procurator* finanziario della provincia, non può essere sottovalutata la presenza a Colonia di un *dispensator divi Augusti*, certamente afferente all'*officium* del *procurator Augusti*. Le mansioni che, fin dall'età repubblicana, sono proprie dei *dispensatores*[159] – compatibili con la possibilità di un

[152] AE 1902, 189=ILS 9007=AE 1977, 241 (*Superaequum*/Castelvecchio Subequo): *Q(uintus) Octavius L(uci) f(ilius) C(ai) n(epos) T(iti) pron(epos) Ser(gia) / Sagitta / IIvir quinq(uennalis) III praef(ectus) fab(rum) prae(fectus) equi(tum) / trib(unus) mil(itum) a populo procurat(or) Caesaris / Augusti Vindelicis et Raetis et in valle Poe/nina per annos IIII et in Hispania provincia / per annos X et in Suria biennium.*
La procuratela di *Sagitta* nei distretti alpini è seguita da quelle nella penisola iberica (10 anni) e da quella in Siria, della durata di due anni e dalla carica di *IIvir quinquennalis* – ricoperta per tre volte – a *Superaequum*, quest'utima prima della morte e della divinizzazione di Augusto. Sulla figura di Sagitta vedi U. Laffi, "La procuratela quadriennale di *Q. Octavius Sagitta in Vindalicis et Raetis et in valle Poenina*," *Athenaeum* 45 (1977), 369-379.

[153] Caes., *B. G.* I, 10,4; Plin., *N. H.* III, 135.

[154] Plin., *N. H.*, XXXIV, 2: *Proximum bonitate fuit Sallustianum in Ceutronum Alpino tractu, non longi et ipsum aevi, successitque ei Livianum in Gallia. Utrumque a metallorum dominis appellatum, illud ab amico divi Augusti, hoc a coniuge. Velocis defectus Livianum quoque; certe admodum exiguum invenitur.*

[155] PIR² S 87; Tac. *ann.* 3, 30.

[156] Vip. I, 27-29. In relazione alla terminologia impiegata nelle *Tabulae Vipascenses* in relazione alle espressioni *fines metalli* o *metallorum* e *territoria metalli* o *metallorum* vedi Hirt, *Imperial Mines and Quarries*, 48-51. Sul concetto di *metallum* vedi anche A. Orejas, D. Plácido, "Las Médulas y la explotación minera en la Antigüedad. Las Médulas como ejemplo del concepto de metallum." In *Un paisaje cultural en la Asturia Augustana: Las Médulas*, Editor F. J. Sánchez-Palencia (León 2000), 19-31.

[157] Orejas, Sastre, Zubiaurre, *Organización y regulación*, 34-35; Pérez, Delgado, Los *metalla* de Riotinto, 37-185; Pérez Macías, "*«*Metalla*» y «*territoria*»*," 407-431; Pérez Macías, Delgado Domínguez, *Paisaje y territorio de Riotinto*, 65 ; Pérez Macías, Delgado Domínguez, "La minería romana," 239, 252..

[158] Per il coinvolgimenti di membri delle *legiones XVI* e *XX Valeria* nell'attività mineraria dell'Eifel vedi Cap. 2.3.1.

[159] Sul ruolo dei *dispensatores* nell'apparato amministrativo delle miniere imperiale vedi Hirt, *Imperial Mines and Quarries*, 152-153, 256-257. Limitatamente alle province Nord-occidentali dell'impero, il coinvolgimento di *dispensatores* nell'amministrazione delle *provinciae Caesaris* fin dai rimi decenni dell'età imperiale è attestata dall'iscrizione di *Musicus Scurranus, servus Ti(berii) Caesaris Augusti*, che ricopre la carica di *dis(pensator) ad fiscum Gallicum provinciae Lugdunensis* (CIL VI, 5197=ILS 1514; dal *colombarium* di Vigna Codini a Roma). Altri *dispensatores* di Augusto, attivi a Roma, sono ricordati in Macrob., *Sat.*, II, 4, 31 e Svet., *Aug.*, 67).
Per la figura del *dispensator* in ambito privato vedi Treggiari, *Roman freedmen*, 150, 263-264 (viene ricordata in particolare la figura di *Philotimus*, liberto della *familia* di Cicerone tra il 59 e il 48/47 a. C.); G. Boulvert, *Les Esclaves et les Affranchis Impériaux sous le Haut-Empire romain. Rôle politique et administratif*, Napoli 1970, 433. È inoltre possibile ricordare la figura di *Cinnamus*, *dispensator* di Trimalchione (Petr., *Satyricon*, XXIX-XXX). Il coinvolgimento di *dispensatores* nell'attività mineraria è attestato in età giulio-claudia dalla dedica, già ricordata, del *dispensator Albanus* di tre altari (CIL II, 3525-3527) e di un gruppo statuario della Madre Terra e del *genius* del *locus Ficariensis* presso la miniera del Cabezo San Cristóbal, nel

diretto coinvolgimento negli aspetti economico-finanziari dell'attività mineraria – sono efficacemente compendiate da Gaio, secondo il quale *servi quibus permittitur administratio pecuniae, dispensatores appellati sunt*[160]. Anche un rescritto di Gordiano III, databile al 239 d. C.[161], individua nella gestione delle risorse finanziarie (*illatae dispensatori pecuniae*) l'ambito di competenza speficio dei *dispensatores*. All'interno della struttura amministrativa provinciale essi, direttamente dipendenti dal *procurator* finanziario, sono il terminale di tutte le entrate (*tributa, vectigalia,* ecc.) che affluiscono nei *fisci* locali e, contestualmente, sono incaricati dei pagamenti che il *fiscus* deve effettuare, siano essi relativi all'amministrazione del *princeps*, all'esercito o a privati. Per quanto riguarda in particolare la gestione delle miniere, l'importanza del *dispensator* può essere pienamente apprezzata in relazione alla contabilità relativa alla riscossione dei *vectigalia* imposti sulle miniere e all'acquisizione del metallo grezzo; lo stesso funzionario può inoltre essere stato coinvolto nell'invio del metallo monetabile alle zecche, di metallo grezzo all'esercito e a Roma, per le necessità della città stessa.

Una relazione diretta tra la figura del *dispensator* e la gestione delle miniere di pertinenza del *princeps* può essere inferita sulla base di una iscrizione funeraria rinvenuta nel 1849 a Salona e databile tra il principato di Claudio e la fine del I sec. d. C.[162]: *D(is) M(anibus) / Thaumasto / Aug(usti) (servo) conm[en]/tarie(n)si aurari/arum Delmatar[um] / Felicissimus dis/pe(n)sator titu/lum p(osuit).*

Il testo riporta la dedica apposta sulla tomba del *conmentariensis* (sic) *Thaumastus* ad opera del *dispensator Felicissimus*, anch'egli di probabile condizione servile. Dusanić, seppure con qualche dubbio, ritiene che l'iscrizione vada attribuita alla prima età imperiale (*"early (first century?)"*), sulla base delle caratteristiche formali del *ductus*[163]. L'impiego della formula breve *D(is) M(anibus)*, che appare in età flavia, il nome del defunto al dativo e l'assenza del possessivo *n(ostri)* di seguito ad *Aug(usti)*, attestato nelle epigrafi di liberti e *servi* imperiali a partire dall'età traianea, sono elementi che concorrono a definire una cronologia compresa tra l'ultimo quarto del I e – forse – gli inizi del I sec. d. C.[164]. Un *terminus post quem* è peraltro fornito dall'istituzione della carica di *a commentariis* (o *commentariensis*), attribuibile a Claudio e inquadrabile nel suo tentativo di conferire una struttura più organica e funzionale all'apparato amministrativo dipendente dal *princeps*[165].

Thaumastus e *Felicissimus* sono membri dell'ufficio del *procurator* finanziario della provincia della *Dalmatia*, la cui residenza ufficiale, come quella del *legatus Augusti pro praetore* governatore della provincia, era per l'appunto Salona, luogo dove viene sepolto lo stesso *Thaumastus*. Il legame che intercorre tra i due personaggi, chiaramente messo in luce dalla dedica stessa, sottende con ogni probabilità la stretta collaborazione che intercorreva tra i due *servi* nell'esercizio delle loro funzioni.

Quella che, secondo le fonti scritte[166], sembra essere la fase di più intenso sfruttamento delle *aurariae* della *Dalmatia* – il periodo compreso tra il principato di Nerone e la fine del I sec. d. C. – coincide significativamente con la cronologia dell'epigrafe di Salona. La decisione da parte dell'amministrazione romana di definire un incarico relativo alle miniere d'oro della Dalmazia – il *commentariensis aurariarum Delmatarum* – potrebbe essere la risposta alla necessità di esercitare un maggiore controllo su un'attività

distretto minerario di Mazarrón (per il quale vedi anche Rico, "Sociétés et entrepreneurs miniers," 399.

[160] Gaius, *Inst.*, I, 122.

[161] C. J., IV, 21, 4: *Illatae dispensatori pecuniae, si ob omissorum instrumentorum casum probatione defeceris, inspectio rationum fiscalium fidem demonstrabit.* Il testo del rescritto illustra chiaramente quale fosse il rapporto tra gli *a commentariis* e i *dispensatores* provinciali: un debitore del *fiscus* che avesse perduto le ricevute di pagamento ottenute dal *dispensator*, poteva infatti provare la soluzione del debito stesso ricorrendo agli atti conservati nel relativo settore del *tabularium*.

[162] CIL III, 1997 (=ILS 1595). Sull'epigrafe di Salona vedi anche Dušanić, *Aspects of roman mining*, 85; Zaninović, The Economy, 796.

[163] Dušanić, *Aspects of roman mining*, 85. L'iscrizione è attualmente conservata al museo di Salona; Dušanić, che non fornisce le motivazioni della sua cronologia, deve aver presumibilmente visto personalmente l'epigrafe.

[164] P. R. C. Weaver, Familia Caesaris. *A Social Study of the Emperor's Freedmen and Slaves*, Cambridge 1972, 74; Calabi Limentani, *Epigrafia*, 153. L'impiego del dativo per il nome del defunto in dativo è peraltro ampiamente attestato nel corso del I sec. d. C. proprio in area illirico-danubiana (J. J. Hatt, *La tombe gallo-romaine. Recherches sur les inscriptions et les monuments funéraires gallo-romains des trois premiers siècles de notre ère*, Paris 1986, 18-19). Da notare l'assenza del possessivo *n(oster)*, ampiamente diffuso nelle epigrafi di liberti e *servi* imperiali a partire dal principato di Adriano ma già attestato, in particolare nelle iscrizioni provinciali, all'epoca di Traiano (Weaver, Familia Caesaris, 54-55). Una datazione al periodo del principato di Traiano, avanzata da A. Škegro (*The economy*, 149), è supportata dal confronto con un'epigrafe capenate che riporta una dedica compiuta da *Marcus Ulpius Thaumastus, libertus a commentariis operum publicorum et rationis patrimonis*, ipoteticamente da identificare con l'omonimo dell'epigrafe di Salona. (ILS 1603: *Iovi Op(timo) Max(imo) / M(arcus) Ulpius Aug(usti) l(ibertus / Thaumastus / a commentariis / operum publicorum // et rationis patrimoni(i) / d(onum) d(edit))*. Dal momento che nell'epigrafe funeraria di Salona *Thaumastus* è ancora di rango servile e che nella dedica di Capena (che dovrebbe essere a questa anteriore) esso è un liberto, si deve tuttavia concludere che una identificazione tra i due personaggi non è sostenibile.

[165] Boulvert, *Les Esclaves et les Affranchis*, 118 per l'istituzione dell'*a commentariis* e 107-127 in generale sugli incarichi ricoperti da liberti e schiavi imperiall nell'amministrazione provinciale durante il principato di Claudio; Weaver, Familia Caesaris, 249.

[166] Plin., *Naturalis Historia*, XXXIII, 21: *invenitur (*scil. *aurum) aliquando in summa tellure protinus, rara felicitate, ut nuper in Dalmatia principatu Neronis, singulis diebus etiam quinquagenas libras fundens.* Stat., *Silvae*, I, 2, v. 153: *robora Dalmatico lucent satiata metallo!* Stat., *Silvae*, III, 3, vv. 88-95: *quicquid ab auriferis eiectat Hiberia fossis, / Dalmatico quod monte nitet, quod messibus Afris / verritur, aestiferi quicquid terit area Nili, / quodque legit mersus pelagi scrutator Eoi, / et Lacedaemonii pecuaria culta Galesi / perspicuaeque nives Massylaque robora et Indi / dentis honos: uni parent commissa ministro, (---).* Stat., *Silvae*, IV, 7, vv. 14-16: *(---) Dalmatae montes, ubi Dite viso pallidus fossor redit erutoque concolor auro?* Martial., *Epigr.*, X, 78, v. 6: *felix auriferae colone terrae.*

estrattiva, che, nel corso della seconda metà del I sec. d. C., vede un notevole incremento. Non stupisce la collaborazione tra un *dispensator* e il *conmentariensis Thaumastus*; sia che nel passo di Ulpiano relativo ai *praedia Caesaris in formam patrimonii sub procuratore patrimoni redacta*[167] si intenda il termine *forma* nella sua accezione più tecnica di archivio costituito da un registro scritto (*commentarii*) e della relativa rappresentazione cartografica o, in senso lato, come l'insieme di norme e regolamenti per mezzo dei quali il *procurator* gestisce i *praedia* a lui affidati[168], è possibile cogliere il legame che intercorre tra la "*forma*" delle *aurariae Delmatarum* e il *commentariensis Thaumastus*, incaricato della gestione di quella parte del *tabularium* provinciale contenente i documenti ad essi relativi e tra quest'ultimo e il *dispensator Felicissimus*, al quale spettava il compito di computare le entrate relative alle miniere e agli altri introiti della provincia[169].

Ricopre la stessa carica di *Thaumastus L. Valerius, libertus a com(mentariis)* che incide il proprio contrassegno su 15 dei 19 lingotti di stagno di produzione lusitana[170] del carico del relitto *Port-Vendres II*, datato al principato di Claudio[171]. Domergue, nella parte del suo volume sulle miniere iberiche dedicata ai *procuratores metallorum*,[172] afferma che *nous n'avons que peu de données sur les agents qui aidaient les procurateurs affranchis dans leurs tâche de directeur de mine. L. Valerius, connu par les lingots d'étain de Port-Vendres II, a pu être, sous Claude, l'a commentariis d'un bureau financier local*[173]. *Lucius Valerius* dipenderebbe quindi da un *procurator metallorum* a sua volta sottoposto all'ufficio del procuratore finanziario provinciale e incaricato della gestione di singoli distretti minerari; dal momento che, tuttavia, i primi procuratori incaricati della gestione di singoli *metalla* risultano attestati solo a partire dall'età flavia e, limitatamente alla penisola iberica, nella *provincia populi* della *Baetica*, appare lecito dubitare di tale ricostruzione, mentre sembra preferibile ipotizzare più semplicemente l'afferenza, in assenza di ulteriori indizi, di *Lucius Valerius* all'ufficio del *procurator* finanziario della *Lusitania*.

Se, analogamente a quanto noto per i lingotti di età tardo-repubblicana[174], l'impiego del genitivo nei bolli rimanda al produttore delle *massae plumbae*, il corredo epigrafico dei lingotti di piombo attribuibili alle miniere della Germania attesta il coinvolgimento dei seguenti attori nello sfruttamento delle miniere di piombo della provincia:

- il *princeps* (lingotti bollati da Augusto dal relitto di Rena Maiore; lingotti bollati da Tiberio da Tongeren e Fos-sur-Mer; lingotti bollato da Gaio dal relitto dell'*Île Rousse*; lingotto bollato da Nerone da Populonia?),
- l'esercito (lingotto o manufatto in piombo recante il bollo della *legio XVI* da Mechernich)[175],
- personaggi privati: *L. Flavius Verucla* (lingotti del relitto di *Saintes-Maries-de-la-Mer 1* e di Heppen) e forse *Pudens* (lingotto del relitto di Rena Maiore),
- *societates* (lingotto di Fos-sur-Mer).

I lingotti recanti il bollo del *princeps* mettono in evidenza il ruolo svolto da quest'ultimo e dal personale alle sue dipendenze nello sfruttamento dei giacimenti, in particolare di quelli ubicati nell'Eifel (Cap. 1, appendice); anche se appare evidente che, di per sé, i bolli non riportano il nome del proprietario della miniera, vale la pena ricordare, nel caso della Germania, che la possibilità che Augusto abbia prodotto piombo presso una miniera non di sua proprietà o comunque non sottoposta al controllo del fiscus appare *lectio difficilior*[176].

Abbiamo già messo in evidenza (Cap. 1.2.1; Cap. 1.4) come possa essere fuorviante l'identificazione dei personaggi che appongono le contromarche sui lingotti del relitto di Rena Maiore, in assenza di espliciti riferimenti nelle contromarche stesse; tale aspetto sarà ulteriormente approfondito nel paragrafo seguente, in relazione alle implicazione legate all'interpretazione delle contromarche. Qui è invece possibile approfondire un ulteriore aspetto legato alla produzione di lingotti recanti il bollo del *princeps*; è comunemente accettata la visione, proposta da C. Domergue[177], secondo la quale lo stato romano sarebbe intervenuto nella gestione dei *metalla* seguendo essenzialmente le due modalità della cosiddetta "regia diretta" – messa in atto, ad esempio,

[167] Dig., 30.1. 39.7-10.

[168] Su questo vedi Maiuro, Res Caesaris, 91 e note 223, 224. Sul termine *forma* vedi in particolare C. Moatti, *Archives et partage de la terre dans le monde romain (IIe siècle av.-Ier siècle ap. J. C.)*, Roma 1993, 31-48; M. De Nardis, "*Forma*: aspetti della percezione dello spazio geografico-politico a Roma tra il I secolo a. C. e il I secolo d. C." In *Economia, amministrazione e fiscalità nel mondo romano*, a cura di A. Storchi Marino (Bari 2004), 133-162.

[169] Se si ipotizza che *Felicissimus* sia il solo o il principale *dispensator* dell'ufficio del procuratore finanziario.

[170] I giacimenti occupano una vasta regione dell'interno della provincia, corrispondente al settore settentrionale del *conventus Emeritensis* e a quello nord-orientale del *conventus Scallabitanus*, tra i fiumi Tago e Duero e, verso est, fino al confine con la *Hispania Tarraconensis* (Edmonson, *Two Industries*, 29 e fig. 3, 1; per fonti sulle miniere lusitane vedi Strabo, III, 2, 9; Plin., *N. H.*, XXXIV, 47, 156-157). Per una origine britannica del metallo vedi Domergue, *Les mines de la Péninsule Ibérique*, 209, nota 53.

[171] AE 1976, 387: *L(ucii) Vale(ri) Aug(usti) l(ibertus) a com(mentariis)*. Sul relitto vedi Colls, Domergue, Laubenheimer, Liou, "Les lingots d'étain," 61-94; Colls, Etienne, Lequément, Liou, Mayet, "L'èpave Port-Vendres II"; Colls, Lequément, *L'èpave Port-Vendres II*, 177-186; Parker, Price, "Spanish exports," 221-228. Sulle contromarche vedi Edmonson, *Two Industries*, 38-39; Domergue, *Les mines de la Péninsule Ibérique*, 294, 301.

[172] Domergue, *Les mines de la Péninsule Ibérique*, 288-307.

[173] Domergue, *Les mines de la Péninsule Ibérique*, 301.

[174] Su questo vedi, in generale, Rico, "Sociétés et entrepreneurs miniers," 395-415, con riferimenti bibliografici (per l'età repubblicana) e Domergue, *A view of Baetica's external commerce*, 201-215 (per la prima età imperiale).

[175] Vedi Cap. 2.3.1.

[176] Appare, infatti, piuttosto difficile pensare che, all'indomani della conquista della Germania, il *princeps* abbia ottenuto piombo o altri metalli sfruttando miniere di proprietà privata e producendo lingotti recanti la sua sigla.

[177] Domergue, *Les mines de la Péninsule Ibérique*, 279-308, 321-385, 463-494. Su tale problematica vedi anche Andreau, "Recherches récentes," 99-107; Orejas, "Les populations des zones minières, " 245-281; Orejas, Sastre, "Fiscalité et organisation," 159-188; Mangas, Orejas, *El trabajo*, 207-313; Orejas, Sánchez-Palencia, "Mines, Territorial Organization," 589-595 e, da ultimo, Orejas, Sastre, Zubiaurre, *Organización y regulación*, 34-35.

nello sfruttamento dei giacimenti auriferi di natura alluvionale della penisola iberica – e della "regia indiretta", caratterizzata dalla concessione dei diritti minerari a *occupatores* o *coloni*, dietro la riscossione di un *vectigal*.

Se questa seconda modalità può essere ipotizzata nel caso dei lingotti recanti nomi di singoli personaggi – quali quelli di *L. Flavius Verucla* e, forse, di *Pudens* – e di *societates*[178], è alla prima che, in linea teorica, potrebbero essere ricondotti i lingotti bollati direttamente dal *princeps*. Se si accetta di inquadrare tale attività all'interno della "regia diretta", così come formulata da Domergue, alcune precisazioni appaiono tuttavia necessarie. È in primo luogo possibile mettere in evidenza la sensibile differenza tra i giacimenti sfruttati da Roma in Germania, di tipo filoniano[179], e quelli presenti nel settore Nord-occidentale della penisola iberica, dove la cosiddetta "regia diretta" venne più compiutamente messa in atto. Anche se la coltivazione per mezzo di miniere sotterranee (i *putei* delle *Tabulae Vipascenses*[180]) non è compatibile con l'impiego di una larga manodopera indigena – quantomeno non su scala paragonabile a quella delle *aurariae* iberiche – e non implica la realizzazione di infrastrutture idrauliche e logistiche complesse, come è invece attestato ancora presso i *metalla* iberici[181], la menzione stessa del nome del *princeps* nel bollo impone di ipotizzare una qualche forma di gestione della coltivazione condotta direttamente dalla sua amministrazione.

Per quanto riguarda la manodopera impiegata, è lecito ipotizzare che, analogamente a quanto riportato da Floro in relazione alle popolazioni delle Asturie e della Dalmazia, il lavoro forzato presso i *metalla* possa essere stato imposto, contestualmente alla confisca di porzioni di territori appartenenti a *civitates* e/o a tribù, anche ad una parte delle popolazioni sottomesse. Significativo di tale prassi è il discorso attribuito da Tacito al capo caledone Calcago, il quale, nell'imminenza della battaglia del *Mons Graupius,* avrebbe ricordato ai suoi uomini che in caso di sconfitta sarebbero spettati loro *tributa et metalla et ceterae servientium poenae*[182]. Se il riferimento non è generico ma relativo ai *metalla* della stessa Britannia[183], dove contestualmente a numerosi giacimenti di argento e piombo, ferro, rame è nota una sola miniera d'oro[184], è allora possibile ipotizzare che l'impiego di manodopera indigena non fosse in realtà limitato ai soli giacimenti auriferi di natura alluvionale.

Per quanto taciuta dalle fonti a nostra disposizione, non è quindi da escludere che la stessa sorte sia toccata ad alcune delle tribù germaniche sconfitte nel corso delle campagne militari condotte oltre il Reno[185], in particolare a quelle che opposero più resistenza, quali i *Cherusci*, i *Chauci*[186] e i *Sugambri*. Anche se Svetonio (*iuxtamque ripam Rheni*)[187] e Tacito (*in Gallias*)[188] sono piuttosto generici nell'indicare la loro destinazione finale, potrebbe in effetti essere stata impiegata nell'attività mineraria condotta nella regione dell'Eifel una parte almeno dei 40.000 *Sugambri* deportati da Tiberio ad Ovest del Reno al termine delle operazioni militari condotte nell'8 a. C.

Una dedica onoraria databile al principato di Tiberio e proveniente dal moderno centro di Villefranche-de-Rouerge, ubicato nella regione montuosa dell'Aveyron, può forse fornire qualche ulteriore spunto di riflessione. L'epigrafe, nella quale compare la più antica attestazione in ambito provinciale della presenza di un *vilicus* a capo di una *familia Caesaris* presso dei *metalla*[189], proviene da una regione mineraria ubicata nella *provincia Caesaris* dell'*Aquitania*[190]: *Zmaragdo vilico / quaest(ori) magistro / ex decurion(um) decret(o) / familiae Ti(berii) Caesaris*

[178] In tutti questi casi non è, tuttavia, possibile escludere, almeno in linea teorica, che i *metalla* presso i quali i lingotti sono stati prodotti fossero, almeno in parte, di proprietà privata.

[179] Vedi Cap. 2.3.1-3.

[180] *Vip. II*, 2, 5, 8.

[181] Florus, II, 33, 59-60.

[182] Tac., *Agricola*, 30: *Hic dux, hic exercitus; ibi tributa et metalla et ceterae servientium poenae, quas in aeternum perferre aut statim ulcisci in hoc campo est.*29-38 (lo scontro avvenne nella Scozia nord-orientale verosimilmente attorno all'84 d. C.).

[183] Per un quadro generale delle miniere britanniche vedi B. Jones, D. J. Mattingly, *An Atlas of Roman Britain*, Oxford 1990, 179-196; Sheperd, *Ancient mining*; Todd, "*Pretia victoriae*?" 1-18; I. Schrüfer-Kolb, *Roman Iron Production in Britain. Technological and socio-economic landscape development along the Jurassic Ridge*, B.A.R. Int. Ser. 380, Oxford 2004, 99-129.

[184] Quella di Dolaucothi, nel Galles orientale (G. D. B. Jones, P. R. Lewis, "The Dolaucothi Gold-Mines," *Bonner Jahrbücher* 171 (1971): 288-300; Jones, Mattingly, *An Atlas*, 180-184; B. C. Burnham, "Roman mining at Dolaucothi: the implications of the 1991-3 excavations near the Carreg Pumsaint," *Britannia* 28 (1997): 325-336; J. Arnold, J. L. Davies, *Roman and early medieval Wales*, Sparkford 2000, 98-10).

[185] Sull'esenzione dei *tributa* nelle province Nord-occidentali dell'impero vedi, in generale; France J., "Remarques sur les *tributa* dans les provinces Nord-occidentales du Haut Empire romain (Bretagne, Gaules, Germanies)." Latomus 60 (2001), 359-379.

[186] Il fatto che nel corso delle campagne di Tiberio del 4-5 d. C. entrambe le popolazioni fossero *receptae* (Vell. Pat. 2, 105, 1: *Intrata protinus Germania, subacti Canninefates, Attuarii, Bructeri, recepti Cherusci (gentis eius Arminius mox nostra clade nobilis), (...)*; 106, 1: *Perlustrata armis tota Germania est, victae gentes paene nominibus incognitae, receptae Cauchorum nationes: (...)*), indica chiaramente che essi avevano rotto un trattato stipulato in precedenza con Roma dopo un primo atto di sottomissione.

[187] Svet. *Aug.*, 21, 2: *(...), Germanos ultra Albim fluvium summovit, ex quibus Suebosi et Sigambros dedentis se traduxit in Galliam atque in proximis Rheno agris conlocavit.*

Svet. *Tib.* 9, 3: *Germanico [scil. bello] quadraginta milia dediticiorum traiecit in Galliam iuxtamque ripam Rheni sedibus adsignatis conlocavit.*

[188] Tac. *Ann.*, XII, 39: *ac praecipua Silurum pervicacia, quos accendebat vulgata imperatoris Romani vox, ut quondam Sugambri excisi aut in Gallias traiecti forent, ita Silurum nomen penitus extinguendum.*

Su questo stesso avvenimento vedi anche Eutr. 7, 9; Oros. *Hist.* 4, 21, 16-17, che sembrano tuttavia rifarsi al testo di Svetonio o a fonti che riportano le stesse informazioni. Non appare possibile stabilire se, come è stato proposto da D. Faoro (Faoro, "Osservazioni sugli inizi della proprietà imperiale," 387, nota 43) i *Tec(ctenses)* stanziati nella regione dell'Eifel siano stati coinvolti nell'attività mineraria qui promossa da Roma.

[189] Sul coinvolgimento dei vilici nell'attività mineraria vedi Hirt, *Imperial Mines and Quarries*, 153-156, 257-258.

[190] CIL XIII, 1550. Per la localizzazione della miniera vedi Soricelli, "Lo sfruttamento minerario della Gallia transalpina", 225, 234-236). Il distretto minerario de La Bastide-l'Evêque, nel quale il rinvenimento si colloca, è una zona ricca di miniere di galena argentifera, oggetto di sfruttamento tra la tarda età repubblicana e la prima età imperiale

/ quaest(ori) in metallis. Oggetto della dedica è *Zmaragdus*, membro di condizione verosimilmente servile della *familia* di Tiberio, che ricopre la carica di *vilicus* e *quaestor* presso un distretto minerario (*in metallis*) posto sotto il controllo diretto del *fiscus*[191].

Il legame tra *Zmaragdus* e gli altri membri della *familia Tiberii Caesaris* – organizzata in modo collegiale – è eplicitato dalla formula *ex decreto decurionum*; mentre le qualifiche di *vilicus* e di *magister* sono rispettivamente legate alla conduzione dell'attività estrattiva e alla direzione della *familia*[192], non trova confronto, limitatamente all'ambito delle cave e/o delle miniere, la carica di *quaestor*[193], forse da porre in relazione con l'amministrazione finanziaria dei *metalla*[194]. L'impiego di *vilici* di rango servile e/o libertino nella gestione di *metalla* – ampiamente noto è il loro coinvolgimento nell'amministrazione di proprietà agricole[195] – è peraltro attestata, proprio per la prima età imperiale presso le cave di marmo di Carrara. Nel testo di un'epigrafe, reimpiegata nell'abitazione di un cavatore presso il centro di Colonnata e rinvenuta nel 1921[196], viene menzionato il nome di *Hilario*, *servus* della *familia publica* della colonia di Luni che nel 22 d. C. ricopre le cariche di *vilicus* e *magister*[197]. Come il testo epigrafico in oggetto indica limitatamente agli anni compresi tra il 16 ed il 22 d. C., la nomina annuale di un *decurio* che ricoprisse le due cariche costituiva, nella *familia publica* di Luni come verosimilmente anche presso la *familia Ti(berii) Caesaris* attiva nei *metalla* dell'Aveyron, una prassi consolidata, certamente funzionale alla buona conduzione delle attività estrattive delle quali i *servi* erano incaricati[198].

La presenza di un *vilicus* e di una intera *familia Caesaris* presso l'insediamento minerario di Villefranche de Rouerge sembra sottendere che l'attività estrattiva fosse condotta principalmente per mezzo di personale dipendente dal *princeps*, sebbene non sia possibile inquadrare questa testimonianza *tout court* nel sistema della "regia diretta", così come definito da C. Domergue[199]. Caratteristiche peculiari di quest'ultima sono infatti l'impiego coatto e in massa delle popolazioni locali sconfitte, per le quali il lavoro nelle miniere costituiva il tributo dovuto, e la supervisione diretta su di esse dell'esercito, di *praefecti gentium* e dell'amministrazione del *princeps*; tale sistema, limitatamente all'età augustea, sembra essere stato messo in atto unicamente nelle *aurariae* della penisola iberica Nord-occidentale[200] e della *Dalmatia*[201].

L'esercito di stanza in Germania dovette certamente giocare un ruolo di primo piano nelle prospezioni, nel controllo dell'attività mineraria e, in alcuni casi, nello sfruttamento dei giacimenti; alle truppe, come indica il lingotto recante il graffito della *legio XIX* da Haltern,

(Soricelli, "Lo sfruttamento minerario della Gallia transalpina", 235-236).

[191] Secondo un'ipotesi di Davies (*Roman Mines*, 3), successivamente ripresa da J. M. Blázquez Martinez (*Admninistracion de las minas*, 121), l'iscrizione costituirebbe una attestazione dei provvedimenti con cui Tiberio avrebbe assunto il controllo di miniere precedentemente proprietà di cittadini o di comunità urbane (Svet., *Tib.*, 49: *plurimis etiam civitatibus et privatis veteres immunitates et ius metallorum et vectigalium adempta*). Il fatto che la miniera si trovi all'interno della provincia imperiale dell'*Aquitania* ne attesta tuttavia solo la pertinenza al *patrimonium* del *princeps*; niente, inoltre, vieta di ipotizzare che essa sia già stata sottoposta a sfruttamento nel corso del principato di Augusto.

[192] Per il ruolo del *magister* all'interno dei *collegia* vedi *Dizionario Epigrafico De Ruggiero*, II, 1, *Collegium*, pp. 376-382.

[193] P. Itri, "Gli addetti alle miniere nell'alto impero romano attraverso le fonti epigrafiche," *Messana* 13 (1992): 171-220.

[194] La qualifica di *quaestor*, in relazione al ruolo di cassiere, è ampiamente attestata nelle organizzazioni di tipo collegiale; si potrebbe tuttavia ipotizzare, in alternativa, che *Zmaragdus* abbia ricoperto tale carica limitatamente a questo ambito, contemporaneamente o in un momento diverso rispetto a quella di *magister* (cfr. *Dizionario Epigrafico De Ruggiero*, II, 1, *Collegium*, 379, 381-382).

[195] Nel testo della *lex Manciana*, ad esempio, si esplicita chiaramente la coltivazione dei *fundi* può essere gestita direttamente dal proprietario, da *conductores* o da *vilici*: *(---) ex fructibus qui eo loco nati erunt, dominis aut / conductoribus vilicisve eius f(undi) partes e lege Manciana praestare debebunt hac condicione: (---)* (CIL VIII, 25902, *Lex. Manciana*, linee 10-11).

[196] CIL XI, 1356=ILS 7228: *D(ecimo) Haterio Agrippa C(aio) Sul(picio) Galb(a) co(n)s(ulibus), / Hilario vil(icus) mag(ister) pos(uit) consules / et nomina decur(ionum): /Sisenna Statilio, L(ucio) Scribonio co(n)s(ulibus), /Hilarus, Vaccio, / Scaripus, Nervius. / L(ucio) Ponpo(nio) Flacco, G(aio) Caecilio co(n)s(ulibus), / Tiburtinus, Philo, / Capito, Solymarus. /Ti(berio) Caesar(e) III, German(ico) II co(n)s(ulibus), / Tigranus, Felicio, / Hermippus, Primus. / M(arco) Silio, L(ucio) Norbano co(n)s(ulibus), / Cabnus, Optatus, / Apollonius, Calo/teim[us?---] / M(arco) [Valerio M(arco) Aurelio co(n)s(ulibus),] / [---].*

[197] Altri *vilici* di condizione servile (*Hermes*, *Aithales* e *Felix*), di proprietà di peronaggi coinvolti nello sfruttamento delle cave di marmo lunense, risultano menzionati in epigrafi di cronologia incerta (CIL XI, 9647, iscrizione su roccia in loc. I Fanti Scritti; CIL XI, 132, cippo in marmo dalla cava della Tagliata; CIL XI, 1327, dalla cava di Colonnata). La presenza *in loco* di *vilici* imperiali è attestata solo nel corso del II sec. d. C., quando una piccola *ara*, rinvenuta nel 1921 nelle immediate vicinanze della cava di epoca romana di Bedizzano (G. Paci, "Due documenti epigrafici per la storia di Luni romana," *Quaderni Catanesi* 2 (1980): 5555-571), riporta una dedica alle *Nymphae* effettuata da *Athenio, Caes(aris) n(ostri servus) vil(icus): Sacrum / Nymphis. / Athenio, / Caes(aris) n(ostri servus) vil(icus), p(osuit) / cum suis. / Sub cura T(iti) Cavi / Amerimni.* La cronologia si basa essenzialmente sull'impiego dell'espressione *Caes(aris) n(ostri)*, diffusa a partire dall'età traianea (Weaver, Familia Caesaris, 54-56), e dalla fine della commercializzazione a largo raggio del marmo lunense nel corso del III sec. d. C. (Paci, "Due documenti epigrafici," 562, nota 26).

[198] La presenza di *vilici* presso *metalla* di pertinenza del fisco imperiale è successivamente attestata nel Norico, dove, attorno alla metà del II sec. d. C., è attivo il *servus Velox* (CIL V, 810; Winkler, *Die Reichsbeamten*, n. 4; da Aquileia), e presso le *ferrariae* di Ljubija, nel settore più interno della *Dalmatia*, dove tra l'inizio del III sec. d. C. ed il 253-60 d. C. sono note le dediche *pro salute* dell'imperatore e/o dei suoi familiari e, in un caso, al *conductor* delle miniere, effettuate da almeno otto *vilici*. Di seguito l'elenco delle epigrafi di Ljubija secondo la cronologia proposta da M. Mrozek e S. Dušanić (Mrozek, "Die Kaiserlichen Bergwerksprokuratoren," 50, tab. 2, nn. 1-7; Dušanić, *Aspects of roman mining*, 83, nota 202; vedi anche Itri, "Gli addetti alle miniere," 203-204): Dušanić, *Aspects of roman mining*, 83, n. 1; 201 a. C.; AE 1958, 63 (*Glasnik* 1957, p. 110; Dušanić, *Aspects of roman mining*, 83, n. 2; 209-211 d. C.); Dušanić, *Aspects of roman mining*, 83; n. 3; *Glasnik* 1963, p. 89 (211-217 d.C.); CIL III, 1295 (Dušanić, *Aspects of roman mining*, 83; n. 4; 223 d.C.); CIL III, 7837 (Dušanić, *Aspects of roman mining*, 83; n. 5; 228 d. C.); AE 1960, 238 (Dušanić, *Aspects of roman mining*, 83; n. 6; 229 d. C.); CIL III, 13240 (Dušanić, *Aspects of roman mining*, 83; n. 7; 246-249 d. C.); CIL III, 13239 (Dušanić, *Aspects of roman mining*, 83; n. 8; 253-260 d. C.).

[199] Domergue, *Les mines de la Péninsule Ibérique*, 279-308, 321-385, 463-494.

[200] Florus, II, 33, 60.

[201] Florus, II, 25.

erano certamente destinati consistenti quantitativi di piombo. Il coinvolgimento diretto nell'attività mineraria è attestato nell'Eifel, anche se solo a partire dall'età giulio-claudia[202], e, già in età augustea, nelle aree minerarie poste ad Est del Reno, dove la presenza militare è associata ai *metalla* sia nel Bergisches Land – certamente ad Hennef-Altglück e, forse, a Luderich – che nel Sauerland, dove si registra, a poca distanza dall'area mineraria di Brilon, la presenza del campo di Rüthen-Kneblighausen[203].

L'impiego diretto e prolungato delle truppe nella coltivazione dei giacimenti, come mette in evidenza il passo di Tacito relativo alle prospezioni effettuate da Curzio Rufo nell'*ager Mattiacus* durante il principato di Claudio, deve essere invece considerata un'attività sporadica, non gradita ai soldati: *at legionibus cum damno labor, effodere rivos, quaeque in aperto gravia, humum infra moliri. Quis subactus miles, et quia plures per provincias similia tolerabantur, componit occultas litteras nomine exercituum*[204].

Relativamente alla Germania è solo possibile ipotizzare che, laddove il *princeps* decise di condurre direttamente lo sfruttamento delle miniere da lui controllate, potrebbero essere state messe in atto soluzioni quali quelle descritte; la recente conclusione delle campagne condotte da Tiberio e, negli anni successivi, le continue rivolte che caratterizzarono la provincia, dovettero favorire l'impiego come monodopera nei *metalla* delle popolazioni sottomesse. In alternativa, anche se tale sistema doveva essere finanziariamente più gravoso per il *fiscus*, lo sfruttamento poteva essere condotto direttamente da una *familia* posta sotto il controllo di un *vilicus*, come attestato presso Villefranche de Rouerge.
Ulteriore dato saliente dell'attività mineraria avviata in età augustea in Germania è il coinvolgimento, in tempi brevi, di altri personaggi, estranei all'amministrazione imperiale e all'esercito, coinvolti nello sfruttamento dei giacimenti in qualità di *occupatores* o *coloni*, nell'ambito di regolamenti in parte simili a quelli attestati dalle *leges* di Vipasca[205]. Lo sfruttamento secondo la "regia indiretta" sarebbe quindi attestato nell'Eifel, dal quale provengono i lingotti di *L. Flavius Verucla* del relitto di *Saintes-Maries-de-la-Mer 1*, mentre dubbio è il suo impiego anche nelle miniere ubicate ad Est del Reno. Se infatti resta dubbio il ruolo (produttore? commerciante?) svolto dal *Pudens* del lingotto del relitto di Rena Maiore, prodotto verosimilmente nel Bergisches Land[206], rimane aperta l'origine – dal Sauerland o dall'Eifel – del lingotto di Heppen, potenziale attestazione dell'attività di *Verucla* anche ad Est del Reno.

Attesta infine la presenza, presso le miniere germaniche, di una *societas* il lingotto di Fos-sur-Mer recante il bollo dei *socii plumb(i) Ger(manici)* [207]; si tratta, con ogni verosimiglianza, non di una *societas publicanorum* coinvolta nella riscossione di un *vectigal* imposto sulla miniera[208], quanto di una società preposta allo sfruttamento delle miniere, analoga alle *societates aurifodinarum vel argentifodinarum et salinarum* ricordate da Gaio[209] e che, ancora secondo quest'ultimo, *loco publicanorum sunt*[210]. La possibilità di formare *societates* è peraltro esplicitamente prevista nei paragrafi 6 e 7 della *lex metallis dicta*, secondo la quale è concessa agli *occupatores* dei pozzi di *Vipasca* la possibilità di unirsi in qualità di *socii*[211]. Se quindi, con l'avvento del principato, il ruolo delle compagnie di *publicani* nella riscossione dei *vectigalia* sembra essere progressivamente ridotto[212], in virtù del forte impatto che ebbe, in particolare nelle *provinciae Caesaris*, la nascita dell'amministrazione dipendente dal *princeps*, ancora consistenti risultano essere le attestazioni di *societates* coinvolte, al pari di singoli personaggi, nello sfruttamento di miniere agli inizi del principato e ancora nel corso del II sec. d. C.[213]. Nella penisola iberica risultano certamente attive in età augustea la *soc(ietas) Vesc(orum)*, menzionata nei bolli di sette lingotti di piombo del relitto *Cabrera 4* (primo quarto del I sec. d. C.[214]), una *soc(ietas) plumb(aria) [---]R[---]* menzionata

---

[202] Per il coinvolgimenti di membri delle *legiones XVI* e *XX Valeria* nell'attività mineraria dell'Eifel vedi Cap. 2.3.1. Per il coinvolgimento dell'esercito nell'attività mineraria – nelle attività di prospezione e/o nel reale processo di estrazione del minerale – vedi in generale Le Roux, *Exploitations miniéres et armée*, 170-181 e, in relazione alle miniere d'oro del settore Nord-occidentale della penisola iberica N. Santos-Yanguas, "Ejército romano y minería del oro en el norte de la peninsula ibérica," *Hispania Antiqua* XXI (1997): 109-122; Pitillas Salañer, "Integración y promoción social," 225-244; Mangas, Orejas, *El trabajo en las minas*, 292-293.

[203] Cap. 2.3.2.-3.

[204] Tac., *Ann.*, XI, 20.

[205] Su questo vedi, più diffusamente, il paragrafo seguente (3.3.2).

[206] Vedi, su questo, Cap. 1.2.3. e relativa appendice e Cap. 2.3.2.

[207] Laubenheimer-Leenhardt, *Recherches sur les lingots*, 124-125 e 195-197.

[208] Sulle quali vedi, in generale, Richardson, "The spanish mines," 139-152; Cimma, *Ricerche*, 23-31; 145-147; Andreau, "Recherches récentes," 91-95; Blázquez Martinez, *Admninistracion de las minas*, 119-121; Domergue, *Les mines de la Péninsule Ibérique*, 241-252, 258-260; Domergue, *Les premiéres entreprises*, 233-236; Blázquez, *Las explotaciones*, 187-188; Mateo, Manceps, redemptor, 136-140; Rico, "Sociétés et entrepreneurs miniers," 395-415.

[209] Dig., 3.4.1.pr.: *Paucis admodum in causis concessa sunt huiusmodi corpora: ut ecce vectigalium publicorum sociis permissum est corpus habere vel aurifodinarum vel argentifodinarum et salinarum.*

[210] Dig., 39, 4, 13: *sed et hi, qui salinas et cretifodinas et metalla habent, publicanorum loco sunt.* In questo senso anche Domergue, *Les mines de la Péninsule Ibérique*, 258-260.

[211] *Vip.* II, 6: *[Occ]u/patori puteorum socios quos volet habere liceto, ita ut, pro ea parte, qua quis socius erit, impensas / conferat. Qui ita non fecerit, tum is qui impensas fecerit rationem inpensarum factarum a se / continuo triduo in foro frequentissimo loco propositam habeto et per praeconem denuntiato / sociis ut pro sua quisque portione inpensas conferat. Qui non ita contulerit, quive quid dolo / malo fecerit quominus conferat, quoque quem quosque ex sociis fallat, is eius putei partem ne / habeto, eaque pars socii sociorumque qui inpensas fecerit esto.*
Vip. II, 7: *Ei ii[s] coloni[s] qui inpensam fecerint in eo puteo, in quo plures socii fuerint, repetendi a sociis quod / bona fide erogatum esse apparuerit ius esto.*

[212] Cimma, *Ricerche*, 147; E. Lo Cascio, "Appaltatori delle imposte e amministrazione finanziaria imperiale." In *Tâches publiques et enterprise privée dans le monde romain*, édité par J.-J. Aubert (Genève 2003), 250-252; Ørsted, *Roman Imperial Economy*, 103-169; 220-236.

[213] Per l'età repubblicana vedi, in generale, la sintesi presentata in Rico, "Sociétés et entrepreneurs miniers," 395-415.

[214] Veny, Cerda, "Materiales arqueologicos," 298-310; Veny, "Nuevos materiales," 465-488.

nel bollo di un lingotto recuperato presso Minorca[215], la *soc(ietas) argent(ariarum) fod(inarum) mont(is) Ilucr(onensis)*[216], nota grazie i bolli su lingotti di piombo da Roma e dall'area di *Carthago Nova*, la *societas Sisaponensis*, ricordata da Cicerone, Vitruvio e Plinio[217], e la *s(ocietas) C(astulonensis)*[218]; all'età giulio-claudia o comunque al I sec. d. C. si datano le attestazioni pertinenti alla *s(ocietas) m(ontis) F(icariensis)*, coinvolta nello sfruttamento delle miniere del Cabezo San Cristóbal à Mazarrón (*Carthago Nova*)[219], alla *soc(ietas) aerar(iarum)* di Cordoba[220] e alla *soc(ietas) Amat(---)*, nota grazie alle contromarche presenti su un gruppo di lingotti di rame recuperati lungo le coste francesi e prodotto nel distretto minerario di Los Pedroches, nella Sierra Morena[221]. È tra la fine del I ed il II sec. d. C. che può essere collocata l'attività mineraria condotta in Britannia dai *socii Romae*[222], noti grazie al bollo su un lingotto di rame proveniente dall'isola di Anglesey (Galles Nord-occidentale) e dai *socii metalli Lutudarensis*[223], menzionati su più lingotti di piombo prodotti nelle miniere del Derbyshire.

3.2.2. Il corredo epigrafico dei lingotti dei *metalla Germanica* e l'amministrazione dei *metalla* del *princeps*[224]

Il corredo epigrafico dei lingotti di piombo prodotti nelle miniere germaniche – in particolare per quanto riguarda il rapporto tra bolli e contromarche – consente di fare un ulteriore passo nella definizione delle modalità secondo le quali le miniere controllate dal *princeps* furono gestite. In due studi relativi al regime giuridico ed alle modalità di sfruttamento delle miniere nel corso della tarda età repubblicana e della prima età imperiale, A. Mateo[225] propone una organica trattazione di molteplici aspetti dei regolamenti minerari; in questa sede intendiamo focalizzare la nostra attenzione su un singolo tema trattati in entrambi tali contributi, e oggetto, anche in passato, di notevole dibattito. Ci stiamo riferendo alla problematica relativa alla supposta spartizione – negata da Mateo – del metallo estratto tra il *colonus* concessionario dell'appalto per lo sfruttamento di uno o più *putei* ed il *fiscus* imperiale, problematica trattata nel testo della *lex metallis dicta*, espressamente dedicata agli aspetti che regolano l'attività estrattiva, e al paragrafo 9 della *lex metalli Vipascensis*[226].

---

[215] Il lingotto reca la contromarca *Agrip(pae)*, da ricondurre a M. Vipsanio Agrippa (I. Rodà, "*Agripa y el comercio del plomo*," *Mastia* 3 (2004): 183-194; C. De Nicolàs, I. Rodà, "Un nuevo lingote de plomo con la marca *AGRIP*." In *Acta XII Congressus Internationalis Epigraphiae Graecae et Latinae (Barcelona, 3-8 Septembris 2002)*, Editor M. Mayer i OLivé, G. Baratta, A. Guzmán Almagro (Barcelona 2007), 1017-1020. Su questo stesso lingotto, vedi oltre, Cap. 3.2.2.

[216] CIL, XV, 7916 (= AE, 1907, 135); Héron De Villefosse, "Addition," 63-68; Jecquier, "Note sur la decouverte," (per un quadro completo vedi Rico, "Sociétés et entrepreneurs ominiers," 397-399..

[217] Cic., *Phil.*, 2, 19, 48; Vitruv. *De arch.*, 7, 9, 4; Plin. *N. H.*, 33, 118. Vedi anche CIL, X, 3964; CIL, II 2, 7, 415a.

[218] *Tesserae* di piombo con la sigla *S. C.* sono state rinvenute nei livelli relativi al periodo compreso tra la fine del I sec. a. C. e la prima metà del I sec. d. C. della fonderia di Fuente Espí (M. P. García y Bellido, "Nuevos documentos sobre mineria y agricoltura romanas en Hispania," *Archivo Español de Arqueologia* 59 (1986): 13-46; Domergue, *Catalogue*; Domergue, *Les mines de la Péninsule Ibérique*, 262). La sigla *S. C.* è presente anche su altri oggetti: su placchette e *tesserae* di piombo provenienti da El Centenillo del Plomo, Fuente Espí e dal sito minerario di Santa Eufemia (a nord di Cordoba) e su un peso da telaio da El Cerro del Plomo. Le placche sono state interpretate come etichette da fissare ai sacchi di minerale ancora grezzo o, sull'esempio del secchio della miniera di Posadas con il contrassegno *S. S.*, a oggetti dei quali si voleva indicare la proprietà; non è esclusa tuttavia una loro funzione come *tesserae nummariae*, ossia come "buoni" in cambio dei quali si potevano ricevere determinate quantità di grano o denaro. È chiaro che, non essendo vere monete e non essendo neppure fatte con metallo di qualche valore, esse erano valide soltanto in un determinato ambiente (come in un distretto minerario) e a determinate condizioni (García y Bellido, "Nuevos documentos," 19-22, 34-38; Domergue, *Les mines de la Péninsule Ibérique*, 261-263). Sulla *societas Castulonensis* si veda anche Rico, "Sociétés et entrepreneurs miniers," 397-398; L. Arboledas, *Minería y metalurgia romana en el Sur de la Península Ibérica: Sierra Morena oriental*, BAR. Int. Ser. 2121, Oxford 2010, 134-139.

[219] Compare su uno dei tre altari dedicati, assieme ad un gruppo statuario databile ad età giulio-claudia, dal *dispensator Albanus* alla Terra Madre e al *genius* del *locus Ficariensis* (CIL II, 3225-3227) l'espressione *genius SMF*, sciolta appunto come *s(ocietas) M(ontis) F(icariensis)* (Rico, "Sociétés et entrepreneurs miniers," 399, con bibliografia).

[220] CIL II, 334: *M.(arcus) Aerarius soc(ietatis) aerar(ariarum) l(ibertus) / Telemac(h)us medicus / hic quiescit* (vedi anche Domergue, *Les mines de la Péninsule Ibérique*, 270 e nota 41).

[221] Rico, "Sociétés et entrepreneurs miniers," 398 e nota 25.

[222] CIL VII, 1200; Davies, *Roman Mines*, 137; RIB, 34-35, n. 2403.3.

[223] RIB 59-61, nn. 2404.53-61.

[224] Il presente paragrafo, qui rimaneggiato, in particolare nella parte iniziale, è già comparso in S. Genovesi, "L'amministrazione dei metalla di proprietà del princeps in età augustea: fonti archeologiche ed epigrafiche a confronto." In *Interventi imperiali in campo economico e sociale. Da Augusto al tardoantico. Atti del Seminario* (Napoli, 21-22 settembre 2009), a cura di A. Storchi Marino, G. D. Merola (Bari 2010), 13-42).

[225] A. Mateo, *Observaciones sobre el régimen jurídico de la minería en tierras públicas en época romana*, Santiago de Compostela 2001; A. Mateo, "Roman mining on public land: from the republic to the empire." In *Tâches publiques et enterprise privée dans le monde romain*, édité par J.-J. Aubert (Genève 2003), 123-133.

[226] Per l'edizione dei testi delle due *tabulae Vipascenses*, le due ben note leggi compilate in età adrianea e rinvenute presso il sito minerario portoghese di Aljustrel nel 1876 (cosiddetta *lex metalli Vipascensis=Vip. I*) e nel 1906 (cosiddetta *lex metallis dicta=Vip. II*), vedi C. Domergue, *La mine antique d'Aljustrel (Portugal) et les tables de bronze de Vipasca*, Paris 1983. Una delle principali problematiche poste dal regolamento minerario contenuto nelle due *tabulae* rinvenute ad Aljustrel è quella legata alla cronologia dei due reperti e a quella del regolamento stesso. È evidente che il supporto ed il contenuto di un testo epigrafico di qualsiasi tipo possono essere stati elaborati in momenti diversi, talvolta anche piuttosto distanti nel tempo. Esemplare, a questo proposito, è l'esempio fornito dalla *lex portorii provinciae Asiae*; il frammento lapideo, rinvenuto ad Efeso e pubblicato nel 1989 da Engellmann e Knibbe (Engelmann, Knibbe, "Das Zollgesetz"), contiene un testo composto da una prima parte risalente al 75 a. C. e da una seconda parte che aggiunge regole e che risulta aggiornata al 62 d. C., data alla quale va fatta risalire la redazione del documento. Nel caso delle *tabulae Vipascenses* il testo appare più unitario ed omogeneo rispetto al testo della *lex portorii provinciae Asiae* e non sembra possibile individuare parti o capitoli che è possibile attribuire a periodi precedenti al principato di Adriano sulla base dei soli elementi interni alle due epigrafi. In generale, tuttavia, gli studiosi appaiono nella maggior parte dei casi concordi nel ritenere che i testi delle leggi di Vipasca potrebbero essere stati elaborati, *in toto* o solo in parte, in uno o più momenti antecedenti alla prima metà del II sec. d. C., quando le due *tabulae* sono state fuse ed esposte in un punto ignoto del distretto minerario lusitano.

In un breve articolo del 2004 (*Le régime juridique des mines du domaine public à Rome*)[227] si è espresso favorevolmente alla tesi proposta da Mateo C. Domergue; quest'ultimo, in un precedente contributo del 1994 (*L'État romain et le commerce des métaux à la fin de la Rébublique et sous le haut-Empire*)[228], si era al contrario, dichiarato a favore dell'ipotesi che prevede la spartizione del metallo prodotto tra *colonus* e *fiscus*, indicando correttamente, a nostro modo di vedere, come la documentazione epigrafica a nostra disposizione consenta di intuire il riflesso di alcune delle norme contenute nelle *tabulae Vipascenses*.

È, inoltre, nostra opinione che la presenza di contromarche e di iscrizioni graffite recanti il nome del *princeps* o di funzionari del *fiscus* su lingotti di piombo e rame prodotti da altri soggetti possa costituire la traccia di un meccanismo di acquisizione del metallo attuato dall'amministrazione imperiale nelle miniere da essa controllate. L'evidenza fornita dalle contromarche *Imp. Caes.*, presenti sulle *massae plumbeae* del relitto *Saintes-Maries-de-la-Mer 1* (Fig. 65) sembra indicare che tale meccanismo, che potrebbe possedere in parte caratteristiche analoghe a quelle del regolamento minerario della *lex metallis dicta*, è già in atto nei primi anni del principato.

Nel contributo del 1994, una serie di contromarche, presenti su lingotti di piombo, rame e stagno, sono state messe da Domergue in relazione con l'acquisizione, da parte del *fiscus*, della *pars dimidia* ad esso spettante[229]. Tale affermazione appare possibile in quanto l'impressione a freddo di una contromarca è, di per sé, indizio dell'acquisizione del metallo da parte di un soggetto diverso dal produttore, il quale compare menzionato nel bollo dorsale[230]. Se lo schema "bollo di soggetto privato+contromarca di soggetto privato" può quindi essere ricondotto ad una compravendita del metallo tra un produttore ed un *mercator*, lo schema "bollo di soggetto privato+contromarca imperiale" fa riferimento, nel caso in cui la miniera sia di pertinenza del *princeps*, ad una forma di transazione diversa che, verosimilmente, non può essere identificata *tout court* con l'acquisto di metallo da parte dell'amministrazione imperiale. Se i *metalla* sono certamente imperiali, ciò non è possibile, in quanto sarebbe necessario ipotizzare che il *fiscus* stia acquistando, come un qualsiasi soggetto privato, del metallo estratto in una miniera di sua pertinenza o proprietà.

Abbiamo già messo in evidenza[231] come sia, a nostro parere, decisamente rischioso identificare come funzionari dipendenti dal *fiscus* del *princeps* i personaggi menzionati nelle contromarche dei lingotti di piombo, in assenza di indicazioni precise nei testi delle contromarche[232]. Se si accetta, al contrario, di identificare i titolari di queste ultime con personaggi estranei alla struttura amministrativa imperiale (ad es. *mercatores*, *negotiatores*), si deve allora postulare che tra tali personaggi e il *fiscus* intercorra un rapporto analogo a quello che intercorre tra due privati, analogamente a quanto ipotizzato da Domergue per lo schema che vede il bollo di un soggetto privato associato alla contromarca di un secondo soggetto privato. Da ciò consegue, in definitiva, la possibilità, da parte del *fiscus Caesaris*, di cedere a terzi, tramite vendita, una parte del metallo in suo possesso, alla stregua di un qualunque produttore privato in possesso di metallo. A tale proposito è possibile ricordare, da un lato, la capacità di interagire con *mercatores* privati da parte del *fiscus*[233], e, dall'altro, l'attestazione della vendita, da parte di quest'ultimo, di beni di vario tipo[234], tra i quali schiavi[235], terreni[236], edifici[237] e quella, ampiamente nota grazie all'evidenza archeologica, dei laterizi prodotti nelle *figlinae* di proprietà del *princeps* e/ dei suoi più stretti familiari. È allora possibile ipotizzare, in alcuni casi, la vendita a privati, a discrezione del *procurator Augusti* e degli *iussa* da lui ricevuti, di metallo in eccedenza rispetto alle necessità locali dell'amministrazione imperiale e/o a quelle di Roma. Limitatamente al piombo, non altrimenti potrebbe essere intesa la presenza di lingotti recanti il bollo del *princeps* in ambito urbano, laddove – è questo, ad esempio, il caso del lingotto bollato da Tiberio rinvenuto a Tongeren, rinvenuto all'interno di quello che era certamente un contesto di tipo civile[238] – non appare possibile ravvisare interessi del *fiscus Caesaris*. In linea teorica, potrebbe riflettere una situazione di questo tipo lo schema che vede la compresenza su un lingotto o su un gruppo di lingotti del bollo del *princeps* e/o di contromarche non riconducibili con certezza al fisco e/o a personaggi ad esso riconducibili. Anche se è sempre necessario valutare caso per caso il contesto archeologico del ritrovamento, è possibile ipotizzare che siano stati venduti dal fisco a *mercatores* privati i lingotti germanici del relitto di Rena Maiore, recanti il bollo di Augusto e successivamente contromarcati da due distinti personaggi (i titolari delle contromarche *L V^A^L R^U^F* e *CHI*) e il lingotto di Tongeren; la difficoltosa lettura delle contromarche presenti sui lingotti del relitto dell'*Île*

[227] C. Domergue, "Le régime juridique des mines du domaine public à Rome," *Mélanges de la Casa Velazquez* 34, n. 2 (2004): 221-236.
[228] Domergue, *L'État romain*, 99-113.
[229] Domergue, *L'État romain*, 103-104.
[230] Domergue, *Production et commerce des métaux*, 61-91; Domergue, *L'État romain*, 104.
[231] Cap. 1.2.1; 1.4.
[232] L'identificazione dei personaggi che contromarcano i ingotti con membri dell'amministrazione imperiale e la conseguente proprietà imperiale dei lingotti del carico è stata ipotizzata in Raepsaet-Charlier, "*Plumbum Germanicum*," 186; Faoro, "Osservazioni sugli inizi della proprietà imperiale," 381-401.
[233] Dig., 39.4.9.8: *Fiscus ab omnium vectigalium praestationibus immunis est. Mercatores autem, qui de fundis fiscalibus mercari consuerunt, nullam immunitatem solvendi publici vectigalis usurpare possunt.* Sulla capacità del *fiscus* e, in particolare, dei *procuratores* imperiali di vendere beni fiscali vedi, in particolare, Maiuro, Res Caesaris, 96.
[234] Per generici riferimenti alla vendita di beni da parte del *fiscus* vedi anche Dig., 27.9.2; 49.14.1.pr; 49.14.5.pr; 49.14.22.pr.).
[235] Dig., 40.1.4.8; C.J., 7.16.5.pr.
[236] Dig., 49.14.36; C. J., 8.45.1.
[237] Dig. 5.3.13.9; 5.3.54; 49.14.41; 49.16.9.pr.; C. J., 4.39.1.
[238] Cap. 2.4.3.

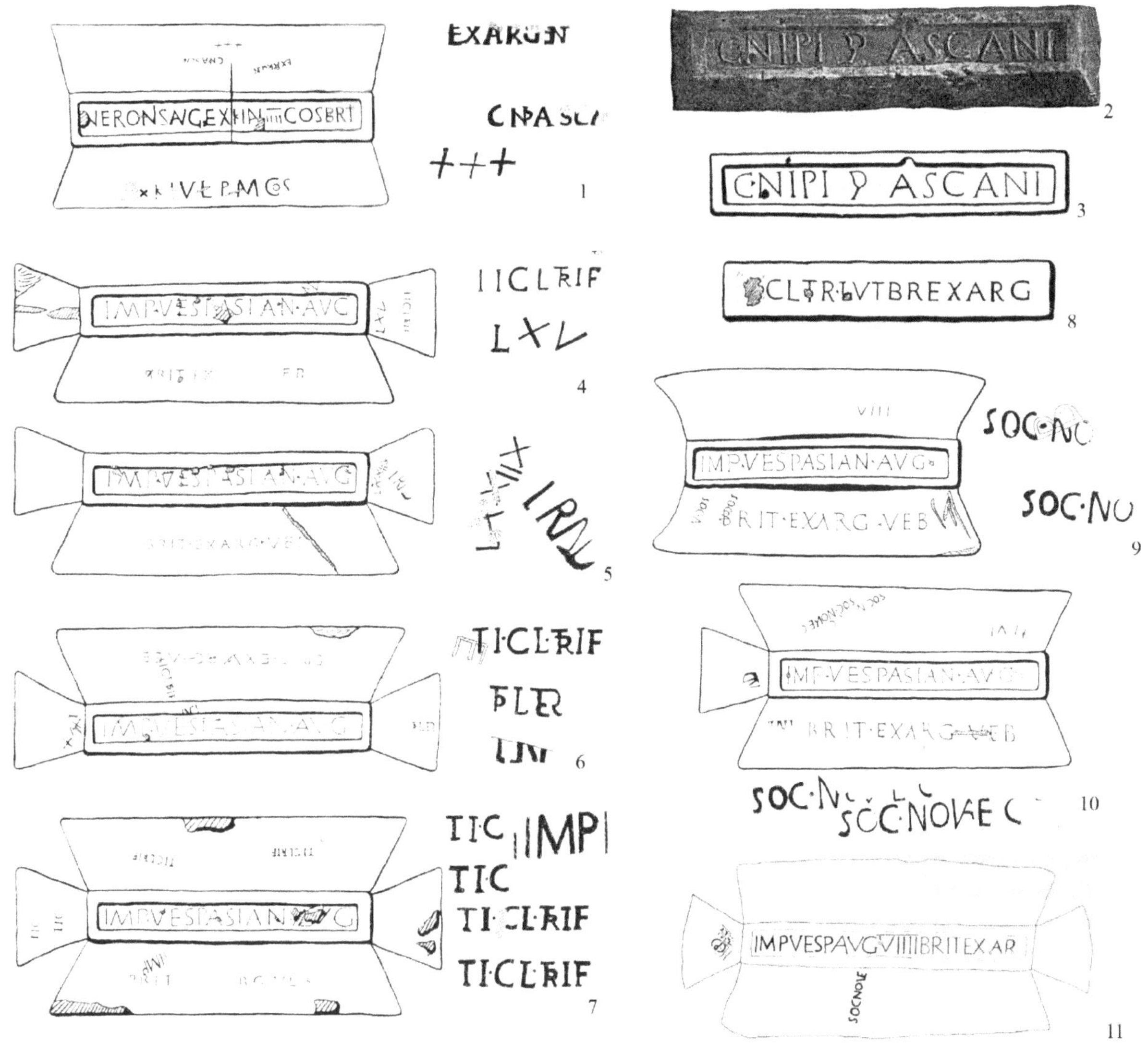

Figura 63. Lingotti britannici con bolli e contromarche di *C. Nipius Ascanius* (nn. 1-3; RIB, 2404.3, 38), di *Ti. Claudius Trif(---)/Trifer(---)* (nn. 4-8; RIB, 2404.7-10, 41-45) e della *soc. Novaec(---)* (nn. 9-10; RIB, 2404.5, 6, 13).

Rousse e di Populonia[239], recanti rispettivamente i bolli di Gaio e Nerone, non consente invece di definire con certezza la proprietà di queste *massae plumbeae* al momento del naufragio delle rispettive imbarcazioni[240].

L'evidenza epigrafica fornita dalle *massae plumbeae* dei *metalla* della *Germania*, cronologicamente distribuita lungo un arco temporale compreso tra il principato di Augusto e – ipoteticamente – la tarda età giulio-claudia[241], trova riscontro nei corredi epigrafici di un consistente gruppo di lingotti di piombo britannici databili tra la tarda età giulio-claudia e l'età flavia (Figg. 63 e 64, nn. 5-8). Significative appaiono in particolare le alcune *massae plumbeae* recanti bolli e contromarche di due personaggi, *C. Nipius Ascanius* e *Ti. Claudius Trif(---)*. Una contromarca del primo (*G(aii) N[i]pi Ascani*) compare su una *massa plumbea* rinvenuta a Bossington (Hampshire) e recante il bollo *Neronis Aug(usti) ex k(alendis) Ian(uaris) IIII co(n)s(ulis) Brit(annicum) (plumbum)*[242]. La cronologia definita dalla datazione consolare (60 d. C.) e il luogo del ritrovamento sembrano individuare nelle miniere delle Mendip Hills il luogo di origine del metallo. Lo stesso personaggio bolla (*C(ai) Nipi Ascani(i)*) un lingotto rinvenuto presso le miniere di argento e piombo ubicate nel territorio di *Deceangli*, ubicato nel settore Nord-orientale dell'attuale Galles, a poca distanza dal campo legionario di *Deva*/Chester[243].

[239] Vedi Cap. 2.4.5. e 2.4.6.

[240] Costituisce un elemento di forte dubbio la presenza, su entrambi i lingotti, delle contromarche *T^E C^A P R^F A^C F^A^C A^G* (lingotto dell'*Île Rousse*) e *T^E C^A^L P F^R C^A C^A^F A^G* (lingotto di Populonia), della quale risulta difficile definire una lettura e che risulta apposta sulle due *massae plumbeae* a distanza di più di 20 anni.

[241] In letteratura non risultano note contromarche apposte sul lingotto di Fos-sur-Mer recante il bollo di Tiberio (per il quale vedi Cap. 2.4.4).

[242] RIB, 40, n. 2404.3. Sullo stesso lato della contromarca compiono la contromarca *ex argent(ariis)* e il numerale *XXX*; sul lato lungo opposto risulta inclusa già nella lingottiera la matrice dell'iscrizione *[e]x K(alendis) Iul(iis) p(ontificis) m(aximi) co(n)s(ulis)*.

[243] RIB, 56, n. 2404.38.

Sono frutto di un rinvenimento casuale effettuato nel 1956 presso la località di Green Ore (Somerset), prossima alle Mendip Hills, quattro lingotti recanti il bollo *Imp(eratoris) Vespasian(i) Aug(usti)* e l'iscrizione *Brit(annicis) ex arg(entariis) Veb(---)*, ottenuta sul lato lungo al momento della fusione[244]; tre degli esemplari[245] risultano corredati della contromarca *Ti(berii) Cl(audi) Trif(---)* e/o *Ti(berii) Cl(audi) Trifer(---)*, mentre in tre casi compare l'indicazione ponderale[246].

Un lingotto isolato e un gruppo di quattro esemplari, tutti recanti il bollo *Ti(beri) Cl(audi) Tr(---) Lut(udarensis) Br(itannicum) (plumbum) ex arg(entariis)* e provenienti rispettivamente da due distinte località della regione mineraria del Derbyshire (Matlock Moor[247] e Pulborough[248]), sembrano attestare l'attività, stavolta come produttore, dello stesso personaggio che contromarca i lingotti di Green Ore.

Ancora al principato di Vespasiano si data un gruppo di tre lingotti[249], recanti il bollo dell'imperatore e contromarcati da una stessa *societas* (*soc(ietas) No(v^aec...)*) e, in un caso, dalla sigla *CPC*,[250] che i chiari segni di interpunzione consentono di riconoscere come i probabili *tria nomina* di un singolo peronaggio.
In tutti i casi menzionati l'apposizione di contromarche su lingotti recanti il bollo del *princeps* può essere intesa come indicativa del passaggio del metallo a privati, che lo avrebbero, anche attraverso ulteriori passaggi di proprietà, commercializzato all'interno del territorio provinciale; il bollo di *C. Nipius Ascanius* sul lingotto rinvenuto presso Chester e quelli di *Ti. Cl(audus) Trifer(---)/(Trifern(---)* sui lingotti del Derbyshire, indicativi della possibilità per uno stesso personaggio di essere coinvolto nell'attività mineraria di una provincia come la *Britannia* come *mercator* (tramite l'acquisto di lingotti già prodotti da privati o dal *fiscus*) e/o come produttore (in qualità di *occupator* o *colonus* di uno dei settori di un *metallum*), ci consentono di cogliere a fondo la probabile estraneità di questi personaggi – più che evidente nel caso della *soc(ietas) No(v^aec...)* – all'amministrazione imperiale. I casi ricordati presentano delle analogie con quello di *L. Flavius Verucla*; quest'ultimo, come indicano i lingotti del relitto di *Saintes-Maries-de-la-Mer 1* recanti il suo bollo (Serie 1), è direttamente coinvolto nell'attività di sfruttamento dei giacimenti. Una parte del carico è tuttavia costituita da

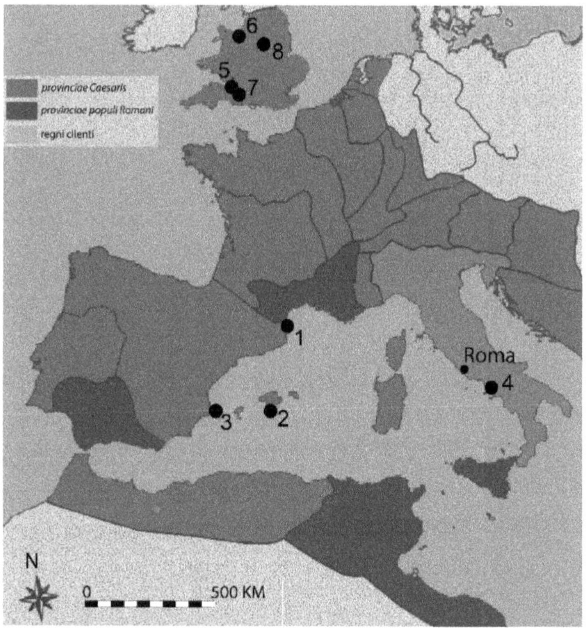

Figura 64. Ubicazione dei relitti *Port-Vendres II* (n. 1), *Cabrera 6* (n. 2), *Bou Ferrer* (n. 3), del lingotto di Pompei (n. 4) e dei lingotti bollati e contromarcati da *C. Nipius Ascanius* (nn. 5-6) e di *Ti. Claudius Trif(---)/Trifer(---)*(nn. 7-8).

lingotti privi di bollo e contromarcati da *Verucla* (Serie 2), il quale potrebbe averli acquistati prima dell'acquisizione dell'intero gruppo di *massae plumbeae* da parte del fisco. Anche in questo caso si potrebbe ipotizzare che uno stesso personaggio potesse essere coinvolto in modi diversi – come produttore e come commerciante del metallo – nello sfruttamento dei *metalla* di una e/o più aree minierarie di una stessa provincia.

Lo schema che vede il bollo del *princeps* coesistere a contromarche di personaggi non immediatamente riconducibili al *fiscus* può quindi sottendere la vendita ricorrente da parte del *fiscus* di lingotti di piombo, ossia di un metallo di importanza comunque inferiore rispetto a quella di oro, argento e rame[251].

Diverso è invece lo schema che vede l'apposizione su lingotti di piombo e – in un caso – di stagno di contromarche riferibili al *princeps* (Fig. 64)[252]:

[244] RIB, 43, n. 2404.7-10.
[245] RIB, 43, n. 2404.7, 9, 10.
[246] RIB, 43, n. 2404.7-9. Sui lingotti compaiono inoltre le contromarche *Imp(eratoris)* (RIB, n. 2404.10) [246]e *LRAD* (RIB, n. 2404.8, 9).
[247] RIB, 57, n. 2402.41.
[248] RIB, 57, n. 2404.42-45.
[249] Due lingotti rivenuti presso *Clausentum*/Bitterne (RIB, 41-42, n. 2404.5) recano il bollo *Imp(eratoris) Vespasian(i) Aug(usti) // Brit(annicum) (plumbum) ex arg(entariis) Veb(---)* e la contromarca *soc(ietatis* o *-iorum) No(v^aec---)* (sulla quale vedi anche il terzo lingotto, rinvenuto presso l'attuale centro di Syde (Gloucestershire; RIB, 46, n. 2404.13), reca il bollo *Imp(eratoris) Vespasian(i) Aug(usti) VIIII // Brit(annicum) (plumbum) ex arg(entariis)*, databile al 79 d. C., e la contromarca *soc(ietatis) Nov^a^e(c...)*. In entrambi i casi compaiono numerali (*VIII* e *IIVI*), forse non riconducibili a indicazioni ponderali e (RIB, n. 2404.6) una seconda contromarca (*LR[AD]*?), forse analoga quella di RIB, n. 2404.8, 9).
[250] Lingotto di Syde (RIB, n. 2404.13).
[251] C. Howgego, "Why did ancient states strike coins?," *Numismatic Chronicles* 150 (1990): 1-26; C. Howgego, "The supply and use of money in the Roman world. 200 B.C. to A.D. 300," *Journal of Roman Studies* 82 (1992): 1-31.
[252] Domergue (*L'État romain*, 103-104) riporta anche i testi di due iscrizioni su lingotti di rame, il cui testo, tuttavia, di difficile lettura, riporta unicamente il nome di funzionari imperiali:
- *Telesphori / Aug(usti) n(ostri) ser(vi) / AUD (---) D (---) NP VE (---) SR (---) / pr(ocurator) Felix / CCXXV* (Domergue, *Les mines de la Péninsule Ibérique*, 284-286; Laubenheimer-Leenhardt, *Recherches sur les lingots*, 52-55 (n. 24) e 82-84).

- *Imp(eratoris) Caes(aris)* (lingotti di piombo bollati da *Lucius Flavius Verucla* del relitto *Saintes-Maries-de-la-Mer 1*; 20/10 a. C.-14 d. C.)[253],
- *L(ucii) Vale(ri) Aug(usti) l(iberti) a com(mentariis)* (lingotti di stagno bollati *Procu(---)* e *L(ucii) Corne(li) Vec(---)*[254] del relitto *Port-Vendres II*; 41-54 d. C.[255],
- *Ner(onis) Aug(usti)* (lingotto bollato *P(ublii) Aemili(i) Gallici* da Pompei; 54-68 d. C.)[256],
- *Imp(eratoris) Caes(aris)*; *Vesp(asiani) Aug(usti)*; *Aug(usti)* (lingotti di piombo bollati da diversi personaggi e da una *societas* del relitto *Cabrera 6*; 69-79 d. C.)[257],
- *Imp(eratoris) Ger(manici) Aug(usti)* (lingotti di piombo del relitto del *Bou Ferrer*; 64-68 d. C.[258]).

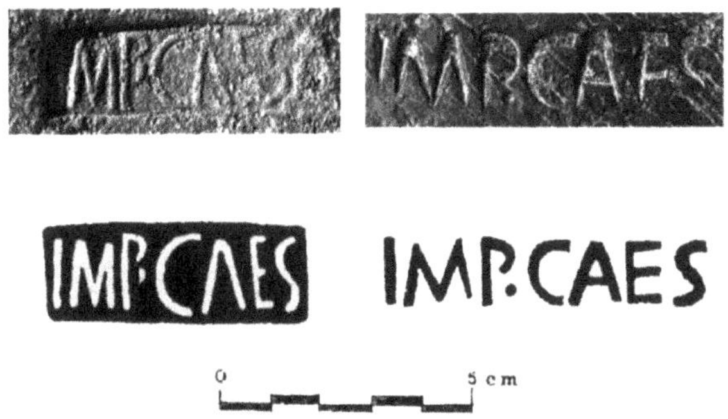

Figura 65. Contromarche di Augusto impresse sui lingotti del relitto *Saintes-Maries-de-la-Mer 1* (da Long, Domergue, "Le «Véritable plomb»," fig. 10).

Le contromarche in oggetto, apposte dal personale afferente al *fiscus Caesaris*, riportano, con una sola eccezione, in forma abbreviata la titolatura del *princeps* in carica, ritenuta verosimilmente sufficiente ad identificare il personaggio in oggetto e a indicarne, secondo la condivisibile ricostruzione di C. Domergue[259], l'acquisizione della proprietà del metallo. Non fa tuttavia eccezione, in questo senso, anche la contromarca del liberto *Lucius Valerius* sui lingotti di stagno del relitto *Port-Vendres II*, il quale, pur inserendo il proprio nome nel testo della contromarca, dichiara tuttavia in modo esplicito la propria appartenenza all'amministrazione imperiale.

È interessante osservare che, come già J. C. Edmonson ha ipotizzato in relazione ad alcune contromarche a loro volta sovrapposte a quella di *Lucius Valerius* sui lingotti del relitto *Port-Vendres II*, lingotti acquisiti dal *fiscus* potevano essere successivamente rivenduti dallo stesso *fiscus*[260]; il contesto del rinvenimento del lingotto di Nerone da Pompei – l'officina di un *plumbarius* di una città italica – può essere ritenuto altrettanto indiziario di tale eventualità.

Come interpretare l'evidenza fornita dai lingotti recanti contromarche con certezza riconducibili all'amministrazione del *princeps*? Riprendendo ancora una volta quanto scritto da Domergue nel 1994[261], riteniamo che esista la concreta possibilità che l'amministrazione del *princeps*, già a partire dall'età augustea, abbia adottato delle particolari modalità di acquisizione del metallo estratto nelle miniere poste sotto il suo controllo. In questo senso andrebbero interpretate le contromarche *Imp(eratoris) Caes(aris)* presenti sulle *massae plumbeae* di *Lucius Flavius Verucla*, attestazioni del passaggio al *fiscus* di lingotti – in questo caso di piombo – prodotti all'interno dei *metalla Germanica* (Fig. 65). La contestuale produzione, in questi stessi *metalla*, di *massae plumbeae* recanti il bollo di Augusto consente di stabilire la pertinenza al *princeps* delle miniere o almeno di una parte di esse. Un meccanismo di acquisizione integrato all'interno di una concessione stipulata tra l'amministrazione provinciale del *princeps* e *Verucla* sembra quindi la soluzione più adatta a spiegare la presenza delle contromarche sui lingotti del relitto *Saintes-Maries-de-la-Mer 1* e, per il periodo successivo, su quelli dei relitti iberici *Port-Vendres II* (Fig. 67), *Cabrera 6* (Fig. 68) e *Bou Ferrer* (Fig. 66). In tutti i casi menzionati risulta comunque difficile ipotizzare

- *Imp(eratoris) Antoni(ni) / Primuli Silonis / CCXCVII / pro[c](uratoris) S(altus?) Lono/bensis* (Domergue, *Les mines de la Péninsule Ibérique*, 285-287; Domergue, Rico, *À propos de deux lingots*, 141-152).

[253] Long, Domergue, "Le «Véritable plomb»," 801-867; Domergue, *L'État romain*, 103-104.

[254] Domergue, *Production et commerce*, 84 e tab. 1.

[255] AE 1976, 387: *L(ucii) Vale(ri) Aug(usti) l(ibertus) a com(mentariis)*. Sul relitto vedi Colls, Domergue, Laubenheimer, Liou, "Les lingots d'étain," 61-94; Colls, Etienne, Lequément, Liou, Mayet, "L'èpave Port-Vendres II"; Colls, Lequément, *L'èpave Port-Vendres II*, 177-186; Parker, Price, "Spanish exports," 221-228. Sulle contromarche vedi Edmonson, *Two Industries*, 38-39; Domergue, *Les mines de la Péninsule Ibérique*, 294, 301.

[256] CIL X, 8339; vedi anche *Notizie degli scavi di antichità*, 1882, p. 82; Besnier 1921, "Le commerce," 109. L'imperatore menzionato nel testo è verosimilmente Nerone; nonostante le condizioni di conservazione della contromarca rendano non agevole la lettura - *Ner(onis) Aug(usti)* o *Ner[v(ae)]? Aug(usti)* – è possibile decidere per la prima possibilità sulla base di diversi elementi. All'evidente *terminus ante quem* dell'eruzione del Vesuvio del 79 d. C. si aggiunge la presenza di un lingotto bollato da *P(ublius) Aemilius Gallicus*, produttore della *massa plumbea* pompeiana, anche sul relitto *Cabrera* 6 (Veny, "Dicisiete lingotes de plomo," 196-198). L'abbreviazione *Ner(o)* del *praenomen* di Nerone compare, peraltro, nel testo di un lingotto di piombo attualmente disperso, rinvenuto nel 1971 nel corso di indagini subacquee effettuate nel golfo di Baratti a Populonia: *Imp(eratoris) Ner(onis) Claud(ii) Caes(aris) (hedera) Aug(usti) Ge(rmanici) E(---) G(---)* (Cap. 2.4.6).

[257] Veny, "Dicisiete lingotes de plomo," 191-219; Parker, "Lead ingots," 147-150.

[258] C. de Juan Fuertes, F. Cibecchini, J. S. Miralles, "El pecio Bou Ferrer (La Vila Joiosa-Alicante). Nuevos datos sobre su cargamento y primeras evidencias de la arquitectura naval." In *Arqueología subacuática española: Actas del I Congreso de Arqueología Naútica y Subacuática Española, Cartagena, 14, 15 y 16 de marzo de 2013*, Editores F. X. Nieto Prieto, M. Bethencourt (Cartagena 2014), 113-124, in particolare 138. Informazioni recenti sulle ultime campagne di scavo possono essere reperite sul sito web dedicato al relitto (https://web.ua.es/en/actualidad-universitaria/2017/septiembre17/11-17/el-descubrimiento-de-dos-monedas-situa-la-fecha-del-naufragio-del-pecio-del-bou-ferrer-entre-el-ano-64-y-68.html). Sul relitto vedi, oltre, Cap. 3.2.2.

[259] Domergue, *L'État romain*, 103-104.

[260] Edmonson, *Two Industries*, 38-39.

[261] Domergue, *L'État romain*, 99-113.

l'acquisto *tout-court* del metallo da parte dell'amministrazione provinciale sul mercato privato[262]; il *princeps* si troverebbe, infatti, nella condizione di dover acquistare metallo estratto in miniere di sua proprietà o comunque poste sotto il suo controllo. È inoltre lo stesso C. Domergue che fa notare l'importanza del fabbisogno di metallo grezzo da parte dello stato romano, non solo in termini quantitativi ma anche in relazione a tutti i diversi tipi di metallo[263]. Riesce quindi difficile immaginare eventuali interlocutori privati in grado di "soddisfare" tali esigenze, non solo ingenti ma, anche e soprattutto, continue nel tempo[264]. È, inoltre, in relazione a lingotti contromarcati come quelli rinvenuti sui due relitti che sembra acquistare notevole senso l'espressione ὑπέρ τε χαλκοῦ καὶ ἀργύρου (*il rame e l'argento contrassegnati*)[265], impiegata nel testo della *lex portorii Asiae* per indicare il metallo trasportato per conto del *fiscus* imperiale e perciò esente dal pagamento del *portorium*.

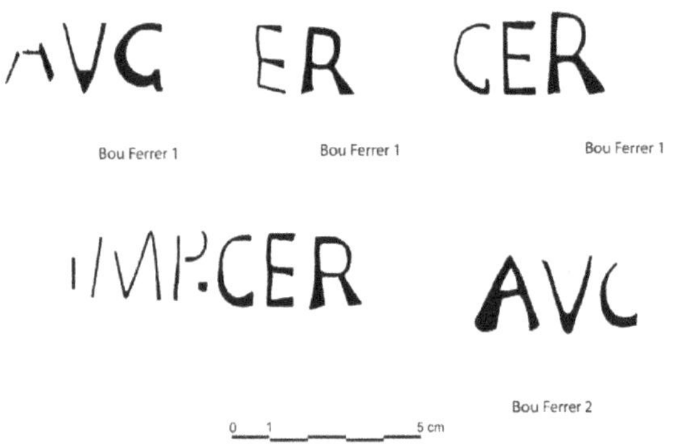

Figura 66. Contromarche dei lingotti del relitto del *Bou Ferrer* (da de Juan Fuertes, Cibecchini, Miralles, *El pecio Bou Ferrer*, 139).

Di fronte a tali considerazioni è allora necessario domandarsi se, già nel corso della prima età imperiale, siano esistiti meccanismi di acquisizione del metallo operanti all'interno dei *metalla* di proprietà del *princeps*; a tale proposito le parti della *lex metallis dicta* relative alla *pars dimidia ad fiscum pertinens* (*Vip.* II, 1, 2, 5) possono offrire un contesto soddisfacente nel quale inquadrare le dinamiche amministrative sottese alle contromarche imperiali[266]. L'esistenza della *colonia partiaria* nel regolamento minerario di *Vipasca* costituirebbe indubbiamente una evidenza di notevole importanza in questo senso, in quanto si potrebbe pensare che una serie di norme, solo ipoteticamente già codificate all'interno di una o più *leges metallis dictae*[267], siano già state attive nel corso della prima età imperiale. Si

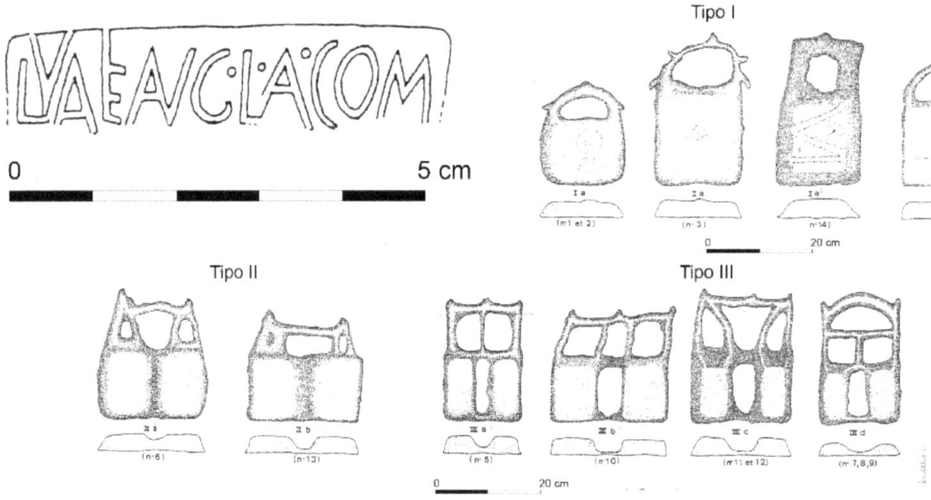

Figura 67. Contromarca e disegni dei lingotti di stagno del relitto *Port-Vendres II* (da Colls, Domergue, Laubenheimer, Liou, "Les lingots d'étain," 64, 80).

[262] Domergue, *L'État romain*, 104-106.

[263] Domergue, *L'État romain*, 101-103; per l'importanza del controllo delle miniere di oro e argento in relazione alla monetazione vedi E. Lo Cascio, "State and coinage in the late republic and early empire," *Journal of Roman Studies* 71 (1981): 78.

[264] È pur vero che larga parte dei pagamenti che lo stato effettuava (principalmente legati all'esercito e all'amministrazione civile) deve essere avvenuta per mezzo del denaro contante incassato annualmente; tuttavia la necessita di metallo grezzo da coniare o per altri usi deve essere stata comunque costante (vedi in proposito Howgego, "Why did ancient?," 1-26; Howgego, "The supply and use of money," 1-31; Domergue, *L'État romain*, 99-113; E. Lo Cascio, *Il* princeps cit., 49-50, 62).

[265] *Lex portorii Asiae*, ll. 61-62; Engelmann, Knibbe, "Das Zollgesetz," 86-88; Domergue, *Production et commerce*, 88-90; Domergue, *L'État romain*, 105-106. Il fatto che la redazione della legge rinvenuta ad Efeso si dati al 62 d. C. costituisce un'ulteriore dimostrazione dell'esistenza di regolamenti di vario tipo, forse non organizzati all'interno di una legge organica, prima della redazione dei testi di *Vipasca*.

[266] Da sottolineare che ci stiamo riferendo non alle *aurariae* della penisola iberica e della *Dalmatia*, sfruttate secondo la "regia diretta" in virtù delle particolari caratteristiche dei giacimenti, ma alle miniere caratterizzate dalla presenza di metalli (argento e piombo, rame, stagno, ferro) normalmente presenti in giacimenti filoniani. Il confronto tra l'evidenza costituita dalle contromarche imperiali sui lingotti di piombo ed il testo delle *tabulae* di *Vipasca* appare quindi particolarmente interessante proprio in quanto il testo fa riferimento a giacimenti di questo stesso tipo (Mangas, Orejas, *El trabajo en las minas*, 281, nota 153).

[267] Ha sostenuto l'esistenza di una generale *lex metallorum* già con Tiberio P. Ørsted ("Roman State Intervention? The Case of Mining in the Roman Empire." In *Production and Public Powers in Classsical Antiquity*, edited by E. Lo Cascio, D. W. Rathbone (Cambridge 2000), 70-76).

Figura 68. Lingotti del relittto *Cabrera 6* con contromarche di Vepasiano (da Veny, "Dicisiete lingotes de plomo," fig. 6, 11, 16, 21).

riportano di seguito i paragrafi 1-5 e 8 della *Lex metallis dicta*, all'interno dei quali risulta menzionata la *pars dimidia ad fiscum pertinens*:

- *Vip. II*, 1: [...] *Aug(usti) praesens numerato. Qui ita non fecerit et convictus erit prius coxisse venam quam pretium, sicut / supra scriptum est, solvisse pars occupatoris commissa est et puteum universum proc(urator) metallorum / vendito. Is, qui probaverit ante colonum venam coxisse quam pretium partis dimidiae ad fiscum pertinent/is numerasse, partem quartam accipito.*
- *Vip. II*, 2: *Putei argentarii ex forma exerceri debent quae / hac lege continetur; quorum pretia secundum liberalitatem sacratissimi imp(eratoris) Hadriani Aug(usti) obser/vabuntur, ita ut ad eum pertineat proprietas partis, quae ad fiscum pertinebit, qui primus pretium puteo fecerit / et sestertia quattuor milia nummum fisco intulerit.*
- *Vip. II*, 5: *Puteum a fisco venditum continuis sex mensibus intermissum alii occupandi ius / [es]to, ita ut, cum venae ex eo proferentur, ex more pars dimidia fisco salva sit.*
- *Vip. II*, 8: *Colonis inter se eas quoque partes puteorum, quas / a fisco emerint et pretium solverint, vendere quanti quis potuerit liceto. Qui vendere suam partem / quive emere volet, aput proc(uratorem) qui metallis praeerit, professionem dato; aliter emere aut vendere / ne liceto. Ei qui debitor fisci erit, donare partem suam / ne liceto.*

I paragrafi che abbiamo riportato sono quelli che, nei testi di entrambe le leggi, appaiono relativi al regolamento amministrativo e tecnico dell'attività estrattiva e alla successiva fase della lavorazione del metallo estratto nei *putei* presenti all'interno dei *fines* del distretto minerario di *Vipasca*; il testo della *lex metallis dicta* è completato da altri undici paragrafi a loro volta relativi ad aspetti di carattere amministrativo e tecnico, questi ultimi legati alle modalità da impiegare nella realizzazione dei lavori di scavo[268].

[268] *Vip.* II, 6: *[Occ]u/patori puteorum socios quos volet habere liceto, ita ut, pro ea parte, qua quis socius erit, impensas / conferat. Qui ita non fecerit, tum is qui impensas fecerit rationem inpensarum factarum a se / continuo triduo in foro frequentissimo loco propositam habeto et per praeconem denuntiato / sociis ut pro sua quisque portione inpensas conferat. Qui non ita contulerit, quive quid dolo / malo fecerit quominus conferat, quoque quem quosque ex sociis fallat, is eius putei partem ne / habeto, eaque pars socii sociorumque qui inpensas fecerint esto.*
Vip. II, 7: *Ei ii[s] coloni[s] qui inpensam fecerint in eo puteo, in quo plures socii fuerint, repetendi a sociis quod / bona fide erogatum esse abparuerit ius esto.*
Vip. II, 8: *Colonis inter se eas quoque partes puteroum, quas / a fisco emerint et pretium solverint, vendere quanti quis potuerit liceto. Qui*

In merito alla problematica connessa con l'ipotetica divisione a metà tra *colonus* e *fiscus* del metallo estratto, gli studiosi che si sono confrontati con le due leggi si sono sostanzialmente divisi in due gruppi, rispettivamente favorevoli o contrari a tale possibilità[269]. J. B. Mispoulet è stato il primo a proporre, negli anni 1907-1908, l'ipotesi della *colonia partiaria* e, contestualmente ad essa, il confronto con le modalita amministrative dei *praedia* africani[270]. Seppur con differenze spesso anche importanti, hanno ripreso il senso generale della ricostruzione di Mispoulet numerosi studiosi, tra i quali segnaliamo E. Cuq[271], J. Vendeuvre[272], M. Rostovtzeff[273] e, piu di recente, D. Flach[274], U. Thackolm [275], J. S. Richardson[276], J. Burian[277], S. Dušanić [278], S. Mrozek[279], J. Healy[280], D. Capanelli[281], S. Lazzarini[282], R. Cimma[283], J. Mangas e A. Orejas [284], C. Domergue[285], P. Ørsted[286], A. M. Hirt[287], S. Segenni[288] e S. Günther[289].

I punti essenziali della ricostruzione elaborata dai diversi sostenitori della *colonia partiaria* sono, in sostanza, i seguenti:
– tutti i modi di acquisizione della concessione mineraria prevedono comunque la cessione della metà del metallo prodotto al *fiscus*;
– esistono importanti punti di contatto tra i regimi di sfruttamento dei *praedia* nord-africani e il regolamento minerario di *Vipasca*[290].

---

vendere suam partem / quive emere volet, aput proc(uratorem) qui metallis praeerit, professionem dato; aliter emere aut vendere / ne liceto. Ei qui debitor fisci erit, donare partem suam / ne liceto.
Vip. II, 10: *Venae furem, si servus erit, procurator flagellis caedito et ea condicione vendito, ut in perpetuis / vinculis sit neve in ullis metallis territorisve metallorum moretur; pretium servi ad dominum / pertineto; liberum procurator comfiscato et finibus metallorum in perpetuum prohibeto.*
Vip. II, 11: *Putei omnes diligenter fulti destinatique sunto, proque pitri materia colonus cuiusque putei no/vam et idoneam subicito.*
Vip. II, 12: *Pilas aut fulturas firmamenti causa relictas attingere aut /violare dolove malo quid facere quominus eae pilae fulturaeve firmae et perviae sint ne liceto.*
Vip. II, 13: *Qui puteum vitiasse labefactasse decapitasse aiuntque quid dolo malo fecisse quominus is puteus / firmus sit convictus erit, si servos erit, flagellis arbitratu proc(uratoris) caesus ea condicione a domi/mo veneat, ne in ullis metallis moretur; liberi bona proc(urator) in fiscum cogito et finibus ei metal/orum in perpetuum interdicito.*
Vip. II, 14: *Qui puteos aerarios aget a cuniculo qui aquam metallis / subducet recedito, et non minus quam quinos denos pedes utroque latere relinquito.*
Vip. II, 15: *[Cu]/nicolurm violare ne liceto. Proc(urator) explorandi novi metalli causa ternagum a cunicolo agere / permittito, ita ut tarnagus non plures latitudinis et altitudinis quam quaternos pedes habeat.*
Vip. II, 16: *Qui aliter quit in ternagis fecisse convictus erit, servos flagellis arbitratu proc(uratoris) caesus ea condi/cione [a] domino veniet, ne in ullis metallis moretur; liberi bona proc(urator) in fiscum cogito et fini/bus ei metallorum in perpetuum interidicito.*
Vip. II, 17: *Qui puteos argentarios [aget] a cuniculo, qui / aquam metallis subducet, recedito et non minus quam sexagenos pedes utroque latere relin/quito, et eos puteos quos occupaverit adsignatosque acceperit in opere uti determinati erunt / habeto nec ultra procedito neve egbolas colligito neve ternagos ita agito extra fines putei adsignati, [... ut ...].*
Riportiamo inoltre in nota anche il testo del paragrafo 1 della *lex metalli Vipascensis*, anch'esso talvolta chiamato in causa in relazione alle caratteristiche del regolamento minerario: *Vip.* I, 1: *Centesimae argentariae stipulationis. Conductor ea[rum venditionum, quae per auctio]/nem intra fines metalli Vipascensis fient, exceptis iis, quas proc(urator) metallorum iu[ssu imp(eratoris) faciet, centesimam a vendito] / re accipito. Conductor ex pretio puteorum, quos proc(urator) metallorum vendet, cent[tesimam ab emptore accipito.] / Si instituta auctione universaliter omnia addicta fuerint, nihilio minus venditor ce[ntesimam conductori socio acto]/rive eius praestare debeto. Conductori socio atcorive eius, si volet stipulari au[t pignus capere liceto. Conductor] / socius actorve eius <eius> quoque summae, quae excepta in quctione erit, centesimam exigito. [Qui res sub praecone] / habuerit, si eas non addixerit et intra dies decem, quam sub praecone fuerint, de condici[one vendiderit, nihilo minus con]/ductori socio actorve eius centesimam d(are) d(ebeto). Quod ex hoc capite legis conduct[ori socio actorive eius debebitur], / nisi in triduo proximo, quom debere coeptum erit, datum solutum satisve factum erit, du[plum d(are) d(ebeto].*
[269] Per una sintesi completa delle diverse posizioni dei sostenitori della *colonia partiaria* e di coloro che ipotizzano una vendita delle miniere vedi Mateo, *Observaciones*, 89-126. La versione del testo qui riportata è quella dell'edizione curata da C. Domergue, *La mine antique d'Aljustrel (Portugal) et les tables de bronze de Vipasca*, Paris 1983; piu recentemente, una nuova edizione è stata curata da S. Lazzarini, Lex metallis dicta. *Studi sulla seconda tavola di Vipasca*, Roma 2001.
[270] J. B. Mispoulet, "La *lex metallis dicta* recemment découverte en Portugal," *Revue General du Droit, de la Legislation et de la Jurisprudence en France et à L'Etranger* 31 (1907): 20-32; J. B. Mispoulet, "Le régime des mines a l'époque romaine et au moyen age d'après les tables d'Aljustrel," *Nouvelle Revue d'Histoire du Droit Français et Étranger* 31 (1907): 344-391; J. B. Mispoulet, *Le régime des mines a l'époque romaine et au moyen age d'après les Tables d'Aljustrel*, Paris 1908.
[271] E. Cuq, "Un règlement administratif sur l'exploitation des mines au temps d'Hadrien," *Mélanges Gérardin* (1907): 87-133; E. Cuq, "Le développement de l'industrie minière à l'époque d'Hadrien," *Journal des Savants* 7-8 (1911): 294-304, 346-356. Lo stesso Cuq ricorda la definizione di *colonus partiarius* secondo Gaio (*D.* 19, 2, 25, 6): *colonus partiarius quasi societatis iure et damnum et lucrum cum domino fundi partitur.*
[272] J. Vendeuvre, *Contribution a l'étude du régime minier romain. Étude sur la table d'Aljustrel découverte en 1906*, Dijon 1910.
[273] M. Rostovtzeff, *Studien zur Geschichte des römischen Kolonates*, Leipzig-Berlin, 1910, 313-403.
[274] D. Flach, "Die Bergwerksordnungen von Vipasca," *Chiron* 9 (1979): 399-448; D. Flach, "Teilpacht in römischen Bergbau." In *Mineria e Metalurgia en las antigas civilizaciones mediterraneas y europeas*, I Colloquio Internacional Asociado (Madrid 1985), Edítor C. Domergue (Madrid 1989), 133-137.
[275] Thackolm, *Studien über den Bergbau*, 124-140.
[276] Richardson, "The spanish mines," 130.
[277] J. Burian, "*Leges metallorum et leges saltus,*" *Zeitschrift fur Geschischtswissenshcaft* 1 (1957): 535-560.
[278] Dušanić, *Aspects of roman mining*, 52-94.
[279] Mrozek, *Die Goldbergwerke*, 95-109.
[280] J. F. Healy, *Mining and Metallurgy in the Greek and Roman World*, London 1978, 130.
[281] Capanelli, "Alcune note," 121-146; Capanelli, *Aspetti dell'amministrazione mineraria*, 63-89; Capanelli, *Aspetti dell'amministrazione mineraria*, 138-147.
[282] Lazzarini, Lex metallis dicta, 87-220.
[283] Cimma, *Ricerche*, 150-152.
[284] Mangas, Orejas, *El trabajo en las minas*, 207-313, in particolare. 282.
[285] Domergue, *La mine antique* cit., 99-112, 172-179 (da notare che Domergue non si sofferma sulle eventuali differenze tra *usurpatio* e *occupatio*).
[286] Ørsted, *Roman Imperial Economy*, 203-211; Ørsted, *Roman State Intervention?*, 70-76.
[287] Hirt, *Imperial Mines and Quarries*, 262-266.
[288] Segenni, "Proprietà, amministrazione e organizzazione del lavoro nelle cave lunensi di età romana." In Notae lapicidinarum *dalle cave di Carrara*, a cura di E. Paribeni, S. Segenni (Segrate 2015), 449.
[289] S. Günther, "Staatwirtschaft in privater Hand. Zur Organisation des *metallum Vipascense* (Lusitania)." In *Die Schätze des Erde – Natürliche Ressourcen in der antken Welt*, Herausgegeben E. Olshausen, V. Sauer (Stuttgart 2012), 143-154.
[290] Questo punto non è condiviso, come abbiamo visto, da P. Ørsted (*Roman Imperial Economy*, 205).

Di notevole interesse appare, in particolare la visione di Ørsted, elaborata nell'ambito di uno studio dei meccanismi amministrativi dell'area danubiana[291]. Interessante appare, in particolare, il tentativo di confrontare il regolamento di *Vipasca* alle evidenze archeologiche ed epigrafiche legate alle *ferrariae* del *Noricum*. Ørsted, che non accetta il parallelo con i *saltus* nord-africani, ricostruisce il regolamento come segue; dopo l'*occupatio* ed il pagamento del *pittaciarium*, avviene il pagamento del *pretium* fisso di 4000 *sestertii* e i lavori di scavo possono avere inizio. Un forte accento viene posto sul ruolo dei *conductores*[292], i quali, risiedendo in *stationes* poste presso i confini del distretto minerario, avrebbero acquisito la *pars dimidia* spettante al *fiscus* nel momento in cui i *coloni* fossero usciti dal distretto per vendere il metallo fuso in lingotti. Il *procurator*, invece, avrebbe svolto i suoi compiti all'interno del distretto (stipulazione dei contratti, controllo del rispetto del regolamento, riscossione del *pretium*)[293].

Altri autori hanno tuttavia interpretato diversamente i testi delle due leggi, in particolare il paragrafo 9 della *lex metalli Vipascensis* ed i paragrafi 1-5 della *lex metallis dicta*. K. Voelkel e stato il primo ad ipotizzare l'assenza di una *colonia partiaria* tra il *colonus* ed il *fiscus* per quanto riguarda il metallo estratto[294]; concorde nella negazione di una spartizione del metallo estratto tra concessionario e *fiscus*, sono successivamente E. Schonbauer 125[295], A. D. Ors [296] e, come abbiamo anticipato, lo stesso Mateo e Domergue. I punti da essi condivisi sono sostanzialmente tre[297]:

– esiste un solo meccanismo di acquisizione dei *putei*, costituito dall'*occupatio* e dalla successiva vendita della *pars dimidia ad fiscum pertinens* da parte dell'amministrazione imperiale; altre modalità (l'acquisto di un *puteus universus* come in *Vip. II*, 1) sono da considerarsi occasionali;

– una volta che il *colonus* ha acquisito le due parti del *puteus* può sfruttarlo, senza dovere più niente al *fiscus*;

– non viene accettato il confronto con le modalità amministrative dei *praedia* africani.

La piu recente critica di Mateo si appunta su tre ulteriori problematiche[298]; il regolamento di *Vipasca*, così come inteso dai sostenitori della *colonia partiaria*, sarebbe in primo luogo non equo, in quanto imporrebbe al *colonus* condizioni economiche eccessivamente svantaggiose (il pagamento del *pretium* e la cessione di metà del metallo estratto al *fiscus*). Vi sarebbe poi una errata lettura di *Vip. II*, 5 (*Puteum a fisco venditum continuis sex mensibus intermissum alii occupandi ius / [es]to, ita ut, cum venae ex eo proferentur, ex more pars dimidia fisco salva sit*)[299], in quanto l'espressione *pars dimidia* non corrisponderebbe alla metà del metallo estratto ma nuovamente al *pretium* che il nuovo *occupator* dovra pagare per ottenere la concessione.

Il paragrafo 9 della *lex metallis dicta* (*Venas, quae ad puteos prolatae / [i]acebunt ab ortu solis in occasum, ii quorum erunt in officinas vehere debebunt; qui post occ/casum solis vel noctu venas a puteis sustulisse convictus erit, HS VIII nummos fisco inferre debeto*) viene interpretato, da parte dei difensori della *colonia partiaria*, come una misura volta a difendere gli interessi del *fiscus* da eventuali frodi relative alla distinzione tra la *pars* spettante al *colonus* e quella spettante al *fiscus* stesso[300]. Mateo ipotizza che, in assenza di tale regime, il paragrafo in oggetto sottende delle misure di carattere umanitario, quale l'interruzione dei lavori nel corso della notte[301]. Non sarebbe infine pertinente il parallelo tra il regolamento minerario di *Vipasca* e il sistema amministrativo esistente nei *saltus* dell'*Africa Proconcularis* (*lex Hadriana, lex Manciana*)[302].

Mateo, quindi, conclude che nel testo della *lex metallis dicta* non è prevista la spartizione del metallo estratto tra *colonus* e *fiscus* ma solo la vendita, da parte del secondo, della *pars dimidia* del *puteus* che gli appartiene[303]; dopo il pagamento del *pittaciarium* e l'*occupatio* del *puteus*, il *colonus* è tenuto a pagare il *pretium* della *pars dimidia*, il quale viene di volta in volta stabilito per ogni *puteus* sulla base del rendimento[304]. Da questo momento in poi l'*occupator* diventa proprietario dell'intero pozzo e, come tale, può anche decidere di venderlo, interamente o in parte (*Vip. II*, 8)[305]; molto netto su quest'ultimo punto è anche Domergue, secondo il quale il compratore, una

[291] Ørsted, *Roman Imperial Economy*, 203-211; Ørsted, *Roman State Intervention?*, 70-76.

[292] CIL III, 4788 = ILS 1466 (Winkler, *Die Reichsbeamten*, n. 1); CIL III. 4809 = ILS 1467 (Winkler, *Die Reichsbeamten*, n. 2); CIL III, 5036 (Winkler, *Die Reichsbeamten*, n. 3); CIL V, 810 (Winkler, *Die Reichsbeamten*, n. 4); Winkler, *Die Reichsbeamten*, n. 5.

[293] Per quest'ultima attività *Vip. II*, 1 (vedi anche Lazzarini, Lex metallis dicta, 117-112)

[294] K. Voelkel, "Die Beiden Erztafeln von Vipasca und das deutsche Bergrecht," *Zeischrift für Bergrecht* 55 (1914), 182-243 (Voelkel, tuttavia, si distingue dagli altri studiosi che negano l'esistenza della *colonia partiaria*, in quanto ammette che il *colonus* diventa titolare di una concessione mineraria e non della miniera in quanto tale).

[295] Schönbauer, *Beiträge zur Geschichte*, 68-93, 121.

[296] A. D'Ors, *Epigrafía jurídica de la España romana*, Madrid 1953.

[297] Vedi anche Mateo, *Observaciones*, 125-126.

[298] Mateo, *Observaciones*, 126-131; A. Mateo, *Roman mining on public land: from the republic to the empire*, in J.-J. Aubert (ed.), *Tâches publiques et enterprise privée dans le monde romain*, Geneve, 2003, 123-133 (vedi anche Domergue, "Le régime juridique," 227).

[299] Mateo, *Observaciones*, 131-139; Domergue, "Le régime juridique," 227.

[300] Mateo, *Observaciones*, 139-145.

[301] Mateo (*Observaciones*, 131) ricorda alcuni passi di S. Giovanni Crisostomo relativi alle durissime condizioni nelle quali si svolge, spesso anche nel corso della notte, il lavoro all'interno dei *metalla* (omelia 23 *in epistolam I ad Corinthios*; Migne, PG. 61, 197-198).

[302] Mateo, *Observaciones*, 145-152.

[303] Mateo, *Observaciones*, 155-215; Mateo, *Roman mining on public land*, 125-133.

[304] Sia Mateo (*Observaciones*, 157-158) che Domergue ("Le régime juridique," 227) notano che in *Vip. II*, 2 si parla al plurale di *pretia* dei *putei* (*Putei argentarii ex forma exerceri*...).

[305] *Vip. II*, 8: *Colonis inter se eas quoque partes puteorum, quas / a fisco emerint et pretium solverint, vendere quanti quis potuerit liceto. Qui vendere suam partem / quive emere volet, aput proc(uratorem) qui metallis praeerit, professionem dato; aliter emere aut vendere / ne liceto. Ei qui debitor fisci erit, donare partem suam / ne liceto.*

volta pagata la *pars dimidia ad fiscum pertinens*, può sfruttare la miniera e disporre del metallo come vuole: *car il a achete cette derniere, il en est proprietaire, et ne doit rien d'autre au fisc*[306].

Secondo lo studioso francese e lo stesso Mateo tale regime minerario si sarebbe sostituito a quello imperniato sulla *locatio* – già in uso nel corso dell'eta repubblicana[307] – solo a partire dal principato di Vespasiano[308], quando il grave dissesto finanziario causato da Nerone avrebbe imposto al nuovo *princeps* la vendita di parte dell'*ager publicus* in Italia[309] e nelle province[310]. Evidente appare la comunanza terminologica tra i testi delle *tabulae Vipascenses* e dei documenti relativi all'acquisizione e alla successiva vendita dei terreni recuperati da parte dell'amministrazione imperiale; si noti, in particolare, che anche in questo caso l'*occupatio* costituisce una delle principali modalità con le quali è possibile acquisire e successivamente acquistare i *praedia*. È all'interno di questo quadro che deve essere letta, inoltre, la testimonianza di Strabone relativa alla vendita delle miniere di *Carthago Nova* e di altre regioni della penisola iberica nel corso dell'età augustea[311]. Tali giacimenti sarebbero rimasti successivamente in mano di tali soggetti, senza che il *fiscus* sia intervenuto fino all'epoca di Vespasiano, quando la vendita sarebbe stata perfezionata[312]. Domergue ipotizza inoltre che il regime della *usurpatio*, del quale si fa menzione nella *lex metalli Vipascensis* ma non nella *lex metallis dicta*, sia anteriore alla *occupatio* e che venga da questo sostituito[313].

La ricostruzione proposta da Mateo e successivamente accettata da Domergue non ci appare nel complesso sostenibile. Le diversità evidenziate dallo studioso spagnolo tra il regolamento minerario di *Vipasca* e il sistema amministrativo esistente nei *saltus* dell'*Africa Proconsularis* sono indubbiamente reali e tuttavia, a nostro parere, non pregiudicano comunque l'eventuale esistenza, in ambito minerario, di un regime secondo il quale il concessionario deve cedere parte del metallo estratto al *fiscus*[314]; come ha, tuttavia, correttamente osservato Orsted – sostenitore della tesi della *colonia partiaria* – *no direct comparison of Roman mining with Roman agricolture, in this case conditions regarding the saltus Burunitanus, is possible despite many similarities*[315].

In merito al presunto carattere di non equità del regolamento minerario in caso di cessione della *pars dimidia* del metallo prodotto, è possibile osservare che lo sfruttamento minerario si connota decisamente come una attivita fortemente speculativa. Il valore economico dei carichi di piombo dei relitti *Saintes-Maries-de-la-Mer 1* (5,2 tonnellate circa) e Rena Maiore (4,32 tonnellate), calcolato sulla base del prezzo del piombo per libbra ricordato da Plinio[316], e rispettivamente pari a 113.000 e 92.348 *denarii*, cifre che illustrano efficacemente le notevoli possibilita economiche che lo sfruttamento delle risorse minerarie poteva riservare a tutti i personaggi coinvolti.

Le spese che il concessionario deve sostenere per l'acquisizione del *puteus universus* sono costituite dal *pretium* di 4000 sesterzi stabilito *ex liberalitate* da Adriano – fisso per i *putei argentarii* (*Vip. II*, 2) – e dal *pittaciarium*, del quale ignoriamo tuttavia l'entità (*Vip. I*, 9). Se escludiamo l'obbligo di cedere metà del metallo al *fiscus*, queste due imposte rappresentano in pratica l'intero ammontare del *vectigal*. Tale somma potrebbe aumentare se si accetta l'ipotesi di Mateo secondo la quale il *pretium* della *pars dimidia* viene stabilito per ogni pozzo sulla base del suo ipotetico rendimento; il *pretium* fissato da Adriano sarebbe quindi un primo acconto, al quale seguirebbe il versamento della differenza. Lazzarini[317], sulla scorta di un calcolo di Mispoulet[318], ritiene che il valore totale del *pretium* potrebbe essere stato compreso tra 12.000 e 20.000 *sestertii* (3000-5000 *denarii*). Il valore di mercato dei carichi di piombo dei relitti di Rena Maiore e di *Saintes-Maries-de-la-Mer 1* sembrano comunque indicare che, anche dopo la cessione della metà del metallo estratto, potessero sussistere ampi margini per i *coloni* di realizzare cospicui guadagni dallo sfruttamento dei *metalla* del *princeps*. È d'altra parte difficile credere che, in cambio di cifre nel complesso non eccessivamente elevate, il *fiscus* imperiale abbia progressivamente venduto tutti i *putei* presenti a *Vipasca* e/o in altri distretti e province, privandosi contestualmente di una risorsa insostituibile per valore intrinseco e per la sua utilità[319].

---

[306] Domergue, "Le régime juridique," 227.

[307] Per l'impiego della *locatio* ancora sotto Nerone vedi Plin. *N.H.* 34, 49, 165.

[308] Domergue, "Le régime juridique," 227: "*... malgre le discours de Mecene rapporte par Dion Cassius sur le besoin d'un inventaire des revenus publics, rien n'indique qu'Auguste ait reforme le systeme administratif des mines*"; Mateo, *Observaciones*, 169-219; Mateo, *Roman mining on public land*, 126-130.

[309] Suet. *Vesp.* 8, 1; 16, 1-3; Plin. *N. H.* 7, 162; Frontin. *De controv. agr.* 54, 6-7 (= Agenn. Urbic. *De contr. agr.* 38, 16-17); *Liber coloniarum* I , 211, 1-8 L; 232, 20-233, 2 L; 233, 18-234, 2 L; II, 261, 21-25 L; 262,4 L .

[310] Hygin. *De cond. agr.* 122, 15-123, 1L (Cirenaica) e *CIL* X 8038 (Corsica).

[311] Strabo, III, 2, 10.

[312] Mateo, *Roman mining on public land*, 126.

[313] Sull'*occupatio* vedi, in particolare, il recente contributo di A. Mateo, "Nuevas reflexiones sobre el régimen jurídico minero romano." In *Minería y metalurgia antiguas. Visiones y revisiones.* Editores A. Orejas, C. Rico (Madrid 2012), 245-254 e Orejas, Sastre, Zubiaurre, Organización y regulación, 34; Ørsted, *Roman Imperial Economy*, 203-211; Ørsted, *Roman State Intervention?*, 70-76; Rico, "Sociétés et entrepreneurs miniers," 405-406.

[314] La rispondenza tra i due regimi e stato teorizzato, in particolare, da Mispoulet (Mispoulet, "La *lex metallis dicta*," 20-32; Mispoulet, "Le régime des mines," 344-391; J. B. Mispoulet, *Le régime des mines a l'époque romaine*), Cuq ("Un règlement administratif," 87-133; E. Cuq, "Le développement," 294-304, 346-356), Rostovtzeff (*Studien*, 313-403) e Flach ("Die Bergwerksordnungen," 399-448; Flach, *Teilpacht in römischen Bergbau*, 133-137).

[315] Ørsted, *Roman Imperial Economy*, 205.

[316] Plin. *N. H.* 34, 161: *albo* (scil. *plumbo*) *per se sincero pretium sunt denarios LXXX, nigro denarios VII.*

[317] Lazzarini, Lex metallis dicta, 139-142.

[318] Mispoulet, "Le régime des mines," 360-361.

[319] Ricordiamo inoltre che la possibilità di pagare in natura i *vectigalia* imposti sull'*ager publicus* è peraltro ampiamente attesta in relazione ai *praedia* (CIL III, 14195; FIRA I, 100, l. 25 e segg.; FIRA II.29; III.9;

Per quanto riguarda il capitolo 5 della *Lex metallis dicta* (*Puteum a fisco venditum continuis sex mensibus intermissum alii occupandi ius / [es]to, ita ut, cum venae ex eo proferentur, ex more pars dimidia fisco salva sit*), riteniamo che per una corretta lettura sia imprescindibile la comprensione del significato che, nel testo, hanno i termini *proprietas* e *venditio*. Se, come propongono Mateo e gli altri studiosi che si oppongono alla teoria della *colonia partiaria*, si esclude la possibilità di una divisione del metallo tra *colonus* e fisco imperiale, si deve allora necessariamente intendere la *venditio* come una reale alienazione dei *putei* da parte dello stato romano[320].Come è possibile osservare, nel testo della *lex metallis dicta* è il termine *venditio* – e non *locatio* – ad indicare il regime con il quale viene normato il rapporto tra il *colonus* e l'amministrazione imperiale; tale termine non veicola necessariamente il significato di "alienazione", "vendita reale". Ciò risulta evidente, ad esempio, nel testo della *lex Ursonensis* (45 a.C.), nella quale si afferma, in relazione alla *venditio* e/o alla *locatio* di beni immobili della colonia (*agri, silvae, aedificia*) che essi *neve si venierint, itcirco minus c(oloniae) G(enetivae) Iul(iae) sunto*[321]. Dai testi dei giuristi[322] si ricava inoltre che la *emptio/venditio* fosse ritenuta una forma contrattuale di maggior tutela per il concessionario, che godeva in questo modo di un diritto perpetuo e irrevocabile solo in caso di inadempimento, mentre la *locatio/conductio* avrebbe garantito al proprietario del bene un maggiore controllo sul concessionario stesso, aspetto che permette a Gaio di affermare che *magis placuit locationem conductionemque esse.* Se si tenta un confronto tra i testi in oggetto e le condizioni poste al concessionario e al *fiscus* nella *lex metallis dicta*, è allora possibile ipotizzare che, nel caso di una risorsa particolare come una miniera, la possibilità di legare in modo stabile il concessionario ai *putei* da lui occupati e di limitare contestualmente l'intervento del *procurator* ai soli casi di inadempienza – la cessazione dell'attività estrattiva e/o il mancanto pagamento del *vectigal* – abbia costituito un elemento cruciale, agli occhi dell'amministrazione del *princeps*, nella scelta dell'*emptio/venditio* come forma contrattuale da stipulare con gli *occupatores*.

In relazione all'impiego nel testo della seconda *tabula* di *Vipasca* del termine *venditio*, appare importante un'osservazione di P. Orsted[323], secondo il quale la figura del *colonus* non può rientrare all'interno della figura giuridica della *locatio-conductio*[324], in quanto egli non è titolare di un appalto assegnatogli dallo stato romano, ma *tout-court* l'acquirente (*emptor*) di un diritto minerario che esercita comunque su una terra che non è di sua proprietà. A lui può quindi essere riferita la figura giuridica della *emptio-venditio*, mentre inappropriata sarebbe quella della *locatio-conductio*. Non è casuale che nel regolamento di *Vipasca* quest'ultima compaia sempre in relazione con le diverse figure di *conductores* che, all'interno dei *fines metallorum* sono titolari degli appalti relativi ai *vectigalia* o agli altri servizi.

Il testo dei diversi paragrafi della *Lex metallis dicta* non sarebbe quindi relativo ad una vera e proprio vendita dei *putei* ai *coloni*, i quali, anche dopo aver acquistato la *pars dimidia* appartenente al *fiscus*, rimangono comunque soggetti ad una serie di impegni e disposizioni il cui controllo spetta al *procurator* imperiale. Ai paragrafi finziali (*Vip. II*, 1-5), relativi alla procedura da attuare per ottenere l'assegnazione della concessione e per procedere all'inizio dei lavori di scavo, seguono infatti dodici paragrafi (*Vip. II*, 6-17), nei quali sono contenute prescrizioni relative alla possibilità di associazione dei *coloni* e alle norme tecniche da seguire nel corso dei lavori di scavo; l'intervento diretto del *fiscus* in tutti questi ambiti non avrebbe, di fatto, alcun senso se si postulasse la vendita reale da parte dell'amministrazione imperiale dei giacimenti.

È proprio tale comportamento del *fiscus* che consente di comprendere, tra l'altro, il significato dell'espressione *ad eum pertineat proprietas partis, quae ad fiscum pertinebit* (*Vip. II*, 2), in particolare per quanto riguarda l'impiego del futuro *pertinebit* in relazione al *fiscus* ma

FIRA I, 101, III. 4 SEGG.; FIRA I, 102, III, 1 segg.); su questo vedi anche Lo Cascio, Il *princeps*, 185, nota 30; Maganzani, "*Agri publici vectigalibus subiecti*," 176, nota 1.

[320] Voelkel, "Die Beiden Erztafeln," 182-243; Schönbauer, *Beiträge zur Geschichte*, 68-93, 121; D'Ors, *Epigrafía jurídica* cit., 71-133; A. D.Ors, "*Pittakion-pittaciarium*," *Aegyptus* 31 (1951): 339-343; Mateo, *Observaciones*, 115-118; Mateo, *Roman mining on public land*, 123-133.

[321] *Lex Ursonensis*, 82: *Qui agri quaeque silvae quae(que) aedificia c(olonis) c(oloniae) G(enetivae) I(uliae) / quibus publice utantur, data adtributa e/runt, ne quis eos agros neve eas silvas ven/dito neve locato longius quam in quinquen/nium, neve ad decuriones referto neve decu/rionum consultum facito, quo ei agri eaeve / silvae veneant aliterve locentur. Neve si ve/nierint, itcirco minus c(oloniae) G(enetivae) Iul(iae) sunto. Quique iis / rebus fructus erit, quot se emisse dicat, is in / iuga sing(ula) inque annos sing(ulos) HS C c(olonis) c(oloniae) G(enetivae) Iul(iae) d(are) d(amnas) [esto, eiusque pecuniae cui volet petitio persecutioq(ue) ex h(ac) l(ege) esto].* Vedi anche il testo della *Lex Irnitana*, 48, nel quale i due termini sono ancora una volta menzionati assieme in relazione alle modalita di gestione dei *publica* del *municipium*: *Qui ne conducant emantve neve socii sint cum publi/ca locabuntur venibunt. / Quaecumque publica ultroque tributa aliaeve quae res in mu/nicipio Flavio Irnitano locabuntur venibun<t>ve, ne quis II/vir neve aedilis neve quaestor neve cuiius<que> eorum filius <neve> nepos / neve pater <neve> avvos neve frater neve scriba neve apparitor ea/rum quam rem conducito emitove, neve neve in earum qua re soci/us es[t]o, neve ex earum qua re ob earum<ve> quam rem eov[e] no/mine [p]artem capito, neve aliut quit facito sc(iens) d(olo) m(alo), quo quid ex / earum que re ob earumve qu[a]m rem eove nomine p[ost]ea at eum / perveniat. (---)*

[322] Dig., VI, 3.1.pr. e, soprattutto Gaius, III, 145: *Adeo autem emptio et uenditio et locatio et conductio familiaritatem aliquam inter se habere uidentur, ut in quibusdam causis quaeri soleat, utrum emptio et uenditio contrahatur an locatio et conductio, ueluti si qua res in perpetuum locata sit. quod euenit in praediis municipum, quae ea lege locantur, ut, quamdiu [id] uectigal praestetur, neque ipsi conductori neque heredi eius praedium auferatur; sed magis placuit locationem conductionemque esse*. Vedi, su questo anche Maganzani, "*Agri publici vectigalibus subiecti*," 170-172.

[323] Ørsted, *Roman Imperial Economy*, 222.

[324] Per la quale vedi, in generale, A. Burdese, *Manuale di diritto privato romano*, Torino 2002, 463-469 e, in relazione alla miniere, Richardson, "The spanish mines," 139-152; Cimma, *Ricerche*, 23-31, 145-147; Domergue, *Les mines de la Péninsule Ibérique*, 241-252; A. Mateo, Manceps, redemptor, publicanus. *Contribución al estudio de los contratistas públicos en Roma*, Santander 1999, 127-146.

non all'acquirente (*pertineat*)[325]. La *proprietas* della *pars dimidia ad fiscum pertinens*, oggetto della vendita all'*occupator* in *Vip. II*, 2, continuera ad essere appannaggio del *fiscus* e non del compratore. Da notare, a tal proposito, che nel caso in cui l'*occupator* fonda il metallo prima di aver pagato il *pretium* al *procurator*, la relativa sanzione prevede la revoca solo della *pars* di quest'ultimo, mentre il *puteus* intero rimane nella piena disponibilità del *procurator*, quindi del fisco imperiale: *pars occupatoris commissa est et puteum universum proc(urator) metallorum / vendito* (*Vip. II*, 1).

Fanno parte di questo quadro anche la disposizioni contenute nel paragrafo 9 della *lex metallis dicta*[326]; Mateo ritiene che non debba essere messo in relazione con la supposta spartizione del metallo estratto tra *colonus* e *fiscus* il divieto di spostare il minerale dai *putei* alle *officinae* nel corso delle ore notturne e che questo sarebbe determinato solo dalla necessità di non imporre condizioni di lavoro troppo dure dei minatori (ad es. il lavoro notturno). Appare tuttavia necessario osservare che il paragrafo in oggetto non parla in modo esplicito di disposizioni relative al lavoro nelle miniere, mentre viene solo affermato l'obbligo di trasportare giornalmente presso le *officinae* il metallo estratto. Ancora una volta, l'intervento del *fiscus* in una delle fasi successive alla vendita dei *putei* – in questo caso la fusione del metallo nelle *officinae* – non puo essere spiegata se non in relazione alla volontà di tutelare, da parte dell'amministrazione imperiale, i propri interessi in relazione alla *pars dimidia* di sua compentenza.

A nostro parere, i passaggi successivi che portano l'*occupator* ad acquisire la condizione di *colonus* possono essere quindi riassunti come segue; in seguito all'*occupatio* e al pagamento del *pittaciarium* si acquisice la *pars occupatoris*. Successivamente, in seguito alla *venditio*, alla quale è contestuale il pagamento del *pretium*, si acquisice la *pars dimidia quae ad fiscum pertinebit*. Il *pretium*, obbligo verso il *fiscus* che l'*occupator* estingue al momento stesso della *venditio*, non può quindi coincidere con la *pars dimidia*, la cui caratteristica peculiare è quella di appartenere allo stesso *fiscus* in un momento ancora successivo. Nonostante Domergue giudichi tale lettura di *Vip. II*, 5 *une mauvaise interpretation*[327], essa ci appare come la sola possibile.

Ricordiamo inoltre brevemente che, oltre che nel testo della *lex metallis dicta*, l'espressione *pars dimidia* compare, in relazione al ritrovamento di *thesauri* nel sottosuolo, in un passo del *Digestum* riferibile all'eta adrianea[328] e nella titolatura portata, ancora nel corso del II sec. d.C., da alcuni dei *conductores ferrariarum Noricarum* di eta antonina menzionati nella seguente epigrafe, rinvenuta presso il centro di Feistritz, in Carinthia: *con(ductores) fer(rariarum) N(oricarum) p(artis) d(imidiae)*[329]. La possibilità che, secondo modalità in parte simili, siano stati riservati al *princeps* una parte dei blocchi di marmo estratti presso le cave di Luni è stata recentemente ventilata da S. Segenni, in relazione ad una serie di semilavorati recante la sigla *ER CAES*, sciolta come *Er(otis) Caes(aris servus)*. Le scarse possibilità di datare tali evidenze, genericamente riferibili alla prima età imperiale[330], nonché la difficoltà nella lettura delle *notae lapicidinarum* lunensi rende tuttavia impossibile verificare tale ipotesi[331].

La disamina che abbiamo presentato in relazione alla problematica della *colonia partiaria* è intesa, in primo luogo, a riaffermarne l'esistenza all'interno del regolamento minerario di *Vipasca*, in vigore con certezza almeno a partire dall'età adrianea, e forse in regolamenti precedenti, ipoteticamente risalenti agli inizi del principato. L'impiego in età neroniana della *locatio* nel caso dello sfruttamento dei *metalla Samariense* e *Antonianum*[332], attesterebbe, secondo Mateo, che il sistema di *Vipasca*, basato appunto sulla *venditio*, non è ancora in vigore nella tarda età giulio-claudia[333].
La *locatio*, sistema normalmente impiegato dallo stato romano per l'appalto delle miniere nel corso della tarda età repubblicana, risulta in effetti ancora in uso, secondo

[325] La proiezione nel futuro dell'interesse del *fiscus* sull'attivita estrattiva ritorna anche in *Vip. II*, 5; dopo la revoca della concessione per inattivita, il paragrafo prescrive che si ceda il *puteus* ad un nuovo *occupator* che riprenda l'attivita estrattiva (*cum venae ex eo proferentur*) garantendo che *ex more pars dimidia fisco salva sit*.

[326] Mateo, *Observaciones*, 139-145.

[327] Domergue, *Le régime juridique* cit., 227.

[328] *D.* 49, 14, 3, 5: *si in locis fiscalibus vel publicis religiosisve aut in monumentis thensauri reperti fuerint, divi fratres constituerunt, ut dimidia pars ex his fisco vindicaretur. Item si in Caesaris possessione repertus fuit, dimidiam aeque partem fisco vindicari. Deferre autem se nemo cogitur, quod thensaurum invenerit, nisi ex eo thensauro pars fisco debeatur, qui autem, cum in loco fisci thensaurum invenerit, partem ad fiscum pertinentem suppresserit, totum cum altero tanto cogitur solvere.* Vedi anche *Inst.* 2, 1, 39: *thesauros, quos quis in suo loco invenerit divus Hadrianus naturalem aequitatem secutus, ei concessit qui invenerit. Idemque statuit si quis in sacro aut religioso loco fortuito caso invenerit, aut si quis in alieno loco non data ad hoc opera, sed fortuito invenerit, dimidium domino soli concessit. Et convenientur, si quis in Caesaris loco invenerit, dimidium inventoris, dimidium Caesaris esse statuit. Cui conveniens est ut si quis in publico loco vel fiscali invenerit, dimidium ipsius esse, dimidium fisci vel civitatis.*

[329] CIL III, 4809 = ILS 1467 (fine del II sec. d.C.; vedi anche Ørsted, *Roman Imperial Economy*, 220-236): *Isidi Norei(ae) / v(otum) s(olvit) l(ibens) m(erito) / pro salute Q(uinti) Septuei / Clementis / con(ductoris) fer(rariarum) N(oricarum) p(artis) d(imidiae) / et Ti(berii) Cl(audii) Heraclae / et Cn(aei) Octa(vii) Secundi / proc(uratorum) fer(rariarum) Q(uintus) Septueius / Valens pro(curator) fer(rariarum).*

[330] Segenni, *Proprietà, amministrazione e organizzazione del lavoro*, 449 (cfr. anche la tabella alle pagine 406-407). La sigla *ER CAES* compare sempre sui blocchi contestualmente ad altri marchi di cava (*T(I)B/TD, CHR*), ipoteticamente riferibili ai personaggi che, dopo aver cavato il blocco, lo avrebbero ceduto come parte spettante al fisco imperiale dei semilavorati estratti. .

[331] Decisamente incerto è, infine, se sia possibile cogliere un riferimento alla *pars dimidia* ricordata nelle *Tabuale Vipascenses* nel passo di Giuseppe Flavio relativo all'accordo intercorso tra Augusto e Erode sulle miniere di Cipro (Joseph., *Antiquitates Iudaicae* XVI, 127-129: Ἐν δὲ ταῖς ὑστέραις ἡμέραις Ηρώδης μὲν ἐδωρεῖτο Καίσαρα τριακοσίοις ταλάντοις, θέας τε καὶ διανομὰς ποιούμενον τῷ Ῥωμαίων δήμῳ, Καῖσαρ δὲ αὐτῶ τοῦ μετάλλου τοῦ Κουπρίων χαλκοῦ τὴν ἡμίσειαν πρόσοδον καὶ τῆς ἡμισείας ἐπιμέλειαν ἔδωκεν. Καὶ τἆλλα ξενίαις καὶ καταγωγαῖς ἐτίμησε).

[332] Plin. *N.H.* 34, 49, 165.

[333] Mateo, *Observaciones*, 196-200; Mateo, *Roman mining*, 128.

il passo pliniano sui *metalla Antonianum* e *Samariense*, in età neroniana e, in particolare, nella provincia *populi Romani* della *Baetica*. Proprio tale localizzazione costituisce un elemento della massima importanza; nella provincia della *Baetica*, cosi come nelle altre rette dall'amministrazione senatoria, l'impiego della *locatio* potrebbe piuttosto essere legato al fatto che in queste province si perpetua ancora nel corso della prima età imperiale il sistema in uso nel corso dell'età repubblicana. A giudicare dal testo delle *tabulae Vipascenses* è invece la *emptio-venditio* il sistema amministrativo secondo il quale si regola, almeno in età adrianea, l'appalto delle miniere di pertinenza del *princeps*[334]. Se, in un momento indeterminato nel corso della prima eta imperiale, si è avuto un mutamento che ha portato al progressivo abbandono del sistema di appalto caratteristico della tarda età repubblicana, è possibile che esso possa aver riguardato, in un primo momento, solo le miniere ubicate all'interno delle *provinciae Caesaris*.

Se nella *lex metallis dicta* è possibile identificare un sistema che prevede la spartizione del metallo estratto tra il *colonus* e l'amministrazione del *princeps*, è allora lecito chiedersi se non sia questa la giusta lettura anche per l'evidenza costituita dai lingotti contromarcati dal *princeps* e dai suoi funzionari già a partire dall'età augustea. Augusto, al fine di garantirsi quantità sufficienti di metallo da impiegare per la coniazione di moneta e per le forniture dell'esercito, potrebbe aver introdotto o ripreso da modelli a noi sconosciuti, forme amministrative che prevedevano la cessione di uno *ius metalli* in cambio della spartizione del metallo estratto con il contraente. Dal *metallum Germanicum* sarebbero quindi giunti a Roma lingotti prodotti direttamente dall'amministrazione del *princeps* e altri ceduti a questa dai concessionari quali *Lucius Flavius Verucla*. Tale regola sarebbe piu tardi confluita nel regolamento generale contenuto nelle *tabulae* di *Vipasca*.

3.2.3. Il piombo iberico. Tra *Carthago Nova* e il *saltus Castulonensis*

Nel 27 a. C., al momento dell'attibuzione della provincia al *princeps*, il principale distretto minerario della *Tarraconensis* è certamente ancora quello di *Carthago Nova*[335]; un noto passo di Strabone, tuttavia, afferma esplicitamente che esse non appartengono più allo stato romano, ma che sono ormai proprietà di privati[336]. In età repubblicana le ricche *argentariae* della regione, sottoposte ad un ingente *vectigal*[337], avrebbero fatto parte dell'*ager publicus populi Romani* almeno fino al 63 a. C. [338]., quando la presenza presso la città di *agri publici*, destinati alla vendita secondo la *lex agraria* presentata da Servilio Rullo, viene ricordata da Cicerone[339].

Il mutamento dello statuto giuridico dei giacimenti che il passaggio di Strabone registra è stato al centro di un notevole dibattito, che si è concentrato sul suo significato generale e sulla fase storica nella quale esso è avvenuto, variamente collocato tra l'età sillana e l'età triumvirale[340]. C. Domergue ha messo in evidenza una forte crisi dell'attività estrattiva presso i *metalla* della città iberica alla fine del I sec. a. C.[341], concludendo che *l'activité minière de la Sierra de Cartagena ne s'est pas poursuivie sous l'Empire*; nonostante studi successivi abbiano delineano un quadro parzialmente diverso, nel quale l'intensità dello sfruttamento dei giacimenti decresce senza subire tuttavia una vera e propria interruzione[342], è assai verosimile che l'impossibilità di

---

[334] Liv. 45, 29, 11.

[335] Nella seconda metà del III sec. a. C. le ricchezze del sottosuolo di *Carthago Nova* sono già oggetto degli interessi di Cartagine se, secondo Plinio (*N. H.*, 33, 97), Annibale avrebbe ottenuto dal loro sfruttamento 300 dracme d'argento al giorno.
I giacimenti principali, ricchi principalmente di minerale di piombo e argento, ma anche di rame e ferro, sono quelli di Mazarrón e di Coto Fortuna e quello de La Unión,[335] rispettivamente ubicati a Sud-Ovest e Nord-Est del centro urbano. La testimonianza principale dell'intensa attività estrattiva condotta in tali distretto è rappresentata, oltre che dai resti materiali dei *metalla* e dagli insediamenti ad essi correlati, dal nutrito *corpus* di lingotti di piombo bollati, la cui commercializzazione, tra l'ultimo quarto del II ed il terzo quarto del I sec. a. C., tocca praticamente tutte le provincie del Mediterraneo occidentale (su tale vasta problematica vedi Domergue, *Les mines de la Péninsule Ibérique*, 191-211; Mangas, Orejas, *El trabajo en las_minas*, 220-226; Orejas, Sánchez-Palencia, "Mines, Territorial Organization," 581-589; M. Berrocal Caparrós, "Poblamiento romano en la Sierra Minera de Cartagena," *Pallas* 50 (1999): 183-193).

[336] Strabo, III, 2, 10: Ἔστι δὲ καὶ νῦν τὰ ἀργυρεῖα, οὐ μέντοι δημόσια, οὔτε δὲ ἐνταῦθα οὔτε ἐν τοῖς ἄλλοις τόποις, ἀλλ'ἐις ἰδιωτικάς μετέστησαν κτήσεις. Τὰ δε χρυσεῖα δημοσιεύεται τὰ πλείω.

[337] Conquistata nel 209 a. C. da Scipione (Polib., X, 8-12), la città sarebbe stata, attorno alla metà del II sec. a. C., il centro di una imponente attività estrattiva, nella quale sarebbero stati coinvolti 40.000 uomini e che avrebbe fruttato allo stato romano 25.000 dracme al giorno (Polib., XXXIX, 8-11; vedi anche Diod. Sic., V, 36, 3; Strabo, III, 2, 10). Per l'imposizione di *vectigalia* sulle miniere provinciali vedi Liv., 34, 21, 7 (195 a.C.); 45, 18, 3-5 (168 a. C.); 45, 29, 11 (153 a. C.). Sulla gestione delle miniere iberiche tra la fine del III e la fine del II sec. a. C., vedi Cimma, *Ricerche*, 23-31; 145-147; Andreau, "Recherches récentes," 91-95; Blázquez Martinez, *Admninistracion de las minas*, 119-121; Domergue, *Les mines de la Péninsule Ibérique*, 241-252; Domergue, "Les premiéres entreprises," 233-236; Blázquez, *Las explotaciones*, 187-188; Mateo, Manceps, redemptor, publicanus, 127-146.

[338] Al momento dell'istituzione delle province ispaniche, i *metalla* di *Carthago Nova* sarebbero entrati a far parte dell'*ager publicus* (Polib., XXXIX, 8-11; 54., XXVI, 47, 2; XXXIV, 21, 7; Cic., *Leg. ag.*, I, 3-5; II, 51. Su tale problematica vedi anche Blázquez Martinez, *Admninistracion de las minas*, 119-121; Domergue, *Les mines de la Péninsule Ibérique*, 229-234; Blázquez, *Las explotaciones*, 179-200; Orejas, Sánchez-Palencia, "Mines, Territorial Organization," 585-586.

[339] Cic., *Leg. Ag.*, I, 5: *post autem (iubent venire) agros in Hispania apud Carthaginem Novam duorum Scipionum eximia virtute possessos*); Cic., *Leg. Ag.*, II, 51:*...et agros in Hispania propter Carthaginem Novam....vendit.*

[340] T. Frank, *An Economic History of Rome*, New-Jersey 1920, 361; Frank, "«Dominium in solo provinciali»," 141-161; T. Frank, *An Economic Survey of Ancient Rome, I. Rome and Italy of the Republic*, Baltimore 1933, 154-157 e 256-258; Blázquez Martinez, *Admninistracion de las minas*, 119-120; Cimma, *Ricerche*, 146; Domergue, *Les mines de la Péninsule Ibérique*, 230-234; Mateo, *Observaciones*, 66-72; Mateo, *Roman mining on public land*, 123-126.

[341] Domergue, *Les mines de la Péninsule Ibérique*, 200-214; 233-234.

[342] J. A. Antolinos Marín, "Centros de producción y administratión en el territorio minero de Carthago Nova: a propósito de los hallazgos documentados en el Gorguel (sierra de Cartgena)," In *Minería y metalurgia antiguas. Visiones y revisiones*, éditato por A. Orejas, C. Rico (Madrid 2012), 63-80; Berrocal Caparrós, "Poblamiento romano," 183-193; Mangas, Orejas, *El trabajo en las minas*, 269-271; Orejas, Sánchez-Palencia, "Mines, Territorial Organization," 583-589, fig. 7;

mantenere la capacità produttiva di età tardorepubblicana costituì uno dei principali motivi che spinsero lo stato romano a cedere la proprietà delle miniere[343]. Gli studi più recenti tendono concordemente a porre tale momento in relazione con la deduzione della *Colonia Victrix Iulia Carthago Nova*[344], avvenuta ad opera di Cesare, tra il 48 e il 44 a. C. [345], o di Ottaviano, tra il 42 e il 27 a. C., prima di assumere l'epiteto di *Augustus*, assente nel nome della colonia[346].

La formazione della nuova colonia appare segnata da una nuova fase nello sviluppo urbanistico del centro urbano[347], spesso frutto di atti di evergetismo almeno in parte effettuati da personaggi arricchitisi attraverso lo sfruttamento delle miniere[348], e da un nuovo assetto nel territorio, nel quale vengono a rivestire una crescente importanza il modello della *villa*, di chiara origine romana, e le attività agricole ad esso connesse e, lungo la costa, le attività connesse alla lavorazione del pesce[349].

A prescindere dalla cronologia della deduzione della colonia, si tende adesso a ipotizzare che le miniere dei distretti di Mazarrón/*Montis Ilucro(nensis)*, di Coto Fortuna, e de La Unión (Fig. 69, nn. 1-2) abbiano mutato il loro statuto giuridico, passando dall'*ager publicus populi Romani* all'*ager* della *Colonia Iulia Cartagho Nova*[350]. Da un punto di vista strettamente topografico, tale ricostruzione risulta avvalorata dalla testimonianza di Plinio il Vecchio, secondo la quale quale il fiume *Tader* – l'attuale Segura – *Carthaginiensem agrum rigat*[351]*;* dal momento che il corso di quest'ultimo scorre 40 km circa a Nord del centro urbano di *Chartago Nova*, è possibile concludere che i tre principali distretti minerari dell'area, ubicati tra il fiume e il centro urbano, fossero effettivamente compresi all'interno dell'*ager colonialis*.

I *metalla* di *Carthago Nova*, non più redditizi come in passato, potrebbero quindi essere state ceduti alla nuova *colonia*, la quale ne avrebbe proseguito lo sfruttamento a privati dietro la riscossione di un *vectigal*, verosimilmente gestito da *conductores*[352]. Strabone, in definitiva, intende mettere in evidenza l'opposizione tra le miniere d'oro della penisola iberica (Τὰ δὲ χρυσεῖα

C. Domergue, P. Quarati, A. Nesta, P. R. Trincherini, "Retour sur les lingots de plomb de Comacchio (Ferrara, Italie), en passant par l'archéometrie et l'épigraphie." In *Minería y metalurgia antiguas. Visiones y revisiones*, éditato por A. Orejas, C. Rico (Madrid 2012), 81-103.

Una parte dei complessi metallurgici che nascono nel territorio di *Carthago Nova* già nei primi decenni del II sec. a. C. (Los Beatos, El Beal, El Algar e Fuente del Sapo) risultano ancora attivi alla fine del I sec. d. C. (Orejas, Sánchez-Palencia, "Mines, Territorial Organization," 583-588 e fig. 7), mentre alle fasi produttive dei decenni finali del I sec. a. C. potrebbero essere attribuiti i lingotti di piombo recanti i bolli *societ(atis) mont(is) argent(arii) Ilucr(onensis?)* (Héron De Villefosse, "Addition," 63-68; Jecquier, "Note sur la decouverte," 58-62) e *Pansa C(aii) f(ilius)* (Orejas, Sánchez-Palencia, "Mines, Territorial Organization," 586 e nota 21), secondo Domergue (Domergue, *Les mines de la Péninsule Ibérique*, 259-261) tuttavia non più tardi della metà del I sec. a. C. Sulla città e sul territorio vedi anche A. Orejas, S. F. Ramallo, "*Carthago Noua*: la ville et le territoire. Recherches récentes." In *De la terre au ciel II.* Edité par M. Clavel-Lévêque, G. Tirologos (París 2004), 87-120.

343 Su questo si veda, da ultimo, Domergue, Quarati, Nesta, Trincherini, *Retour sur les lingots de plomb de Comacchio*, 99-103.

344 La città, iscritta nella tribù *Sergia*, viene definita da Plinio solo come *Carthago Nova colonia*, (*N. H.*, III, 19). Sulle conseguenze della deduzione sull'assetto del centro urbano e del teritorio vedi anche Orejas, Sánchez-Palencia, "Mines, Territorial Organization," 582-589, dove si ipotizza, sulla base del testo di un'epigrafe rinvenuta in città (CIL II, 3408: *L(ucius) Baebius M(arci) f(ilius) L(ucius) Cati(us) M(arci) f(ilius) / L(ucius) Taurius L(ucii) f(ilius) Ser(gia tribu) Aefolan(us) / genio opidi columnam / pompam ludosq(ue) / coiraverunt*) che *Carthago Nova* , anche se non sappiamo a partire da quale momento, avrebbe posseduto già lo statuto di *municipium*; l'epigrafe, che gli arcaismi presenti nel testo indicano come repubblicana o tardorepubblicana, conterrebbe l'elenco dei *quattuorviri*. È tutavia possibile osservare come proprio il testo dell'epigrafe riporti esplicitamente, in relazione alla città, il termine *opidum* e non *municipium*.

345 Sulla presenza di Cesare nella penisola iberica Caes., *B. C.*, I, 39-55, 59-87; II, 18-22 e, in generale, il *Bellum Hispaniense*; Dio, XLI, 18-25; X53, 28-45. Limitatamente alle province iberiche, le colonie di sicura fondazione cesariana vengono dedotte principalmente durante la campagna che culmina nella battaglia di Munda, tra il 46 e il 45 a. C.). Si tratta della *colonia Iulia Romula Hispalis* (Strabo, III, 2, 1; Plin., *N. H.*, III, 11; Dio, X53, 39, 5; Isid., *Orig.*, XV, 1, 71; Tac., *Hist.*, I, 78; RE IV, 1, 527), *Iulia Victrix Triumphalis Tarraco* (Dio, X53, 39; Plin., *N. H.*, III, 21; CIL II, 4274, 4071, 4536; RE IV, 1, 527) e *Genetiva Iulia Urbanorum Ursonensis* (Strabo, III, 2, 1; Plin., *N. H.*, III, 12; CIL II, suppl. 5439=*Lex Ursonensis*; RE IV, 1, 527). Altre colonie, recanti il solo epiteto *Iulia* (*Colonia Claritas Iulia Ucubi*, *Colonia Virtus Iulia Itucci*, *Colonia Iulia Victrix Celsa*, *Colonia Iulia Gemella Acci*), possono essere attribuite sia a Cesare che ad Ottaviano nel corso dell'età triumvirale.

346 Per tale ipotesi vedi M. Grant, *From* Imperium *to Auctoritas. A historical study of* aes *coinage in the Roman empire, 49 B. C.-A. D. 14*, Cambridge 1946, 217 e A. Beltrán, "Las monedas latinas de Cartagena," *Numisma* 2 (1952): 9-40. Il nome abbreviato della colonia (*V. I. N. K.*, sigla sciolta come *v(ictrix) I(ulia) N(ova) K(arthago)*) compare sulle emissioni in bronze della città, attestate a partire dal terzo quarto del I sec. a. C. Cfr. la serie emessa in tarda età augustea dal *IIvir quinquennalis P(ublius) Turullius* e caratterizzata dal tipo con tempio tetrastilo recante l'iscrizione *Augusto* (A. Burnett, M. Amandry, P. P. Ripollès, *Roman provincial coinage. Vol. 1. From the death of Caesar to the death of Vitellius (44 BC-And 69)*, Cambridge 1998, 95-96, nn. 174-177) e le serie riferibili a Tiberio e Gaio, recanti rispettivamente le sigle *c(olonia) v(ictrix) I(ulia) N(ova) K(arthago)* (Burnett, Amandry, Ripollès, *Roman provincial coinage*, 97, nn. 179-181) e *V(ictrix) I(ulia) N(ova) C(arthago)* (Burnett, Amandry, Ripollès, *Roman provincial coinage*, 96-97, nn. 182-186). Sulle emissioni della colonia vedi anche Orejas, Sánchez-Palencia, "Mines, Territorial Organization," 588, nota 25).

347 Mangas, Orejas, *El trabajo en las minas*, 231, con bibliografia relativa alle indagini archeologiche recenti nel centro urbano.

348 C. Domergue, "L'éxploitation des mines d'argent de *Carthago nova*: son impact sur la structure.sociale de la cité et son impact sur le dèpenses locales à la fin de la Republique et au dèbut du Haut-Empire." In *L'origine des richesses dépensées dans la ville antique, Actes du Colloque, (Aix-en Provence, 1984)*, édité par P. Leveau (Aix-en Provence 1985), 197-217; Mangas, Orejas, *El trabajo en las minas*, 231.

349 Berrocal Caparrós, "Poblamiento romano," 183-193; Mangas, Orejas, *El trabajo en las minas*, 269-271; Orejas, Sánchez-Palencia, "Mines, Territorial Organization," 586-589. Le miniere e le *cetariae* sono ricordate come le principali risorse economiche del territorio della città da Strabone (III, 4, 6: *(---)* καὶ τοῖς τῶν ἀργυρίων μετάλλοις, περὶ ὧν εἰρήκαμεν. κἀνταῦθα δὲ καὶ ἐν τοῖς πλησίον τόποις πολλὴ ἡ ταριχεία; significativamente, le miniere non sono più menzionate tra le risorse del territorio di *Carthago Nova* da Plinio (*NH*, XVIII, 18 ; XIX, 7-8 : XXI, 43 ; XXI, 10).

350 Mangas, Orejas, *El trabajo en las minas*, 272; Orejas, Sánchez-Palencia, "Mines, Territorial Organization," 587-589 e nota 31; Domergue, Quarati, Nesta, Trincherini, *Retour sur les lingots de plomb de Comacchio*, 99-103; Orejas, Rico, *Metalla, civitates, coloniae*.

351 L'attuale fiume Segura.

352 Per le modalità di gestione dei beni immobili di proprietà di colonie cfr. il testo della *Lex Ursonensis*, statuto della *colonia Iulia Genetiva Ursonensis*, secondo il quale la colonia cesariana di *Urso* può appaltare

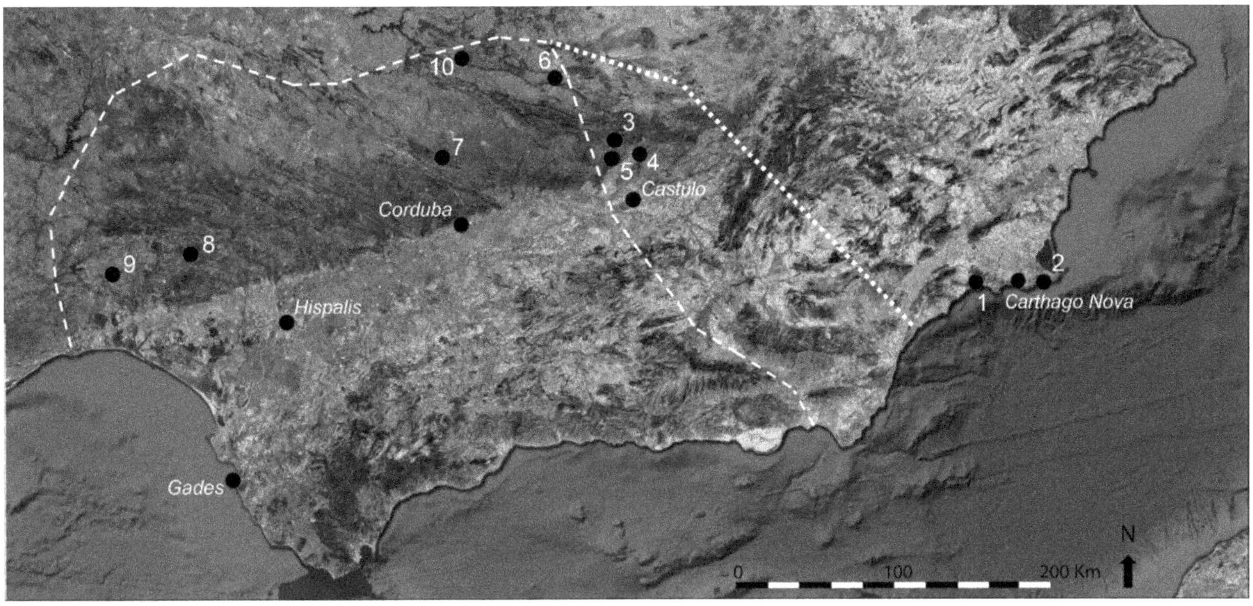

Figura 69. I confini della *Hispania Ulterior Baetica* e il *saltus Castulonensis* in età augustea. 1. Mazarrón; 2. La Unión; 3. El Centenillo del Plomo; 4. Fuente Espí; 5. El Cerro del Plomo; 6. Diógenes; 7. Los Escoriales; 8. Rio Tinto; 9. Tharsis; 10. *Sisapo*/Almadén.

δημοσιεύεται τὰ πλέιω), i cui introiti sono appannaggio dello stato romano, e quelle di *Carthago Nova*, che essendo state cedute alla colonia, non garantiscono ormai più i relativi *vectigalia* a Roma[353]. Significativa è la testimonianza offerta dall'elemento ligneo recante l'iscrizione *S(exti) Mari* rinvenuto nella miniera di La Fortuna[354]; se tale personaggio è il *Sextus Marius*, *ditissimus Hispaniarum* fatto uccidere da Tiberio nel 33 d. C.[355], è allora possibile identificare quest'ultimo con uno dei "privati" che, secondo il testo straboniano, sarebbero entrati in possesso delle miniere - come concessionari della colonia o come reali proprietari? - nell'ambito del processo di passaggio di queste dall'*ager publicus* a quello della colonia[356].

All'interno del quadro che abbiamo sommariamente definito, riveste notevole importanza il coinvolgimento nello sfruttamento delle miniere di *Carthago Nova* di M. Vipsanio Agrippa. Tale sembra infatti essere, secondo gli studi più recenti[357], l'origine di una parte dei 102 lingotti di piombo facenti parte del carico del relitto scavato nel 1981 nelle aree lagunari a nord-ovest di Comacchio, in loc. Valle Ponti (Fig. 70)[358]. L'imbarcazione, affondata tra il 19/18 e il 12 a. C., trasportava un carico estremamente eterogeneo[359], destinato ad un circuito di redistribuzione locale, che a partire dai porti costieri, interessava i centri più interni della pianura padana; ne facevano parte, oltre alle *massae plumbeae*, contenitori da trasporto di produzione adriatica (Dressel 6) e egea,

ogni 5 anni *agri* e *silvae* a *conductores* dietro il pagamento di un *vectigal* (*Lex Ursonensis*. 82). Si ricordino anche le *veteres immunitates* e gli *iura metallorum* revocati, secondo Svetonio, da Tiberio ad un numero imprecisato di *civitates* (Svet., *Tib.*, 49). Per i *conductores*, si veda, a titolo di confronto, l'epigrafie di *Titus Iunius Fundanius*, *conductor ferrariarum ripae dextrae* della colonia di *Narbo Martius*/Narbonne (CIL XII, 4398; II-prima metà del III sec. d. C.).

[353] L'espressione ἐν τοῖς ἄλλοις τόποις, contenuta nel testo straboniano, fa forse riferimento al fatto che anche altrove - in altre città e/o province - erano avvenuti passaggi di giacimenti minerari dall'*ager publicus* a quello di città e/o colonie.

[354] Gianfrotta, "I relitti de la Camargue," 161-176.

[355] Plin., *N. H.*, XXXIV, 4; Tac., *Ann.*, VI, 19.

[356] Mangas, Orejas, *El trabajo en las minas*, 224-225 e fig. 5; Orejas, Sánchez-Palencia, "Mines, Territorial Organization," 586-589. Per l'attività siderurgica, in particolare, vedi J. Pérez, A. Rodríguez Fernández-Trejo, "Siderurgia republicana en *Carthago Nova*. Primera evidencias," *Pallas* 50 (1999), 195-210 (con bibliografia recente). Dalle miniere di *Carthago Nova* proviene un gruppo di lingotti, attualmente perduto, recante il bollo *Nova Carthago* (Domergue, *Les mines de la Péninsule Ibérique*, 236-237, dove si attribuisce alle *massae plumbeae* una cronologia compresa tra la fine del II e la prima metà del I sec. a. C.); sebbene A. Orejas e F. J. Sánchez-Palencia ritengano che essi costituiscano una prova del passaggio delle miniere all'*ager publicus* della colonia (Orejas, Sánchez-Palencia, "Mines, Territorial Organization," 589 e nota 31), l'assenza degli epiteti *colonia* e *Iulia* nel testo del bollo non consentono di accettare con certezza tale ipotesi. Cfr. invece un lingotto di piombo recante il bollo *Colon(ia) August(a) Firm(a)*, rinvenuto nel porto di *Carthago Nova* e appartenente ad una produzione di proprietà della colonia augustea di *Astigi* (C. Domergue, "Rapports entre la zone minière de la Sierra Morena et la plaine agricole du Guadalquivir à l'époque romaine: notes et hypothéses," *Mélanges de la Casa Velazquez*, 8 (1972): 617-619; Orejas, Rico, *Metalla, civitates, coloniae*).

[357] Domergue, Quarati, Nesta, Trincherini, *Retour sur les lingots de plomb de Comacchio*, 81-103. Sull'attività mineraria promossa da Agrippa nella penisola iberica vedi anche Rodà, "*Agripa y el comercio del plomo*," 183-194.

[358] Berti, "La nave romana di Valleponti," 553-570; Berti, *L'épave aux lingots*, 129-136; Domergue, "Les lingots de plomb de l'épave romaine de Valle Ponti (Comacchio)," 109-175; García y Bellido, "Marcas legionarias," 9-43; García y Bellido, "Legionsstempel," 1-27. L'imbarcazione, caratterizzata da un fondo piatto, adatto alla navigazione fluviale e/o lagunare, era conservata per una lunghezza di 20 m circa e per una larghezza di 5,30 m; l'opera viva è legata per mezzo di corde di fibra vegetale mentre l'opera morta è assemblata secondo la tecnica dei tenoni e delle mortase. La cronologia del naufragio è stata determinata sulla base di diversi elementi, tra i quali la presenza della contromarca di Vipsanio Agrippa (*Agrip(pa)*) sui lingotti di piombo, i materiali ceramici del carico e un asse coniato dai figli di Sesto Pompeo tra 45 e 36 a. C. in una zecca ignota della penisola iberica o della Sicilia (Berti, *L'épave aux lingots*, 132).

[359] Berti, "La nave romana di Valleponti," 554; Berti, *L'épave aux lingots*, 129; F. Berti (a cura di), Fortuna maris. *La nave romana di Comacchio*, catalogo della mostra (Comacchio, 1990), Bologna 1990, 70-72.

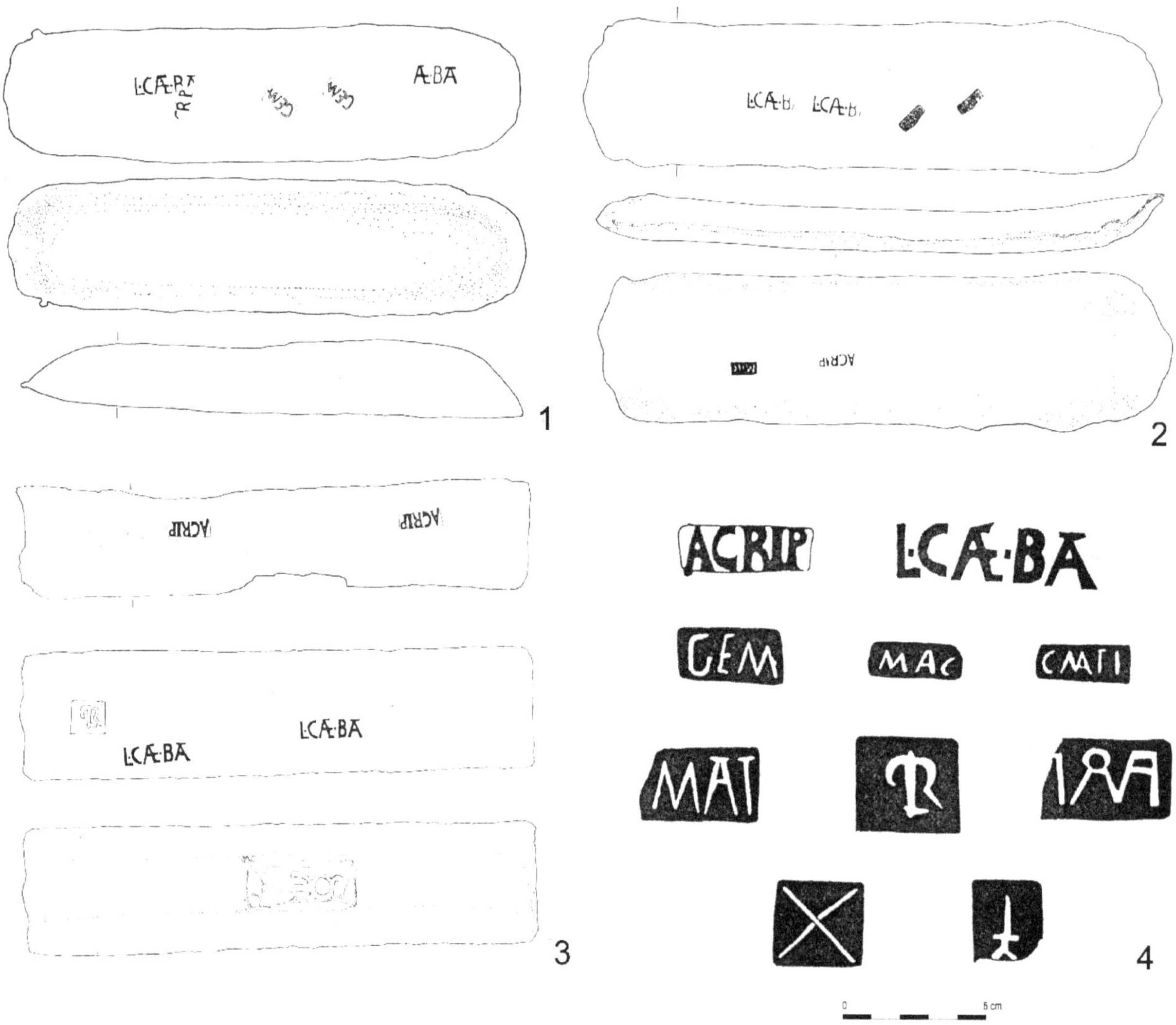

Figura 70. Lingotti di piombo (nn. 1-3) e contromarche (n. 4) del relitto di Valle Ponti (da Berti, Fortuna maris, Tav. I, 2; II, 3; XI, 78; García y Bellido, "Legionsstempel," fig. 1).

vasellame in *terra sigillata* padana[360], 6 tempietti votivi in piombo, una pisside in piombo e tronchi di legno semilavorati.

Le 102 *massae plumbeae*, solo parzialmente inquadrabili nella tipologia elaborata da C. Domergue[361], sono caratterizzate da base piatta e da un dorso schiacciato, sensibilmente diverso dai lingotti di età repubblicana di tipo Domergue I; risulta assente il bollo dorsale, mentre 10 diverse contromarche impresse a freddo per mezzo di punzoni compaiono su 101 esemplari[362].

Le contromarche ad essere apposte per prime (*F^u^ri, U^t^i, I^u^n^i* e *P^l(ani)^R(ussini)*, rispettivamente presenti su 9, 2, 10 e 45 lingotti) sarebbero riconducibili a personaggi ampiamente attestati nell'epigrafia di età tardo-repubblicana di *Carthago Nova*, come produttori di lingotti di piombo[363]. Una quinta contromarca (*Geme(---)*), identificata in 19 casi, sarebbe relativa ad un grossista, che avrebbe, in particolare, acquistato i lingotti recanti le contromarche *F^u^ri* e *I^u^n^i*[364]. La quasi totalità dei lingotti riceve successivamente le contromarche *Agrip(pae)*[365] e *L(ucii) Cae(---)*

[360] Sono presenti piatti con i bolli *Eurisci, Cessti, Vegeti* e tazze e bicchieri con i bolli *L. Sarius L. l. Surus, C. Aco C. l. Diophanes* e *C. Aco C. l. Aescinus* (Berti, "La nave romana di Valleponti," 555-556; Berti, *L'épave aux lingots*, 129).

[361] C. Domergue ("Les lingots de plomb de l'épave romaine de Valle Ponti (Comacchio)," 110-117) distingue tre gruppi principali e suddivide successivamente il terzo in due sottogruppi mentre F. Berti (Berti, Fortuna maris, 74) distingue cinque gruppi. Purtroppo le rispettive suddivisioni coincidono soltanto per quanto riguarda 46 dei 102 esemplari (tipi 3 e 5 Berti=tipo IIIb e IIIc Domergue). Nel più recente contributo sul carico (Domergue, Quarati, Nesta, Trincherini *Retour sur les lingots de plomb de Comacchio*, tab. 2), si fa tuttavia riferimento alla suddivisione proposta da F. Berti.

[362] I cartigli, di forma rettangolare, hanno dimensioni piuttosto ridotte (tra 5x1,5 cm e 2,55x1 cm) e sono presenti sia sui lati superiori che sulla base degli esemplari.

[363] Domergue, Quarati, Nesta, Trincherini, *Retour sur les lingots de plomb de Comacchio*, 88-91, 100, e tab. 2, con bibliografia.

[364] Domergue, Quarati, Nesta, Trincherini, *Retour sur les lingots de plomb de Comacchio*, 91-101 e tab. 2.

[365] Berti, "La nave romana di Valleponti," 560-562; Domergue, "Les lingots de plomb de l'épave romaine de Valle Ponti (Comacchio)," 134-135; García y Bellido, "Marcas legionarias," 9-43; García y Bellido, "Legionsstempel," 1-27. Cfr. inoltre CIL IV, 2437; VI, 18269 (*liberti Agrippae*); CIL VI, 31545 (iscrizione dedicatoria di un ponte presso Roma) ed espressioni come *Stagnum Agrippae* e *Campus Agrippae*

Bat(---)[366], rispettivamente presenti su 92 e 96 lingotti; la prima apparterebbe a M. Vispanio Agrippa, che avrebbe acquisito l'intero gruppo di lingotti verosimilmente per mezzo di un suo agente, da indentificare con il titolare del secondo contrassegno.

Le sovrapposizioni tra le contromarche indicano, infine, che le *massae plumbeae* sarebbero state cedute successivamente a un terzo personaggio, verosimilmente un *mercator* che avrebbe gestito il carico fino al momento del naufragio; esso, una volta apposte su parte dei lingotti le proprie contromarche (*C. Mati*, *Mat(i)*) avrebbe commercializzato il carico per mezzo dell'imbarcazione naufragata presso Valle Ponti[367].

Agrippa sarebbe quindi al centro di una operazione commerciale che prevede l'acquisizione, presso *Carthago Nova*, di uno o più carichi di piombo; questo sarebbe stato fornito da personaggi già coinvolti nello sfruttamento dei giacimenti nei decenni precedenti ma che - come indicano le caratteristiche formali dei lingotti - non sono più in grado di garantire gli standard produttivi della tarda età rebubblicana. Tale ricostruzione, che si basa sulle analisi isotopiche e su una diversa lettura delle contromarche rispetto agli studi precendenti[368], consente di inquadrare la formazione del carico nell'ambito degli interessi che lo stesso Agrippa aveva presso *Carthago Nova*, della quale, come attesta un'epigrafe reimpiegata in una delle torri medievali del porto, era *duumvir quinquennalis* e *patronus coloniae*[369]. Il coinvolgimento di Agrippa nell'attività mineraria svolta nel territorio della città può essere peraltro contestualizzata, su scala ancora più ampia, nell'ambito del vasto programma edilizio promosso dallo stesso Agrippa a Roma, di particolare importanza per quanto riguarda, in particolare, la rete idrica della città[370]. Dopo aver realizzato l'*aqua Iulia* (33 a C.)[371] ed aver effettuato interventi di restauto su altri acquedotti della città (*aqua Appia*, *Marcia*, *Anio Vetus*), è nel 19 a. C. - data assai vicina a quella del naufragio delll'imbarcazione di Valle Ponti - che Agrippa porta a termine la costruzione della nuova condottura denominata *Aqua Virgo*[372]. Proprio in relazione a tale evento, Cassio Dione ricorda che Agrippa avrebbe impiegato esclusivamente denaro di sua proprietà: τό τε ὕδωρ τὸ Παρθένιον καλούμενον τοῖς ἰδίοις τέλεσιν ἐσαγαγὼν Αὔγουστον προσηγόρευσε[373]; significativa è anche la testimonianza di Frontino, secondo il quale il genero di Augusto avrebbe impiegato, per la gestione dell'apparato idrico di Roma, *familiam propriam aquarum, quae tueretur ductus atque castella et lacus*[374].

(Tac., *Ann.* 15, 37; A. Gellius, *Noct. Act*, 14, 5). Ben documentata è inoltre la forma abbreviata *Agrip(pa)*, con o senza il *praenomen Marcus*, sia in iscrizioni dedicatorie (CIL IV, 2437: *M(arco) Agrip(pa) T(ito) Stat(ilio) co(n)s(ulibus)*) che su monete (A. Vives y Escudero, *La moneda hispánica*, Madrid, 1926: moneta da *Carthago Nova* con iscrizione *M(arco) Agrip(pa)*).

366 M. García y Bellido ("Marcas legionarias," 20-21 e nota 17) identifica questo personaggio con un indigeno romanizzato, forse appartenente alla clientela indigena di *Lucius Caesius*, governatore della provincia della *Hispania Ulterior* nell'anno 104 a. C.; il *cognomen* potrebbe essere sciolto in *Bat(ius)*, *Bat(icus)* oppure *Bat(talius)*, forme frequenti proprio in area lusitana, nella regione compresa tra *Lucus Augusti*/Lugo, *Salmantica*/Salamanca e *Augusta Emerita*).
Secondo Domergue ("Les lingots de plomb de l'épave romaine de Valle Ponti (Comacchio)," 109-175; Domergue, Quarati, Nesta, Trincherini, *Retour sur les lingots de plomb de Comacchio*, 81-103, tab. 2) essa potrebbe appartenere al figlio di un liberto di Cecilia Attica, figlia di Tito Pomponio Attico e prima moglie di Agrippa tra il 36 e il 28 a. C. (Corn. Nep., *Atticus*, 12, 1; 19, 3); dal momento che il nome completo di Attico, adottato nel 58 a. C. dallo zio Quinto Cecilio, è *Q. Caecilius Pomponianus Atticus*; i suoi liberti e quelli della figlia portano il *nomen Caecilius* (Corn. Nep., *Atticus*, 5, 1). Per il *cognomen* vengono proposte anche le seguenti soluzioni: *Bathillus* o *Bathyllus* (CIL II, 4372; XII, 1983), *Batullus* (CIL XII, 4802.), *Battalus* (CIL II, 2650). È inoltre noto un *Batillus*, pantomimo di successo, protetto di Mecenate (Dio, 54, 17, 4; Tac. *Ann.*, I, 54, 2). In relazione all'ipotesi di Domergue è tuttavia possibile osservare che, dal momento che alla morte di Attico (32 a. C.) Agrippa ne fu l'erede (Corn. Nep., *Atticus*, 14, 3), il personaggio potrebbe essere semplicemente un liberto di Attico entrato a far parte della *familia* di Agrippa in seguito al testamento.

367 *C. Matius* avrebbe acquistato i lingotti da Agrippa - o più verosimilmente dal personaggio ad esso associato *L(ucii) Cae(---) Bat(---)* - una volta che essi erano già giunti nella penisola italica, mentre più problematica appare la possibilità che egli abbia acquistato le *massae plumbeae* nella stessa *Carthago Nova* (Domergue, Quarati, Nesta, Trincherini, *Retour sur les lingots de plomb de Comacchio*, 81-103). Su questo personaggio - identificato con un *C. Matius*, cavaliere menzionato da Tacito (*Ann.*, 12, 60, 6) e Plutarco (*Caes*, 50; 51,3) in ("Les lingots de plomb de l'épave romaine de Valle Ponti (Comacchio)," 124-125) e come centurione della *legio IV Macedonica* in Marcas legionarias," 30-31 e note 42-43 - vedi, da ultimo Domergue, Quarati, Nesta, Trincherini, *Retour sur les lingots de plomb de Comacchio*, 81-103.

368 Riconduce il carico di lingotti agli interessi di Agrippa nelle province iberiche F. Berti, che tuttavia non fornisce soluzioni per tutte le contromarche (Berti, "La nave romana di Valleponti," 553-570; Berti, *L'épave aux lingots*, 132-133). Lo stesso Domergue (Domergue, "Les lingots de plomb de l'épave romaine de Valle Ponti (Comacchio)," 132-141) ha successivamente attribuito ai lingotti un'origine balcanica, cercando di contestualizzarne la produzione nella presenza dello stesso Agrippa in *Dalmatia* negli anni 35-34 a. C. e in *Pannonia* nel 13 a. C. M. P. García y Bellido, nei due contributi del 1998 ("Marcas legionarias," 9-43; "Legionsstempel," 1-27), propone nuovamente l'ipotesi di un'origine iberica; la ricostruzione della studiosa spagnola si incentra sulla possibilità di riconoscere in alcune delle contromarche i contrassegni di unità legionarie presenti nella penisola iberica nel corso dell'ultimo quarto del I sec. a. C. Sarebbe questo il caso delle contromarche *Geme(---)* e *X* (letta in Domergue, Quarati, Nesta, Trincherini, "Retour sur les lingots de plomb de Comacchio" come *I^u^n^i*), *Mac(---)*, *LPRI* (*l(egio) pri(ma)*) e *IPRMA* (*l(egio) pri(ma) ?*) (queste ultime lette in Domergue, Quarati, Nesta, Trincherini, "Retour sur les lingots de plomb de Comacchio" come *P^l(ani)^R(ussini)* e *F^u^ri*), rispettivamente attribuite alle *legiones X Geme(lla)*, *IV Macedonica* e *I Augusta*, tutte coinvolte, agli ordini di Agrippa, nella campagna militare da questi condotta nel 19 a. C. contro gli Asturi e i Cantabri (Dio, 54, 11, 2-6; 55, 23-24). Per i riferimenti bibliografici relativi a tale dibattito vedi la bibliografia in Domergue, Quarati, Nesta, Trincherini, *Retour sur les lingots de plomb de Comacchio*, 81-82.

369 M. Koch, "*M. Agrippa* und Neukarthago," *Chiron* 9 (1979): 205-214, in particolare 212 (vedi anche M. Koch, "Neue Romische Inschriften aus *Carthago Nova*. I," *Madrider Mitteilungen* 17 (1976): 285-295; Roddaz, Marcus Agrippa, 412-418): *M(arco) Ag(rippae) / L(ucii) f(ilio) co(n)s(uli) [III, quinq(uennali)] / patron[o coloniae---]*. Agrippa, come Augusto, Tiberio e i figli di Germanico, compare inoltre nelle emissioni monetali della colonia (Burnett, Amandry, Ripollès, *Roman provincial coinage*, 94, n. 164).

370 C. Bruun, *The water supply of ancient Rome. A study of roman imperial administration*, Helsinki 1991, 179-183; C. Bruun, "Il funzionamento degli acquedotti romani." In *Roma imperiale. Una metropoli antica*, a cura di E. Lo Cascio (Urbino 2000), 147-162.

371 Front., *De aq.*, 9.

372 Front., *De aq.*, 9, 1 ; 10; Dio, 54, 11, 7; Plin., *N. H.*, XXXVI, 121.

373 Dio, 54, 11, 7.

374 Front., *De aq.*, 98 (l'*acqua Virgo* sarà successivamente denominata *Augusta*).

Evidenti sono i caratteri evergetici dell'attività edilizia svolta da Agrippa a Roma[375], nella quale, in piena consonanza con i nuovi equilibri politici ed economici del regime augusteo, gli aspetti "privati" tendono ad assumere i caratteri di ciò che è "pubblico". Il carico di lingotti di piombo del relitto di Valle Ponti potrebbe costituire la testimonianza di una fase nella quale la gestione delle miniere e di attività connesse all'impiego dei metalli - quali la rete idrica di Roma - è ancora in parte nelle mani di Agrippa e non ha ancora raggiunto la strutturazione amministrativa che maturerà negli anni successivi. Come ha sottolineato Domergue[376], la morfologia dei lingotti sottende una filiera produttiva non più efficiente come quella attiva nel corso della tarda età repubblicana. La crisi che colpisce i *metalla* di *Carthago Nova* potrebbe, nel tempo, averli resi non più appetibili agli occhi dell'*entourage* di Augusto, mentre le modalità di intervento di Agrippa, ancora eccessivamente connotate come quelle di un *homo privatus*, sarebbero risultate inadeguate per le necessità del nuovo regime augusteo. Da qui l'istituzione, dopo la morte dello stesso Agrippa, della *cura aquarum*, maggiormente funzionale alla gestione della complessa rete idrica di Roma[377], e la contestuale ricerca, da parte di Augusto di forme di approvvigionamento di piombo – e degli altri metalli – più sicure, continue e via via più consistenti.

Alla cessione, in età triumvirale o negli anni successivi, delle miniere di *Carthago Nova* e alla conseguente perdita, per Roma, dei *vectigalia* imposti su di esse, fece tuttavia seguito, nella stessa provincia della *Tarraconensis*, un intervento di natura amministrativa, che negli anni compresi tra il 12 e il 2 a. C. consentì ad Augusto di porre sotto il proprio controllo il distretto minerario del *saltus Castulonensis*[378]. Il passaggio di quest'ultimo dalla provincia della *Hispania Ulterior*, alla quale apparteneva fin dalla fine del II sec. a. C., alla *provincia Caesaris* della *Hispania Tarraconensis* riveste un notevole interesse per la comprensione dei meccanismi secondo i quali venne progressivamene formandosi, a partire da Augusto, l'insieme di *metalla* sottoposti al controllo del *princeps* e del suo *fiscus*.

Il *saltus* corrisponde al distretto minerario di La Carolina-Linares, ubicato immediatamente a Nord di *Castulo*/Jaén[379] e oggetto di un intenso sfruttamento da parte di Roma già a partire dalla fine del II sec. a. C.[380]. In più miniere e fonderie (Cerro del Plomo, Fuente Espí) del *saltus* e delle regioni circostanti (miniera di Diógenes, Los Escoriales) sono noti livelli di occupazione con materiale ceramico di questo periodo (Fig. 69, nn. 4-7)[381], mentre attorno alla metà del I sec. a. C. risultano attivi presso El Centenillo del Plomo (Fig. 69, n. 3) due *societates*, la *societas C(astulonensis)*[382] e una seconda, formata da due personaggi, nota grazie al rinvenimento

---

[375] Svet., *Aug.*, 29; Dio, 53, 23, 1-4; 27, 1-3; 54, 11, 7; 29, 4; Front., *De aq.*, 9-10. Per l'importanza dell'acqua nell'ideologia del potere augustea vedi Aug., *Res Gestae*, 20, 3. Roddaz, Marcus Agrippa, 234-255.

[376] Domergue, Quarati, Nesta, Trincherini, *Retour sur les lingots de plomb de Comacchio*, 99-103.

[377] Front., *De aq.*, 100-101; 116-117.

[378] Su tale provvedimento vedi E. Albertini, *Le divisions administratives de l'Espagne romaine*, Paris 1923, 33-37; R. Thouvenot, *Essai sur la province romaine de la Betique*, Paris 1944, 164; N. Mackie, *Local administration in Roman Spain (a. D. 14-212)*, B.A.R. Int. Ser. 172, Oxford 1983, 16-17, 183-185; Domergue, *Les mines de la Péninsule Ibérique*, 200, nota 19; P. Sillières, *Les voies de communication de l'Hispanie méridionale*, Paris 1990, 758-766; G. Chic García, *Historia económica de la Bética en la época de Augusto*, Sevilla 1997, 144-154; S. J. Keay, "Introduction. The archeology of early roman *Baetica*." In *The archeology of early roman* Baetica, edited by S. Keay, *Journal of Roman Archeology*, suppl. 29 (Ann Arbor 1990), 13; Mangas, Orejas, *El trabajo en las minas*, 271; S. Genovesi, "Il *saltus Castulonensis* e l'amministrazione delle miniere imperiali in età augustea. Nuove considerazioni alla luce del recente rinvenimento di un carico di lingotti di piombo nella Sardegna nord-occidentale," *Studi Classici e Orientali* XLVII, n. 3 (2004): 111-129 (in quest'ultimo lavoro il carico di piombo del relitto di Rena Mariore viene erroneamente attribuito alla penisola iberica); L. Arboledas Martínez, F. Contreras Cortés, A. Moreno Onorato, "La explotación minera antigua en Sierra Morena Oriental y su vinculación con el territorio," *Cuadernos de prehistoria y arqueología de la Universidad de Granada* 24 (2014), 133-134.

[379] Il distretto minerario di La Carolina-Linares, caratterizzato dalla presenza di minerale di piombo e argento (Domergue, *Les mines de la Péninsule Ibérique*, 189-196), si estende nella regione montuosa che, a partire da 10 km circa a nord di *Castulo*, occupa il territorio compreso tra le valli dei fiumi Rumblar (ad Ovest) e Guadalimar (ad Est), entrambi affluenti di sinistra del *Baetis*/Gualdalquivir.

[380] Polibio racconta che il generale cartaginese Magone nel 208 a. C. era accampato nei dintorni di *Baecula*, località posta nelle immediate vicinanze di *Castulo*, *non lontano dalle miniere d'argento* (Polib., X, 37-8); Plinio afferma che una miniera chiamata *Baebelo*, anch'essa situata nelle vicinanze di *Castulo*, avrebbe reso ad Annibale circa 300 dracme di argento al giorno (Plin., *N. H.*, XXXV, 3, 97). Strabone (III, 2, 10-11: Ἔνθεν δὲ καὶ Κασταλῶνι καὶ ἄλλοις τόποις ἴδιόν ἐστι μέταλλον ὀρυκτοῦ μολύβδου· παραμέμικται δὲ τι καὶ τούτῳ τοῦ ἀργύρου μικρόν, οὐχ ὥστε Λυσιτελεῖν ἀποσκαθαίρειν αὐτόν. Οὐ πολύ δ'ἄποθεν τοῦ Κασταλῶνός ἐστι καὶ τὸ ὄρος, ἐξ οὗ ῥεῖν φασι τὸν Βαῖτιν, ὅ καλοῦσιν Ἀρογυροῦν διὰ τὰ ἀργυρεῖα τὰ ἐν αὐτῶ) ricorda che nelle vicinanze della città si registra la presenza di giacimenti di piombo caratterizzati da una percentuale di argento talmente bassa da non renderne fruttuosa la coltivazione; il geografo greco segnala tuttavia la presenza anche dell' Ἀργουροῦν ὄρος, area mineraria nella quale l'argento sarebbe invece abbondante, sottolineandone la vicinanza a Castulo.
Sulle miniere del *saltus Castulonensis* vedi, in generale, J. M. Blázquez, *Economia de la Hispania romana*, Bilbao 1978, 307-319, 409-419; Domergue, *Les mines de la Péninsule Ibérique*, 189-191; Arboledas Martínez, Contreras Cortés, Moreno Onorato, *La explotación minera antigua en Sierra Morena*, 111-145. Da non sottovalutare, inoltre, la posizione stessa della regione, che già in epoca antica fu un nodo di fondamentale importanza per i collegamenti tra la costa nord-orientale della penisola iberica e la *Baetica* (J. M. Blázquez, *Castulo I*, Acta arqueologica hispanica, Madrid 1975, 6-7; Sillières, *Les voies de communication*, 493-520; M. García-Gelabert Pérez, J. M. Blázquez Martínez, *Castulo (Jaen, España)*, vol. I, BAR Int. Ser., Oxford 1988-1999). La città, conquistata e nuovamente perduta dai due Scipioni nel 214 a. C., entra definitivamente in possesso di Roma nel 206 a. C. in seguito alla vittoria ottenuta da Cornelio Scipione nella battaglia svoltasi presso la stessa *Baecula* (Liv., 38, 20). Tra il 200 ed il 191 a. C. la città serve come base all'esercito romano per la conquista del territorio degli *Oretani* (Liv., 35, 7, 6; 22, 5) vinti nonostante una grave sconfitta subita dal proconsole L. Emilio Paolo in una località non lontana da *Castulo* (Liv., 37, 46, 7).

[381] Domergue, "La mine antique de Diògenes," 29-92; Domergue, *Catalogue des mines*; Domergue, *Les mines de la Péninsule Ibérique*, 184-186; Mangas, Orejas, *El trabajo en las minas*, 242-249.

[382] Rico, "Sociétés et entrepreneurs miniers," 397-398; L. Arboledas, *Minería y metalurgia romana en el Sur de la Península Ibérica: Sierra Morena oriental*, BAR. Int. Ser. 2121, Oxford 2010, 134-139; Serrano García, *Análisis del contexto minero romano en la zona oriental de Sierra Morena*, 187-212; L. M. Gutiérrez Soler, "Arqueología del paisaje minero en le sector oriental de Sierra Morena," In *Minería y metalurgia antiguas. Visiones y revisiones*, éditato por A. Orejas, C. Rico (Madrid 2012), 110-112.

di 60 lingotti di piombo recanti il bollo *T(iti) Iuventi (et) M(arci) Lu(---)*[383]. È tuttavia proprio in questo stesso periodo che che si riscontrano, in numerosi siti minerari della regione, tracce di distruzione violenta[384], verosimilmente da porre in relazione con gli scontri tra truppe pompeiane e cesariane avvenuti nel 49 a. C. proprio nel *saltus Castulonensis*[385]; nel 43 a. C. Cicerone, in una lettera inviata all'amico Asinio Pollione, allora governatore della *Hispania Ulterior*, si lamenta della sempre maggiore insicurezza che il diffuso brigantaggio porta in tutta la regione[386].

È assai verosimile che, come in altre aree dell'impero[387], Augusto sia intervenuto in questo settore della provincia allo scopo di porre fine ai *latrocinia* menzionati da Cicerone, avocando a sé il controllo della regione; rafforza tale ricostruzione la testimonianza offerta da un'epigrafe rinvenuta a Roma nel foro di Augusto[388], che l'attribuzione al *princeps* dell'epiteto di *pater patriae*[389] consente di datare posteriormente al 2 a. C. Il testo riporta una dedica allo stesso Augusto da parte della popolazione della *Baetica*, grata al *princeps* per aver posto fine a non meglio precisati disordini interni: *Imp(eratori) Caesari / Augusto p(atri) p(atriae) / Hispania Ulterior / Baetica, quod / beneficio eius et / perpetua cura / provincia pacata / est. Auri p(ondo) C.*

È verosimimente connessa ai disordini interni cui l'epigrafe fa riferimento la presenza presso *Castulo* di una unità militare, la *cohors Servia Iulia Iuvenalis*, nel corso della prima età giulio-claudia[390]. Dopo la prefettura della *cohors* in questione, *[Q(uintus) Cor]nelius Valerianus*, forse nativo di *Castulo*[391], si trova al comando di un gruppo di *vexillationes* della legioni *V Macedonica* e *VIII Augusta* di stanza in Tracia. Dal momento che le due unità legionarie sono presenti contemporaneamente in *Moesia* solo a partire dal principato di Claudio[392], è possibile dedurre che la *cohors Servia Iulia Iuvenalis* fosse di stanza nella regione di *Castulo* già nel periodo precedente, forse già in età augustea[393]. La presenza, nel *saltus Castulonensis*, di una unità militare ancora nella prima metà del I sec. d. C. può essere verosimilmente stata dettata dall'impossibilità di rinunciare, ancora a distanza di diversi decenni dalla *pacatio* della regione, a un controllo di tipo militare[394].

È Plinio il Vecchio, in due distinti passi della *Naturalis Historia*, a registrare chiaramente il passaggio del *saltus Castulonensis* dalla *provincia populi* della *Baetica* alla *provincia Caesaris* della *Hispania Citerior Tarraconensis*. In un primo passaggio della *Naturalis Historia* lo scrittore afferma che *longitudinem universam eius* (*scil.* della *Baetica*) *prodidit M. Agrippa CCCCLXXV passuum, latitudinem CCLVIII, sed cum termini Carthaginem usque procederent*[395], e precisando successivamente che *Baeticae longitudo nunc a Castulonis oppidi fine Gadis CCL et a Murgi maritima ora XXV passuum amplior, latitudo a Carteia Anam ora CCXXXIIII.*[396]

La "lunghezza" della provincia, da *Gades* fino al suo confine orientale, muta sensibilmente nei due passi; nel primo caso tale distanza, calcolata fino alla città di *Carthago Nova*, viene calcolata in 475 miglia, grosso modo corrispondenti a 665 km; il secondo passo pliniano dichiara invece che la lunghezza della provincia, che raggiunge adesso (*nunc*) il confine del territorio di *Castulo*, è stimata in sole 250 miglia (350 km circa).

383 Blázquez Martinez, *Admninistracion de las minas*, 121; Domergue, *Les mines de la Péninsule Ibérique*, 266.

384 Domergue, "La mine antique de Diògenes," 29-50; Domergue, *Les mines de la Péninsule Ibérique*, 199-200; G. Tamain, "Las minas antigas de El Centenillo (Jaén)," *Oretania* 8 (1966): 286-303; C. Domergue, "Rapports entre la zone miniére de la Sierra Morena," 619-622; Gutiérrez Soler, *Arqueología del paisaje minero*, 105-128. C. Domergue segnala inoltre la presenza di almeno quattro tesoretti monetali (due presso la miniera di El Centenillo e due nella regione di Linares, a Sud di *Castulo*), anch'essi da mettere in relazione con i conflitti che, tra il 49 e il 42 a. C., vedono scontrarsi in un primo momento Cesare ed i Pompeiani e, successivamente, i *triumviri* Lepido e Ottaviano con Sesto Pompeo (Domergue, *Les mines de la Péninsule Ibérique*, 186-189 e nota 55).

385 Caes. , *B. C.*, I, 36-86; II, 17-21.

386 Cic., *Ad fam.*, X, 31, 1: *Nam saltus Castulonensis, qui semper tenuit nostros tabellarios, etsi nunc frequentioribus latrociniis infestior factus est, tamen nequaquam tanta in hora est, quanta qui locis omnibus dispositi ab utraque parte scrutantur tabellarios et retinent.*

387 È questo il caso della *Dalmatia* (Dio, 54, 20, 3; 34, 3-4) e della Sardegna (Dio, 55, 28, 1; Strabo, V, 2, 7.), province senatorie inserite nel gruppo delle *provinciae Caesaris* rispettivamente nel 12-11 a. C. e nel 6 d. C., in entrambi i casi in seguito a rivolte delle popolazioni locali.

388 CIL VI, 31267 = ILS 103.

389 Dio, 55, 10, 10; Aug., *R. G.*, XXXV, 1.

390 CIL II, 3272: *[Q(uinto) Cor]nelio M(arci) f(ilio) Gal(eria tribu) Valeriano pra[ef(ecto) alae---] / [---] praef(ecto) vexillariorum in Trachia XV [a leg(ione)---] / [V Mace]donica, a leg(ione) VIII Augusta, a tribunis la[ticlavis et---] / [minor]ibus, a praef(ectibus) chortium status coroni[s donato---] / [---Castu]lonen et chortis Serviae Iuliae Iuvenalis [---] / [---titiae] L(ucii) f(iliae) Optatae uxori huic a C[o]lonia Patri[cia---]/ [---]* (vedi anche Mackie, *Local administration*, 183-185).

391 *Valerianus* appartiene alla tribù *Galeria*, la stessa di *Castulo*.

392 Y. Le Bohec, *L'esercito romano. Le armi imperiali da Augusto alla fine del terzo secolo*, Urbino 2001, 226.

393 La denominazione dell'unità richiama quella della stessa *Castulo*, i cui abitanti vengono menzionati da Plinio *Castulonenses qui et Caesarii Iuvenales appellantur* (Plin., *N. H.*, III, 3, 25; vedi anche A. D'Ors, R. Contreras, "Nuevas inscripciones romanas de Castulo," *Archivo Español de Arqueologia* 29 (1956): 121-122). La coorte potrebbe perciò non essere una unità ausiliaria regolare ma una forza armata costituita localmente (Mackie, *Local administration*, 184).

394 Di questo parere anche Mangas, Orejas, *El trabajo en las minas*, 275. Nella località de La Guardia, nella regione di Jaén, è stata rinvenuta l'epigrafe di un veterano della *legio X Gemina*, databile al secondo quarto del I sec. d. C. (AE 1995, 936; Mangas, Orejas, *El trabajo en las minas*, 275 e nota 143): *C(aius) Iulius Primus / miles veteranus / leg(ionis) X Gemina(e) / h(ic) s(itus) e(st) s(it) t(ibi) t(erra) l(evis)*. La presenza della legione nella penisola iberica nel periodo compreso tra il 19 a. C. e il 62 d. C., non consente di escludere che, nell'ambito di paticolari situazioni di instabilità interne alla *provincia*, *vexillationes* o gruppo di *evocati* siano stati inviati in aree quali il *saltus Castulonensis*. Una recente ipotesi, formulata da M. P. García y Bellido (García y Bellido, "Marcas legionarias," 9-43; García y Bellido, "Legionsstempel," 1-27), vede la *legio X Gemina* coinvolta, assieme ad altre legioni, nell'attività mineraria promossa da Agrippa nella penisola iberica meridionale a partire dal 19 a. C.

395 Plin., *N. H.*, III, 3,16.

396 Plin., *N. H.*, III, 3, 17. Il nuovo confine provinciale della *Baetica*, all'epoca nella quale Plinio scrive (*nunc*) sarebbe fissato nell'interno dai limiti del territorio di Castulo e lungo la costa dalla città di *Murgis*; questo secondo limite è dichiarato anche in due altri passi del terzo libro dell'opera pliniana (Plin., *N. H.*, III, 2, 6; III, 3, 7).

Quando deve essere collocato il sensibile spostamento del confine del quale parla Plinio? La morte di Agrippa (12 a. C.), che, secondo Plinio, nelle sue opere di carattere geografico riporta ancora i confini della *Hispania Ulterior* di età repubblicana[397], può essere considerata un *terminus post quem* per il cambiamento dei limiti provinciali tra la *Baetica* e la *Tarraconensis*. Il 2 a. C. può invece essere proposto come *terminus ante quem* sulla base del testo di tre *miliarii* rinvenuti a Cordoba e pertinenti alla *via Augusta*,[398] principale asse stradale tra *Gades* e la parte più interna della *Baetica*[399]. Il testo di due di essi, entrambi databili al 2 a. C., indica che il percorso corre *a Baete et Iano August(o) / ad Oceanum*; il terzo, pertinente al 90 d. C., specifica che esso ha inizio *ab arcu / unde incipit Baetica*. Anche in assenza della localizzazione precisa dei *miliarii*[400], la menzione, nei testi di questi ultimi, dello *Ianus Augustus* costituisce tuttavia l'attestazione dell'esistenza del nuovo confine con la *Tarraconensis* al più tardi a partire dal 2 a. C.

La vicinanza cronologica tra la "pacificazione" della *Baetica* ricordata nell'iscrizione del foro di Augusto e lo spostamento del confine che può essere evinto dalla testimonianza di Plinio difficilmente può essere ritenuta una casualità; tra il 12 a. C. e il 2 a. C., al termine della repressione dei *latrocinia* nel *saltus Castulonensis*, il *princeps* non avrebbe restituito alla *provincia populi* della *Baetica* tale territorio, mantendendolo in questo modo sotto il proprio controllo[401]. La motivazione di tale decisione è stata attribuita all'interesse del *princeps* per le risorse minerarie del territorio circostante *Castulo*;[402] critico verso questa ipotesi è C. Domegue, il quale si chiede perché allora Augusto non abbia tolto alla *Hispania Ulterior* anche i ricchi distretti minerari della Sierra Morena[403]. È tuttavia possibile osservare, a questo proposito, che un provvedimento analogo, relativo ad un'area geografica più ristretta del *saltus Castulonensis*, venne preso, in un momento imprecisato compreso tra l'età flavia ed il II sec. d. C., anche per le vicine e preziose miniere di minio di *Sisapo* (Fig. 69, n. 10)[404]. Vale la pena mettere in rilievo che l'arco di tempo nel quale è possibile collocare il passaggio del *saltus* alla *Tarraconensis* (12-2 a. C.) potrebbe coincidere con gli anni dell'incarico di *procurator Augusti* di *Octavius Sagitta*[405], personaggio di rango equestre titolare, in un arco temporale compreso tra il 15 a. C. e la fine del I sec. a. C., delle procuratele finanziare dei distretti alpini conquistati nel 16-15 a. C. (per 4 anni), della *Tarraconensis* (per 10 anni) e della Siria (per 2 anni). Dal momento che Augusto non è ancora *divus*, è possibile calcolare, a partire dal 14 d. C., che la procuratela di *Sagitta Vindelicis et Raetis et in valle Poenina* sia da collocare proprio negli anni successivi al 15 a. C.[406]; l'attività nella *Tarraconensis*

---

[397] Si può pensare sia ai *Commentarii* che alla carta elaborata dallo stesso Agrippa e che Augusto avrebbe fatto dipingere sulle pareti della *Porticus Octavia* (Plin., *N. H.*, III, 3, 17)

[398] CIL II, 4701: *Imp(erator) Caesar Divi f(ilius) / Augustus co(n)s(ul) XIII trib(unicia) / potest(ate) XXI pontif(ex) max(imus) / a Baete et Iano August(o) / ad Oceanum LXIII (milia passuum)*. La lettura del numero di *milia passuum* non è sicura (cfr. CIL II, 4701, p. 628).
CIL II, 4703 = ILS 102: *Imp(erator) Caesar Divi f(ilius) / Augustus co(n)s(ul) [XIII] trib(unicia) / potest(ate) XXI pontif(ex) max(imus) / a Baete et Iano August(o) / ad Oceanum / LXXI (milia passuum). / Constantiae / Aeternitatiq(ue) / Augusti*. La lettura del numero di *milia passuum* non è sicura (cfr. CIL II, 4703, p. 629), mentre le ultime tre linee del testo sono aggiunte posteriori.
CIL II, 4721: *Imperator Caesar / Divi Vespasiani f(ilius) / Domitianus Aug(ustus) / Germanicus pontifex / maxsumus tribuniciae / potestatis VIIII imp(erator) XXI / co(n)s(ul) XV censor / perpetuus p(ater) / p(atriae) ab arcu / unde incipit Baetica / viam Aug[ustam ---]*.

[399] Thouvenot, *Essai sur la province*, 164; Mackie, *Local administration*, 16-17.

[400] Le distanze indicate dai *miliari* (64 miglia per CIL II, 4701 e 71 per CIL II, 4703) non possono servire alla localizzazione del punto esatto nel quale sorgeva il monumento a causa della decontestualizzazione dei *miliarii* stessi.

[401] Costituisce una conferma dell'interesse del fisco per questa regione mineraria l'iscrizione onoraria, genericamente databile tra gli ultimi anni del I e la prima metà del II sec. d. C., dedicata dal liberto *Marcus Ulpius Her[me]ros* alla *Salus Augusta* presso la miniera di El Centenillo del Plomo: AE, 1922, 9: *S(acrum) Sal(uti) Aug(ustae) / M(arcus) U(lpius) Her[me]/ros Aug(usti) [l(ibertus)] / v(otum) s(olvit) [l(ibens) / anim[o]*.
Dubbia appare l'interpretazione del testo di una seconda epigrafe proveniente dalla stessa *Castulo* (CIL II, 3270), attribuita al III sec. d. C. da H. G. Pflaum (*Les carrières procuratoriennes*, 1049, n. 40) e al 20-160 d. C. da R. P. Duncan Jones ("The *procurator* as civic benefactor,"*Journal of Roman Studies*, 64 (1974): 84): *Q(uinto) Torio Q(uinti) f(ilio) Culleoni / proc(uratori) Aug(usti) provinc(iae) Baet(icae) / quod muros vetustate collapsos d(e) s(ua) p(ecunia) refecit solum / ad balineum aedificandum / dedit. Viam quae per Castul(onensem) / saltum Sisaponem ducit / adsiduis imbribus corrup/tam munivit signa Vene/ris Genitricis et Cupidi/nis ad theatrum posuit / HS centies quae illi summa / publice debebatur addito / etiam epulo populo remisit / municipes Castulonenses / editis per biduum circens(es)*. Secondo C. H. V. Sutherland (*The Romans in Spain*, Londres 1939, 140) l'iscrizione attesterebbe la competenza, da parte del *procurator* della *Baetica*, sul *saltus Castulonensis* anche dopo l'attribuzione della regione alla provincia della *Hispania Tarraconensis* nel corso dell'età augustea. Tale ipotesi è stata tuttavia rigettata da R. P. Duncan Jones ("The *procurator*," 79-85) e da C. Domergue (Domergue, *Les mines de la Péninsule Ibérique*, 291, nota 65), i quali ritengono che la liberalità di *Q(uintus) Torius Culleo* verso *Castulo* sia piuttosto da attribuire al fatto che il personaggio sarebbe in realtà nativo proprio di questa città.

[402] Albertini, *Le divisions administratives*, 35-36; Chic García, *Historia econòmica*, 149-151 e note 616-617; Mackie, *Local administration*, 183-185. Vale la pena ricordare che nell'ambito dello stesso provvedimento amministrativo passarono forse a far parte della *Hispania Tarraconensis* anche le miniere di rame ubicate nella regione di Almería, presso Murcia, dalle quali risulta estratto il rame impiegato nelle emissioni di quadranti del 9-4 a. C. e degli assi del 10-12 d. C. della zecca di Roma (S. Klein, Y. Lahaye, G. P. Brey, H.-M. Von Kaenel, "The early roman imperial aes coinage II: tracing the copper sources by analysis of lead and copper isotopes. Copper coins of Augustus and Tiberius," *Archaeometry*, 3, n. 3 (2004): 469-480 e figg. 3-4).

[403] Domergue, *Les mines de la Péninsule Ibérique*, 200, nota 19.

[404] Le miniere di *Sisapo* fanno parte della *Baetica* ancora all'epoca di Plinio (Plin., *N. H.*, XXXIII, 7, 118), per passare poi alla *Hispania Tarraconensis* (esse risultano incluse nel *conventus Carthaginiensis* in Ptol., II, 6, 58).

[405] AE 1902, 189=ILS 9007=AE 1977, 241 (*Superaequum*/ Castelvecchio Subequo): *Q(uintus) Octavius L(uci) f(ilius) C(ai) n(epos) T(iti) pron(epos) Ser(gia) / Sagitta / IIvir quinq(uennalis) III praef(ectus) fab(rum) prae(fectus) equi(tum) / trib(unus) mil(itum) a populo procurat(or) Caesaris / Augusti Vindelicis et Raetis et in valle Poe/nina per annos IIII et in Hispania provincia / per annos X et in Suria biennium*. Sulla figura di Sagitta vedi Laffi, "La procuratela quadriennale," 369-379.

[406] Essa venne infatti seguita dalla procuratela finanziaria nella penisola iberica (10 anni) e da quella in Siria, della durata di due anni. Se Sagitta ricoprì - per tre volte - la carica di *IIvir quinquennalis* una volta tornato a *Superaequum*, allora la sua prima procuratela deve collocarsi tra il 15 a. C., anno della definitiva conquista delle regioni alpine, e la fine del I decennio a. C.

potrebbe, quindi, essere posta nell'ultimo decennio del I sec. a. C. La lunga durata della procuratela svolta nella penisola iberica da *Sagitta* sembra indicativa di un incarico di notevole impegno, nell'ambito del quale, dopo l'esperienza nei distretti alpini, quest'ultimo potrebbe essere stato coinvolto anche nell'acquisizione del *saltus Castulonensis* alla *provincia Caesaris* di sua competenza e, di conseguenza, nell'avocazione al *fiscus Caesaris* degli introiti delle miniere che vi erano ubicate[407].

La cura e l'interesse dello stesso Augusto per il *saltus Castulonensis* è peraltro attestato dalla realizzazione di un secondo segmento della *via Augusta* che, proseguendo verso Est all'interno del territorio della *Hispania Tarraconensis*, raggiungeva la costa orientale della penisola iberica fino a *Carthago Nova*[408]. Cinque miliari, databili tra l'8 ed il 7 a. C., riportano il medesimo testo: *Imp(erator) Caesar Augustus / Div[i] f(ilius) co(n)s(ul) XI / tri[b]unicia potestate XVI / imp(erator) XIIII, pontifex max(imus).*[409] Il percorso, realizzato proprio negli anni nel corso dei quali il *princeps* si fa carico della repressione dei *latrocinia* nel *saltus Castulonensis*, potrebbe aver avuto come scopo principale proprio quello di favorire il controllo militare e, in seconda instanza, quello di aprire una direttrice commerciale alternativa a quella costituita dal *Baetis*[410].

Ciò che appare rilevante è che nei decenni finali del I sec. d. C., contestualmente all'intervento amministrativo deciso da Augusto, la maggior parte dei giacimenti minerari del *saltus Castulonensis* risulta nuovamente attiva dopo le difficoltà del periodo delle guerre[411]. Può essere messa in relazione con tale ripresa un'iscrizione scoperta nel 1986 presso la miniera di Valdeinfierno, nel settore settentrionale del *saltus Castulonensis*;[412] nel testo, datato alla seconda metà del I sec. a. C., compare il nome di un personaggio, *T. Pasidius Sabinus*, coinvolto nello sfruttamento della miniera in qualità di proprietario o, più verosimilmente, di *occupator* o *colonus*.

Recenti analisi[413], effettuate sugli isotopi del piombo dei lingotti di piombo dei relitti *Cabrera 5* (fine del I sec. a. C.-primo quarto del I sec. d. C.[414]), *Sud-Perduto 2* (primo quarto del I sec. d. C.[415]) e di *Chipiona* (primo quarto del

[407] È inoltre possibile ricordare che nel 15 a. C. è ancora esistente l'effimera *Transduriana provincia* ricordata nella *tessera Pameiobrigensis*, creata attorno al 23-16 a. C., all'indomani delle prime vittorie sulle popolazioni del settore Nord-occidentale della penisola iberica (G. Alföldy, "Das neue Edikt des Augustus aus El Bierzo in Hispanien," *Zeitschrift aus Papyrologie und Epigraphik* 131 (2000): 177-205; J. A. Balboa de Paz, "Un edicto del emperador Augusto hallado en el Bierzo," *Estudios Bercianos* 25 (1999): 45-53; F. J. Sánchez-Palencia y J. Mangas (eds.), *El edicto del Bierzo. Augusto y el noroeste de Hispania*, León 2000; F. Costabile, O. Licandro, "Tessera Paemeiobrigensis. *Un nuovo editto di Augusto dalla «*Transduriana provincia» *e l'*imperium proconsulare *del* princeps," *Minima epigraphica et papyrologica* 2000 (III, 4): 147-235). È suggestivo ipotizzare che Sagitta sia stato coinvolto anche nella complessa attività amministrativa sottesa alla soppressione di questa stessa provincia, che dovette ben presto rivelarsi non adeguata alle necessità fiscali e militari manifestatesi all'indomani della conquista del settore Nord-occidentale della penisola iberica, regione che, in virtù dei suoi giacimenti auriferi, divenne vitale per Roma.

[408] Sillières, *Les voies de communication*, 758-766.

[409] È qui riportato, a titolo di esempio, il testo di CIL II, 4931; gli altri miliari sono CIL II, 4936, 4937, 4938; AE, 1977, 450= AE, 1982, 627.

[410] Le ricerche archeologiche (Sillières, *Les voies de communication*, 586-587) hanno messo in evidenza come tale viabilità sia in effetti una *via terrena* o *glareata*, particolarmente adatta alla conformazione accidentata dei territori attraversati. Si è ipotizzato (Sillières, *Les voies de communication*, 744-749, 760) che tale percorso sia in realtà da mettere in relazione con la volontà di realizzare un percorso terrestre, fondamentalmente adatto alle carovane di muli e quindi alternativo a quello fluviale della valle del *Baetis*. Tale ricostruzione, non da escudere *a priori*, appare in parte contraddetta dalla grande fortuna della direttrice commerciale che si articolava la valle del *Baetis*, indubbiamente favorita dai vantaggi logistici ed economici offerti dal trasporto fluviale.

[411] Arboledas Martínez, Contreras Cortés, Moreno Onorato, "La explotación minera antigua en Sierra Morena,", 131; Domergue, "Rapports," 619-622; Domergue, *Les mines de la Péninsule Ibérique*, 186-189, in particolare p. 188, nota 55 e pp. 199-200; 215-217; Rico, "Sociétés et entrepreneurs miniers," 407-409; ; J. A. Serrano García, "Análisis del contexto minero romano en la zona oriental de Sierra Morena y la *societas Castulonensis*: estudio de los fondos del Museo Arqueológico de Linares y Provincial de Jaén.". In *Minería antigua en Sierra Morena*, editado por L. M. Gutiérrez Soler (Jaén 2010), 187-212. Gutiérrez Soler, *Arqueología del paisaje minero*, 116-125.

[412] AE 2000, 781; A. U. Stylow, "Epigraphische Miszellen aus der Provinz Jáen, V. Inschrift aus dem Bergbaubezirk von Castulo." In *Epigraphai. Miscellanea epigrafica in onore di Lidio Gasperini*, a cura di G. Paci (Tivoli 2000), 1021-1027.

[413] C. Domergue, "Un parcours à travers les lingots de plomb romains d'Espagne (1965-2003)," *Pallas* 66 (2004): 105-117; vedi anche Trincherini, Barbero, Quarati, Domergue, Long, "Where do the lead ingots of the Saintes-Maries-de-la Mer wreck come from?" 393-406. Le analisi hanno avuto come oggetto, oltre al piombo dei relitti *Saintes-Maries-de-la-Mer 1*, *Cabrera 5* e *Sud-Perduto 2*, campioni di metallo provenienti da siti (miniere e fonderie) del *saltus Castulonensis* (Centenillo del Plomo, Cerro del Plomo, Fuente Espí), della penisola iberica sud-orientale (Sierra de Cartagena e Mazarrón, Sierra de Gador, Sierra Alhamilla, Sierra de Gana) e della Francia sud-occidentale (Cévennes, Montagne Noire).

[414] Il relitto *Cabrera 5*, individuato nel 1979 all'imboccatura del porto dell'omonima isola delle Baleari, ha restituito un carico databile tra la fine del I sec. a. C. e il primo quarto del I sec. d. C., costituito da anfore per salse di pesce di tipo Dressel 7-11 e da 43 lingotti di piombo bollati e contrassegnati da contromarche e da indicazioni ponderali graffite (Colls, Domergue, Guerrero Ayuso, "Les lingots de plomb," 31-80). Di seguito i testi dei bolli sui lingotti (*Tanniber*, 4 esemplari; *P(ublii) Caecili Popilli*, 3 esemplari; *L(ucii) Fla(vii)* o *Fla(minii) G(aii) Pom(peii)* o *Pom(ponii)*, 7 esemplari; *(palma) Q(uinti) Hateri(i) Galli (palma)*, 1 esemplare; *Have (gubernaculum) Iuli (palma) Vernio*, 8 esemplari; *plumb(um) (delphinus) Cal[---]*, 1 esemplare; *P(ublii) Postumi(i) Rufi*, 9 esemplari; *M(arci) Valeri (palma) Ablon(is) (dolium)*, 2 esemplari; *[---]us L(ucii) f(ilius) Rufus*, 7 esemplari) e delle contromarche (*L(ucii) Fanni(i)*; *Q(uinti) Caecil(ii)*; *G(aii) I(---) Ni(---)*; *Demetri*; *Q(uinti) Pomp(eii)* o *Pomp(onii)*; *Satul(li)*; *Q(uinti) P(---) S(---)*).

[415] Il relitto *Sud-Perduto 2*, scoperto nel 1986 ad est dell'arcipelago delle isole Lavezzi (Corsica meridionale), è stato oggetto di tre successive campagne di scavo (1987-1989) che hanno portato al recupero dell'intero carico, databile al primo quarto del I sec. d. C. e costituito da anfore di tipo Dressel 7-11 e Dressel 20 e 48 lingotti di piombo recanti i bolli dei produttori e una serie di contromarche e di graffiti relativi all'indicazione ponderale (Bernard, Domergue, "Les lingots de plomb," 41-95). Di seguito i testi dei bolli sui lingotti (*(palma) C(aii) Asi[---]* o *Ast[---]*, 2 esemplari; *M. H. [---]*, 23 esemplari; *C(aii) Vacalici (delphinus)*, 5 esemplari; *[---] Vacalici*, 1 esemplare; *L(ucii) Valeri(i) Severi*, 1 esemplare; *M(arci) Valeri(i) (dolium) Ablonis*, 1 esemplare; *(delphinus) (gubernaculum)7 (delphinus)*, 4 esemplari; *Ant(---) (palma) An(t---) (palma)*, 1 esemplare; *Emptor eme G(aii) Avi(---) (plumbum)*, 3 esemplari; *Emptor salve*, 7 esemplari) e delle contromarche (*M(arci) Acci(i) Ant(---)*; *L(ucii) Agri(i) o Agri(---)*; *C. Kaci*; *Philarg(yri)*; *Q(uinti) Kamaec(i)*; *P(ublii) Turpil(ii) Germ(ani)*).

I sec. d. C.)[416], hanno permesso di individuare proprio nel distretto minerario di La Carolina-Linares il probabile luogo di origine del metallo[417].

Sono stati attribuiti – anche se in assenza di analisi isotopiche – a questa stessa area anche quattro lingotti di piombo recentemente rinvenuti nel corso degli scavi del relitto del *Bou Ferrer* (Fig. 66)[418], ubicato a largo della costa di Alicante, presso il centro urbano di Vila Joiosa, e pertinente ad una imbarcazione naufragata durante il principato di Nerone, verosimilmente negli anni 64-68 d. C. [419]. I lingotti di piombo, di forma tronco-piramidale, possiedono bolli nei quali, malgrado notevoli difficoltà di lettura, è stato possibile riconoscere almeno il gentilizio *Cornelius*, ampiamente attestato proprio nella regione di *Castulo*; mentre può essere identificata con l'indicazione ponderale la contromarca *CCV*, presente su uno di essi. Fanno riferimento alla titolatura di Nerone le due contromarche *Imp(eratoris) Germ(anici)* e *Aug(usti)*[420]. Il ritrovamento nel corso della campagna di scavo 2017 di due monete, un sesterzio e un dupondio dello stesso Nerone, databili al 64-68 d. C., fisserebbe la cronologia del naufragio e confermerebbe l'identificazione del *princeps* menzionato sui lingotti[421].

Le contromarche trovano riscontro nell'apparato epigrafico dei lingotti del relitto *Cabrera 6* (Fig. 68), datati al principato di Vespasiano proprio in virtù delle contromarche *Imp(eratoris) Caes(aris)*, *Vesp(asiani) Aug(usti)* e *Aug(usti)*, apposte su 16 dei 20 lingotti di piombo noti del carico[422], a loro volta bollati da singoli personaggi e da una *societas*[423]. Le *massae plumbeae*, con un'unica eccezione, risultano contromarcate a freddo dalle due alle quattro volte con i tre diversi punzoni che abbiamo menzionato, mentre una serie di graffiti ne riporta il peso. Le contromarche *Imp(eratoris) Caes(aris)*[424] e *Vesp(asiani) Aug(usti)*, mai contemporaneamente presenti su uno stesso lingotto, risultano accompagnate dal terzo punzone (*Aug(usti)*) in tredici casi[425]. Appare evidente che i punzoni sono stati concepiti in modo che fosse possibile ricostruire la titolatura completa di Vespasiano (*Imperator Caesar Vespasianus Augustus*[426]), evitando eventuali fraintendimenti in merito all'indentità del *princeps* indicato dalle contromarche. Dal momento che, limitatamente al corredo epigrafico dei lingotti di piombo, quest'ultima sembra essere una delle principali regole adottate dall'amministrazione imperiale, è possibile ipotizzare che analoga sia stata la *ratio* seguita per le contromarche dei lingotti del *Bou Ferrer*. Se si ipotizza che esse restuiscano la titolatura completa del *princeps* (*Imp(erator) Germ(anicus) Aug(ustus)*), senza ulteriori elementi eventualmente presenti su altri lingotti non ancora recuperati, si deve tuttavia riconoscere che essa non garantisce una inequivocabile identificazione del *princeps*. *Imperator*, da intendere evidentemente come *praenomen*, non consente di riconoscere nella titolatura Gaio[427], che non lo ha mai portato, mentre l'apparente assenza del gentilizio *Claudius* e del *cognomen Nero* non consente di escludere Claudio[428] e Nerone[429]. Il *praenomen Imperator* e il *cognomen ex virtute Germanicus* – quest'ultimo, tuttavia,

[416] C. Rico, C. Domergue, "Nuevos documentos sobre el comercio de los metales hispánicos en la época romana. Los lingotes de Chipiona (Cádiz)", *Habis* 41 (2010): 163-184; A. Nesta, S. Klein, P. Quarati, P. R. Trincherini, C. Rico, C. Domergue,"Sobre el origen de los lingotes de Chipiona. Aportación del método de los isótopos del plomo," *Habis* 42 (2011): 191-207. Il relitto trasportava un carico di 4 lingotti di piombo, recanti i bolli *Q(uinti) Biguei (f(ilii), Rutiliorum* e *LX III LXXX* e le contromarche *M(arci) L(---) G(---)* e *C(ai) Kac(ii) Philar(gyri)*, già attestata sui lingotti del relitto *Sud-Perduto 2*, e di 18 lingotti di rame, recanti le contromarche *QANT*, *HEL* e *M*.

[417] I risultati mettono in evidenza la forte compatibilità tra gli isotopi del piombo dei lingotti del relitto *Cabrera 5* e quelli dei campioni raccolti presso la miniera di El Centenillo del Plomo (Mangas, Orejas, *El trabajo en las minas*, 242-249, 254-255; Domergue, "Un parcours," tabb. 3, 5, 7 e fig. 6) e la fonderia di Fuente Espí (Domergue, "Un parcours," tabb. 3, 5, 7 e fig. 6), mentre sensibile appare la differenza rispetto ai valori isotopici dei campioni dei giacimenti della penisola iberica Sud-orientale (Sierra de Cartagena e Mazarrón, Sierra de Gador, Sierra Alhamilla, Sierra de Gana (Trincherini, Barbero, Quarati, Domergue, Long, "Where do the lead ingots of the Saintes-Maries-de-la Mer wreck come from?" 398-405, tabb. 3-8).

[418] de Juan Fuertes, Cibecchini, Miralles, *El pecio Bou Ferrer*, 113-124.

[419] La cronologia si basa sui confronti relativi ai contenitori da trasporto, pertinenti ai tipi Dressel 11, Dressel 9 e, forse, proto-Beltran IIB, tutte di produzione betica (de Juan Fuertes, Cibecchini, Miralles, *El pecio Bou Ferrer*, 136-137, 145).

[420] de Juan Fuertes, Cibecchini, Miralles, *El pecio Bou Ferrer*, 138.

[421]https://web.ua.es/en/actualidad-universitaria/2017/septiembre17/11-17/el-descubrimiento-de-dos-monedas-situa-la-fecha-del-naufragio-del-pecio-del-bou-ferrer-entre-el-ano-64-y-68.html.
In questo stessa sede viene segnalata, ancora in relazione alla campagna di scavo 2017, una seconda contromarca (*Ner(onis) CA*), sciolta come *Ner(onis) c(urator) a(quarum)*. Tale soluzione, che postulerebbe il coinvolgimento della *curatela aquarum* anche nelle fasi di acquisizone dei rifornimenti di piombo, ci appare tuttavia dubbia, in primo luogo per la lettura della parte finale della contromarca, non altrimenti nota in relazione alla *cura aquarum* e all'apparenza troppo concisa. In linea teorica essa potrebbe essere scolta anche come più semplicemente come *Ner(onis) Ca(esaris)*.

[422] Il relitto, noto anche col nome di relitto di Ses Salines, è stato rinvenuto nel 1960 nel tratto di mare compreso tra l'isola omonima e quella di Maiorca (Veny, "Dicisiete lingotes de plomo," 191-219; Parker, "Lead ingots," 147-150); Domergue, Liou, "L'apparition de normes," 11-30); le indagini, condotte a più riprese e non in modo sistematico, hanno causato la dispersione di larga parte del materiale recuperato, attualmente noto solo in parte. Il carico dell'imbarcazione è costituito da anfore di tipo Dressel 7-11 e Dressel 20 e da circa 50 lingotti di piombo (dei quali solo 20 pubblicati), mentre fanno parte della dotazione di bordo una serie di lamine in piombo relative al rivestimento esterno dello scafo, alcuni chiodi di bronzo e un'ancora e diversi chiodi in ferro.

[423] Su 17 lingotti risultano leggibili i seguenti bolli: *[Publi] Aemili Gallici* (1 esemplare), *N^e(vi). M^evi Apri* (4 esemplari), *Q(uinti) Cornuti* (5 esemplari), *L(ucii) Ma^nli* (3 esemplari), *C(aii) M(---) A(---)* (2 esemplari) e *So(cietatis) Ur(sonensis?)* (2 esemplari).

[424] Attestati rispettivamente su 10 e 5 lingotti.

[425] Ricordiamo che l'uso di suddividere tra i testi di diversi punzoni i *tria nomina* di un solo personaggio è altrimenti attestato, ad esempio sui lingotti di piombo del relitto tardo-augusteo *Cabrera 4*, dove i *tria nomina* e la filiazione del *mercator Marcus Licinius Asua* risultano suddivisi in tre diverse contromarche complementari (*M(arcus) Licin(ius)*, *M(arci) f(ilii) (lyra)* e *Ausua*) (Veny, Cerda, "Materiales arqueologicos," 298-310; Veny, "Nuevos materiales," 465-488).

[426] Per la formula *Imperator Vespasianus Caesar Augustus* vedi Magioncalda, *Lo sviluppo*, 28-29; CIL III, 6993; XI, 3605.

[427] Magioncalda, *Lo sviluppo*, 27-28. Cfr. CIL II, 4746. Si vedano, in questo senso, anche i bolli delle due lingottiere del Magdalensberg (*C(aii) Caesaris Aug(usti) Germanici imp(eratoris) ex Noric(is metallis)*; Piccottini, "Gold und Kristall," 467-477) e del lingotti di piombo del relitto dell'*Île Rousse* (*[C(aius)] Caesar Aug(ustus) imp(erator) Germ(anicus) TFCF*; J. F. Maréchal, "Note sur un lingot," 258-266, tav. X; Alfonsi, Gandolfo, "Le lingot de plomb," 397-403).

[428] Magioncalda, *Lo sviluppo*, 27-28. Cfr. CIL V, 8002; IX, 5959.

[429] Magioncalda, *Lo sviluppo*, 27-28. Cfr. CIL III, 6741; IX, 1331.

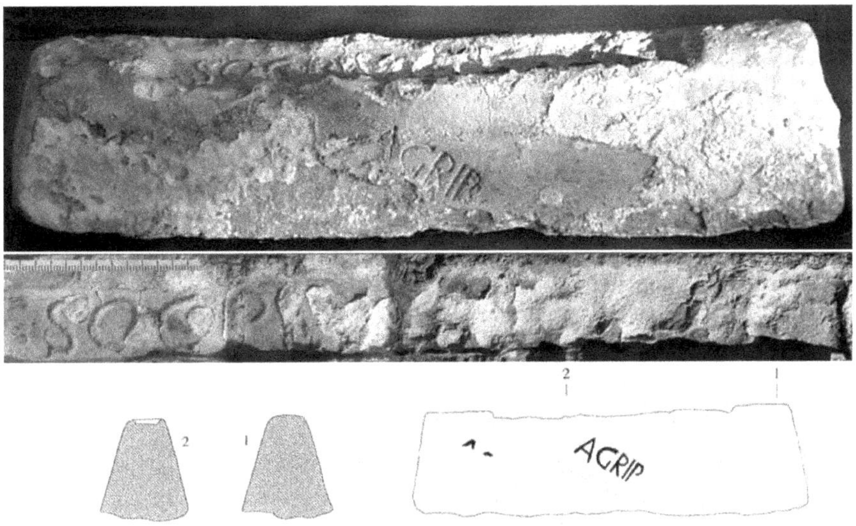

Figura 71. Lingotto di piombo di Agrippa da Minorca (da De Nicolàs, Rodà, "Un nuevo lingote de plomo," 1018-1019).

apparentemente seguito e non preceduto come al solito da *Augustus* – sono peraltro portati, successviamente a Nerone, anche da Domiziano, Nerva e Traiano[430]; vale solo la pena ricordare i bolli di 4 lingotti di piombo rinvenuti nel porto di *Caesarea Maritima* (*Imp(eratoris) Domit(iani) Caesaris Aug(usti) Ger(manici)*[431]) e di quelli, in numero imprecisato, del relitto britannico di Runcorn (*Imp(eratoris) Domit(iani) Aug(usti) Ger(manici)*[432], nei quali la titolatura di Domiziano riporta entrambi questi elementi[433].

È possibile cogliere, anche nel carico del relitto del *Bou Ferrer*, una ulteriore attestazione del controllo esercitato dal *fiscus Caesaris* sulle miniere del settore orientale della Sierra Morena. Se l'origine del metallo dall'area del distretto di Linares-La Carolina sarà confermata da analisi degli isotopi del piombo, si avrà quindi una ulteriore prova dell'importanza rivestita, fin dall'età augustea del distretto minerario del *saltus Castulonensis*. Avocato da Augusto al territorio della provincia della *Hispania Tarraconensis*, la regione, come indicano i carichi di lingotti di piombo ricordati (*Cabrera 5*, *Sud-Perduto 2*, *Chipiona*, *Bou Ferrer*) appare sfruttata con una rinnovata intensità fin dalla fine del I sec. a. C. e ancora nella seconda metà del I sec. d. C.

Non è possibile stabilire se la scelta di porre i giacimenti del *saltus Castulonensis* sotto il controllo diretto del proprio *fiscus* sia stata presa da Augusto in conseguenza della cessione alla colonia di *Carthago Nova* delle miniere presenti nel suo territorio, ormai non più produttive come nei secoli precedenti, e quanto essa sia stata determinante per il nuovo assetto conferito alle province della *Baetica* e della *Tarraconensis* rispetto ad altre cause di natura più contingente, quale l'intervento contro i *latrocinia*. Significativo dell'interesse dell'*entourage* di Augusto per questo particolare settore della penisola iberica è, peraltro, un lingotto facente parte del carico di un relitto ubicato presso l'isola di Minorca (Fig. 71)[434]; la *massa plumbea*, recante il bollo *soc(ietatis) plumb(ariae) [---]R[---]*[435] e la contromarca *Agrip(pae)* – quest'ultima in tutto simile a quello che compare sul lingotti del relitto di Valle Ponti – è stata verosimilmente acquisita, secondo modalità analoghe, da personaggi al servizio di Agrippa e successivamente commercializzata lungo le rotte che conducevano verso la penisola italica.

Ciò che appare significativo è la capacità, da parte dell'amministrazione del *princeps*, di imprimere un forte impulso all'attività estrattiva in tutte quelle aree minerarie nelle quali essa risulta in qualche modo coinvolta. Limitatamente al piombo, l'impatto positivo del controllo esercitato dal *fiscus* appare evidente in regioni anche sensibilmente diverse, come la Germania, un territorio di recente conquista caratterizzato da scarsissime tracce di attività mineraria di età preromana, e come il *saltus Castulonensis*, oggetto invece di sfruttamento da parte di Cartagine, nella seconda metà del III sec. a. C., e di Roma, certamente già a partire dal II sec. a. C. Se nel settore orientale della Sierra Morena vi erano strutture produttive ereditate dall'attività mineraria condotta in età repubblicana e interessi consolidati (è certamente questo il caso della *s(ocietas) C(astulonensis)*, già attestata nella regione nel corso del I sec. a. C. e ancora attiva durante il principato di

430 È purtroppo incompleto il solo bollo di Nerva attualmente noto su un lingotto di piombo (*Imp(eratoris) Nervae Ca[es(aris)...]*; RIB, 63, n. 65); è invece andato perduto un lingotto recante "...the name of the emperor Trajan (A. D. 98) stamped on it." (Lucas, "Grassington Lead Mines," 49), rinvenuto in Inghilterra nel 1885.

431 Wolff, "*Ceasarea*," 506-510; Raban, *Sebastos, the royal harbour*, 217-273; Raban, *The lead ingots*, 180-188.

432 RIB, 38-66, n. 36 (relitto di Runcorn, nel Galles settentrionale).

433 Magioncalda, *Lo sviluppo*, 29-30. Cfr. CIL II, 4721; *Eph. Ep.* V, 94-95.

434 De Nicolàs, Rodà, *Un nuevo lingote de plomo*, 1017-1020; Domergue, Quarati, Nesta, Trincherini, *Retour sur les lingots de plomb de Comacchio*, 82. Il carico, che comprendeva anche anfore di tipo Dressel 20, Haltern 70 e Dressel 28, è stato irrimediabilmente saccheggiato nel corso degli anni '60.

435 Il bollo viene scolto come *Soc(ietatis) plumb(ariae) [Ca]r[thaginiensi]* in De Nicolàs, Rodà, *Un nuevo lingote de plomo*, 1018.

Claudio[436]), ancora più intenso dovette essere lo sforzo prodotto in Germania, dove nel volgere di pochi anni fu possibile avviare dal niente la coltivazione dei giacimenti per mezzo di attori – *L. Flavius Verucla*, i *socii* del lingotto di Fos – con caratteristiche apparentemente analoghe. Nella coltivazione dei giacimenti infatti risultano coinvolti singoli personaggi e *societates*, mentre il metallo prodotto viene immesso all'interno di filiere commerciali articolate, nell'ambito delle quali si susseguono, dopo la produzione dei lingotti pressi i siti minerari, più passaggi di proprietà, in occasione dei quali vengono apposte le contromarche e le indicazioni ponderali.

3.3. Conclusioni finali

Le conclusioni al presente capitolo sono intese come complessive; questo perché, come anticipato nell'Introduzione, i tre capitoli dai quali è costituito il presente lavoro sono stati concepiti nel tentativo di inserire il relitto di Rena Maiore all'interno di problematiche sempre più ampie, passando dal contesto stesso del relitto, alle miniere germaniche, dalle quali provengono i lingotti bollati da Augusto, che costituiscono la maggior parte del carico, fino all'inserimento di questi ultimi nella più ampia problematica dei *metalla* che, con l'avvento del regime augusteo, cadono sotto il controllo del *princeps*.

Caratteristica peculiare del carico di metalli del relitto di Rena Maiore è la forte disomogenità, evidente nella tipologia stessa degli oggetti che lo costituiscono (lingotti, contenitori, lamine, ecc.), nella tipologia delle *massae plumbeae* – tratto che non trova riscontro nel panorama dei relitti con lingotti di piombo e/o di altro tipo – e, infine, nell'origine stessa dei lingotti. È proprio tale disomogeneità a rendere di non facile comprensione alcuni degli aspetti commerciali del carico: la proprietà di quest'ultimo era unica? In questo caso, chi è il proprietario del metallo? È evidente che la perdita quasi pressoché totale del contesto del relitto – con l'esclusione delle ancore in ferro – costituisce una lacuna incolmabile per la definizione di tali problematiche.

Proprio per questo ci sembra necessario, nel caso di contesti archeologici come quello del relitto di Rena Maiore, tentare di definire delle ricostruzioni basandosi in primo luogo sui dati – per pochi che siano – che appaiono ragionevolmente sicuri. È per questo stesso motivo che ci appare fuorviante individuare in Augusto il proprietario dell'intero carico di metalli e/o anche solo dei lingotti recanti il bollo del *princeps*. Le differenze nel corredo epigrafico dei lingotti delle diverse serie, così come le contromarche impresse sui lingotti della Serie 1 e del lingotto n. 66, non riconducibili a membri dell'amministrazione imperiale o ad eventuali agenti da questa incaricati del trasporto del metallo a Roma, sono tutti elementi che impongono cautela e che non permettono di escludere che, al momento del naufragio, il carico appartenesse a più proprietari e che questi fossero in realtà privati *mercatores*.

La destinazione finale del carico, da identificare più verosimilmente con Ostia o genericamente con un porto della costa tirrenica[437], non consente di escludere che il metallo fosse destinato al mercato privato, certamente condizionato a Roma dagli interventi promossi da Augusto alla rete idrica della città, attraverso la costruzione di nuovi acquedotti, ed effettuati, a partire dal 12 a. C., per mezzo della *cura aquarum*.

Diversa è anche l'origine del piombo; se il corredo epigrafico e le analisi isotopiche individuano con certezza l'origine germanica dei lingotti troncopiramidali bollati da Augusto e del lingotto recante il contrassegno *Pudentis Germ(anicum) (plumbum)*, sono ancora i dati ricavabili dagli isotopi del piombo[438] a mettere in evidenza una diversa origine per le *massae plumbeae* delle Serie 2, 4 5 e, ipoteticamente, anche in assenza di analisi, delle quattro *cistae*. La produzione di questa parte del carico di lingotti presso l'officina di un *plumbarius* di Arles, proprio in vista dell'acquisto del metallo e della sua commercializzazione via mare, può spiegare i tratti peculiari che ne caratterizzano la morfologia e il corredo epigrafico, quest'ultimo in lingua greca e latina. La produzione, in linea teorica, potrebbe essere avvenuta presso uno o, più verosimilmente, entrambi i *plumbarii* di Arles presso i quali vennero acquistate anche le *cistae* in piombo, e/o presso altri *plumbarii* della città, eventualità che spiegherebbe la sensibile differenza morfologica tra i lingotti in oggetto. Come indicano le analisi condotte sugli esemplari delle Serie 2, 4 e 5 il piombo impiegato per la loro fusione, diversamente dai lingotti delle Serie 1 e del lingotto n. 66, non sembra riconducibile ad una origine univoca ma ad una pluralità di fonti di approvvigionamento, localizzabili nella

[436] *Tesserae* di piombo con la sigla *S. C.*, da intendere come *s(ocietas) C(astulonensis)*, sono state rinvenute nei livelli relativi al periodo compreso tra la fine del I sec. a. C. e la prima metà del I sec. d. C. della fonderia di Fuente Espí (M. P. García y Bellido, "Nuevos documentos sobre mineria y agricoltura romanas en Hispania," *Archivo Español de Arqueologia* 59 (1986): 13-46; Domergue, *Catalogue*; Domergue, *Les mines de la Péninsule Ibérique*, 262). La sigla *S. C.* è presente anche su altri oggetti: su placchette e *tesserae* di piombo provenienti da El Centenillo del Plomo, Fuente Espí e dal sito minerario di Santa Eufemia (a nord di Cordoba) e su un peso da telaio da El Cerro del Plomo. Le placche sono state interpretate come etichette da fissare ai sacchi di minerale ancora grezzo o, sull'esempio del secchio della miniera di Posadas con il contrassegno *S. S.*, a oggetti dei quali si voleva indicare la proprietà; non è esclusa tuttavia una loro funzione come *tesserae nummariae*, ossia come "buoni" in cambio dei quali si potevano ricevere determinate quantità di grano o denaro o servizi. È chiaro che, non essendo vere monete e non essendo neppure fatte con metallo di qualche valore, esse erano valide soltanto in un determinato ambiente (come in un distretto minerario) e a determinate condizioni (García y Bellido, "Nuevos documentos," 19-22, 34-38; Domergue, *Les mines de la Péninsule Ibérique*, 261-263). Sulla *societas Castulonensis* si veda anche Rico, "Sociétés et entrepreneurs miniers," 397-398; Arboledas, *Minería y metalurgia romana*, 134-139; Serrano García, *Análisis del contexto minero romano en la zona oriental de Sierra Morena*, 187-212; Gutiérrez Soler, *Arqueología del paisaje minero*, 110-112.

[437] Poco verosimile, in considerazione della rotta dell'imbarcazione naufragata a Rena Maiore, appare l'identificazione del porto di arrivo con uno di quelli delle città campane (Pozzuoli, Napoli, Miseno).

[438] Vedi l'Appendice al Cap. 1.

penisola iberica e ipoteticamente anche in area gallica. Tale dato appare in definitiva perfettamente compatibile con la produzione dei lingotti da parte di una o più *officinae plumbariae* di un centro portuale quale quello di Arles, posto all'incrocio di alcune delle maggiori direttrici commerciali del Mediterraneo occidentale e contestualmente vicino alle ricche regioni minerarie del settore occidentale della *Gallia Narbonensis*[439].

Il carico, a prescindere dalle diverse problematiche fin qui enucleate, consente di cogliere a pieno la fortissima crescita che, a partire dall'età augustea, ebbe la richiesta di un metallo quale il piombo e il contestuale sviluppo che, a Roma così come in più realtà provinciali – quali la stessa Arles, dove furono attivi i *plumbarii C. Iulius Primitius* e *Q. Pompeius Atticus* – interessa l'attività artigianale legata a questo metallo. Mentre Roma, grazie agli interventi messi in atto da Augusto, rappresentò certamente il principale polo di attrazione di tale commercio, anche le province vennero sempre di più ad assumere il ruolo di "consumatore" di tale metallo, che venne ad affiancarsi a quello di produttore, ricoperto, in particolare dalla penisola iberica e dalla *Gallia Narbonensis*, già nel corso della tarda età repubblicana. Alla conquista di nuovi territori seguì di pari passo l'avvio di attività minerarie laddove vennero individuati giacimenti di particolare interesse; la documentazione pertinente alla Germania, di interesse ancora maggiore in quanto relativa ad una realtà provinciale dalla breve durata e, fino a quale decennio fa, ancora in larga parte sconosciuta, getta nuova luce sulle modalità con le quali, in età augustea, si andò costituendo un primo nucleo di miniere sottoposte al controllo del *fiscus Caesaris*, quest'ultimo nuovo e determinante elemento dell'assetto amministrativo e finanziario dell'impero.

I dati relativi ai *metalla Germanica* offrono l'occasione per affrontare tale ampia tematica mettendo a fuoco l'attenzione rivolta da Augusto e dal suo *entourage* all'approvigionamento di piombo, metallo che, è bene ricordarlo, spesso veniva ottenuto come risultato della coltivazione di giacimenti importanti, in primo luogo, per la presenza di argento[440]. Per quanto la ricostruzione di Cassio Dione del discorso di Mecenate ad Augusto possa essere in parte influenzata dal quadro politico e storico nel quale l'autore visse[441], esso sembra riflettere tuttavia una preoccupazione reale di Augusto e dei suoi piu stretti collaboratori. Il carico di lingotti del relitto di Valle Ponti e il lingotto isolato di Minorca, indicativi di un coinvolgimento di Agrippa nei traffici commerciali legati a questo metallo, la creazione, per volere di Augusto, della *cura aquarum* e lo sfruttamento di giacimenti caratterizzati dalla presenza preponderante di solo minerale di piombo – quale quelli dell'Eifel in Germania e parte di quelli del *saltus Castulonensis* – sono tutti elementi che confermano il costante interesse ad esso rivolto da parte dell'amministrazione imperiale.

Il quadro amministrativo che emerge appare già notevolmente complesso e articolato. Notevole appare la capacità del *princeps* di mettere in campo, al fine di garantirsi gli approvvigionamenti di metalli necessari, azioni di natura diversa ed ugualmente efficaci. Anche se è per noi difficile stabilire se e in quale misura tali azioni sottendano vere e proprie "politiche" di lungo termine, è possibile constatare come, in relazione al piombo, dopo l'attività condotta da Agrippa fino alla propria morte nel 12 a. C., alla nascita della *cura aquarum* abbiano fatto seguito l'avvio dello sfruttamento delle miniere germaniche e il distacco del *saltus Castulonensis* dalla *Baetica*. È quindi nel quadro di conquiste militari, di provvedimenti amministrativi e di interventi di più difficile lettura – quale quelli che sottendono il rinnovato impulso conferito all'attività mineraria nel settore occidentale della *Baetica* negli anni di passaggio tra I sec. a. C. e I sec. d. C., attribuito dagli studiosi non all'azione dell'amministrazione del *populus* ma piuttosto ad un intervento del *princeps* all'interno di una provincia non di sua competenza – che vediamo Augusto garantire, con continuità, i rifornimenti di metallo destinati alle zecche, ai propri eserciti e a servizi quali quelli messi in campo dalla *cura aquarum*.

I *metalla* posti sotto il controllo del *fiscus Caesaris* risultano caratterizzati da regimi giuridici diversi, spesso definibili con difficoltà; se alcune miniere furono assai verosimilmente acquisite al *patrimonium* di Augusto, in particolare nelle province Nord-occidentali dell'impero oggetto di recenti conquiste, altre, ubicate in territori posti sotto il controllo di Roma già in età repubblicana, vengono a ricadere adesso sotto il controllo del fisco, pur senza essere necessariamente proprietà del *princeps*. È questo, ad esempio, il caso delle miniere del *saltus Castulonensis*, regione staccata dalla *Baetica* e aggiunta alla confinante *provincia Caesaris* della *Hispania Tarraconensis*; tale territorio, già oggetto di sfruttamento minerario in età tardorepubblicana, vive una nuova fase di sviluppo all'indomani di tale provvedimento, preso da Augusto tra il 10 ed il 2 a. C. Si è sottolineato, anche in contributi recenti[442], il rinnovato sviluppo che l'attività minieraria di questo particolare settore della Sierra Morena vive a partire dall'età augustea; è questa una fase nella quale, assieme alle *societates* già attive alla fine dell'età repubblicana, risultano coinvolti nello sfruttamento dei giacimenti numerosi personaggi, menzionati nei bolli di un cospicuo numero di lingotti afferenti a diversi relitti del Mediterraneo occidentale. Quello che, a nostro modo di vedere, non è stato messo sufficientemente in luce sono proprio le conseguenze del provvedimento amministrativo che coinvolge il *saltus Castulonensis*. Il passaggio della regione ad una

[439] Soricelli, "Lo sfruttamento minerario della Gallia transalpina", 215-245.

[440] È possibile ricordare il caso della miniera del Centenillo del Plomo, nel *saltus Castulonensis* (Gutiérrez Soler, *Arqueología del paisaje minero*, 105-106).

[441] Dio ,52, 28, 4-5.

[442] Rico, "Sociétés et entrepreneurs miniers," 398-399, 401, 408-409.

provincia di competenza del *princeps* implicò anche il contestuale passaggio delle miniere sotto il controllo del *fiscus Caesaris*; anche se attualmente ignoriamo lo statuto giuridico dei *metalla* di quest'area in età repubblicana[443] e non è, di conseguenza, possibile escludere che essi facessero già parte dell'*ager publicus*, quello che appare rilevante sono soprattutto le attestazioni del coinvolgimento del fisco nella gestione dei *metalla*. Le contromarche del relitto del *Bou Ferrer*, relative a Nerone, e la presenza presso la miniera del Centenillo del Plomo del liberto imperiale *Marcus Ulpius Hermeros*[444] costituiscono prove significative del controllo esercitato dall'amministrazione del *princeps* sulle miniere del settore meridionale dela penisola iberica nella prima età imperiale. L'intervento del fisco, in atto già a partire dall'età augustea, sarebbe stato quindi determinante per lo sviluppo che l'attività mineraria fa registrare in questa stessa regione e che i carichi di lingotti di piombo mettono pienamente in evidenza fin dai primi decenni del I sec. d. C.

Altrettanto determinante è l'azione del fisco in Germania, dove, successivamente all'avvio dello sfruttamento dei giacimenti di piombo, si definisce in tempi brevi e in un contesto di partenza totalmente diverso da quello del *saltus Castulonensis*, una struttura amministrativa che vede, contestualmente al coinvolgimento di funzionari del fisco e dell'esercito, di *occupatores* e/o *coloni*, attivi singolarmente o riuniti in *societates*. Parallelamente si assiste allo sviluppo di filiere commerciali complesse, per mezzo delle quali il piombo germanico e quello iberico, così come gli altri metalli, vengono inseriti all'interno delle principali rotte fluviali e marittime del settore occidentale dell'impero e diffusi in ambito provinciale e a Roma.

Il regime dell'*occupatio*, in vigore già in età tardo-repubblicana e al quale sono ipoteticamente riconducibili i nomi contenuti nei bolli dei lingotti di piombo, e un meccanismo che consente l'acquisizione di parte del metallo prodotto dal *colonus* - analogo a quello che nella *lex metallis dicta* di Vipaca normerà l'acquisizione della *pars dimidia* per mezzo di un contratto di *emptio/venditio*[445]- potrebbero aver garantito all'amministrazione del *princeps*, verosimilmente fin dagli inizi del principato, una forte continuità dell'attività estrattiva svolta nelle miniere affidate agli *occupatores* e la contestuale possibilità di consistenti e continui approvvigionamenti di metallo. Tale struttura amministrativa si sarebbe rivelata da subito più efficace del sistema della *locatio-conductio*, per mezzo del quale erano state gestite in età tardo-repubblicana i *metalla* di proprietà del *popolus Romanus* e che, dopo l'avvento del principato, continua ad essere impiegato nelle province di competenza dell'amministrazione del *populus*.

Limitatamente al piombo, costituisce un'efficace sintesi delle soluzioni che il nascente organismo imperiale, già con Augusto, riesce a definire per garantirsi i necessari rifornimenti di metallo, la testimonianza di Frontino, secondo la quale *Caesaris familia ex fisco accipit commoda, unde et omne plumbum et omnes impensae ad ductus et castella et lacus pertinentes erogantur*[446].

Appendice al capitolo 3.
I *procuratores metallorum* e le miniere del *princeps*. La comparsa di una nuova procuratela

S. Genovesi

Non sembrano sussistere ragioni per le quali ipotizzare, in Germania e negli altri distretti mineraria posti sotto il controllo del *fiscus Caesaris*, la presenza, fin dall'età augustea, di *procuratores metallorum*, ossia di funzionari specificatamente incaricati della gestione di uno o più *territoria metalli* all'interno di una singola provincia. La creazione di tale carica è stata attribuita al principato augusteo da D. Capanelli[447] e J. M. Blázquez Martinez, il quale tuttavia non porta prove consistenti di tale convinzione[448]; M. P. García y Bellido attribuisce la qualifica di *procurator metallorum* a *L(ucius) Cae(---) Bat(---)*, il personaggio che contromarca assieme ad Agrippa 84 dei 102 lingotti di piombo del relitto augusteo di Valle Ponti[449]. L'assenza nel testo della contromarca di qualsiasi riferimento a tale carica o al ruolo ricoperto dal liberto nell'attività mineraria impedisce tuttavia di accettare tale ipotesi.

Capanelli, a sostegno di tale ipotesi, porta due ordini di motivazioni, osservando, in primo luogo, l'aumento progressivo dei poteri che, nel corso della prima età imperiale, vengono conferiti ai *procuratores* imperiali;[450] tale processo sarebbe iniziato già con Augusto che *apud equestres, qui Aegypto praesiderent, lege agi decretaque eorum proinde haberi iusserat.*[451] Date le notevoli competenze possedute, nel corso del I e del II sec. d. C.,

[443] Rico, "Sociétés et entrepreneurs miniers," 406-407.
[444] AE, 1922, 9..
[445] Concorda con la possibilità che nella *lex metallis dicta* di età adrianea siano confluiti regolamenti minerari di epoche precedenti, a partire dall'età augustea, C. Rico ("Sociétés et entrepreneurs miniers," 409).
[446] Front., *De. aq.* 118, 4.
[447] D. Capanelli, "Aspetti dell'amministrazione mineraria iberica nell'"età" del principato," In *Mineria e Metalurgia en las antigas civilizaciones mediterraneas y europeas*, I Colloquio Internacional Asociado (Madrid 1985), Editor C. Domergue (Madrid 1989), 139-142.
[448] Blázquez Martinez, *Admninistracion de las minas*, 119-132, in particolare 121: *durante el principato, el sistema de explotación cambió. Fue el fundador del Principato, Augusto, el que puso* procuratores *al frente de las minas.*
[449] García y Bellido, "Marcas legionarias," 9-43, in particolare 41.
[450] In generale su tale problematica vedi Brunt, "Procuratorial," 461-489; per le competenze del *procurator* nelle *tabulae Vipascenses* vedi D. Capanelli, "Alcune note relative alle *Leges metalli Vipascensis*," *Bollettino dell'Istituto di diritto romano* 86-87 (1984): 121-146; D. Capanelli, "Aspetti dell'amministrazione mineraria iberica nell'età del principato." In *Studi per Luigi De Sarlo* (Milano 1989), 63-89; Capanelli, *Aspetti dell'amministrazione mineraria*, 138-147; D. Capanelli, "La explotaciòn de las minas ibéricas y el commercio de metales en la época romana: mas cuantas reflexiones màs," *Geriòn* 8 (1990): 227-239; M. Christol, "Un aspect de l'administration impériale: le procureur des mines de *Vipasca*," *Pallas* 50 (1999): 233-244.
[451] Tac., *Ann.*, XII, 60: *eodem anno saepius audita vox principis, parem vim rerum habendam a procuratoribus suis iudicatarum, ac si ipse statuisset. (...) Nam divus Augustus apud equestres, qui Aegypto praesiderent, lege agi decretaque eorum proinde haberi iusserat, ac si magistratus Romani constituissent; mox alias per provincias et in urbe*

dai *procuratores* preposti ai *metalla*, sarebbe possibile ipotizzare l'esistenza di un legame tra questi e le misure prese da Augusto e, successivamente, da Claudio.[452] La creazione di un primo e consistente nucleo di *metalla* di pertinenza del *princeps* con Augusto e il suo sensibile incremento già nel corso del principato di Tiberio,[453] ha inoltre spinto Capanelli a ipotizzare la nomina già da parte dello stesso Ottaviano di *procuratores* a capo dei diversi distretti minerari posti sotto il suo controllo[454]. È tuttavia possibile ricordare come i provvedimenti ricordati da Tacito siano in realtà diretti a procuratori di rango equestre investiti di responsabilità di governo di intere province, quali sono appunto il *praefectus Aegypti* ed il *procurator* governatore della *Iudaea*.

Come le attestazioni epigrafiche sembrano indicare, la comparsa dei *procuratores metallorum* fu piuttosto un processo di lungo periodo, che vide, nell'arco di tempo compreso tra l'età flavia e la prima età antonina[455], il *fiscus Caesaris* adeguarsi al progressivo accrescersi delle risorse poste sotto il proprio controllo. Se nel periodo precedente l'amministrazione delle miniere imperiali fu verosimilmente demandata ai procuratori finanziari presenti nelle *provinciae Caesaris* e nelle *provinciae populi Romani* e ai loro diretti collaboratori[456], è a partire dall'età flavia che si assiste allo sviluppo di una struttura amministrativa più articolata, nella quale, contestualmente a nuove procuratele finanziarie equestri, trovano posto i primi *procuratores* di rango libertino con incarichi legati alla gestione dei *metalla*[457].

Nella penisola iberica i primi procuratori finanziari di rango equestre sono già attestati nelle *provinciae Caesaris* della *Hispania Tarraconensis*[458] e della *Lusitania*[459] fin dal principato di Augusto; solo più tardi - entro il 79 d. C. - viene creata la carica di *procurator Asturiae et Gallaeciae*[460], certamente al fine di rendere più efficace lo sfruttamento delle ricche miniere d'oro del settore Nord-Occidentale della *Tarraconensis*. Altrettanto significativo è il caso della *Baetica*, dove, nel corso della stessa età flavia, sembra nascere la necessità, limitatamente alle miniere, di una più efficace strutturazione del *fiscus Caesaris*. La carica di *procurator* finanziario della *Hispania Ulterior Baetica* risulta attestata per la prima volta con Vespasiano[461], anche se la presenza in questa stessa provincia di procuratori imperiali è più che verosimile già dall'età augustea. Al principato di Domiziano si data la dedica ad un anonimo *[praef(ectus)] fisci et curator Divi Titi in Baetica*, rinvenuta reimpiegata nella struttura di un ponte ubicato nelle immediate vicinanze di *Castulo*[462]; l'elemento di maggiore importanza dell'iscrizione è, in questa sede, la relazione del funzionario con il *patrimonium* del defunto *princeps* nella provincia

---

pleraque concessa sunt, quae olim a praetoribus noscebantur. Claudius omne ius tradidit (...). Vedi anche Joseph., *Bell. Jud.*, II, 117 (in relazione ai poteri conferiti da Augusto al *procurator* della Giudea).

452 Tac., *Ann.*, XII, 60.

453 Capanelli, *Aspetti dell'amministrazione mineraria*, 141.

454 Capanelli, *Aspetti dell'amministrazione mineraria*, 141: *In base a tutto ciò sia lecito ipotizzare che, onde soddisfare esigenze organizzative ineludibili, praticamente fin dall'inizio dell'Impero si decidesse di affidare a procuratores le miniere comprese a vario titolo nel patrimonio del* princeps.

455 A. Beltrán, "Las minas romanas de la regiòn de Cartagena," *Memorias de los Museos y Archivos Provinciales* 5 (1944): 201-208 (Beltrán, tuttavia, afferma anche lo sfruttamento da parte dell'amministrazione imperiale delle miniere iberiche inizia solo con i Flavi stessi); P. Le Roux, "Exploitations miniéres et armées romaines: essai d'interpretation," In *Mineria e Metalurgia en las antigas civilizaciones mediterraneas y europeas*, I Colloquio Internacional Asociado (Madrid 1985), Edítor C. Domergue (Madrid 1989), 174; Itri, "Gli addetti alle miniere," 180; Hirt, *Imperial Mines and Quarries*, 245-250. Tale momento deve essere posticipato all'inizio del II sec. d. C. secondo Mrozek (S. Mrozek, "Die Kaiserlichen Bergwerksprokuratoren in der Zeit des Prinzipats," *Historia* IV (1968): 47-55).

456 Andreau, "Recherches récentes," 97 (il quale, tuttavia, parla in relazione all'intera età imperiale).

457 Per i *procuratores metallorum* di rango libertino presenti nelle miniere della penisola iberica vedi Domergue, *Les mines de la Péninsule Ibérique*, 278-301 e tab. XIII, p. 296.

458 CIL IX, 3311 (*Quintus Octavius Sagitta, procurator Caesaris Augusti (---) in Hispania provincia per annos X*). Su questo personaggio vedi anche Laffi, "La procuratela quadriennale," 369-379.

459 AE 1935, 5 (*Titus Decidius Domitianus, procurator provinciae Hispaniae Ulterioris Lusitaniae*).

460 CIL II, 2477=ILS 254 (vedi anche H. G. Pflaum, *Les procurateurs équestres sous le Haut-Empire romain*, Paris 1950, 47): *Imp(eratori) Caes(ari) Vesp(asiano) Aug(usto) pont(ifici) / max(imo), trib(unicia) pot(estate) X, imp(eratori) XX, p(atri) p(atriae), co(n)s(uli) IX, / imp(eratori) T(ito) Vesp(asiani) Caes(aris) Aug(usti) f(ilio) pont(ifici), trib(unicia)/ pot(estate) VIII, imp(eratori) XIIII, co(n)s(uli) VI[I], / [---] / C(aio) Calpestano Rancio Quirinali / Val(erio) Festo leg(ato) Aug(usti) pr(o) pr(aetore), / D(unio) Cornelio Maeciano leg(ato) Aug(usti), / L(ucio) Arruntio Maximo proc(uratori) Aug(usti), / leg(ioni) VII Gem(inae) fel(ici), / civitates X / Aquiflavienses Aobrigens(es) / Bibali Coelerni Equaesi / Interamnici Limici Aebisoc(i) / Quarquerni Tamagani.* Il *procurator Asturiae et Gallaeciae*, di rango equestre, avrebbe quindi lavorato agli ordini del *procurator* finanziario della provincia, con un incarico relativo al territorio dei tre *conventus* di *Bracara Augusta*, *Lucus Augusti* e *Asturica Augusta*. Evidente appare la connessione tra la creazione di questa *procuratela* e lo sfruttamento delle miniere d'oro della regione;[460] nel corso del principato di Vespasiano, in concomitanza con la riduzione ad una sola legione – la *VII Gemina* - dell'esercito provinciale dopo le guerre civili del 69 d. C., risulta plausibile anche una riorganizzazione dell'amministrazione civile (Domergue, *Les mines de la Péninsule Ibérique*, 288-291; Mangas, Orejas, *El trabajo en las minas*, 299). Plinio, presente nella *Tarraconensis* in qualità di procuratore finanziario negli anni 73-74 d. C. (*N. H.*, XXXIII, 66-78; Plin., *Ep.*, III, 5, 17), attesta l'importanza di questi giacimenti per il fisco imperiale, così come, pur in un testo poetico, fa Stazio (*Silvae*, III, 3, 86-89) durante il principato di Domiziano, in relazione all'afferenza dell'oro iberico all'ufficio del *procurator a rationibus quicquid ab auriferis eiectat Hiberia fossis (...): uni parent commissa ministro.*

461 CIL XI, 5744 (da Sentino): *[--- proc(uratori)] / [p]rov[inc(iae) Belgic(ae) et duar(um)] / [G]erma[niar(um), proc(uratori) pro leg(ato)] / provin[c(iae) Mauret(aniae) Caesar(iensis)], / item Maur[etan(iae) Tingitan(ae)], / proc(uratori) prov[inc(iae) Hispaniae] / Ulterio[r(is) Baeticae], / p(rimo) p(ilo) [bis], / praef(ecto) ala[e ---] / item or[ae maritum(ae)] / in Mauret[an(ia) Caesariens(i)] / [---].* Il passaggio dalla *praefectura* d'*ala* al primipilato, mai attestato nel corso dell'età giulio-claudia, sarebbe indizio di una cronologia flavia, verosimilmente vespasianea, del *cursus* (H. G. Pflaum, *Les carrières procuratoriennes équestres sous le Haut-Empire romain*, Paris 1960, 54-58, 960, 1048). Sull'epigrafe vedi anche Domergue, *Les mines de la Péninsule Ibérique*, 292.

462 CIL II, 3271: *[Praef(ecto)] fisci et curatori divi Ti(ti) in Bae/tica prae(fecto) Gallaeciae praef(ecto) fisci / Germaniae Caesarum imp(eratorum) tribu/no leg(ionis) VIII flamini Augustali / in Baetica primo [---].* L'integrazione della lacuna iniziale del termine *praef(ecto)* è proposta in H. G. Pflaum, "La mise en place des procuratéles financières dans les provinces du Haut-Empire romain," *Revue Historique du Droit Français et Étranger* 46 (1968): 383-384); i due *Caesares imp(eratores)* ai quali si fa riferimento sono Vespasiano e Tito.

senatoria della *Baetica*. Domergue, senza che tuttavia ve ne sia prova certa, appare decisamente incline a ritenere che, tra i beni amministrati, si trovino verosimilmente anche le miniere di proprietà di *Sextus Marius*[463].

In più regioni della *Baetica* l'intensità dell'attività mineraria, legato in particolare alla coltivazione di giacimenti di minerale di argento, rame e ferro, si accresce progressivamente nel corso del I sec. d. C.; contestuale al progredire del processo di municipalizzazione della provincia – particularmente accentuato proprio in età flavia – è la definizione, sempre più articolata, degli *agri* dei municipi stessi e dei *territoria metalli* controllati dal *fiscus Caesaris*[464]. Nel settore occidentale della provincia, mentre numerosi giacimenti di ferro risultano inclusi nei territorio dei *municipia* flavi di *Onoba*, *Ilipa*, *Ostur*, *Iptuci*, *Arucci* e *Turobriga*[465], i più ricchi distretti minerari di rame e argento/piombo – tra i quali quello di Riotinto – cadono sotto il controllo dell'amministrazione del *princeps*. Riflettono tali mutamenti i testi di due iscrizioni, rispettivamente provenienti da *Hispalis*/Siviglia e da Riotinto[466], che costituiscono le attestazioni più antiche dell'esistenza di funzionari incaricati della gestione di uno o più *metalla*. La qualifica di *proc(urator) montis Mariani* riportate nella dedica da *Hispalis* al liberto *Titus Flavius Polychrysus*[467], fa riferimento ad uno dei *metalla* confiscati da Tiberio a *Sextus Marius*[468]; è quindi lecito ipotizzare che l'incarico affidato a *Titus Flavius Polychrysus* non sia da intendersi come limitato ad una singola miniera o a un distretto minerario di ridotte dimensioni ma ad un insieme di *metalla* che il *fiscus* gestisce ancora mantenendone l'originaria denominazione.

Proviene dal distretto minerario di Riotinto, nella *Baetica* Sud-occidentale, una dedica indirizzata a Nerva dal liberto *Pudens*[469], che la menzione della prima *tribunicia potestas* di Nerva e la contestuale assenza di Traiano permettono di datare con precisione al 96 d. C.[470]; anche se il liberto si definisce attraverso il solo titolo di *[p]rocurator*, omettendo qualsiasi altra specificazione, è tuttavia opinione comune che il luogo di provenienza dell'iscrizione costituisca di per sé la prova del fatto che le competenze di *Pudens* in quest'area siano da mettere in relazione con l'amministrazione da parte del *fiscus Caesaris* dei ricchi giacimenti di rame, ipoteticamente da identificare con una parte delle *aerariae* confiscate da Tiberio a *Sextus Marius*[471].

Dalla miniera del Centenillo del Plomo, nel distretto minerario di Linares-La Carolina, proviene la dedica alla divinità - verosimilmente locale - *Salagan(---)*, effettuata da *Marcus Ulpius Hermeros*[472], che si qualifica solo come *Aug(usti) l(ibertus)*. Ciononostante la sua identificazione con un *procurator metallorum*, ipoteticamente incaricato della gestione di uno più giacimenti del *saltus Castulonensis*, è stata ipotizzata da Domergue principalmente sulla base della localizzazione del rinvenimento[473]. Ricopre la carica di *proc(urator) metall(i) Alboc(olensis)* un secondo liberto imperiale, *Marcus Ulpius Eutyches*, ricordato dal testo di una dedica a Giove Ottimo Massimo rinvenuta nella località di Torrecilla de Aldeatejada, a 4,5 km da Salamanca[474]. Le

[463] Domergue, *Les mines de la Péninsule Ibérique*, 282-283 e tab. XII, n. 7. Il personaggio dell'epigrafe di *Castulo*, proprio in virtù della sua carica di *praefectus fisci* e *curatur divi Titi in Baetica*, non figura nell'elenco dei *procuratores metallorum* di Mrozek ("Die Kaiserlichen Bergwerksprokuratoren," 53-55).

[464] Pérez Macías, "«Metalla» *y* «territoria»," 407-431; E. W. Haely, Baetica felix, 69-134.

[465] Pérez Macías, "«Metalla» *y* «territoria»," 421-422, 425, fig. 1.

[466] CIL XIV, 52.

[467] CIL II, 1179: *T(ito) Flavio Aug(usti) / lib(erto) Polychryso / proc(uratori) montis / Mariani praes/tantissimo confectores aeris.* Ricopre carica di *procurator massae Marianae* anche il liberto *Dorotheus*, autore di una dedica a Silvano da Ostia (CIL XIV, 52=ILS 3527): *Silvano / sanc(to) / sac(rum) / Dorothe/us Aug(usti) / lib(ertus) proc(urator) / massae / Marian(ae) / s. d. d.* La totale assenza di elementi datanti impedisce di definire una cronologia precisa all'attività di *Dorotheus*. Mrozek, che propone una generica datazione al II sec. d. C., ipotizza l'appartenenza del liberto ad una *statio* ostiense destinata a ricevere il metallo estratto dalla *massa Mariana* (Mrozek, "Die Kaiserlichen Bergwerksprokuratoren," 56); a sostegno dell'ipotesi l'esistenza di una *statio ferrariarum fori Ostiensis* (CIL XV, 7976, e non 7996 come indicato in Mrozek, "Die Kaiserlichen Bergwerksprokuratoren," 56; la presenza, al di sopra dell'iscrizione, del ritratto di Commodo consente di datare la *tessera* tra il 180 ed il 192 d. C.) e della *statio marmorum* (CIL VI, 8484=ILS 1599; CIL VI, 8485; AE 1974, 153). L'epigrafe di *Dorotheus* non contiene, a nostro avviso, elementi tali da accettare tale ricostruzione; se la carica ricoperta rimanda esplicitamente alle miniere di *Sextus Marius*, non è neppure da scartare la possibilità di una dedica effettuata ad Ostia prima o dopo una eventuale permanenza del liberto in *Baetica* presso i *metalla*.

[468] Tac., *Ann.*, VI, 19, 1. Plin., *N. H.*, XXXIV, 2, 4: *Summa gloriae nunc in Marianum conversa, quod et Cordubense dicitur. Hoc a Liviano Cadmean maxime sorbet et aurichalci bonitatem imitatur in sestertiis dupondiariisque, Cyprio suo assibus contentis.* Il recente rinvenimento di lingotti di ferro bollati *Mari* nel relitto *Saintes-Maries-de-la-Mer 3* (primo quarto del I sec. d. C.) è stato recentemente messo in rapporto con la presenza dell'iscrizione *S(exti) Mari* impressa su un elemento in legno pertinente ad una struttura di sostegno di una galleria della miniera La Fortuna, nel distretto minerario di Mazarrón (Long, Rico, Domergue, *Les épaves antiques*, 169; Gianfrotta, "I relitti de la Camargue," 161-176). Un numero indeterminato di miniere di ferro, situate nella penisola iberica sud-orientale, nelle vicinanze di *Carthago Nova*, verrebbe quindi ad aggiungersi ai giacimenti d'oro, argento e rame che, sulla sola scorta delle fonti letterarie, hanno costituito una parte sostanziale delle proprietà di *Sextus Marius*.

[469] CIL II, 956=ILS 276: *Imp(eratori) Nervae Caesari Aug(usto) / pontifici maximo tr(ibunicia) / potest(ate) p(atri) p(atriae) co(n)s(uli) III / [desi]g(nato) IIII Pudens Aug(usti) lib(ertus) / [p]rocurator / [de su]o / posuit.*

[470] Cagnat, *Cours d'épigraphie*, 193 (la prima *tribunicia potestas* di Traiano è del 97 d. C.).

[471] Mrozek, "Die Kaiserlichen Bergwerksprokuratoren," 53-54 e tab. 4, n. 1; Domergue, *Les mines de la Péninsule Ibérique*, 281, 292; tab. XII, n. 97 (su Riotinto vedi anche Svet., *Tib.*, 49; Plin., *N. H.*, XXXIV, 4; Tac., *Ann.*, VI, 19, 1; Edmonson, *Two Industries*, 25-45; Domergue, *Les mines de la Péninsule Ibérique*, 203, 206-207; Mangas, Orejas, *El trabajo en las minas*, 276-280).

[472] AE, 1922, 9: *S(acrum) Salagan(---) / M(arcus) U(lpius) Herme/ros Aug(usti) l(ibertus) / v(otum) s(olvit) l(ibens) / animo.* .

[473] Domergue, *Les mines de la Péninsule Ibérique*, 280.

[474] CIL II, 2598: *I(ovi) O(ptimo) M(aximo) / Anderon(---) / sac(rum) / M(arcus) Ulpius / Aug(usti) lib(ertus) / Eutyches proc(urator) / metall(i) Alboc(olensis).* Vedi anche Domergue, *Les mines de la Péninsule Ibérique*, 281, tav. XII, n. 14).
Il centro di *Albocola* (Ἀρβουκάλη in greco; cfr. Polyb., III, 14, 1) sarebbe ubicato nella regione di confine tra la *Lusitania* settentrionale e la *Hispania Citerior* (R.E. I, 1, 1329); Salamanca/*Salmantica* e *Albocola* sarebbero i centri principali della popolazione dei *Vaccaei*; nel terzo quarto del III sec. a. C. entrambi gli insediamenti vengono distrutti da Annibale: *Hermandica et Arbocala, eorum* (scil. dei *Vaccaei*) *urbes, vi captae* (54., XXI, 5, 6). Cfr. anche il testo di CIL II, 880. Sulla base di una passo della *Naturalis Historia* è possibile una

epigrafi di *Marcus Ulpius Hermeros* e di *Marcus Ulpius Eutyches* definiscono, sulla base del gentilizio *Ulpius*, una cronologia verosimilmente circoscritta ai principati di Traiano o Adriano[475]; è infatti un *Ulpius* anche *Aelianus*, il liberto *procurator* del *metallum Vipascense*,[476] la cui attività, come attesta il riferimento alla *liberalitas sacratissimi imp(eratoris) Hadriani Aug(usti)* nella *lex metallis dicta*, è certamente compresa tra il 117 ed il 138 d. C.[477].

Anche all'esterno della penisola iberica i primi *procuratores* di rango libertino incaricati della gestione di *territoria metalli* sono attestati con certezza non prima del principato di Traiano, nelle province della *Moesia Superior* e della *Dacia*[478]. Tra la fine del I e l'inizio del II sec. d. C. è stata datata, esclusivamente su base paleografica, una dedica al tempio di Giove ed Ercole, ubicato presso il centro minerario di Kosmaj, nell'attuale Serbia Nord-occidentale[479]. Il dedicatario è *Vecilia*, moglie del liberto imperiale *Tyrannus*[480], che nel testo viene definito genericamente come *proc(urator)*; la localizzazione del rinvenimento presso il principale insediamento di un distretto minerario e il fatto che la dedica sia stata effettuta dalla moglie del funzionario mettono in evidenza un forte legame tra lo stesso *Tyrannus* e i *metalla* di Kosmaj[481].

È immediatamente successiva alla fine delle guerre daciche la creazione di una procuratela relativa alle miniere d'oro della nuova provincia conquistata da Traiano[482]; la carica, attestata da un consistente *corpus* epigrafico proveniente dal centro minerario di *Ampelum*[483] e riservata, almeno fino al principato di Adriano, ad un liberto con il titolo di *procurator aur(ariarum)*[484], risulta ricoperta negli anni successivi al 106 d. C. da *Marcus Ulpius Hermias*[485].

L'attività mineraria, avviata in *Moesia* nel corso della tarda età augustea[486] e archeologicamente documentata a partire dall'età giulio-claudia[487], potrebbe aver vissuto, in tutte le province danubiane, una ulteriore fase di sviluppo tra la tarda età flavia e il principato di Traiano, nell'ambito delle guerre condotte contro il regno dacico. Certamente attivi nel corso del principato di Domiziano sono, nel settore meridionale della provincia, sono i *metalla Dardanica*[488], mentre una "fase traianea" dello

lettura parzialmente diversa del termine *Alboc(---)*; Plinio ricorda infatti il *metallum Albucrarense*, un giacimento d'oro che egli afferma trovarsi in *Gallecia*, ossia nella provincia della *Hispania Tarraconensis*. Su queste stesse *aurariae* vedi anche Domergue, *Les mines de la Péninsule Ibérique*, 280, nota 7.

[475] Domergue data l'iscrizione di *Eutyches* al periodo compreso tra il 100 ed il 150 d. C. (Domergue, *Les mines de la Péninsule Ibérique*, 280, 291, tab. XII, n. 12; 296, tab. XIII, n. 3.

[476] *Vip. I*, 1.

[477] *Vip. II*, 1; la figura del *procurator* del distretto è ricordato anche in *Vip. II*, 2, 8, 10, 13, 15, 16 e in *Vip. I*, 1, 2, 3, 8.

[478] Limitatamente al *corpus* di *procuratores metallorum* raccolti da Mrozek – 56 unità – è possibile osservare che, tra il II e la prima metà del III sec. d. C., ben 38 attestazioni sono pertinenti alle province della *Pannonia*, della *Dalmatia* e della *Dacia* (Mrozek, "Die Kaiserlichen Bergwerksprokuratoren," 46-48; 50-52; 57-59, tabb. 1-6).

[479] Sul distretto di Kosmaj e su quelli vicini di Rudnik e Avala vedi Davies, *Roman Mines*, 214-217; U. Thäckolm, *Studien über den Bergbau* 161-177; Dušanić, M. Mirkovič, *Inscriptions* 111-113; Dušanić, *Aspects of roman mining*, 88-89 e nota 227; M. Tomović, "Roman mines and mining in the mountains of Kosmaj." In *Ancient Mining and Metallurgy in Southern Europe. International Symposium (Donji Milanovic, may 20-25, 1990)*, edited by B. Javanovic (Bor-Belgrade 1995), 203-212; S. Dušanić, "Army and mining in *Moesia Superior*." In *Kaiser, Heer und Gesellschaft in der römischen Kaiserzeit: Gedenkschrift E. Birley* (Stuttgart 2000), 343-363.

[480] CIL III, 14536: *Iovi et Herculi / templum fecit / Vecilia Tyranni Aug(usti) / lib(erti) proc(uratoris). Locus datus / ab Appaeo Hermete et Fabis tribus.* Per la datazione dell'epigrafe vedi IMS, 100-101; Dušanić, *Aspects of roman mining*, 88 e nota 227. Per le connessioni tra il culto di Ercole ed il mondo dei minatori vedi in generale S. Dušanić, "The miners'cult in *Illyricum*," *Mélanges C. Domergue, Pallas* 50 (1999): 129-139.

[481] La possibilità che il liberto *Tyrannus* ricopra la carica di procuratore finanziario appare, in questa fase dell'età imperiale (fine del I-inizio del II sec. d. C.), piuttosto improbabile; da notare, in relazione alla sua più probabile *procuratela metallorum*, che *Tyrannus* non figura nell'elenco dei *procuratores* preposti alle miniere stilato da Mrozek (Mrozek, "Die Kaiserlichen Bergwerksprokuratoren," 46-51).

[482] Sulle miniere d'oro della *Dacia* vedi in generale S. Mrozek, "Aspects sociaux et administratifs des mines d'or romaine de Dacie," *Apulum* 7 (1969): 307-326; G. Mrozek, "Die Goldbergwerke im römische Dazien." In *Aufstieg und Niedergang des romisches Welt*, II, 6, Herausgegeben W. Haase (Berlin 1977), 95-109; H.-C. Noeske, "Studien zur Verwaltung und Bevölkerung der dakischen Goldbergwerke in römischer Zeit," *Bonner Jahrbücher* 177 (1977): 271-416; V. Wollmann, "Nouvelles données concernant la structure socio-ethnique de la zone minière de la Dacia Superior." In *Mineria e Metalurgia en las antigas civilizaciones mediterraneas y europeas*, I Colloquio Internacional Asociado (Madrid 1985), Editor C. Domergue (Madrid 1989), 107-118.

[483] CIL III, 1293, 1295, 1298, 1310=12563, 1311, 1312, 1622, 7836, 7837; AE 1959, 308; 1969, 238. Mrozek, nella tabella relativa alla *Dacia* include anche un *subprocurator aurariar(um)* (CIL III, 1088) e l'epigrafe, molto dubbia, del liberto *Neptunalis* che, menzionato come *tabularius aurariarum Dacicarum* in CIL III, 1297 (fine II-III sec. d. C.), appare anche nella lacunosa iscrizione di CIL III, 1313: *D(is) M(anibus) / Ulpia[e] / M(arci) [l(ibertae] Tr[o]phim[ae] / coniugi / sanctis/simae / Neptun[a]/lis Aug(usti) n(ostri) [l(ibertus)] / [proc(urator) aur(ariarum)]?*

[484] Il primo *procurator* di rango equestre, anonimo, è attestato nel 161 d. C. (Mrozek, "Die Kaiserlichen Bergwerksprokuratoren," 52, tabella 3, n. 1).

[485] CIL III 1312: *D(is) M(anibus) / M(arco) Ulpio Aug(usti) / lib(erto) Hermiae proc(uratori) aurariarum cuius / reliquiae ex indulgentia / Aug(usti) n(ostri) Romam latae / sunt / Salonia Palestria / coniunx et Diogenes / lib(ertus) benemerenti fecer(unt) / vixit ann(is) LV.* La cronologia traianea è riportata anche da Mrozek (Mrozek, "Die Kaiserlichen Bergwerksprokuratoren," 52, tabella 3, n. 2).

[486] Basata sulla cronologia augustea dei bolli dei lingotti di Jasenovik (Dušanić, "Iz istorije rimskog rudarstva", 163-164 e 178; IMS, 137, n. 135) e Zûc (Dušanić, "Iz istorije rimskog rudarstva", 163-179; IMS, 138, n. 136; AE 1994, n. 1512, p. 448). Vedi anche Genovesi, "L'attività mineraria romana in *Moesia*," 67-97.

[487] Dušanić, *Aspects of roman mining*, 52-94; V. M. Simić, M. R. Vasić, "La monnaie des mines romaines de l'Illyrie," *Revue numismatique* 19 (1982): 48-55; S. Dušanić, "Late roman mining in *Illyricum*: historical observations." In *Ancient Mining and Metallurgy in Southern Europe. International Symposium (Donji Milanovic, may 20-25, 1990)*, edited by B. Javanovic (Bor-Belgrade 1995), 219-225; M. Parović-Pešikjan, S. Stojković, "Groupe des fours metallurgiques à *Ulpiana*." In *Ancient Mining and Metallurgy in Southern Europe. International Symposium (Donji Milanovic, may 20-25, 1990)*, edited by B. Javanovic (Bor-Belgrade 1995), 213-217; P. Petrović, "Der romische bergbau in Ravna: archeologische Notizen." In *Ancient Mining and Metallurgy in Southern Europe. International Symposium (Donji Milanovic, may 20-25, 1990)*, edited by B. Javanovic (Bor-Belgrade 1995), 195-202; Tomović, *Roman mines*, 203-212; Dušanić, *Army and mining in* Moesia Superior, 343-363.

[488] Oltre che sui dati archeologici è possibile contare sulla testimonianza fornita dai quattro lingotti di piombo di *Caesarea Maritima* recanti i bolli *Imp(eratoris) Domit(iani) Caesaris Aug(usti) Ger(manici)* (post 83 d. C.) e le contromarche *Met(allis) Dard(anicis)* (Wollf, "*Ceasarea*,"

sfruttamento dei giacimenti delle province della *Moesia* e della *Pannonia* è epigraficamente attestata grazie ai *nummi metallorum* diffusi nei principali distretti minerari (Kosmaj, Ljubija) nel corso del II sec. d. C. Il testo delle legende di tali nominali, dei quali è verosimilmente responsabile la zecca di Roma, attesta l'attenzione per le miniere delle province danubiane da parte di Traiano: *metall(i) Ulpiani Pann(onici), metall(i) Ulpiani Delm(atici), metall(i) Ulpiani*)[489].

È ancora sotto Traiano che risulta attestata la prima procuratela di rango equestre relativa ai *metalla*; si data al 112 d. C. un'iscrizione onoraria rinvenuta a Corinto, realizzata da parte dell'*amicus Menander* per *Caius Caelius Martialis, proc(urator) ferrari[ar(um)]*[490]. Il riferimento alle campagne daciche condotte da Traiano, in particolare alla seconda (103-106 d. C.),[491] e la contestuale assenza dell'epiteto *Parthicus* nella titolatura di Traiano consentono di datare l'epigrafe tra il 106 ed il 114 d. C.[492]. La procuratela di *Martialis* è la prima di una serie legata alla gestione delle miniere di ferro[493]; a prescindere dalla complessa questione legata alla definizione e alla organizzazione di tali procuratele nel corso del II e del III sec. d. C.[494], di notevole significato appare la cronologia dell'epigrafe, fissata al principato di Traiano. La creazione già in età flavia di una *procuratela ferrariarum* e la contestuale emanazione di una *lex ferrariarum*, da identificare con quella menzionata nella *lex metalli Vipascensis*[495], sono state ipotizzate da C. Domergue[496] e da A. Mateo[497], secondo il quale la legge conterebbe un'imposta sui chiodi di ferro che potrebbe essere uno dei *vectigalia nova et gravia* imposti da Vespasiano per risanare il bilancio delle casse dello stato romano[498]. Questa stessa imposta potrebbe essere identificata con quella menzionata in un rescritto di Adriano del 119 d. C., nel quale si ribadisce per i cittadini di *Aphrodisia* l'immunità fiscale della quale essi hanno goduto a partire dal 39 a. C. e che sarebbe stata messa in discussione, poco prima del principato di Adriano[499], proprio da una imposta definita τὸ τέλος τῶν ἥλων[500].

Anche in quest'ultimo caso, cosi come in quelli precedentemente menzionati, è possibile osservare come la creazione di alcune procuratele espressamente destinate alla gestione di uno o più *territoria metalli* all'interno di una provincia o presso l'amministrazione centrale a Roma[501], sia stata determinata, in particolare a partire dall'ultimo trentennio del I sec. d. C., come

506-510; Raban, *Sebastos, the royal harbour*, 217-273; Raban, *The lead ingots*, 180-188).

[489] Dušanić, *Aspects of roman mining*, 56-63; Simić, Vasić, "La monnaie des mines," 48-55. L'attestazione, tra le legende dei *nummi metallorum*, anche del gentilizio di Adriano (ad es. *Aeliana Pincensia*) postula successivi interventi amministrativi ad opera del successore di Traiano.

[490] AE 1952, 34: *C(aio) Caelio C(aii) / fil(io) Ouf(entina tribu) Martiali, praef(ecto) / coh(ortis) I Raetorum quae tendit / in Raetia, trib(uno) leg(ionis) XIII Gem(inae) quae / tendit in Dacia in quo tribunatu / donis militaribus donatus est / ab Imp(eratore) Caesare Nerva Traiano / Aug(usto) Germanico Dacico et copiarum / curam adiuvit seconda expedition[e] / qua universa Dacia devicta est, /proc(uratori) provinc(iae) Achaiae, / proc(uratori) ferrari[ar(um)] / [L(ucius) Gel]lius Menander amicus.*

[491] Dio, LXVIII, 10,1-14,1.

[492] Mrozek, nel *corpus* dei *procuratores metallorum* da lui redatto nel 1968 (Mrozek, "Die Kaiserlichen Bergwerksprokuratoren," 55, tabella 5, n. 1), individua nel 112 d. C. l'anno nel quale *Caius Caelius Martialis* avrebbe ricoperto la carica di *procurator ferrariarum*; tale cronologia non appare tuttavia verificabile, in quanto tra il 106 ed il 114 d. C. *Martialis* ricopre anche la carica di *procurator provinciae Achaiae* per un periodo di tempo indeterminato.

[493] Altri *procuratores ferrariarum* sono *Titus Statilius Optatus, procurator Augusti ferrariarum* in età adrianea (CIL VI, 31863=ILS 9011), *Titus Petronius Priscus, procurator Augusti ferrariarum et annonae Ostis* tra il 117 e il 193 d. C. (CIL XIV, 4459=ILS 1442), *Quintus Domitius Marsianus, procurator Augusti ad ferrarias* dopo il 161 d. C. (AE 1962, 183), *Quintus Cosconius Fronto, procurator Augustorum ad vectigal ferrariarum Gallicarum* tra il 198 e il 209 d. C. (CIL X, 7583, 7584=ILS 1359) e *Caius Attius Alcimus Felicianus, procurator ferrariarum* nel 231 d. C. (CIL XIII, 1797). Dubbia è invece l'attribuzione a questo gruppo di procuratori di *Domitius Antigonus* (*Mainz. Zeitschr.* 1964, p. 55; *Bonn. Jahrbucher* 1965, p. 1879), menzionato in un'epigrafe di Bonn databile tra il 212 e il 218 d. C.; l'ipotesi si basa in effetti su una integrazione di Mrozek (*[proc(urator) Aug(usti) fe]rrariar(um)*); Mrozek, "Die Kaiserlichen Bergwerksprokuratoren," 55, nota 49) all'interno di un testo piuttosto lacunoso. Su tale carica vedi Mrozek, "Die Kaiserlichen Bergwerksprokuratoren," 55, tabella 7; R. Sablayrolles, "L'administration des mines de fer en Gaule romaine," In *Mineria e Metalurgia en las antigas civilizaciones mediterraneas y europeas*, I Colloquio Internacional Asociado (Madrid 1985), Editor C. Domergue (Madrid 1989), 157-159).

Decisamente dubbio è il caso di *Publilius Memorialis*, ricordato in un'epigrafe di *Forum Clodii* (CIL XI, 7554=ILS 9195=AE 1952, pag. 16) dal testo notevolmente lacunoso; la possibilità di identificare *Martialis* con un *procurator ferrarium* è legata alla lettura proposta da A. Merlin (AE 1952, p. 16): *[-] Publilio L(ucii) f(ilio) Fa[b](ia tribu) / Memoriali / [p]raef(ecto) fabr(orum), praef(ecto) coh(ortis) III / [C]yreneicae sagittarior(um) / [tr]ib(uno) mil(itum) leg(ionis) X Fretensis / [pra]ef(ecto) gentis Numidar(um), dilictat(ori) / [tir]onum ex Numidia lecto[ri] / [leg(ionis)] Aug(ustae) in Africa, item n[---] / [---]e, item ferrar[iarum o (iarum) ---]* e ripresa da Pflaum (*Les carrières procuratoriennes*, 81: *[-] Publilio L(ucii) f(ilio) Fa[b](ia tribu) / Memoriali / [p]raef(ecto) fabr(orum), praef(ecto) coh(ortis) III / [C]yreneicae sagittarior(um) / [tr]ib(uno) mil(itum) leg(ionis) X Fretensis / [pra]ef(ecto) gentis Numidar(um), dilictat(ori) / [tir]onum ex Numidia lecto[r(um)] / [proc(uratori)] Aug(usti) in Africa, item [---] / [---a]e, item ferrar[iarum ---]*). La parte finale del testo viene invece letta come *Ferrat[ae ---]* in CIL XI, 7554 e I.LS. 9195.

L'epigrafe è stata attribuita all'età traianea da Mrozek (Mrozek, "Die Kaiserlichen Bergwerksprokuratoren," 55, tabella 5, n. 2), mentre una datazione compresa tra la tarda età flavia e l'età traianea è stata proposta da Sablayrolles (Sablayrolles, *L'administration des mines*, 158, nota 14).

[494] Thäckolm, *Studien über den Bergbau*, 102, nota 21, pp. 110-115; H. G. Pflaum, *Les procurateurs équestres sous le Haut-Empire romain*, Paris 1950, 57, nota 2; Pflaum, *Les carrières procuratoriennes*, 83; Mrozek, "Die Kaiserlichen Bergwerksprokuratoren," 55-56; Sablayrolles, *L'administration des mines*, 157-162; Mateo, *Observaciones*.

189; Hirt, *Imperial Mines and Quarries*, 137-145.

[495] *Vip. I*, 4: *(---) conductor clavom ex lege ferrariar[um vendito] (---)*.

[496] C. Domergue, *Catalogue des mines et fonderies antiques de la Péninsule Ibèrique*, Madrid 1987, 87. Tale legge, ricordata nel paragrafo relativo alla regolamentazione dell'attività svolta dal fabbro (*sutrinus*) all'interno del *vicus metalli*, sarebbe legata, secondo Domergue, ad una imposta relativa alla vendita dei chiodi di ferro di cui ciascun *procurator metallorum* decide l'ammontare. Per una cronologia adrianea della *lex ferrariarum* vedi Thäckolm, *Studien über den Bergbau*, 102, nota 21, pp. 110-115.

[497] Mateo, *Observaciones*, 189.

[498] Tac., *Hist.*, II, 84; Svet., *Vesp.*, 16, 3.

[499] L'imposta viene attribuita da Traiano, che l'avrebbe istituita per finanziare le campagne daciche, in J. Reynolds, *Aphrodisias and Rome*, London 1982, 117.

[500] Reynolds, *Aphrodisias*, 115-118, nn. 7-8, 15.

[501] È questo il caso di *T. Petronius Priscus*, che nel corso del II sec. d. C. ricopre la carica di *procurator Aug(usti) ferrariarum et annonae Ostis* (CIL XIV, 4459=ILS 1442).

risposta a problematiche di tipo diverso, quali il progressivo e costante accrescimento (per conquista, per confisca, ecc.) del numero di distretti minerari controllati dal *fiscus*, sempre più consistenti in particolare nelle *provinciae populi* come la *Baetica*[502], dalle conseguenti attività di catastazione – nelle quali gli interessi del *fiscus* si intrecciano con i processi di municipalizzazione e di definizione delle realtà territoriali delle province – e con la necessità di una più efficace gestione delle risorse minerarie in vista di campagne militari particolarmente impegnative.

È quindi possibile ribadire che, limitatamente al principato di Augusto e, verosimilmente, a quelli dei suoi più immediati successori, l'amministrazione delle miniere appartenenti al *patrimonium fisci* sia stata demanadata, come quella degli altri beni immobili in esso compresi, al *procurator* finanziario e al personale a lui sottoposto[503], secondo la formula, già ricordata[504], per la quale i *praedia Caesaris* sono *in formam patrimoni redacta sub procuratore patrimoni*[505].

[502] Sulle trasformazioni del *patrimonium* imperiale in età flavia e sulle sue conseguenze di carattere amministrativo e fiscale vedi Lo Cascio, *Il* princeps, 114-120.

[503] In questa fase iniziale del principato e fino alla tarda età giulio-claudia appare più verosimile che il *fiscus* abbia fatto fronte a nuove esigenze di natura amministrativa con la creazione di cariche *ad hoc* riservate solo a liberti e/o *servi* del *princeps* appartenenti ai quadri inferiori della propria gerarchia.

[504] Cap. 3.2.1.

[505] Dig., 30.1. 39.7-10.

Riferimenti bibliografici

Adamo Muscettola S., "Le ciste di piombo decorate." In *La regione sotterrata dal Vesuvio. Studi e prospettive. Atti del convegno internazionale (11-15 novembre 1979)*, 701-752. Napoli 1982.

Akerraz A., El-Khatib-Boujbar N., Hesnard A., Kermorvant A., Lenoir E., Lenoir M., "Fouilles de Dchar Jdid", *Bulletin d'Archéologie Marocain*, XIV (1981-1982).

Alarçao J., Etienne R., Mouthino Alarçao A., Da Ponte S., *Fouilles de Conimbriga, vol. VII, Trouvailles diverses*, Lisbona 1979.

Albertini E., *Le divisions administratives de l'Espagne romaine*, Paris 1923.

Alföldy G., "*Patrimonium Regni Norici*. Ein Beitrag zur Territorialgeschichte der römischen Provinz Noricum." *Bonner Jahrbücher* 170 (1970): 163-177.

Alföldy G., "Das neue Edikt des Augustus aus El Bierzo in Hispanien." *Zeitschrift aus Papyrologie und Epigraphik* 131 (2000): 177-205.

Alfonsi H., Gandolfo P., "Note sur la pompe de cale de l'épave de dolia de l'Ile-Rousse." *Cahiers d'Archéologie Subacquatique* 7 (1988): 69-75.

Alfonsi H., Gandolfo P., "Le lingot de plomb de l'épave de l'Isula Rossa." *Bulletin de la Société des Sciences Historique et Naturelles de la Corse* 656 (1989): 397-403.

Alfonsi H., Gandolfo P., "Le gisement de plomb "Sanguinaires B"." *Cahiers d'Archeologie Subaquatique* 11 (1993): 99-106.

Almagro M., *Las necròpolis de Ampurias*, Barcelona 1953.

Alpers M., *Das nachrepublikanische Finanzsystem. Fiscus und Fisci in der frühen Kaiserzeit*, Berlin-New York 1995.

Andreau J., "Recherches récentes sur les mines à l'époque romaine." *Revue Numismatique* 31 (1989): 86-112.

Angeli Bertinelli M. G., "Germanico nella documentazione epigrafica." In *Germanico: la persona, la personalità, il personaggio nel bimillenario della nascita. Atti del Convegno (Macerata-Perugia, 9-10 maggio, 1986)*, a cura di G. Bonamente, M. P. Segoloni, 21-51. Roma 1987.

Antolinos Marín J. A., "Centros de producción y administratión en el territorio minero de Carthago Nova: a propósito de los hallazgos documentados en el Gorguel (sierra de Cartagena)," In *Minería y metalurgia antiguas. Visiones y revisiones*, éditato por A. Orejas, C. Rico, 63-80. Madrid 2012.

Arboledas L., *Minería y metalurgia romana en el Sur de la Península Ibérica: Sierra Morena oriental*, BAR. Int. Ser. 2121, Oxford 2010.

Arboledas Martínez L., F. Contreras Cortés, A. Moreno Onorato, "La explotación minera antigua en Sierra Morena Oriental y su vinculación con el territorio." *Cuadernos de prehistoria y arqueología de la Universidad de Granada* 24 (2014), 111-145.

Armand-Calliat M. L., "Note sur des saumons de plomb antiques trouvès dans le Chalonnais." *Bullettin archèologique du comité des travaux historiques et scientifiques* 6 (1936-1937): 527-533.

Arnold J., Davies J. L., *Roman and early medieval Wales*, Sparkford 2000.

Asskamp R., "Haltern." In *2000 Jahre Römer in Westfalen*, Herausgegebn R. Asskamp, 21-43. Mainz 1989.

Asskamp R., "Aufmarsch an der Lippe Römische Militärlager in rechtsrheinischen Germanien." In *2000 Jahre Varusslacht*. Imperium, Herausgegeben LWL-Römermuseum in Haltern am See, 172-179. Stuttgart 2009.

Asskamp R., Rudnick B., "Römische Bleifunde aus Haltern." *Soester Beiträge zur Archäologie* 8 (2007): 33-40.

Aüsbuttel F. M., "Die Gründung und Teilung der Provinz Germanien." *Klio* 93 (2011): 392-410.

Baatz D., Mogontiacum: *neue Untersuchungen am römischen Legionslager in Mainz*, Berlin 1962.

Bachmann H. G., "Eine römische Bleischlacke aus der Nordeifel und ihre metallurgische Zuordnung." *Gesellschaft Deutscher Metallhütten Wesen und Bergleute* (1969): 102-103.

Bachmann H. G., "Bleiglätte-Fund aus der Nordeifel. Ein Hinweis auf Silbergewinnung in der Römischen Rheinzone." *Bonner Jahrbucher* CLXXVII (1977): 617-622.

Balboa de Paz J. A., "Un edicto del emperador Augusto hallado en el Bierzo." *Estudios Bercianos* 25 (1999): 45-53.

Baldwin M. W., Torelli M., *Latin Inscriptions in the Kelsey Museum*, Ann Arbor 1979.

Bapst G., "L'orfèvrerie d'étain dans l'antiquité." *Revue archèologique* 1-2 (1883): 100-109.

Baratta G., "*Speculorum forma*: un singolare rinvenimento ad Urbs Salvia." *Mare Internum* 2 (2010): 123-128.

Baratta G., "Firme di artisti/produttori di specchietti in piombo con superficie riflettente in vetro." *Acta Classica Universitatis Scientiarum Debreceniensis* 46 (2010): 91-100.

Baratta G., "Nota sulla rilettura di un testo epigrafico su uno specchietto in piombo: *Iulius*, un nuovo *plumbarius*, e *Brutus* un *plumbarius* inesistente." *Sylloge Epigraphica Barcinonensis* IX (2011): 75-84.

Barruol G., "Miroirs votifs découverts en Provence et dédiés à Sélènè et à Aphrodite." *Revue archéologique de Narbonnaise* 18 (1985): 343-373.

Barruol G., "Miroirs dédiés è Sélènè et à Aphorditè: observations et découvertes nouvelles." *Revue archéologique de Narbonnaise* 20 (1987): 415-418.

Bayard D., Massy J.-L., *Amiens romain*. Samarobriva Ambianorum, Amiens 1983.

Bayley J., "The Production of Brass in Antiquity with Particular Reference to Roman Britain." In *2000 Years of Zinc and Brass*, edited by P. T. Craddock, British Museum Occasional Paper no. 50, 7-28. London 1990.

Bechert T., *Romisches Germanien zwischen Rhein und Maas: die Provinz* Germania Inferior, Munchen 1982.

Bechert T., Willems W. J. H., *Die romische Reichsgrenze zwischen Mosel und Nordsee-kuste*, Stuttgart 1995.

Becker A., "Zur Logistik der augusteischen Germanienfeldzüge." In Imperium Romanum. *Studien zu Geschichte und Rezeption, Festschrift für Karl Christ zum 75. Geburtstag*, Herausgegeben P. Kneisel, V. Losemann, 41-50. Stuttgart 1998.

Becker A., "Die Ausgrabungen in Lahnau-Waldgirmes 1999. Eine nova colonia aus der Zeit des Kaisers Augustus in Lahnthal?." *Denkmalpflege und Kulturgeschichte. Landesamt für Denkmalpflege* 2 (1999): 60-65.

Becker A., "Eine römische Stadt an der Lahn?" *Antike Welt* 31 (2000): 601-606.

Becker A., "Lahnau-Waldgirmes. Eine augusteische Stadtgründung in Hessen." *Historia* 52 (2003): 337-350.

Becker A., "Neue Aspekte zur Chronologie der augusteischen Germanienpolitik: wirtschaftliche, topographische und politische Standortfaktoren einer urbanen römischen Siedlung in Waldgirmes." *Münstersche Beiträge zur antiken Handelsgeschichte* 24 (2005): 161-174.

Becker A., "Die Ausgrabung einer römischen Stadt. Waldgirmes im Lahn-Dill-Kreis." In *Hessen in der Antike: die Chatten vom Zeitalter der Römer bis zur Alltagskultur der Gegenwart*, Herausgegeben D. Rohde, H. Schneider, 88-104. Kassel 2006.

Becker A., "Lahnau-Waldgirmes. Eine römische Stadtgründung im Lahntal aus der Zeit um Christi Geburt." In *Römische Präsenz und Herrschaft im Germanien der augusteischen Zeit*, Herausgegeben G. A. Lehmann, R. Wiegels, 321-330. Göttingen 2007.

Becker A., "Die Römer an der Lahn. Die Ausgrabungen in Waldgirmes." In *Feindliche Nachbarn, Rom und die Germanen*, Herausgegebn H. Schneider, 97-151. Köln 2008.

Becker A., "*Waldgirmes*. Praesidium, oppidum, colonia?" In *Kontaktzone Lahn Studien zum Kulturkontakt zwischen Römern und germanischen Stämmen*, Herausgegeben K. Ruffing, A. Becker, G. Rasbach, 5-20. Wiesbaden 2010.

Becker A., "Die römische Okkupation des Rhein-Main Gebietes und der Wetterau unter Augustus." In *Über die Alpen und über den Rhein ... Beiträge zu den Anfängen und zum Verlauf der römischen Expansion nach Mitteleuropa*, Herausgegeben G. A. Lehmann, R. Wiegels, 225-234. Berlin 2015.

Becker A., Rasbach G., "Der spätaugusteische Stützpunkt Lahnau-Waldgirmes." *Germania* 76 (1998): 673-692.

Becker A., Rasbach G., "Städte in Germanien. Der Fundplatz Waldgirmes." In *Die Varusschlacht. Wendepunkt der Geschichte*, Herausgegeben R. Wiegels, 102-116. Stuttgart 2009.

Becker A., Rasbach G., Biegert S., "Die spätaugusteische Stadtgründung in Lahnau-Waldgirmes. Archäologische, architektonische und naturwissenschaftliche Untersuchungen." Germania 81 (2003): 147-199.

Becker A., Köhler H. J., "Das *forum* von Lahnau-Waldgirmes." In *Archäologie in Hessen. Festschrift für F. R. Herrmann*, Herausgegebn S. Hansen, V. Pingel, 171-177. Rahden 2001.

Bel V., "La necropole gallo-romaine de Saint-Paul-Trois-Chateaux (Drome)." In *Necropoles à incineration du Haut-Empire. Table ronde de Lyon, 30 et 31 mai 1986*, 35-41. Lyon 1987.

Beltrán A., "Las minas romanas de la regiòn de Cartagena." *Memorias de los Museos y Archivos Provinciales* 5 (1944): 201-208.

Beltrán A., "Las monedas latinas de Cartagena." *Numisma* 2 (1952): 9-40.

Bendala Galán M., *La necropolis romana de Carmona (Sevilla)*, Sevilla 1976.

Bénoît F., "Pièces de grèement et d'armement en plomb, engins, et pièces decoratives trouvèes en mer." In *Atti del III Congresso di Archeologia sottomarina, Barcellona 1961*, 395-407. Bordighera 1971.

Berger F., *Kalkriese 1. Die römischen Fundmünzen*, Mainz 1996.

Berke S., "Das Gräberfeld von Haltern." In *Die römische Okkupation nördlich der Alpen zur Zeit des Augustus. Kolloquium Bergkamen 1989*, Herausgegeben B. Trier, 149-157. Münster 1991.

Berke S., "*Requies aeterna!* Der Grabbau und die relative Chronologie innerhalb der römischen Gräberstraße von Haltern." In Munus. *Festschrift Wiegart*, Herausgegeben T. Mattern, 27-39. Münster 2000.

Berrocal Caparrós M., "Pobliamento romano en la Sierra Minera de Cartagena." *Pallas* 50 (1999): 183-193

Berti F., "La nave romana di Valleponti (Comacchio)." *Rivista di Studi Liguri* 51 (1985): 567-570.

Berti F., "L'épave aux lingots de Valle Ponti (Comacchio)." In *Les mines et la métallurgie en Gaule et dans les provinces voisines, Actes du Colloque (Paris, 26-27 April 1986)*, Caesarodunum 22, 132-133. Paris 1987.

Berti F. (a cura di), Fortuna maris. *La nave romana di Comacchio,* catalogo della mostra (Comacchio, 1990), Bologna 1990.

Beraud I., Gebara C., "Les necropoles de Fréjus." In *Necropoles à incineration du Haut-Empire. Table ronde de Lyon, 30 et 31 mai 1986*, 25-33. Lyon 1987.

Bérenger D., "Frührömische Kaiserzeit und Blei in Ostwestfalen-Lippe." *Soester Beiträge zur Archäologie* 8 (2007): 25-31.

Bernard H., Domergue C., "Les lingots de plomb de l'épave romaine Sud Perduto 2, (Bouches de Bonifacio, Corse)." *Bulletin de la Société des Sciences Historique et Naturelles de la Corse* 659 (1991): 41-95.

Besnier M., "Le commerce du plomb à l'époque romaine d'aprés les lingots estampillés." *Revue Archéologique* 12 (1920): 211-244.

Besnier M., "Le commerce du plomb à l'époque romaine d'aprés les lingots estampillés." *Revue Archéologique* 13 (1921): 36-76, 98-130.

Biegert S., von Schnurbein S., "Neue Untersuchungen zum Sigillatastempel P. FLOS." In *Römische Keramik. Hertellung und Handel*, Herausgegeben B. Liesen, 1-6. Mainz 2003.

Binaghi R., "La metallurgia in età romana in Sardegna." In *Sardegna Romana*, vol. II, a cura di A. Tramelli, S. Vardabasso, R. Binaghi, 46. Roma 1939.

Blázquez J. M., *Castulo I*, Acta arqueologica hispanica, Madrid 1975.

Blázquez J. M., *Economia de la Hispania romana*, Bilbao 1978.

Blázquez J. M., "Las explotaciones y la romanizaciòn de Hispania." In *La romanizaciòn en Occidente*, édítores J. M. Blázquez, J. Alvar, 179-200. Madrid 1996.

Blázquez Martinez J. M., "Admninistracion de las minas en epoca romana. Su evolucion." In *Mineria e Metalurgia en las antigas civilizaciones mediterraneas y europeas, I, Colloquio Internacional Asociado, (Madrid, 1985)*, editado por C. Domergue, 119-132. Madrid 1989.

Bleicken J., "*In provinciali solo dominium populi Romani est vel Caesaris*. Zur Kolonisationpolitik der ausgehenden Republik und frühen Kaiserziet." *Chiron* 4 (1974): 359-414.

Bode M., "Neues aus dem Alten Rom mit Hilfe der Archäometallugie." In *Bergbau im Sauerland. Westfälischer Bergbau in der Römerzeit und im frühen Mittelalter*, Herausgegeben R. Köhne, W. Reininghaus, Th. Stöllner, 32-44. Münster 2006.

Bode M., *Archäometallurgische Untersuchungen zur Blei-/Silbergewinnung im Germanien der frühen Römischen Kaiserzeit*, Lübbecke 2008.

Bode M., "Bleiisotope als Schlüssel zur Herkunftsbestimmung von Metallen – Die römischen *Plumbum Germanicum*-Barren." In *Ein Bleibarren mit Stempel des Tiberius aus Tongeren (Belgien)*, Edited by G. Creemers, Atuatuca 4, 50-57. Tongeren 2013.

Bode M., Baumann A., Hauptmann A., Metzger K., Prange M., "Geochemical and lead isotope investigations for lead production in Roman Times in the Rhineland and in the Westphalia (Germany)." In *Archaeometallurgy in European Proceedings. International Conference (Mailand 24-26.9.2003)*. Mailand 2003.

Bode M., Hauptmann A., Metzger K., "Rekonstruktion frühkaiserzeitlicher Bleiproduktion in Germanien: Synergie von Archäologie und Materialwissenschaften." In *Bleibergbau und Bleiverarbeitung während der römischen Kaiserzeit in rechtsreinischen* Barbaricum, Herausgegeben T. Capelle, W. Melzer, Soester Beiträge zur Archäologie 8, 107-114. Soest 2007.
Bode M., Hauptmann A., Metzger K., "Tracing Roman lead sources using lead isotope analyses in conjunction with archaeological and epigraphic evidence - a case study from Augustan/Tiberian *Germania*." *Archaeological and Anthropological Sciences* 3 (2009): 177–194.
Bode M., Hauptmann A., Metzger K., Prange M., "Vorläufige Ergebnisse zur geochemischen und Blei-isotopischen Provenienzuntersuchung einiger westfälicher Bleifunde mittels Vergleich mit heimischen Bleierz." *Archäologie in Ostwestfalen* 8 (2004): 43-46.
Bode M., Rothenhöfer P., Hanel N., Hauptmann A., Metzger K., Eck W., "Roman lead ingots in Europe-a Key to Reconstruct Lead Trade and Lead Production in the Roman World?" In *2nd International Conference Archaeometallurgy in Europe* (17-21 June, 2007, Aquileia, Italy).
Bolla S., *Die Entwicklung des Fiskus zum Privatrechtssubject mit Beiträgen zur Lehre des Aerarium*, Praga 1938.
Borgers K., Vanderhoeven A., "Die Fundumstände des tiberischen Bleibarrens aus Tongern." In *Ein Bleibarren mit Stempel des Tiberius aus Tongeren (Belgien)*, Herausgegeben G. Creemers, Atuatuca 4, 24-37. Tongeren 2013.
Boulvert G., *Les esclaves et les affranchis impériaux sous le Haut-Empire romain*, Aix-en-Provence 1964.
Boulvert G., *Les Esclaves et les affranchis impériaux sous le Haut-Empire romain. Rôle politique et administratif*, Napoli 1970.
Bouscaras A., "Notes sous les recherches sous-marine d'Agde", *Rivista di Studi Liguri* 30 (1964): 269-270.
Brown H.G., *A study of Lead Ingot Cargoes from Ancient Mediterranean Schipwrecks*, Texas A&M University, 2011 (url: http://repository.tamu.edu/bitstream/handle/1969.1/.../BROWN-THESIS.pdf).
Brunt P. A., "The «*fiscus*» and its development." *Journal of Roman Studies* 56 (1966): 75-91.
Brunt P. A., "Procuratorial jurisdiction." *Latomus* 26 (1966): 461-489.
Brunt P. A., *Roman Imperial Themes*, Oxford 1990.
Bruun C., *The water supply of ancient Rome. A study of roman imperial administration*, Helsinki 1991.
Bruun C., "Il funzionamento degli acquedotti romani." In *Roma imperiale. Una metropoli antica*, a cura di E. Lo Cascio, 137-172. Urbino 2000.
Bruun C., "*Adlectus amicus consiliaris* and a freedman *proc. metallorum et praediorum*." *Phoenix* 55, nn. 3-4 (2001): 343-368.
Buora M., "Urne e pseudourne a cista aquileiesi." *Aquileia nostra* 7 (1990): 190-216, in particolare 195-196.
Burdese A., *Manuale di diritto privato romano*, Torino 2002.
Burian J., "*Leges metallorum et leges saltus*." *Zeitschrift fur Geschischtswissenshcaft* 1 (1957): 535-560.
Burnett A., Amandry M., Ripollès P. P., *Roman provincial coinage. Vol. 1. From the death of Caesar to the death of Vitellius (44 BC-And 69)*, Cambridge 1998.
Burnham B. C., "Roman mining at Dolaucothi: the implications of the 1991-3 excavations near the Carreg Pumsaint." *Britannia* 28 (1997): 325-336.
Burton G. P., "The issuing of *mandata* to proconsuls and a new inscription from Cos." *Zeitscrhift für Papyrologie und Epigraphik* 21 (1976): 63-68.
Cagnat R., *Cours d'épigraphie latine*, Paris 1914.
Calabi Limentani I., *Epigrafia latina*, Milano 1974.
Capanelli D., "Alcune note relative alle *Leges metalli Vipascensis*." *Bollettino dell'Istituto di diritto romano* 86-87 (1984): 121-146.
Capanelli D., "Aspetti dell'amministrazione mineraria iberica nell'età del principato." In *Studi per Luigi De Sarlo*, 63-89. Milano 1989.
Capanelli D., "Aspetti dell'amministrazione mineraria iberica nell'"età" del principato." In *Mineria y Metalurgia en las antigas civilizaciones mediterraneas y europeas*, I Colloquio Internacional Asociado (Madrid 1985), editado por C. Domergue, 138-147. Madrid 1989.
Capanelli D., "La explotaciòn de las minas ibéricas y el commercio de metales en la època romana: mas cuantas reflexiones màs." *Geriòn* 8 (1990): 227-239.
Caparra R., Lucani A., Maciocco G. (a cura di), *Archeologia del territorio. Territorio dell'archeologia. Un sistema informativo territoriale orientato sull'archeologia della regione ambientale Gallura*, Cagliari 1996.
Carrazè F., "L'épave romaine de la pointe de Carqueiranne." *Cahiers d'archéologie subaquatique* 5 (1976): 154.
Chic G., "La zona minera del sudoeste de Hispania en època julio-claudia." In *Las minas de Riotinto en la època Julio-Claudia*, éditores J. A. Pérez-Macías, A. Delgado, 9-34. Huelva 2007.
Chic G., "Al César lo que es del César. La producción de metales en Ríotinto en época romana." In *Río Tinto. Historia, Patrimonio Minero y Turismo Cultural*, éditores J. A. Pérez Macías, A. Delgado, J. M. Pérez López, F. J. García Delgado, 95-112. Huelva 2011.
Chic García G., *Historia econòmica de la Bética en la época de Augusto*, Sevilla 1997.
Christ K., "Zur Beurteilung der augusteischen Germanienpolitik," *Chiron* 7 (1977): 149-205.
Christ K., "Waldgirmes. Historische Aspekte der neuen Ausgrabungen im mittleren Lahntal." In *Ad fontes. Festschrift für Gerhard Dobesch zum fünfundsechzigsten Geburtstag am 15. September 2004, dargebracht von Kollegen, Schülern und Freunden*, Herausgegeben H. Hefter, K. Tomaschitz, 487-492. Wien 2004.
Christol M., "Un aspect de l'administration impériale: le procureur des mines de *Vipasca*." *Pallas* 50 (1999): 233-244.
Cimma M. R., *Ricerche sulle società di* publicani, Milano 1981.
Coarelli F., "L'armamento e le classi dei gladiatori." In *Sangue e arena.* Catalogo della mostra, (Roma, Colosseo, 22 giugno 2001-7 gennaio 2002), a cura di A. La Regina, 153-174. Milano 2001.
Cochet A., "La canalisation sous-fluviale d'Arles à Trinquetaille." *Gallia* 50 (1993): 205-222.
Cochet A., *Le plomb dans la Gaule romaine. Techniques de fabrication et produits*, Montagnac 2000.
Cochet A., Hansen J., *Conduites et objects de plomb gallo-romains de Vienne (Isère)*, suppl. 46 a Gallia, Paris 1986.
Colls D., Domergue C., Guerrero Ayuso V., "Les lingots de plomb de l'épave romaine Cabrera 5 (Ile de Cabrera, Baléares)." *Archaeonautica* 6 (1986): 31-80.
Colls D., Domergue C., Laubenheimer F., Liou B., "Les lingots d'étain de L'èpave Port-Vendres II." *Gallia* 33 (1975): 61-94.
Colls D., Etienne R., Lequément R., Liou B., Mayet F., "L'èpave Port-Vendres II et le commerce de la Bètique à l'époque de Claude." *Archaeonautica* 1 (1977).

Colls D., Lequément R., "L'èpave Port-Vendres II: noveaux documents épigraphiques." In *Producion y Comercio del Aceite en la Anteguidad*, Primer Congreso Internacional (Madrid 1980), editado por J. M. Blázquez Martínez, 177-186. Madrid 1981.
Corsi-Sciallano M., "L'épave de l'Île-Rousse (Haute-Corse)." *Archaeonautica* 5 (1985): 108-118.
Corsi-Sciallano M., Liou B., "Les épaves de Tarraconaise à chargement d'amphores Dressel 2-4", *Archaeonautica*, 5 (1985).
Costabile F., Licandro O., "*Tessera Paemeiobrigensis.* Un nuovo editto di Augusto dalla «*Transduriana provincia*» *e l'imperium proconsulare* del *princeps*." *Minima epigraphica et papyrologica* III, n. 4 (2000): 147-235.
Cuq E., "Un règlement administratif sur l'exploitan des mines au temps d'Hadrien." *Mélanges Gérardin* (1907): 87-133.
Cuq E., "Le développement de l'industrie minière à l'époque d'Hadrien." *Journal des Savants* 7-8 (1911): 294-304, 346-356.
Davies O., *Roman Mines in Europe*, Oxford 1935.
Deininger J., *Die Provinziallandtage der römischen Kaiserzeit von Augustus bis zum Ende des dritten Jahrhunderts n. Chr.*, München 1965.
Deininger J., "*Germaniam pacare*. Zur neueren Diskussion über die Strategie des Augustus gegenüber Germanien." *Chiron* 30 (2000): 749-773.
Dejonghe L., "Zinc-lead deposits of Belgium." *Ore Geology Reviews* 12 (1998): 329-354;
Dejonghe L., F. Ladeuze, D. Jans, *Atlas des gisements plombo-zincifères du Synclinorium de Verviers (Est de la Belgique)*, Bruxelles 1993.
de Juan Fuertes C., Cibecchini F., Miralles J. S., "El pecio Bou Ferrer (La Vila Joiosa-Alicante). Nuevos datos sobre su cargamento y primeras evidencias de la arquitectura naval." In *Arqueología subacuática española: Actas del I Congreso de Arqueología Naútica y Subacuática Española, Cartagena, 14, 15 y 16 de marzo de 2013*, editado por F. X. Nieto Prieto, M. Bethencourt, 113-124. Cartagena 2014.
De Marco M., *Fiesole. Museo archeologico. Scavi*, Firenze 1981.
De Nardis M., "*Forma*: aspetti della percezione dello spazio geografico-politico a Roma tra il I secolo a. C. e il I secolo d. C." In *Economia, amministrazione e fiscalità nel mondo romano*, a cura di A. Storchi Marino, 133-162. Bari 2004.
De Nicolàs J. C., Rodà I., "Un nuevo lingote de plomo con la marca *AGRIP*." In *Acta XII Congressus Internationalis Epigraphiae Graecae et Latinae (Barcelona, 3-8 Septembris 2002)*, editado por M. Mayer i Olivé, G. Baratta, A. Guzmán Almagro, 1017-1020. Barcelona 2007.
Di Stefano G., *Collezioni subacquee del museo regionale di Camarina*, Prato 1998.
Domergue C., "Les lingots de plomb romains du Musée Archéologique de Carthagéne et du Musèe naval de Madrid." *Archivo Español de Arqueologia* XXXIX (1966), 62-72.
Domergue C., "La mine antique de Diògenes (province de Ciudad Real)." *Mélanges de la Casa Velazquez* 3 (1967): 29-92.
Domergue C., "Introduction a l'étude des mines d'or du Nord-Ouest de la Péninsule Ibérique dans l'antiquité." In Legio VII Gemina, 253-286. Léon 1970.
Domergue C., "Rapports entre la zone miniére de la Sierra Morena et la plaine agricole du Guadalquivir à l'époque romaine: notes et hypothéses." *Mélanges de la Casa Velazquez*, 8 (1972): 614-622.
Domergue C., *La mine antique d'Aljustrel (Portugal) et les tables de bronze de Vipasca*, Paris 1983.
Domergue C., "L'éxploitation des mines d'argent de *Carthago nova*: son impact sur la structure.sociale de la cité et son impact sur le dèpenses locales à la fin de la Republique et au dèbut du Haut-Empire." In *L'origine des richesses dépensées dans la ville antique, Actes du Colloque, (Aix-en Provence, 1984)*, édité par P. Leveau, 197-217. Aix-en Provence 1985.
Domergue C., *Catalogue des mines et fonderies antiques de la Péninsule Ibèrique*, Madrid 1987.
Domergue C., "Les lingots de plomb de l'épave romaine de Valle Ponti (Comacchio)." *Epigraphica* 49 (1987): 109-175.
Domergue C., *Les mines de la Péninsule Ibérique dans l'antiquitè romaine*, Rome 1990.
Domergue C., "Production et commerce des métaux dans le monde romain: l'exemple des métaux hispaniques d'aprés l'épigraphie des lingots." In *Epigrafia della produzione e della distribuzione, Actes de la VII rencontre franco-italienne sur l'épigraphie du monde romain*, (Roma, 5-6 juin 1992), éditè par C. Nicolet, S. Panciera, 61-91. Roma 1994.
Domergue C., "L'État romain et le commerce des métaux à la fin de la République et sous le haut-Empire." In *Les échanges dans l'antiquitè: le role de l'État. Entretiens d'archéologie e d'histoire*, édité par J. Andreau, A. Bresson, P. Briant, 99-113. Saint–Bertrand-de-Comminges 1994.
Domergue C., "Les premiéres entreprises de Rome dans les mines de l'Occident méditerranéen." In *Ancient Mining and Metallurgy in Southern Europe. International Symposium (Donji Milanovic, may 20-25, 1990)*, edited by B. Javanovic, 227-236. Bor-Belgrade 1995.
Domergue C., "A view of Baetica's external commerce in the 1 century A.D. based on its trade in metals." In *The Archeology of Early Roman Baetica. Journal of Roman Archeology*, edited by S. Keay, 201-215. Portsmouth, Rhode-Island 1998.
Domergue C., "Un parcours à travers les lingots de plomb romains d'Espagne (1965-2003)." *Pallas* 66 (2004): 105-117.
Domergue C., "Le régime juridique des mines du domaine public à Rome." *Mélanges de la Casa Velazquez* 34, n. 2 (2004): 221-236.
Domergue C., "Les mines romaines du Sud-Ouest de la Péninsule Ibérique." In *Río Tinto. Historia, Patrimonio Minero y Turismo Cultural*, éditores J. A. Pérez Macías, A. Delgado, J. M. Pérez López, F. J. García Delgado, 27-45. Huelva 2011.
Domergue C., Leroy M., "L'état de la recherche sur les mines et les métallurgies en Gaule, de l'époque gauloise au haut Moyen Âge. Mines et métallurgies en Gaule. Recherches récentes." *Gallia* 57 (2000): 3-10.
Domergue C., Liou B., "L'apparition de normes dans le commerce maritime romain: le cas des métaux et des denrèes transportèes en amphores." *Pallas* 46 (1997): 11-30.
Domergue C., Quarati P., Nesta A., Trincherini P. R., "Retour sur les lingots de plomb de Comacchio (Ferrara, Italie), en passant par l'archéometrie et l'épigraphie." In *Minería y metalurgia antiguas. Visiones y revisiones*, éditores A. Orejas, C. Rico, 81-103. Madrid 2012.
Domergue C., Rico C., "À propos de deux lingots de cuivre antique trouvés en mer sur la côte languedocienne." In *Mélanges offerts à Bernard Liou*, éditè par L. Rivet, M. Sciallano, 141-152. Montagnac 2002.
Domergue C., Serneels V., Cauuet B., Pailler J.-M., Orzechowski S., "Mines et métallurgies en Gaule à la fin de l'âge du Fer et à l'époque romaine." In *Celtes et Gaulois, l'Archéologie face à l'Histoire, 5: la romanisation et la question de l'héritage celtique*. Actes de la table ronde de Lausanne (17-18 juin 2005), éditè par D. Paunier, 131-162. Glux-en-Glenne 2006.

D'Oriano, R. "Un carico di lingotti di piomo d'età augustea dale Bocche di Bonifacio." *Cronache Isolane* (1999), http://www.cronacheisolane.it/archeo.7.htm.
D'Ors A., "*Pittakion-pittaciarium*." *Aegyptus* 31 (1951): 339- 343.
D'Ors A., *Epigrafia jurídica de la España romana*, Madrid 1953.
D'Ors A., Contreras R., "Nuevas inscripciones romanas de Castulo." *Archivo Español de Arqueologia* 29 (1956): 118-127.
Duncan Jones R. P., "The *procurator* as civic benefactor." *Journal of Roman Studies*, 64 (1974): 79-85.
Durali-Mueller S., Brey G. P., Wigg-Wolf D., Lahaye Y., "Roman lead mining in Germany: ist origin and development through time deduced from lead isotope provenance studies." *Journal of Archaeological Sciences* 34 (2007): 1555-1567.
Dušanić S., " Iz istorije rimskog rudarstva u gornjoj meziji (A lead ingot at Zuc)." *Archeoloski Vestnik* XXVIII (1977): 163-164, 178.
Dušanić S., "Aspects of roman mining in Noricum, Pannonia, Dalmatia and Moesia Superior." In *Aufstieg und Niedergang des römisches Welt*, II, 6, Herausgegeben W. Haase, 52-94. Berlin 1977.
Dušanić S., "The miners'cult in *Illyricum*." *Mélanges C. Domergue*, *Pallas* 50 (1999): 129-139.
Dušanić S., "Late roman mining in *Illyricum*: historical observations." In *Ancient Mining and Metallurgy in Southern Europe. International Symposium (Donji Milanovic, may 20-25, 1990)*, edited by B. Javanovic, 219-225. Bor-Belgrade 1995.
Dušanić S., "Army and mining in *Moesia Superior*." In *Kaiser, Heer und Gesellschaft in der römischen Kaiserzeit: Gedenkschrift E. Birley*, 343-363. Stuttgart 2000.
Dušanić S., "Roman mining in *Illyricum*: historical aspects." In *Dall'Adriatico al Danubio. L'Illirico nell'età greca e romana. Atti del Convegno Internazionale (Cividale del Friuli, 25-27 settembre 2003)*, a cura di G. Urso, 247-270. Pisa 2004.
Ebel-Zepezauer W., "Die augusteischen Marschlager in Dorsten-Holsterhausen." *Germania* 81 (2003): 539-554.
Ebel-Zepezauer W., *Holsterhausen, Stadt Dorsten, Kreis Recklinghausen*, Römerlager in Westfalen 2, Detmold 2008.
Ebel-Zepezauer W., "Zwischen Caesar and Drusus. Das Uferkastell von Lünen-Beckinghausen und seine Vorgängersiedlung." In *Petasos. Festschriften H. Lohmann*, Herausgegebn G. Kalatizzoglu, G. Lüdorf, 251-259. Paderborn 2013.
Eck W., *Die Statthalter der germanischen Provinzen von 1.-3. Jahrundert*, Bonn 1985.
Eck W., "La riforma dei gruppi dirigenti. L'ordine senatorio e l'ordine equestre." In *Storia di Roma. II, 2. L'impero mediterraneo, i principi e il mondo*, a cura di A. Schiavone, 73-118. Torino 1991.
Eck W. (Herausgegeben), *Die Wervaltung des Römischen Reiches in der Hohen Kaiserzeit. Ausgewählte und erwiterte Beiträge*, Band 1, Basel-Berlin 1995.
Eck W. (Herausgegeben), *Die Wervaltung des Römischen Reiches in der Hohen Kaiserzeit. Ausgewählte und erwiterte Beiträge*, Band 2, Basel-Berlin 1997.
Eck W., *Köln in römischer Zeit. Geschichte einer Stadt im Rhamen des* Imperium Romanum, Köln 2004.
Eck W., "Augustus und die Großprovinz Germanien," *Kölner Jahrbuch* 37 (2006): 11-22.
Eck W., "Das Rhein als Lebensader der Städte des römischen Germaniens." In *Von* cura aquarum *bis zur EU-Wasserrahmenrichtlinie*, Herausgegeben Ch. Ohlig, 109-126. Siegburg 2007.
Eck W., "Germanien – eine Provinz unter *Augustus*." In *Die römischen Provinzen. Begriff und Gründung*, Colloquium Cluj-Napoca, 28. September – 1. Oktober 2006, Herausgegeben I. Piso, 165-178. Cluj-Napoca 2008.
Eck W., "*Eine römische Provinz. Das augusteische Germanien links und rechts des Rheins*." In *2000 Jahre Varusslacht*. Imperium, Herausgegeben LWL-Römermuseum in Haltern am See, 188-195. Stuttgart 2009.
Eck W., "Die Donau als Ziel römischer Politik: *Augustus* und die Eroberung des Balkan." In *Roma e le province del Danubio*, a cura di L. Zerbini, 19-34. Catanzaro 2010.
Eck W., "Augusto – la Germania – Varo – Tiberio. Il fallimento di una storia romana di successi." *Rivista storica Italiana* 123 (2011): 5-25.
Eck W., "Augusto e la Germania: come nasce una provincia." *Storicamente.org. Laboratorio di Storia* 11 (2015): 1-26.
Eck, W., Caballos A., Fernández F. (Hrsg.), *Das Senatusconsultum de Cn. Pisone patre*, München 1996.
Eck W., Pangerl A., "*Sex. Iulius Frontinus* als Legat des niedergermanischen Heeres. Zu neuen Militärdiplomen in den germanischen Provinzen." *Zeitschrift für Papyrologie und Epigraphik* 143 (2003): 205-218.
Eck W., von Hesberg H., "Der Rundbau einer *dispensator Augusti* und andere Grabmäler der frühen Kaiserzeit in *Colonia*. Monumente und Inschriften." *Kölner Jahrbucher* 36 (2003), 151-205.
Edmonson J. C., *Two Industries in Roman Lusitania. Mining and* Garum *Production*, Oxford 1987.
Eich A., "Der Wechsel zu einer neuen grand strategy unter Augustus und seine langfristigen Folgen," *Historische Zeitschrift* 288 (2009): 561-611.
Eick C. A., *Die römische Wasserleitung aus der Eifel nach Köln mit Rücksicht auf die zunächst gelegenen römischen Niederlassungen, Befestigungswerke und Heerstraßen. Ein Beitrag zur Altertumskunde im Rheinland*, Bonn 1867.
Engelmann H., D. Knibbe, "Das Zollgesetz der Provinz Asia. Eine neue Inschrift aus Ephesos." *Epigraphica Anatolica* 14 (1989): 86-88.
Euzennat M., "Lingots espagnols retrouvés en mer." *Études Classiques* III (1968-1970): 83-98.
Faoro D., "Osservazioni sugli inizi della proprietà imperiale nelle province del Nord." *Rivista di Studi Classici e Orientali* LX (2014): 381-401.
Fedeli F., *Populonia. Storia e territorio*, Firenze 1983.
Fingerlin G., "Dangstetten, ein augusteiches Legionslager am Hocrhein. Vorbericht über die Grabungen 1967-1969." *Bericht der römisch-germanischen Kommission des deutschen archäologischen Instituts* LI-LII (1970-1971): 197-232.
Fingerlin G., *Dangstetten I*, Stuttgart 1986.
Fingerlin G., *Dangstetten II*, Stuttgart 1998.
Fischer T., "Römische Militärlager und zivile Siedlungen in Germanien zwischen Rhein und Elbe zur Zeit Marbods (von der Drusus-Offensive 12/9 v. Chr. bis zu der Aufgabe der römischen Eroberungspläne 17 n. Chr.). Ein aktueller Überblick." In *Mitteleuropa zur Zeit Marbods*, 485-519. Praha-Bonn 2009.
Fischer Th., Hanel N., "Neue Forschungen zum Hauptstützpunkt der *Classis Germanica* in Köln-Marienburg (Alteburg)." *Kölner Jahrbucher* 36 (2003): 567-585.
Flach D., "Die Bergwerksordnungen von Vipasca." *Chiron* 9 (1979): 399-448.

Flach D., "Teilpacht in römischen Bergbau." In *Mineria e Metalurgia en las antigas civilizaciones mediterraneas y europeas*, I Colloquio Internacional Asociado (Madrid 1985), editado por C. Domergue, 133-137. Madrid 1989.
Floriani Squarciapino M., "Ostia. Situla in piombo." *Notizie degli scavi* 44 (1952): 42-46.
France J., Quadragesima Galliarum. *L'organisation douanière des provinces alpestres, gauloises et germaniques de l'Empire romain (I*er *siècle avant J.-C.-III*e *siècle après J.-C.)*, Rome 2001.
France J., "Remarques sur les *tributa* dans les provinces Nord-occidentales du Haut Empire romain (Bretagne, Gaules, Germanies)." Latomus 60 (2001): 359-379.
Frank T., *An Economic History of Rome*, New-Jersey 1920.
Frank T., "«Dominium in solo provinciali» and «ager publicus»." *Journal of roman studies* 17 (1927): 141-161.
Frank T., *An Economic Survey of Ancient Rome, I. Rome and Italy of the Republic*, Baltimore 1933.
Gabucci A. (a cura di), *Il Colosseo*, Milano 1999, 63-95.
Galsterer H., "Kolonisation im Rheinland." In *Cités, Municipes, Colonies. Les processus de municipalisation en Gaule et en Germanie sous le Haut Empire*, éditè par M. Dondin-Payre, M.-T., Raepsaet-Charlier, 251-269. Paris 1999.
Gandolfi D., "Il relitto di Capo Testa (S. Teresa di Gallura, SS), Prima campagna 1978." Forma Maris Antiqui XI-XII (1983): 40-68.
Gandolfi D., "Segnalazioni e ricerche subacquee (1982-1985)." *Rivista di Studi Liguri* 51 (1985): 658-681).
García y Bellido M. P., "Nuevos documentos sobre mineria y agricoltura romanas en Hispania." *Archivo Español de Arqueologia* 59 (1986): 13-46.
García y Bellido M. P., "Marcas legionarias y de Agrippa en los lingotes de Comacchio." *Epigraphica*, 60 (1998): 9-43.
García y Bellido M. P., "Legionsstempel aus der Zeit des Agrippa auf Hispanischen Bleibarren aus Comacchio (Ferrara)." *Bonner Jahrbücher* 198 (1998): 1-27.
García-Gelabert Pérez M., Blázquez Martínez J. M., *Castulo (Jaen, España)*, vol. I, BAR Int. Ser., Oxford 1988-1999.
Gechter M., "Early roman militay installations and Ubian settlements in the Lower Rhine." In *The Early Roman Empire in the West*, edited by T. Blagg, M. Millet, 97-102. Oxford 1990.
Gechter M., "Römischer Bergbau in der Germania inferior. Eine Bestandsaufnahme." In *Montanarchäologie in Europa*, Herausgegeben H. Steuer, U. Zimmermann, 161-165. Sigmaringen 1993.
Gechter M., "Ein Überblick über den Forschungsstand zur Montanarchäologie im Bergischen Land." In *Archäologisches Zellwerk. Beiträge zur Kulturgeschichte in Europa und Asien. Festschrift für Helmut Roth zum 60. Geburtstag*, Herausgegeben E. Pohl, U. Recker, C. Theume, 39-45. Rahden 2001.
Gechter M., Kunow J., "Zur ländlichen Besiedlung des Rheinlandes in römischer Zeit." *Bonner Jahrbucher* 186 (1986): 377-396.
Gechter M., "Die Wirtschaftsbeziehungen zwischen dem Römischen Reich und dem Bergischen Land." In Germania Inferior, Herausgegeben Th. Grünewald, 517-546. Berlin-New York 2001.
Gechter M., Gechter-Jones J., "Die Befestigung einer frührömischen Handelsstation im freien Germanien." *Archäologie in Rheinland* 19 (2006): 45-57.
Gechter M., "Neue Forschungen zu den augusteisch-tiberischen Militäranlagen am Niederrhein." In Imperium – *Varus und seine Zeit*, Herausgegeben R. Asskamp, T. Esch, 97-104. Münster 2007.
Gechter M., "Die Militärgeschichte am Niedderrhein von Caesar bis Tiberius – eine Skizze." In *Krieg und Frieden. Kelten – Römer – Germanen*, Herausgegeben G. Uelsberg, 89-96. Darmstadt, Bonn 2010.
Genovesi S., "Il *saltus Castulonensis* e l'amministrazione delle miniere imperiali in età augustea. Nuove considerazioni alla luce del recente rinvenimento di un carico di lingotti di piombo nella Sardegna nord-occidentale." *Studi Classici e Orientali* XLVII, n. 3 (2004): 111-129.
Genovesi S., "L'attività mineraria romana in Moesia in età augustea: alcune considerazioni sui bolli di due lingotti di piombo." *Rivista di Storia Antica* (2006): 67-98.
Genovesi S., "Un lingotto di piombo dal Golfo di Baratti (Populonia, LI). Il commercio del piombo dalle province settentrionali dell'impero al Mediterraneo nella prima età imperiale." *Rassegna di Archeologia* 23/B (2007-2008): 111-138.
Genovesi S., "Una *societas nova* e la politica mineraria di Vespasiano in Britannia." *Studi Classici e Orientali* XLIX (2008): 275-316.
Genovesi S., "L'amministrazione dei metalla di proprietà del princeps in età augustea: fonti archeologiche ed epigrafiche a confronto." In *Interventi imperiali in campo economico e sociale. Da Augusto al tardoantico. Atti del Seminario* (Napoli, 21-22 settembre 2009), a cura di A. Storchi Marino, G. D. Merola, 13-42. Bari 2010.
Gerlach R., Olbrecths S., "Römische Messingindustrie am Eifelnordrand?." *Archäologie im Rheinland 1992* (1993): 58-60.
Gerov B., "Epigraphische Beiträge zur Geschichte der mösichen Limes in vorclaudischer Zeit." In *Beiträge zur Geschichte der römischen Provinzen Moesien und Thrakien. Gesammelte Aufsätze*, 147-167. Amsterdam 1980.
Giacobelli M., "I vetri del relitto di Grado.", In *Atti del Convegno Nazionale di Archeologia Subacquea (Anzio, 30-31 maggio e 1 giugno 1996)*, a cura di G. Volpe, 311-313. Bari 1997.
Gianfrotta P. A., Pomey P., *Archeologia subacquea. Storia, tecniche, scoperte e relitti*, Milano 1981.
Gianfrotta P., "I relitti de la Camargue e *Sextus Marius Hispaniarum ditissimus* (Tac., *Ann.*, VI, 19, 1)." *Rivista di studi liguri* LXX (2004): 161-176.
Giliberti G., "*Dominium Caesaris.*" *Index* 29 (1996): 199-228.
Gottschalk R., Baumann A., "Material Provenance of late-Roman lead coffins in the Rhineland." *European Journal of Mineralogy* 13 (2001): 197-205.
Gourdioule R., Landes C., "La Transalpine minière: des Monts-d'Orb au bassin de Lodève." In *Carte archéologique de la Gaule. Le Lodévois 34/1*, édité par L. Schneider, D. Garcia, 53-66. Paris, 1998.
Grant M., *From* Imperium *to Auctoritas. A historical study of* aes *coinage in the Roman empire, 49 B. C.-A. D. 14*, Cambridge 1946.
Grelle F., "L'appartenenza del suolo provinciale nell'analisi di Gaio, 2,7 e 2,21." *Index* 18 (1990): 167-183.
Grewe K., "Die Römerstraße durch das Königsfeldertal bei Keldenich." *Archäologie im Rheinland 1995*, 8 (1996): 80-82.
Gros P., *La Gaule Narbonnaise: de la conquête romaine au IIIe siècle apr. J.-C.*, Paris 2008.
Gros P., "Un programme augustéen: le centre monumental de la colonie d'Arles." *Jahrbuch des Deutschen Archäologischen Instituts* 102 (1987): 339-363.

Grote K., "Römer an der Werra. Das Militärlager bei Hedemünden im südlichen Niedersachsen." *Archäologie in Niedersachsen* 8 (2005): 113-117.
Grote K., "Das Römerlager in Werratal bei Hedemünden (Ldkr. Göttingen). Ein neuentdeckter Stüzpunkt der augusteichen Okkupationsvorstöβe im rechtsrehinischen Germanien." *Germania* 84 (2006): 26-59.
Grote K., *Römerlager Hedemünden. Der augusteische Stützpunkt, seine Außenanlagen, seine Funde und Befunde*, Hannover 2012.
Grote K., "Die römischen Militäranlagen der augusteischen Germanienfeldzüge und Hinweise auf spätere Vorstoße im Werra-Leine-Bergland rings um Hedemünden." In *Über die Alpen und über den Rhein ... Beiträge zu den Anfängen und zum Verlauf der römischen Expansion nach Mitteleuropa*, Herausgegeben G. A. Lehmann, R. Wiegels, 191-223. Berlin 2015.
Günther S., "Staatwirtschaft in privater Hand. Zur Organisation des *metallum Vipascense* (Lusitania)." In *Die Schätze des Erde – Natürliche Ressourcen in der antken Welt*, Herausgegeben E. Olshausen, V. Sauer, 143-154. Stuttgart 2012.
Gutiérrez Soler L. M., "Arqueología del paisaje minero en le sector oriental de Sierra Morena," In *Minería y metalurgia antiguas. Visiones y revisiones*, édítores A. Orejas, C. Rico, 105-128. Madrid 2012.
Haely E. W., Baetica felix. *People and Prosperity in Southern Spain from Caesar to Septimius Severus*, Austin 2003.
Hagen J., *Römerstraßen der Rheinprovinz. Erläuterungen zum geschichtlichen Atlas der Rheinprovinz*, Bonn 1931.
Hanel N., Rothenhöfer P., "Römische Bleigewinnung im Raum Brilon und der Bleitransport nach Rom." In *Bleibergbau und Bleiverarbeitung während der römischen Kaiserzeit im rechtsrheinischen Barbaricum*, Herausgegeben W. Melzer, T. Capelle, 41-46. Soest 2007.
Hanel N., Rothenhöfer P., Genovesi S., "Germanisches Blei für Rom. Zur Rolle des römischen Bergbaus im rechtsrheinischen Germanien im frühen Prinzipat.." *Germania* 83 (2005): 53-65.
Hanel N., "Zwischen Agrippa und Drusus: Roms Intervention am Niederrhein in den Jahren 19 und 12 v. Chr.: historische Quellen und archäologische Zeugnisse." In *Über die Alpen und über den Rhein ... Beiträge zu den Anfängen und zum Verlauf der römischen Expansion nach Mitteleuropa*, Herausgegeben G. A. Lehmann, R. Wiegels, 165-176. Berlin 2015.
Hassal W. C., Tomlin R. S. O., "Roman Britain in 1997." *Britannia* 29 (1996): 446-448,
Hatt J. J., *La tombe gallo-romaine. Recherches sur les inscriptions et les monuments funéraires gallo-romains des trois premiers siècles de notre ère*, Paris 1986.
Healy J. F., *Mining and Metallurgy in the Greek and Roman World*, London 1978.
Heijmans M., "Nouvelles recherches sur les cryptoportiques d'Arles et la topographie du centre de la colonie." *Revue archéologique de Narbonnaise* 24 (1991): 161-199.
Heijmans M., "La Topographie de la ville d'Arles de César à Césaire. L'apport des travaux récents." In *Espace et urbanisme d'Arles. Des origines à nos jours*, édité par M. Baudat, 25-44. Arles 2000.
Heinrichs J., "Zur Topographie des ubischen Neuss anhand einheimischer Münznominale." *Bonner Jahrbücher* 199 (1999): 69-91.
Heinrichs J., "Eburonisches Erbe. Sch.217 I (a) zwischen Tungrern und Sunukern." In *Coinage in the Iron Age. Essays in honour of Simone Scheers*, edited by J. van Heesch, I. Heeren, 187-291. London 2009.
Hellenkemper H., "Architektur als Beitrag zur Geschichte der *Colonia Ara Agrippinensium*." In *Aufstieg und Niedergang der römischen Welt*, II, 4, Herausgegeben W. Haase, 783-824. Berlin 1975.
Hellmann M. C., "Les raprésentation de gladiateurs sur les lampes romaine." In *Les gladiateurs (Table ronde, Lattes, 1987)*, éditè par C. Landes, 83-85. Lattes 1987.
Herinckx A.-M., "Theux." In *Les Romains en Wallonie*, éditè par R. Brulet, 432-434. Bruxelles 2008.
Héron De Villefosse A., "Addition a la note précédente." *Revue Archéologique* (1907): 63-68.
von Hesberg H., "Bauteile der frühen Kaiserzeit in Köln – Das *oppidum Ubiorum* zur Zeit des Augustus." In *Festschrift G. Precht*, Herausgegeben, Xantener Berichte 12, 13-36. Mainz 2002.
Hirschfeld O., *Die kaiserlichen Verwaltungsbeamten bis auf Diocletian*, Berlin 1905.
Hirt A. M., *Imperial Mines and Quarries in the Roman World. Organization Aspects (27 B.C.-AD 235)*, Oxford 2010.
Horn H. G., *Die Römer in Nordrhein-Westfalen*, Stuttgart 1987.
Howgego C., "Why did ancient states strike coins?" *Numismatic Chronicles* 150 (1990): 1-26
Howgego C., "The supply and use of money in the Roman world. 200 B.C. to A.D. 300." *Journal of Roman Studies* 82 (1992): 1-31.
Imle F., *Der Bleibergbau von Mechernich in der Voreifel. Eine wirtschafts- und sozialpolitische Studie*, Jena 1909.
Itri P., "Gli addetti alle miniere nell'alto impero romano attraverso le fonti epigrafiche." *Messana* 13 (1992): 171-220.
Jecquier H., "Note sur la decouverte de saumons de plomb romains au Coto Fortuna (Province de Murcie)." *Revue Archéologique* (1907): 58-62.
Joachim H.-E., "Jüngerlatènezeitliche Siedlungen bei Eschweiler, Kr. Aachen." *Bonner Jahrbücher* 180 (1980): 355-459.
Joncheray P., *L'épave C de la Chrétienne*, Fréjus 1975.
Jones B., Mattingly D. J., *An Atlas of Roman Britain*, Oxford 1990.
Jones G. D. B., Lewis P. R., "The Dolaucothi Gold-Mines." *Bonner Jahrbücher* 171 (1971): 288-300.
Jones R. F. J., "The roman military occupation of north-west Spain." *Journal of Roman Studies* 66 (1976): 45-66.
Jürgens A., Vogt Th., "Reste römischer Gewerbebetriebe in Stolberg-Gressenich, Kr. Aachen." *Ausgrabungen im Rheinland '79/80* 3 (1981): 129-132.
Kajanto I., *The latin cognomina*, Helsinki 1982, 65, 121, 134, 229.
Kapitän G., "Ancient anchors-technology and classification." *International Journal of Nautical Archeology* 13 (1984): 33-44.
Keay S. J., "Introduction. The archeology of early roman *Baetica*." In *The archeology of early roman* Baetica, *Journal of Roman Archeology*, suppl. 29, edited by S. Keay, 11-22. Ann Arbor 1990.
Kehne P., "Limitierte Offensiven: Drusus, Tiberius und die Germanenpolitik im Dienste des augusteischen Prinzipats." In Res publica reperta. *Zur Verfassung und Gesellschaft der römischen Republik und des frühen Prinzipats*, Herausgegeben J. Spielvogel, 297-321. Stuttgart 2002.
Kemmers F., *Coins for a legion. An Analysis of the Coin Finds from the Augustan Legionary Fortress and Flavian canabae legionis at Nijmegen*, Mainz 2006.
Kemmers F., "A military presence on the Lower Rhine before Drusus' campaigns: the coin finds of the Augustan legionary fortress at Nijmegen." In *Römische Präsenz und Herrschaft im Germanien der augusteischen Zeit. Der Fundplatz von Kalkriese im Kontext neuerer Forschungen und Ausgrabungsbefunde*, Herausgegeben G. A. Lehmann, R. Wiegels, 183-200. Göttingen 2007.

Kempken F., *Die Germanische Siedlung von Balve-Garbeck*, Magisterarbeit Universität Marburg 1990.
Kienast D., *Augustus. Prinzeps und Monarch*, Darmstadt 2009.
Kingsley S. A., Raveh K., "Stamped lead ingots from the coast of Israel." *International Journal of nautical Archeology* 23 (1994): 119-128.
Kleemann O., *Vor- und Frühgeschitche des Kreises Ahrweiler*, Broschiert 1971.
Klein S., Domergue C., Lahaye Y., Brey G. P., von Kaenel H.-M., "The lead and copper isotopic composition of copper ores from the Sierra Morena (Spain)." *Journal of Iberian Geology* 35 (2009): 59-68.
Klein S., Lahaye Y., Brey G. P., Von Kaenel H.-M., "The early roman imperial aes coinage II: tracing the copper sources by analysis of lead and copper isotopes. Copper coins of Augustus and Tiberius." *Archaeometry*, 3, n. 3 (2004): 469-480.
Klein S., von Kaenel H.-M., "The early roman imperial coinage: metal analysis and numismatic studies," *Schweizerische Numismatische Rundschau* 79 (2000): 53-106.
Koch M., "Neue Romische Inschriften aus *Carthago Nova*. I." *Madrider Mitteilungen* 17 (1976): 285-295.
Koch M., "*M. Agrippa* und Neukarthago." *Chiron* 9 (1979): 205-214.
Körlin G., "Römischer Bergbau auf dem Lüderich bei Rösrath, Rheinisch-Bergischer Kreis." In *Bergbau im Sauerland. Westfälischer Bergbau in der Römerzeit und im frühen Mittelalter*, Herausgegeben R. Köhne, W. Reininghaus, Th. Stöllner, Schriften der Historischen Kommission für Westfalen, 20, 21-31. Münster 2006.
Körlin G., Gechter M., "Römischer Bergbau auf dem Lüderich-Vorbericht über die Grabungen 2000-2002." In *Man and Mining-Mensch und Bergbau. Festschrift G. Weisberger*, Herausgegeben Th. Stöllner, G. Körlin, G. Steffens, J. Cierny, 237-248. Bochum 2003.
Kühlborn J.-S., "Die Zeit der augusteischen Angriffe gegen die rechtsrheinischen Germanenstämme." In *Kaiser Augustus und die verlorene Republik. Katalog zur Ausstellung im Martin-Gropius-Bau* (Berlin 7.6-14.8.1988), Herausgegeben W. D. Heilmeyer, E. La Rocca, H. G. Martin, 530-541. Mainz 1988.
Kühlborn J.-S., "Die neuen Grabungen in der Nordwestecke des römischen Legionslagers Oberaden." *Germania* 60 (1982): 501-512.
Kühlborn J.-S., *Das Römerlager in Oberaden III. Ausgrabungen im nordwestlichen Lagerbereich und weitere Baustellenuntersuchungen der Jahre 1962-1988*, Münster 1992.
Kühlborn J.-S., "Die Grabungen in den westfälischen Römerlagern Oberaden und Anreppen." In *Ein Land macht Geschichte. Archäologie in Nordrhein-Westfalen*, Herausgegeben H. G. Horn, H. Hellenkemper, H. Koschik, B. Trier, 203-209. Köln 1995.
Kühlborn J.-S., "Der augusteische Militärstützpunkt Haltern." In Germaniam pacavi – *Germanien habe ich befriedet. Archäologische Stätten augusteischer Okkupation*, Herausgegebn J.-S. Kühlborn, 82-102. Münster 1995.
Kühlborn J.-S., "Die römischen Militäranlagen in Westfalen." In *Hinter Schloß und Riegel. Burgen und Befestigungen in Westfalen*, Herausgegeben H. Polenz, 77-119. Bönen 1997.
Kühlborn J.-S., *Versorgungsbasis in Germanien*, Stuttgart 2004.
Külhborn J. S., "Auf den Marsch in die *Germania Magna*." In Colonia Ulpia Traiana. Xanten und sein Umpland in römischer Zeit, Herausgegeben M. Müller, H.-J. Schalles, N. Zieling, 67-91. Mainz 2008.
Kuhnen H.-P., "Frühe Eisengewinnung rechts und links des Rheins. Oder: Woher kam das Eisen im Dekumatland?" In *Landesamt für Denkmalpflege Baden-Württemberg, Landesarchäologie. Festschrift D. Planck*, Herausgegeben J. Biel, J. Heiligmann, D. Krausse, 239-258. Esslingen 2009.
Kunow J., "Die Militärgeschichte Niedergermaniens." In *Die Römer in Nordrhein-Westfalen*, Hrausgegeben H. G. Horn (Stuttgart 1987), 27-109.
Kunow J., "Relations between Roman occupation and the Limesvorland in the province of *Germania Inferior*." In *The Early Roman Empire in the West*, edited by T. Blagg, M. Millet, 87-96. Oxford 1990.
Kunow J., "Die Militärgeschichte Niedergermaniens." In *Die Römer in Nordrhein-Westfalen*, Herausgegeben H. G. Horn, 27-109. Stuttgart 2002.
Laffi U., "La procuratela quadriennale di *Q. Octavius Sagitta in Vindalicis et Raetis et in valle Poenina*." *Athenaeum* 45 (1977): 369-379.
Lamberti F., "Alle origini della *Colonia Agrippina*. Notazioni sul rapporto fra gli *Ubii* e il *populus Romanus*." *Mélange de L'École Francaise de Rome* 118-1 (2006), 107-132.
Landes C., "Les ressources minières antiques des Cévennes: premiers résultats." In *Mineria y Metalurgia en las antigas civilizaciones mediterraneas y europeas*, I Colloquio Internacional Asociado (Madrid 1985), editado por C. Domergue, 223-234. Madrid 1989.
Laubenheimer-Leenhardt F., *Recherches sur les lingots de cuivre et de plomb d'èpoque romain dans les région de Languedoc-Roussillon et de Provence-Corse*, Revue Archéologique de Narbonnaise, suppl. 3, Paris 1973.
Laumann H., "Eine germanische Siedlung des 1. Jahrhunderts n. Chr. in Balve-Garbeck." *Märker* 36 (1987): 75-79.
Laur-Belart R., "Der Bleibarren von Basel." *Ur-Schweiz* XVI (1952): 53-54.
Lazzarini S., Lex metallis dicta. *Studi sulla seconda tavola di Vipasca*, Roma 2001.
Lazzaro L., *Esclaves et affranchi en Belgique et Germanies romaines d'après les sources épigraphiques*, Paris 1993.
Le Bohec Y., "Notes sur les mines de Sardaigne à l'époque romaine." In *Sardinia Antiqua. Studi in onore di P. Meloni*, 260-262. Cagliari 1992.
Le Bohec Y., *L'esercito romano. Le armi imperiali da Augusto alla fine del terzo secolo*, Urbino 2001.
Lehmann G. A., "Zum Zeitalter der römischen Okkupation Germaniens: neue Interpretationen und Quellenfunde," Boreas 12 (1989): 207-230.
Lehmann G. A., "Das Ende der römischen Herrschaft über das »westelbische« Germanien: Von der Varus-Katastrophe zur Abberufung des Germanicus Caesar 16/17 n. Chr.," *Zeitschrift für Papyrologie und Epigraphik* 86 (1991): 79-96.
Lehmann G. A., Imperium *und* Barbaricum. *Neue Befund und Erkenntnisse zu den römisch-germanischen Auseinandersetzungen im nordwestdeutschen Raum – von der augusteichen Okkupationsphase bis zum Germanien-Zug des* Maximinus Thrax, Wien 2011.
Lenz K.-H., *Siedlungen der römischen Kaiserzeit auf der Aldehovener Platte.* Rheinische Ausgrabungen 45, Köln 1999.
Le Roux P., "Exploitations miniéres et armées romaines: essai d'interpretation." In *Mineria e Metalurgia en las antigas civilizaciones mediterraneas y europeas*, I Colloquio Internacional Asociado (Madrid 1985), editado por C. Domergue, 170-181. Madrid 1989.

Letta C., "La dinastia dei Severi." In *Storia di Roma. II, 2. L'impero mediterraneo, i principi e il mondo*, a cura di A. Schiavone, 639-700. Torino 1991.

Letta C., "Tipologia delle *notae* apposte nell'area delle cave lunensi." In Notae lapicidinarum *dalle cave di Carrara*, a cura di E. Paribeni, S. Segenni, 425-432. Segrate 2015.

L'Hour M., "Le commerce maritime breton dans l'antiquité: l'épave de Ploumanac'h-Malban." In *Les mines et la métallurgie en Gaule et dans les provinces voisines, Actes du Colloque (Paris, 26-27 April 1986)*, Caesarodunum 22, 137-148. Paris, 1987.

Liou B., Domergue C., "Le commerce de la Bétique au I siécle de notre ère, L'épave Sud-Lavezzi 2 (Bonifacio, Corse du Sud)." *Archaeonautica* 10 (1990): 11-123.

Liou B., Sciallano M., "Trois nouvelles montures en plomb de miroirs de l'altelier arlésien de Quintos Likinios Touteinos." In *Peuples et territoires en Gaule méditerranéenne. Hommage à Guy Barruol*, éditè par M. Bats, B. Dedet, P. Garmy, 437-440. Montpellier 2003.

Lo Cascio E., "State and coinage in the late republic and early empire." *Journal of Roman Studies* 71 (1981): 76-86.

Lo Cascio E., *Il* princeps *e il suo impero. Studi di storia amministrativa finanziaria romana*, Bari 2000.

Lo Cascio E., "Appaltatori delle imposte e amministrazione finanziaria imperiale." In *Tâches publiques et enterprise privée dans le monde romain*, édité par J.-J. Aubert, 249-265. Genève 2003.

Löhr H., Zedelius V., "Der `Schlangenberg`. Ein Platz der frührömischen Okkupation bei Stolberg-Breinigerberg, Kreis Aachen." *Archäologie im Rheinland* (1980): 93-99.

Long L., "Quelques precisions sur le conditionnement des lingots d'étain de l'èpave antique Bagaud 2 (Var)." In *Les mines et la métallurgie en Gaule et dans les provinces voisines, Actes du Colloque (Paris, 26-27 April 1986)*, Caesarodunum 22, 149-157. Paris 1987.

Long L., Domergue C., "Le «Véritable plomb de *L. Flavius Verucla*» et autres lingots. L'épave 1 des Saintes-Maries-de-la-Mer." *Mélange de L'École Francaise de Rome* 107 (1995): 801-867.

Long L., Rico C., Domergue C., "Les épaves antiques de Camargue et le commerce maritime du fer en Méditerranée nord-occidentale (Ier siècle avant J.-C.-Ier siècle après J.-C.)." In *XIV Convegno di Studi sull'Africa Romana (Sassari, 7-10 dicembre)*, a cura di M. Khanoussi, P. Ruggeri, C. Vismara, 161-188. Urbino 2002.

Long L., Sintes C., "Commerce maritime et fluvial aux embouchires su Rhône: le rôle d'Arles dans l'antiquité." In *Puertos fluviales antiguos: ciudad, desarrollo e infraestructuras, Actas de la IV jornadas de arqueología subacuática (Valencia, 28-30 de Març de 2001)*, editado por G. Pascual Berlanga, J. Pérez Ballester, 183-199. Valencia 2001.

Lucas J., "Grassington Lead Mines", *Old Yorkshire*, ser. 2, I (1885): 49.

Luzzato G. I. (a cura di), *I diritti locali nelle province romane con particolare riguardo alle condizioni giuridiche del suolo*, Roma 1974.

Mackie N., *Local administration in Roman Spain (a. D. 14-212)*, B.A.R. Int. Ser. 172, Oxford 1983.

Maganzani L., "*Agri publici vectigalibus subiecti*, organizzazione territoriale, regime giuridico." Iuris Antiqui Historia 3 (2011): 165-180.

Magioncalda A., *Lo sviluppo della titolatura imperiale da Augusto a Giustiniano attraverso le testimonianze epigrafiche*, Torino 1990.

Maiuri A., 1927, "Pompei. Relazione sui lavori di scavo dal marzo 1924 al marzo 1926." *Notizie degli scavi* 19 (1927): 7-11.

Maiuro M., Res Caesaris. *Ricerche sulla proprietà imperiale nel Principato*, Bari 2012.

Mangas J., Orejas A., "El trabajo en las minas." In *El trabajo el la Hispania Romana*, édítores J.-F. Rodríguez Neila, J. Mangas, A. Orejas, C. González Roman (Madrid 2000), 207-313.

Maréchal J. F., "Note sur un lingot de plomb inscrit d'époque romaine retrouvè en Corse, " *Bulletin de la Sociétè Nationale des Antiquaires de France* (1987): 258-266.

Marquardt J., *Römische Staatsverwaltung*, Leipzieg 1884.

Mason H. J., *Greek Terms for Roman Institutions. A lexicon and analysis*, Toronto 1974.

Massa M., "Precisazioni in margine al relitto di Chiessi (isola d'Elba)." *Rassegna di archeologia* 16 (1999): 259-290.

Mastino A., Zucca R., "La Sardegna nelle rotte mediterranee in età romana." In *Idea e realtà del viaggio. Il viaggio nel mondo antico*, a cura di G. Canossa, S. Fasce, 215-216. Genova 1991.

Mateo A., Manceps, redemptor, publicanus. *Contribución al estudio de los contratistas públicos en Roma*, Santander 1999.

Mateo A., *Observaciones sobre el régimen jurídico de la minería en tierras públicas en época romana*, Santiago de Compostela, 2001.

Mateo A., "Roman mining on public land: from the republic to the empire." In *Tâches publiques et enterprise privée dans le monde romain*, édité par J.-J. Aubert, 123-133. Genève 2003.

Mateo A., "Nuevas reflexiones sobre el régimen jurídico minero romano." In *Minería y metalurgia antiguas. Visiones y revisiones.* édítores A. Orejas, C. Rico, 245-254. Madrid 2012.

Mathieu N., Remy B., Leveau P., "Les noms de personnes inscrits sur les tuyaux de plomb de la cité de Vienne." In *L'eau dans les Alpes occidentales à l'époque romaine*, éditè par N. Mathieu, B. Remy, P. Leveau, 167-212. Grenoble 2011.

Maxfield V. A., Peacock D., *The Roman Imperial Quarries. Survey and Excavation at Mons Porphyrites. Vol. 1: Topography and Quarries*, London 2001.

Mc Cann A. M., "Survey of the Etuscan Port at Populonia." *Muse. Annual of the Museum of Art and Archaeology (University of Missouri-Columbia)* 5 (1971), 22.

Mc Cann A. M., Bourgeois J., Lyding Will E., "Underwater Excavation at the Etruscan Port of Populonia", *Journal of Field Archaeology* 4 (1977), 275-296.

Meier S. W., *Blei in der Antike. Bergbau, Verhüttung, Fernhandel*, Zurich 1995.

Meier S., "Blei-Fernhandel in römischer Zeit (2. Jh. V. Chr.-4. Jh. N. Chr.)." Helvetia archaeologica. *Archäologie in der Schweiz* 28 (1997): 2-14.

Meloni P., *L'amministrazione della Sardegna da Augusto all'invasione vandala*, Roma 1958.

Meloni P., *La Sardegna romana*, Sassari 1975, 299-317.

Melzer W., Pfeffer I., "Soest – Ein Zentrum der Bleiverarbeitung im 1 Jahrhundert nach Christus." *Soester Beiträge zur Archäologie* 8 (2007): 91-104.

von Mercklin E., "Archäologische gesellschaft zu Berlin." *Archäologischer Anzeiger* 14 (1936): 252-282.

Meyer-Boulenaz O., "Der römische Bleibarren von Arbon." *Ur-Schweiz* XVI (1952): 51-54.

Michel J.-H., *Premiers éléments d'un repertoire de toponymie wallone à l'usage des archéologues*, Bruxelles 1980-81.

Millar F., "The *fiscus* in the first two centuries." *Journal of roman studies* 53 (1963): 29-42.
Millar F., *The Emperor in the Roman world*, London 1977.
Mispoulet J. B., "La *lex metallis dicta* recemment découverte en Portugal." *Revue General du Droit, de la Legislation et de la Jurisprudence en France et à L'Etranger* 31 (1907): 20-32.
Mispoulet J. B., "Le régime des mines a l'époque romaine et au moyen age d'après les tables d'Aljustrel." *Nouvelle Revue d'Histoire du Droit Français et Étranger* 31 (1907): 344-391.
Mispoulet J. B., *Le régime des mines a l'époque romaine et au moyen age d'après les Tables d'Aljustrel*, Paris 1908.
Mitford T. B., "Roman Cyprus." In *Aufstieg und Niedergang der Römischen Welt*, II, 7-2, Herausgegeben H. Temporini, 1285-1384. Berlin-New York 1980.
Mitteis L., *Das römische Privatrecht bis auf die Zeit Diokletians*, Lepzig 1908.
Moatti C., *Archives et partage de la terre dans le monde romani (IIe siècle av.-Ier siècle ap. J. C.)*, Roma 1993, 31-48.
Mócsy A., Pannonia *and Upper* Moesia, London 1974.
Mommsen Th., *Staatsrecht*, II, Leipzig 1887.
Monguilan L., "Une épave romaine chargée de fer et de plomb dans le golfe de Fos-Saint-Gervais I." In *Les mines et la Métallurgie en Gaule et dans les provinces voisines, Actes du Colloque (Paris, 26-27 April 1986)*, Caesarodunum 22, 171-179. Paris 1987.
Moosbauer G., Willbers-Rost S., "Kalkriese und die Varusschlacht." In *2000 Jahre Varusslacht. Konflikt*, Herausgegeben Varusschlacht im Osnabrücker Land GmbH – Museum un Park Kalkriese, 56-67. Stuttgart 2009.
Mrozek S., "Die Kaiserlichen Bergwerksprokuratoren in der Zeit des Prinzipats." *Historia* IV (1968): 46-51.
Mrozek S., "Aspects sociaux et administratifs des mines d'or romaine de Dacie." *Apulum* 7 (1969): 307-326.
Mrozek S., "Die Goldbergwerke im römische Dazien." In *Aufstieg und Niedergang des romisches Welt*, II, 6, Herausgegeben W. Haase, 95-109. Berlin 1977.
Müller G., "*Novaesium*. Die Ausgrabungen in Neuss von 1955 bis 1972." *Ausgranbungen in Deutschland* I (1975): 384-400.
Ñaco Del Hoyo T., Vectigal incertum. *Economía de guerra y fiscalidad republicana en el occidente romano: su impacto histórico en el territorio*, B.A.R. Int. Ser. 1158, Oxford 2003.
Nesta A., Klein S., Quarati P., Trincherini P. R., Rico C., Domergue C., "Sobre el origen de los lingotes de Chipiona. Aportación del método de los isótopos del plomo." *Habis* 42 (2011): 191-207.
Noeske H.-C., "Studien zur Verwaltung und Bevölkerung der dakischen Goldbergwerke in römischer Zeit." *Bonner Jahrbücher* 177 (1977): 271-416.
Nuber H. U., "Militärische Einsatzstrategien im Alpenfeldzug des Jahres 15 v. Chr." In *Imperium – Varus und seine Zeit*, Herausgegeben R. Asskamp, T. Esch, 59-71. Münster 2007.
Nuber H. U., "*P. Quinctilius Varus* siegte…." In *2000 Jahre Varusslacht.* Imperium, Herausgegeben LWL-Römermuseum in Haltern am See, 106-113. Stuttgart 2009.
Oliva Prat M., "Urnas cinerarias de plomo de Ampurias." *Memorias de los Museos y Archivos Provinciales* 9 (1948): 265-283.
Orejas A., "Les populations des zones minières du nord-ouest de la péninsule ibérique (bassin NO du Douro, Léon-Espagne)." *Dialogues d'Histoire Ancienne* 20.1 (1994): 245-281.
Orejas A., Plácido D., "Las Médulas y la explotación minera en la Antigüedad. Las Médulas como ejemplo del concepto de metallum." In *Un paisaje cultural en la Asturia Augustana: Las Médulas*, editado por F. J. Sánchez-Palencia, 19-31. León 2000.
Orejas A., Ramallo S. F., "*Carthago Noua*: la ville et le territoire. Recherches récentes." In *De la terre au ciel II.* Edité par M. Clavel-Lévêque, G. Tirologos, 87-120. París 2004.
Orejas A., Rico C., "*Metalla, civitates, coloniae:* les mines hispaniques dans les processus de changement des statuts territoriaux à la fin de la République et au début de l'Empire." In *Expropriations et confiscations en Italie et dans les provinces: la colonisation sous la République et l'Empire*, édité par A. Bertrand (eds.), *Mélanges de l'École française de Rome - Antiquité* [En ligne], 127-2 | 2015.
Orejas A., Ruiz del Árbol M., Sánchez-Palencia F. J., "La gestion intégrée de l'eau dans les zones minières du nordouest d'Hispania." In *Vers une gestion intégrée de l'eau dans l'Empire Romain (Actes du Colloque International. Université Laval, octobre 2006)*, édité par E. Hermon, 209-216. Roma 2008.
Orejas A., Sastre I., "Fiscalité et organisation di territoire dans le Nord-Ouest de la Péninsule Ibérique: *civitates, tribus et ager mensura comprehensus.*" *Dialogues d'Histoire Ancienne* 25.1 (1999): 159-188.
Orejas A., Sastre I., Zubiaurre E., "Organización y regulación de la actividad minera hispana altoimperial." In *Paisajes mineros antiguos en la Península Ibérica. Investigaciones recientes y nuevas líneas de trabajo. Homenaje a Claude Domergue*, éditores M. Zarzalejos Prieto, P. Hevia Gómez, L. Mansilla Plaza, 31-46. Madrid 2012.
Orejas A., Sánchez-Palencia F. J., "Mines, Territorial Organization, and Social Structure in Roman Iberia: *Carthago Nova* and the Peninsular Northwest." *American Journal of Archaeology*, 106 (2002): 589-595.
Ørsted P., *Roman Imperial Economy and Romanization. A study in Roman imperial administration and the public lease system in the Danubian provinces form the first to the third century A.D.*, Copenhagen 1985.
Ørsted P., "Roman State Intervention? The Case of Mining in the Roman Empire." In *Production and Public Powers in Classsical Antiquity*, edited by E. Lo Cascio, D. W. Rathbone, 70-76. Cambridge 2000.
Paci G., "Due documenti epigrafici per la storia di Luni romana." *Quaderni Catanesi* 2 (1980): 550-571.
Papazoglou F., "Quelques aspects de l'histoire de la province de la Macédoine." In *Aufstieg und Niedergang der römisches Welt*, II, 7, 1, 302-369. Berlin-New York 1979.
Papini M., "*Munera gladiatoria* e *venationes* nel mondo delle immagini." *Atti dell'Accademia Nazionale dei Lincei. Classe di scienze morali, storiche e filologiche. Memorie*, ser. IX, vol. XIX, fasc. 1 (2004): 203-221.
Paris P., Bonsor G., A. Laumonier, R. Ricard, C. De Mergelina, *Fouilles de Belo (Bolonia, Cadiz), 1917-1921, I, La ville et ses dépendances. II, La nécropole*, Bordeaux 1923-1926.
Parker A. J., "Lead ingots from roman ship at Ses Salines, Majorca." *International Journal of nautical Archeology* 3 (1974): 147-150.
Parker A. J., *Ancient Shipwrecks of the Mediterranean*, Oxford 1992.
Parker A. J., Price J., "Spanish exports of the Claudian period: the significance of the Port Vendres II wreck reconsidered." *International Journal of nautical Archeology* 10 (1981): 221-228.
Parović-Pešikjan M., Stojković S., "Groupe des fours metallurgiques à *Ulpiana*." In *Ancient Mining and Metallurgy in Southern Europe. International Symposium (Donji Milanovic, may 20-25, 1990)*, edited by B. Javanovic, 213-217. Bor-Belgrade 1995.

Pavis D'Escuriac H., "Les méthodes de l'impérialisme romain en Maurétanie de 33 av. J.-C. à 40 aprés J.-C.." *Ktema* 7 (1982): 221-236.

Pellegrino A. (a cura di), *Dalle necropoli di Ostia: riti ed usi funerari*, Ostia 1999.

Penney S., Shotter D. C. A., "An inscribed Roman salt-pan from Shavington, Cheshire." *Britannia* 27 (1996): 360-365.

Penney S., Shotter D. C. A., "Further Inscribed Roman Salt Pans from Shavington, Cheshire." *Journal of the Chester Archaeological Society* 76 (2000-2001): 53-61.

Peralta Labrador E., "Die augusteische Belagerung von La Espina del Gallego (Kantabrien, Spaniel)." *Germania* 79 (2001): 21-42.

Pérez J., Rodríguez Fernández-Trejo A., "Siderurgia republicana en *Carthago Nova*. Primera evidencias." *Pallas* 50 (1999): 195-210.

Pérez Macías J. A., "*«*Metalla*» y «*territoria*» en el Oeste de la «*Baetica*»*." *Habis* 33 (2002): 407-431.

von Petrikovits H., "Neue Forschungen zur römerzeitliche besiedlung der Nordeifel." *Germania* 34 (1956): 99-125.

von Petrikovits H., "Bergbau und Hüttenwesen in der römischen Rheinzone." *Zeitschrift für Erzbergbau und Metallhütternwesen* XI (1958): 594-600.

von Petrikovits H., *Die romische Rehinland. Archeologische Forschungen seit 1945*, Köln 1960.

Petrović P., "Der romische bergbau in Ravna: archeologische Notizen." In *Ancient Mining and Metallurgy in Southern Europe. International Symposium (Donji Milanovic, may 20-25, 1990)*, edited by B. Javanovic, 195-202. Bor-Belgrade 1995.

Pfeffer I., "Neue Ausgrabungen in Soest-«Ardey»-Ein Zwischenbericht über die laufenden Grabungen." *Soester Zeitschrift* 113 (2001): 4-7.

Pflaum H. G., *Les procurateurs équestres sous le Haut-Empire romain*, Paris 1950.

Pflaum H. G., *Les carrières procuratoriennes équestres sous le Haut-Empire romain*, Paris 1960.

Pflaum H. G., "La mise en place des procuratéles financières dans les provinces du Haut-Empire romain." *Revue Historique du Droit Français et Étranger* 46 (1968): 383-384.

Piccottini G., "Scambi commerciali fra l'Italia e il Norico." *Antichità altoadriatiche* 29 (1987): 291-307.

Piccottini G., "Gold und Kristall am Magdalensberg." *Germania* 72 (1993): 467-477.

Pietsch M., "Marktbreit: ein neues augusteiches Legionslager bei Würzburg, Unterfranken." In *Roman Frontier Studies 1989: proceedings of the XVth International congress of Roman frontier studies*, edited by V. Maxfield, J. E. Dobson Michael, 196-202. Exeter 1991.

Pietsch M., "Die Zentralbebäude des augusteichen Legionslagers von Marktbreit und die Principia von Haltern." *Germania* 71 (1993): 355-368.

Pietsch M., Timpe D., Wamser L., "Das augusteiche Truppenlager Marktbreit: bisherige archäologische Befunde und historische Erwägungen." *Bericht der Römisch-Germanischen Kommission des Deutschen Archäologischen Instituts* LXXII (1991): 263-396.

Piranomonte M. (a cura di), 2002. *Il Santuario della musica e il bosco sacro di Anna Perenna*, Milano.

Piranomonte M., "I contenitori di piombo della fontana di Anna Perenna e la loro valenza magica." In *La fattura scritta. Atti del Convegno Università La Sapienza di Roma. Roma, 3 febbraio 2009*, 21-33. Brescia 2010.

Pitillas Salañer E., "Integración del Noroeste Península dentro el espacio político romano. Una aproximación global." *Hispania Antiqua* XXII (1998): 89-113.

Pitillas Salañer E., "Integración y promoción social de las poblaciones indígenas del noroeste hispánico dentro el esquema organizativo romano: ejército y minería." *Memorias de Historia Antigua* 19-20 (1998-1999): 225-244.

Pitillas Salañer E., "Incidencia de la exploitación minera romana sobre tierras del noroeste hispánico. Una letura técnico-económica." *Hispania Antiqua* XXIV (2000): 85-99.

Polenz H., *Römer und Germanen in Westfalen*, Münster 1985.

Polfer M., "Eisenproduktion und Eisenverarbeitung in Nordgallien un dem Rehinland während der römischen Kaiserzeit." In *Iron, Blacksmiths and Tools. Ancient European Crafts. Acts of the Instrumentum Conference at Podsreda (Slovenia) in April 1999*, edited by M. Feugère, M. Guštin, 67-87. Montagnac 2000.

Pomey P., Long L., L'Hour M., Richez F., Bernard H., "Recherches sous-marine." *Gallia Informations 1987-88. Préhistoire et Histoire* 1 (1989): 1-78.

Preuschen E., "Zur ältesten Geschichte des Mechernicher Bleierzbergbaues." *Der Anschnitt* 6 (1956): 32-34.

Pucci G., "La ceramica aretina: «imagerie» e correnti artistiche." In *L'art décoratif à Rome à la fin de la Rèpublique et au dèbut du Principat. Table ronde (Roma 10-11 mai 1979)*, a cura di Y. Thébert, 101-121. Roma 1981.

Raban A., "Sebastos, the royal harbour of Herod at Caesarea Maritima: 20 years of underwater research." In *Archeologia subacquea. Come opera l'archeologo. Storie dalle acque,* VIII Ciclo di Lezioni sulla Ricerca applicata in Archeologia, Certosa di Pontignano (Siena, 9-15 Dicembre 1996), a cura di G. Volpe, 217-273. Siena 1996.

Raban A., "The lead ingots from the wreck site (area K8)." In *Caesarea papers 2. Herod's temple, the provincial's governor's praetorium and granaries, the later harbours, a gold coin hoard and others studies*, edited by K. G. Holum, J. Patrich, 180-188. Porthsmouth 1999.

Raepsaet-Charlier M.-Th., "*Germania inferior* et *Germania superior*." Latomus 32 (1973): 158-161.

Raepsaet-Charlier M.-Th., "Les Gaules et les Germanies." In *Rome et l'intégration de l'empire (44 av. J. C.-260 apr. J. C.). Tome 2. Approches régionales du Haut-Empire romaine*, édité par C. Lepelley, 143-195. Paris 1998.

Raepsaet-Charlier M.-Th., "Les institutions municipales dans les Germanies sous le Haut Empire: bilan et questions." In *Cités, Municipes, Colonies. Les processus de municipalisation en Gaule et en Germanie sous le Haut Empire*, édité par M. Dondin-Payre, M.-T., Raepsaet-Charlier, 271-352. Paris 1999.

Raepsaet-Charlier M.-Th., "*Plumbum Germanicum*. Nouvelles données." *L'Antiquité classique* 80 (2011): 187-188.

Raepsaet-Charlier M.-Th., Raepsaet G., "Der in Tongern aufgefundene Bleibarren mit dem Namen des Kaisers Tiberius." In *Ein Bleibarren mit Stempel des Tiberius aus Tongeren (Belgien)*, Herausgegeben G. Creemers, Atuatuca 4, 38-49. Tongeren 2013.

Rathbone D., "The imperial finances." In *The Cambridge Ancient History. Volume X. The Augustan Empire, 43 BC-AD 69*, edited by A. K. Bowman, E. Champlin, A. Lintott, 309-323. Cambridge 1996.

Rea R., "Gli animali della *venatio*: cattura, trasporto, custodia." In *Sangue e arena*, Catalogo della mostra (Roma, 22 giugno 2001-7 gennaio 2002), a cura di A. La Regina, 254-256. Milano 2001.

Reddé M., "*Titulum et clavicula*: à propos des fouilles récentes d'Alésia." *Revue archéologique de l'Est* 46 (1995): 349-256,

Reddé M., "Befunde und Erkenntnisse zu den römischen Militäranlagen am Oberrhein in augusteischer und tiberischer Zeit." In *Über die Alpen und über den Rhein ... Beiträge zu den Anfängen und zum Verlauf der römischen Expansion nach Mitteleuropa*, Herausgegeben G. A. Lehmann, R. Wiegels, 300-311. Berlin 2015.
Rehren Th., "Die Zusammensetzung einiger germanischer und römischer Bleifunde aus Nord-rhein-Westfalen." *Metalla* 5 (1998): 63-69.
Reynolds J., *Aphrodisias and Rome*, London 1982.
Riccardi E., Genovesi S., "Un carico di metalli di età augustea: il relitto di Rena Maiore (Aglientu)." In *Atti del XIV Convegno di Studi sull'Africa Romana. (Sassari, 7-10 dicembre)*, a cura di M. Khanoussi, P. Ruggeri, C. Vismara, 1311-1329. Roma 2002.
Richardson J. S., "The spanish mines and the development of provincial taxation in the second century B. C.," *Journal of Roman Studies* 66 (1976), 139-152.
Rico C., "Sociétés et entrepreneurs miniers italiques en Hispanie à la fin de l'époque républicaine. Une comparaison entre les districts de Carthagène et de Sierra Morena," *Pallas* 82 (2010): 395-415.
Rico C., Domergue C., "Nuevos documentos sobre el comercio de los metales hispánicos en la época romana. Los lingotes de Chipiona (Cádiz)." *Habis* 41 (2010): 163-184.
Ritzdorf H., "Die römische Eisenverhüttungsanlage von Bad Neuenahr-Ahrweiler, Kreis Ahrweiler.", *Ber. Arch. Mittelrhein u. Mosel* 11 (2006): 101-162.
Rizzo G., Instrumenta Urbis I. *Ceramiche fini da mensa, lucerne e anfore nei primi due secoli dell'impero*, Roma 2003.
Rocco A., "*Pompeiana suppellex*." In Pompeiana. *Raccolta di studi per il secondo centenario degli scavi di Pompei*, a cura di F. Di Capua, 279-287. Napoli 1950.
Rodà I., "Agripa y el comercio del plomo." *Mastia* 3 (2004): 183-194.
Roddaz J.-M., Marcus Agrippa, Roma 1984.
Rossi D., "Relitto di Chiessi (Marciana)." In *Relitti romani dell'isola d'Elba*, a cura di M. Zecchini, 128-133. Lucca 1982.
Rost A., "Das Schlacht von Kalkriese. Eine archälogische Quelle für die Konfliktforschung." In *2000 Jahre Varusslacht. Konflikt*, Herausgegeben Varusschlacht im Osnabrücker Land GmbH – Museum un Park Kalkriese, 68-76. Stuttgart 2009.
Rostovtzeff M., *Studien zur Geschichte des römischen Kolonates*, Leipzig-Berlin, 1910.
K. Roth-Rubi (Herausgegeben), Dangstetten III, Stuttgart 2006.
Rothé M.-P., Heijmans M. (Eds.), *Carte archéologique de la Gaule, 13-5: Arles, Crau, Camargue*, Arles 2008.
Rothenhöfer P., "Geschäfte in Germanien. Zur Ausbeutung von Erzlagerstätten unter Augustus in Germanien." *Zeitschrift für Papyrologie und Epigraphik* 143 (2003): 277-286.
Rothenhöfer P., "*Lucius Flavius Verucla* – ein römischer Großunternehmer in Germanien. Neue Erkenntnisse zu einem alten Fundstück im Burghofmuseum Soest." In *Zeitschrift des Vereins für Geschichte und Heimatpflege Soest*, Herausgegeben N. Wex, 12-21. Soest 2003.
Rothenhöfer P., "*Plumbum Germanicum*-Germanic lead and the history of Augustan Germany." In *Archaeometallurgy in European Proceedings. International Conference (Mailand 24-26.9.2003)*. Mailand 2003.
Rothenhöfer P., "Das Blei der Germanen. Bemerkungen zu einer neuen Fundgattung und zur Aufnahme der Bleiproduktion dirch Germanen während der älteren römischen Kaiserzeit in Westfalen." *Archäologische Korrispondenblatt* 34 (2004): 423-434.
Rothenhöfer P., *Die Wirtschaftsstrukturen in südlichen Niedergermanien. Untersuchungen zur Entwicklung eines Wirtschaftraumes an der Peripherie des* Imperium Romanum. Kölner Studien zur Archäologie der römischen Provinzen BD. 7, Rahden/Westfalen 2005.
Rothenhöfer P., "*Iam et plumbum excoquere docuimus?* – Zum Phänomen der germanischen Bleiproduktion im nördlichen Sauerland während der römischen Kaiserzeit." *Soester Beiträge zur Archäologie* 8 (2007): 47-55.
Rothenhöfer P., "Werbogen an der Mosel – ein ungewöhnlicher Metalldepotfund aus dem 5. Jarhundert n. Chr." *Archäologische Korrispondenzblatt* 37 (2007): 549-561.
Rothenhöfer P., "Römische Bleigewinnung in der Nordeifel." In *Ein Bleibarren mit Stempel des Tiberius aus Tongeren (Belgien)*, Edited by G. Creemers, Atuatuca 4, 46-64. Tongeren 2013.
Rothenhöfer P., "Die Wirtschaft der Römer: Produktionszentren und Handelswege in römischer Zeit." In *Straßen von der Frühgeschichte bis in die Moderne. Verkehrswege – Kulturträger – Lebensraum*, Herausgegeben F. Thomas, H. Heinz Günter, 113-114. Wiesbaden 2013.
Rothenhöfer P., Bode M., "Wirtschaftliche Auswirkungen der römischen Herrschaft im augusteischen Germanien." In *Über die Alpen und über den Rhein ... Beiträge zu den Anfängen und zum Verlauf der römischen Expansion nach Mitteleuropa*, Herausgegeben G. A. Lehmann, R. Wiegels, 313-338. Berlin 2015.
Rougier J., *Aoste-la-Romaine. Approche archéologique d'un* vicus *gallo-romain*, Saint-Etienne 1988.
Rubincam C., "The nomenclature of Julius Caesar and the Later Augustus in the triumviral period." *Historia* 41 (1992): 88-103.
Rudnick B., *Die römischen Töpfereien von Haltern*, Mainz 2001.
Rudnick B., *Kneblinghausen, Gemeinde Rüthen, Kreis Soest*, Münster 2008.
Ruggeri P., "Un naufragio di età augustea nella Sardegna settentrionale: le *cistae inscriptae* del relitto di Rena Maiore (Aglientu)." *In* Epigraphai*: miscellanea epigrafica in onore di L. Gasperini*, a cura di G. Paci, 883-909. Tivoli 2000.
Sablayrolles R., "L'administration des mines de fer en Gaule romaine." In *Mineria e Metalurgia en las antigas civilizaciones mediterraneas y europeas*, I Colloquio Internacional Asociado (Madrid 1985), editado por C. Domergue, 157-162. Madrid 1989.
Salvi D., "Lingotti, ancore e altri reperti di età romana nelle acque di Piscinas-Arbus (CA)", *Pallas* 50 (1999): 75-88.
F. J. Sánchez-Palencia, "La explotación del oro en la Hispania romana: sus inicios y precedentes." In *Mineria e Metalurgia en las antigas civilizaciones mediterraneas y europeas*, I Colloquio Internacional Asociado, éditor C. Domergue, 35-53. Madrid 1985.
Sánchez-Palencia F. J., Mangas J. (eds.), *El edicto del Bierzo. Augusto y el noroeste de Hispania*, León 2000.
Sànchez-Palencia F. J., Orejas A., "Alcance e impacto de la minería en la economía provincial hispanorromana." In *Minería y metalurgia antiguas. Visiones y revisiones*, éditores A. Orejas, C. Rico, 261-272. Madrid 2012.
Santos-Yanguas N., "Los indígenas y la minería romana del oro en el suroccidente de Asturias." *Memorias de Historia Antigua* XVII (1997): 219-235.
Santos-Yanguas N., "Ejército romano y minería del oro en el norte de la peninsula ibérica." *Hispania Antiqua* XXI (1997): 109-122.

Sastre I., Beltrán A., Sánchez-Palencia F. J., "Ejército y comunidades locales en el Noroeste peninsular: formas de control y relaciones de poder en torno a la minería del oro." In (ed.): *Militares y civiles en la antigua Roma. Dos mundos diferentes, dos mundos unidos*, editado por J. J. Palao (Salamanca 2010), 117- 134.
Sastre Prats I., "Las zonas mineras auríferas en el sistema provincial altoimperial: el caso del Noroeste Hispanico." In *Minería y metalurgia antiguas. Visiones y revisiones*, éditato por A. Orejas, C. Rico (Madrid 2012), 255-260.
Sautel J., "Note sur l'industrie du plomb et les marques des plombiers à Vaison-la-Romaine." Latomus 5 (1946): 369-371.
Schäfer A., "Cologne, *oppidum* des Ubiens. L'urbanisme augustéen." In *La Naissance des capitale de cités en Gaule Chevelue*, édité par M. Reddé, W. Van Andring, 269-284. Paris 2015.
Schalich J., Schneider F. K., Stadler G., "Die Bleierzlagerstätte Mechernich - Grundlage des Wohlstands, Belastung für den Boden." *Fortschrifte Geologie Rheinland und Westfalen* 34 (1986): 11-91.
Scheers S., *Traité de numismatique gauloise. II. La Gaule Belgique*, Paris 1983.
Schlüter W., Wiegels R. (Herausgegeben), *Rom, Germanien und die Ausgrabungen in Kalkriese*, Osnabrück 1999.
Schmidt-Burgk M., "Breinigerberg: Römische Ansiedlung." *Zeitschrift Aachener Geschichtsverein* 45 (1923): 283.
von Schnurbein S., *Die römischen Militäranlagen bei Haltern: Bericht über die Forschungen seit 1899*, Bodenaltertümer Westfalens 14, Munster 1974.
von Schnurbein S., "Ein Bleibarren der 19. Legion aus dem Hauptlager von Haltern." *Germania* 49 (1971): 132-136.
von Schnurbein S., "Untersuchungen zur Geschichte der römischen Militärlager an der Lippe." *Germania* 62 (1981): 5-101.
von Schnurbein S., "Halterner Sigillata-Produkte in rheinischen Stützpunkten." *Germania* 64 (1986): 45-59.
von Schnurbein S., "The Organization of the Fortresses in Augustan Germany." In *Roman Fortresses and their Legions. Papers in Honour of George C. Boon*, edited by R. J. Brewer, 29-39. London 2000.
von Schnurbein S., "Von Drusus bis Varus." *Archäologie in Deutschland* 5 (2004): 40-43.
von Schnurbein S., Köhler H.-J., "Dorlar: ein augusteisches Römerlager im Lahntal." *Germania* 72 (1994): 193-203.
von Schnurbein S., "Römische und indigene Strategien der Herrschaft und Friedenssicherung." In Fines imperii – imperium sine fine? Herausgegeben G. Moosbauer, R. Wiegels, 75-85. Rahden-Westalen 2011.
von Schnurbein S., "Zum Ende von Haltern," Archäologisches Korrespondenzblatt 43 (2013): 91-98.
von Schnurbein S., Wigg A., Wigg D. G., "Ein spätaugusteisches Militärlager in Lahnau-Waldgirmes (Hessen): Bericht über die Grabungen 1993-1994." *Germania* 73 (1995): 337-367.
Schönbauer E., *Beiträge zur Geschichte des Bergbaurechts*, Munich 1929.
Schönberger H., "Die augusteische Römerlager in Rögden. Vorbericht über die Grabungen in den Jahren 1961 bis 1966." *Germania* 45 (1967): 84-95.
Schönberger H., "The roman frontier in Germany: an archeological survey." *Journal of roman studies* 59 (1969): 144-197.
Schönberger H., "Die römischen Truppenlager der frühen und mittleren Kaiserzeit zwischen Nordsee und Inn," *Bericht der Römisch-Germanischen Kommission* 66 (1986): 322-497.
Schönberger H., Simon H.-G., "Römerlager Rödgen." *Limesforschungen*, 15 (1976).
Schrüfer-Kolb I., *Roman Iron Production in Britain. Technological and socio-economic landscape development along the Jurassic Ridge*, B.A.R. Int. Ser. 380, Oxford 2004.
Schulten S. A., "Eine neue Romerspur in Westfalen." *Bonner Jahrbucher* 124 (1917): 88-103.
Segenni S., "Proprietà, amministrazione e organizzazione del lavoro nelle cave lunensi di età romana." In Notae lapicidinarum *dalle cave di Carrara*, a cura di E. Paribeni, S. Segenni, 441-450. Segrate 2015.
Serrano García J. A., "Análisis del contexto minero romano en la zona oriental de Sierra Morena y la *societas Castulonensis*: estudio de los fondos del Museo Arqueológico de Linares y Provincial de Jaén.". In *Minería antigua en Sierra Morena*, éditor L. M. Gutiérrez Soler, 187-212. Jaén 2010.
Sève M., "Rapports avec l'archéologie", *Bulletin épigraphique* 101 (1988): 335.
Sheperd R., *Ancient mining*, Cambridge 1993.
Sillières P., *Les voies de communication de l'Hispanie méridionale*, Paris 1990.
Simić V. M., Vasić M. R., "La monnaie des mines romaines de l'Illyrie." *Revue numismatique* 19 (1982): 48-55.
Simon H.-G., "Eroberung und Verzicht. Die römische Politik in Germanien zwischen 12 v. Chr. und 16 n. Chr." In *Die Römer in Hessen*, Herausgegeben D. Baatz, F.-R. Herrmann, 38-57. Stuttgart 1982.
Simons A., *Bronze- und eisenzeitliche Besiedlung in den Rheinischen Lößbörden. Archäologische Siedlungsmuster im Braunkohlengebiet*, Oxford 1989.
Sintès C., Moutashar M. (Éditeurs), *Musée de l'Arles antique*, Arles-Actes Sud 1996.
Škegro A., "The economy of Roman *Dalmatia*." In Dalmatia. *Research in the Roman Province, 1970-2001. Papers in honour of J. J. Wilkes*, edited by D. Davison, V. Gaffney, E. Marin, 149-173. Oxford: BAR Int. Ser. 1576, 2006.
Soricelli G., "Lo sfruttamento minerario della Gallia transalpina tra il II secolo a. C. ed il I sec. d. C.." *Rendiconti della Accademia nazionale dei Lincei. Scienze morali, storiche e filologiche*, serie IX, vol. V (1995): 215-245.
Speidel M., "*Noricum* als Herkunftsgebiet der kaiserlichen Gardereiter." *Jahreshefte des Österreichischen Ärchäologischen Instituts* 53 (1981-1982): 213-244.
Speidel M., "Der römische Neubeginn im Gebiet der Heltetier und in der *Vallis Poenina*." In *Heer und Herrschaft im Römischen Reich der Hohen Kaiserzeit*, Herausgegeben M. A. Speidel, 545-562. Stuttgart 2009.
Steuer H., "Landschaftsorganisation, Siedlungsnetz und Dorfstruktur in der Germania in den Jahrzehnten um Christi Geburt." In In *Über die Alpen und über den Rhein ... Beiträge zu den Anfängen und zum Verlauf der römischen Expansion nach Mitteleuropa*, Herausgegeben G. A. Lehmann, R. Wiegels, 339-373. Berlin 2015.
Stiaffini D., Borghetti G. (a cura di), *I vetri romani del Museo di Cagliari*. Mediterraneo tardoantico e medievale. Scavi e ricerche, 9, Oristano 1994.
Storch De Gracia Y Asencio J. J., "Gloire et mort dans l'arène: les raprésentations des gladiateurs dans la Péninsule Ibérique." In Spectacula *I: gladiateurs et amphitéatres. Actes du colloque tenù à Toulouse et à Lattes les 26, 27, 28 ey 29 mai 1987*, édité par C. Domergue, C. Landes, J.-M. Pailler, 185-191. Lattes 1990.
Strassburger M., "*Plumbi nigri origo duplex est* – Bleierzbergbau der römischen Kaiserzeit im nordöstlichen Sauerland." *Soester Beiträge zur Archäologie* 8 (2007): 57-70.

Strobel K., "Zur Geschichte der *Legiones V (Macedonica)* und *VII (Claudia Pia Fidelis)* in der frühen Kaiserzeit und zur Stellung der Provinz Galatia in der augusteischen Heeresgeschichte." In *Les légions sous le Haut-Empire. Actes du Congrès de Lyon (17-19 septembre)*, édité par Y. Le Bohec, C. Wolff, 514-528. Lyon 2000.
Stylow A. U., "Epigraphische Miszellen aus der Provinz Jáen, V. Inschrift aus dem Bergbaubezirk von Castulo." In *Epigraphai. Miscellanea epigrafica in onore di Lidio Gasperini*, a cura di G. Paci, 1021-1027. Tivoli 2000.
Sutherland C. H. V., *The Romans in Spain*, Londres 1939.
Sutherland C. H. V., *The roman imperial coinage, 31 BC-AD 69*, vol. 1, London 1984.
Syme R., "Lentulus *and the origin of* Moesia." *Journal of Roman Studies* 24 (1934): 113-137.
Tamain G., "Las minas antigas de El Centenillo (Jaén)." *Oretania* 8 (1966): 286-303.
Tamponi P., "Terranova Pausania. Sepolcreto romano appartenente alla necropoli dell'antica Olbia ed esplorato in contrada Acciaradolza." *Notizie degli Scavi* 20,2 (1895): 56-57.
Thäckolm U., *Studien über den Bergbau der römischen Kaiserzeit*, Uppsala 1937.
Thompson D. J., "Le tenute imperiali." In *Il mondo di Roma imperiale: economia, società, e religione. III*, a cura di J. Wacher, 5-27. Bari 1989.
Thouvenot R., *Essai sur la province romaine de la Betique*, Paris 1944.
Thouvenot R., "Urne cinéraire de *Banasa*." In *Hommages à M. Renard*, vol. III, édité par Jacqueline Bibauw (Bruxelles 1960): 558-562.
Timpe D., *Römisch-germanische Begegnungen in der späten Republik und frühen Kaiserzeit. Voraussetzungen – Konfrontationen – Wirkungen. Gesammelte Studien*, München 2006.
Todd M., "*Pretia victoriae*? Roman Lead and Silver Mining on the Mendip Hills, Somerset, England." *Münstersche Beiträge zur antiken Handelsgeschichte* XV (1996): 1-18.
Tomlin R.S.O., "Roman Britain in 2010. Iscriptions," *Britannia* 42 (2011): 319–466.
Tomović M., "Roman mines and mining in the mountains of Kosmaj." In *Ancient Mining and Metallurgy in Southern Europe. International Symposium (Donji Milanovic, may 20-25, 1990)*, edited by B. Javanovic, 203-212. Bor-Belgrade 1995.
Toynbee J. M. C., *Death and burial in the roman world*, London 1971.
Treggiari S., *Roman freedmen during the late Republic*, Oxford 1969.
Trincherini P. R., Barbero P., Quarati P., Domergue C., Long L., "Where do the lead ingots of the Saintes-Maries-de-la Mer wreck come from? Archeology compered with physics." *Archeometry* 43,3 (2001): 393-406.
Tylecote R. F., *Metallurgy in Archaeology. A prehistory of metallurgy in the British Isles*, London 1962.
Ucelli G., *Le navi di Nemi*, Roma 1950.
Vallespin G., "Carta arqueologica de la Caleta." In *VI Congreso Internacional de Arqueologia Submarina (Cartagena, 1982)*, (Madrid 1985): 59-74.
Vallespin Gomez G., "The Copper Wreck (Pecio del Cobre)." *International Journal of Nautical Archeology* 15 (1986): 305-322.
Vant'Dack E., "La papyrologie et l'histoire du Haut-Empire: le "*formulae*" des empereurs." In *Aufstieg und Niedergang des romisches Welt*, I, 1, Herausgegeben H. Temporini, 857-888. Berlin 1974.
Vaquerizo D. (editado por), *Cordoba en tiempos de Seneca*, Cordoba 1996.
von Veith C., "Die Römerstraße von Trier nach Köln." *Bonner Jahrbucher* 79 (1885): 1-27.
Vendeuvre J., *Contribution a l'étude du régime minier romain. Étude sur la table d'Aljustrel découverte en 1906*, Dijon 1910.
Veny C., "Dicisiete lingotes de plomo de una nave romana de Ses Salines (Mallorca)." *Ampurias* 31-32 (1969-1970): 191-219.
Veny C., "Nuevos materiales de Moro Boti." *Trabajos de Prehistoria* 36 (1979): 465-488.
Veny C., Cerda D., "Materiales arqueologicos de dos pecios de la isla de Cabrera (Baleares)." *Trabajos de Prehistoria* 29 (1972): 298-310.
Veyne P., *Il pane e il circo. Sociologia storica e pluralismo politico*, Bologna 1984.
Ville G., *La gladiature en Occident des origines à la mort de Domitien*, Paris 1981.
Vives y Escudero A., *La moneda hispánica*, Madrid, 1926.
Voelkel K., "Die Beiden Erztafeln von Vipasca und das deutsche Bergrecht." *Zeischrift für Bergrecht* 55 (1914): 182-243.
Voigt A., "Gressenich und sein Galmei in der Geschichte. Eine historisch-lagerstättenkundliche Untersuchung." *Bonner Jahrbucher* 155-156 (1955-56): 318-335.
Walter D., Wigg A., "Ein Töpferofen im augusteichen Militärlager Lahnau-Waldgirmes." *Germania* 75 (1997): 285-297.
Weaver P. R. C., Familia Caesaris. *A Social Study of the Emperor's Freedmen and Slaves*, Cambridge 1972.
Weber C. W., Panem et circenses. *La politica dei divertimenti di massa nell'antica Roma*, Dusseldorf-Wien 1989.
Wegener W., "Montanarchäologische Prospection im Rheinland." In *Montanarchäologie in Europa*, Herausgegeben H. Steuer, U. Zimmermann, 168-176. Sigmaringen 1993.
Weiler G., "Römisches Militär und die Gründung niedergermanisches Städte." In *The impact of the Roman Army (200 BC-AD 476)*, Herausgegeben L. de Blois, G. De Klejin, 371-390. Leiden 2007.
Wells C., *The German policy of Augustus. An examination of the archaeological evidence*, Oxford 1972.
Wells C., "What's New Along the Lippe: Recent Work in North Germania." *Britannia* 29 (1998): 459-464.
von F. Werner, "Beiträge zur älteren Geschichte von Gressenich." *Zeitschrift Aachener Geschichtsverein* 3 (1881): 138-147.
Whittick G. C., "The Casting Techinque of Roman-British Lead Ingots." *Journal of Roman Studies* 51 (1961): 105-111.
Whittick G. C., "Der römische Bleibarren von Arbon." *Ur-Schweiz* 29 (1965): 17-21.
Whittick G. C., "The Earliest Roman Lead-Mining on Mendip and in North Wales: A Reappraisal." Britannia XII (1982), 113-123.
Wiegels R., "Zwei Blei-Marken aus dem frührömischen Truppenlager Dangstetten." *Fundberichte aus Baden-Württemberg* 14 (1989): 427-456.
Wiegels R., "*Legiones XVII, XVIII, XIX*." In *Les légions sous le Haut-Empire. Actes du Congrès de Lyon (17-19 septembre)*, éditè par Y. Le Bohec, C. Wolff, 75-81. Lyon 2000.
Wiegels R., "Römische Germanienpolitik in nachcaesarischer Zeit," In *Die Varusschlacht. Wendepunkt der Geschichte? Archäologie in Deutschland Sonderheft 2007* (Stuttgart 2007), 50-64.
Wiegels R., "Von der Niederlage des *M. Lollius* bis zur Niederlage des *Varus*. Die römische Germanenpolitik in der Zeit des *Augustus*." In *Feindliche Nachbarn, Rom und die Germanen*, Herausgegeben H. Schneider, 47-76. Köln 2008.

Wieland G., "Augusteisches Militär an der oberen Donau?" *Germania* 72 (1994): 205-216.
Wightman E. M., Gallia Belgica, London 1985.
Wilhelmi K., "Ein Bleiringbarren aus der Kaiserzeit siedlung Albersloh, Kr. Münster." *Germania* 52 (1974): 473-478.
Wilkes J. J., Dalmatia, London 1969.
Willies L., "Development of lead smelting techniques." In *Archeologia delle Attività Estrattive e Metallurgiche, V Ciclo di Lezioni sulla Ricerca Applicata in Archeologia (Certosa di Pontignano-Campiglia Marittima, 1991)*, a cura di R. Francovich, 497-514. Firenze 1993.
Winkler G., *Die Reichsbeamten von* Noricum *und ihr Personal bis zum Ende der römischen Herrschaft*, Wien 1969.
Wollf S. R., "*Ceasarea*." *American Journal of Archeology* 98 (1994): 506-510.
Wollmann V., "Nouvelles données concernant la structure socio-ethnique de la zone minière de la Dacia Superior." In *Mineria e Metalurgia en las antigas civilizaciones mediterraneas y europeas*, I Colloquio Internacional Asociado (Madrid 1985), editado por C. Domergue, 107-118. Madrid 1989.
Wolters R., "Germanien im Jahre 8 v. Chr." In *Rom, Germanien und die Ausgrabungen von Kalkriese*, Herausgegeben W. Schlüter, R. Wiegels, 591-637. Osnabrück 1999.
Wolters R., *Die Römer in Germanien. 3. Auflage*, München 2002.
Wolters R., *Die Schlacht im Teutoburger Wald.* Arminius, Varus *und das römische Germanien*, München 2008.
Wolters R., "Rache, Anspruch und Verzicht. Die römische Germanienpolitik nach der Varuskatastrophe." In *2000 Jahre Varusslacht.* Imperium, Herausgegeben LWL-Römermuseum in Haltern am See, 210-216. Stuttgart 2009.
Wuilleumier P., *Inscriptions latines des trois Gaules*, Paris 1963.
Xaver H. F., "Das Römerlager bei Marktbreit." *Gymnasium* 94 (1992): 546-564.
Zanier W., "Der römische Alpenfeldzug unter Tiberius und Drusus im Jahre 15 v. Chr. übersicht zu den historschen und archäologischen Quellen." In Imperium – *Varus und seine Zeit*, Herausgegeben R. Asskamp, T. Esch, 73-96. Münster 2007.
Zaninović M., "The Economy of Roman Dalmatia." In *Aufstieg und Niedergang des romisches Welt*, II, 6, Herausgegeben W. Haase, 767-809. Berlin 1977.
Zanker P., *Augusto e il potere delle immagini*, Torino 1989.
Zedelius V., "Alter Schatz-Neuer Typ. Keltische Kleinsilbermünzen von Stolberg-Breinigerberg, Kreis Aachen." *Das Rheinische Landesmuseum Bonn*, 3/4 (1986): 48-49.
Zotović R., *The population and the economy of the eastern part of the roman province of* Dalmatia, Oxford 2002.
Zucca R., "Le *massae plumbeae* di Adriano in Sardegna." In *L'Africa romana, Atti dell'VIII convegno di studi, (Cagliari, 1990)*, a cura di A. Mastino, 797-826. Sassari 1991.

Indice dei nomi e dei luoghi

www.ingramcontent.com/pod-product-compliance
Lightning Source LLC
LaVergne TN
LVHW072254300926
849160LV00018B/1666